BIAD 建筑设计标准丛书

BIAD 结构设计深度图示

（上）

北京市建筑设计研究院有限公司　编著

中国建筑工业出版社

图书在版编目(CIP)数据

BIAD结构设计深度图示：上、下／北京市建筑设计研究院有限公司编著．—北京：中国建筑工业出版社，2020.9

（BIAD建筑设计标准丛书）

ISBN 978-7-112-25585-6

Ⅰ．①B… Ⅱ．①北… Ⅲ．①建筑结构－结构设计－图集 Ⅳ．①TU318-64

中国版本图书馆CIP数据核字(2020)第227257号

本书以施工图设计绘制图样的形式来表达结构设计深度的要求，既是北京市建筑设计研究院有限公司对其《BIAD设计文件编制深度规定》（结构专业篇）更直观、更易理解的诠释，也是BIAD结构设计质量水平的展示。书中素材均来自BIAD近年来优秀的施工图设计图纸，工程选例丰富，以适应设计实践中遇到的各种问题。

全书分上、下两册，除引言外其他内容按照《BIAD设计文件编制深度规定》的分类要求进行章节的划分和排序，具体为：基础平面图，一般建筑的结构平面图，钢结构的结构平面图，混合结构的结构平面图，基础详图，钢筋混凝土构件和节点详图，钢结构的构件和节点详图，混合结构的构件和节点详图，楼梯、坡道等局部结构详图，人防工程结构详图，加固改造工程结构施工图共11章。每章对所表达的内容进行深度要点说明。本书可供结构工程师使用，也可供大专院校结构专业设计课程参考。

责任编辑：赵梦梅
责任校对：王　烨

BIAD建筑设计标准丛书
BIAD结构设计深度图示
北京市建筑设计研究院有限公司　编著

*

中国建筑工业出版社出版、发行（北京海淀三里河路9号）
各地新华书店、建筑书店经销
北京红光制版公司制版
北京中科印刷有限公司印刷

*

开本：965毫米×1270毫米　1/16　印张：32½　字数：944千字
2020年12月第一版　2020年12月第一次印刷
定价：**198.00**元（上、下册）
ISBN 978-7-112-25585-6
（36021）

《BIAD结构设计深度图示》编制成员

编制负责人 陈彬磊　沈　莉　张京京

参加编制人 （按姓氏笔画排序）

马洪步　王　毅　王志刚　王耀榕　尹　飞　伍炼红　李华峰　肖信文

张　曼　张若刚　张京京　张燕平　贺旻斐　奚　琦　魏　勇

审　核　人 齐五辉　薛慧立

总　序

北京市建筑设计研究院有限公司（Beijing Institute of Architectural Design，简称 BIAD）是国内著名的大型建筑设计机构，自 1949 年成立以来，已经走过 70 年的辉煌历史。它秉承“建筑服务社会，设计创造价值”的价值观，实施“BIAD 设计”品牌战略，以“建设中国建筑领域最具价值的品牌企业”为愿景，“以创新为驱动，以用户需求为导向，通过科学的管理、优化的设计、卓越的质量、协同和集成的方法，为顾客提供一体化的设计咨询服务”为质量方针，多年来设计科研成绩卓著，为城市建设发展和建筑设计领域的技术进步做出了突出的成绩，同时，BIAD 也一直通过出版专业技术书籍、图集等形式为建筑创作、设计技术的推广和普及做出了贡献。

一个优秀的企业，拥有系列成熟的技术质量标准是必不可少的条件。近年来，BIAD 已先后制定实施并不断改进了管理标准——《BIAD 质量管理体系文件》、技术标准——《BIAD（各）专业技术措施》、制图标准——《BIAD 制图标准》、产品标准——《BIAD 设计文件编制深度规定》，其设计标准体系已基本形成较完整的框架，并在继续丰富和完善。

这次推出的“BIAD 建筑设计标准丛书”是北京市建筑设计研究院有限公司发挥民用建筑设计行业领先作用和品牌影响力，以“开放、合作、创新、共赢”为宗旨，将经过多年积累的企业内部的建筑设计技术成果和管理经验贡献出来，通过系统整理出版，使高完成度设计产品的理念和实践经验得到更广泛的传播和利用，延伸扩大其价值，服务于社会，提高国内建筑行业的设计水平和设计质量。

“BIAD 建筑设计标准丛书”包括了北京市建筑设计研究院有限公司的技术标准、设计范例等广泛的内容，具有内容先进、体例严谨、实用方便的特点。使用对象主要面对国内建筑设计单位的建筑（工程）师，也可作为教学、科研参考。这套丛书又是开放性的，一方面各系列会陆续出版，另一方面将根据需要进行修编，不断完善。

北京市建筑设计研究院有限公司

前　言

结构设计深度是体现结构设计质量水平的重要标志，是实现高完成度设计产品的主要手段之一。近年来，BIAD 已先后制定实施并不断改进公司的制图标准——《BIAD 制图标准》和产品标准——《BIAD 设计文件编制深度规定》，并于 2017 年 2 月出版了《BIAD 设计文件编制深度规定》(第二版)。

一直以来，设计人员期望有一种用图样的形式来更直观地表达设计深度要求的参考指南，既可作为设计文件编制深度规定的诠释，也方便用作工程师学习和参考的工具。相比之下，文本的设计深度规定特点是体现标准的准确、严谨和权威性，图示的特点则是强调直观、生动，易于理解，具有一定的示范作用。二者相辅相成，互为补充。虽然国内业界已有类似系列的设计深度图样出版，但《BIAD 结构设计深度图示》(简称《图示》)的定位是基于《BIAD 设计文件编制深度规定》这样一个更高、更详细的标准之上，突出了 BIAD 企业的特点与要求，工程选例更加丰富，更加适应设计实践中遇到的各种问题。

《图示》的基础素材主要来自于 BIAD 各设计部门近年来优秀的施工图设计图纸，仅做了一些必要的技术修整和形式的统一，大部分内容均保留了原貌。这些图纸可能并不是最理想的，但作为示例有其典型意义。需要指出的是，《图示》的目的是展示施工图设计表达深度的样式，而不是讲解如何做好设计。

《图示》由 BIAD 科技质量中心牵头，从公司内多个设计部门借调优秀的工程师组建编制组。限于时间和精力，《BIAD 设计文件编制深度规定》中个别章节还未涉及，《图示》内容自身也存在着不尽人意之处，敬请各位使用者谅解。这本《图示》的成果体系是开放性的，随着收集内容的陆续丰富，设计水平的发展进步和“BIAD 设计”品牌标准的提升，今后还将陆续对之进行更新、补充、完善，提供出质量更高、体系更加齐全完整的成果。

本书共设 11 个章节，分为上、下两册；出版物采用了 16 开的形式，便于携带和保存。本书可作为结构工程师从事建筑结构设计的参考，也可供大专院校结构专业设计课程参考使用。

欢迎使用者提出意见和建议，以便今后不断修订和完善。

联系地址：北京市建筑设计研究院有限公司科技质量中心　邮编：100045
电子邮箱：tech-s@ biad. com. cn

《BIAD 结构设计深度图示》编制组
2019 年 10 月

目　录

（上）

0　引言

Introduction

0.1 概 述

本《图示》以图形方式示范性地诠释《BIAD设计文件编制深度规定》中的施工图阶段的要求和符合《BIAD制图标准》的表达方式，为结构设计人员提供用图样形式表达设计深度要求的参考指南。

施工图控制的深度层次问题，主要是结合设计周期、设计阶段、施工条件、与其他专业配合要求、对厂家提出配套要求等状况，确定当前设计中应该控制住的基本要素及其技术指标。结构施工图设计深度控制包括以下几个方面的工作：

（1）完成施工图设计文件，包括：图纸目录、设计总说明、设计图纸、计算书。本书并不是以一套完整的施工图的形式来诠释施工图设计深度，而是将多套施工图按照不同结构体系、基础形式进行分类、整理、汇编，力求多方位、多组合地展示各种表示方法和表达方式。书中内容仅针对施工图设计图纸，未包含设计总说明和计算书的相关内容。

（2）完成专业配合工作。即应与建筑、设备、电气、经济等专业默契配合，为本专业的设计实施创造条件，具体内容详见《BIAD设计文件编制深度规定》（第二版）结构专业篇4.1.4、4.1.5条。

（3）完成技术配合工作。一般指具备相应设计资质的其他专业设计单位或厂家等进行工程主体设计之外的或专项设计的部分。例如：人工复合地基的设计、钢结构制作详图的设计、幕墙专项设计等。具体内容详见《BIAD设计文件编制深度规定》（第二版）结构专业篇4.1.7、4.3.2、4.3.3条中的相关条款。

0.2 特 点

（1）挑选不同结构体系、基础形式的工程示例，通过实际施工图设计图纸的展示，对深度规定和制图标准予以细化和图样化。示例展示的是施工图设计和表达深度的样式，而不讲解设计内容、技术的正误。

（2）大部分内容按照《BIAD设计文件编制深度规定》的标准掌握，部分示例的设计与绘制深度加深，给使用者一个更开阔的视野和启发。

（3）选例尽可能丰富，各章均有不同类型的多例，但并不刻意追求内容的完整性。为方便使用者阅读查找，“示例概况”中给出了关联示例的具体图号。

（4）具有开放性，将来可以视需要分阶段补充添加和修改完善。

（5）体现知识性，多种示例为BIAD结构专业设计人员提供不同类型的设计参考图。图示中个例因为选例项目本身的局限，其做法可能不是最理想的，仅供参考。

0.3 体例构成

内容按《BIAD设计文件编制深度规定》（第二版）结构专业篇“4.3 施工图设计图纸”的分类排列，根据现阶段结构体系的使用情况，取消“单层空旷房屋的结构平面图”一章，增补了“混合结构的结构平面图”“混合结构的构件和节点详图”两章。下表所列的11章是本次已经完成的，预制装配式结构以及消能减震、隔震设计暂不纳入本书。

章序号	章名称	英文名称
1	基础平面图	Foundation plan
2	一般建筑的结构平面图	Structural plan of general building
3	钢结构的结构平面图	Structural plan of steel structure
4	混合结构的结构平面图	Structural plan of mixed structure
5	基础详图	Foundation details
6	钢筋混凝土构件和节点详图	Component and joint details of reinforced concrete structure
7	钢结构的构件和节点详图	Component and joint details of steel structure
8	混合结构的构件和节点详图	Component and joint details of mixed structure
9	楼梯、坡道等局部结构详图	Part structural details of Stair & Ramp
10	人防工程结构详图	Structural details of civil air defense works
11	加固改造工程结构施工图	Construction drawings of renovation projects

0.4 表达形式

《图示》各章主要包括设计深度要点与示例图样两大部分：

（1）设计深度要点部分

1）包括《BIAD 设计文件编制深度规定》（第二版）摘录、深度控制要求、设计文件构成、示例概况四部分。

2）从内容上，全部的文字说明每个部分有各自的表达侧重点、各部分之间的逻辑关系。

3）“深度控制要求”包括总控制指标、产品和节点控制指标，主要是对深度规定的细化以及少量扩展和补充。

4）“示例概况”针对具体项目，从总体上概括其个性化的选图、类型、优缺点、与之关联的示例等。

（2）示例图样部分，即设计深度及图纸文件的图示介绍，每图均配以必要的文字说明。

1）图框

打印版本为 A3 大小，采用 A3 标准图框。图样上部是图示区；下部是说明区，主要包括：示例说明条文栏、图签栏、图标栏。

2）每张图样的“示例说明”是针对该张图样“看图说话”，说明该图样中反映出的设计深度方面的特点。

3）图签栏

图签栏包括：该图所属分类、图名、图号、比例和页码。

分类：命名格式为“章名＋.＋示例类型”。其中“章名”将与该章的标题页、目录等处保持一致。“示例类型”一般按结构体系、基础形式分类，与该章的目录名称保持一致。

图名：命名格式为“例＋示例总序号＋-＋页图样命名”。“页图样命名”不完全等同于施工图内容的命名，主要是从“深度图示”的角度将“示例类型”“目录名称”以及施工图的图纸名称结合命名。

图号：字符的编写及顺序与其“章名”和“图名”对应，命名格式为“章序号＋-＋示例累计数字＋-＋图样在示例中的图序”。

比例：即打印版的比例。图示区的图样为非足尺比例时，补充注明或说明各图样的绘制比例，此栏空白；图示区的图样比例一致，且打印版为足尺比例时，此栏写入确定的该图比例；图示区的图样比例多样，打印版为足尺比例时，补充注明各图样的绘制比例，此栏写入“详见图”。

页码：命名格式为“章序号＋－＋图样在本章全部图样中的总排序号”。

例如，基础平面图的第 1 个例子的第 1 张图纸是独立基础的基础平面图，则写作“分类 基础平面图 . 独立基础”“图名 例 1-独立基础平面图”“图号 1-1-1”“比例 空白”“页码 1-1”。

4）排版

各章内部分出不同类型，每个类型一或多个例子。所有的设计文件有其内在的逻辑和前后顺序，展现从全局到典型、从整体到细部的线索。

考虑到 A3 纸介图面表达 A1 或 A0 实际施工图的图幅限制，为了让使用者形成从整体到细部的完整印象，示例一般采用“整体图——局部图”的顺序，即先提供一或几张按实际施工图图幅排版的图纸（未按实际图纸比例），表达全貌和排版方式，再将其中某些局部放大用以辨读细节。

0.5 版　本

纸介图册：16 开本规格出版物，采用 A3 标准图幅（占据双页）。

0.6 其他说明

（1）《图示》中的示例均来自实际工程，展示的是施工图设计和表达深度的样式，示例中的设计方案、设计参数、施工图纸等不能作为其他工程的设计依据。

（2）原图纸制图方面的标准不完全统一，图示中内容也存在表达不足问题，书中通过说明的形式予以纠正，使用者应注意完整阅读说明。

（3）书中因受到图幅的限制，存在未达到制图标准要求的文字、尺寸标注，实际工程设计时应按照有关标准执行。

（4）个别示例为早期的设计项目，图中参考的图集已失效、部分标注的材料已被禁止采用，为保留原貌，书中内容未进行调整，实际工程设计时应按照现行的标准和规定执行。

（5）部分示例为援外设计项目，图中按有关要求标注英文。

1　基础平面图

Foundation plan

1.1 设计深度要点

1.1.1 《BIAD设计文件编制深度规定》（第二版）结构专业篇摘录

4.3.3 基础平面图

1 应在基础平面图图纸右上角表示指北针。

2 绘出定位轴线、基础构件（包括独立基础、条形基础、筏形和箱形基础底板、基础梁、柱墩、承台、拉梁和防水板等）的位置、尺寸、底标高、构件编号。有后浇带时，应表示后浇带的平面位置、尺寸。

3 标明结构竖向构件（结构承重墙与墙垛、柱等）的平面位置及其尺寸、编号。当结构竖向构件的尺寸、编号在结构竖向构件平面图中已表示清楚时，基础平面图可以不再标注，但应注明索引的图号，便于查找。对于防空地下室，应标明人防特殊构件的编号，如门框墙等，说明平战功能转换的措施和要求，并采用不同图例区分人防与非人防墙体。

4 应明确表示不同部位基础构件的底面标高，基础底标高不同时，应绘出放坡示意。

5 标明通道、地坑、地沟和已定设备基础等的平面位置、尺寸、标高，表示局部基础底标高变化部位和放坡做法，必要时可在平面图上加剖面表示。

6 如有沉降观测要求时，可要求与观测承包方共同协商确定测点布置和测点构造。

7 桩基础应有桩位平面图，绘出定位轴线、桩的平面位置及定位尺寸，同时表示承台的轮廓线和结构竖向构件（结构承重墙与墙垛、柱等）的平面位置，并说明桩的类型和桩顶标高、有效桩长、桩端持力层及进入持力层的深度，注明设计要求的单桩极限承载力，说明成桩的施工要求和桩基的检测要求等。

注：先做试桩时，应与建设方、施工方、试桩承包方共同协商确定试桩定位平面图、试桩详图和试桩要求。

如试桩尚未完成应说明：在试桩结果满足设计要求时桩基施工图方能用于实际施工，否则桩基施工图应根据试桩结果进行调整。

8 地基加固处理时，应绘出处理范围并说明处理深度，说明地基处理（复合地基）采用的材料及其性能要求，说明地基处理后的地基承载力标准值及压缩模量等有关参数和检测要求，必要时绘制置换桩的平面布置和构造详图。

当采用人工复合地基并另由具备相应设计资质的施工方或设计方设计时，在基础平面图中应表明采用复合地基的范围，并明确提出对复合地基承载力标准值和最终变形值的控制要求及相应的检测要求。

9 应表示筏形、箱形基础底板和防水板等的配筋（必要时应将基础模板图和配筋图分别绘制）。

4.3.16 预留管线、孔洞、埋件和已定设备基础

1 梁上预留管线、孔洞时，其位置、尺寸、标高应表示在各层梁、基础梁详图上或在各层结构平面图、基础平面图上。

6 应绘制构造详图表示结构构件在预留管线和孔洞边的加强措施，情况简单时可绘制统一构造详图。

7 主要预埋件的位置、尺寸、标高和编号应在相关平面图或详图中表示，当预埋件数量较多或复杂时，可另绘制预埋件平面布置图。应绘制预埋件详图或标注索引的预埋件图集的名称、页号及详图号。

8 应在平面图中表示已定设备基础的位置和尺寸，并绘制配筋详图，设备基础形状简单时可绘制统一配筋详图。

1.1.2 深度控制要求

（1）总控制指标

基础平面图，是大致沿建筑物室内地面以下的墙身或柱子（有地下室时沿门窗洞口的高度）水平剖切并移去建筑物上部和基坑回填土后所见的水平投影图，用于表达基础构件的平面布置、基础板配筋以及留洞、埋件位置。

基础平面图包括基础模板图和基础板配筋图（桩基础还包括桩位平面图），简单平面的基础模板图和基础板配筋图可以合并绘制，较复杂的平面宜分别绘制。面积较大的建筑工程的平面图可以分区（段）绘制，各分区（段）平面应将交接部位表示清楚，并绘制小比例的组合示意图表示该图所在位置。

基础平面图采用正投影法绘制，绘图时可见轮廓用实线表示，不可见轮廓用虚线表示。在基础平面图中，一般只绘制基础底面的形状，阶梯形独立基础的台阶、条形基础的放脚等细部形状和垫层一般在基础详图中表示；锥形独立基础、条形基础底板变厚度时，宜表示坡面交线。

基础平面图应注明图纸比例；在平面图的适当位置（如：图名的下方或右侧、图纸的右侧或右下角位置），可以增加与本图相关的附加说明文字、图例等内容；在图纸的右上角位置，可以绘制“分区（段）示意图”。

（2）产品与节点控制指标

《BIAD 设计文件编制深度规定》（第二版）结构专业篇的 4.3.3 条、4.3.16 条中的相关条款，详见本章 1.1.1 条摘录。以下内容主要是对深度规定的细化以及少量扩展和补充。

1）定位轴线：轴网及轴线编号应与建筑图纸一致，轴线尺寸标注应包含轴线分尺寸和总尺寸。结构竖向构件需要增设附加定位轴线时，其编号应符合现行国家标准《房屋建筑制图统一标准》GB/T 50001—2017 的相关规定。复杂轴网可以单独绘制轴网定位图。

2）指北针：在基础平面图右上角表示，所指方向应与建筑图纸一致，形状宜符合现行国家标准《房屋建筑制图统一标准》GB/T 50001—2017 的相关规定。

3）基础构件：

① 编号相同、定位相同的条形基础、独立基础、桩基承台，选一个标注其分尺寸和总尺寸。轴线居中的构件定位可用文字说明。

② 当采用平面整体表示法绘制基础梁和拉梁的配筋时，可参考图集的表达方式注明梁截面尺寸、跨数、标高变化等。

③ 平面图中应表示出墙身门窗洞口处的基础过梁，注明截面尺寸、编号。

4）结构竖向构件：人防墙宜采用不同图例区分临空墙、人防外墙。

5）标高、标高变化：

① 多数情况下，基础板、基础拉梁标注板面和梁顶标高，独立基础、条形基础、基础梁、基础过梁等标注基础底和梁底标高，槽底标高用文字说明。

② 当基础标高不同时，选多数相同的标高作为基准标高，其他不同处应标明具体范围和数值。不同标高的条形基础应在平面图上绘制踏步或斜坡示意图，标注相关的标高和尺寸；不同标高的筏形基础宜绘制放坡示意图或另行绘制剖面详图。

6）基础板钢筋：

① 基础底板、防水板绘制配筋时，应表示出钢筋的规格、间距、形状、长度、范围等；重复使用的钢筋可进行编号，在一处注明其尺寸、规格、间距等，其他相同钢筋仅绘制钢筋形状和编号。

② 基础板配筋应用符号或文字区分上部和下部贯通钢筋、下部附加钢筋；贯通钢筋采用不同规格时，应表示或说明连接位置和要求。

③ 双层双向的基础板配筋，应注明上、下层钢筋网两方向面层位置关系。人防底板上、下层钢筋网之间设置拉筋时，应注明拉筋的规格、间距。

④ 宜绘制或说明基础板在边支座的锚固要求；与外墙的钢筋有搭接要求时，应另行绘制（如在外墙详图中表示墙、板钢筋的构造做法）或特别注明。

⑤ 应绘制变板厚、变标高处的基础板钢筋的构造做法。

7）剖面、详图：

① 筏形基础宜在平面图中选择代表性的部位绘制小剖面，注明底板厚度、垫层厚度、板顶和槽底标高。

② 基础拉梁宜选择代表性的部位绘制小剖面，注明梁顶或梁底标高；有防水板时，表示拉梁和防水板的位置关系。

③ 建筑图纸有做法要求时（如外墙下的拉梁挑口），应绘制剖面详图，标注相关定位、尺寸、配筋。

④ 选用标准图时，应注明选用的图集名称、图集号及所选用的节点索引号。当所选用的图集中没有相应的节点需另行绘制时，应在平面图中注明详图索引号。

⑤ 不在本图绘制的剖面图、详图应说明其所在图号。

8）施工后浇带：基础平面图中应注明后浇带的类型（沉降后浇带或施工后浇带），绘制相关构件在后浇带处的构造做法，说明施工要求。

9）结构缝：

① 基础平面图中应表示伸缩缝、沉降缝、防震缝的平面位置和尺寸。

② 地下室有防水要求时，应绘制与基础相关的防水构造做法详图。

10）坡道、通道：基础平面图中应标明坡道、通道等的平面定位、标高关系、相关构件尺寸及编号。当坡道、通道在主体结构之外时，可在平面图中绘制与主体结构相交部位并索引坡道、通道的详图。

11）楼梯、电梯、自动扶梯：

① 应表示电梯的平面位置，标注电梯底坑的定位、平面尺寸、标高，绘制详图。

② 有自动扶梯时，应标注扶梯底坑的定位、平面尺寸、标高，绘制详图。

③ 有条件时，宜在基础平面图中示意出楼梯柱、楼梯基础的平面位置。

12）设备基础、集水坑：

① 应表示设备基础的平面位置，标注其定位、平面尺寸、编号，绘制设备基础详图。复杂的设备基础可单独绘制设备基础平面图，简单的设备基础可绘制统一的配筋详图。

② 应表示集水坑的平面位置，标注其定位、平面尺寸、坑底标高、编号，绘制集水坑详图。

13）管沟：

① 应表示暖气、电缆等沟道线路位置，标注定位尺寸，示意检修孔位置。采用标准图集做法时，应注明图集名称和编号、构件编号；和标准图集做法不一致时，应绘制管沟详图。

② 管沟走向不规则时，应表示不规则部分局部现浇沟盖板、梁的做法。

③ 应表示室内外管沟的交接做法；管沟遇钢筋混凝土柱时，需表示或文字说明柱边砌砖垛支承沟盖板或采用局部现浇带做法。

14）附注说明：

基础平面图的附注说明应包含：

① 设计标高 ±0.000 相当的绝对标高，应与建筑总平面图一致。

② 基础持力层所在的标高，其土层性质，地基承载能力标准值或设计值。

③ 基础未能坐落在设计的持力层上或对地基土有置换要求时，应提出相应的施工要求和注意事项。

④ 验槽要求以及遇到特殊情况的处理措施。

桩位平面图的附注说明应包含：

① 有关桩基的设计要求，如：护壁构造、最后三阵每阵贯入度、桩端扩大头等。

② 如需进行桩基检测，应注明检测的方法。如需进行试桩，应注明试桩方法。

③ 当采用标准设计的预制桩时，应注明选用的标准图集号、桩号，说明预制桩的打桩要求。

④ 采用灌注桩时，应说明桩的成孔要求。对端承灌注桩应提出桩端进入硬持力层的最小要求。

⑤ 先做试桩时，应与建设方、施工方、试桩承包方共同协商确定试桩定位平面图、试桩详图和试桩要求。如试桩尚未完成应说明：在试桩结果满足设计要求时桩基施工图方能用于实际施工，否则桩基施工图应根据试桩结果进行调整。

15）其他：当上部结构采用单元组合时，基础平面图应绘制完整的组合平面图。

1.1.3 设计文件构成

（1）文字部分

设计总说明中关于地基、基础、基础板配筋的部分，详见《BIAD 设计文件编制深度规定》（第二版）结构专业篇 4.2.2、4.2.3、4.2.7、4.2.8、4.2.9、4.2.10、4.2.16 各条中的相关条款；图纸补充说明。

（2）图样部分

图样包括：基础平面图（或基础模板图、基础板配筋图）、桩位平面图。

有特殊要求的图样，如：置换桩的平面布置图、沉降观测点的位置及测点构造详图。

关于制图比例：基础平面图、桩平面布置图的常用绘图比例 1∶100，可用比例 1∶150；剖面图常用比例 1∶50、1∶30、1∶20，可用比例 1∶25，具体绘制比例视构件大小确定，以能清楚表示绘制内容为准；测点构造详图常用比例1∶5、1∶10。

1.1.4 示例概况

（1）独立基础平面图

例 1-独立基础平面图，1 张图。

本示例选自北京地区的某幼儿园建筑。该建筑地上 3 层、无地下室。结构形式为钢筋混凝土框架结构。采用天然地基，基础形式为独立基础 + 拉梁，无防水板。首层地面下设暖沟为设备管道提供路由。

基础平面布置较为简单，原设计将基础平面图与独立基础详图共同绘制在 A1 图纸上，看图非常方便。考虑到本书的编排需要，将基础平面图和基础详图拆分到对应的两章中。

关联示例：独立基础详图 5-1-1，基础拉梁详图 5-6-1。

（2）刚性（即无筋扩展）条形基础平面图

例 2-条形基础平面图（砌体墙），1 张图。

本示例选自北京地区的某住宅建筑。该建筑地上 6 层、无地下室，结构形式为砌体结构，墙体材料采用烧结多孔砖。根据工程地质勘察报告建议，采用 CFG 桩复合地基，基础为 C15 素混凝土条形基础。该工程采暖方式为分户壁挂炉，无暖气管沟设置要求。

关联示例：刚性条形基础详图 5-2-1。

（3）柔性（即配筋扩展）条形基础平面图

例 3-条形基础平面图（剪力墙），1 张图。

本示例选自北京地区的某住宅建筑。该建筑地上 6 层，无地下室，结构形式为钢筋混凝土剪力墙结构。采用天然地基，基础形式为墙下钢筋混凝土条形基础（局部筏形基础），无防水板。首层地面下设暖沟为设备管道提供路由。

基础平面布置较为简单，原设计将基础平面图与基础详图、基础过梁详图共同绘制在 A1 加长1/2 图纸上，看图非常方便。考虑到本书的编排需要，将基础平面图和基础详图拆分到对应的两章中。

关联示例：柔性条形基础详图 5-3-1。

（4）剪力墙结构的筏形基础平面图

例 4-筏形基础平面图（剪力墙），1 张图。

本示例选自河北地区的某住宅建筑，属于最为常见的住宅类型。该建筑地下 1 层、地上 22 层，结构形式为钢筋混凝土剪力墙结构。根据工程地质勘察报告建议，采用 CFG 桩复合地基，基础形式为钢筋混凝土筏形基础。

关联示例：基础过梁详图 5-9-1、基础剖面图一 5-11-1。

（5）梁板式筏形基础平面图

例 5-筏形基础平面图（梁板式），共 2 张图，包含基础平面图和局部放大图。

本示例选自北京地区的某办公建筑。该建筑地下 3 层（局部 2 层），其中地下三层大部分为六级人防；主楼地上 21 层、裙房地上 3 层。结构形式为钢筋混凝土框架-剪力墙结构。采用天然地基，基础形式为标准的梁板式筏形基础。主楼、裙房以及纯地下部分在地面以下连为一体，主楼及外扩一跨筏板厚 700mm，其他板厚为 500mm。持力层为粉砂、圆砾，未设置沉降后浇带；局部与坡道连通处用沉降缝分开。

基础平面图以绘制基础板配筋图为主，图纸名称为“基础板配筋平面图”。

改善建议：基础平面图中宜用图例区分人防外墙和临空墙。

关联示例：筏形基础梁详图 5-8-1，框架-剪力墙结构地下人防层墙柱配筋平面图 6-1-1，地下室混凝土外墙详图 6-6-1。

（6）平板式筏形基础平面图

例 6-筏形基础平面图（平板式），共 3 张图，包含基础平面图和局部放大图。

本示例选自北京地区的某住宅建筑的地下车库部分。该建筑为纯地下建筑，共 2 层，其中地下二层大部分为六级人防，结构形式为钢筋混凝土框架-剪力墙结构。采用天然地基，基础形式为平板式筏形基础，柱下设置柱帽。考虑建筑净高要求，柱帽下返，顶面与板面齐平。

基础平面图以绘制基础板配筋图为主，图纸名称为“基础板配筋图”；板配筋按 X 方向、Y 方向分别绘制，以便能清楚表达两方向钢筋的设置。

关联示例：基础柱帽详图 5-10-1。

（7）桩基础平面图

例 7-桩基础平面图，共 6 张图，包含桩位平面图和局部放大图、基础模板图和局部放大图、基础板配筋图和局部放大图。

本示例选自天津地区的某超高层办公建筑。主楼结构采用现浇钢管混凝土框架-钢筋混凝土筒体混合结构，地下 3 层，地上 50 层；裙房采用钢筋混凝土框架-剪力墙结构，地下 3 层，地上 7 层。主楼和裙房地下部分连为一体，通过设置沉降后浇带的方式减少主楼和裙房之间由于沉降差异所引起的不利影响。主楼基础形式采用桩筏基础，筏板厚度 3200mm（钢管混凝土柱下考虑埋入深度的要求，局部厚度 4200mm），采用直径 800mm 钻孔灌注桩，桩侧及桩端采用后压浆技术进行处理；裙房基础形式主要为桩基 + 承台 + 拉梁 + 防水板，防水板厚度 600mm，桩承台厚度 1400mm，采用直径 650mm 钻孔灌注桩。

本示例桩位平面图的表示方法与国家建筑标准设计图集《民用建筑工程结构施工图设计深度图样》G103 的“桩定位平面图”有所不同，除绘制出各种类型桩的平面位置以外，同时还绘制出承台的轮廓线和结构竖向构件的平面位置，以便清楚表达桩、承台、竖向构件的相对位置关系。

示例的基础平面较大且布置复杂，为能表示清楚将基础模板图和底板配筋图分开绘制。原设计将基础模板图与桩承台详图共同绘制在 A0 图纸上，考虑到本书的编排需要，将平面图和详图拆分到对应的两章中。

改善建议：①基础板配筋为双层双向时，应在图纸(或结构设计总说明)中注明上、下层钢筋网两方向面层位置关系；②主楼筏板的上部钢筋、下部钢筋均为两层钢筋网(筒体加强部位筏板的上部钢筋、下部钢筋均为四层)，不同于常规板钢筋的设置，宜补充说明各层钢筋网的间距要求。

关联示例：灌注桩详图 5-4-1，承台详图5-5-1，承台拉梁详图 5-7-1，基础剖面图二 5-11-2。

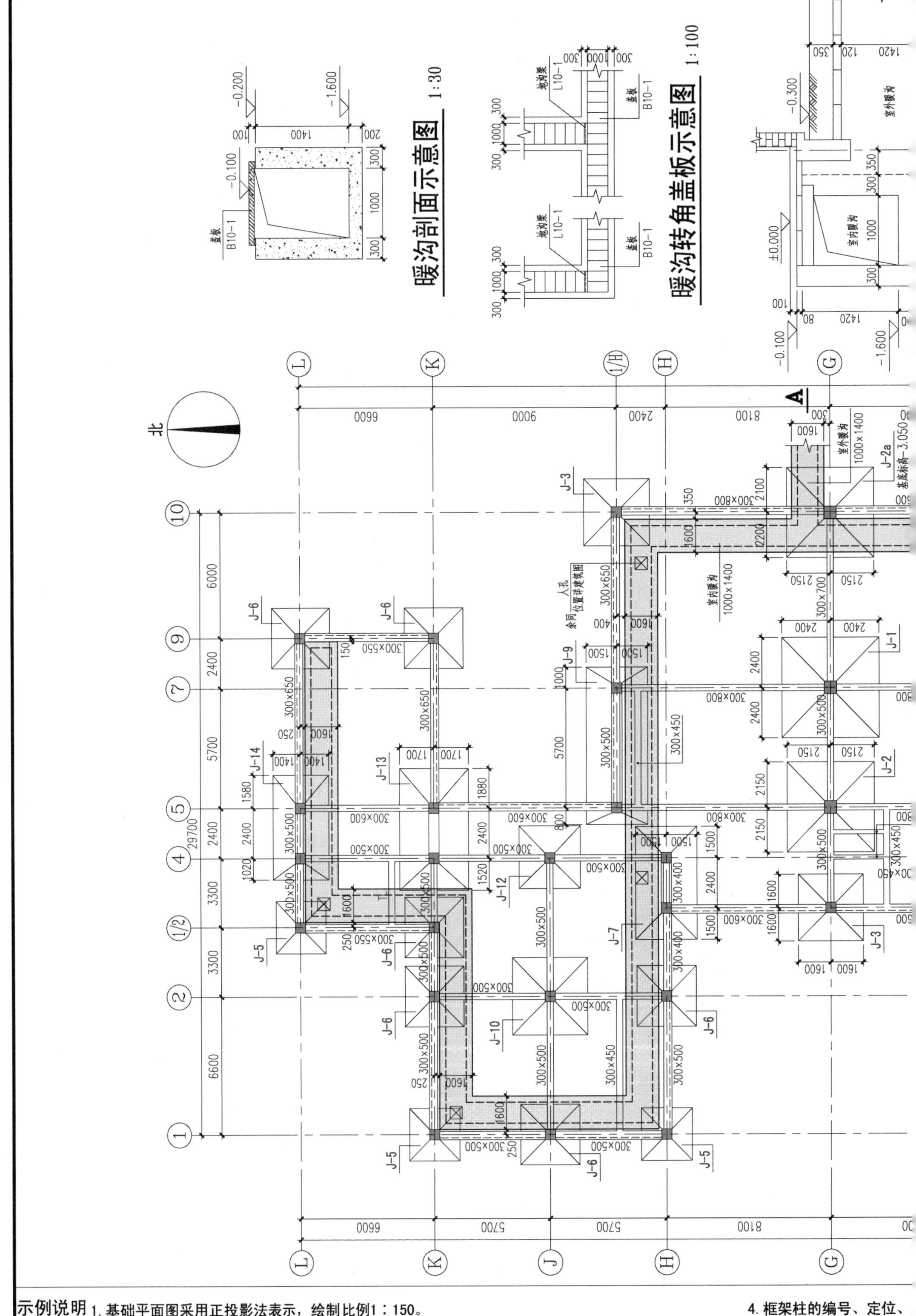

示例说明 1. 基础平面图采用正投影法表示，绘制比例1：150。

2. 绘制与标注的内容：定位轴线及标注；指北针；基础构件的平面位置、定位尺寸、截面尺寸、编号；基底标高；必要的文字说明。

3. 首层地面下设有管沟时，绘制管沟的平面位置及具体做法；采用图集标准做法时，注明选用的图集和构件编号。

4. 框架柱的编号、定位、

5. 基础拉梁可采取编号表

⑩

A-A 1:30
暖沟入口示意图

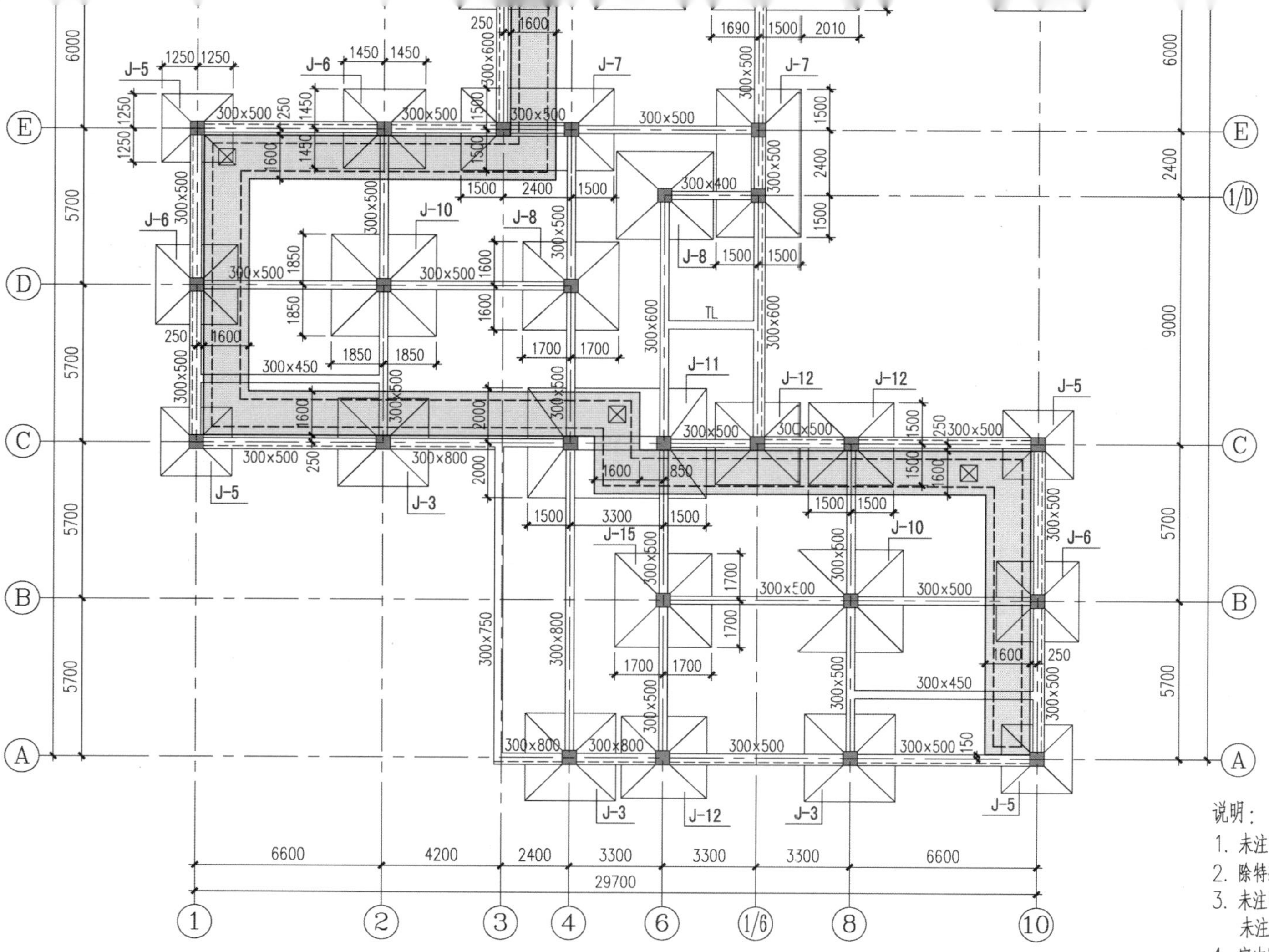

说明：

1. 未注明的基础底标高为-2.780m。
2. 除特殊注明外，相同编号的基础与轴线的尺寸关系相同。
3. 未注明的框架柱的编号、尺寸和定位详见首层柱配筋平面图。
   未注明的基础拉梁编号、定位详见基础拉梁配筋平面图。
4. 室内暖沟做法参照国家建筑标准设计图集02J331：
   暖沟做法选用C1015-1（素混凝土强度等级为C20）；
   盖板做法选用B10-1；地沟梁做法选用L10-1；
   人孔盖板选用钢人孔盖板。

基础平面图 1:150

…纸，本图相关标注省略。
…图原位尺寸标注方式。

分类		
基础平面图. 独立基础		
图名		
例1-独立基础平面图		
图号	比例	页码
1-1-1		1-1

BIAD 结构设计 深度图示
北京市建筑设计研究院有限公司
BEIJING INSTITUTE OF ARCHITECTURAL DESIGN

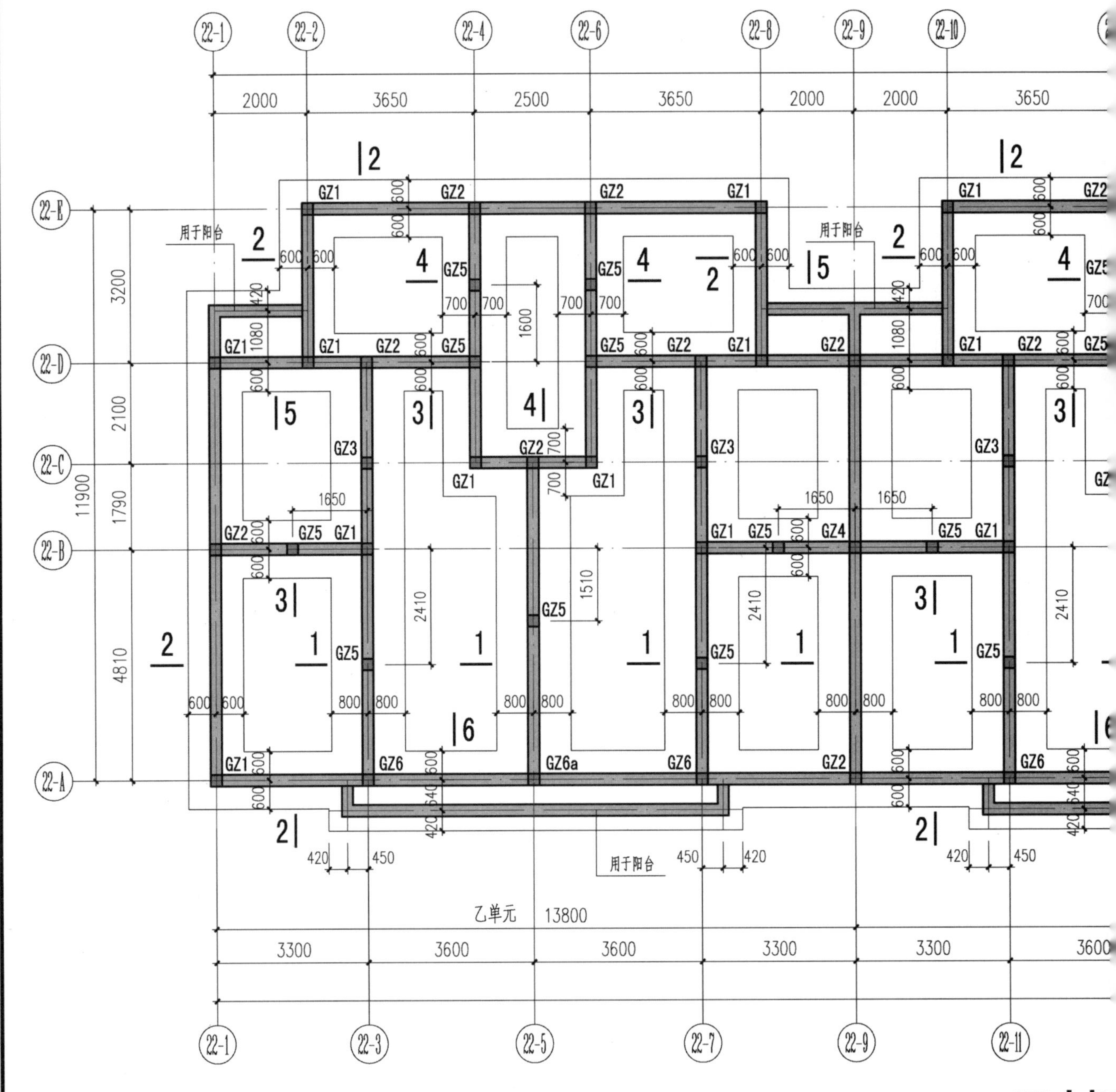

22号楼

示例说明 1. 基础平面图采用正投影法表示，绘制比例1：100。

2. 绘制与标注的内容：定位轴线及标注；指北针；基础构件的平面位置、定位尺寸、编号或者剖面号；上部墙体落在基础上的平面位置，构造柱的位置、编号；必要的文字说明。

3. 采用CFG桩地基处理时，提出处理后的地基承载力和地基沉降量的要求。

4. 为避免室外填土后期沉降对首层阳台造成不利影响，阳台下也布置了基础。

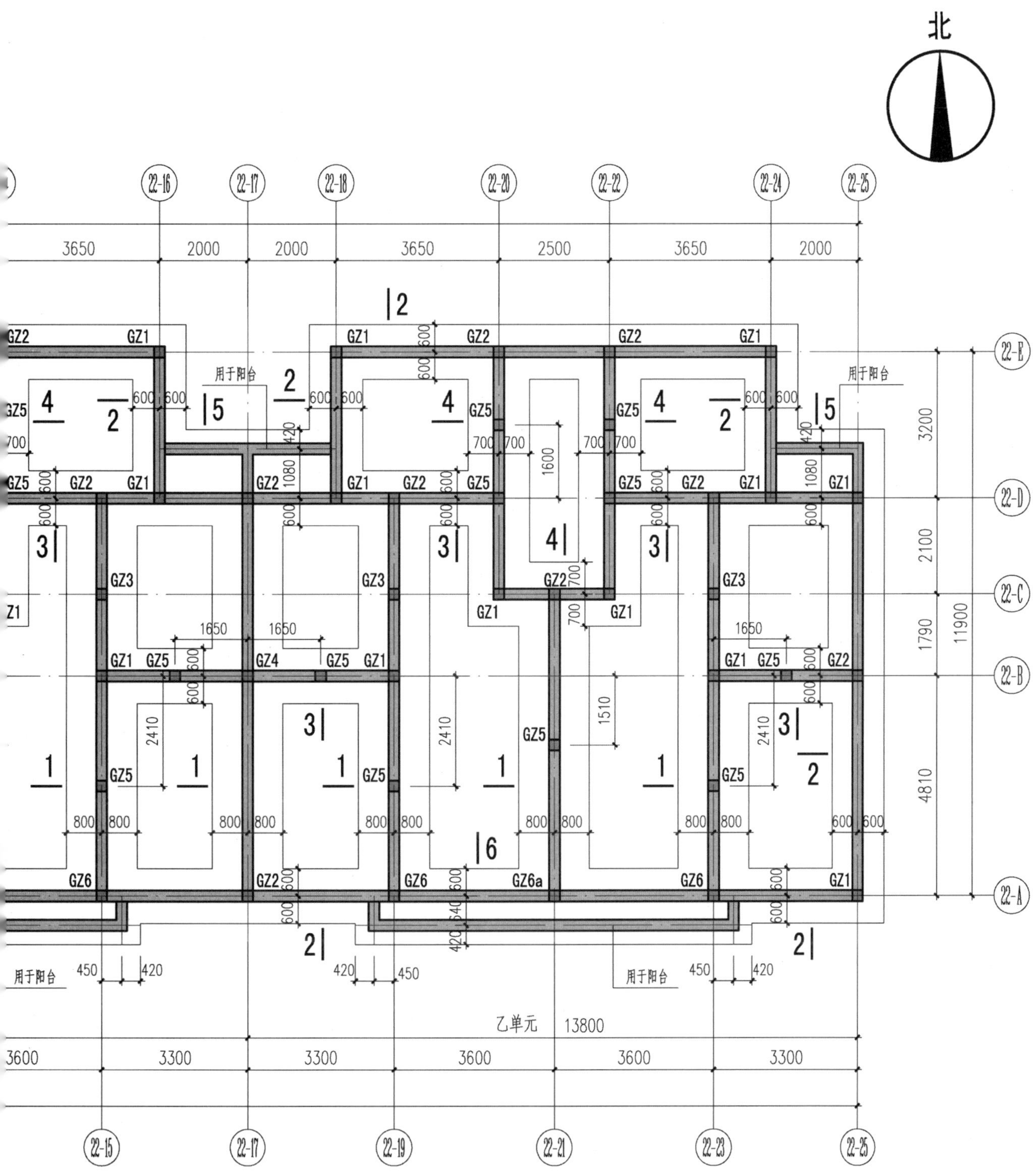

平面图 1:100

说明:

1. 根据工程地质勘察报告,本工程采用CFG桩地基处理,处理后的地基承载力标准值为180kPa,地基最终最大沉降量不大于50mm。
2. 图中未注明的墙厚为240mm,沿轴线居中布置;图中未注明的构造柱尺寸为240mmx240mm。
3. 地圈梁(DQL)沿墙通长封闭设置,梁底标高为-1.800m。
4. 图中未注明的非承重内墙基础,采用地面垫层加厚的做法,具体做法详见结构设计总说明。

分类		
基础平面图. 条形基础		
图名		
例2-砌体墙下条形基础平面图		
图号	比例	页码
1-2-1		1-2

BIAD 结构设计 深度图示

北京市建筑设计研究院有限公司
BEIJING INSTITUTE OF ARCHITECTURAL DESIGN

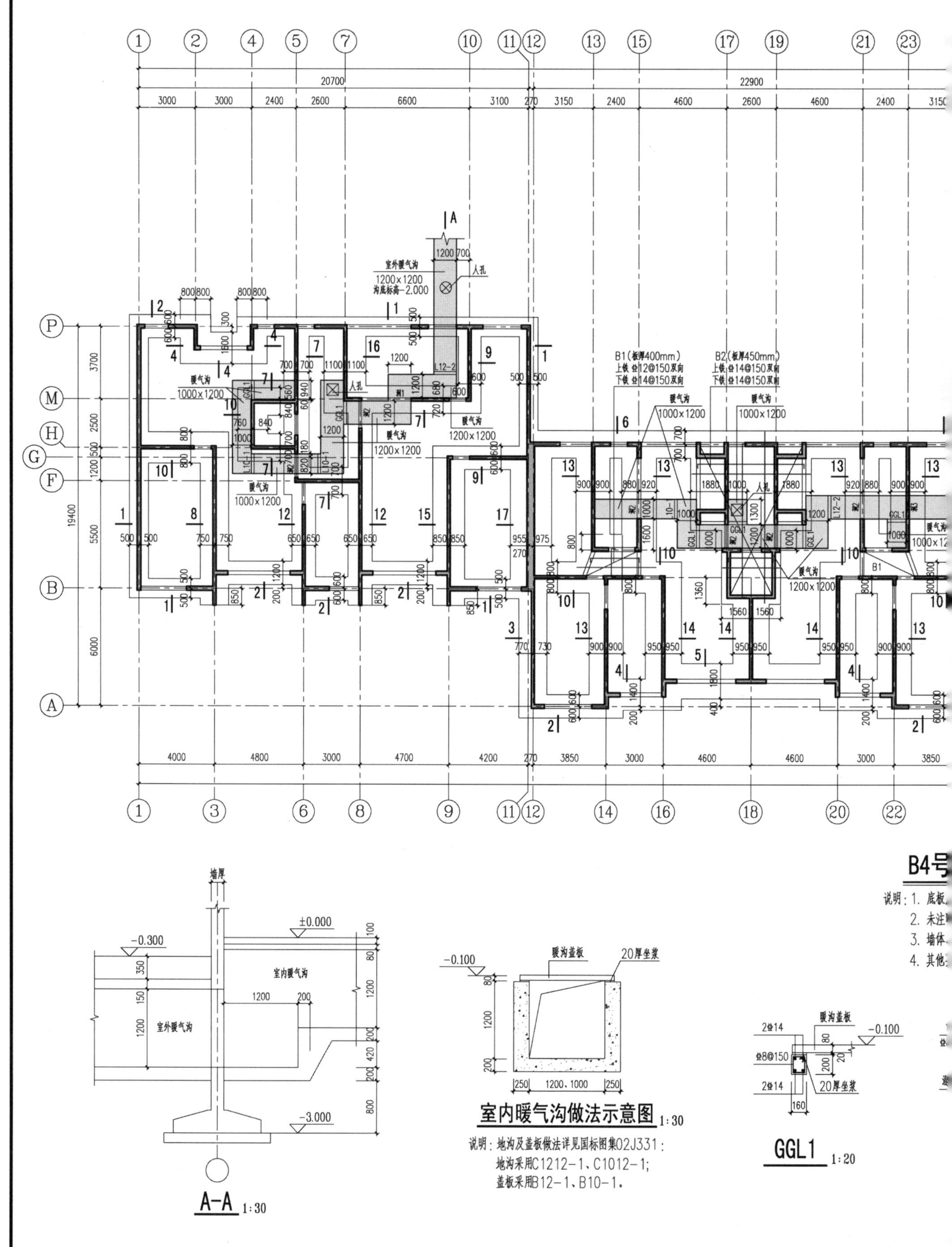

示例说明 1. 基础平面图采用正投影法表示，绘制比例1：150。

2. 绘制与标注的内容：定位轴线及标注；指北针；基础构件的平面位置、定位尺寸、编号或者剖面号；上部墙体落在基础上的平面位置；必要的文字说明。

3. 首层地面下设有管沟时，绘制管沟的平面位置及具体做法；采用图集标准做法时，注明选用的图集和构件编号。

4. 墙体及洞口的定位、尺寸

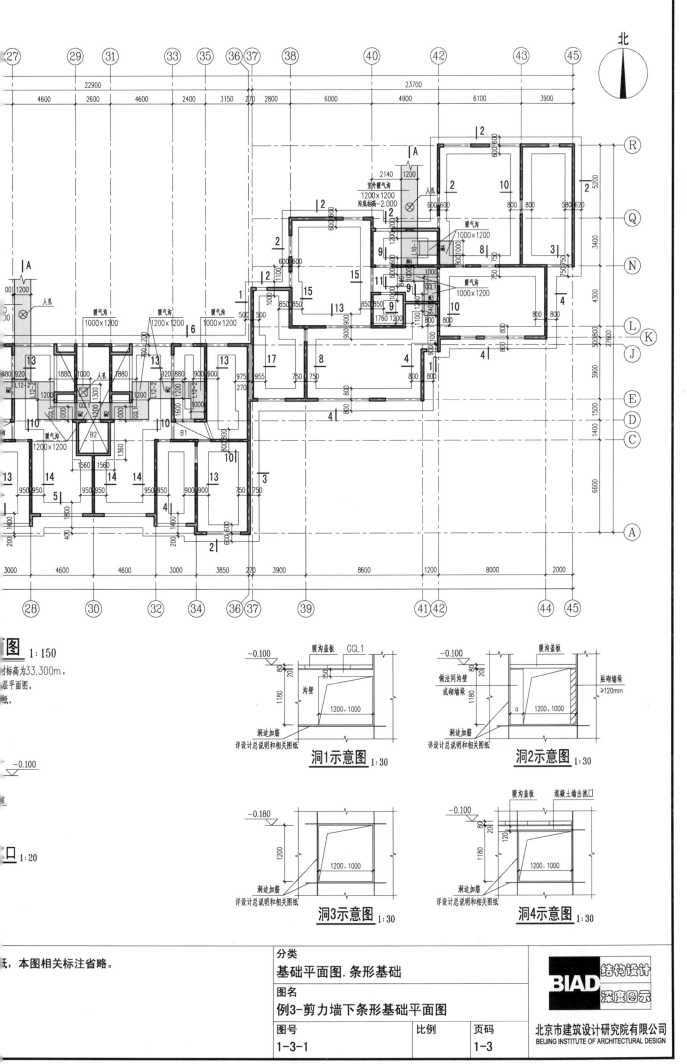

图 1:150

标高为33.300m。
层平面图。
纸。

口 1:20

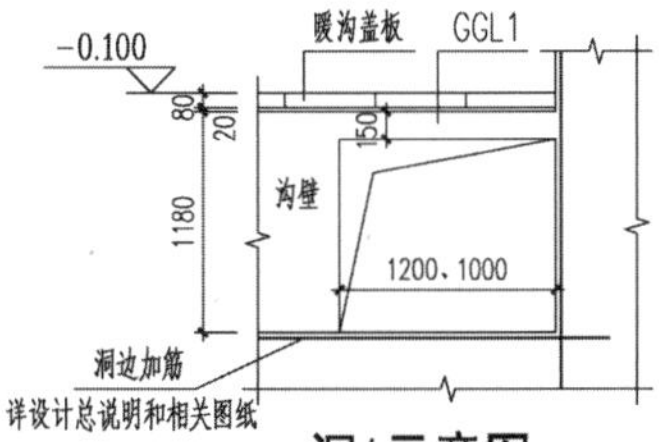

洞1示意图 1:30

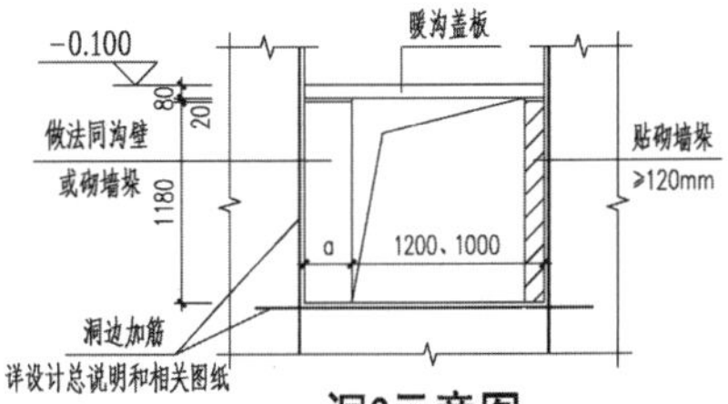

洞2示意图 1:30

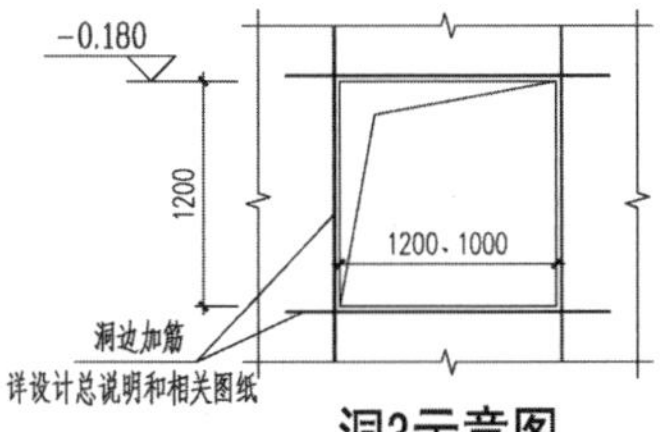

洞3示意图 1:30

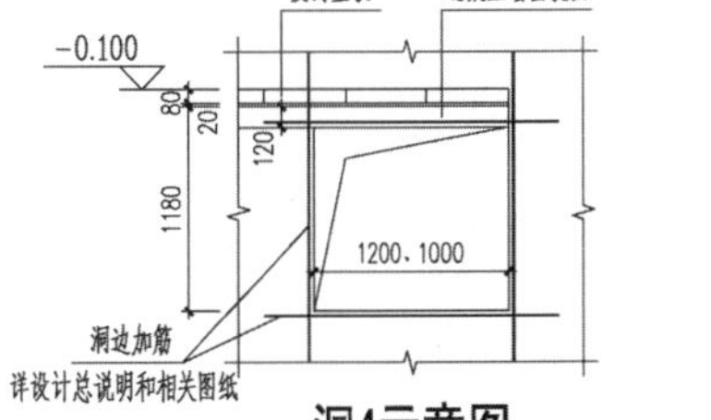

洞4示意图 1:30

纸，本图相关标注省略。

分类			BIAD 结构设计 深度图示
基础平面图. 条形基础			
图名			
例3-剪力墙下条形基础平面图			
图号	比例	页码	北京市建筑设计研究院有限公司 BEIJING INSTITUTE OF ARCHITECTURAL DESIGN
1-3-1		1-3	

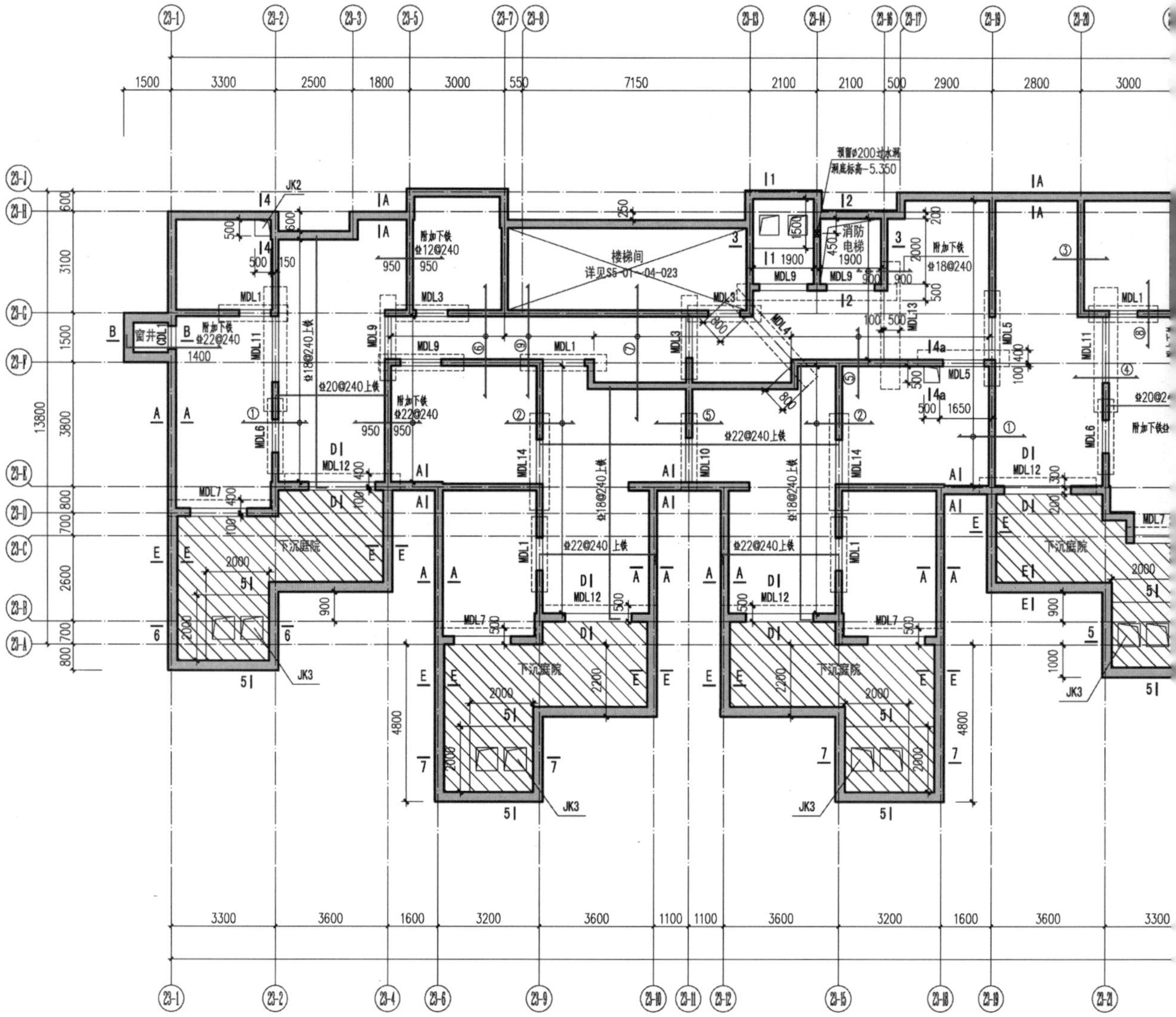

B23号楼基础平面图

说明：除下沉庭院及地下通道以外筏基底板厚均为700mm；
除下沉庭院及地下通道以外注明外，筏板板顶标高均为-3
除下沉庭院及地下通道以外，上部钢筋双向通长⌀18@24
除下沉庭院及地下通道以外，下部钢筋双向通长⌀18@24
图中所示下部钢筋均为支座附加筋。
▨ 所示下沉庭院部分筏基底板厚均为500mm，筏板
▨ 所示下沉庭院部分配筋为⌀16@240双层双向。
⊞ 所示地下通道部分筏基底板厚均为500mm，筏板
⊞ 所示地下通道部分配筋为⌀16@240双层双向。

中间支座(1)　中间支座(2)

边支座　悬挑板支座

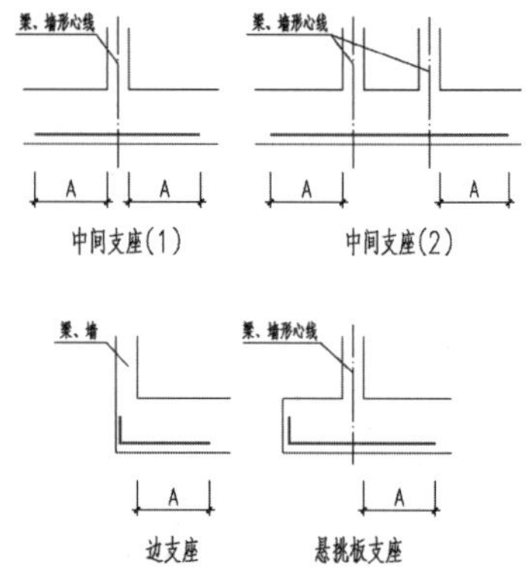

支座附加下铁配筋示意图

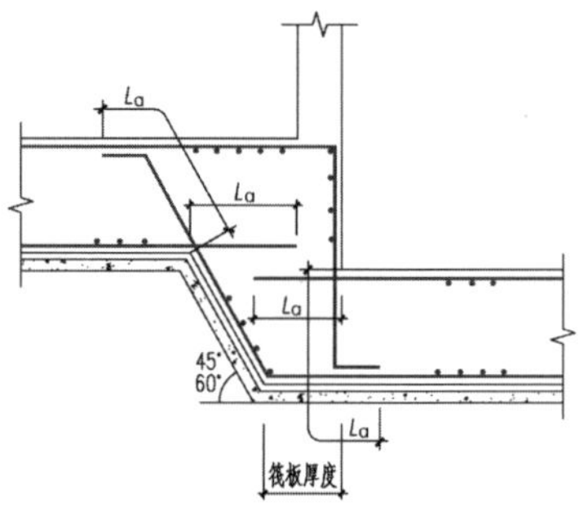

筏板高低处钢筋锚固详图

集水坑及污水池尺寸一览表		
代号	集水坑尺寸(长×宽×深)(mm)	坑底标高(m)
JK1	1900×1500×3270	-7.150
JK2	500×500×300	-4.030
JK3	2000×2000×1980	-5.950

示例说明 1. 基础平面图采用正投影法表示，绘制比例1：150。

2. 绘制与标注的内容：定位轴线及标注；指北针；基础构件的平面位置、定位尺寸、编号或者剖面号；上部墙体落在基础上的平面位置；必要的文字说明。

3. 主楼南侧首层设有下沉庭院，基础平面图中同时表示出下沉庭院的基础布置。通过图例区分不同区域，辅以文字说明不同区域的板厚、标高、配筋。

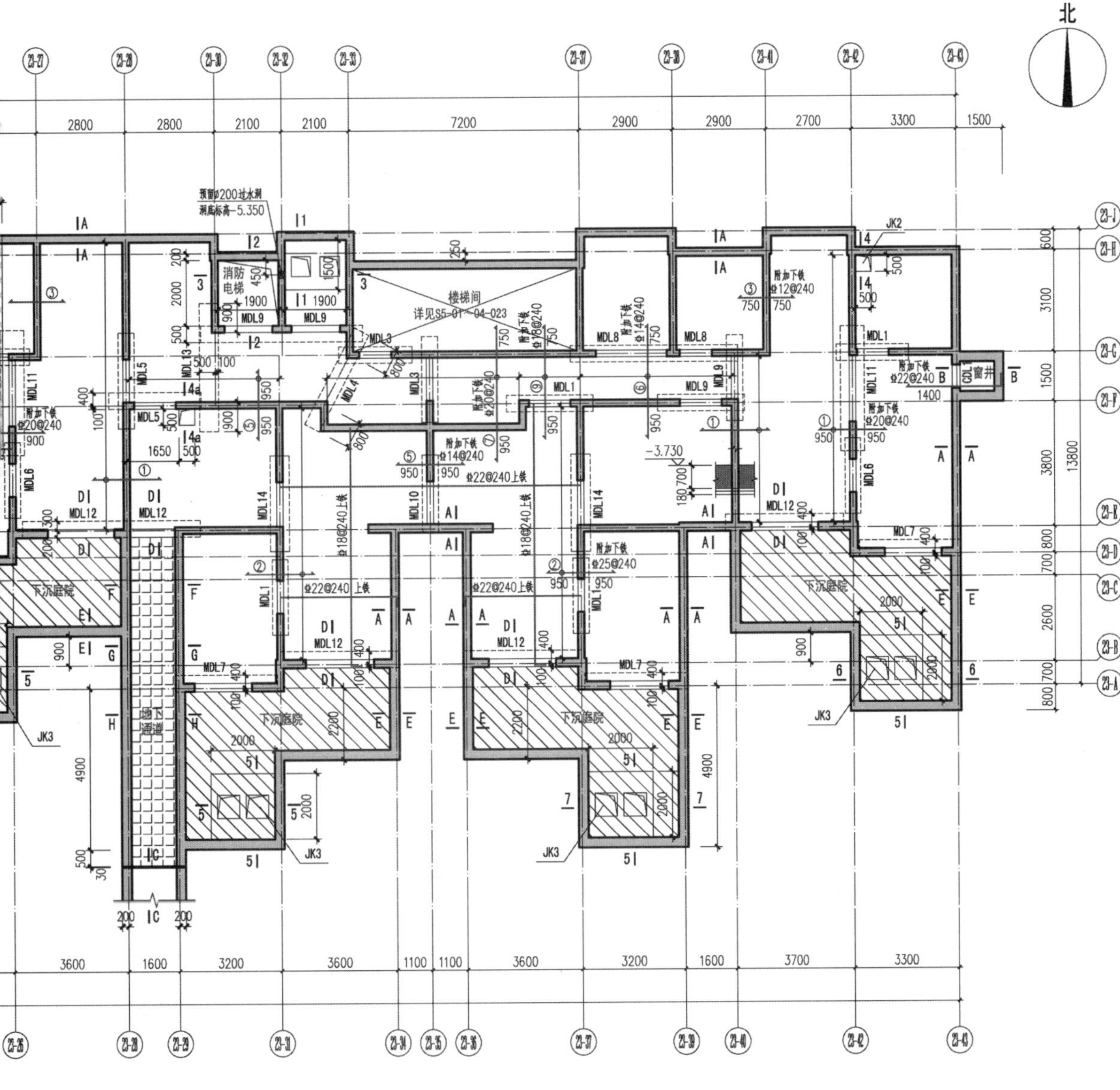

说明：

1. 本工程根据xx提供的《xx岩土工程勘察报告》进行设计。基础采用钢筋混凝土筏板基础。
2. 住宅楼筏板下（下沉庭院及地下通道除外）地基采用CFG桩复合地基处理，加固处理后的复合地基要求如下：修正前的复合地基承载力特征值 f_{spk} >430kPa。建筑物最终最大沉降量不大于80mm，倾斜值不大于0.0025。基底持力层为第2层粉土层，地基承载力综合特征值 f_{ok}=110kPa。基底反力标准值为430kPa，准永久值为410kPa。
   下沉庭院及地下通道地基采用天然地基，基底持力层为第2层粉土层，地基承载力综合特征值 f_{ok}=110kPa。
3. 复合地基应由有设计及施工资质的地基处理部门承担，方案应与原设计单位讨论确定。地基处理部门需提供复合地基的处理范围和深度，置换桩的平面布置及其材料和性能要求、构造详图及计算书，经审核后方可开始地基处理。复合地基处理后应做承载力试验，经有资质的检测单位鉴定，符合要求后方可进入下一道工序。
4. ±0.000相对绝对标高24.600m。
5. 材料：混凝土垫层C15，基础底板C30抗渗等级P6。基础底板、地下室外墙、集水坑壁要求混凝土自防水。钢筋HPB300级 Φ，钢筋HRB400级 Φ。
6. 基础底板下素混凝土垫层加防水层厚度为180mm。
7. 地基开槽后应会同甲、乙、丙及有关各方共同验槽，合格后方可施工基础。
8. 基础施工过程应配合建筑、水、暖、电施工图，预留洞口及预埋套管，不得遗忘。
9. 通长钢筋网沿建筑物长宽方向满布，钢筋均伸至底板边弯直钩，并按常规设马凳。
10. 基础底板通长筋采用机械连接，连接位置上铁在支座1/3跨内、接头数量≤50%，下铁在跨中、接头数量≤50%。
11. 上部钢筋长跨钢筋置下排，短跨钢筋置上排；下部钢筋长跨钢筋置上排，短跨钢筋置下排。
12. 未注明的基础底板钢筋构造做法均详见11G101-3图集。
13. 未注明的墙体及洞口尺寸详见地下一层墙体配筋图。
14. 未定位地梁（MDL、CDL）宽度方向齐坑（墙）边或沿墙厚中齐；长度方向未注明沿洞口中齐。
15. 基础部分墙体和洞口的位置和尺寸与地下一层墙体核对无误后方可施工。
16. 施工时要求先施工主体部分，后施工地下通道，下沉庭院，结构钢筋预先甩出。
17. 施工后浇带由基础至地下室顶板全高设置，后浇带混凝土断开，钢筋连通设置，待后浇带两侧混凝土浇筑两个月后，采用相应处设计强度等级提高一级的补偿收缩混凝土进行灌注，并加强养护。
18. 图中剖面(A-A~H-H、1-1~7-7)详见S1-02-023。
19. 下沉庭院、地下通道应在主楼沉降基本稳定后再施工；如主楼不做沉降观测，应在主楼结构封顶后60天再施工。

分类		
基础平面图．筏形基础		
图名		
例4-剪力墙下筏形基础平面图		
图号	比例	页码
1-4-1		1-4

BIAD 结构设计深度图示

北京市建筑设计研究院有限公司
BEIJING INSTITUTE OF ARCHITECTURAL DESIGN

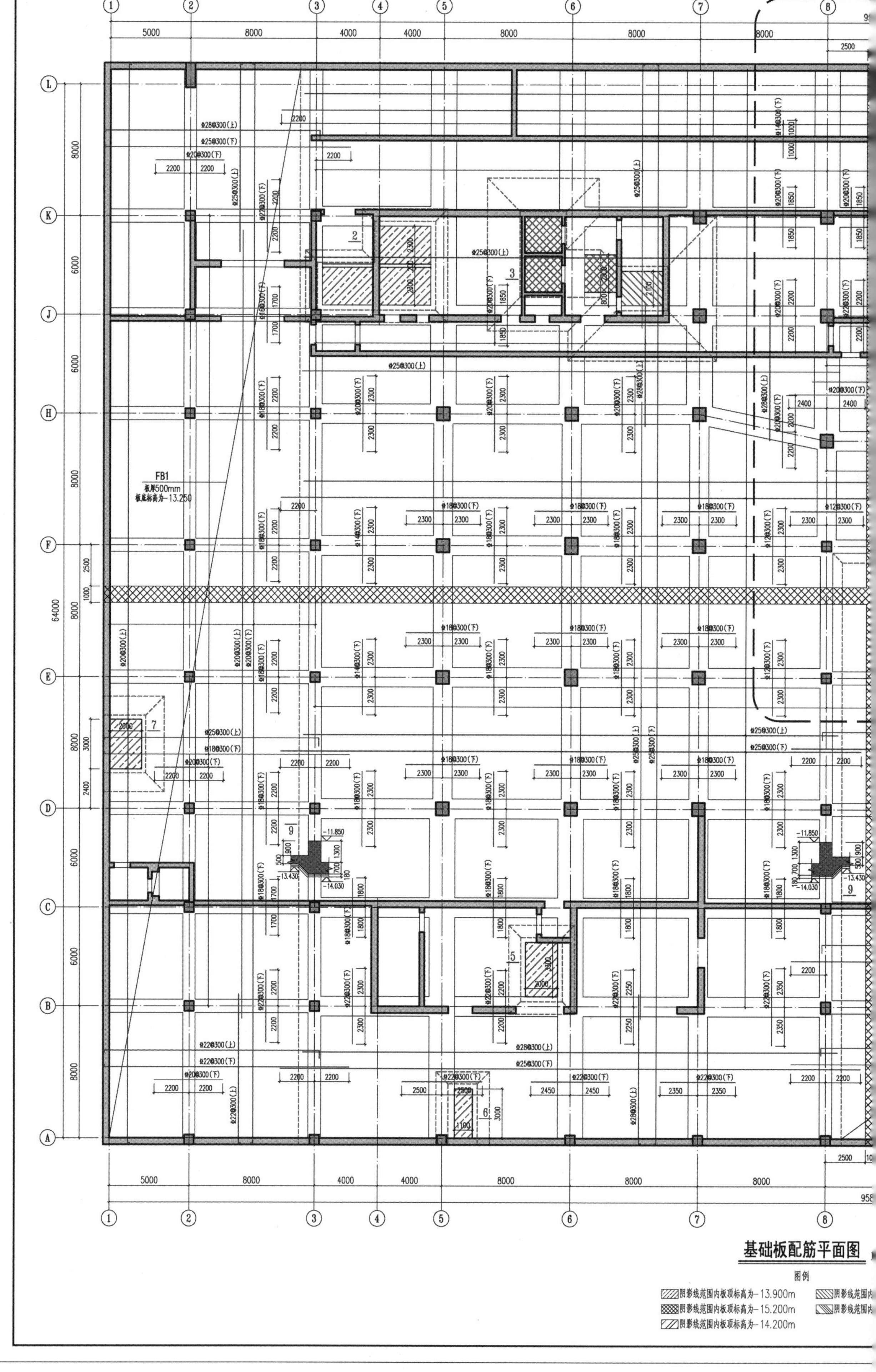

示例说明 1. 此图是“A0”布图的示意，包含梁板式筏形基础板配筋平面图及说明。

2. 采用正投影平面整体表示方法，绘制比例1：100。

3. 绘制与标注的内容：结构构件线（包括墙柱等竖向构件的剖断线，基础梁、集水坑、电梯基坑、板边等的看线，基础板底放坡相交的不可见线）；轴线系统（含总尺寸）；筏板厚度、配筋；基础结构构件（包括基础梁、筏板）、后浇带、集水坑和电梯基坑定位尺寸；后浇带形式；筏板变标高局部的

4. 图纸说明包含设计依据、等。设计依据、持力层和略。

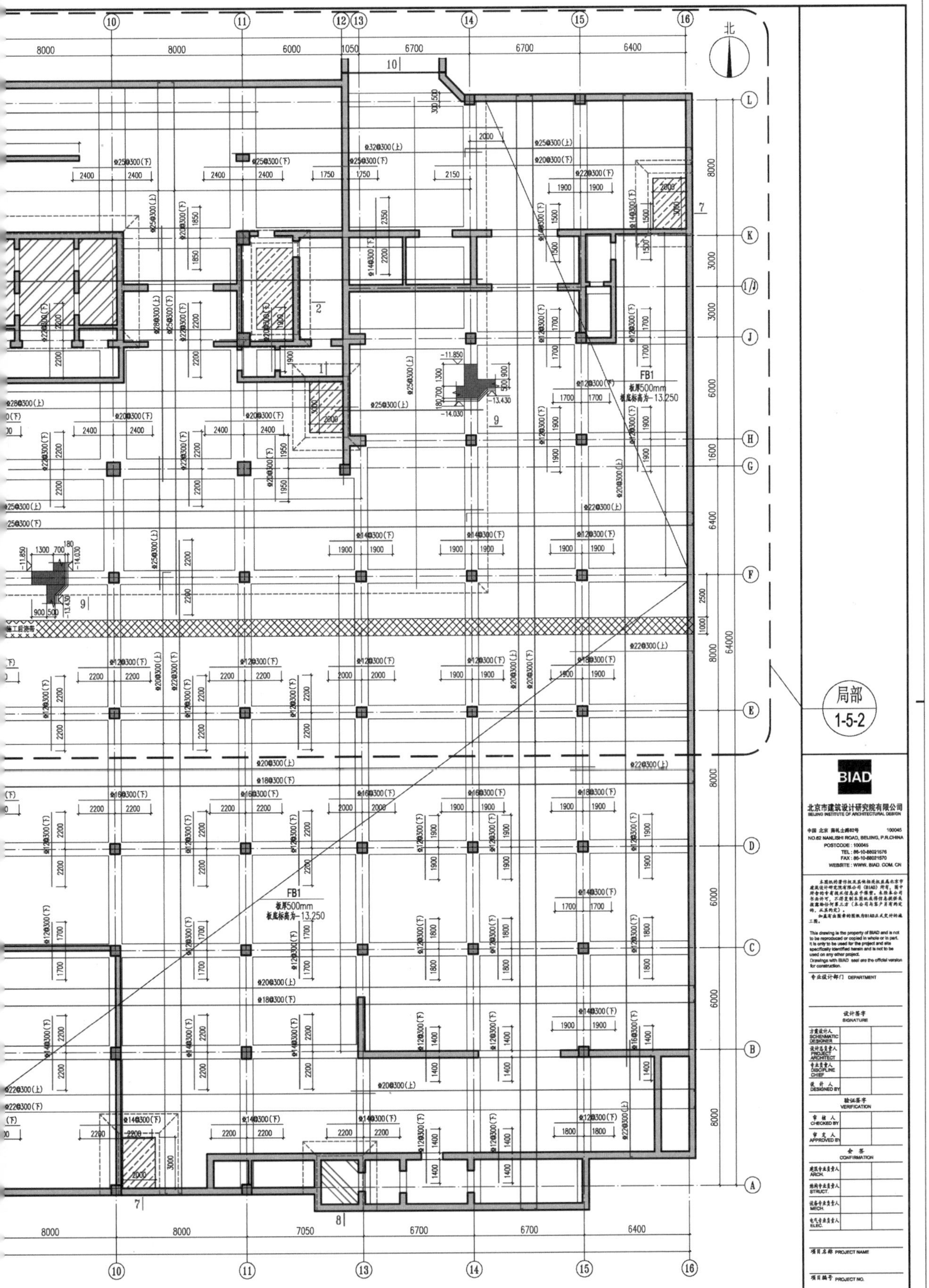

局部 1-5-2

说明：

1. 本工程根据xxx提供的<xxx工程勘查报告>进行基础设计，采用天然地基。持力层为第四纪细砂、粉砂③和圆砾④1层，承载力标准值350kPa；持力层下存在软弱下卧层，其地基承载力标准值为230kPa。地下水抗浮水位标高为34.000m。地基、基础设计等级为甲级。
2. 本工程±0.000=41.900（绝对标高）。除注明者外，槽底标高 −14.030=27.870m，−13.430=28.470m（FB1）。
3. 除注明者外，筏板厚度均为700mm。
4. 除注明者外，筏板底标高均为−13.850m。
5. FB1范围筏板内设置拉结筋⌀8@600，梅花形布置。
6. 基础梁的截面及定位尺寸均详结2；所有柱截面及定位尺寸，墙洞口定位尺寸均详结5。
7. 板上部钢筋在支座连接，板下部钢筋在跨中连接。
8. 施工采用机械挖槽时，必须控制挖深在设计基底标高以上300mm，再用人工清槽至基底标高，不得超挖。基础开槽至设计标高后应及时通知勘察、设计单位验槽。
9. 因基槽开挖较深，施工中应采取妥善措施，确保边坡安全。
10. 基槽开挖施工中必须采取妥善措施进行基坑排降水，并妥善控制停止降水的时间。
11. 本工程应进行沉降观测。
12. 其他详结构总说明。

BIAD
北京市建筑设计研究院有限公司
BEIJING INSTITUTE OF ARCHITECTURAL DESIGN

础详图剖面索引标注；指北针。
力标准值、主要筏板尺寸及标高、基本施工工艺要求
、基本施工工艺要求若在总说明中已叙述，此处可省

分类		
基础平面图. 筏形基础		
图名		
例5-梁板式筏形基础平面图		
图号	比例	页码
1-5-1		1-5

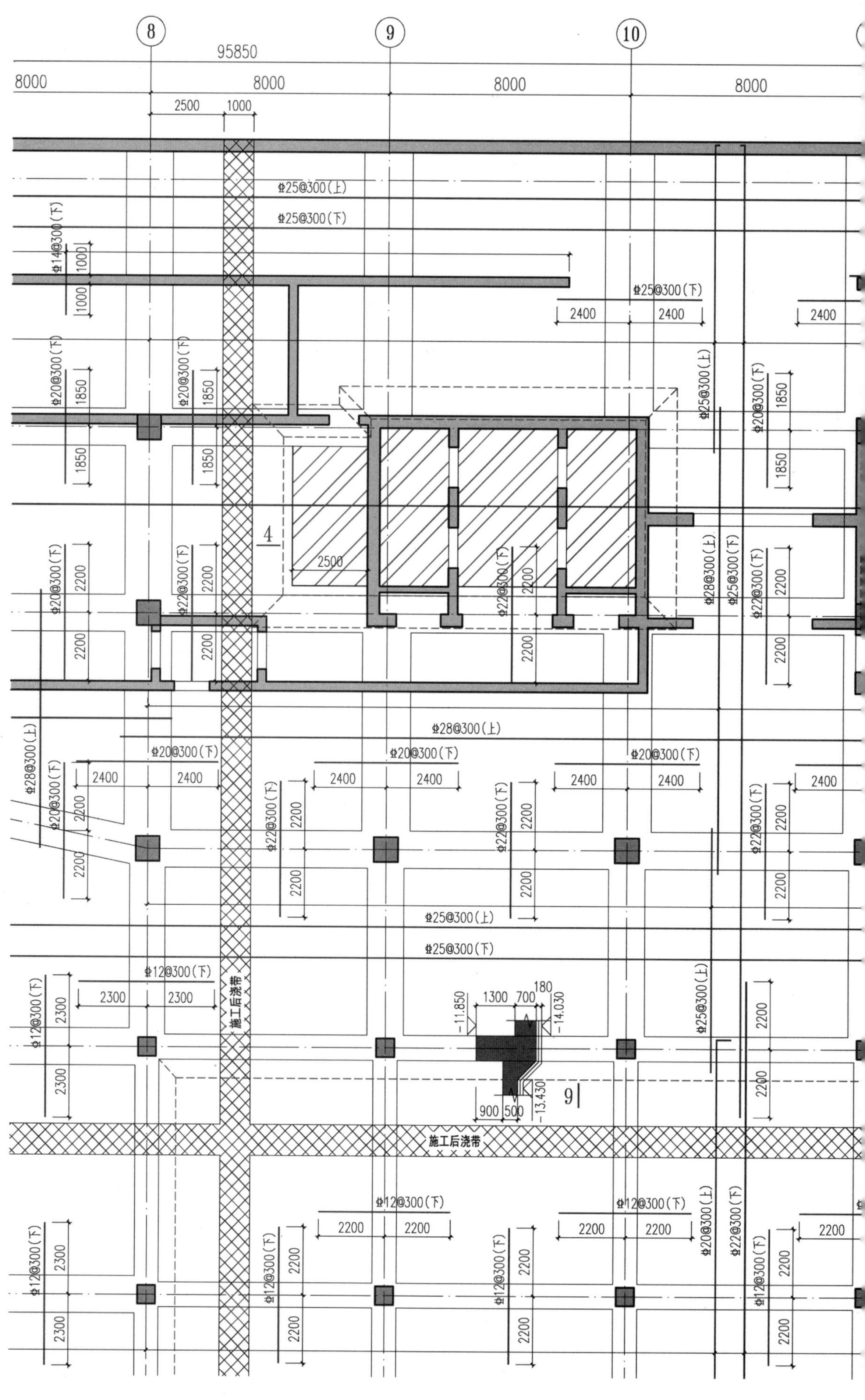

示例说明 1. 此图是“基础板配筋平面图”的局部放大图。

2. 基础筏板的板厚及标高有变化时，可用筏板编号以及范围线表示，底坑处标高变化可用不同图例填充表示。

3. 当筏板有高差时，应在变标高处绘制剖面示意图，并注明筏板板底标高、梁顶标高。

4. 筏板钢筋标注处注明“上、下”，分别表示筏板上部、下部纵筋。支座处附加下部钢筋，注明配筋和长度。

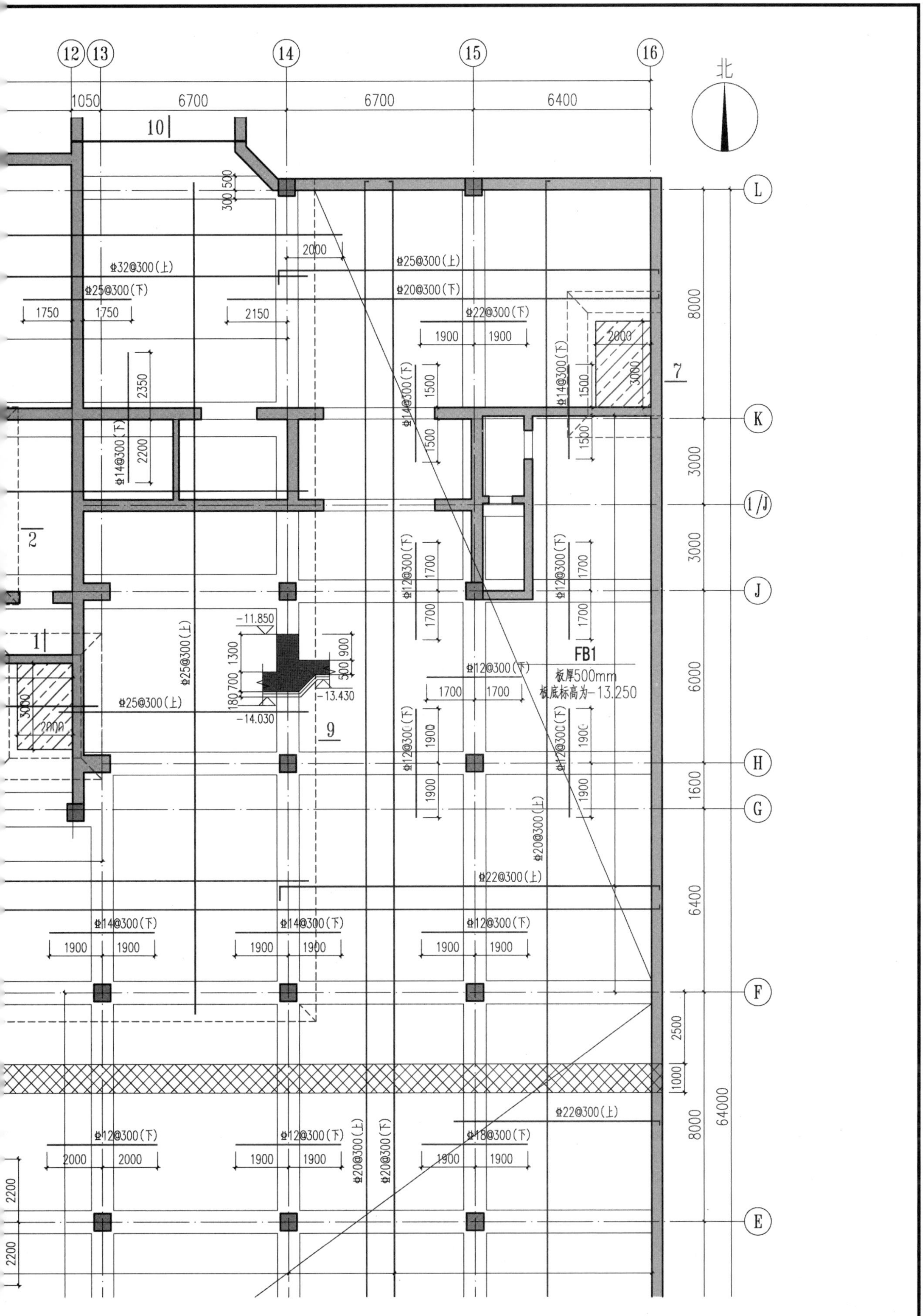

位置示意图

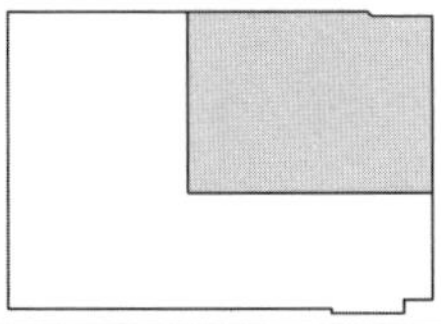

分类		
基础平面图. 筏形基础		
图名		
例5-梁板式筏形基础平面图(局部)		
图号	比例	页码
1-5-2		1-6

BIAD 结构设计 深度图示
北京市建筑设计研究院有限公司
BEIJING INSTITUTE OF ARCHITECTURAL DESIGN

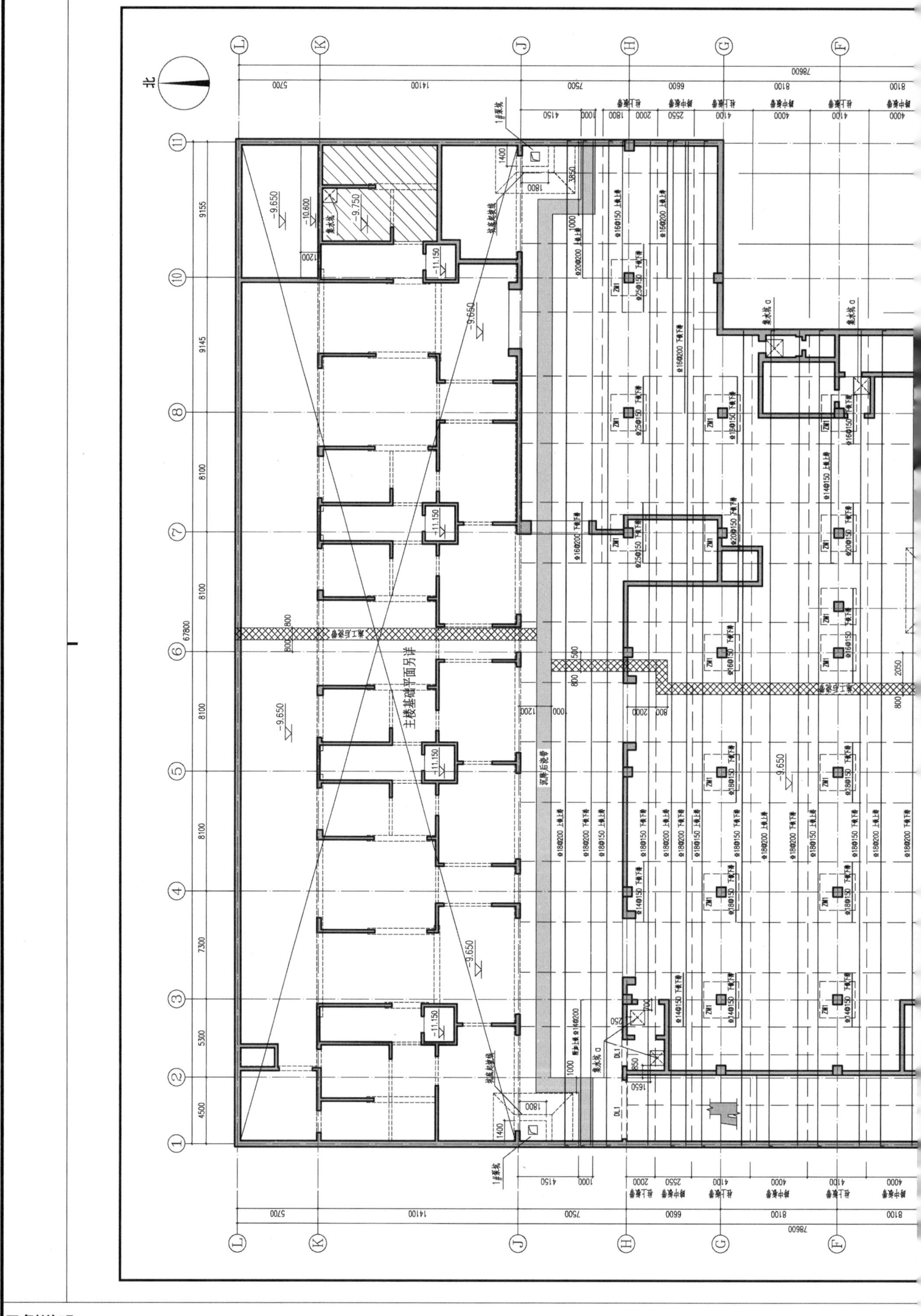

示例说明 1. 此图是“A1”布图的示意，包含车库的基础平面布置、X方向基础板配筋以及相关说明。

2. 基础平面图采用正投影法表示，绘制比例1：150。

3. 绘制与标注的内容：定位轴线及标注；指北针；基础构件的平面定位和尺寸；上部墙、柱落在基础上的平面位置；基础的标高及标高变化；后浇带的类型、平面定位和宽度；X方向基础板配筋；集水坑的平面定位和尺寸；必要的文字说明。

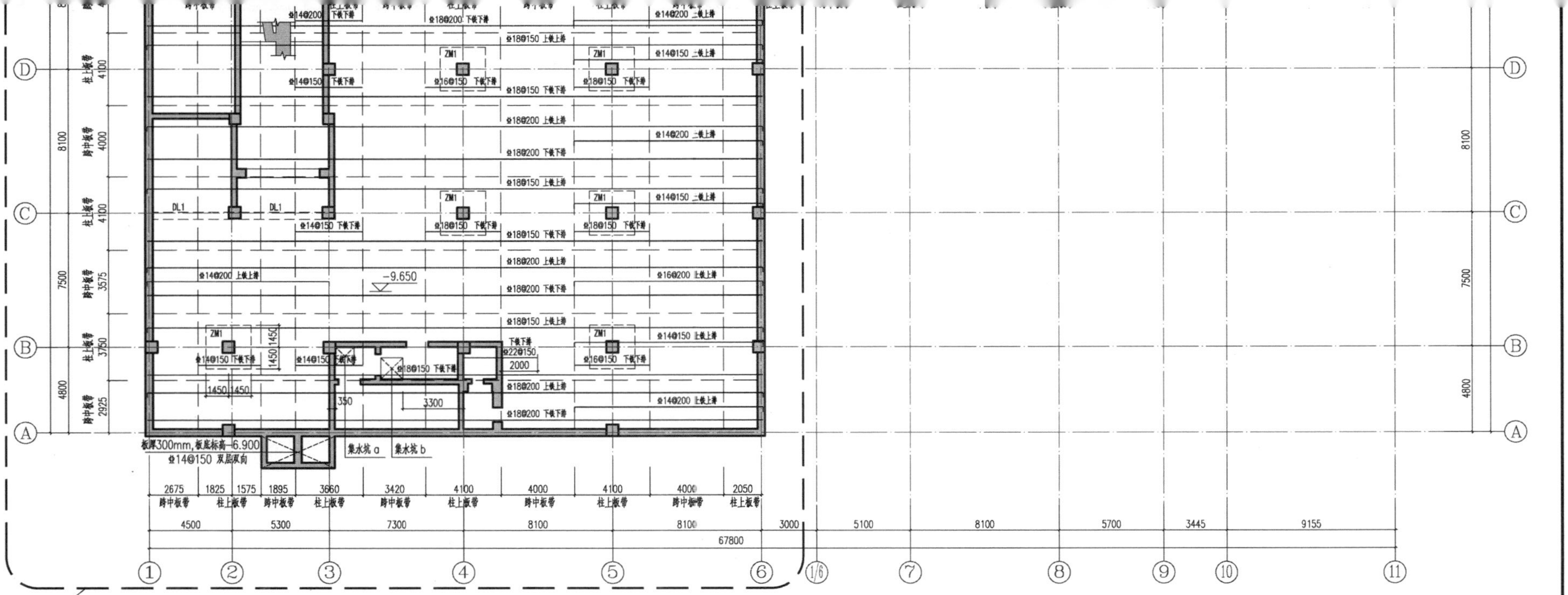

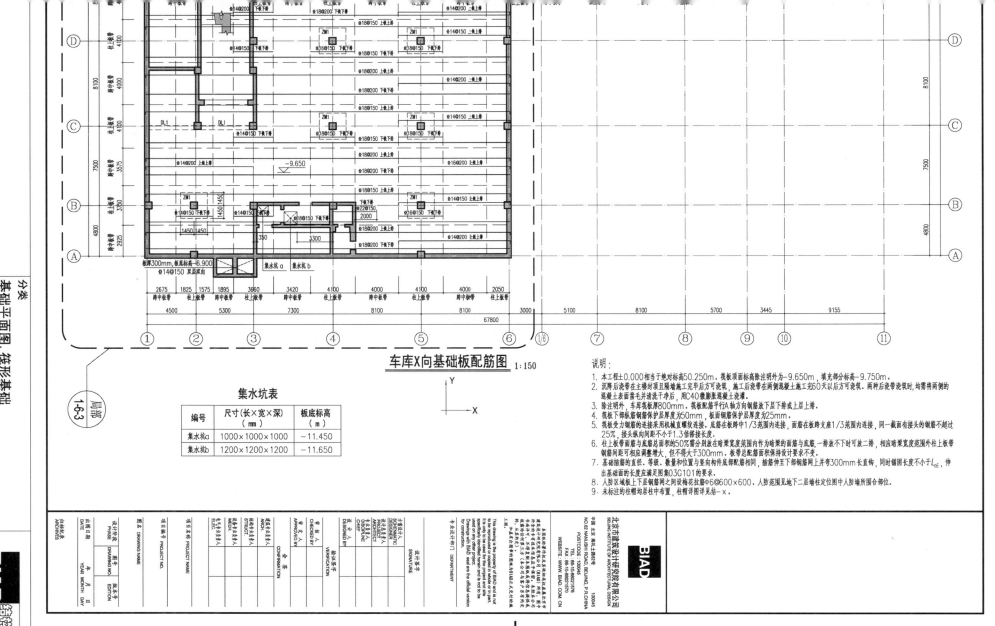

车库X向基础板配筋图 1:150

局部 1-6-3

集水坑表

编号	尺寸(长×宽×深)（mm）	板底标高（m）
集水坑a	1000×1000×1000	−11.450
集水坑b	1200×1200×1200	−11.650

说明：

1. 本工程±0.000相当于绝对标高50.250m。筏板顶面标高除注明外为−9.650m，填充部分标高−9.750m。
2. 沉降后浇带在主楼封顶且隔墙施工完毕后方可浇筑，施工后浇带在两侧混凝土施工完60天以后方可浇筑。两种后浇带浇筑时，均需将两侧的混凝土表面凿毛并清洗干净后，用C40微膨胀混凝土浇灌。
3. 除注明外，车库筏板厚800mm。筏板配筋平行A轴方向钢筋放下层下排或上层上排。
4. 筏板下部纵筋钢筋保护层厚度为50mm，板面钢筋保护层厚度为25mm。
5. 筏板受力钢筋的连接采用机械直螺纹连接。底筋在板跨中1/3范围内连接，面筋在板跨支座1/3范围内连接，同一截面有接头的钢筋不超过25%，接头纵向间距不小于1.3倍搭接长度。
6. 柱上板带面筋与底筋总面积的50%需分别放在暗梁宽度范围内作为暗梁的面筋与底筋，一排放不下时可放二排，相应暗梁宽度范围外柱上板带钢筋间距可相应调整增大，但不得大于300mm。板带总配筋面积保持设计要求不变。
7. 基础插筋的直径、等级、数量和位置与竖向构件底部配筋相同，插筋伸至下部钢筋网上并弯300mm长直钩，同时锚固长度不小于L_{aE}，伸出基础面的长度应满足图集03G101的要求。
8. 人防区域板上下层钢筋网之间设梅花拉筋Φ6@600×600。人防范围见地下二层墙柱定位图中人防墙所围合部位。
9. 未标注的柱帽均居柱中布置，柱帽详图详见结−x。

BIAD
北京市建筑设计研究院有限公司
BEIJING INSTITUTE OF ARCHITECTURAL DESIGN

中国 北京 南礼士路62号 100045
NO.62 NANLISHI ROAD, BEIJING, P.R.CHINA
POSTCODE：100045
TEL：86-10-88021576
FAX：86-10-88021570
WEBSITE：WWW. BIAD. COM. CN

专业设计部门 DEPARTMENT

设计签字 SIGNATURE

方案设计人 SCHEMATIC DESIGNER
设计总负责人 PROJECT ARCHITECT
专业负责人 DISCIPLINE CHIEF
设计人 DESIGNED BY

验证签字 VERIFICATION

审核人 CHECKED BY
审定人 APPROVED BY

会签 CONFIRMATION

建筑专业负责人 ARCH.
结构专业负责人 STRUCT.
设备专业负责人 MECH.
电气专业负责人 ELEC.

项目名称 PROJECT NAME

项目编号 PROJECT NO.

图名 DRAWING NAME

设计阶段 PHASE	图号 DRAWING NO.	版本号 EDITION

出图日期 DATE 年 YEAR 月 MONTH 日 DAY

归档纪录 ARCHIVES

分类		
基础平面图. 筏形基础		
图名		
例6-平板式筏形基础平面图一		
图号	比例	页码
1-6-1		1-7

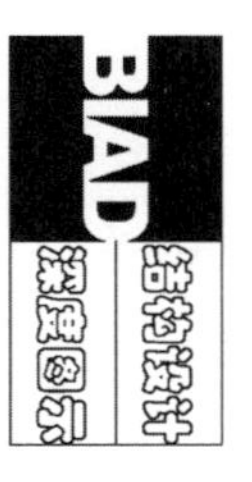

北京市建筑设计研究院有限公司
BEIJING INSTITUTE OF ARCHITECTURAL DESIGN

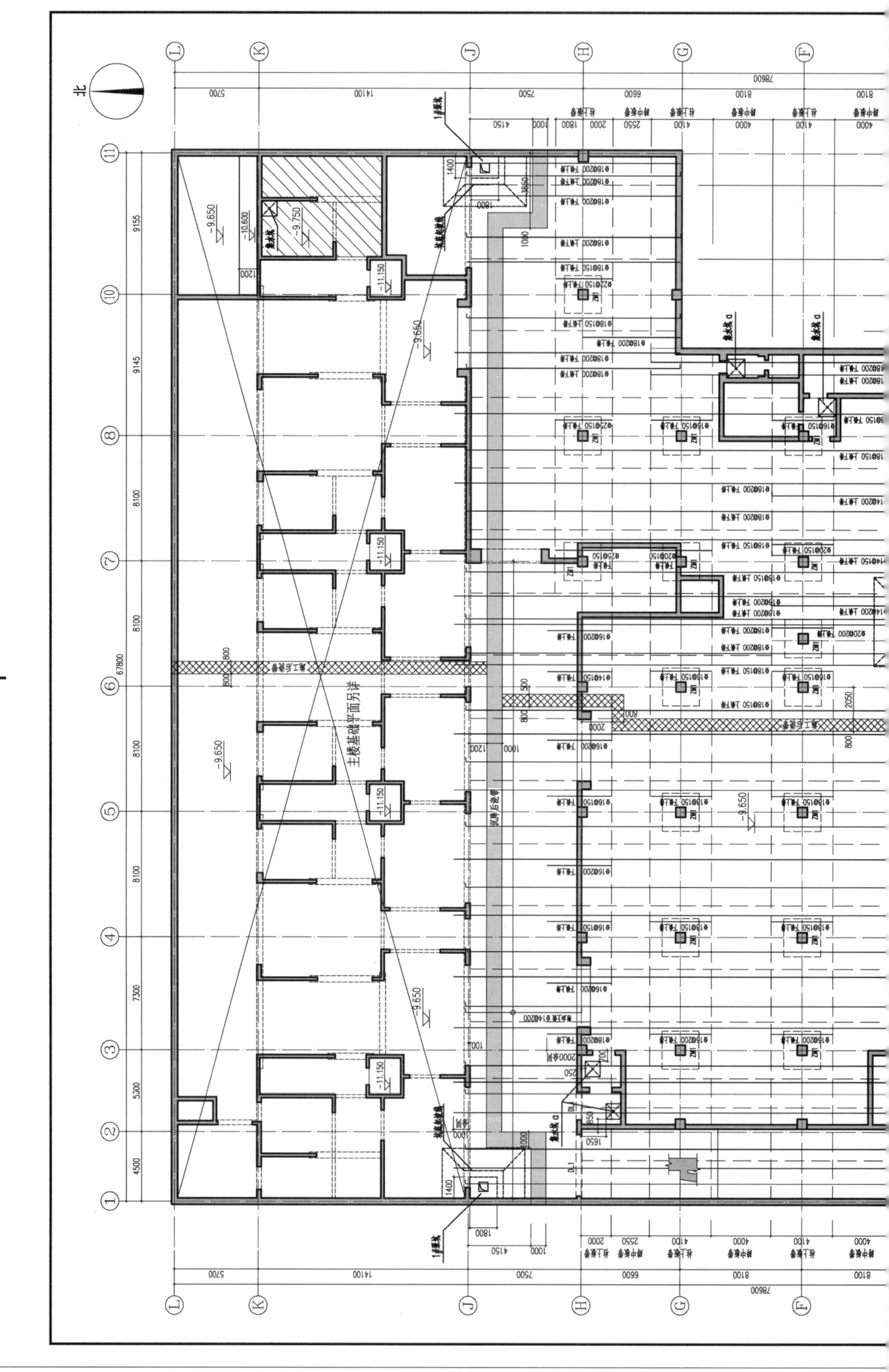

示例说明 1. 此图是“A1”布图的示意，包含车库的基础平面布置、Y方向基础板配筋以及相关说明。

2. 基础平面图采用正投影法表示，绘制比例1：150。

3. 绘制与标注的内容：定位轴线及标注；指北针；基础构件的平面定位和尺寸；上部墙、柱落在基础上的平面位置；基础的标高及标高变化；后浇带的类型、平面定位和宽度；Y方向基础板配筋；集水坑的平面定位和尺寸；必要的文字说明。

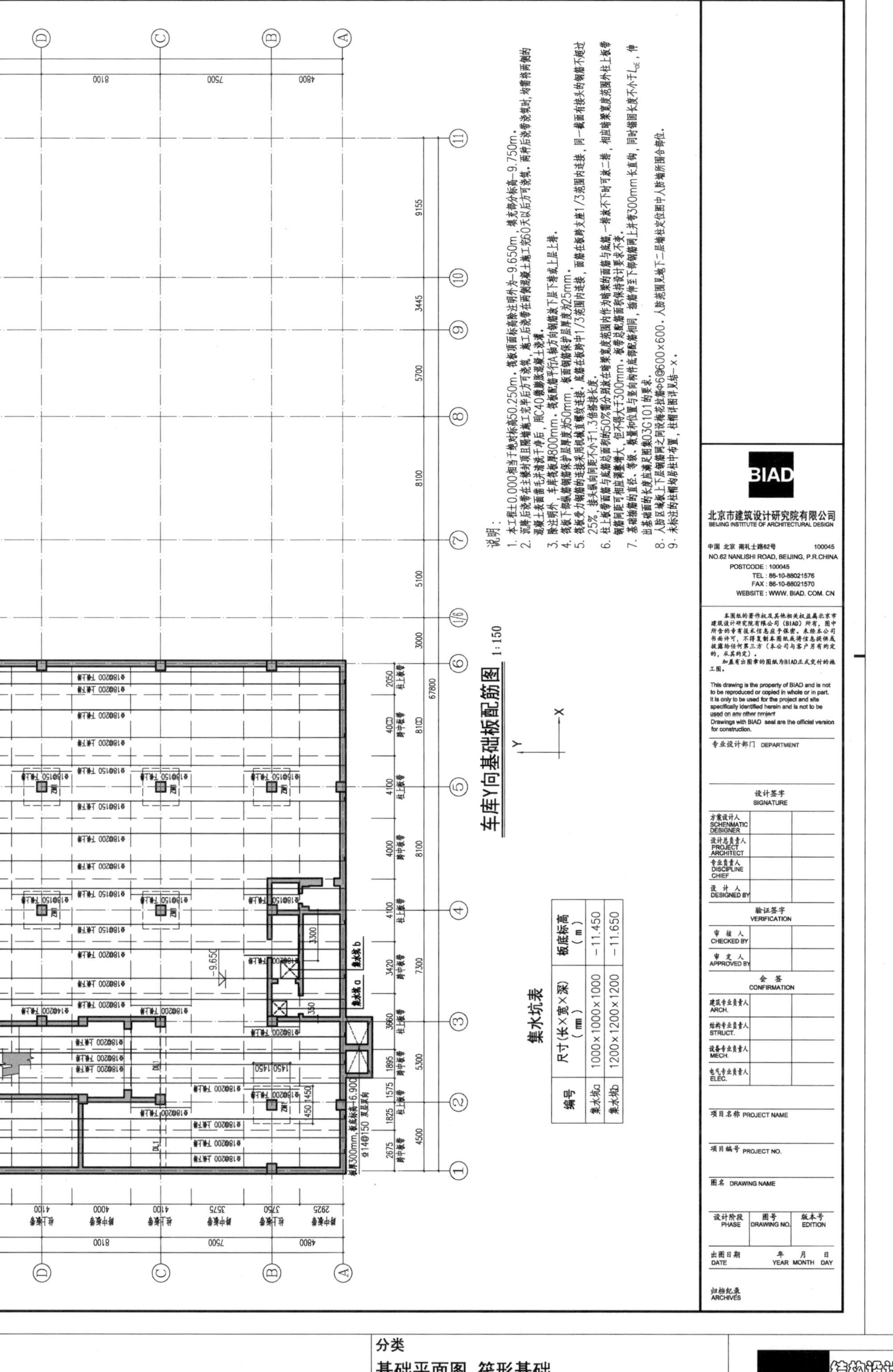

车库Y向基础板配筋图 1:150

说明：
1. 本工程±0.000相当于绝对标高50.250m。筏板底面标高南端注明外为－9.650m，填表部分标高－9.750m。
2. 沉降后浇带在主体封项且隔墙施工完半后方可浇筑，施工后浇带面板端最混凝土龄达60天以后方可浇筑。两种后浇带浇筑时，均需将两侧缝内浮浆及杂物清理干净。
3. 混凝土保护层下部浇筑时。
4. 筏板下部纵筋保护层厚度50mm，用C40膨胀混凝土浇筑。
5. 筏板平面处端护层厚度为50mm，纵筋保护层厚为25mm。
6. 数板受力钢筋的搭接长连采用机械连接或绑扎搭接。
7. 柱上板带与跨中板带钢筋总面积的50%集中分别放在暗梁内作为暗梁与底板，面筋在板跨中1/3范围内连接。同一截面接头的数量不超过25%，基本锚固连接头区。
8. 出基础面的大经过满足图集08G101做法求。
9. 未标注的柱帽均按柱中布置，柱帽详图另见纸。

集水坑表

编号	尺寸(长×宽×深)（mm）	板底标高（m）
集水坑a	1000×1000×1000	-11.450
集水坑b	1200×1200×1200	-11.650

分类		
基础平面图. 筏形基础		
图名		
例6-平板式筏形基础平面图二		
图号	比例	页码
1-6-2		1-8

BIAD 结构设计深度图示
北京市建筑设计研究院有限公司
BEIJING INSTITUTE OF ARCHITECTURAL DESIGN

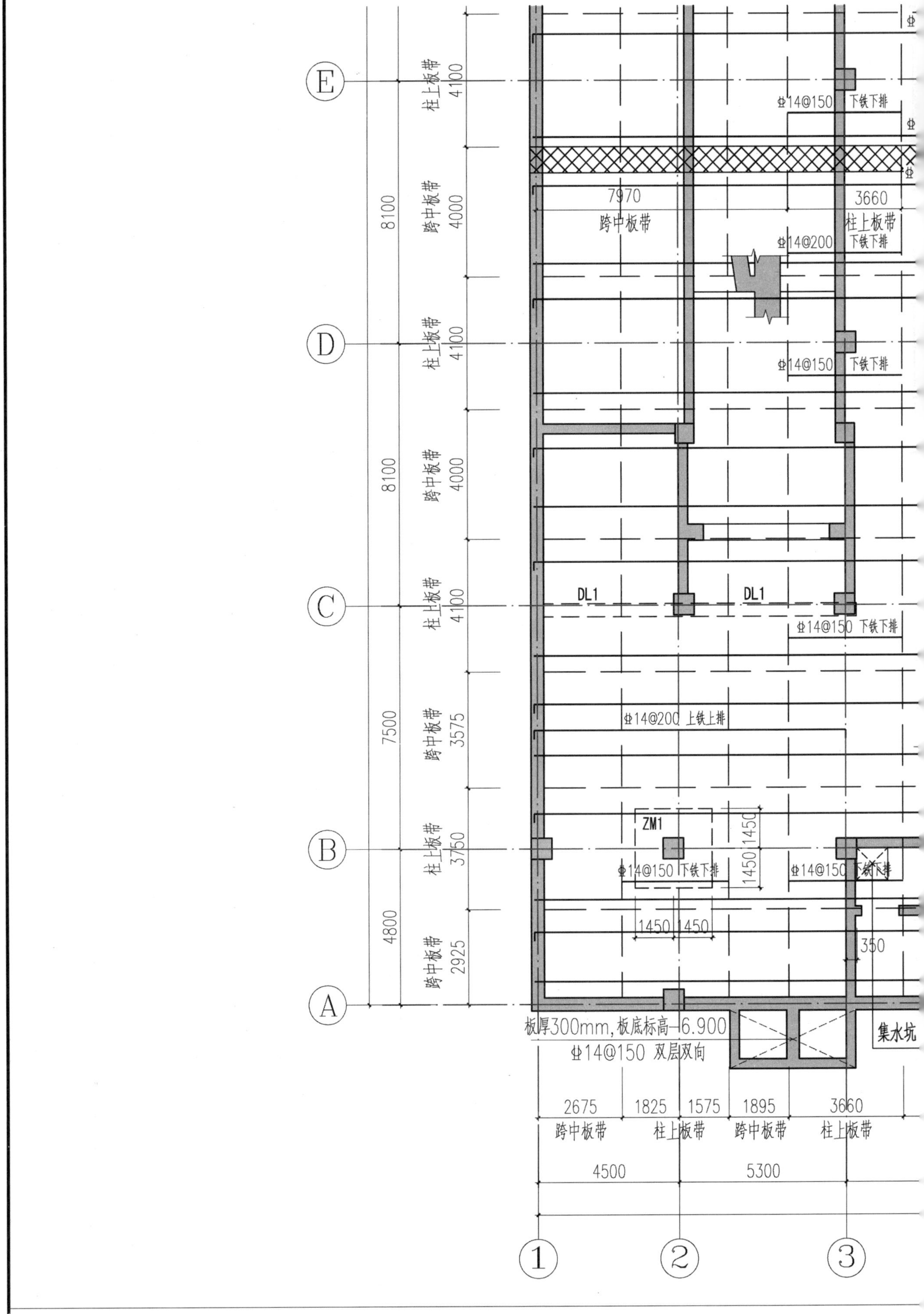

示例说明 1. 此图是“基础板配筋图”的局部放大图，绘制与标注的内容除1-6-1说明第3款外，还需标注跨中板带、柱上板带的范围；底部和顶部的贯通钢筋、底部附加非贯通钢筋。

2. 双层双向的基础板配筋，注明上、下层钢筋网两方向面层位置关系。

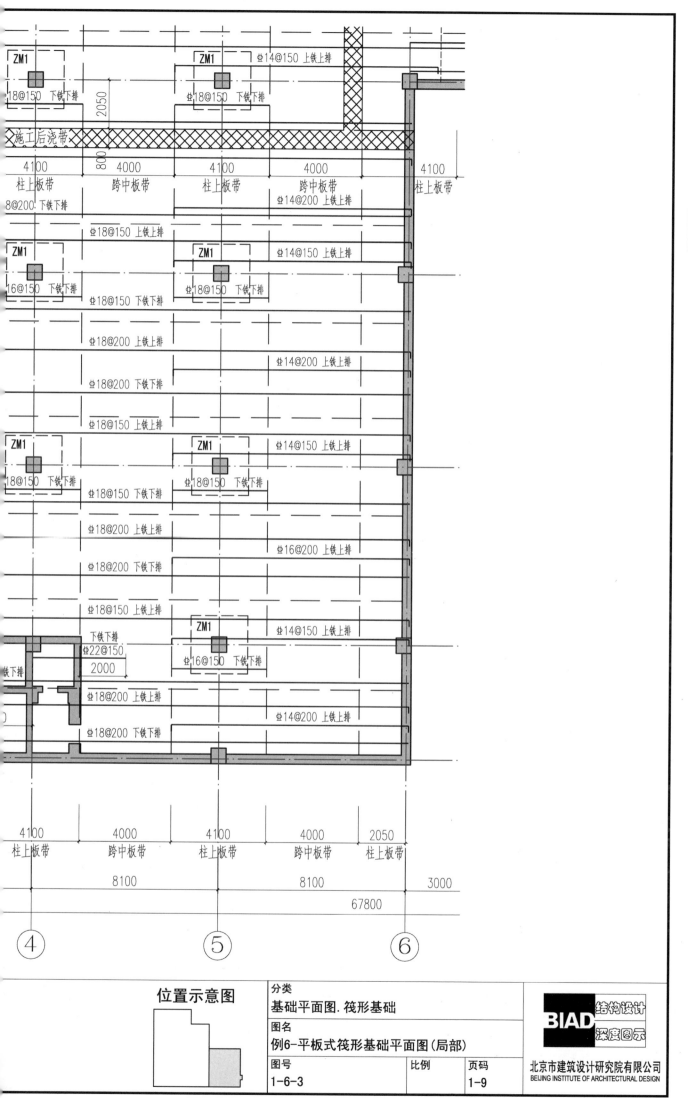

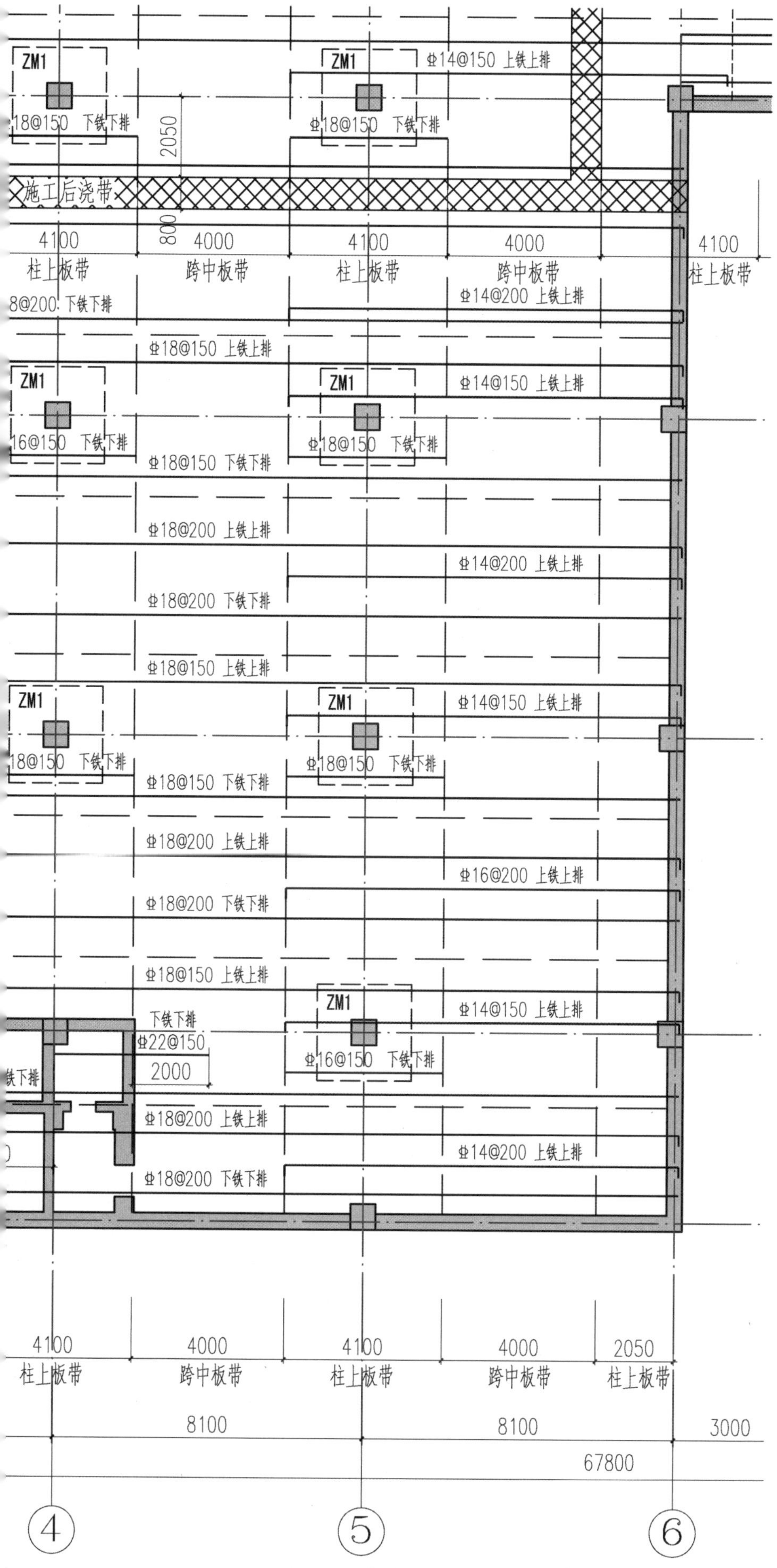

ZM1
18@150 下铁下排
ZM1
⌀14@150 上铁上排
⌀18@150 下铁下排
2050
施工后浇带
800
4100 柱上板带
4000 跨中板带
4100 柱上板带
4000 跨中板带
4100 柱上板带
8@200 下铁下排
⌀14@200 上铁上排
⌀18@150 上铁上排
ZM1
ZM1
⌀14@150 上铁上排
16@150 下铁下排
⌀18@150 下铁下排
⌀18@150 下铁下排
⌀18@200 上铁上排
⌀14@200 上铁上排
⌀18@200 下铁下排
⌀18@150 上铁上排
ZM1
ZM1
⌀14@150 上铁上排
18@150 下铁下排
⌀18@150 下铁下排
⌀18@150 下铁下排
⌀18@200 上铁上排
⌀16@200 上铁上排
⌀18@200 下铁下排
⌀18@150 上铁上排
ZM1
下铁下排
⌀14@150 上铁上排
⌀22@150
2000
铁下排
⌀16@150 下铁下排
⌀18@200 上铁上排
⌀14@200 上铁上排
⌀18@200 下铁下排

4100 柱上板带
4000 跨中板带
4100 柱上板带
4000 跨中板带
2050 柱上板带
8100
8100
3000
67800
4
5
6

位置示意图	分类 基础平面图. 筏形基础			BIAD 结构设计 深度图示
	图名 例6-平板式筏形基础平面图(局部)			
	图号 1-6-3	比例	页码 1-9	北京市建筑设计研究院有限公司 BEIJING INSTITUTE OF ARCHITECTURAL DESIGN

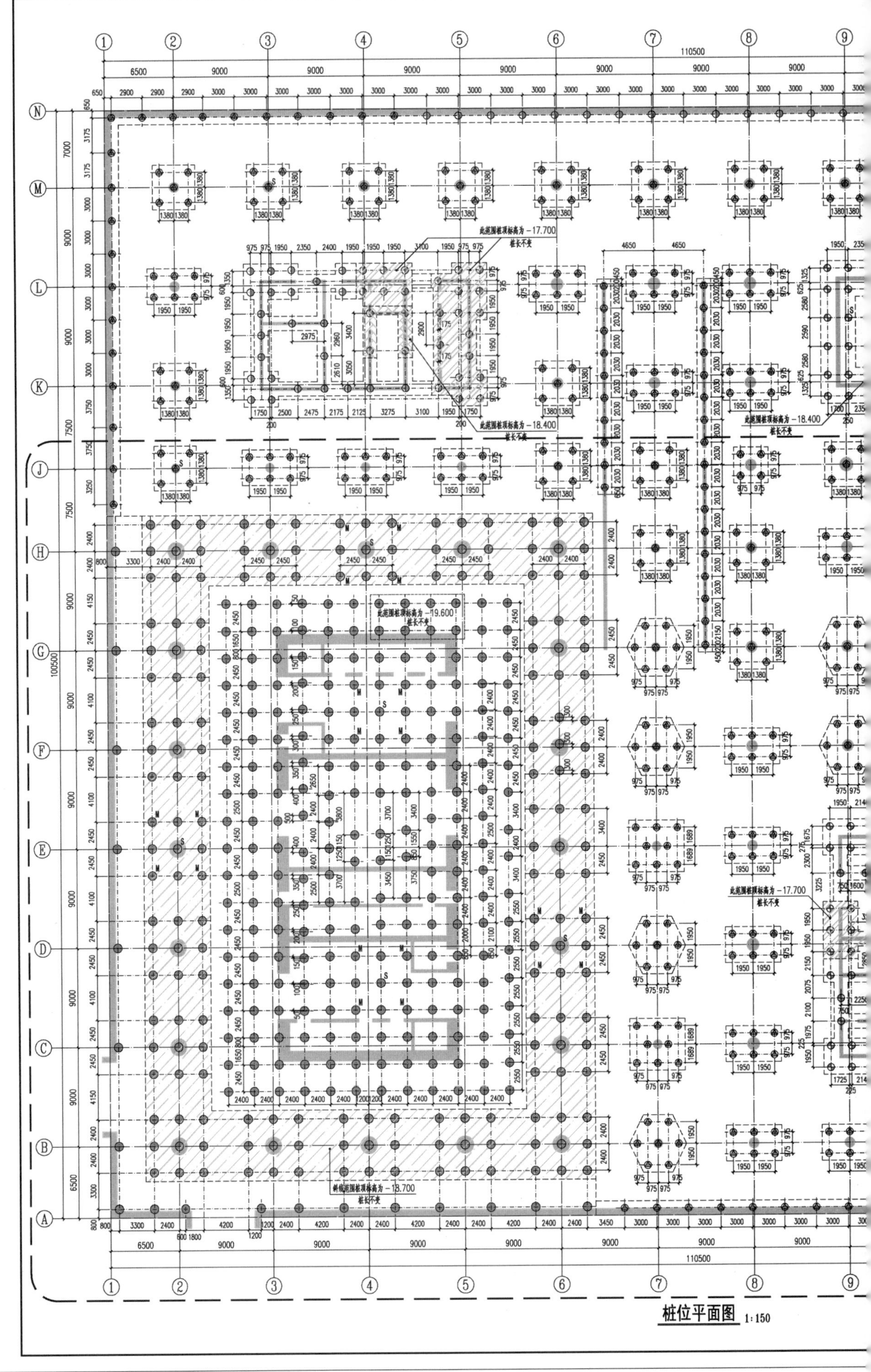

示例说明 1. 此图是“A0”布图的示意，包含桩位平面图、指北针和相关说明。

2. 桩位平面图的绘制比例一般与基础平面图相同，常用比例1：100，可用比例1：150。

3. 绘制与标注的内容：定位轴线及标注；桩的平面位置、定位尺寸；承台轮廓线；结构竖向构件的平面位置。桩的种类较多时，采用不同图例和符号加以区别。

4. 说明内容包括：桩的类型、桩径、图例，桩顶标高，桩端持力层，单桩极限承载力，成桩的

施工要求，桩基的检测

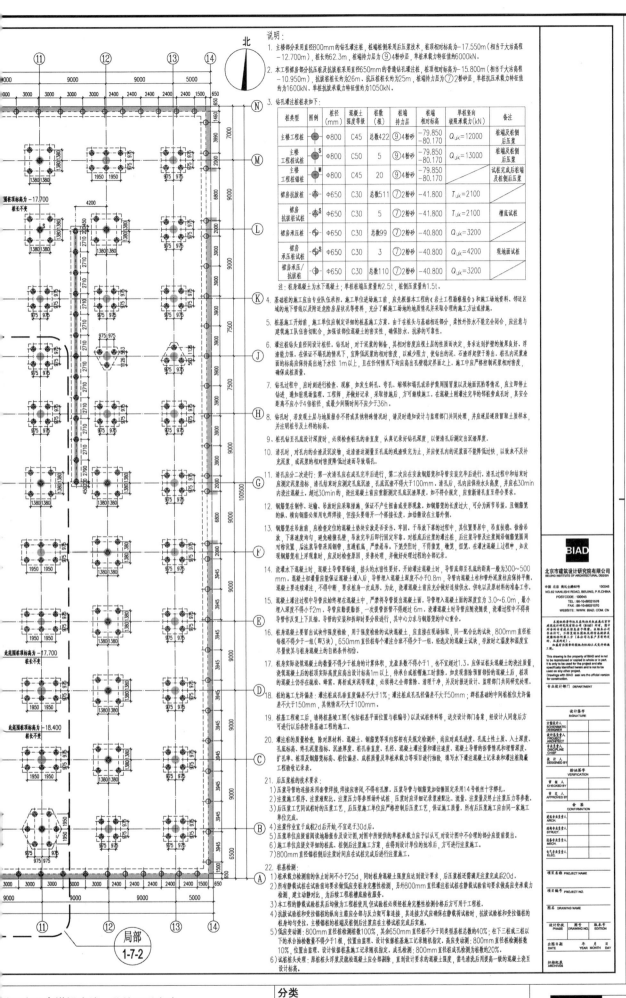

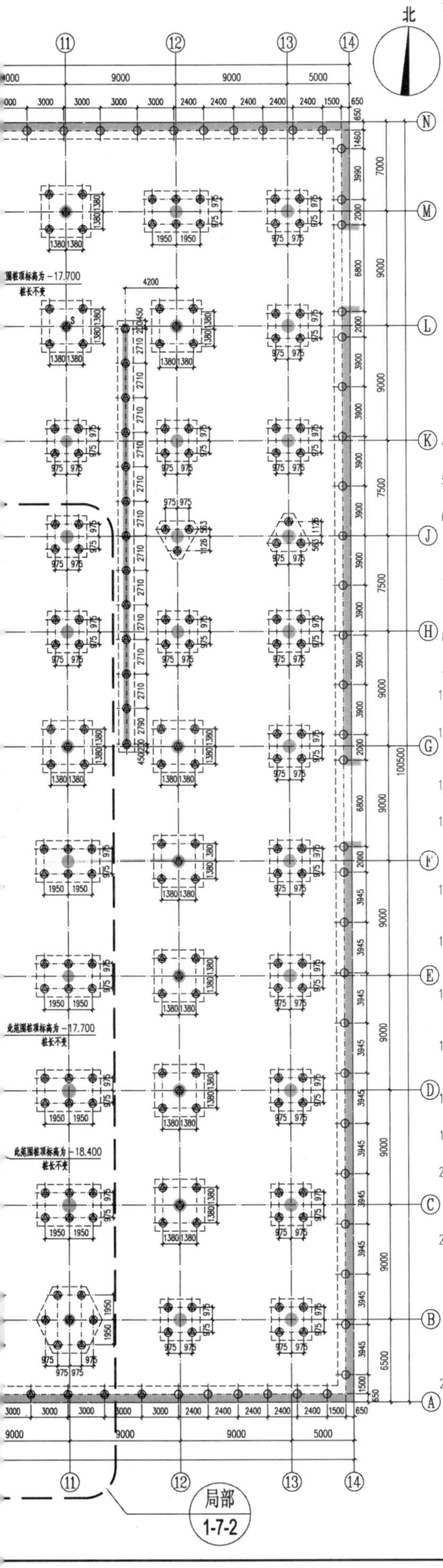

说明：

1. 主楼部分采用直径800mm的钻孔灌注桩，桩端桩侧采用后压浆技术，桩顶相对标高为-17.550m（相当于大沽高程-12.700m），桩长约62.3m，桩端持力层为⑨4粉砂层，单桩承载力特征值约6000kN。
2. 本工程裙房部分抗压桩及抗拔桩采用直径650mm的普通钻孔灌注桩，桩顶相对标高为-15.800m（相当于大沽高程-10.950m），抗拔桩桩长约为26m、抗压桩桩长约为25m，桩端持力层为⑦2粉砂层，单桩抗压承载力特征值约为1600kN、单桩抗拔承载力特征值约为1050kN。
3. 钻孔灌注桩桩表如下：

桩类型	图例	桩径（mm）	混凝土强度等级	桩数（根）	桩端持力层	桩端相对标高	单桩竖向极限承载力（kN）	备注
主楼工程桩		Φ800	C45	总数422	⑨4粉砂	-79.850 -80.170	Q_{uk}=12000	桩端及桩侧后压浆
主楼工程桩试桩	S	Φ800	C50	5	⑨4粉砂	-79.850 -80.170	Q_{uk}=13000	桩端及桩侧后压浆
主楼工程桩锚桩	M	Φ800	C45	20	⑨4粉砂	-79.850 -80.170		试桩完成后桩端及桩侧后压浆
裙房抗拔桩		Φ650	C30	总数511	⑦2粉砂	-41.800	T_{uk}=2100	
裙房抗拔桩试桩	S	Φ650	C30	5	⑦2粉砂	-41.800	T_{uk}=2100	槽底试桩
裙房承压桩		Φ650	C30	总数99	⑦2粉砂	-40.800	Q_{uk}=3200	
裙房承压桩试桩	S	Φ650	C30	3	⑦2粉砂	-40.800	Q_{uk}=4200	现地面试桩
裙房承压/抗拔桩		Φ650	C30	总数110	⑦2粉砂	-40.800	Q_{uk}=3200	

注：桩身混凝土为水下混凝土；单桩桩端压浆量约2.5t，桩侧压浆量约1.5t。

4. 基础桩的施工应由专业队伍承担。施工单位进场施工前，应先根据本工程的《岩土工程勘察报告》和施工场地资料、邻近区域的地下管线以及附近危险房屋状况等资料，充分了解施工场地的地质情况并采取合理的施工方法或措施。
5. 桩基施工开始前，施工单位应制定详细的桩基施工方案。由于在桩头与基础相连部分，柔性外防水不能完全闭合，应注意与建筑施工队伍密切配合，加强该部位混凝土的密实性，确保防水、抗渗的可靠性。
6. 灌注桩钻头直径同设计桩径。钻孔时，对于泥浆的制备，其相对密度应视土层的性质而决定，务求达到护壁的效果良好、浮渣能力强。在保证不塌孔的情况下，宜降低泥浆的相对密度，以减少阻力，使钻出的泥、石渣浮起便于排出。桩孔内泥浆液面的标高应保持高出地下水位 1m以上，且在任何情况下均应高出孔壁稳定界面之上。施工中应严格控制泥浆相对密度，确保成桩质量。
7. 钻孔过程中，应时刻进行检查、观察，如发生斜孔、弯孔、缩颈和塌孔或沿护筒周围冒浆以及地面沉陷等情况，应立即停止钻进，通知驻现场监理、工程师，并做好记录，采取措施后，方可继续施工。在混凝土刚灌注完毕的邻桩旁成孔时，其安全距离不应小于4倍桩径，或最少间隔时间不应少于36h。
8. 钻孔时，若发现土层与地质报告不符或其他特殊情况时，请及时通知设计与监理部门共同处理，并应逐层逐段留取土质样本，并注明桩号及土样的标高。
9、桩孔钻至孔底设计深度时，必须检查桩孔的垂直度，认真记录好钻孔深度，以便清孔后测定出沉渣厚度。
10. 清孔时，对孔内的余渣及沉淀物，边清渣边测量至孔底的残渣吸完为止，并应使孔内的泥浆面不能降低过快，以致来不及补充泥浆，或泥浆的相对密度降低过速而导致塌孔。
11. 清孔应分二次进行：第一次清孔应在成孔完毕后进行，第二次应在安放钢筋笼和导管安装完毕后进行。清孔过程中和结束时应测定泥浆指标，清孔结束时应测定孔底沉渣，孔底沉渣不得大于100mm。清孔后，孔内应保持水头高度，并应在30min内浇注混凝土。超过30min的，浇注混凝土前应重新测定孔底沉渣厚度。如不符合规定，应重新清孔直至符合要求。
12. 钢筋笼在制作、运输、吊放时应采取措施，保证不产生扭曲或变形现象。如钢筋笼的长度过大，可分为两节吊装。且钢筋笼的纵、横向钢筋必须用电焊焊接，但接头要错开一个搭接长度。加劲箍设在主筋外侧。
13. 钢筋笼在吊放前，应检查定位的混凝土垫块安放是否妥当、牢固。于吊放下落的过程中，其位置要居中，吊直扶稳、徐徐吊放，下落速度均匀，避免碰撞孔壁，吊放完毕后即行固定牢靠。对桩底后注浆的灌注桩，后注浆导管及注浆阀沿钢筋笼圆周对称设置，后注浆导管采用钢管，直通桩底，严禁悬吊。下笼受阻时，不得撞笼，墩笼，扭笼。在灌注混凝土过程中，如发现钢筋笼有上浮现象时，应及时检查原因，妥善处理，并做好处理过程的全部记录。
14. 浇灌水下混凝土时，混凝土导管要畅通，接头的水密性要好。开始灌注混凝土时，导管底部至孔底的距离一般为300~500mm。混凝土初灌量应能保证混凝土灌入后，导管埋入混凝土深度不小于0.8m，导管内混凝土柱和管外泥浆柱应保持平衡。混凝土要连续灌注，不得中断，要求桩身一次成形。为此，浇灌混凝土前应充分做好连续供水、供电以及原材料的准备工作。
15. 混凝土灌注过程中导管应始终埋在混凝土中，严禁将导管提出混凝土面。导管埋入混凝土面的深度宜为 3.0~6.0m，最小埋入深度不得小于2m。导管应勤提勤拆，一次提管拆管不得超过 6m。浇灌混凝土时导管应随浇随提，浇灌过程中不得将导管作反复上下反插。导管的安装和拆卸时要分段进行，其中心力求与钢筋笼的中心重合。
16. 桩身混凝土要留出试块作强度检验，用于强度检验的试块混凝土，应直接在现场抽取，同一配合比的试块，800mm直径桩每根不得少于一组（即3块），650mm直径桩每个灌注台班不得少于一组。经选定的混凝土试块，存放时之温度和湿度宜尽量使其与桩身混凝土的自然条件相仿。
17. 桩身实际浇筑混凝土的数量不得少于桩身的计算体积，充盈系数不得小于1，也不宜超过1.3。应保证桩头混凝土的浇注质量，浇筑混凝土后的桩顶实际高度应高出设计标高1m以上，待承台或桩帽施工时凿除。如发现凿除预留部份的混凝土后，桩顶的混凝土仍存在疏松、蜂窝、离析或夹泥等现象，必须将之全部凿除、清理干净，并及时报送设计、监理部门共同研究处理。
18. 桩的施工允许偏差：灌注桩成孔垂直度偏差不大于1%；灌注桩成孔孔径偏差不大于50mm；群桩基础的中间桩桩位允许偏差不大于150mm，其他情况不大于100mm。
19. 桩基工程竣工后，请将桩基竣工图（包括桩基平面位置与桩编号）以及试桩资料等，送交设计部门备案，经设计人同意后方可进行以后各阶段基础工程的施工。
20. 灌注桩的质量检查，除对原材料、混凝土、钢筋笼等项内容按有关规定检测外，尚应对成孔进度、孔底土性土质、入土深度、孔底标高、终孔泥浆指标、沉渣厚度、桩孔垂直度、孔径、混凝土灌注量和灌注速度、混凝土导管的拆管情况和埋管深度、扩孔率、桩顶及钢筋笼标高、桩位偏差、成桩质量及单桩承载力等项目进行抽验，填写水下灌注混凝土记录表和灌注桩隐蔽工程验收记录表。
21. 后压浆桩的技术要求：
   1）压浆导管的连接采用套管焊接，焊接应密闭，不得有孔隙。压浆导管与钢筋笼加劲箍固定采用14号铁丝十字绑扎。
   2）注浆施工程序、注浆液配比、注浆压力等参照场外试桩，压浆时应详细记录浆液配比、流量、注浆量及终止注浆压力等参数。
   3）后压浆工艺同试桩时的压浆工艺，后压浆施工单位应严格控制后压浆工艺，保证施工质量。所有后压浆施工应由同一家施工单位完成。
   4）注浆作业宜于成桩2d后开始，不宜迟于30d后。
   5）压浆单位应提前阅读地勘报告及设计图，对图中所提供的单桩承载力应予以认可，对设计图中不合理的部分应提前提出。
   6）施工单位应提交详细的桩底、桩侧后注浆施工方案，在得到设计单位的批准后，方可进行注浆施工。
   7）800mm直径锚桩侧后注浆时间应在试桩完成后进行注浆施工。
22. 桩基检测：
   1）桩承载力检测前的休止时间不小于25d，同时桩身混凝土强度应达到设计要求，后压浆桩还需满足注浆完成后20d。
   2）所有静载试桩在试验前均要求做低应变桩身完整性检测，另外800mm直径灌注桩试桩在静载试验前均要求做高应变承载力检测，建立动静对比，为后续工程桩槽底验收服务。
   3）本工程的静载试验桩其后均做为工程桩使用，但试验桩必须经桩身完整性检测合格后方可用于工程桩。
   4）抗拔试验桩和受拉锚桩的纵向主筋应全部与反力架可靠连接，其连接方式应确保在静载荷试验时，抗拔试验桩和受拉锚桩的桩身均匀受拉。主楼锚桩的桩端及桩侧后注浆应在主楼试桩完成后实施。
   5）低应变动测：800mm直径桩检测桩数100%，其余650mm直径桩不少于同类型基桩总数的40%；柱下三桩或三桩以下的承台抽检数量不得少于1根，位置由监理、设计依据桩基施工记录随机指定。高应变动测：800mm直径桩检测桩数10%，位置由监理、设计依据桩基施工记录随机指定。成孔检测：800mm直径桩成孔检测为桩数的20%。
   6）试桩桩头处理：原桩桩头浮浆及疏松混凝土应全部剔除，直到设计要求的混凝土强度，凿毛清洗后用提高一级的混凝土浇至设计标高。

局部 1-7-2

说明中已有详细表述，此处可以省略。

分类	
基础平面图．桩基础	
图名	
例7-桩位平面图	
图号	比例	页码
1-7-1		1-10

BIAD 结构设计 深度图示

北京市建筑设计研究院有限公司
BEIJING INSTITUTE OF ARCHITECTURAL DESIGN

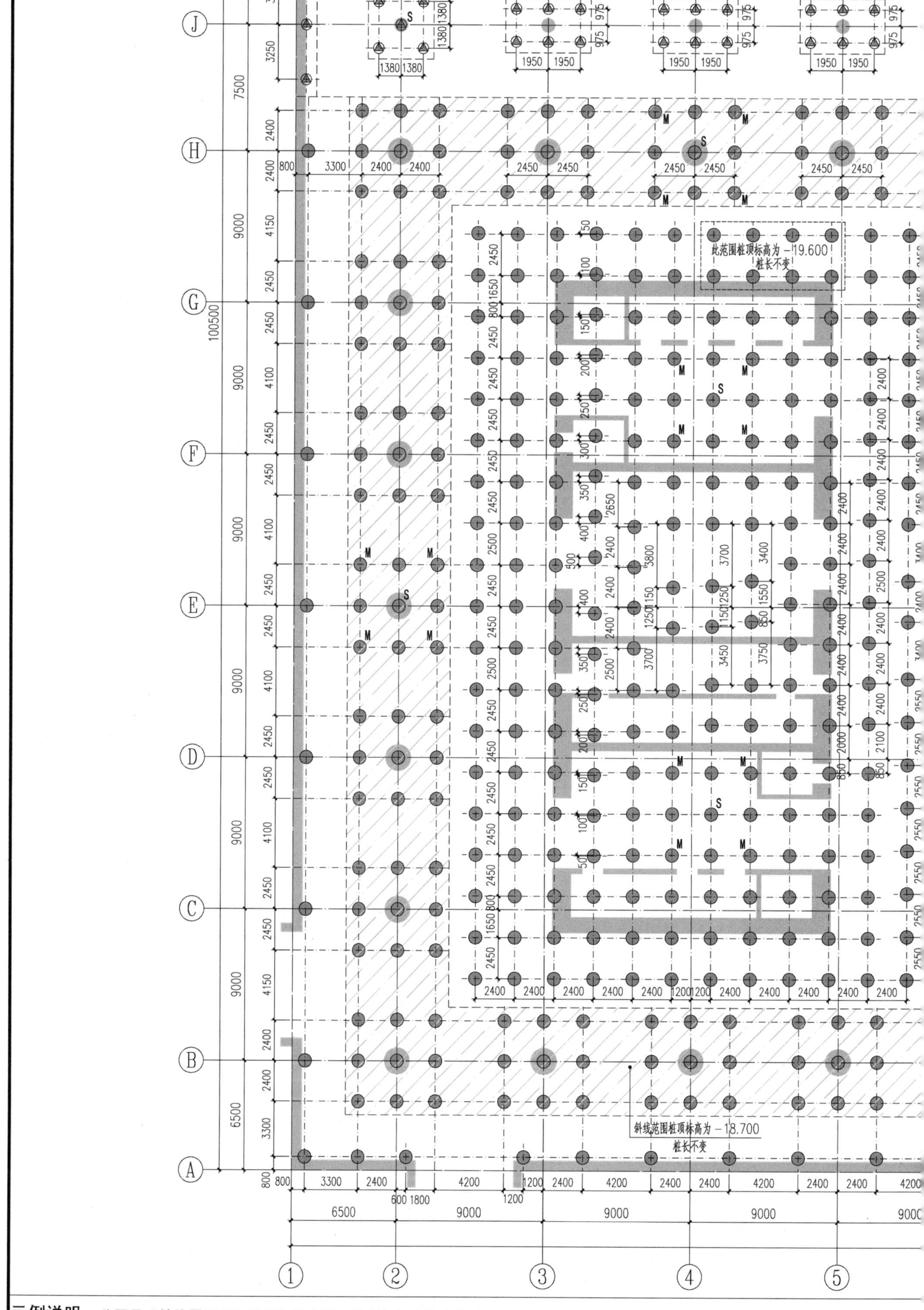

示例说明 此图是“桩位平面图”的局部放大图，绘制与标注的内容除1-7-1示例说明第3款内容外，电梯底坑、集水坑等部位的桩顶标高有变化时，应注明该部分桩的范围和标高。

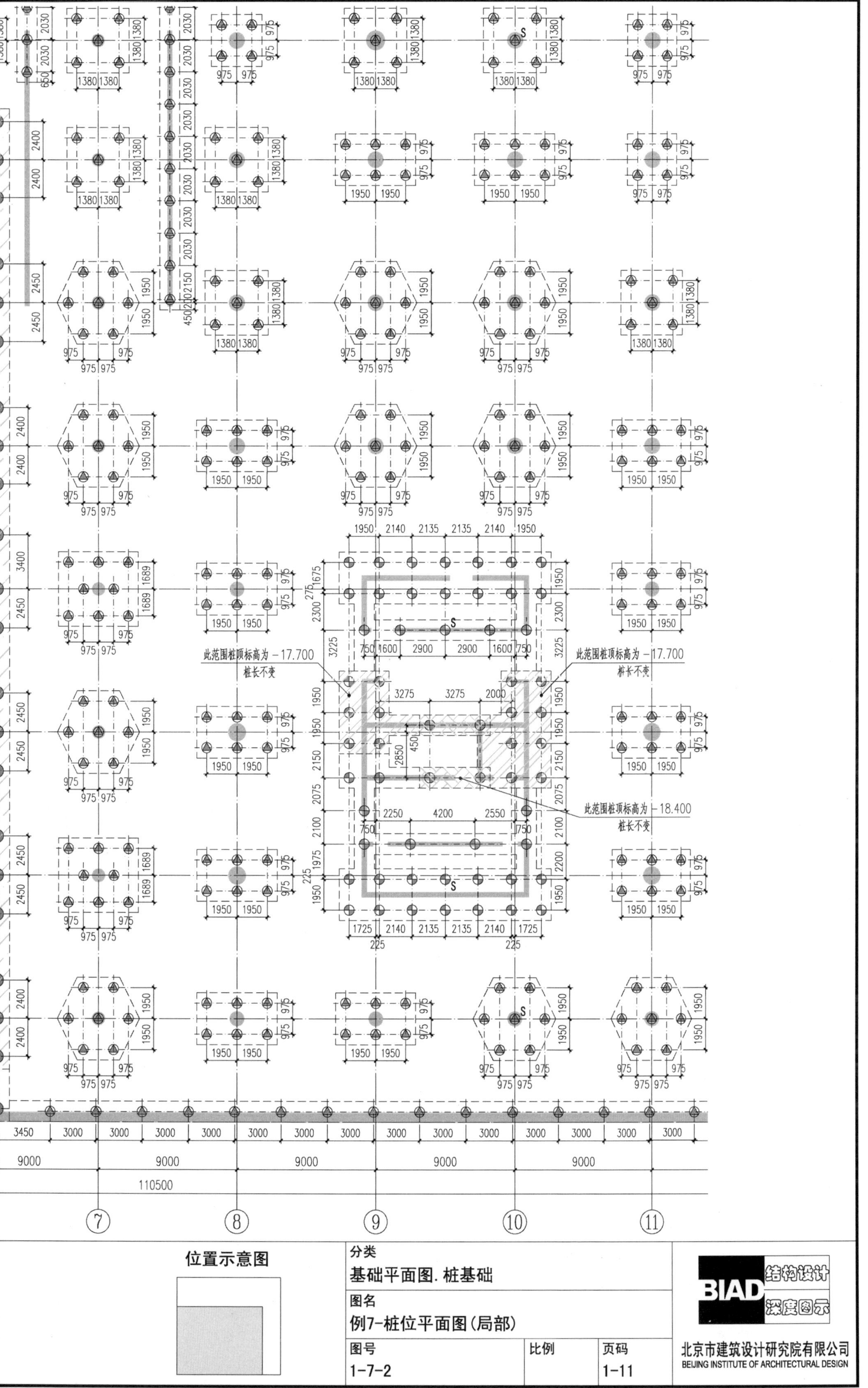

位置示意图	分类 基础平面图. 桩基础		
	图名 例7-桩位平面图(局部)		
	图号 1-7-2	比例	页码 1-11

BIAD 结构设计 深度图示

北京市建筑设计研究院有限公司
BEIJING INSTITUTE OF ARCHITECTURAL DESIGN

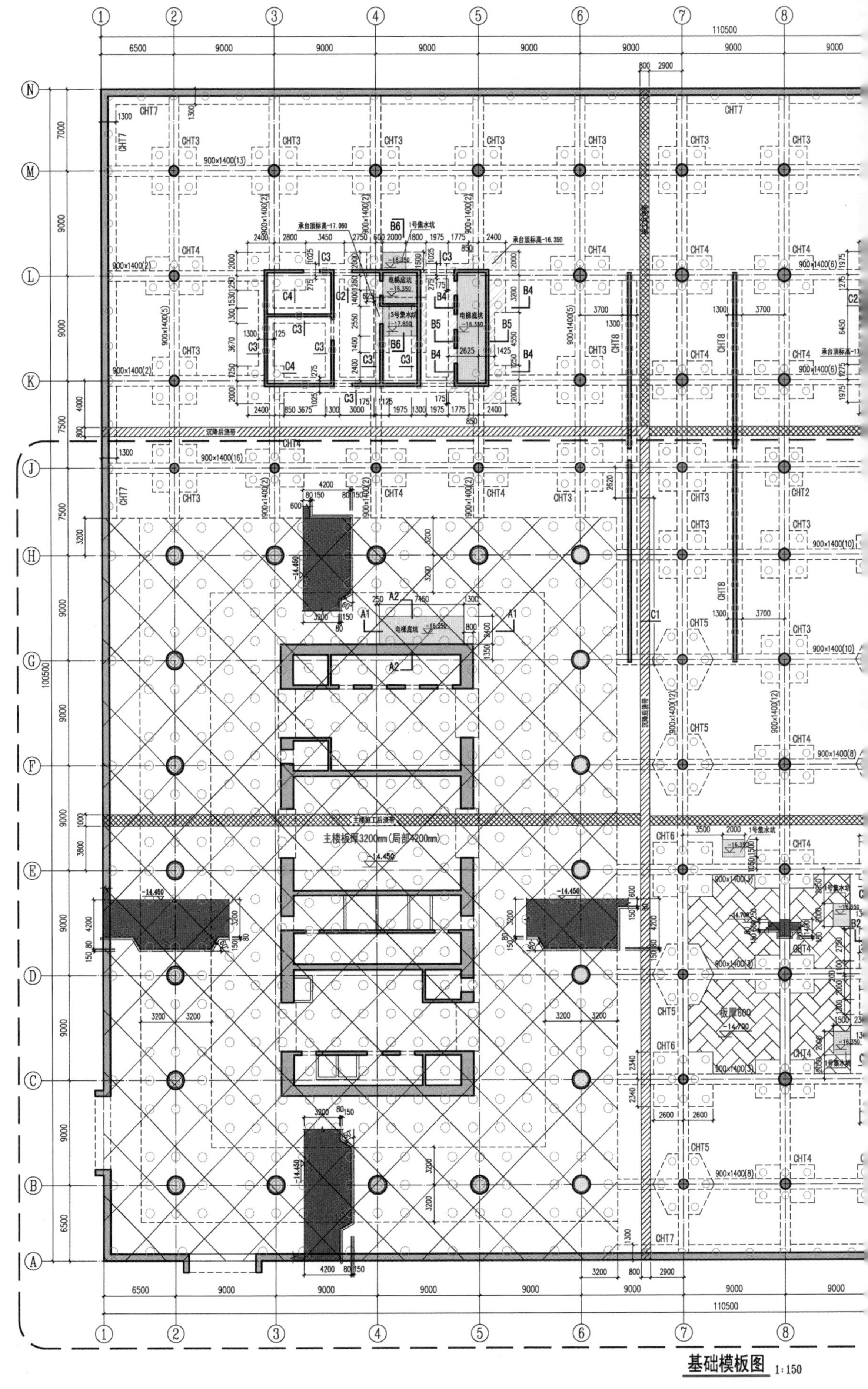

基础模板图 1:150

示例说明 1. 基础平面图按模板图和配筋图分别绘制。基础模板图采用正投影法表示，绘制比例1：150。

2. 绘制与标注的内容：定位轴线及标注；指北针；基础构件的平面位置、定位尺寸、截面尺寸和编号；上部墙、柱落在基础上的平面位置；基础板的板面标高及标高变化；后浇带的类型、平面位置、定位尺寸；电梯底坑、集水坑等的平面位置、定位尺寸；平面详图的剖切位置和编号；必要的文字说明。

3. 在模板图上通过绘制小剖
厚板与周边筏板的相对关

4. 电梯底坑、集水坑等基础
该部位基础构件的放坡侧

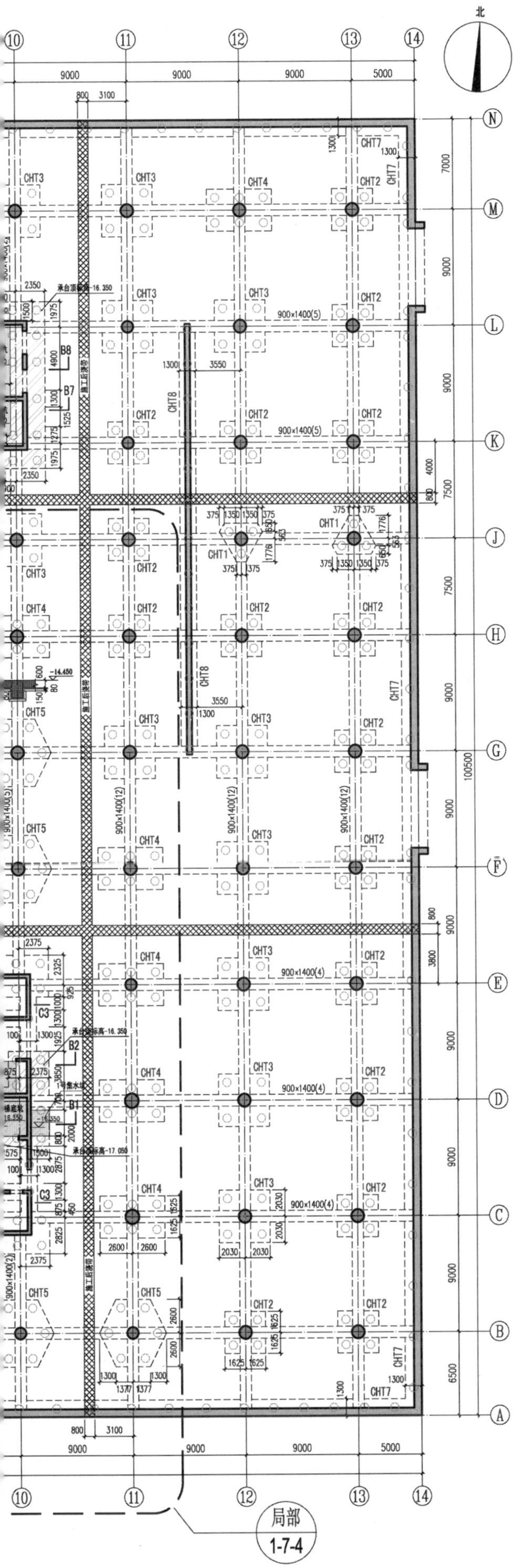

北

局部
1-7-4

说明：

1. 本工程±0.000相当于大沽高程4.850m，未特殊注明的标高均为基础板板面的相对标高。
2. 主楼底板厚度为3200mm（柱下局部为4200mm）；未注明的裙房底板厚度为600mm。
3. 未注明定位的基础梁均为轴线中分；墙、柱的尺寸和定位详见地下三层墙柱配筋平面图。
4. 底板混凝土强度等级：主楼C40，裙房C35，以沉降后浇带为界；抗渗等级为S8；其他材料要求详结构设计总说明。
5. 主楼施工后浇带采用微膨胀混凝土，混凝土强度等级为C45；其他施工后浇带、沉降后浇带采用微膨胀混凝土，混凝土度等级为C40。
6. 基础剖面详结3。
7. 基础底板上的楼梯柱和踏步板插铁详见楼梯详图；基础底板上的设备基础位置及尺寸详见建筑图，设备基础插铁详结构设计总说明。

房防水板和拉梁、主楼筏板和裙房防水板、主楼局部

，在模板图上可简单表示其平面位置，注明底坑标高。
较为复杂，一般需另行绘制剖面图或详图。

分类		
基础平面图. 桩基础		
图名		
例7-基础模板图		
图号	比例	页码
1-7-3		1-12

BIAD 结构设计 深度图示

北京市建筑设计研究院有限公司
BEIJING INSTITUTE OF ARCHITECTURAL DESIGN

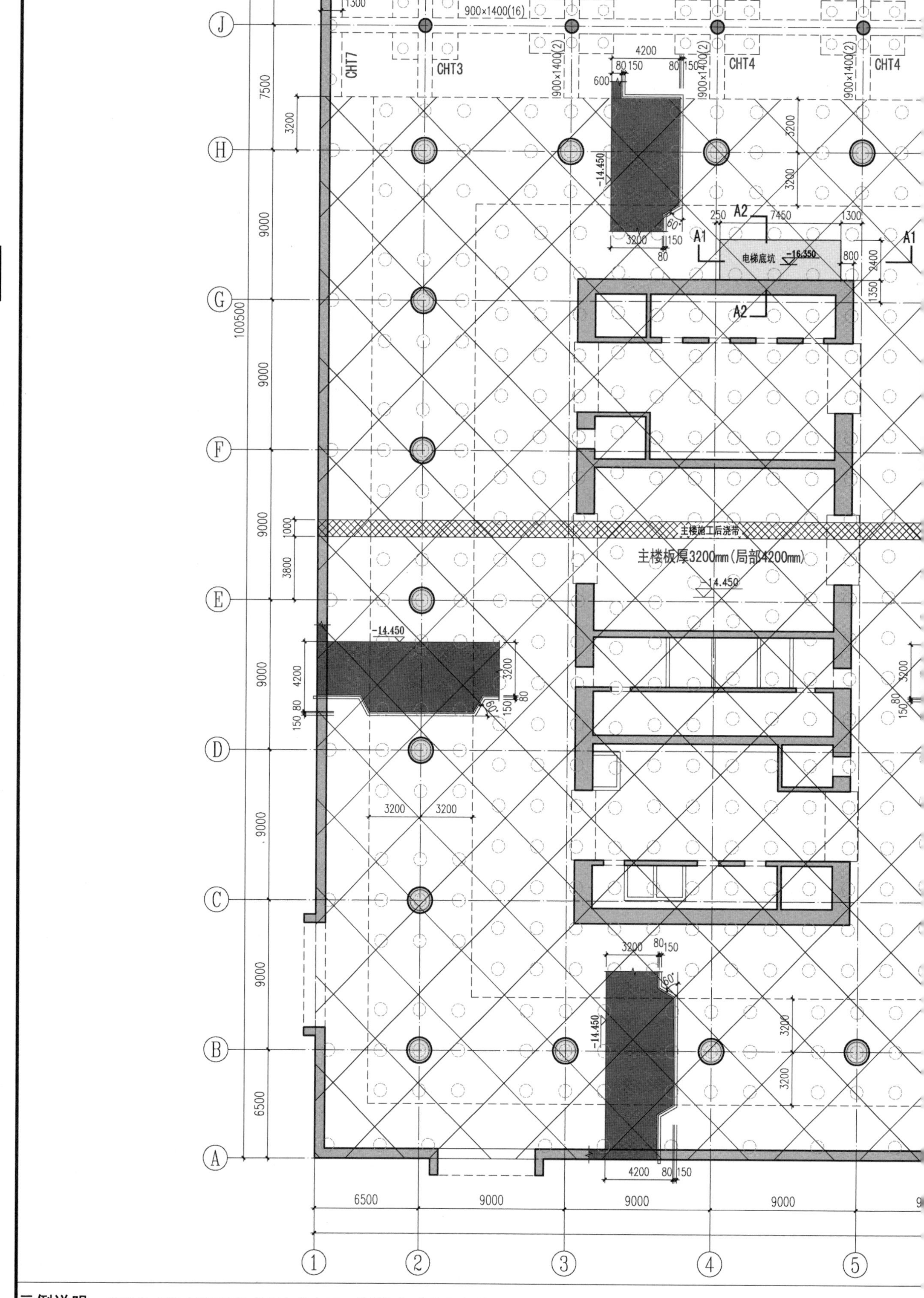

示例说明　此图是“基础模板图”的局部放大图，绘制与标注的内容详见1-7-3示例说明第2、3、4款。

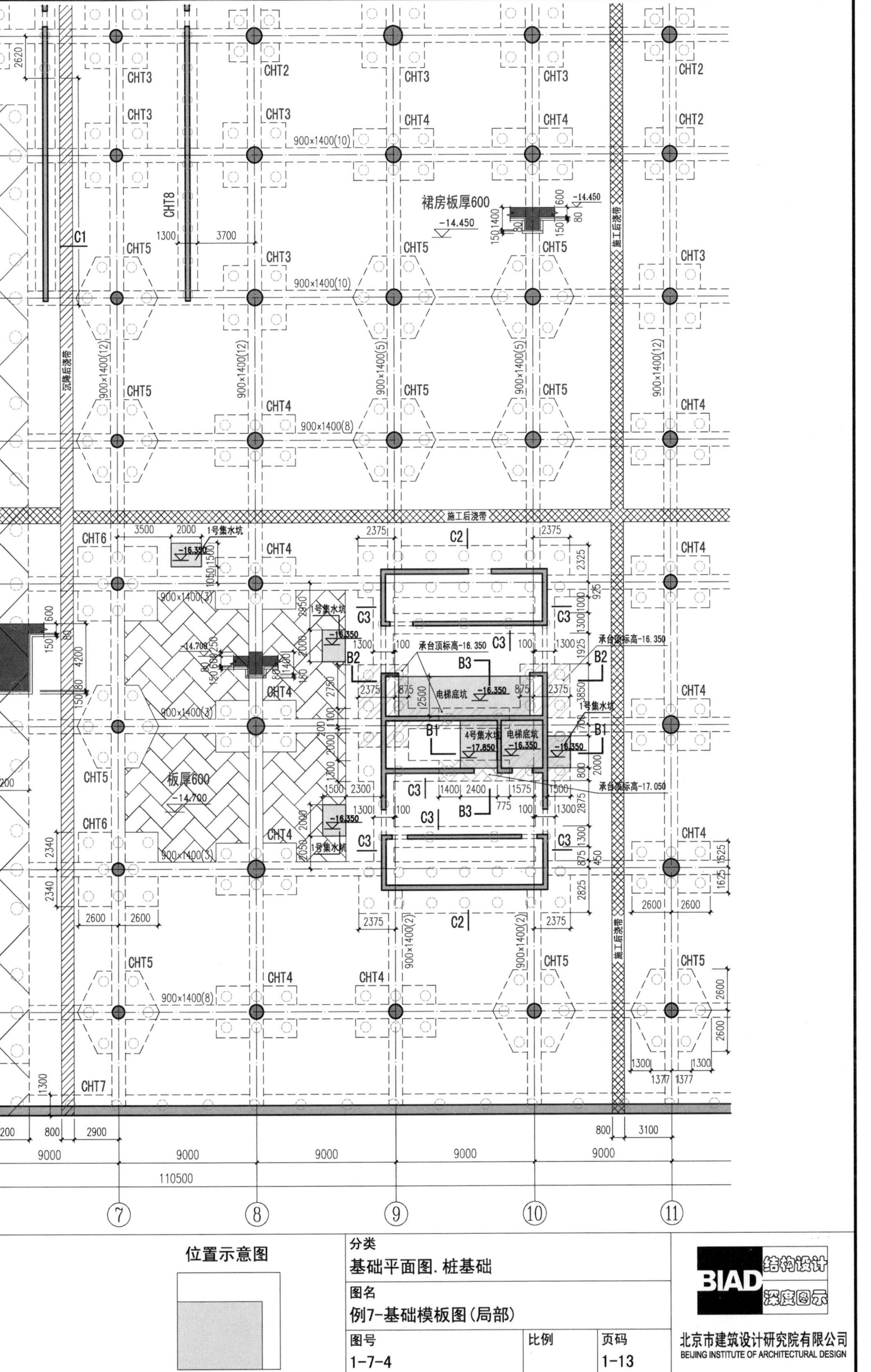

位置示意图	分类 基础平面图. 桩基础			BIAD 结构设计 深度图示
	图名 例7-基础模板图(局部)			
	图号 1-7-4	比例	页码 1-13	北京市建筑设计研究院有限公司 BEIJING INSTITUTE OF ARCHITECTURAL DESIGN

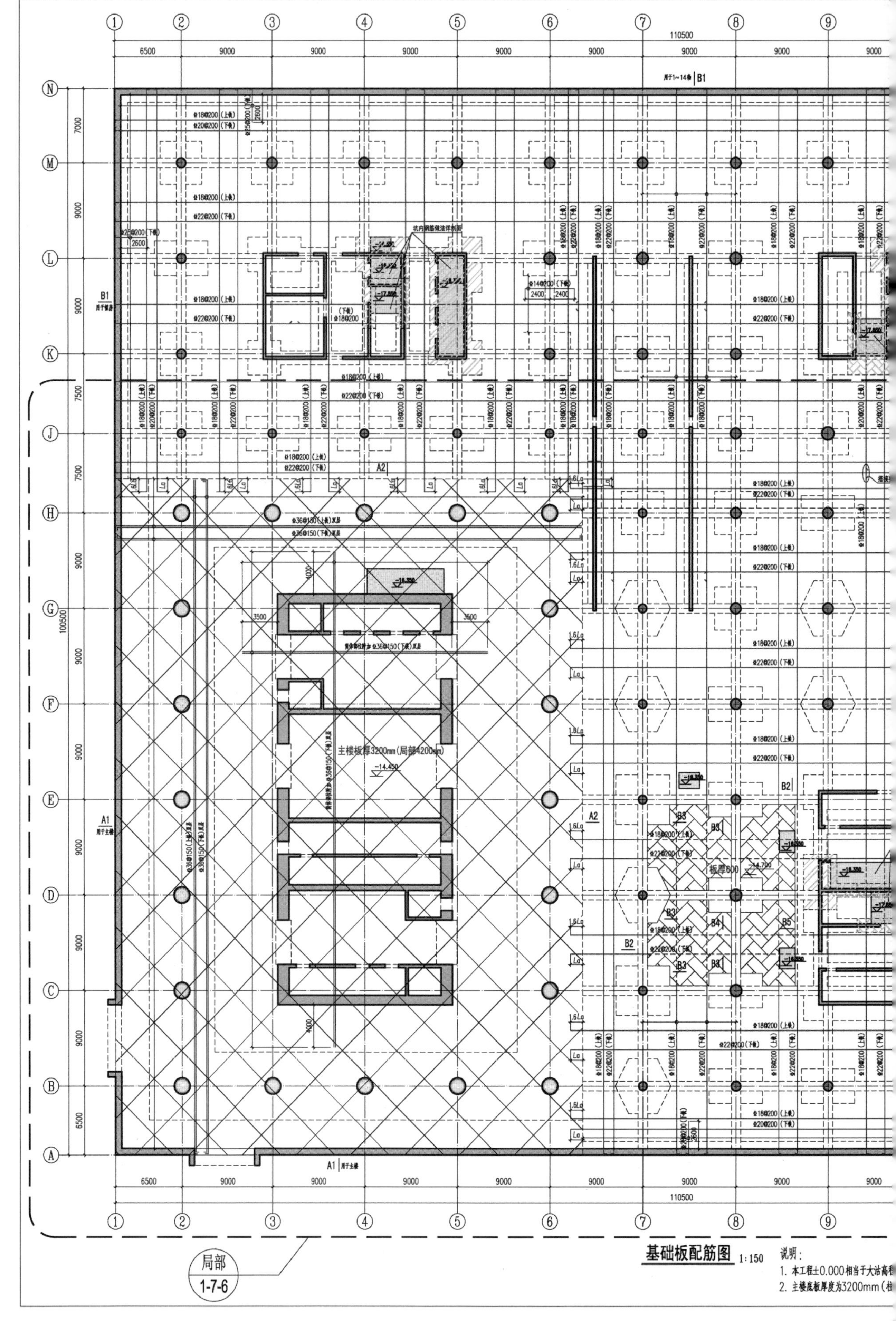

示例说明 1. 此图包含基础板配筋图以及相关说明、部分平面详图。

2. 基础板配筋图的绘制比例与基础模板图一致，平面详图绘制比例1：50。

3. 基础板配筋图绘制与标注的内容：基础板厚、结构标高；两方向板钢筋；钢筋的搭接、锚固做法。简单的板钢筋搭接、锚固要求可以在结构设计总说明中统一说明；做法较为复杂时，如：不同板厚处、不同标高处，宜绘制详图。

4. 平面详图中标明结构细部

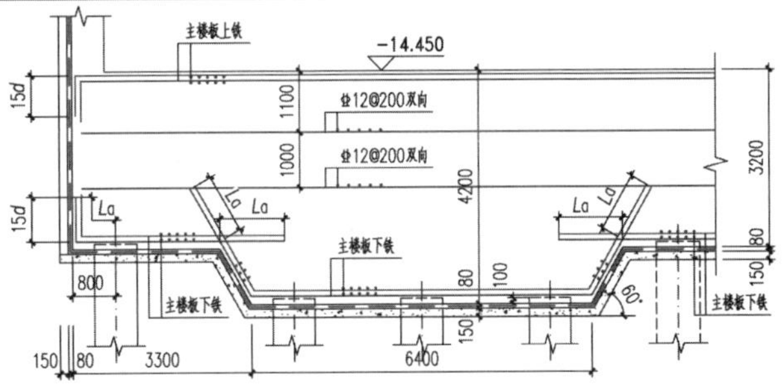

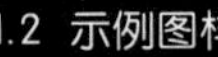

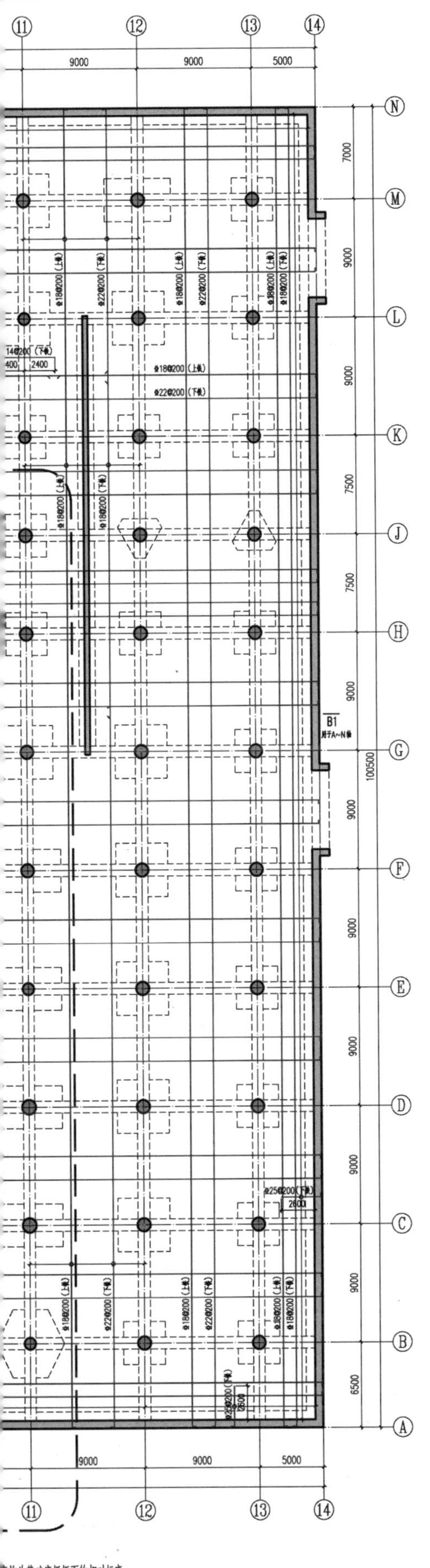

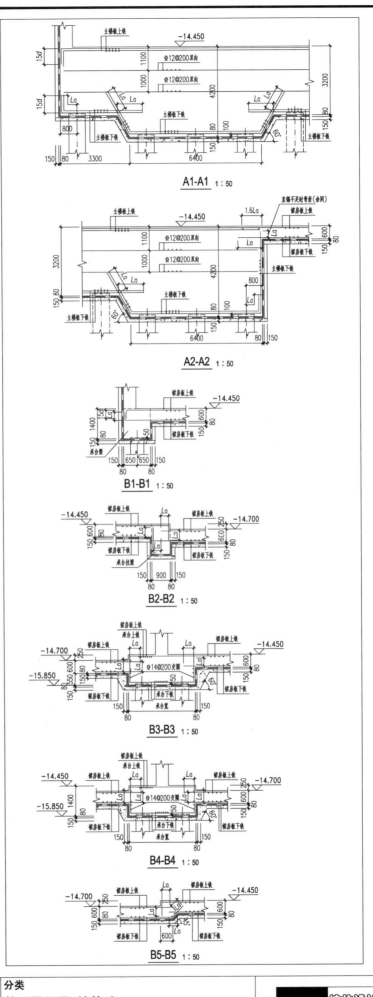

A1-A1 1:50

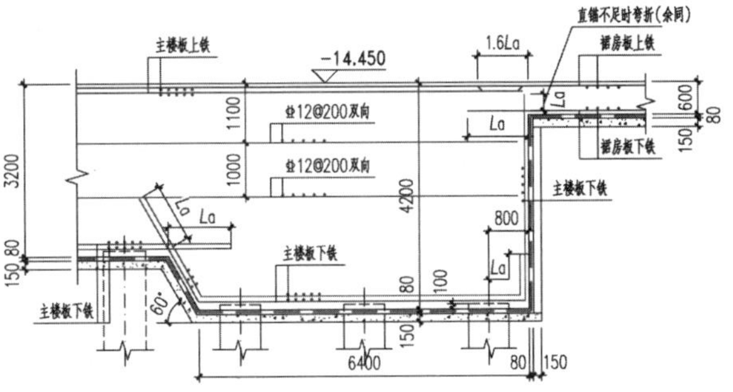

A2-A2 1:50

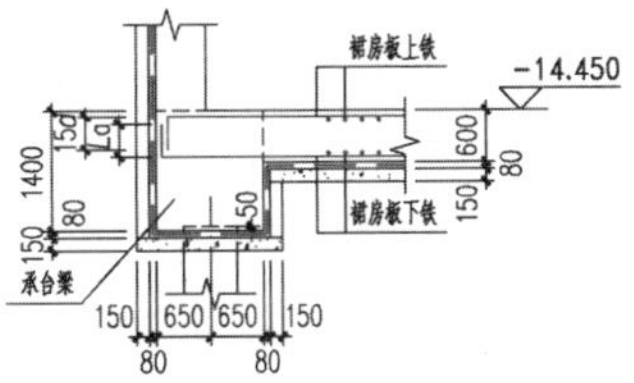

B1-B1 1:50

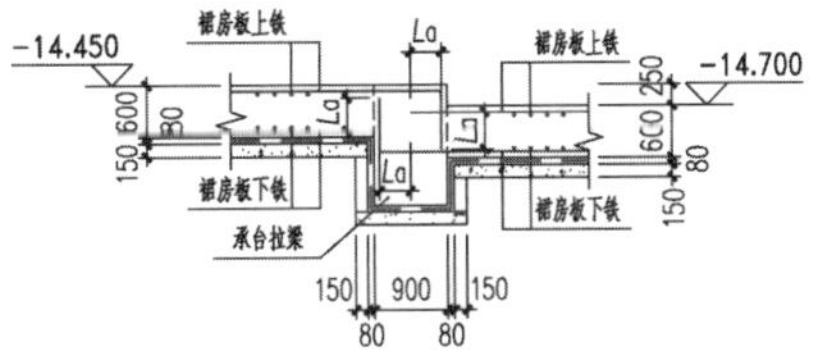

B2-B2 1:50

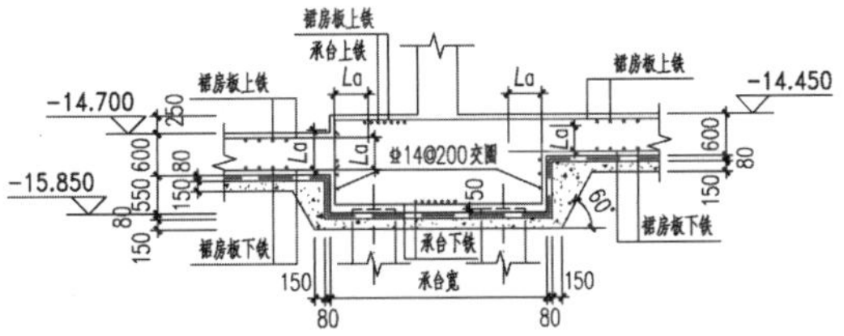

B3-B3 1:50

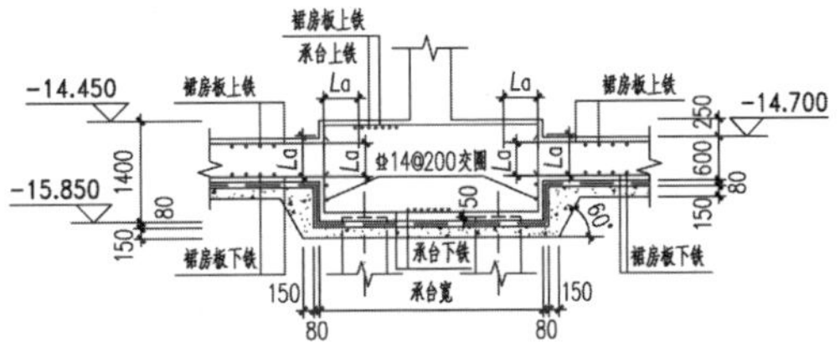

B4-B4 1:50

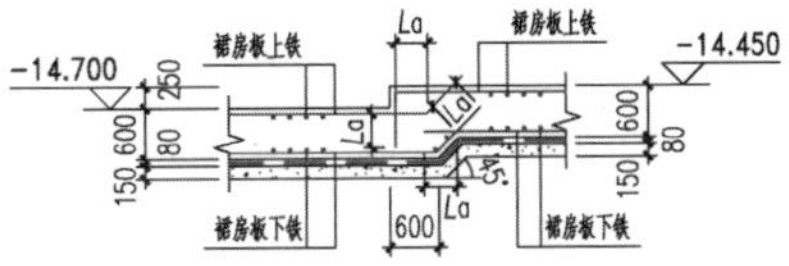

B5-B5 1:50

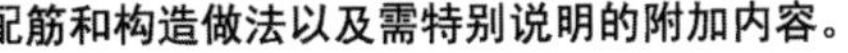

配筋和构造做法以及需特别说明的附加内容。

分类		
基础平面图. 桩基础		
图名		
例7-基础板配筋图		
图号	比例	页码
1-7-5		1-14

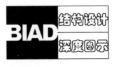

BIAD 结构设计 深度图示

北京市建筑设计研究院有限公司
BEIJING INSTITUTE OF ARCHITECTURAL DESIGN

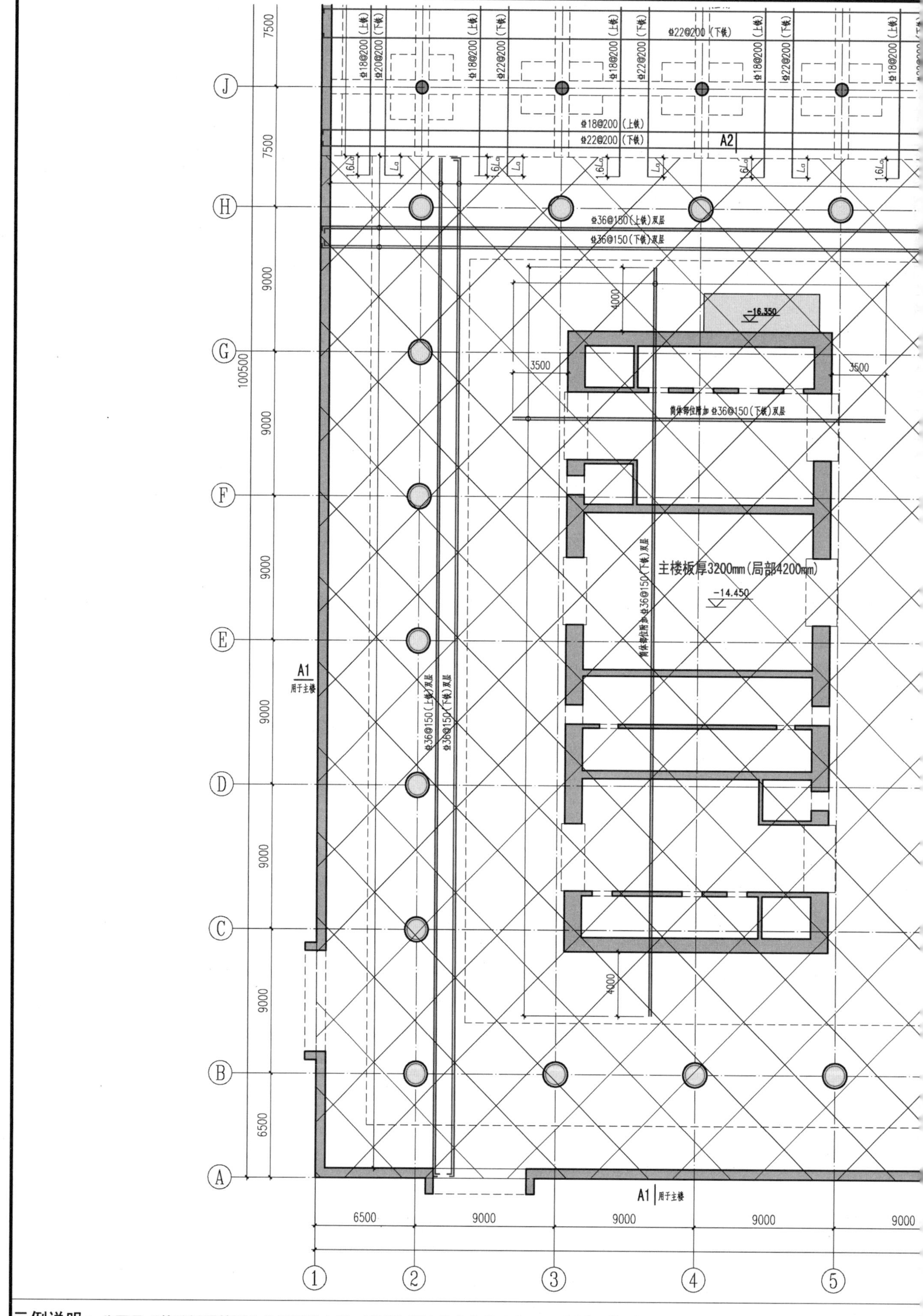

示例说明 1. 此图是“基础板配筋图”的局部放大图，绘制与标注的内容详见1-7-5示例说明第3款。

2. 图中板配筋在变标高处采用简化方法绘制：用虚线钢筋示意此处钢筋有变化，辅以文字说明，连接做法详见总说明或剖面。

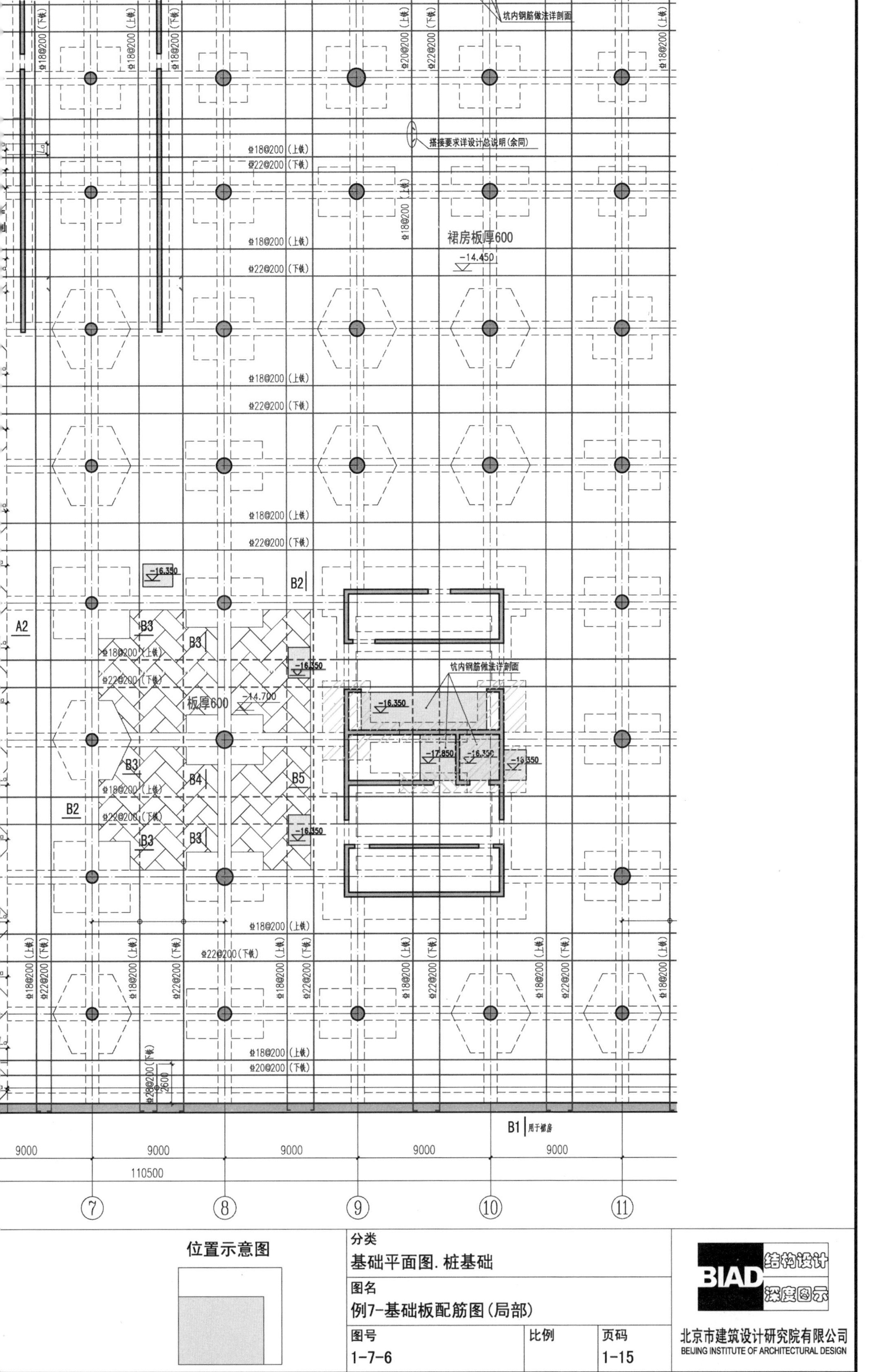

位置示意图	分类 基础平面图. 桩基础			BIAD 结构设计 深度图示 北京市建筑设计研究院有限公司 BEIJING INSTITUTE OF ARCHITECTURAL DESIGN
	图名 例7-基础板配筋图(局部)			
	图号 1-7-6	比例	页码 1-15	

2　一般建筑的结构平面图

Structural plan of general building

2.1 设计深度要点

2.1.1 《BIAD设计文件编制深度规定》（第二版）结构专业篇摘录

4.3.4 一般建筑的结构平面图

一般建筑的各层结构平面图应包括各楼层结构平面图、屋面及出屋面结构平面图，应有以下内容：

1 应绘出并标明定位轴线及结构构件（包括梁、板、柱、承重墙、支撑、砌体结构的抗震构造柱等）的平面位置和尺寸，并注明其编号。应绘出电梯间、楼梯间（可绘制斜线并注明编号与索引详图号）、坡道和通道的结构平面布置。有后浇带时，应表示后浇带的尺寸和平面位置；

注：当梁、柱、承重墙平面位置、尺寸及其编号已在梁、柱、承重墙平面图中明确标明时，在各楼层结构平面图中可不再标明，但应表示梁、柱、承重墙平面位置。

2 屋面结构平面布置图应绘出女儿墙及女儿墙构造柱的位置、编号及详图；

3 防空地下室各层结构平面应标明人防特殊构件的编号，如门框墙等，应说明平战功能转换的措施和要求，并采用不同图例区分人防与非人防墙体；

4 应注明楼层标高，包括各部位的结构完成面标高，标高变化处或上翻的梁应注明梁顶标高并宜在结构平面图上加剖面表示。当结构找坡时应标注楼板的坡度、坡向、坡的起点和终点处的板面标高；

【说明】结构平面图可采用各层标高列表并标明本层标高。

5 采用现浇板时，应注明板厚、受力方向（必要时）和编号、配筋（亦可另绘放大比例的配筋图，必要时应将现浇楼板模板图和配筋图分别绘制）。采用预制板时，应注明跨度方向、板号、数量和排列方法，预制梁、洞口过梁应注明其位置和型号。采用压型钢板组合楼板时，应注明跨度方向、压型钢板板号和现浇部分板厚、配筋，并绘制钢梁、混凝土墙、混凝土梁等支承构件与楼板连接详图；

6 电梯间应绘制机房楼面与顶面结构平面布置图，注明标高、梁板编号、板的厚度、预留洞口大小与位置、吊钩大小及位置，并表示板的配筋和洞边加强措施。当预留孔、埋件、设备基础复杂时亦可另绘详图；

7 砌体结构有圈梁时应注明位置、编号、标高，可用小比例绘制单线平面示意图；

8 当选用标准图中节点或另绘制局部结构和节点构造详图时，应注明构件、节点、局部结构等详图索引号；

9 局部结构需要由专业承包方设计制作时，应提出完整的设计要求，对局部结构的形式、平面尺寸、边界条件、标高、荷载和其他使用要求应进行规定。

4.3.16 预留管线、孔洞、埋件和已定设备基础

1 梁上预留管线、孔洞时，其位置、尺寸、标高应表示在各层梁、基础梁详图上或在各层结构平面图、基础平面图上。

2 影响结构构件布置或楼板钢筋配置的穿楼板预留管线、孔洞，其位置、尺寸、标高应表示在各层结构平面图上，并绘制楼板洞边加筋；当预留孔洞较多或复杂时，可另绘留洞图。

【说明】影响结构构件布置或楼板钢筋配置的穿楼板预留管线、孔洞指：直径或长边不小于300mm的穿板管线和孔洞；集中布置且净距较小的穿板管线和孔洞；在无梁楼盖的柱上托板和柱上板带范围内的穿板管线和孔洞，等等。

3 应在防空地下室各层结构平面图上标明穿人防顶板和中间楼板的给排水管、采暖管及消防管的预埋密闭套管的位置及管径。

4 影响墙体暗柱布置或墙体钢筋配置的穿墙预留管线、孔洞及地下室外墙上防水套管，其位置、尺寸、标高应在墙体平面图中表示，数量较少时可表示在地下室各层结构平面图上。

【说明】影响墙体暗柱布置或墙体钢筋配置的穿墙预留管线、孔洞指：钢筋混凝土结构暗柱范围内的穿墙管线和孔洞；直径或长边不小于300mm的穿墙管线和孔洞；集中布置且净距较

小的穿墙管线和孔洞等。

5 应在防空地下室墙体平面图中标明穿防空地下室密闭隔墙、临空墙、外墙的给水排水管、采暖及消防管的预埋密闭套管的位置、管径、标高，穿密闭隔墙及扩散室的风管应注明预埋密闭套管的位置、尺寸、标高，数量较少时可标注在地下室各层结构平面图上。

6 应绘制构造详图表示结构构件在预留管线和孔洞边的加强措施，情况简单时可绘制统一构造详图。

7 主要预埋件的位置、尺寸、标高和编号应在相关平面图或详图中表示，当预埋件数量较多或复杂时，可另绘制预埋件平面布置图。应绘制预埋件详图或标注索引的预埋件图集的名称、页号及详图号。

8 应在平面图中表示已定设备基础的位置和尺寸，并绘制配筋详图，设备基础形状简单时可绘制统一配筋详图。

2.1.2 深度控制要求

(1) 总控制指标

一般建筑的结构平面图，是大致沿门窗洞口的高度将房屋水平剖切后所见的楼层水平投影图，用于表达结构构件的平面布置、板配筋以及留洞、埋件位置。

一般建筑的结构平面图包括模板图和板配筋图，简单平面的模板图和板配筋图可以合并绘制，较复杂的平面宜分别绘制。对称布置的平面图可以只绘制一半，并用对称符号表示另一半的内容；也可以左半部分绘制模板图、右半部分绘制板配筋图，中间绘制对称符号。面积较大的建筑工程的平面图可以分区（段）绘制，各分区（段）平面应将交接部位表示清楚，并绘制小比例的组合示意图表示该图所在位置。

一般建筑的结构平面图可以采用正投影法或仰视投影法绘制，绘图时可见轮廓用实线表示，不可见的梁、墙、柱的轮廓用虚线表示。结构平面图应注明图纸比例；在平面图的适当位置（如：图名的下方或右侧、图纸的右侧或右下角位置），可以增加与本图相关的附加说明文字、图例等内容；在图纸的右上角位置，可以绘制“分区（段）示意图”。

(2) 产品与节点控制指标

《BIAD设计文件编制深度规定》（第二版）结构专业篇的4.3.4条、4.3.16条相关条款，详见本章2.1.1条摘录。以下内容主要是对深度规定的细化以及少量扩展和补充。与“基础平面图”一致的内容，如：定位轴线、坡道、通道等，本章不再重复。

1）现浇板、预制板：

① 现浇板的板配筋：应绘制每块板的配筋，表示出钢筋的规格、间距、形状、长度、范围等；重复使用的钢筋可进行编号，在一处注明其尺寸、规格、间距等，其他相同钢筋仅绘制钢筋形状和编号；板配筋重复的区格，可详细绘制一个区格配筋，其他相同的区格标注其编号。

② 双层双向布置的板配筋，应注明上、下层钢筋网两方向面层位置关系。

③ 角部加强部位（如悬臂板的阳角）绘制放射钢筋时，应注明斜向钢筋的根数、规格、长度，悬挑板钢筋应注明伸入支座内的长度。相同部位可仅标注一处，其他相同部位予以说明。

④ 折板配筋应表示折角处的钢筋构造，选用标准图集中的做法时，应标注出图集号、页码及节点编号。

⑤ 预制板应标明跨度方向、板号、数量、排列方法以及板面标高，相同的排板区格可以用编号表示。特殊要求的板缝、现浇板带应绘制出配筋节点详图。预制板上设置整浇层时，应绘制或说明整浇层的厚度、配筋、混凝土强度等级等内容。

2）梁、圈梁、过梁：

① 平面图中应标明梁的平面定位、截面尺寸、构件编号。当采用平面整体表示法绘制梁配筋时，平面图中可参考标准图集的表达方式注明梁截面尺寸、跨数、标高变化等。

② 砌体结构的平面图中，应注明圈梁的编号、标高并绘制详图。当圈梁布置比较复杂时，宜画圈梁平面示意图表示，即绘制小比例的单线图表示其位置，且应标注轴线关系。

③ 砌体结构平面图中，应标注门窗洞口的过梁编号。选用标准图集时，可直接用标准图集的构件代号，圈梁兼过梁时应注明做法和施工

要求。

④ 填充墙上的门窗洞口、设备洞口的过梁，无需在结构平面图中表示，可在设计总说明中，根据填充墙的厚度、洞口尺寸等编制过梁表，注明过梁在支座的搁置长度。

3）洞口：

① 应标明楼（屋）面板的预留孔洞的定位、尺寸，并表示洞边的加强钢筋，有翻边的洞口应索引详图做法。

② 梁上预留水平孔洞和套管时，应标明洞口的定位、尺寸和标高，统一说明或绘制加强措施。

③ 混凝土墙上预留设备洞口、预留孔洞和套管时，应标明洞口的定位、尺寸和标高，统一说明或绘制洞边的加强钢筋。地下室外墙上的防水套管均应标注。

④ 砌体结构承重墙上预留消火栓、配电盘等水、电设备洞口时，应标明洞口定位、尺寸和标高；洞口需要设置过梁时，应在图中注明或用文字说明。

4）标高变化：

① 同一楼层的结构板面标高不同时，宜绘制小剖面表示交接处标高变化，或用图例区分不同标高的范围，标注各自标高或相对高差；同一板块的标高不同时，还应绘制局部详图。

② 坡道等斜板宜绘制小剖面，标注起点、终点、平台等处的结构标高；台阶、看台等折板宜绘制小剖面，标注结构控制标高，并应绘制详图表示细部尺寸、板配筋及钢筋锚固、连接构造做法。

③ 坡屋面结构平面图应绘制屋脊线，并表示屋面板的坡度、坡向、坡向起点和终点处结构标高，必要时应绘制坡屋面标高变化剖面示意图。

5）结构缝：

① 平面图中应表示伸缩缝、沉降缝、抗震缝的平面位置和尺寸，其位置应与基础平面图一致。

② 地下室有防水要求时，应绘制地下部位的防水构造做法详图。

6）后浇带、后浇部位：

① 平面图中应注明后浇带的类型（沉降后浇带或施工后浇带），标注平面定位、宽度，绘制相关构件在后浇带处的构造做法，说明施工要求。

② 后浇的设备管道井、机电后浇部位以及其他有后浇要求的部位，用图例表示其范围，标注平面定位、尺寸，说明施工要求。

7）剖面、详图：

① 平面图中应表示出钢筋混凝土雨篷、阳台、飘窗窗台、空调板、挑檐等悬挑构件边缘与轴线的定位尺寸，绘制具体做法。

② 根据建筑外墙、屋顶檐口或女儿墙、天沟等的布置，标注相关部位的定位尺寸，绘制具体做法。

③ 不在本图绘制的剖面图、详图应说明其所在图号。

8）楼梯、电梯、自动扶梯：

① 应绘制楼梯间、电梯、自动扶梯的平面位置，注明楼梯编号、索引详图图号。

② 自动扶梯底层应绘制底坑详图，楼层处应表示支承梁的梁面缺口以及预埋件的布置。

③ 应根据电梯厂家的样本，表示出呼梯盒预留洞口尺寸和定位、机房楼板预留洞口尺寸和定位、吊钩的位置及详图。吊钩详图中应注明钢筋或钢棒的规格、吊重，并明确提出不得使用冷轧钢筋。在施工图设计过程中电梯厂家尚未确定时，宜补充说明“本图与电梯相关的预留洞口、吊钩等参考厂家图纸设计。待甲方完成电梯招标，与电梯厂家图纸核对无误后方可施工。”

9）设备吊装口：注明吊装口位置、板面标高，绘制预制板的排板布置、支座详图、预制板详图。

10）防空地下室：

① 人防墙宜采用不同图例区分临空墙、人防外墙，标明人防特殊构件的编号（如门框墙等），标明穿人防外墙、密闭隔墙、临空墙以及扩散室的预埋密闭套管的位置、管径及标高。

② 应标明穿人防顶板和中间楼板的给水排水管、采暖管及消防管预埋密闭套管的位置及管径。

③ 应注明人防顶板的防水设计要求。

11）其他：

① 当梁、墙预留管线、孔洞及地下室外墙的防水套管在梁、墙平面图中明确标明时，在各楼层结构平面图中可省略标注，但应说明洞口详见相关图纸。

② 选用标准图时，应注明选用的图集名称、图集号及所选用的节点索引号。当所选用的图集中没有相应的节点需另行绘制时，应在平面图中注明详图索引号。

③ 留有预埋件的楼（屋）面板，标注其定位尺寸和编号。埋件平面尺寸较大或通长设置时，宜根据具体情况留设透气孔。

④ 在楼（屋）面板上有设备基础以及其他基础（如：水箱、冷却塔、卫星天线、擦窗机、广告牌等）时，应注明其定位、平面尺寸、编号、预埋件，绘制基础详图、预埋件详图。

2.1.3 设计文件构成

（1）文字部分

设计总说明中关于平面、楼(屋)面板配筋的部分，详见《BIAD设计文件编制深度规定》(第二版)结构专业篇4.2.9、4.2.10、4.2.16各条中的相关条款；图纸补充说明。

（2）图样部分

1）按楼层标高划分，一般包括：

① 地下各楼层结构平面图：一般地下各层结构平面布置各不相同，需要每层单独绘制。

② 地上各楼层结构平面图：中间各层结构构件的平面布置完全相同时，可以绘制“标准层结构平面图”或“＊层～＊层结构平面图”。

③ 屋面结构平面图：表示建筑顶层主要屋面的平面布置。

此外，当两个楼层之间设置局部楼层时，需要绘制“局部夹层结构平面图”；当屋面设有出屋面的楼梯、电梯机房以及其他功能的房间时，需要绘制“出屋面结构平面图”。

2）按图纸类型划分，包括：

① 整体平面图和分区（段）平面图：一般用于较大建筑工程的平面图。整体平面图主要表明整体结构布局及各区（段）之间的关系，不需标注详细内容，可采用小比例绘制（实际设计时也有采用缩小比例出图的方式）。分区（段）平面图，应按规定的制图比例绘制，各分区（段）平面应将交接部位表示清楚，并绘制小比例的组合示意图表示该图所在位置。

② 组合平面图和单元平面图：多用于住宅建筑。地下部分应绘制组合平面图，地上部分可根据需要绘制组合平面图或单元平面图。绘制组合平面时，可详细绘制一个单元，其他相同的单元标注单元号；绘制单元平面图时应注意边单元和中间单元的区别。

③ 表示特殊要求的平面示意图，如：砌体结构的圈梁平面示意图、重要或复杂工程的允许使用荷载平面示意图、防空地下室单元划分示意图、复杂平面的填充墙构造柱布置示意图等。

关于制图比例：一般的结构平面图常用比例1:100，可用比例1:150；单元平面图常用比例1:50，可用比例1:100；平面示意图根据图面需要可用1:200或更小比例；与平面相关的详图常用比例1:20、1:30、1:50，可用比例1:25，具体绘制比例视构件大小确定，以能清楚表示绘制内容为准。

2.1.4 示例概况

《图示》中所选示例均沿用我公司的传统画法，平面图采用仰视投影法绘制，图名一般为“＊层顶板结构平面图”。

（1）框架-剪力墙结构平面图（地下人防层）

例1-框架-剪力墙结构楼层结构平面图（地下人防层顶），共2张图，包含地下三层顶板结构平面图和局部放大图。

本示例选自北京地区的某办公建筑。该建筑地下3层（局部2层），其中地下三层大部分为六级人防；主楼地上21层、裙房地上3层。结构形式为钢筋混凝土框架-剪力墙结构，各层楼（屋）面板均为钢筋混凝土现浇板。

关联示例：框架-剪力墙结构地下人防层墙柱配筋平面图6-1-1。

（2）框架-剪力墙结构平面图（地下部分）

例2-框架-剪力墙结构楼层结构平面图（地下一层顶），共7张图，包含地下一层顶板结构模板图、地下一层顶板配筋图、局部放大图。

本示例选自北京地区的某办公建筑。该建筑

地下3层，为框架-剪力墙结构；地上10层，为带偏撑和中心支撑的高层钢框架结构。地下各层楼板均为钢筋混凝土现浇板。

结构平面较长，轴网由弧形轴网和矩形轴网组成，构件布置较为复杂，为能表示清楚将结构平面图分段绘制，模板图和板配筋图分开绘制。

（3）框架-剪力墙结构平面图（地上部分）

例3-框架-剪力墙结构楼层结构平面图（首层及夹层顶），1张图。

例4-框架-剪力墙结构屋顶结构平面图，共2张图，包含屋顶板结构平面图和屋顶设备基础平面图。

本示例选自北京地区某小区的配套用房和商业用房，地下1层、地上4～5层，其中小区配套用房位于东侧地上部分及整个顶层，共5层；商业用房位于西侧地上3层。由于两部分建筑平面相连，而层高各不相同，属于错层结构。结构形式为框架-剪力墙结构，各层楼（屋）面板均为钢筋混凝土现浇板。

示例将标高相近的楼层平面合并绘制，利用图例区分不同楼层标高，楼层中间平面按夹层平面绘制，结构层高表中同时列出两部分建筑的标高和层高。

关联示例：框架-剪力墙结构墙柱配筋平面图6-2-1、6-2-2，框架-剪力墙结构梁配筋平面图6-4-1、6-4-2。

（4）剪力墙结构平面图（地上部分）

例5-剪力墙结构楼层结构平面图（标准层），共2张图，包含标准层顶板结构平面图和局部放大图。

例6-剪力墙结构屋顶及出屋顶结构平面图，共3张图，包含屋顶板结构平面图和局部放大图、屋顶设备基础平面图。

本示例选自河北地区的某住宅建筑，属于最为常见的住宅类型。该建筑地下1层、地上22层，结构形式为钢筋混凝土剪力墙结构，各层楼（屋）面板均为钢筋混凝土现浇板。

关联示例：剪力墙结构墙配筋平面图6-3-1、6-3-3，剪力墙结构标准层顶梁配筋平面图6-5-1。

（5）砌体结构平面图（地上部分）

例7-砌体结构楼层结构平面图（标准层、现浇板），1张图。

例8-砌体结构屋顶结构平面图（坡屋顶），1张图。

例9-砌体结构平面详图，1张图。

本示例选自北京地区的某住宅建筑。该建筑地上6层、无地下室，屋面为坡屋面。结构形式为砌体结构，墙体采用烧结多孔砖，各层楼（屋）面板均为钢筋混凝土现浇板。

原设计将梁配筋用平面整体表示法中的平面注写方式标注在结构平面图中，考虑到本书的编排需要，此部分内容忽略。需要注意的是，标注坡屋面中的梁、圈梁的高度时，应考虑屋脊、斜面对梁截面的影响，为便于施工应标注控制高度或梁底标高，例如：示例2-8-1中的QL2、QL3。

为方便各单元的索引，平面详图按通用图绘制。示例挑选坡屋面中具有代表性的剖面，如：坡屋顶节点做法、天沟详图、屋面检修孔详图等，供设计人员参考。

（6）砌体结构单元平面图（地上部分）

例10-砌体结构单元楼层结构平面图（标准层、预制板），1张图。

例11-砌体结构单元屋顶结构平面图（预制板），1张图。

例12-砌体结构单元平面详图，1张图。

本示例选自北京地区的某住宅建筑，是比较早期的设计项目，地下1层、地上4层，其中地下一层为车库、首层为商业、2～4层为住宅。该建筑为底部框架-抗震墙砌体房屋，地下一层、首层顶板采用钢筋混凝土现浇板，2～4层顶板主要采用预应力圆孔空心板，异形板、厨房和卫生间采用钢筋混凝土现浇板。示例主要介绍单元平面图、预制板的表示方法和设计深度，对于地下一层顶、首层顶的结构平面图未选用。

配合建筑专业的表示方法，标准层、屋顶结构平面图均按单元形式绘制，便于楼栋利用不同单元进行组合。由于结构平面按单元绘制，示例未另行绘制圈梁平面布置图，圈梁的布置、截面、配筋通过详图表示。

平面详图中挑选楼层、屋顶具有代表性的剖面，如：圈梁详图、楼层阳台和屋顶挑檐详图、板缝详图、降板处的构造做法等，供设计人员参考。

改善建议：宜在图样中明确说明预制板和预制过梁的选用图集、楼板洞口的洞边加筋做法。

（7）无梁楼盖平面图

例 13-无梁楼盖结构平面图，共 3 张图，包含地下二层顶板结构平面图和局部放大图。

本示例选自北京地区的某住宅建筑的地下车库部分。该部分为纯地下建筑，共 2 层，其中地下二层大部分为六级人防。结构形式为钢筋混凝土框架-剪力墙结构，地下室各层顶板均为带平托板（柱帽）的无梁楼板。

地下二层顶板结构平面图以绘制无梁楼板配筋为主，图纸名称为“地下二层顶板配筋图”；板配筋按 *X* 方向、*Y* 方向分别绘制，以便能清楚表达两方向钢筋的设置。

关联示例：无梁楼盖柱帽详图 6-9-1。

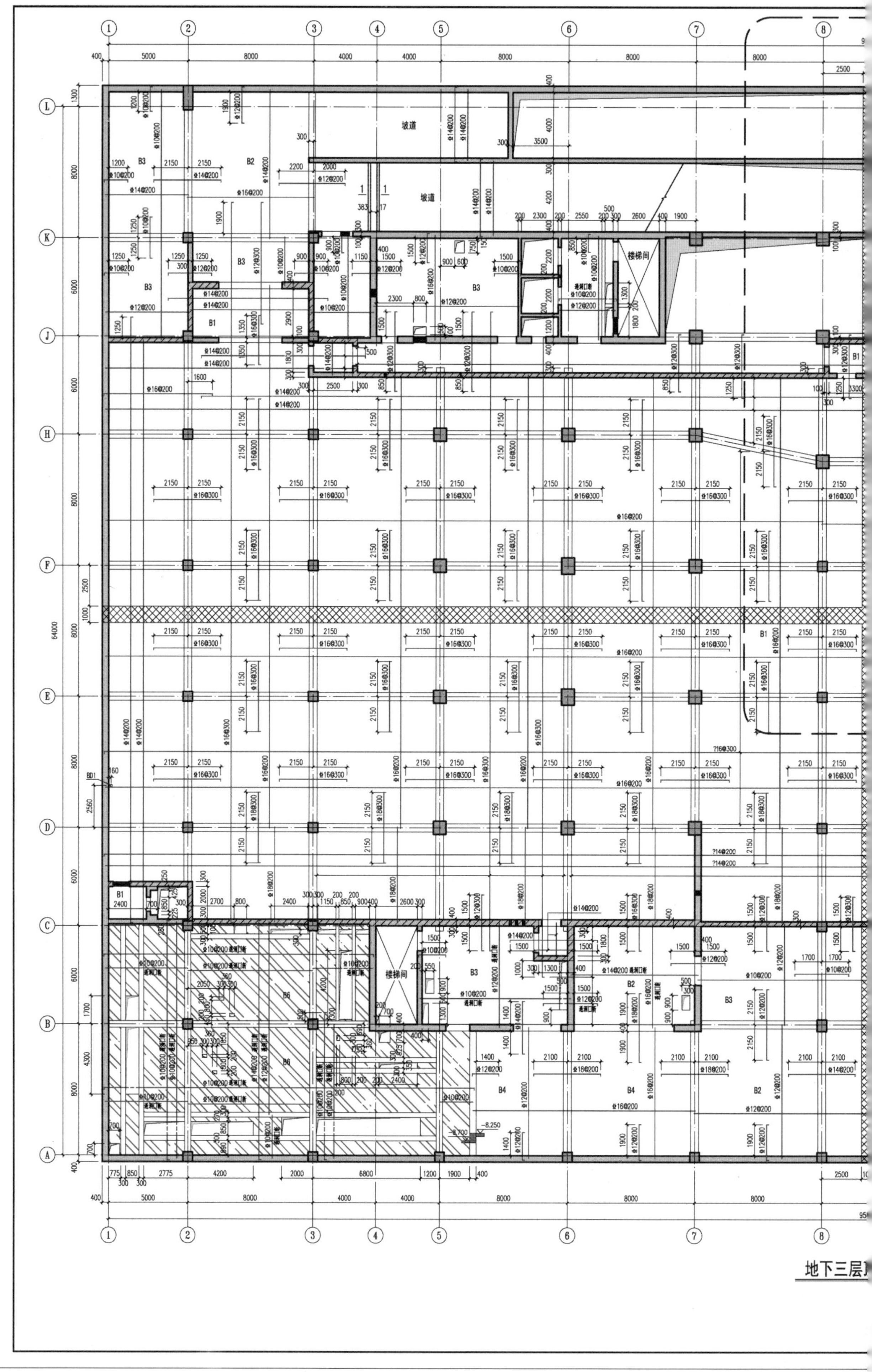

示例说明 1. 此图是“A0”布图的示意，包含人防顶板结构平面图及相关说明。

2. 结构平面图采用仰视投影方法绘制，绘制比例1：100。

3. 绘制与标注的内容：结构构件线（包括墙柱等竖向构件的剖断线、连梁及墙洞的看线、人防门框看线、梁看线、板边看线、板洞边线）；结构构件定位尺寸、与轴线的定位关系；楼板编号；板洞编号及定位；后浇带形式及定位尺寸、与轴线的定位关系；人防临空墙、隔墙填充示意；楼梯间与坡道范

4. 图纸说明包含主要的人防

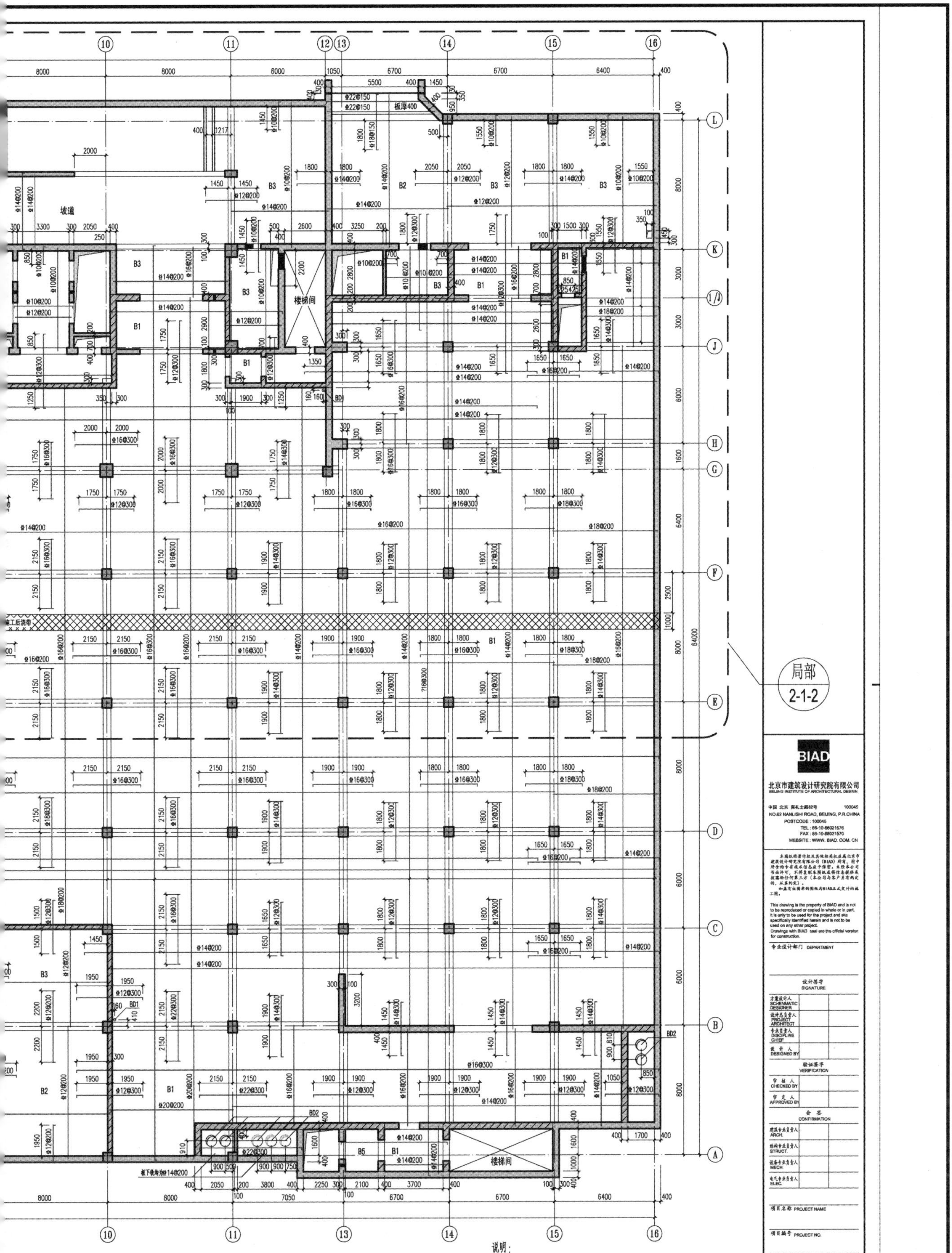

1:100

板					
编号	板厚(mm)	备注	编号	板厚(mm)	备注
B1	250	人防顶板	B4	200	
B2	180		B5	120	双排双向⏀10@200
B3	150		B6	150	板顶标高为-8.700m

板洞		
编号	尺寸(mm)	备注
BD1	⌀150	刚性防水套管
BD2	⌀700	洞边加筋2⏀20

说明：

1. 未注板厚人防内均为250mm，人防外均为120mm，坡道板厚为150mm。
2. 未注墙厚均为300mm；未注明的梁、柱截面和定位详见相应的配筋平面图。
3. 未注板顶标高均为-8.250m；▧ 阴影线范围内板顶标高为-8.700m。
4. 板洞边加筋：BD3为2⏀18；其他均为2⏀14。
5. 人防顶板内设置拉结筋⏀6@600，梅花形布置。
6. ▨ 阴影线范围为六级人防临空墙、隔墙。
7. 其他详结构设计总说明。

楼板的尺寸及标高、人防顶板构造筋做法等信息。

分类		
一般建筑的结构平面图. 框架-剪力墙结构		
图名		
例1-框架-剪力墙结构地下人防层顶板结构平面图		
图号	比例	页码
2-1-1		2-1

北京市建筑设计研究院有限公司
BEIJING INSTITUTE OF ARCHITECTURAL DESIGN

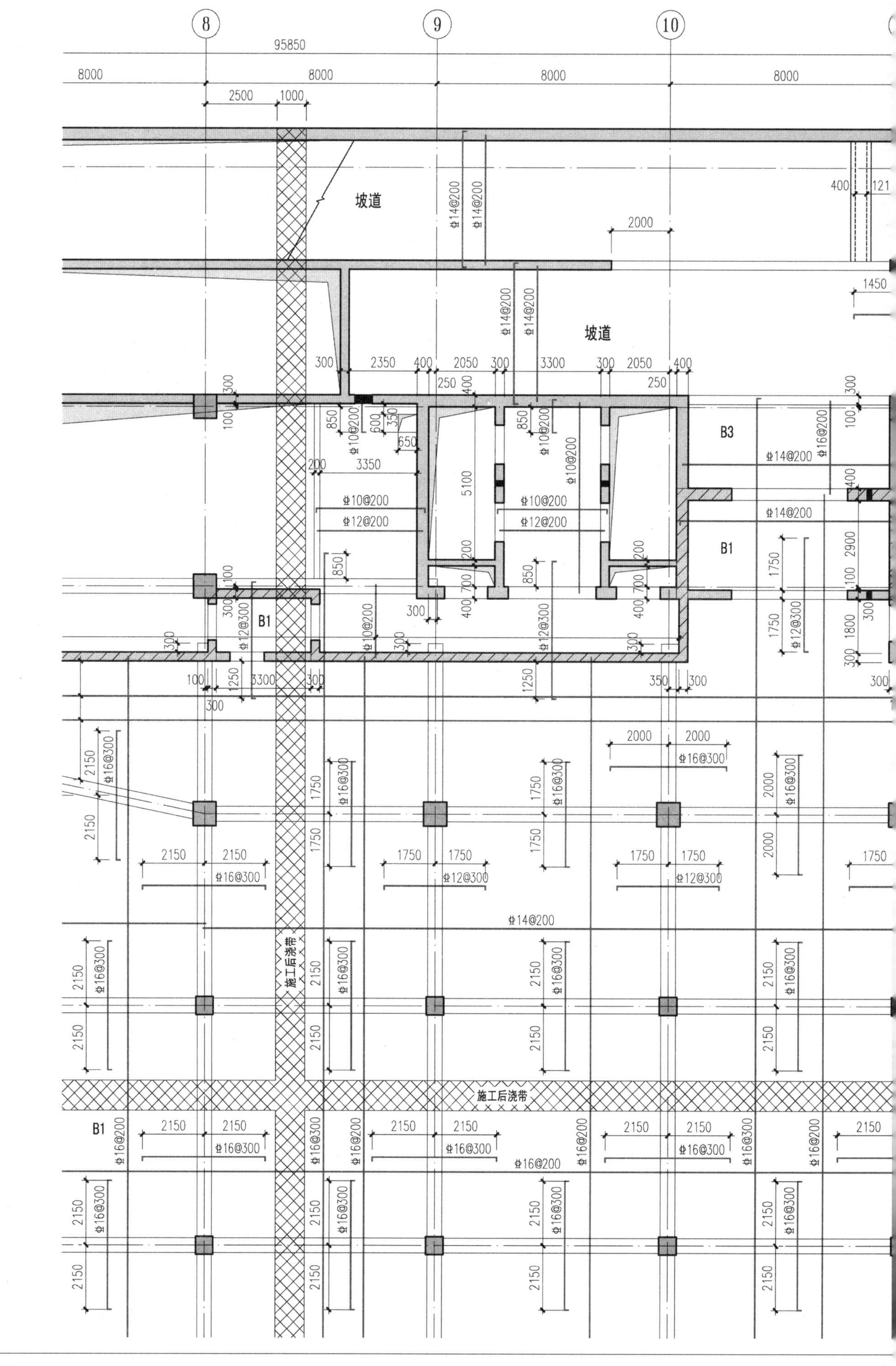

示例说明 1. 此图是“地下三层顶板结构平面图”的局部放大图。

2. 楼板厚度局部有变化时，可在原位特殊注明。楼板标高有变化时，应在变标高处绘制剖面示意图。梁与墙相连节点处，如因梁筋锚固长度不足需设置梁头时，应标明梁头位置及长度。

3. 人防顶板的板厚和配筋根据相应人防等级构造要求和计算结果确定。

4. 楼板下部纵筋应注明配置范围、钢筋直径及钢筋间距；普通楼板上部纵筋应注明钢筋长度、钢筋直径及钢筋间距。

5. 人防顶板上部纵筋应注明……筋间距。如上部拉通筋不……部附加钢筋，注明配筋和……

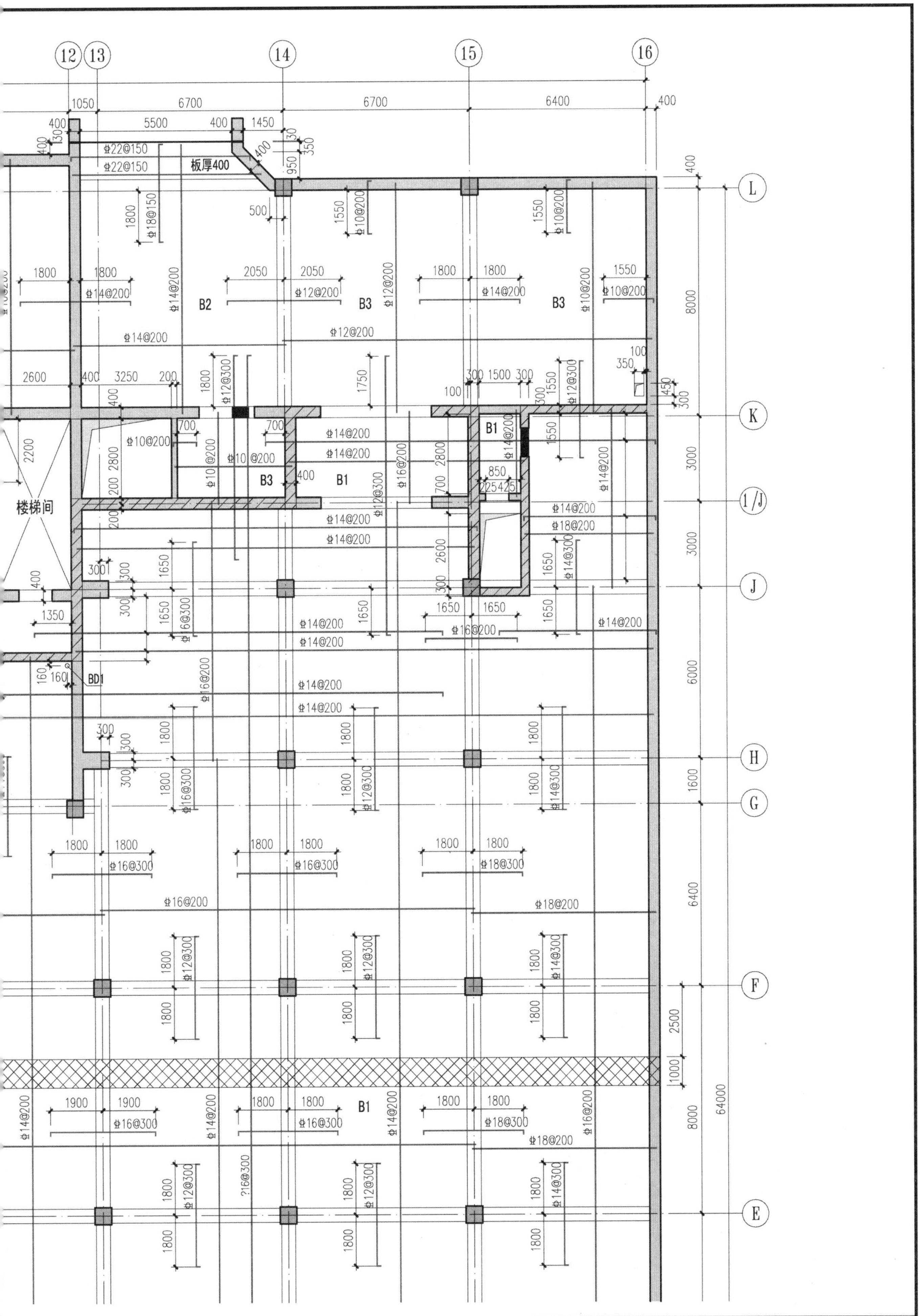

楼梯间

板厚400

…围、钢筋直径及钢
…求，可在支座处局

位置示意图

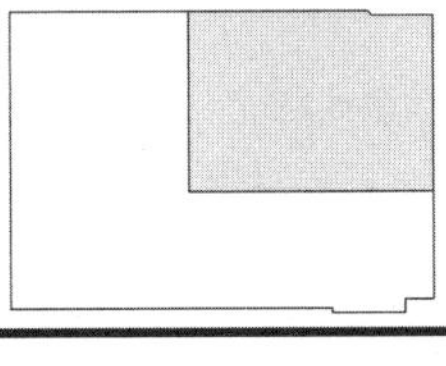

分类		
一般建筑的结构平面图. 框架-剪力墙结构		
图名		
例1-框架-剪力墙结构地下人防层顶板结构平面图(局部)		
图号	比例	页码
2-1-2		2-2

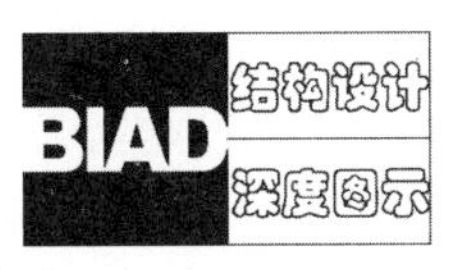

北京市建筑设计研究院有限公司
BEIJING INSTITUTE OF ARCHITECTURAL DESIGN

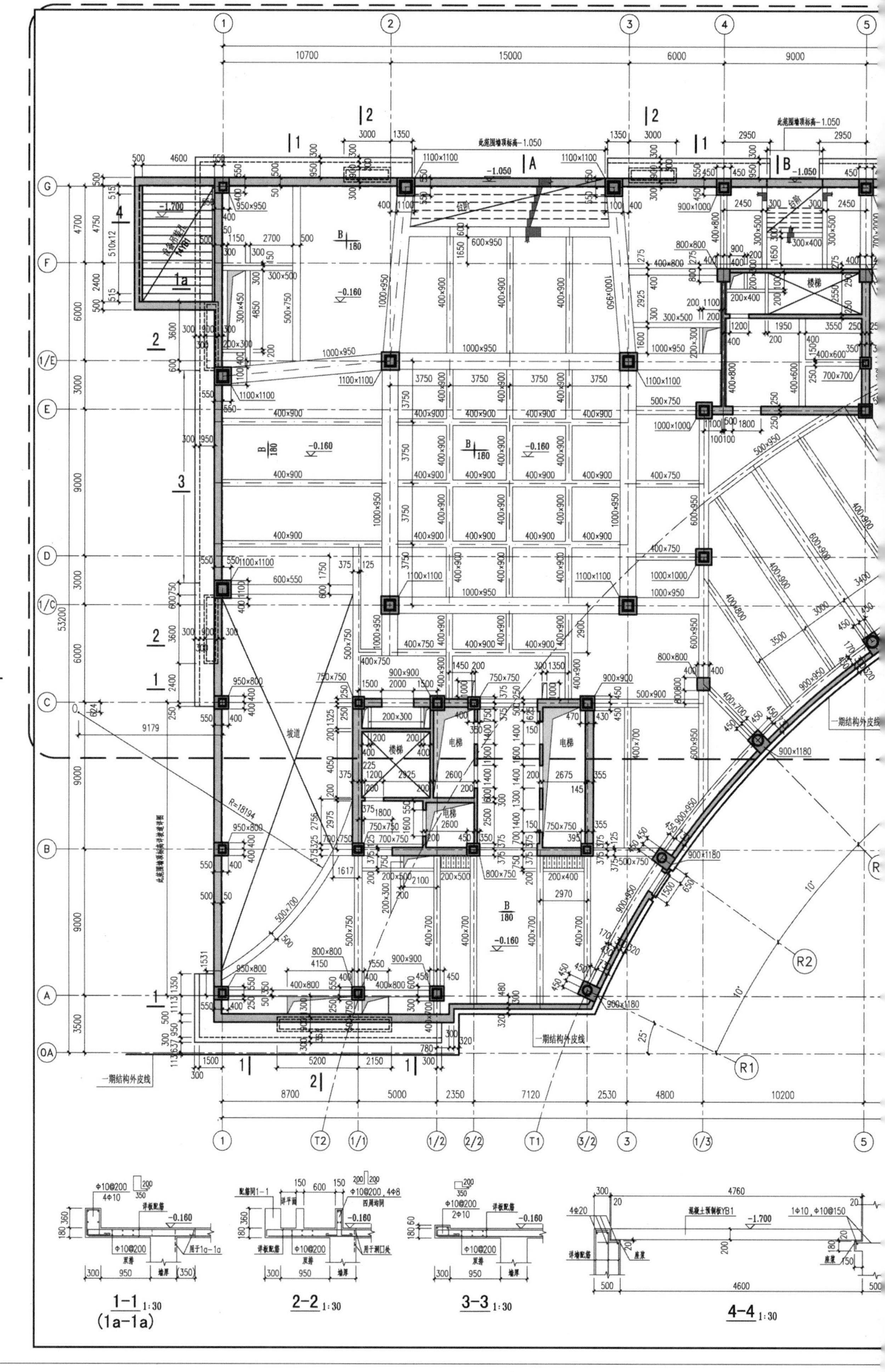

示例说明 1. 此图是“A0”布图的示意，包含西段地下一层顶板结构模板图、平面详图、分段示意图、标高和层高表、图例以及相关说明。

2. 结构模板图采用仰视投影方法绘制，绘制比例1：100；平面详图多数按1：30比例绘制。

3. 结构模板图中绘制与标注的内容：定位轴线及标注；结构构件的平面位置和尺寸；楼梯间、电梯间、台阶、坡道、设备吊装口等的平面位置；后浇带的类型、尺寸和平面位置；楼面结构标高及标高变化；现浇

板洞口的平面位置；平面

4. 在模板图上通过绘制小剖

5. 此图与2-2-2组成完整的“

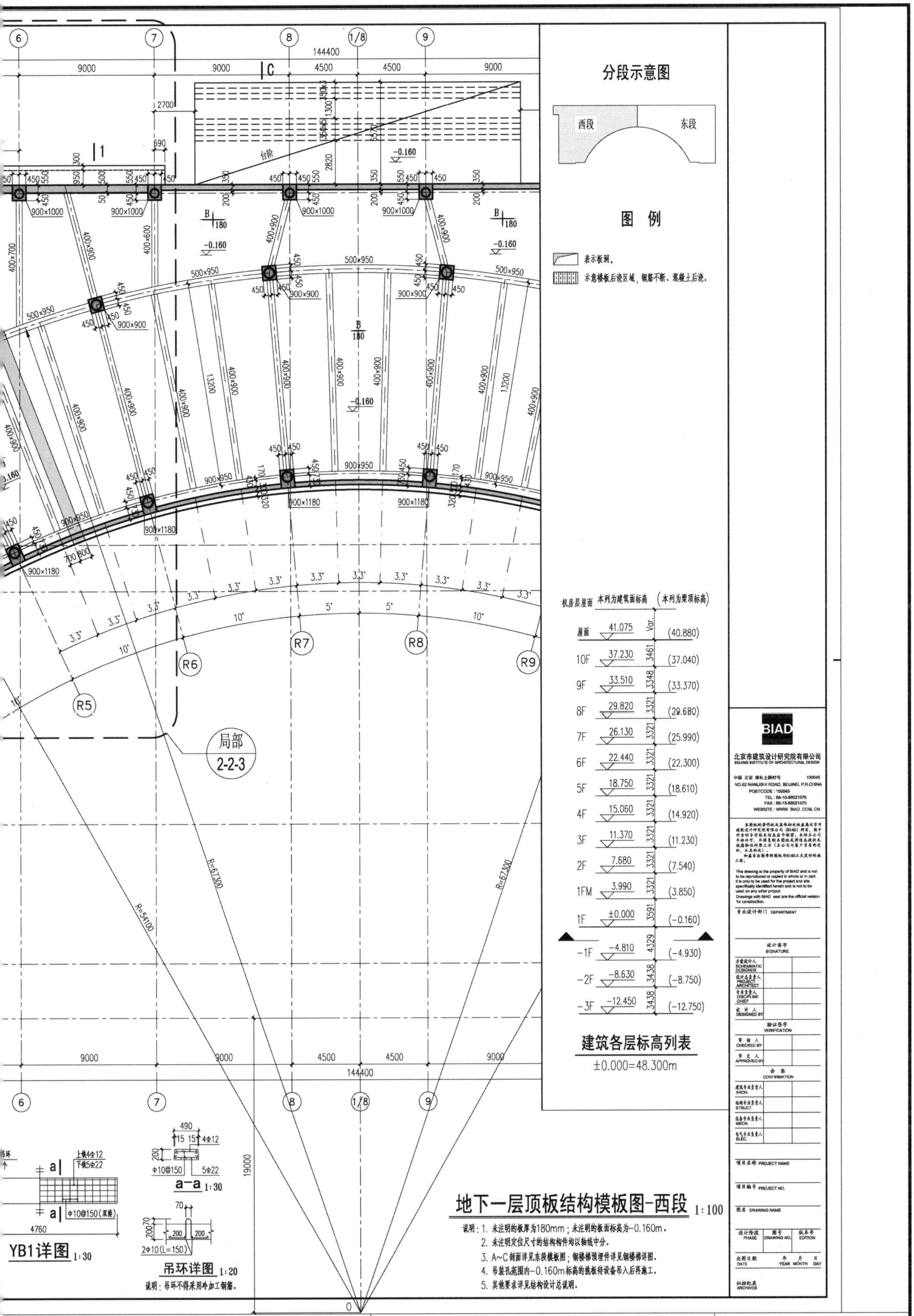

分段示意图

西段 东段

图 例

表示板洞。

示意楼板后浇区域，钢筋不断，混凝土后浇。

机房层屋面	本列为建筑面标高		(本列为梁顶标高)
屋面	41.075	Var.	(40.880)
10F	37.230	3461	(37.040)
9F	33.510	3348	(33.370)
8F	29.820	3321	(29.680)
7F	26.130	3321	(25.990)
6F	22.440	3321	(22.300)
5F	18.750	3321	(18.610)
4F	15.060	3321	(14.920)
3F	11.370	3321	(11.230)
2F	7.680	3321	(7.540)
1FM	3.990	3321	(3.850)
1F	±0.000	3591	(−0.160)
−1F	−4.810	4329	(−4.930)
−2F	−8.630	3438	(−8.750)
−3F	−12.450	3438	(−12.750)

建筑各层标高列表

±0.000=48.300m

YB1详图 1:30

a–a 1:30

吊环详图 1:20

说明：吊环不得采用冷加工钢筋。

局部 2-2-3

地下一层顶板结构模板图-西段 1:100

说明：1. 未注明的板厚为180mm；未注明的板面标高为−0.160m。
2. 未注明定位尺寸的结构构件均以轴线中分。
3. A~C剖面详见东段模板图；钢楼梯预埋件详见钢楼梯详图。
4. 吊装孔范围内−0.160m标高的挑板待设备吊入后再施工。
5. 其他要求详见结构设计总说明。

BIAD 北京市建筑设计研究院有限公司 BEIJING INSTITUTE OF ARCHITECTURAL DESIGN

中国 北京 南礼士路62号 100045 NO.62 NANLISHI ROAD, BEIJING, P.R.CHINA POSTCODE：100045 TEL：86-10-88021576 FAX：86-10-88021570 WEBSITE：WWW. BIAD. COM. CN

…力方向（必要时），设备吊装口处预制板的布置，楼…置和编号；必要的文字说明。

…阶与周边构件的关系。

…结构模板图”。

分类		
一般建筑的结构平面图. 框架–剪力墙结构		
图名		
例2–框架–剪力墙结构地下一层顶板结构模板图一		
图号	比例	页码
2–2–1		2–3

BIAD 结构设计 深度图示

北京市建筑设计研究院有限公司 BEIJING INSTITUTE OF ARCHITECTURAL DESIGN

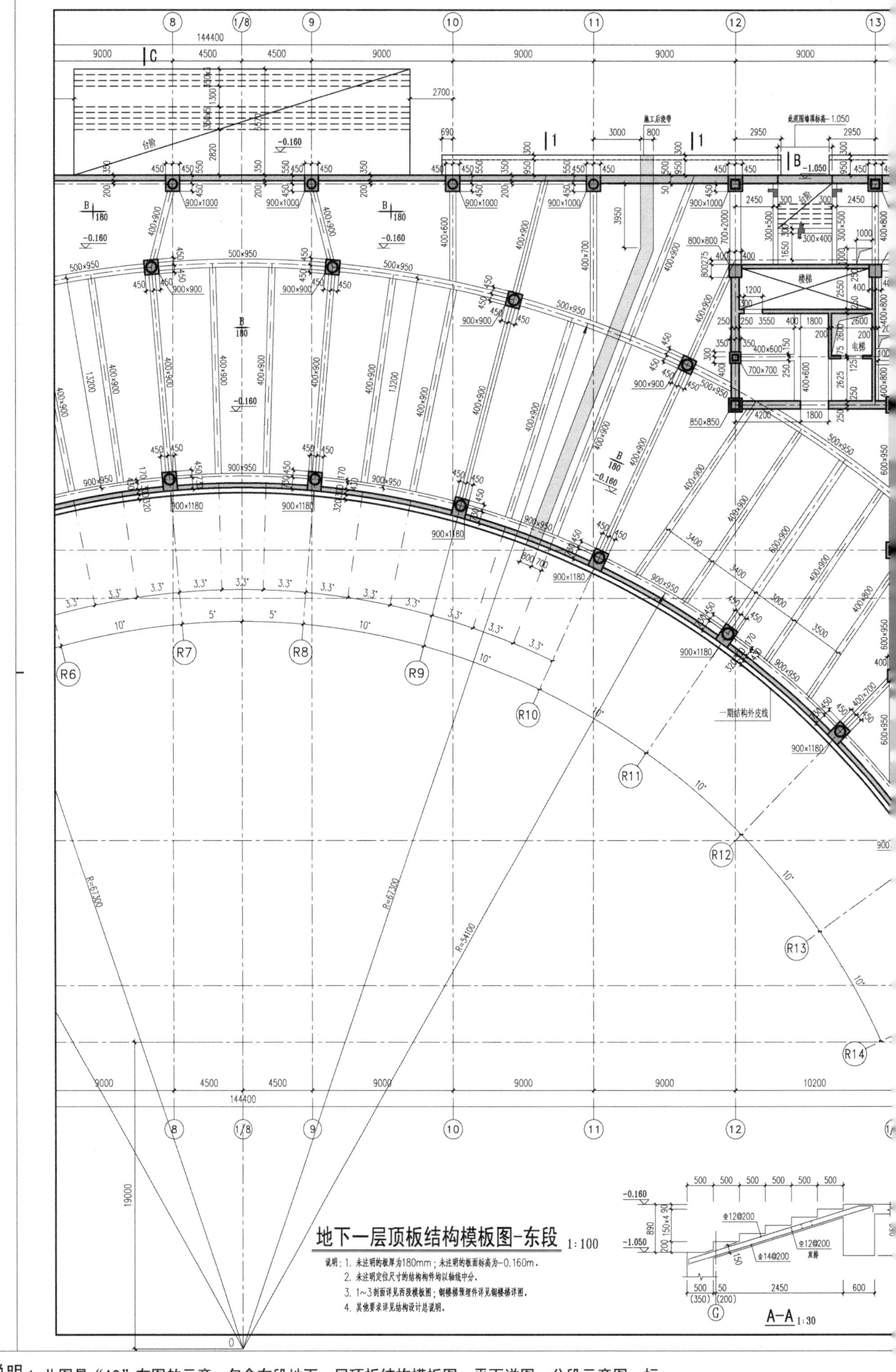
地下一层顶板结构模板图-东段 1:100
说明：1. 未注明的板厚为180mm；未注明的板面标高为-0.160m。
2. 未注明定位尺寸的结构构件均以轴线中分。
3. 1~3剖面详见西段模板图；钢楼梯预埋件详见钢楼梯详图。
4. 其他要求详见结构设计总说明。
A-A 1:30

示例说明 1. 此图是“A0”布图的示意，包含东段地下一层顶板结构模板图、平面详图、分段示意图、标高和层高表、图例以及相关说明。

2. 说明内容详见2-2-1示例说明第2、3、4款。

3. 此图与2-2-1组成完整的“地下一层顶板结构模板图”。

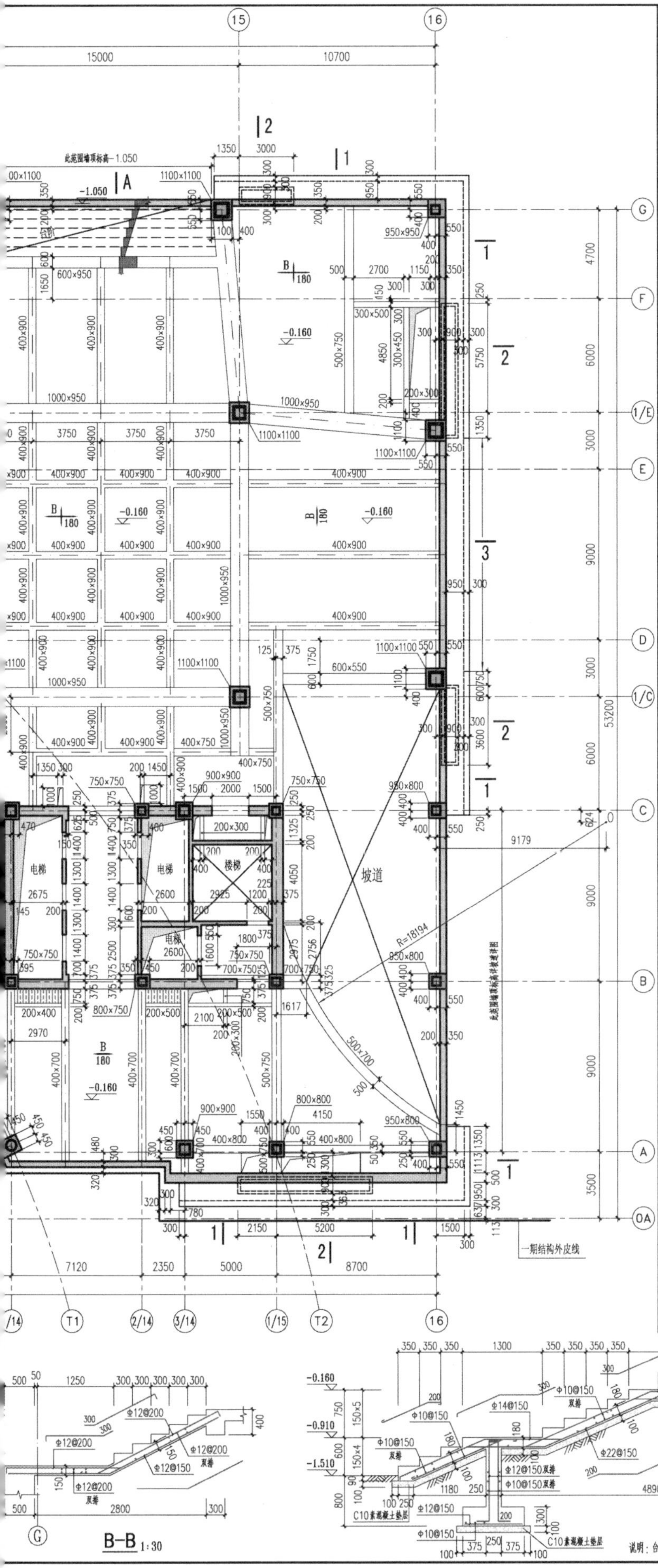

分段示意图

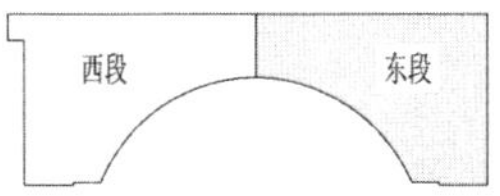

西段　东段

图例

表示板洞。

示意楼板后浇区域，钢筋不断，混凝土后浇。

机房层屋面	本列为建筑面标高		(本列为梁顶标高)
屋面	41.075	Var.	(40.880)
10F	37.230	3461	(37.040)
9F	33.510	3348	(33.370)
8F	29.820	3321	(29.680)
7F	26.130	3321	(25.990)
6F	22.440	3321	(22.300)
5F	18.750	3321	(18.610)
4F	15.060	3321	(14.920)
3F	11.370	3321	(11.230)
2F	7.680	3321	(7.540)
1FM	3.990	3321	(3.850)
1F	±0.000	3591	(-0.160)
-1F	-4.810	4329	(-4.930)
-2F	-8.630	3438	(-8.750)
-3F	-12.450	3438	(-12.750)

建筑各层标高列表

±0.000=48.300m

坡道　电梯　楼梯　一期结构外皮线

B-B 1:30

C-C 1:30

说明：台阶及基础下素土应夯实，压实系数≥0.95。

分类

一般建筑的结构平面图. 框架-剪力墙结构

图名

例2-框架-剪力墙结构地下一层顶板结构模板图二

图号	比例	页码
2-2-2		2-4

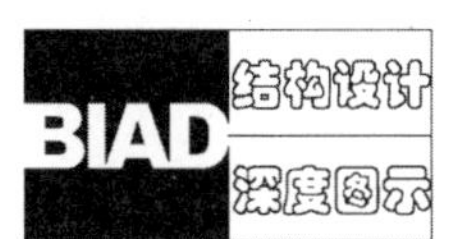

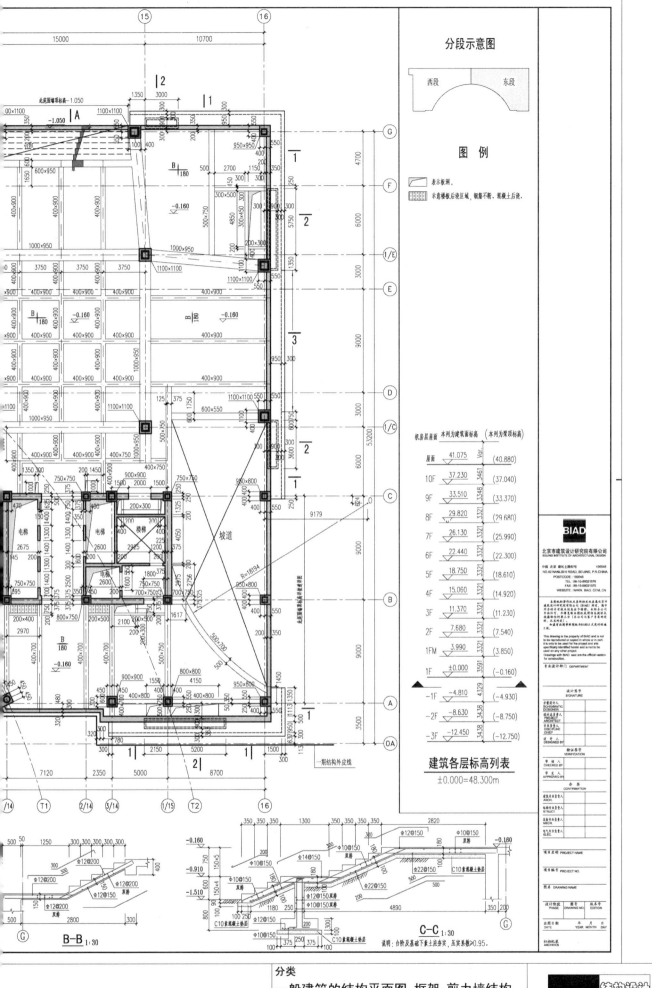

北京市建筑设计研究院有限公司
BEIJING INSTITUTE OF ARCHITECTURAL DESIGN

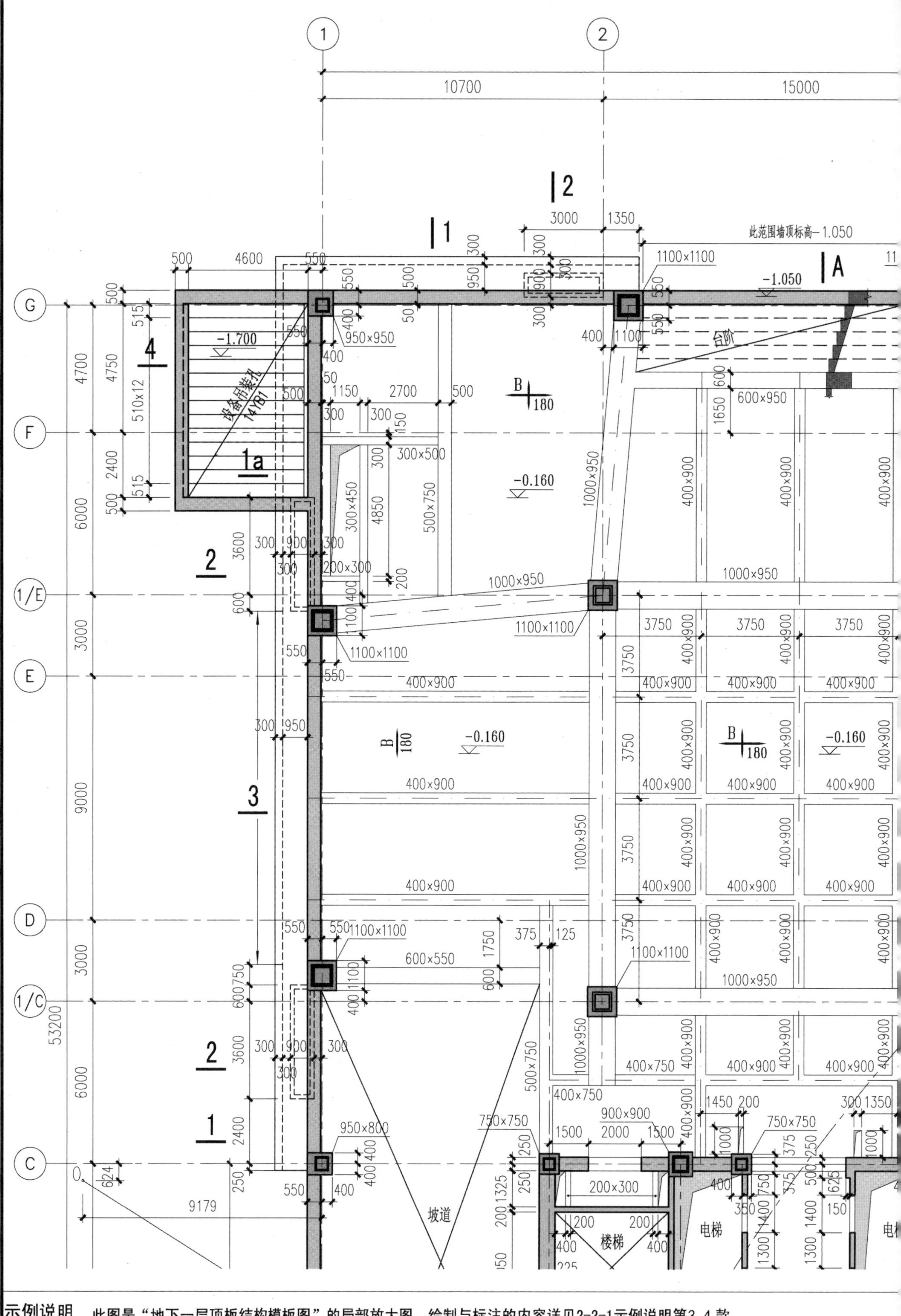

示例说明　此图是“地下一层顶板结构模板图”的局部放大图，绘制与标注的内容详见2-2-1示例说明第3、4 款。

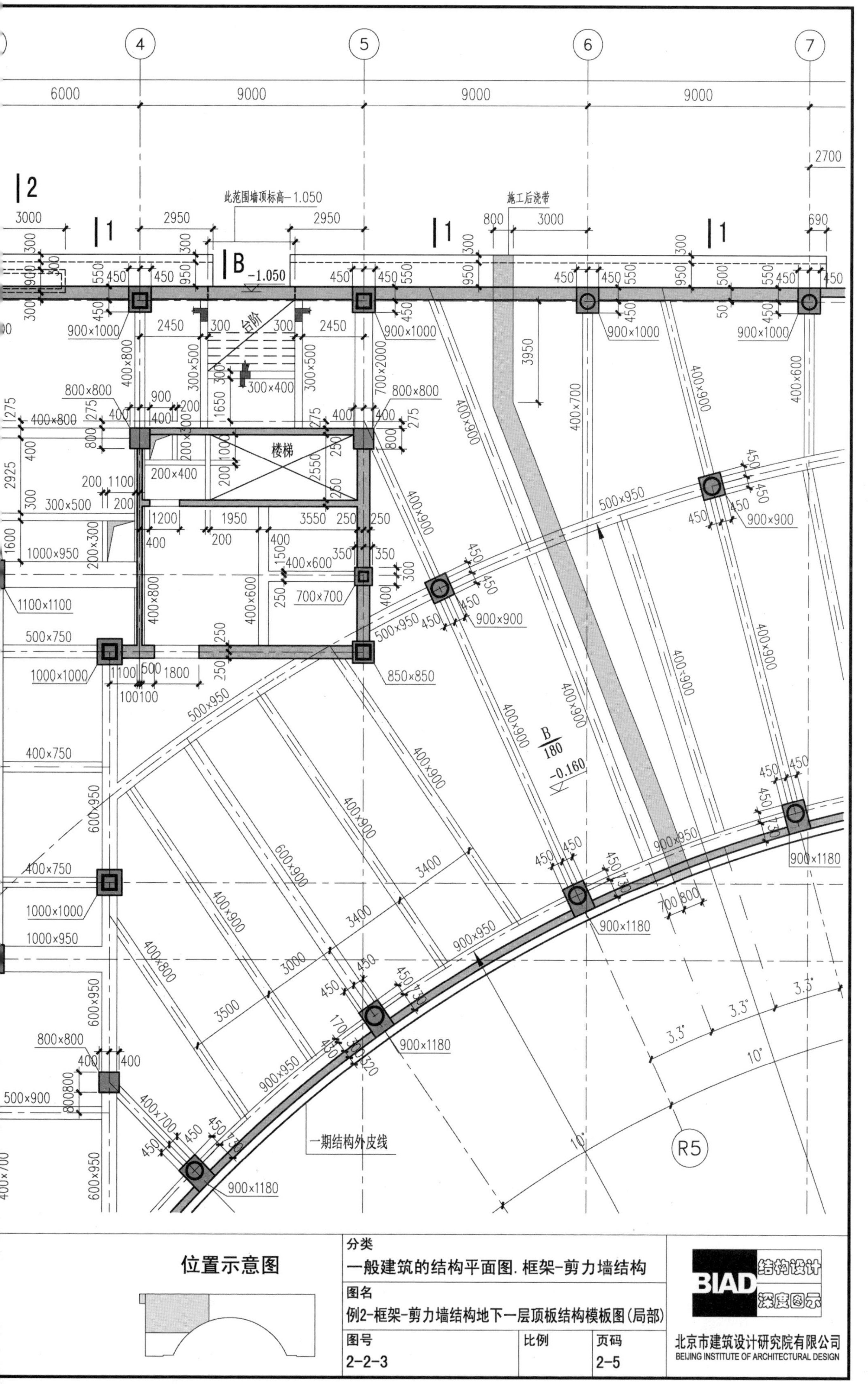

此范围墙顶标高-1.050
施工后浇带
台阶
楼梯
一期结构外皮线
R5
位置示意图
分类
一般建筑的结构平面图. 框架-剪力墙结构
图名
例2-框架-剪力墙结构地下一层顶板结构模板图(局部)
图号
2-2-3
比例
页码
2-5
BIAD
结构设计
深度图示
北京市建筑设计研究院有限公司
BEIJING INSTITUTE OF ARCHITECTURAL DESIGN

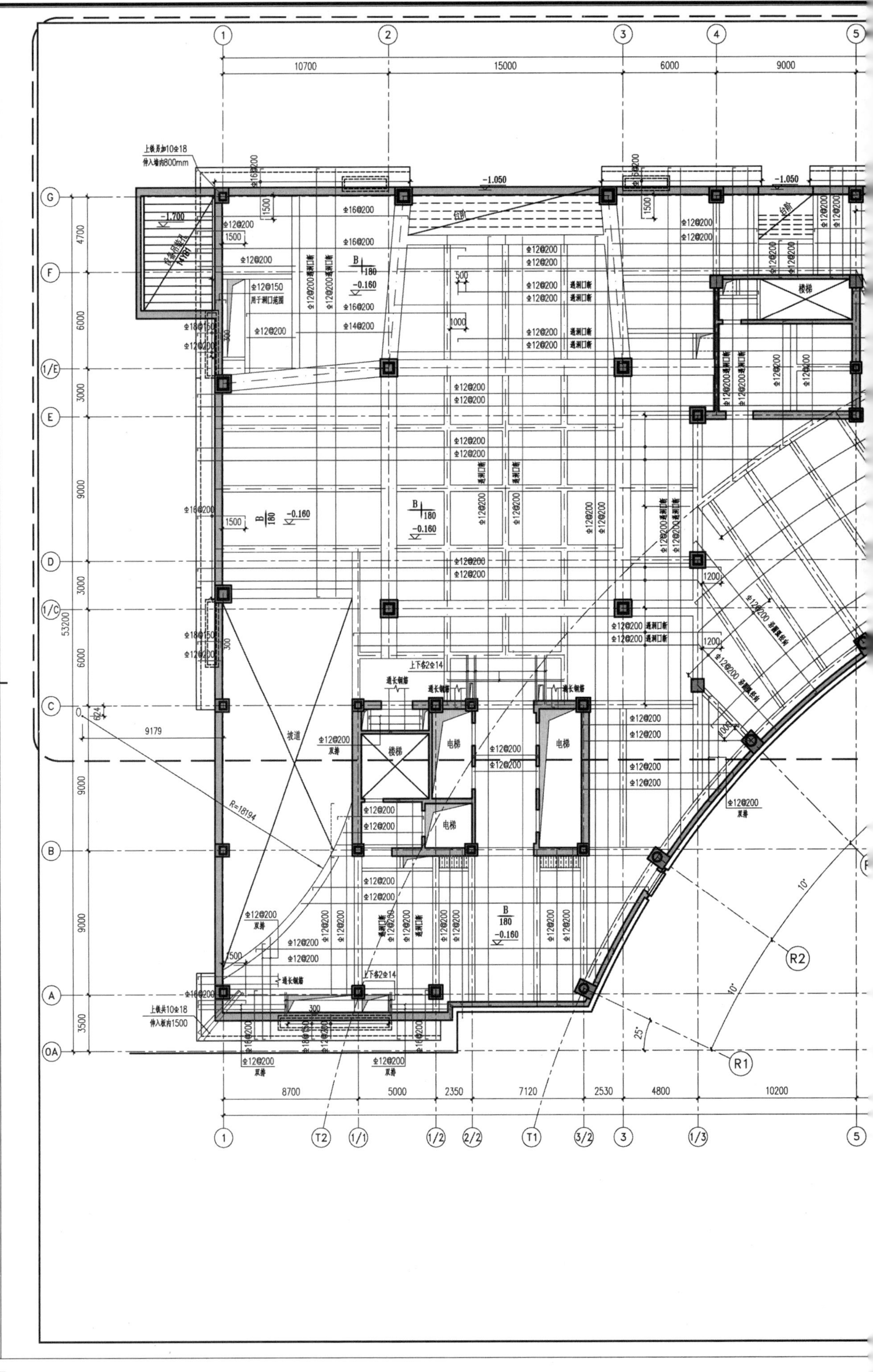

示例说明 1. 此图是“A0”布图的示意，包含西段地下一层顶板配筋图、分段示意图、标高和层高表、图例以及相关说明。

2. 板配筋图的绘制比例与结构模板图一致，绘制与标注的内容：板厚，楼层标高；两方向的板钢筋，洞边加筋，悬挑板角部放射钢筋。

3. 通长设置的板钢筋，当钢筋规格或布置方向发生变化时，应注明钢筋之间的搭接、锚固做法。

4. 此图与2-2-5组成完整

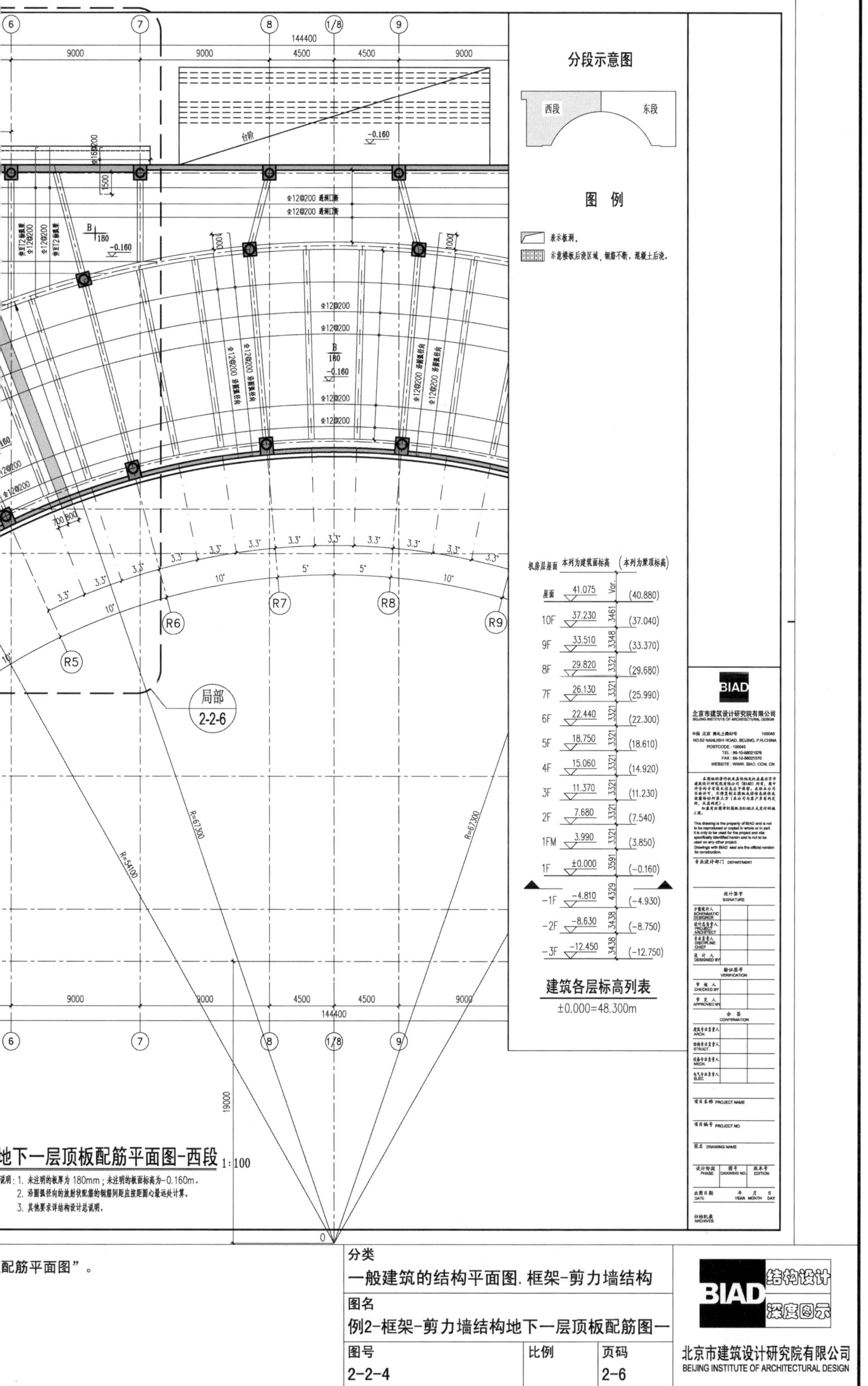

配筋平面图”。

分类		
一般建筑的结构平面图．框架-剪力墙结构		
图名		
例2-框架-剪力墙结构地下一层顶板配筋图一		
图号	比例	页码
2-2-4		2-6

BIAD 结构设计深度图示

北京市建筑设计研究院有限公司
BEIJING INSTITUTE OF ARCHITECTURAL DESIGN

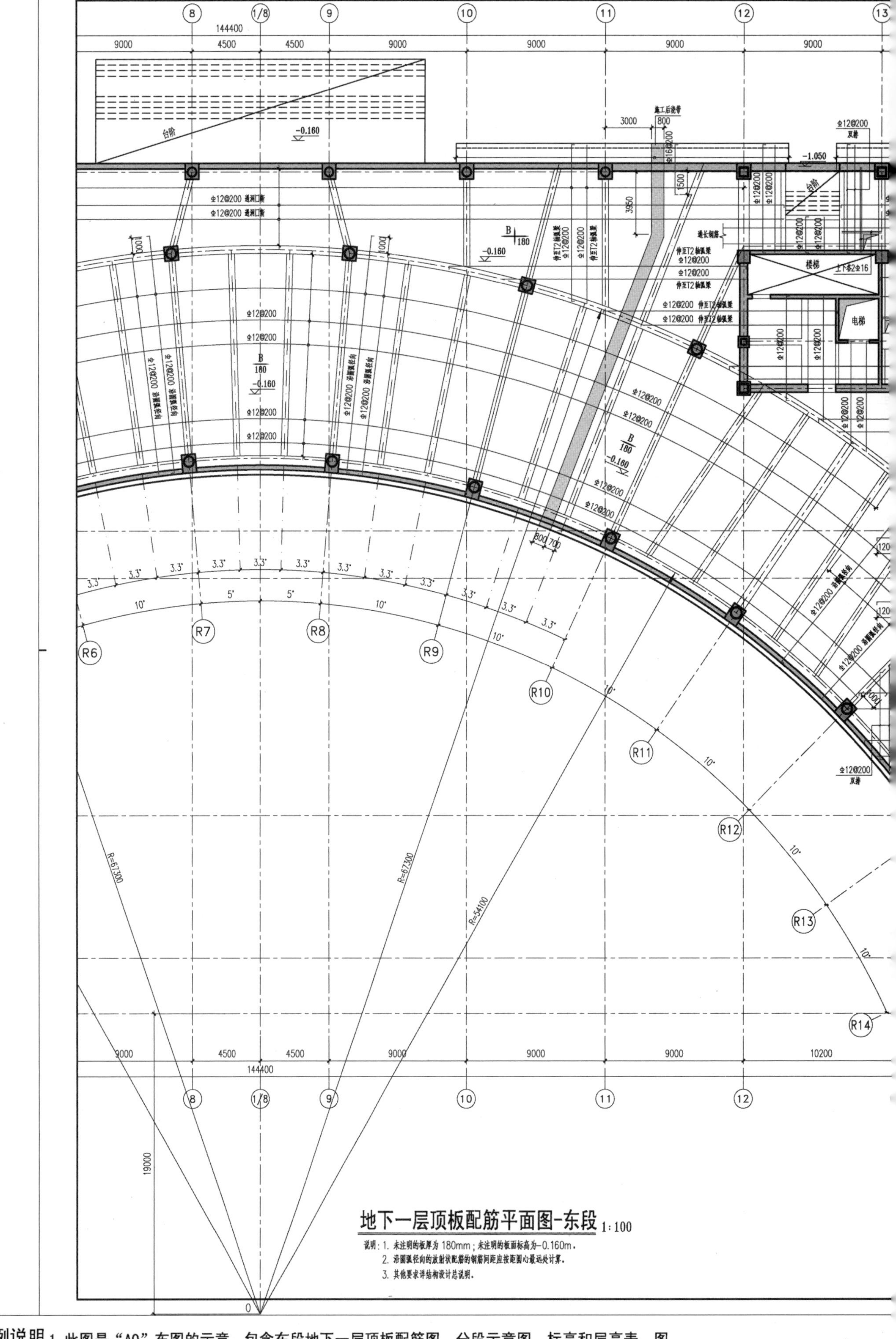
地下一层顶板配筋平面图-东段 1:100
说明：1. 未注明的板厚为180mm；未注明的板面标高为-0.160m。
2. 沿圆弧径向的放射状配筋的钢筋间距应按距圆心最远处计算。
3. 其他要求详结构设计总说明。

示例说明 1. 此图是“A0”布图的示意，包含东段地下一层顶板配筋图、分段示意图、标高和层高表、图例以及相关说明。

2. 说明内容详见2-2-4示例说明第2、3款。

3. 此图与2-2-4组成完整的“地下一层顶板配筋平面图”。

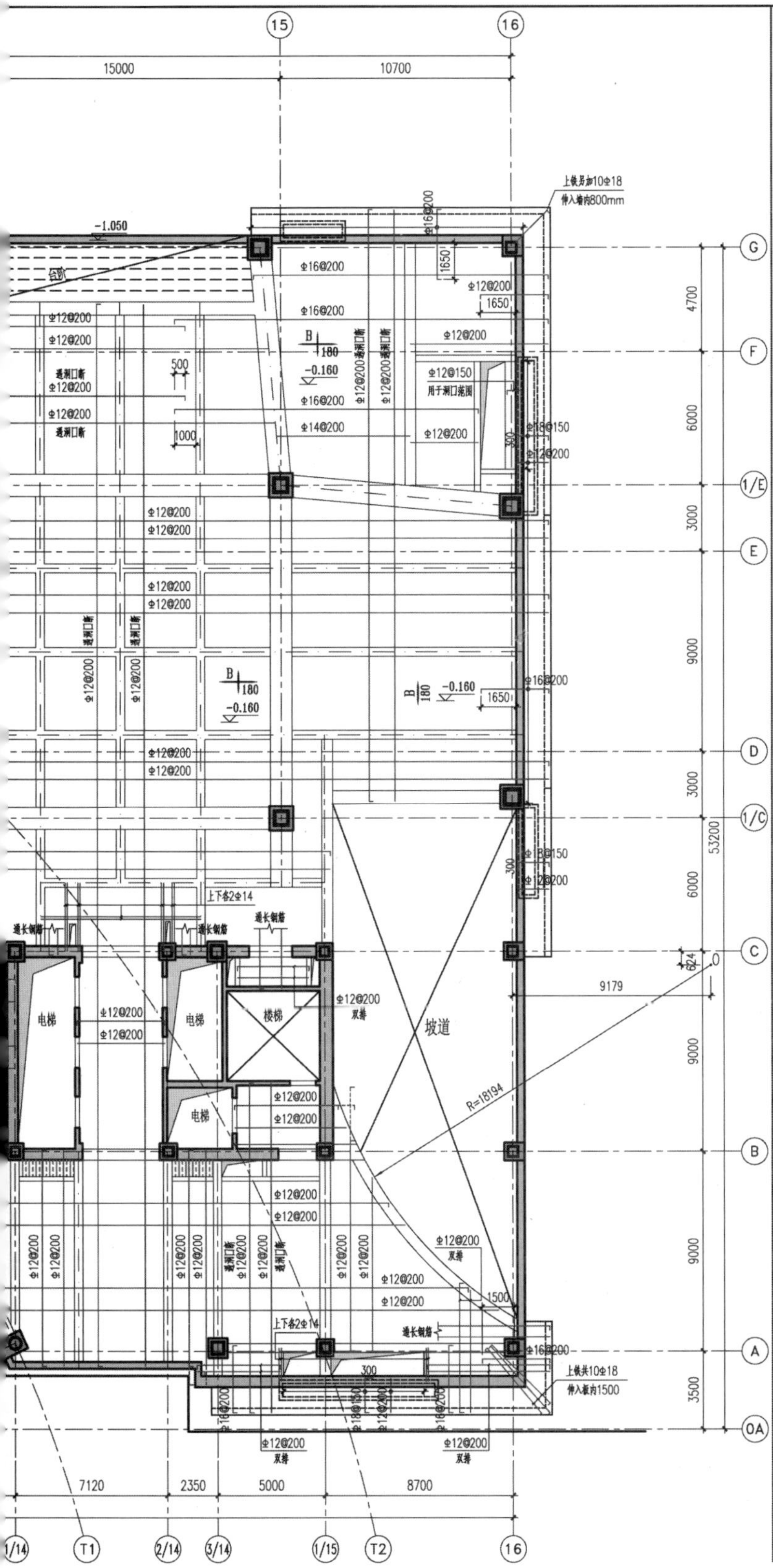

分段示意图

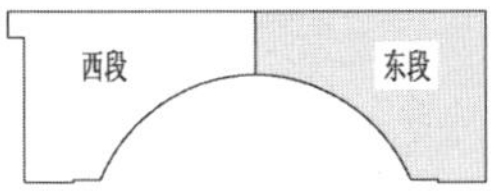

图 例

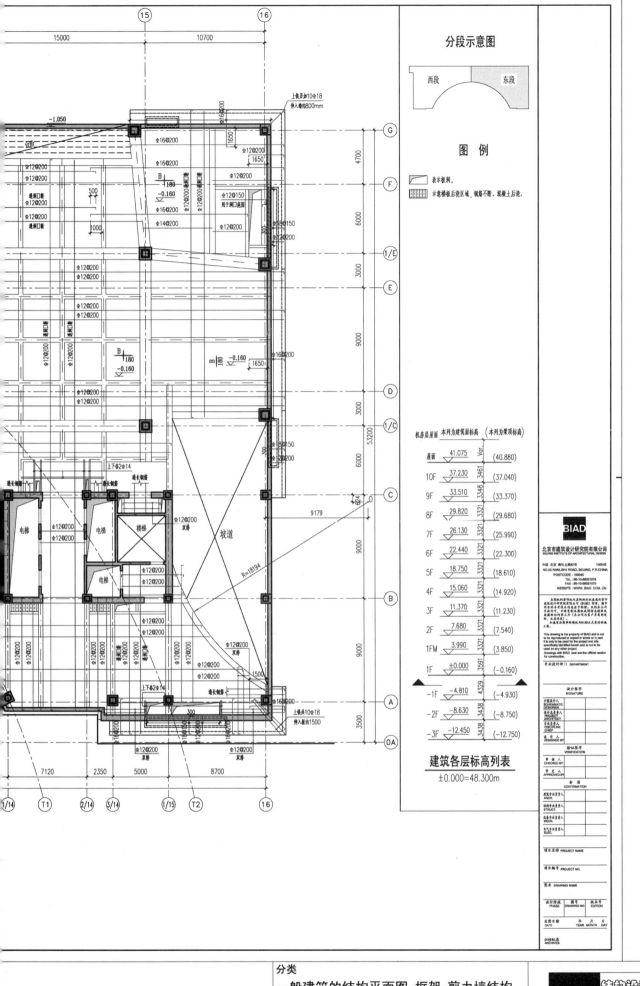

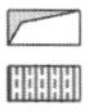

机房层屋面	本列为建筑面标高		(本列为梁顶标高)
屋面	41.075	Var.	(40.880)
10F	37.230	3461	(37.040)
9F	33.510	3348	(33.370)
8F	29.820	3321	(29.680)
7F	26.130	3321	(25.990)
6F	22.440	3321	(22.300)
5F	18.750	3321	(18.610)
4F	15.060	3321	(14.920)
3F	11.370	3321	(11.230)
2F	7.680	3321	(7.540)
1FM	3.990	3321	(3.850)
1F	±0.000	3591	(-0.160)
-1F	-4.810	4329	(-4.930)
-2F	-8.630	3438	(-8.750)
-3F	-12.450	3438	(-12.750)

建筑各层标高列表

±0.000=48.300m

BIAD 北京市建筑设计研究院有限公司 BEIJING INSTITUTE OF ARCHITECTURAL DESIGN

分类		
一般建筑的结构平面图. 框架-剪力墙结构		
图名		
例2-框架-剪力墙结构地下一层顶板配筋图二		
图号	比例	页码
2-2-5		2-7

北京市建筑设计研究院有限公司
BEIJING INSTITUTE OF ARCHITECTURAL DESIGN

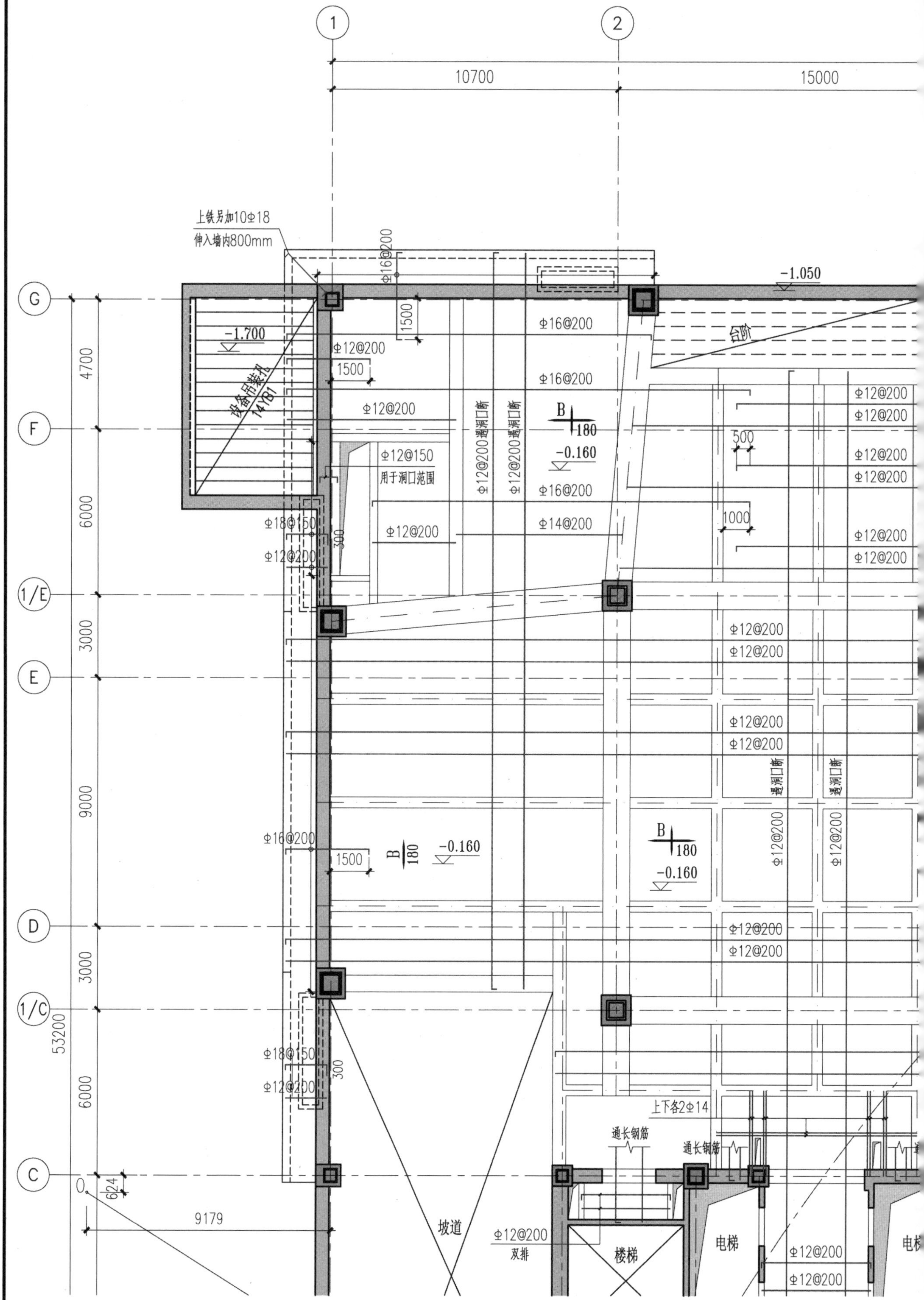

示例说明 1. 此图是"地下一层顶板配筋平面图"的局部放大图，绘制与标注的内容详见2-2-4示例说明第2、3款。

2. 拉通钢筋遇局部板洞时，可以采用虚线表示，并辅以文字注明钢筋"遇洞口断"。

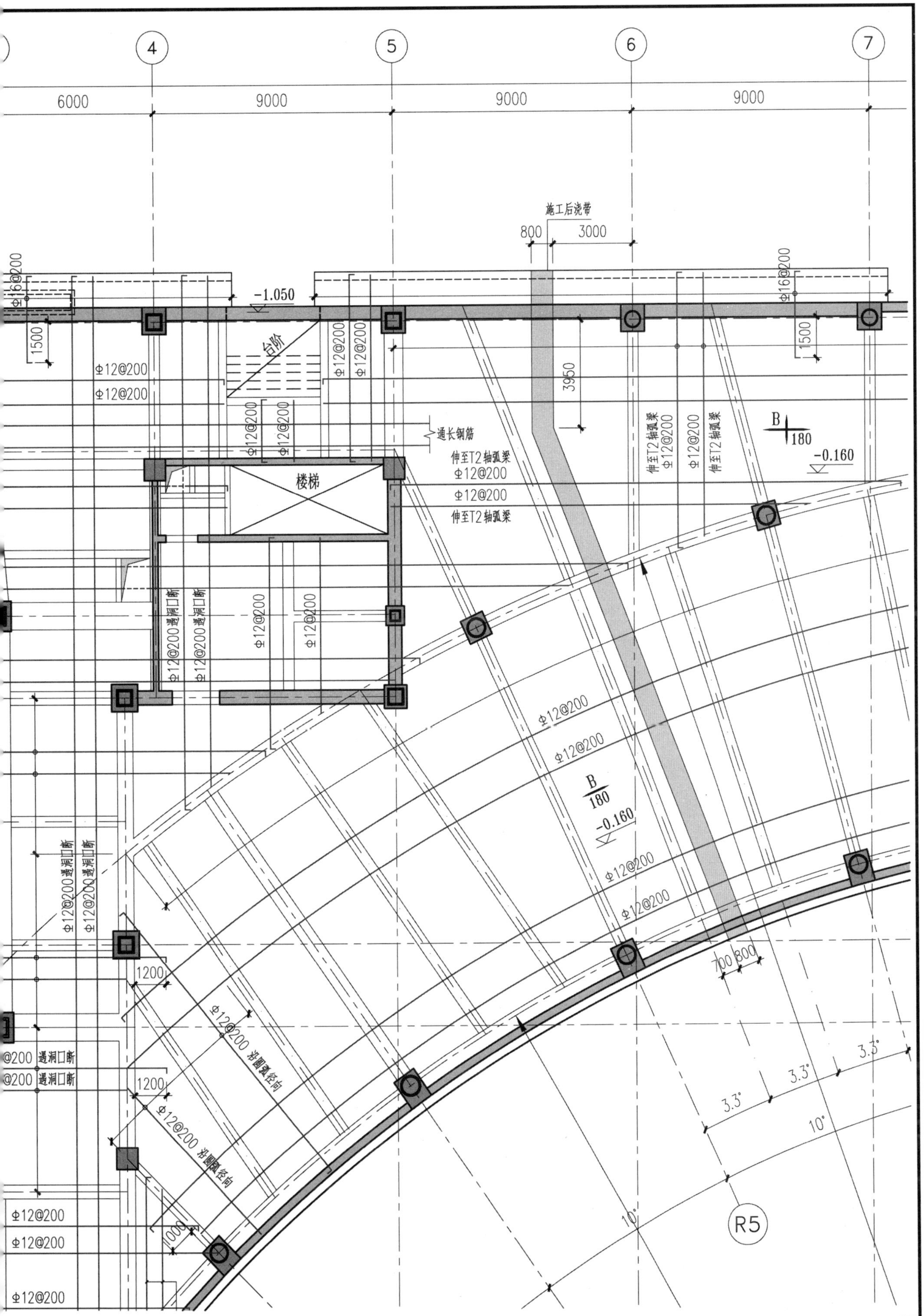

位置示意图

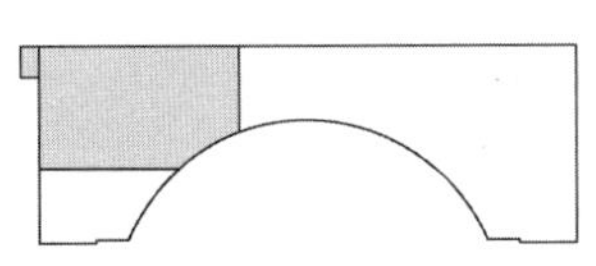

分类		
一般建筑的结构平面图. 框架-剪力墙结构		
图名		
例2-框架-剪力墙结构地下一层顶板配筋图(局部)		
图号	比例	页码
2-2-6		2-8

BIAD 结构设计深度图示

北京市建筑设计研究院有限公司
BEIJING INSTITUTE OF ARCHITECTURAL DESIGN

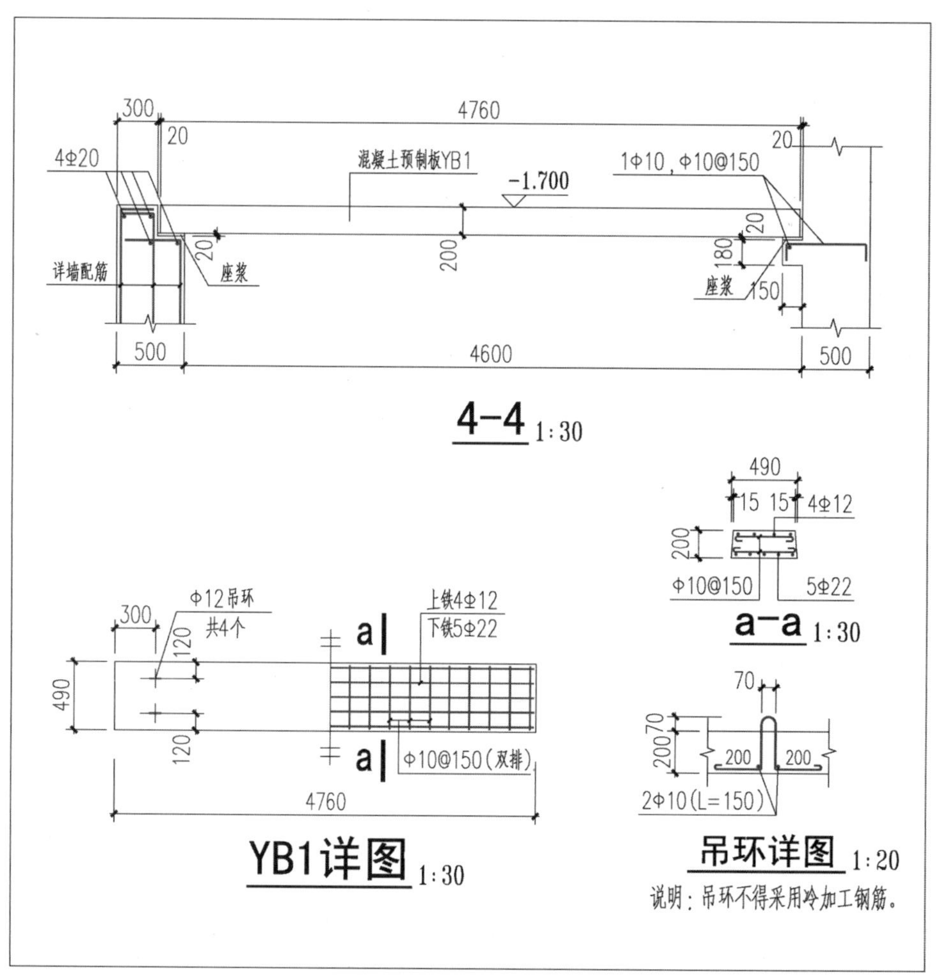

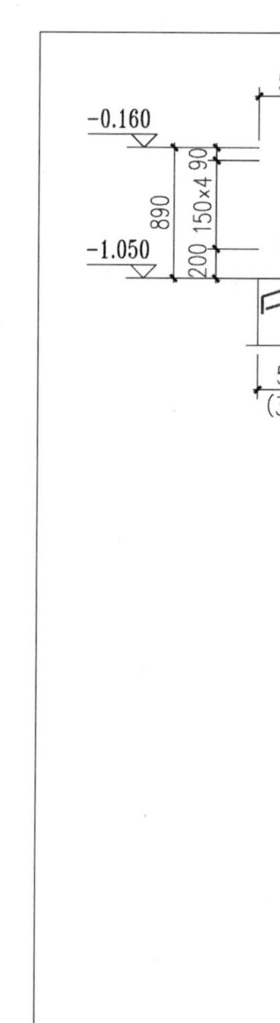

设备吊装口详图

示例说明 1. 此图是示例2-2-1、2-2-2中平面详图的局部放大图。

2. 设备吊装口详图绘制与标注的内容：轴线关系；预制板与周边构件的定位关系，标高；支座及配筋。由于纵、横两方向尺寸相差较多，预制板详图两方向按不同比例绘制，纵向1：50、横向1：30，表示构件模板尺寸、配筋、吊钩位置，并绘制吊钩详图。

3. 台阶详图绘制与标注的内容：轴线关系；与周边构件的定位关系；台阶踏步板的细部尺寸、

标高、配筋。台阶下单独

的压实系数。

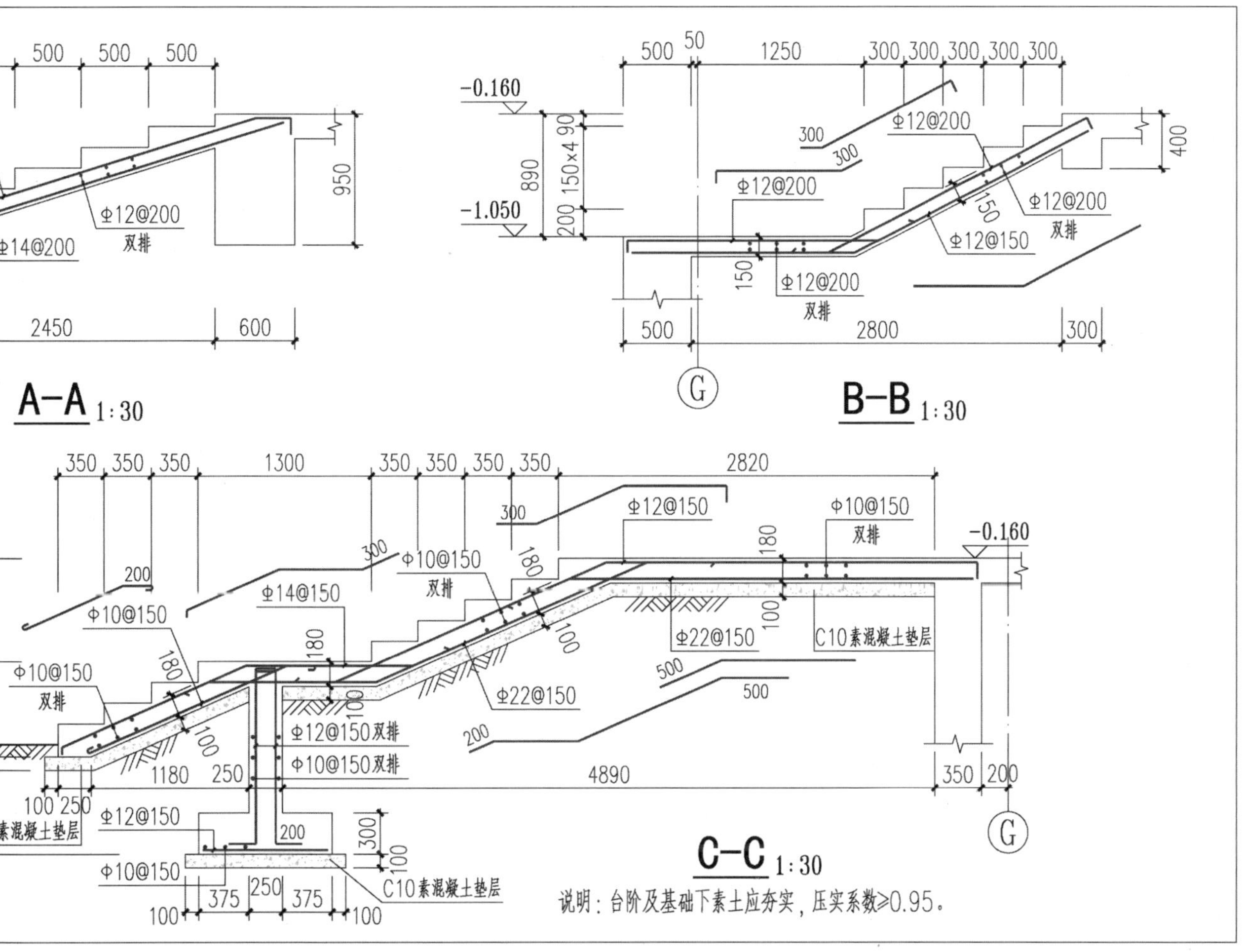

入口台阶详图

应绘制基础详图；台阶下为回填土时，应说明回填土

分类		
一般建筑的结构平面图. 框架-剪力墙结构		
图名		
例2-框架-剪力墙结构地下一层顶板平面详图		
图号	比例	页码
2-2-7		2-9

北京市建筑设计研究院有限公司
BEIJING INSTITUTE OF ARCHITECTURAL DESIGN

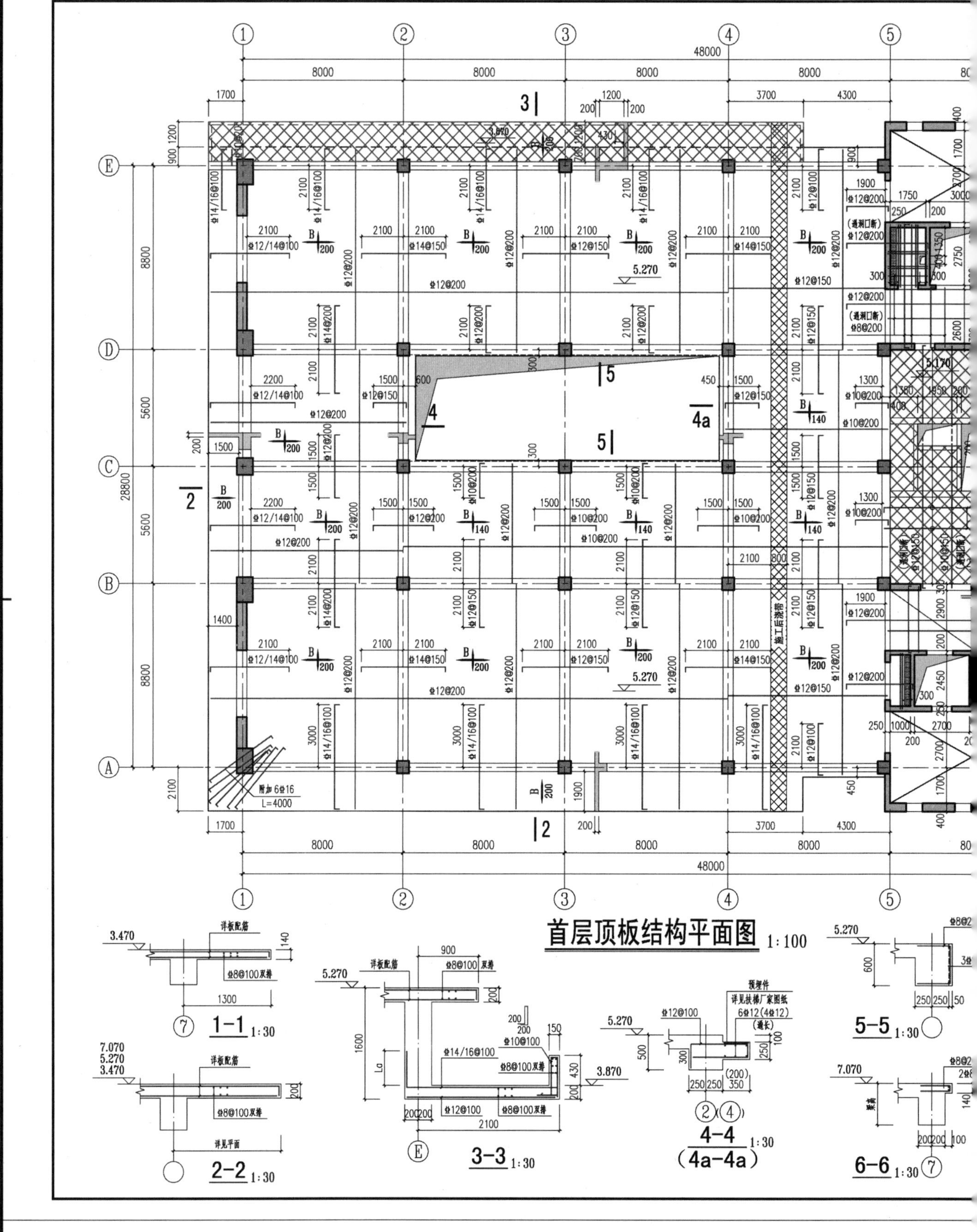

示例说明 1. 此图是“A1加长1/4”布图的示意，包含首层顶板、夹层顶板的结构平面图、平面详图、标高和层高表、图例以及相关说明。

2. 结构平面图采用仰视投影法绘制，绘制比例1：100；平面详图按1：30比例绘制。

3. 平面图绘制与标注的内容：定位轴线及标注；结构构件的平面位置和尺寸；楼梯间、电梯间的平面位置；后浇带的类型、尺寸和平面位置；楼面结构标高及标高变化；现浇板的板厚、板配筋，楼板洞口的平面

说明。

4. 标高变化处以及特殊部位

制详图。

5. 平面详图中标明结构细部

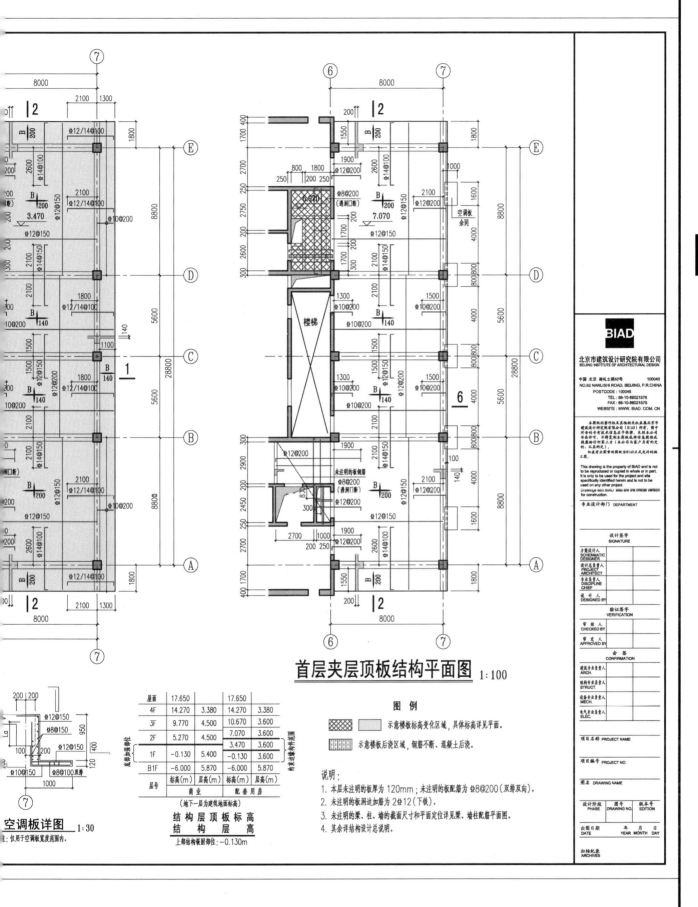

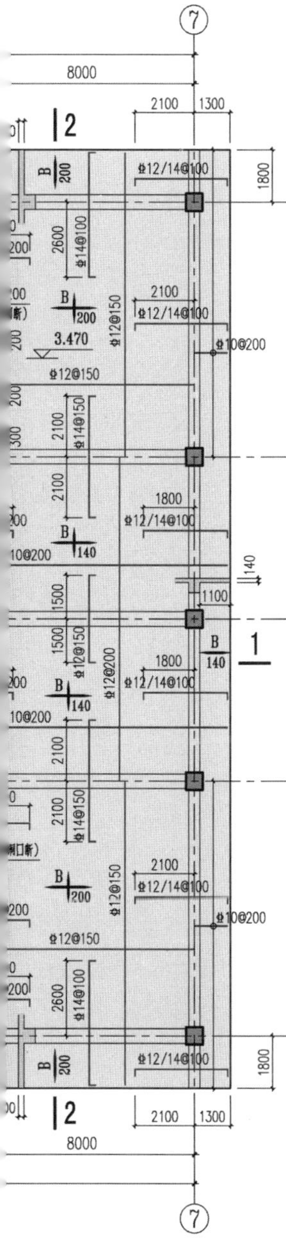

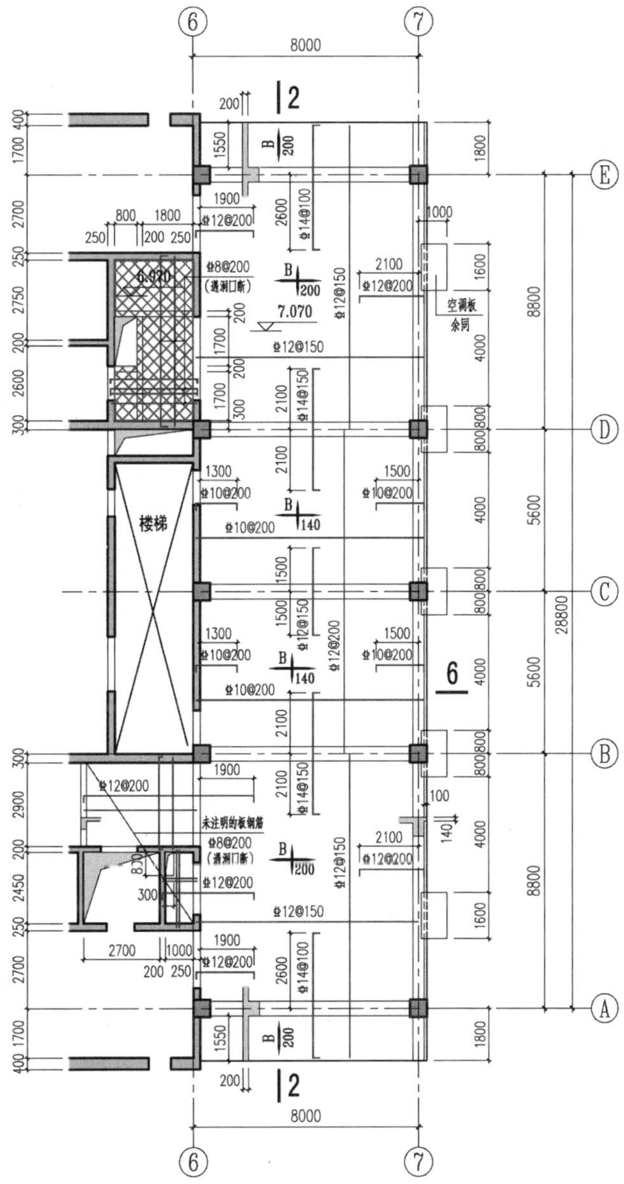

首层夹层顶板结构平面图 1:100

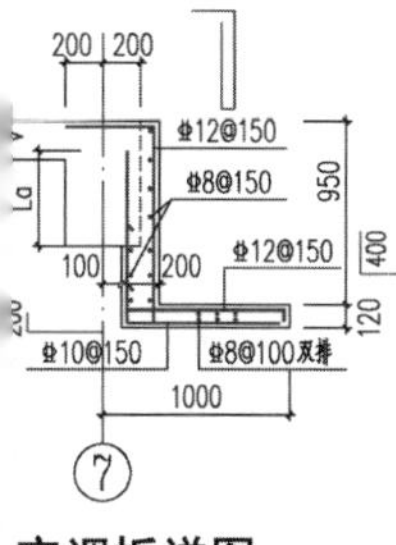

图例

示意楼板标高变化区域，具体标高详见平面。

示意楼板后浇区域，钢筋不断、混凝土后浇。

说明：

1. 本层未注明的板厚为 120mm；未注明的板配筋为 ⌀8@200（双排双向）。
2. 未注明的板洞边加筋为 2⌀12（下铁）。
3. 未注明的梁、柱、墙的截面尺寸和平面定位详见梁、墙柱配筋平面图。
4. 其余详结构设计总说明。

空调板详图 1:30

注：仅用于空调板宽度范围内。

层号	商业 标高(m)	商业 层高(m)	配套用房 标高(m)	配套用房 层高(m)
屋面	17.650		17.650	
4F	14.270	3.380	14.270	3.380
3F	9.770	4.500	10.670	3.600
2F	5.270	4.500	7.070	3.600
			3.470	3.600
1F	-0.130	5.400	-0.130	3.600
B1F	-6.000	5.870	-6.000	5.870

底部加强部位（1F）；约束边缘构件范围（-0.130～3.470）

（地下一层为建筑地面标高）

结构层顶板标高 结构层高

上部结构嵌固部位：-0.130m

BIAD 北京市建筑设计研究院有限公司 BEIJING INSTITUTE OF ARCHITECTURAL DESIGN
中国 北京 南礼士路62号 100045
NO.62 NANLISHI ROAD, BEIJING, P.R.CHINA
POSTCODE：100045
TEL：86-10-88021576
FAX：86-10-88021570
WEBSITE：WWW. BIAD. COM. CN

本图纸的著作权及其他相关权利属属北京市
建筑设计研究配套院有限公司（BIAD）所有，图中
符合的所有技术信息息存字保密，未经本公司书面
许可，不得复制或或将保密信息息提供或
披露给任何第三方（本公司客户方客除户的约定
的，从其约约定。）
如反反本图事的版版权约为BIAD正式设计的然施
工用。

This drawing is the property of BIAD and is not to
be reproduced or copied in whole or in part.
It is only to be used for the project and site
specifically identified herein and is not to be
used on any other project.
Drawings with BIAD seal are the official version
for construction.

专业设计部门 DEPARTMENT
设计签字 SIGNATURE
方案设计人 SCHEMATIC DESIGNER
设计总负责人 PROJECT ARCHITECT
专业负责人 DISCIPLINE CHIEF
设计人 DESIGNED BY
验证签字 VERIFICATION
审核人 CHECKED BY
审定人 APPROVED BY
会签 CONFIRMATION
建筑专业负责人 ARCH.
结构专业负责人 STRUCT.
设备专业负责人 MECH.
电气专业负责人 ELEC.
项目名称 PROJECT NAME
项目编号 PROJECT NO.
图名 DRAWING NAME
设计阶段 PHASE | 图号 DRAWING NO. | 版本号 EDITION
出图日期 DATE 年 YEAR 月 MONTH 日 DAY
归档记录 ARCHIVES

洞边加筋；平面详图的剖切位置和编号；必要的文字

系，在平面图上通过绘制小剖面表示，剖面复杂时绘

配筋和构造做法以及需特别说明的附加内容。

分类：一般建筑的结构平面图. 框架-剪力墙结构

图名：例3-框架-剪力墙结构首层及夹层顶板结构平面图

图号：2-3-1 | 比例 | 页码：2-10

北京市建筑设计研究院有限公司 BEIJING INSTITUTE OF ARCHITECTURAL DESIGN

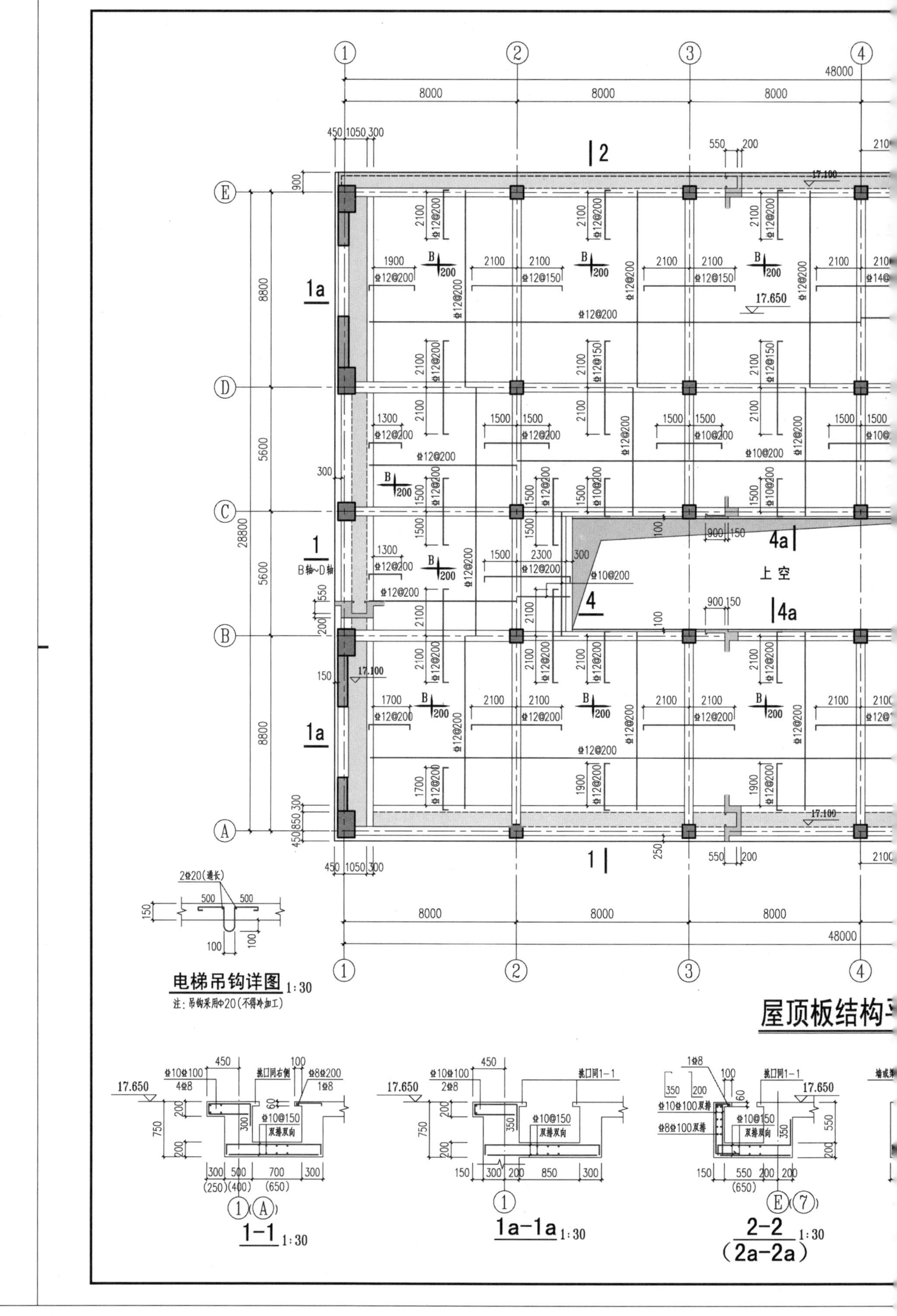

示例说明 1. 此图是“A1”布图的示意，包含屋顶板结构平面图、平面详图、标高和层高表以及相关说明。

2. 结构平面图采用仰视投影法绘制，绘制比例1：100；平面详图按1：30比例绘制。

3. 平面图绘制与标注的内容：定位轴线及标注；结构构件的平面位置和尺寸；后浇带的类型、尺寸和平面位置；楼面结构标高及标高变化；现浇板的板厚、板配筋，楼板洞口的平面位置和尺寸、洞边加筋；女儿墙的位置，电梯吊钩的位置和详图，平面详图的剖切位置和编号；必要的文字说明。

4. 平面详图中标明结构细部

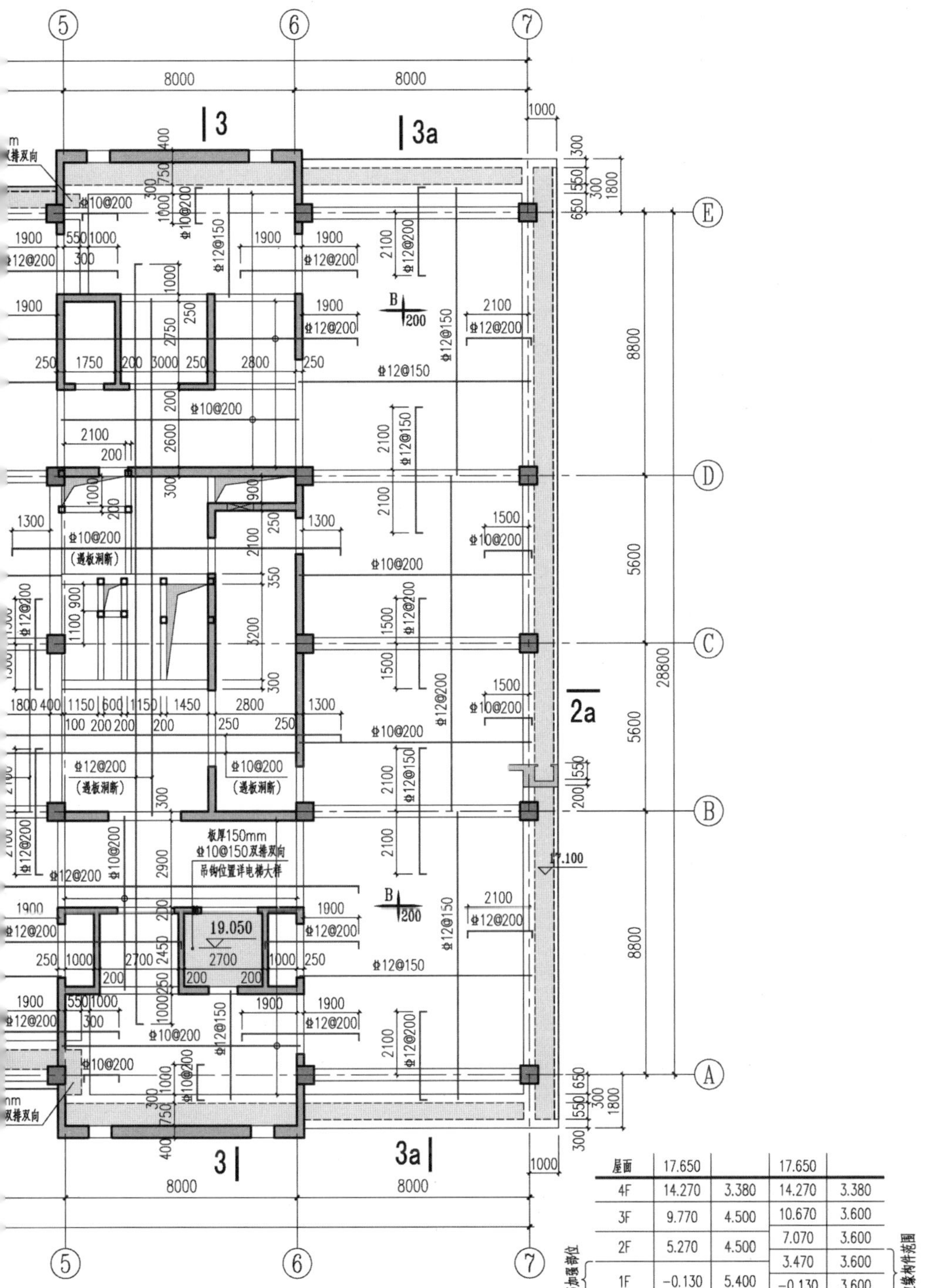

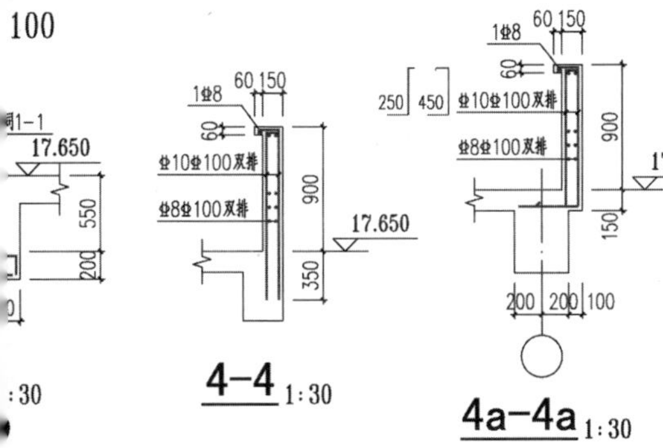

层号	商业 标高(m)	商业 层高(m)	配套用房 标高(m)	配套用房 层高(m)
屋面	17.650		17.650	
4F	14.270	3.380	14.270	3.380
3F	9.770	4.500	10.670	3.600
2F	5.270	4.500	7.070	3.600
			3.470	3.600
1F	−0.130	5.400	−0.130	3.600
B1F	−6.000	5.870	−6.000	5.870

底部加强部位

约束边缘构件范围

（地下一层为建筑地面标高）

结构层顶板标高
结构层高

上部结构嵌固部位：−0.130m

4-4 1:30

4a-4a 1:30

说明：

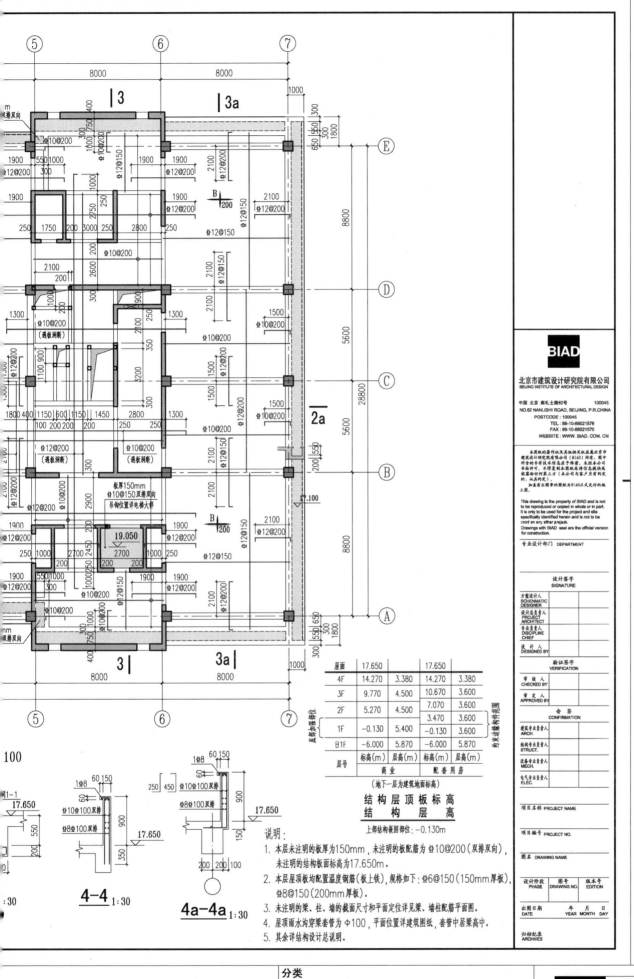

1. 本层未注明的板厚为150mm，未注明的板配筋为 ⌀10@200（双排双向），未注明的结构板面标高为17.650m。
2. 本层屋顶板均配置温度钢筋（板上铁），规格如下：⌀6@150（150mm厚板），⌀8@150（200mm厚板）。
3. 未注明的梁、柱、墙的截面尺寸和平面定位详见梁、墙柱配筋平面图。
4. 屋顶雨水沟穿梁套管为 Φ100，平面位置详建筑图纸，套管中居梁高中。
5. 其余详结构设计总说明。

BIAD
北京市建筑设计研究院有限公司
BEIJING INSTITUTE OF ARCHITECTURAL DESIGN

配筋和构造做法以及需特别说明的附加内容。

分类
一般建筑的结构平面图. 框架-剪力墙结构

图名
例4-框架-剪力墙结构屋顶板结构平面图

图号	比例	页码
2-4-1		2-11

BIAD 结构设计深度图示
北京市建筑设计研究院有限公司
BEIJING INSTITUTE OF ARCHITECTURAL DESIGN

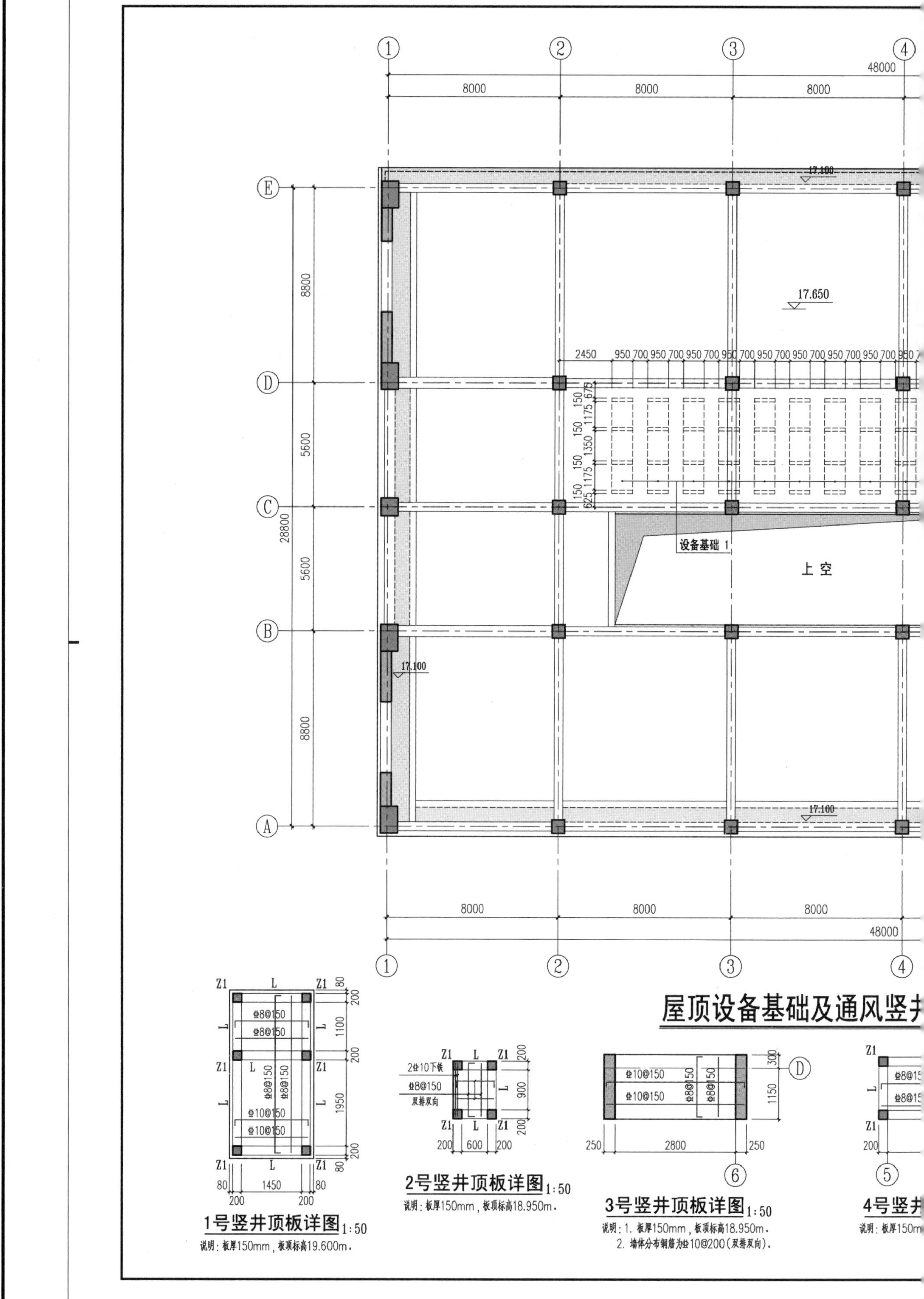

示例说明 1. 此图是“A1”布图的示意，包含屋顶设备基础和通风竖井平面图、相关详图和说明。

2. 平面图的绘制比例与屋顶结构平面图一致，表示出屋顶设备基础、通风竖井等的平面位置和尺寸。

3. 详图绘制比例视构件大小确定（具体比例见图纸），标明结构构件的细部尺寸、标高、配筋和构造做法。

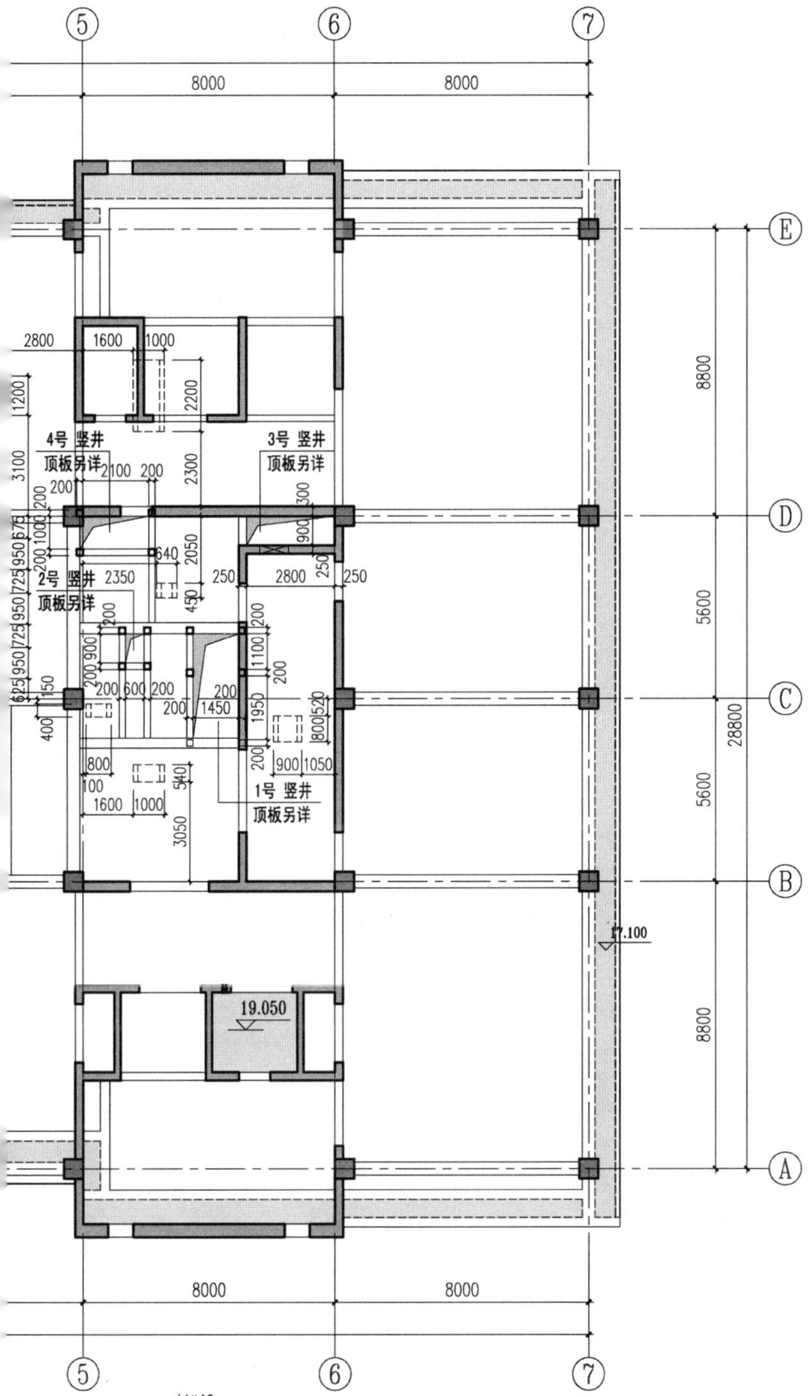

1:100

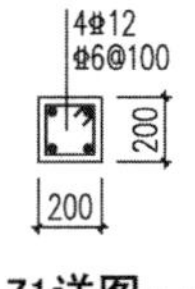

Z1详图 1:20

注：Z1纵筋锚入屋面梁内 L_{aE}。

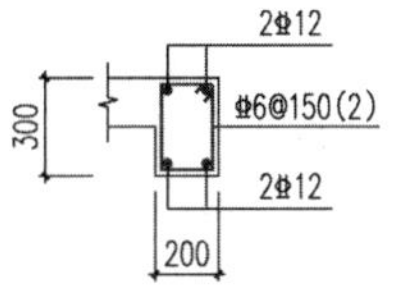

L详图 1:20

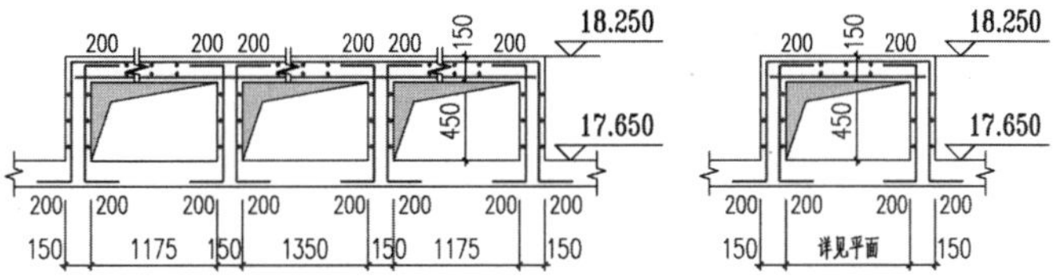

设备基础1

设备基础2

屋顶设备基础详图 1:30

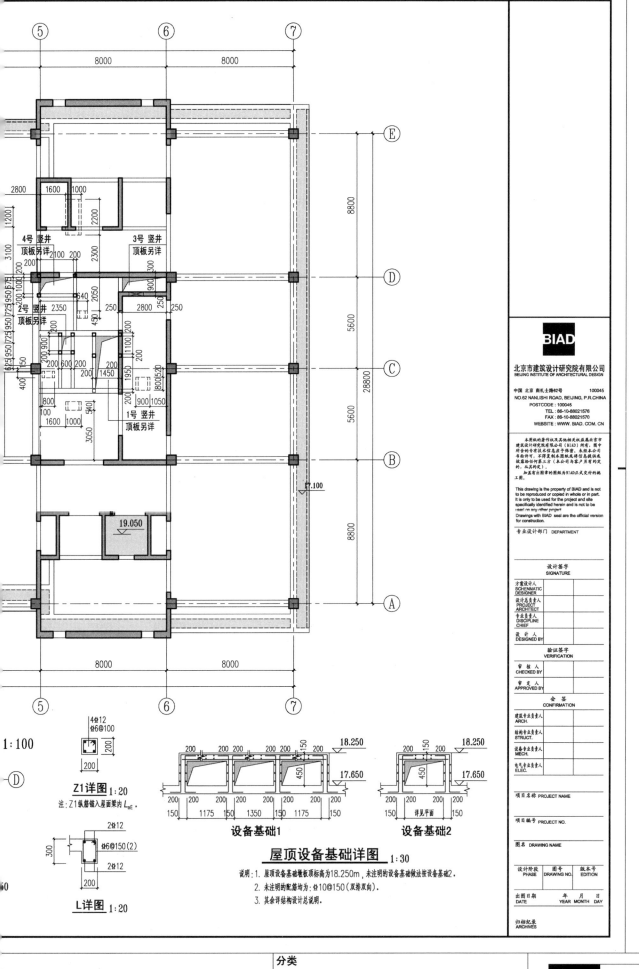

说明：1. 屋顶设备基础墩板顶标高为18.250m，未注明的设备基础做法按设备基础2。
2. 未注明的配筋均为：⊈10@150（双排双向）。
3. 其余详结构设计总说明。

北京市建筑设计研究院有限公司
BEIJING INSTITUTE OF ARCHITECTURAL DESIGN

分类		
一般建筑的结构平面图．框架－剪力墙结构		
图名		
例4－框架－剪力墙结构屋顶设备基础平面图		
图号	比例	页码
2-4-2		2-12

BIAD 结构设计深度图示

北京市建筑设计研究院有限公司
BEIJING INSTITUTE OF ARCHITECTURAL DESIGN

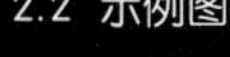

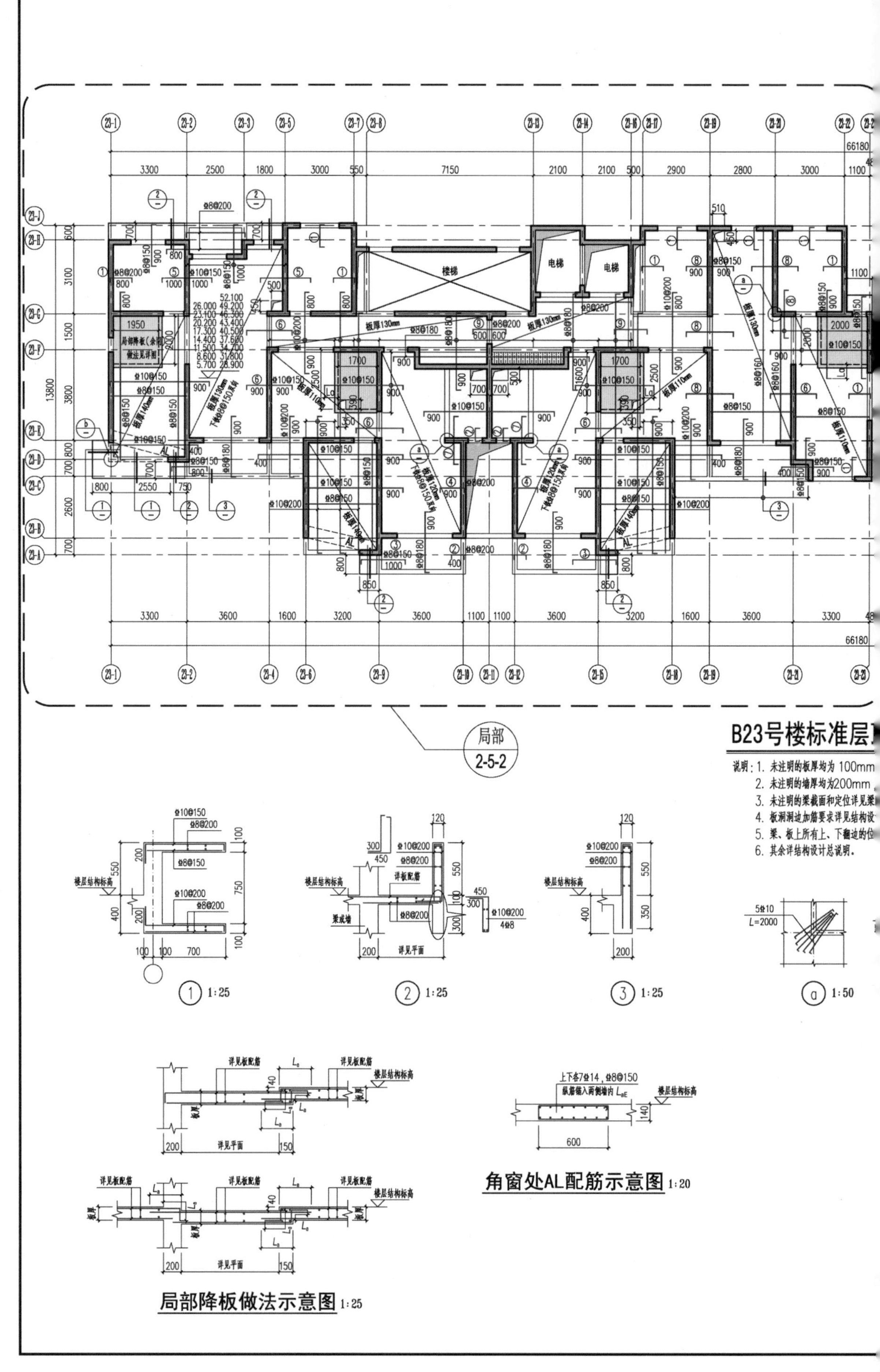

示例说明 1. 此图是“A1”布图的示意，包含标准层顶板结构平面图、平面详图、标高和层高表、图例以及相关说明。

2. 结构平面图采用仰视投影法绘制，绘制比例1：100；详图绘制比例视构件大小确定，具体比例见图纸。

3. 平面图绘制与标注的内容：定位轴线及标注；结构构件的平面位置和尺寸；楼梯间、电梯间的平面位置；楼面结构标

寸，洞口加筋（通过文

4. 板配筋上铁标注参考平

5. 平面详图中标明结构细

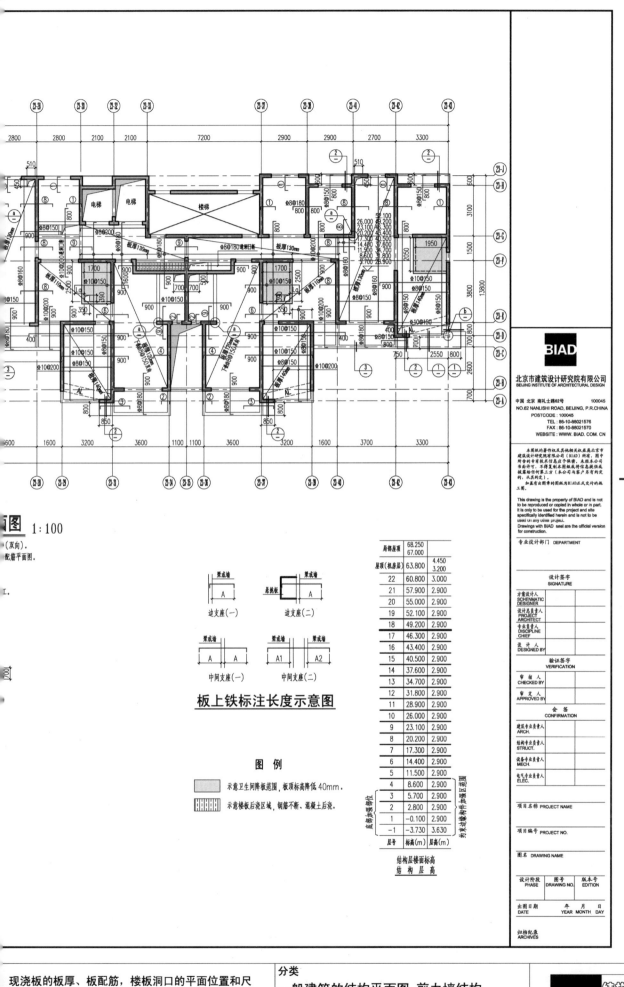

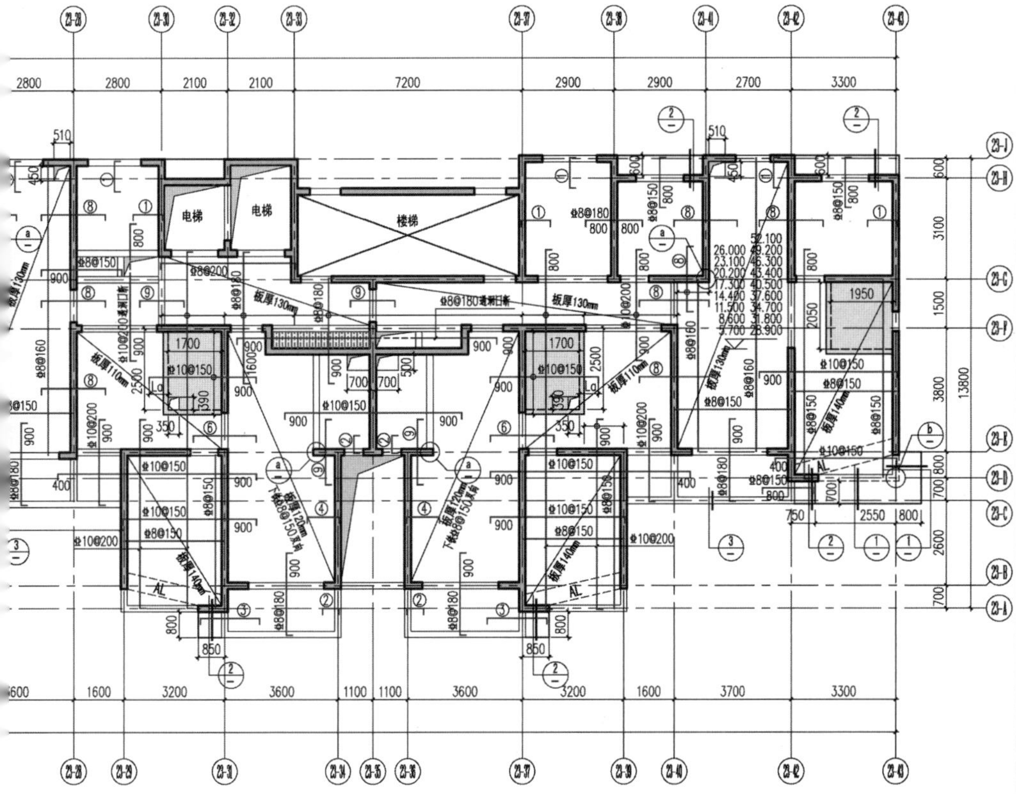

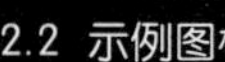

图 1:100

(双向).

配筋平面图.

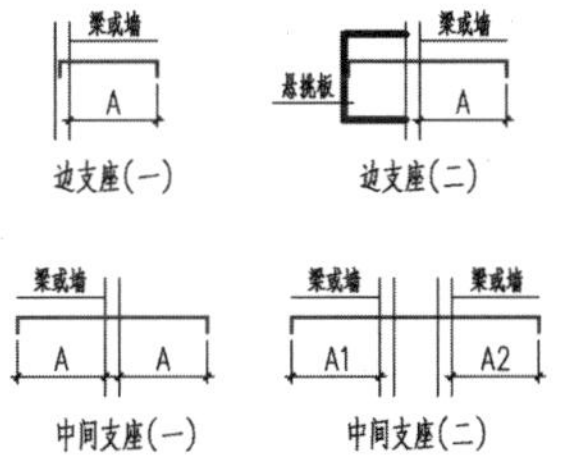

板上铁标注长度示意图

边支座(一)　边支座(二)　中间支座(一)　中间支座(二)

梁或墙　悬挑板　A　A1　A2

图例

示意卫生间降板范围，板顶标高降低40mm。

示意楼板后浇区域，钢筋不断、混凝土后浇。

层号	标高(m)	层高(m)
局部屋顶	68.250 67.000	
屋顶(机房层)	63.800	4.450 3.200
22	60.800	3.000
21	57.900	2.900
20	55.000	2.900
19	52.100	2.900
18	49.200	2.900
17	46.300	2.900
16	43.400	2.900
15	40.500	2.900
14	37.600	2.900
13	34.700	2.900
12	31.800	2.900
11	28.900	2.900
10	26.000	2.900
9	23.100	2.900
8	20.200	2.900
7	17.300	2.900
6	14.400	2.900
5	11.500	2.900
4	8.600	2.900
3	5.700	2.900
2	2.800	2.900
1	-0.100	2.900
-1	-3.730	3.630

底部加强部位（-1～3层）　约束边缘构件加强区范围（-1～4层）

结构层楼面标高
结构层高

BIAD
北京市建筑设计研究院有限公司
BEIJING INSTITUTE OF ARCHITECTURAL DESIGN

中国 北京 南礼士路62号 100045
NO.62 NANLISHI ROAD, BEIJING, P.R.CHINA
POSTCODE : 100045
TEL : 86-10-88021576
FAX : 86-10-88021570
WEBSITE : WWW. BIAD. COM. CN

专业设计部门 DEPARTMENT

设计签字 SIGNATURE

方案设计人 SCHEMATIC DESIGNER

设计总负责人 PROJECT ARCHITECT

专业负责人 DISCIPLINE CHIEF

设计人 DESIGNED BY

验证签字 VERIFICATION

审核人 CHECKED BY

审定人 APPROVED BY

会签 CONFIRMATION

建筑专业负责人 ARCH.

结构专业负责人 STRUCT.

设备专业负责人 MECH.

电气专业负责人 ELEC.

项目名称 PROJECT NAME

项目编号 PROJECT NO.

图名 DRAWING NAME

设计阶段 PHASE　图号 DRAWING NO.　版本号 EDITION

出图日期 DATE　年 YEAR　月 MONTH　日 DAY

归档纪录 ARCHIVES

现浇板的板厚、板配筋，楼板洞口的平面位置和尺
详图的剖切位置和编号；必要的文字说明。
方法，配以示意图说明具体要求。
配筋和构造做法。

分类		
一般建筑的结构平面图. 剪力墙结构		
图名		
例5-剪力墙结构标准层顶板结构平面图		
图号 2-5-1	比例	页码 2-13

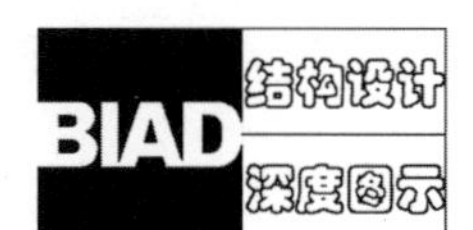

北京市建筑设计研究院有限公司
BEIJING INSTITUTE OF ARCHITECTURAL DESIGN

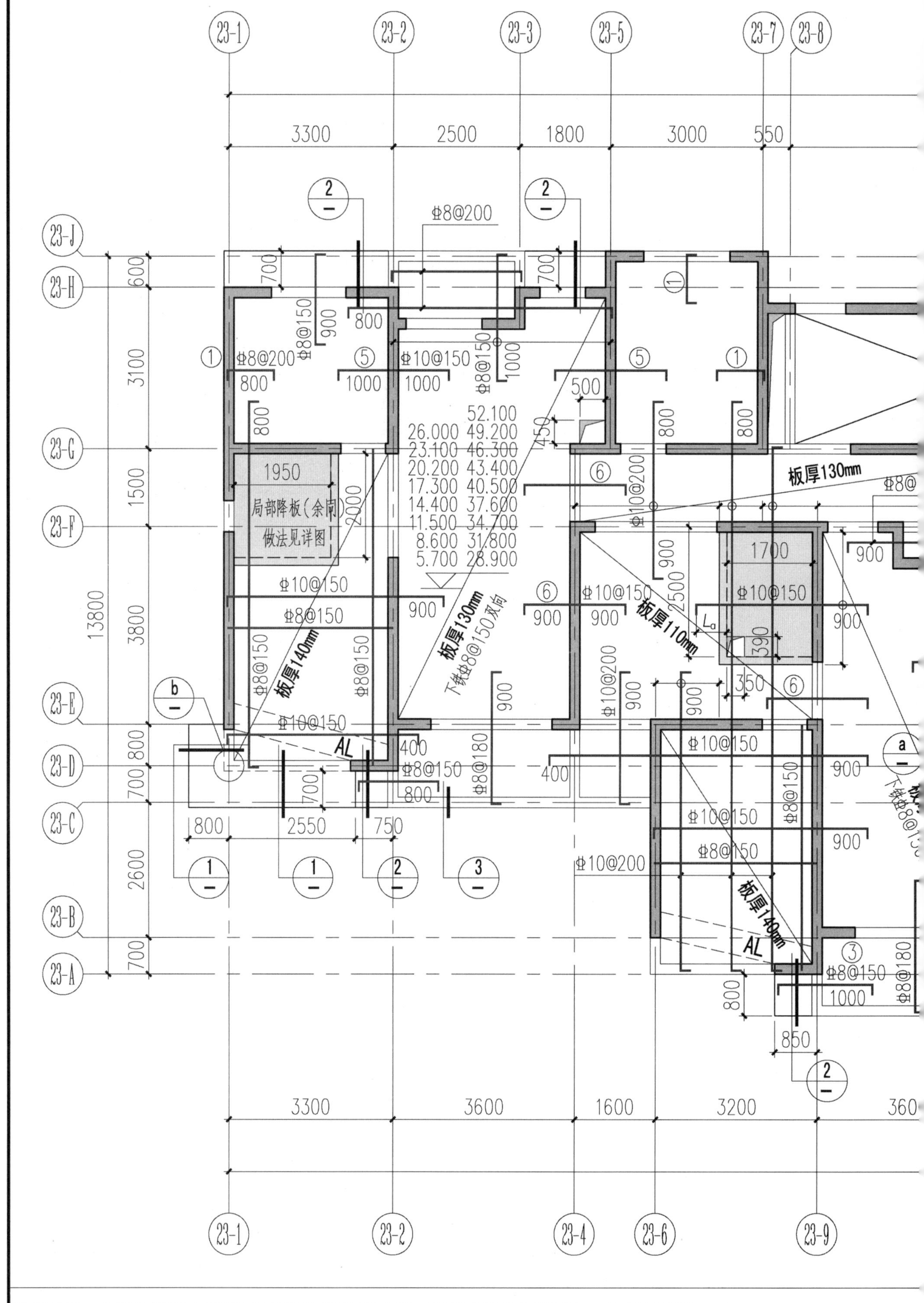

示例说明　此图是“标准层顶板结构平面图”的局部放大图，绘制与标注的内容详见2-5-1示例说明第3、4款。

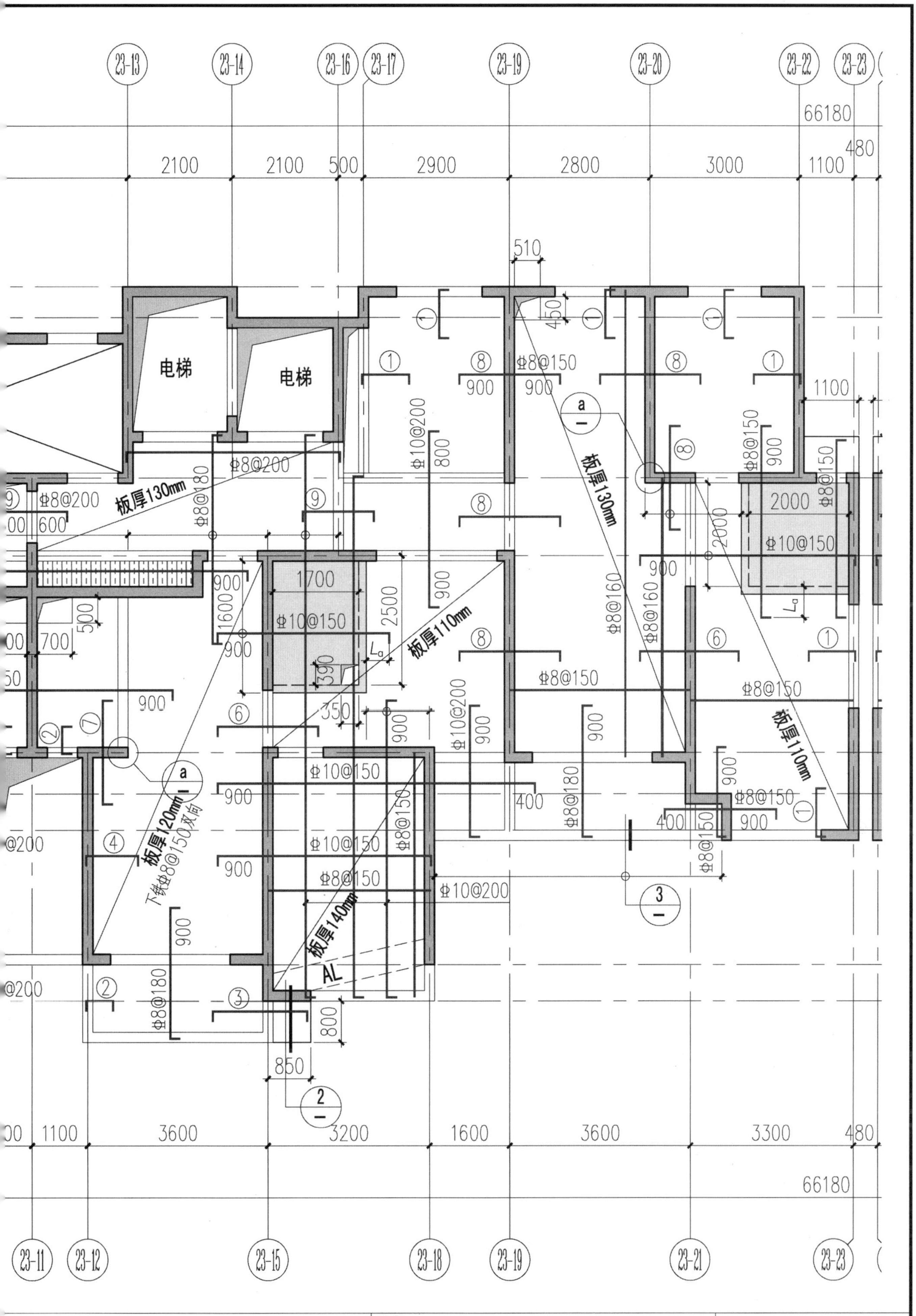

(23-13) (23-14) (23-16) (23-17) (23-19) (23-20) (23-22) (23-23)

66180

2100 2100 500 2900 2800 3000 1100 480

电梯 电梯

板厚130mm 板厚110mm 板厚120mm 下铁Φ8@150双向 板厚140mm

AL

3200 1600 3600 3300 480 1100 3600

66180

(23-11) (23-12) (23-15) (23-18) (23-19) (23-21) (23-23)

位置示意图

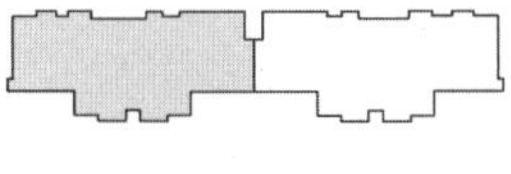

分类		
一般建筑的结构平面图. 剪力墙结构		
图名		
例5-剪力墙结构标准层顶板结构平面图(局部)		
图号	比例	页码
2-5-2		2-14

BIAD 结构设计 深度图示

北京市建筑设计研究院有限公司

BEIJING INSTITUTE OF ARCHITECTURAL DESIGN

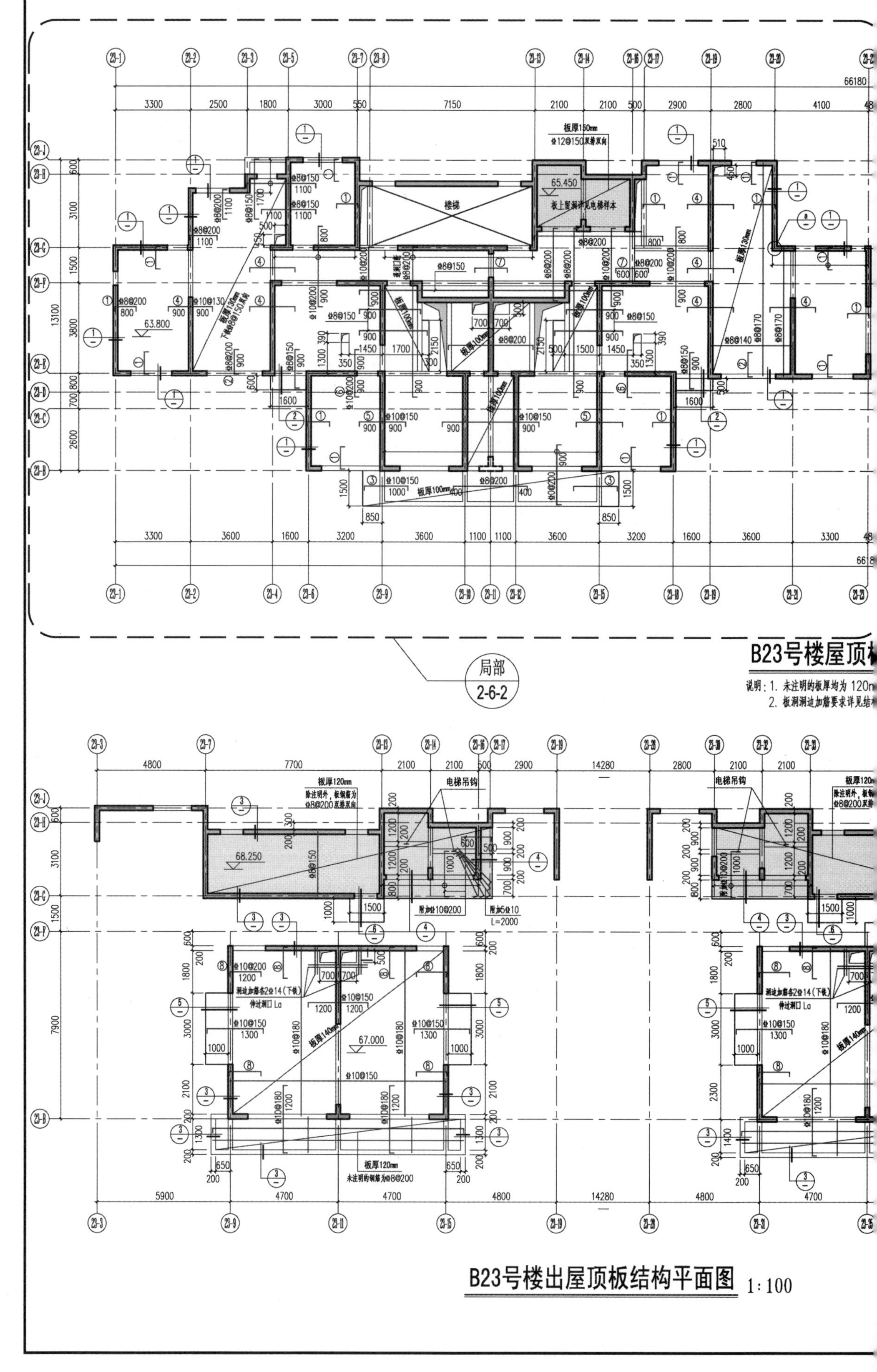

示例说明 1. 此图是“A1”布图的示意，包含屋顶板及出屋顶板结构平面图、平面详图、标高和层高表、相关说明。

2. 结构平面图采用仰视投影法绘制，绘制比例1：100；平面详图按1：25比例绘制。

3. 平面图绘制与标注的内容：定位轴线及标注；结构构件的平面位置和尺寸；楼面结构标高及标高变化；现浇板的板厚、板配筋，楼板洞口的平面位置和尺寸、洞边加筋；女儿墙的位置，电梯吊钩的位置和详图。

4. 平面详图中标明结构细

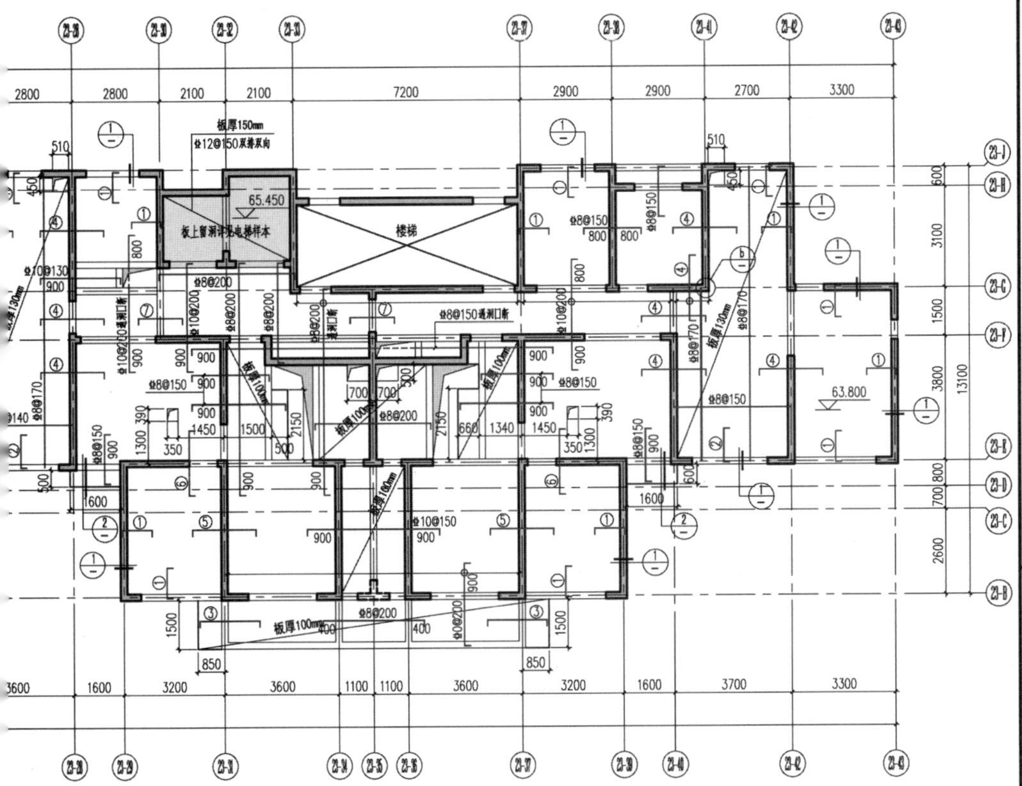

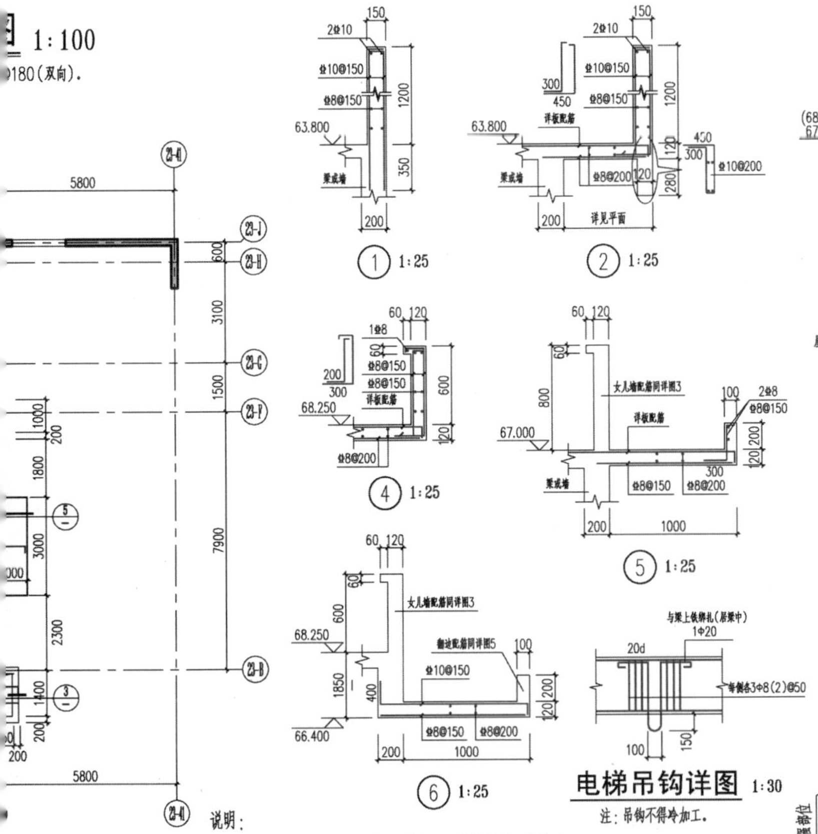

1:100

180(双向).

① 1:25

② 1:25

③ 1:25

④ 1:25

⑤ 1:25

⑥ 1:25

电梯吊钩详图 1:30

注：吊钩不得冷加工。

层号	标高(m)	层高(m)
局部屋顶	68.250 67.000	
屋顶(机房层)	63.800	4.450 3.200
22	60.800	3.000
21	57.900	2.900
20	55.000	2.900
19	52.100	2.900
18	49.200	2.900
17	46.300	2.900
16	43.400	2.900
15	40.500	2.900
14	37.600	2.900
13	34.700	2.900
12	31.800	2.900
11	28.900	2.900
10	26.000	2.900
9	23.100	2.900
8	20.200	2.900
7	17.300	2.900
6	14.400	2.900
5	11.500	2.900
4	8.600	2.900
3	5.700	2.900
2	2.800	2.900
1	-0.100	2.900
-1	-3.730	3.630

底部加强部位（-1～3层）；约束边缘构件加强区范围（-1～4层）

结构层楼面标高
结构层高

说明：

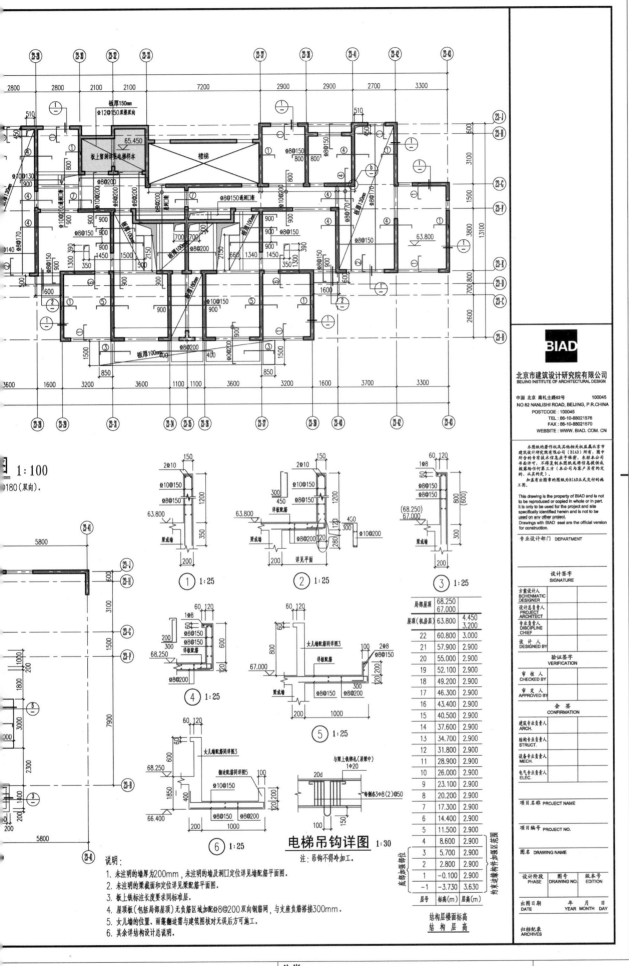

1. 未注明的墙厚为200mm，未注明的墙及洞口定位详见墙配筋平面图。
2. 未注明的梁截面和定位详见梁配筋平面图。
3. 板上铁标注长度要求同标准层。
4. 屋顶板(包括局部屋顶)无负筋区域加配⌀8@200双向钢筋网，与支座负筋搭接300mm。
5. 女儿墙的位置、雨篷翻边需与建筑图核对无误后方可施工。
6. 其余详结构设计总说明。

BIAD
北京市建筑设计研究院有限公司
BEIJING INSTITUTE OF ARCHITECTURAL DESIGN

中国 北京 南礼士路62号 100045
NO.62 NANLISHI ROAD, BEIJING, P.R.CHINA
POSTCODE：100045
TEL：86-10-88021576
FAX：86-10-88021570
WEBSITE：WWW. BIAD. COM. CN

专业设计部门 DEPARTMENT

设计签字 SIGNATURE
方案设计人 SCHEMATIC DESIGNER
设计总负责人 PROJECT ARCHITECT
专业负责人 DISCIPLINE CHIEF
设计人 DESIGNED BY

验证签字 VERIFICATION
审核人 CHECKED BY
审定人 APPROVED BY

会签 CONFIRMATION
建筑专业负责人 ARCH.
结构专业负责人 STRUCT.
设备专业负责人 MECH.
电气专业负责人 ELEC.

项目名称 PROJECT NAME

项目编号 PROJECT NO.

图名 DRAWING NAME

设计阶段 PHASE	图号 DRAWING NO.	版本号 EDITION

出图日期 DATE 年 YEAR 月 MONTH 日 DAY

归档记录 ARCHIVES

切位置和编号；必要的文字说明。
配筋和构造做法。

分类		
一般建筑的结构平面图. 剪力墙结构		
图名		
例6-剪力墙结构屋顶及出屋顶板结构平面图		
图号	比例	页码
2-6-1		2-15

北京市建筑设计研究院有限公司
BEIJING INSTITUTE OF ARCHITECTURAL DESIGN

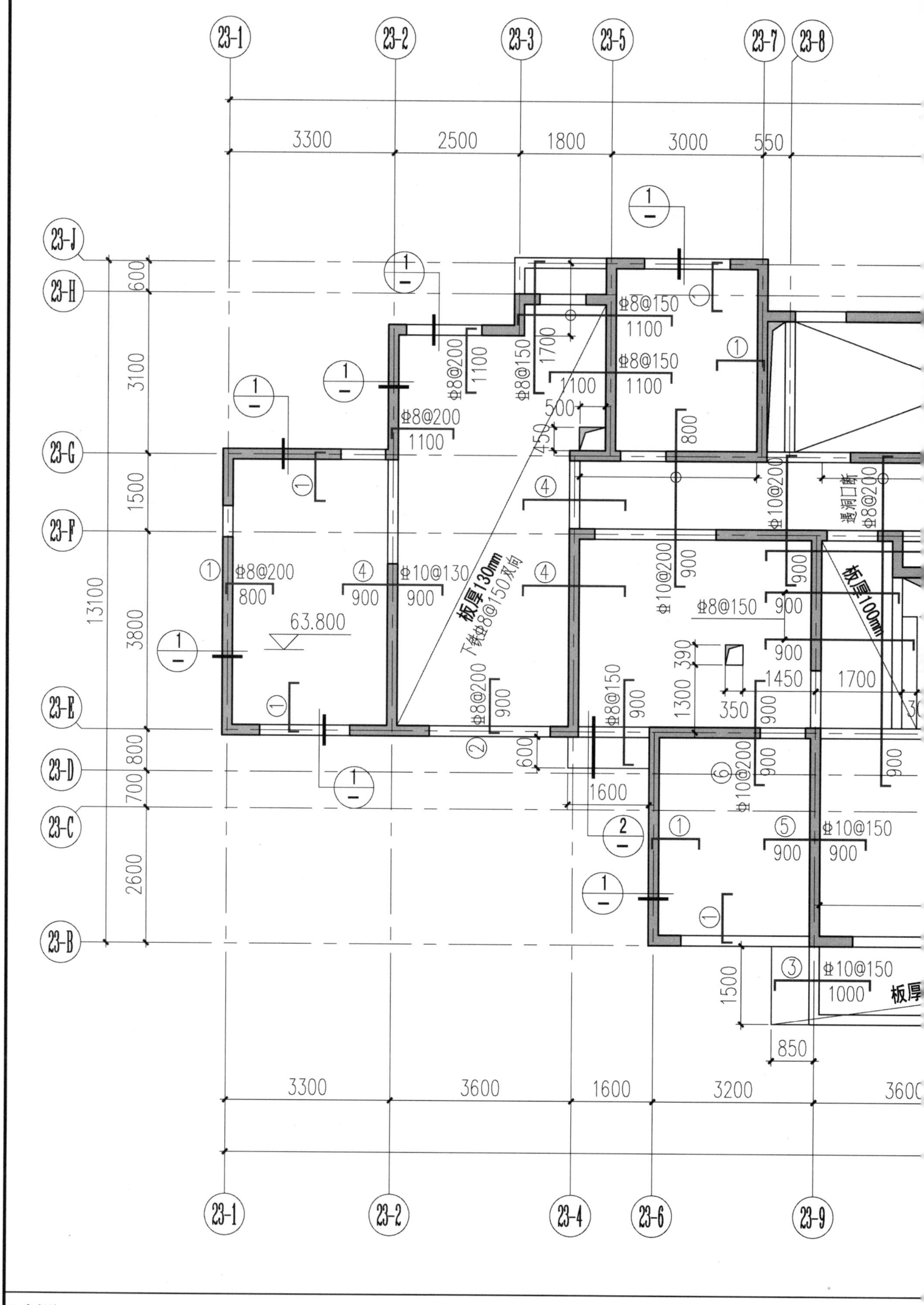

示例说明　此图是“屋顶板结构平面图”的局部放大图，绘制与标注的内容详见2-6-1示例说明第3款。

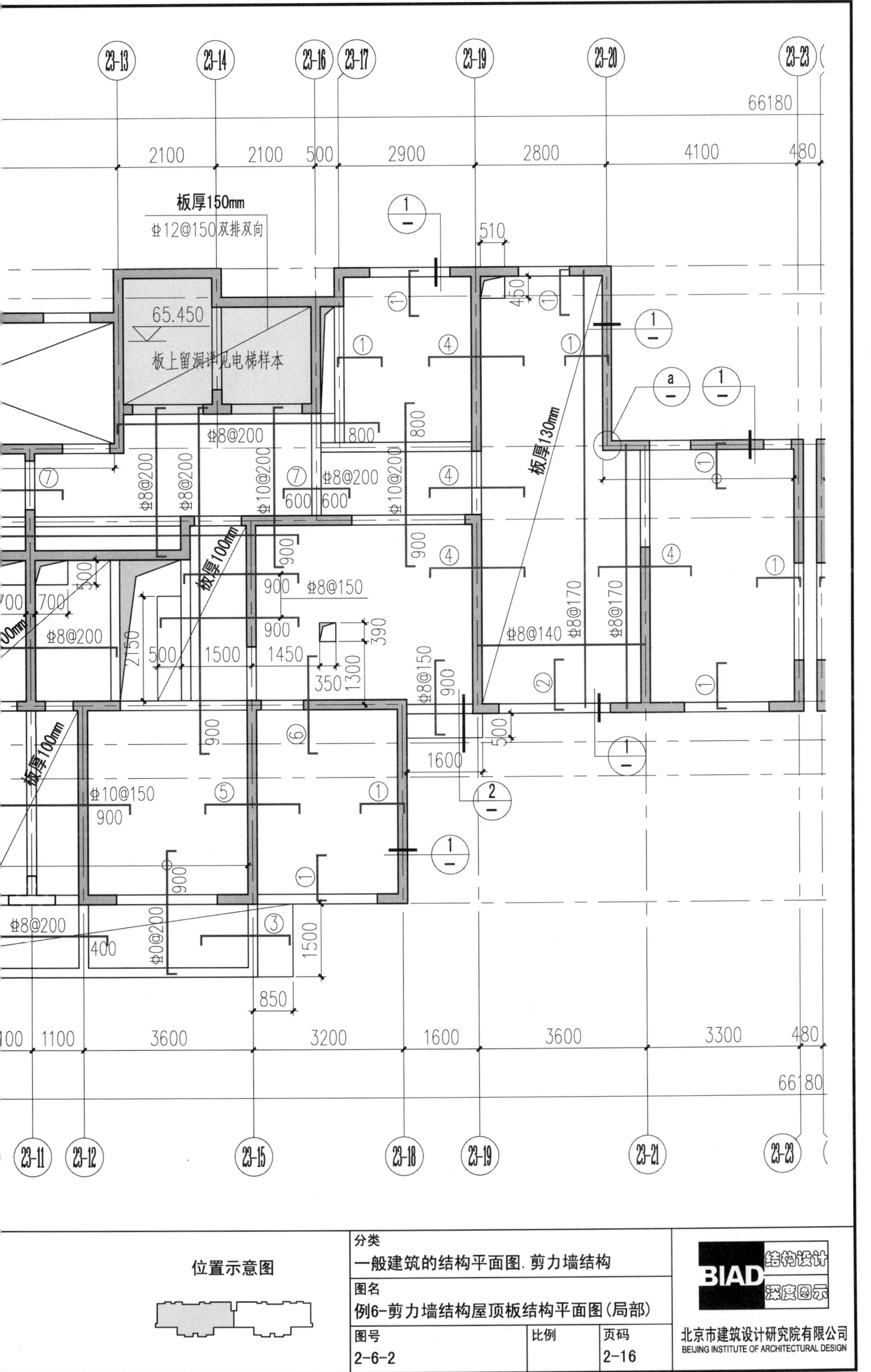

位置示意图	分类 一般建筑的结构平面图. 剪力墙结构		
	图名 例6-剪力墙结构屋顶板结构平面图(局部)		
	图号 2-6-2	比例	页码 2-16

BIAD 结构设计 深度图示
北京市建筑设计研究院有限公司
BEIJING INSTITUTE OF ARCHITECTURAL DESIGN

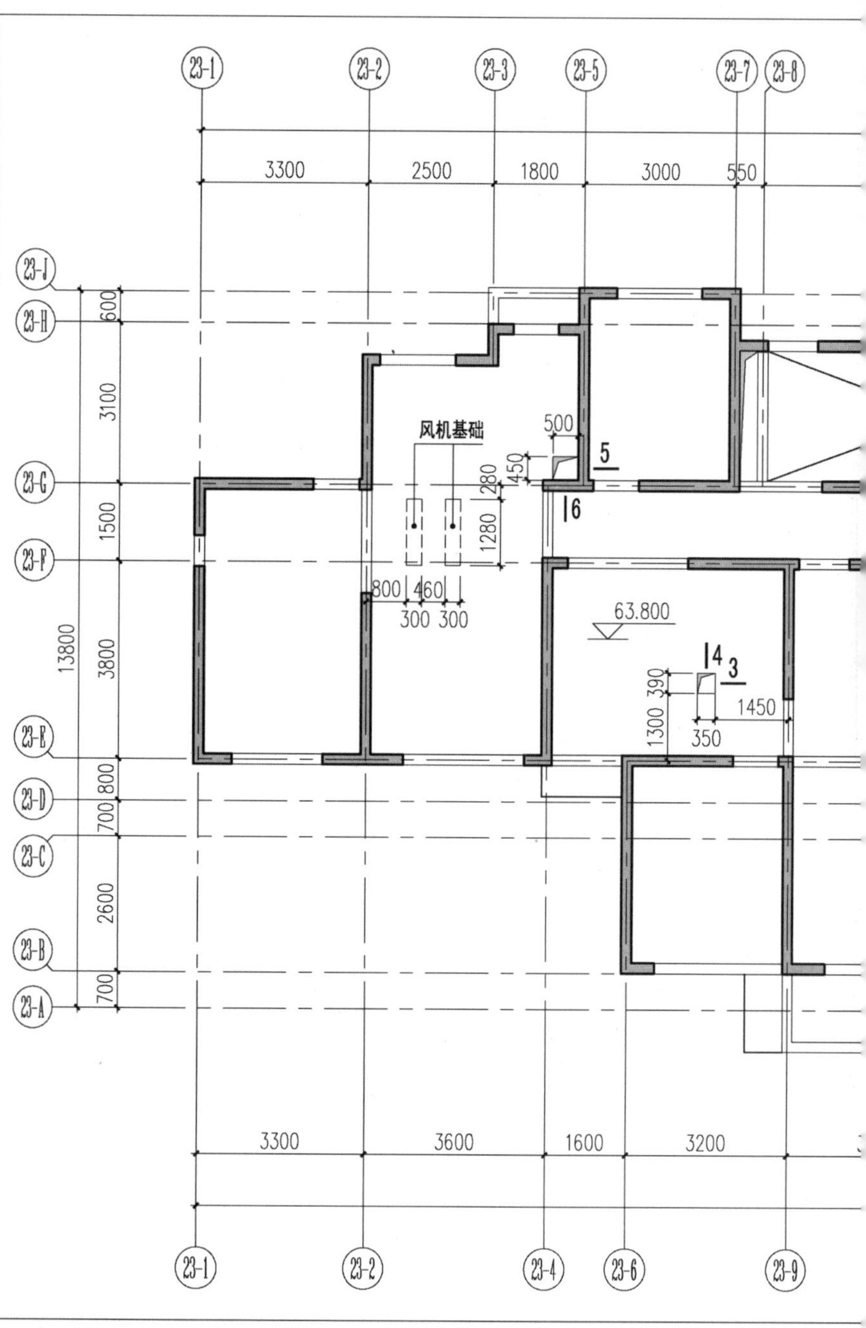

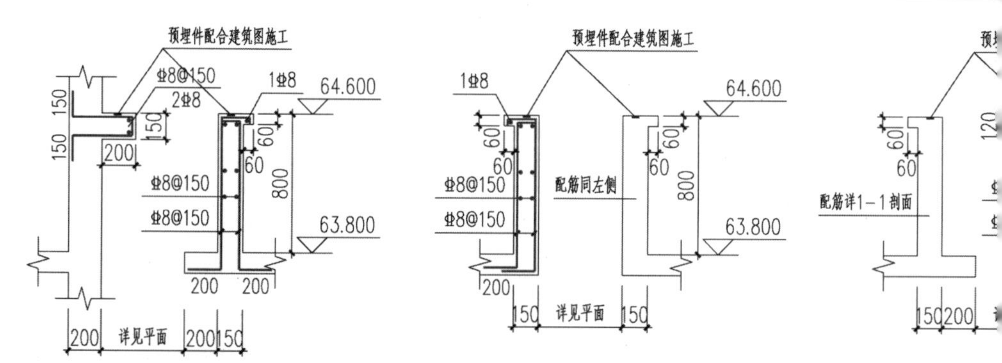

示例说明 1. 此图是“屋顶设备基础、风道出口平面图”的局部图纸，包含屋顶设备基础和风道出口的平面图、相关详图和说明。

2. 平面图的绘制比例与屋顶结构平面图一致，表示出屋顶设备基础、风道等的平面位置和尺寸。

3. 详图按1：30比例绘制，标明结构构件的细部尺寸、标高、配筋和构造做法。

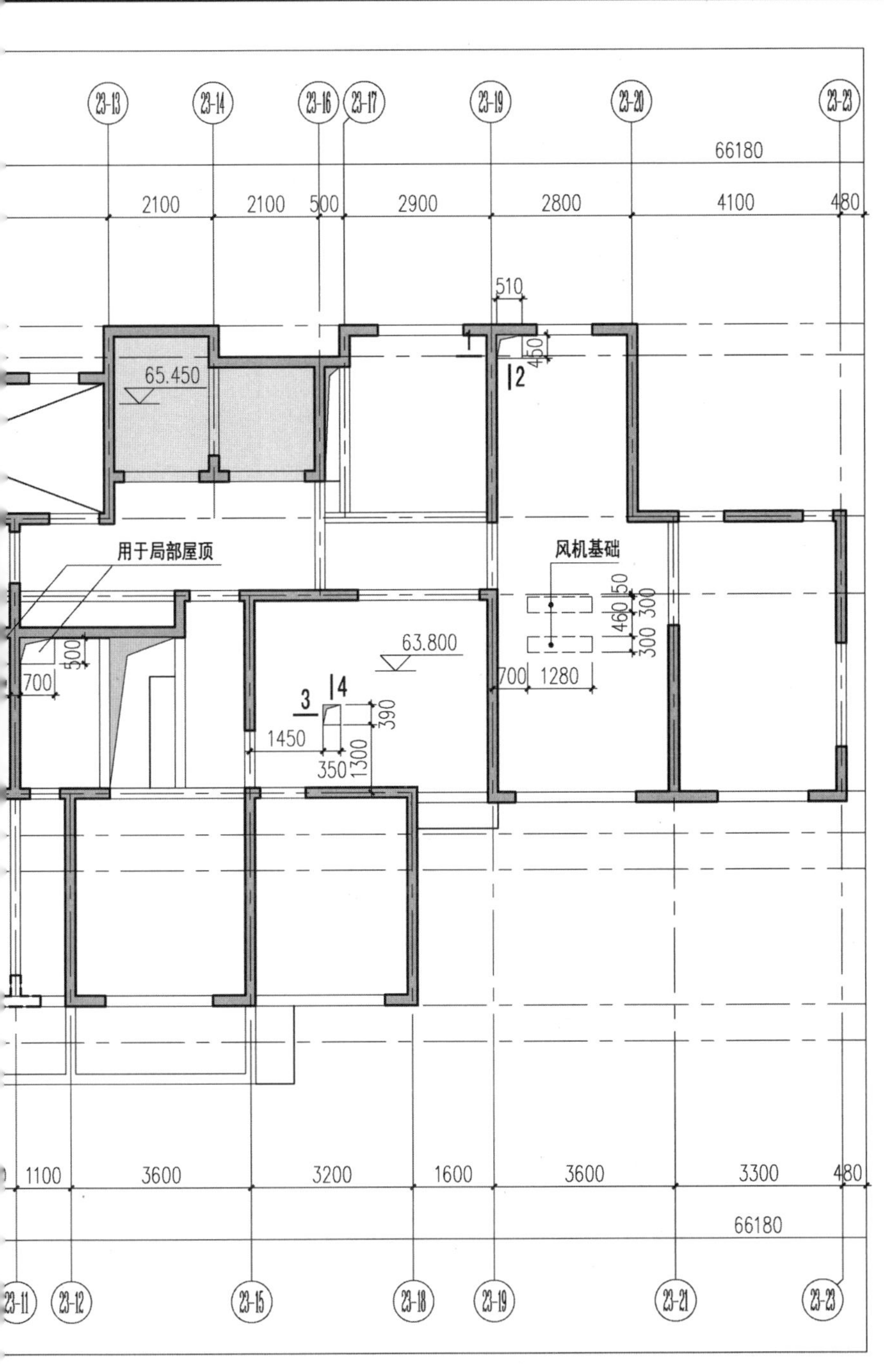

道出口平面图（局部） 1:100

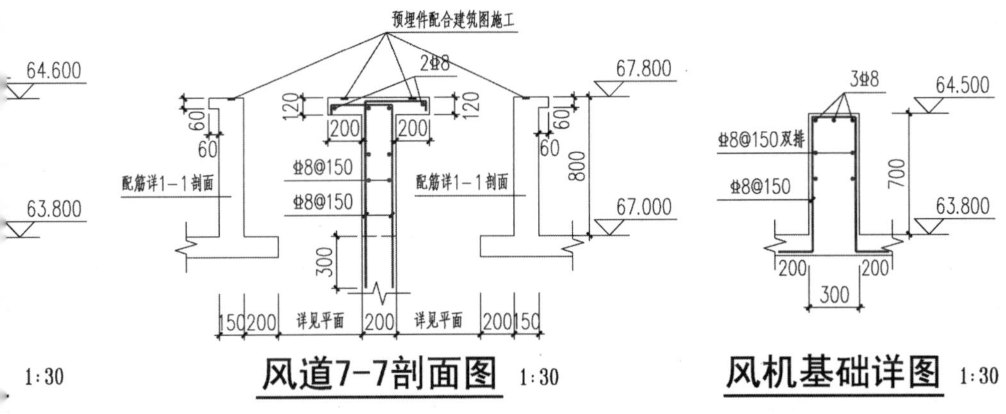

1:30

风道7-7剖面图 1:30

风机基础详图 1:30

分类 一般建筑的结构平面图. 剪力墙结构		
图名 例6-剪力墙结构屋顶设备基础平面图		
图号 2-6-3	比例	页码 2-17

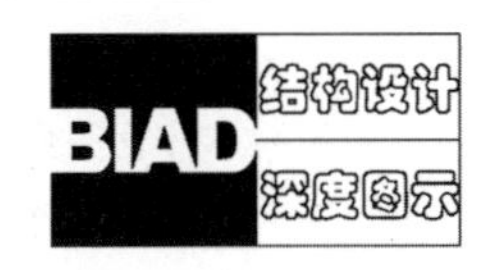

北京市建筑设计研究院有限公司
BEIJING INSTITUTE OF ARCHITECTURAL DESIGN

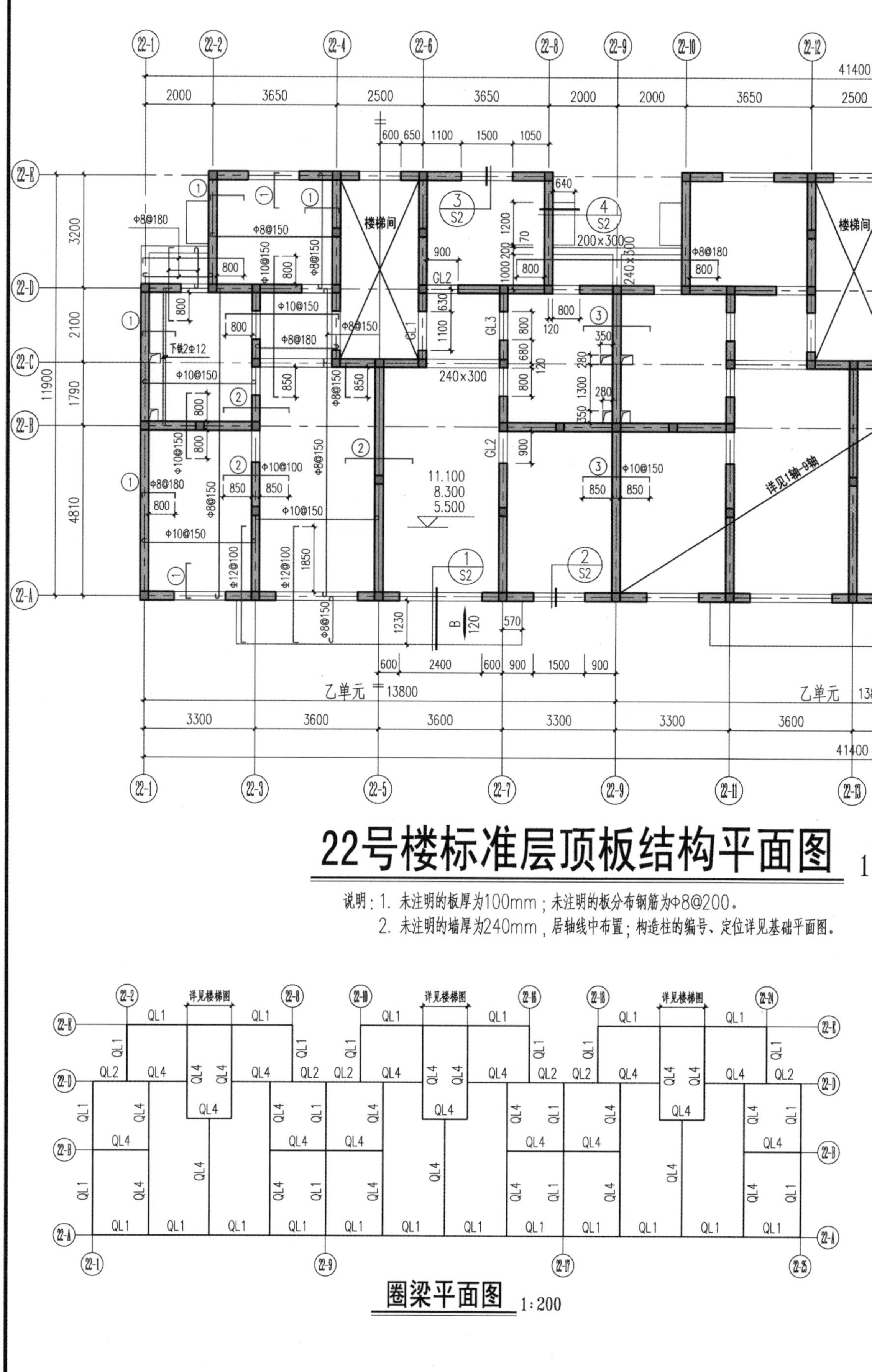

22号楼标准层顶板结构平面图
说明：1. 未注明的板厚为100mm；未注明的板分布钢筋为Φ8@200。
2. 未注明的墙厚为240mm，居轴线中布置；构造柱的编号、定位详见基础平面图。
圈梁平面图 1:200

示例说明 1. 此图是“A2”布图的示意，包含标准层顶板结构平面图、圈梁平面图、圈梁详图、过梁表。

2. 结构平面图采用仰视投影法绘制，绘制比例1：100。

3. 单元平面对称，左、右分别绘制板配筋图、模板图，中间绘制对称符号。平面图绘制与标注的内容：定位轴线及标注；结构构件的平面位置及尺寸；楼梯间的平面位置；各层楼面结构标高；现浇板的板厚、板配筋，楼板洞口的平面位置、洞边加筋；平面详图的剖切位置和编号；必要的文字说明。平

他单元注明参照此单元。

4. 圈梁平面图按组合平面

圈梁编号。圈梁详图中标

表方法表示。

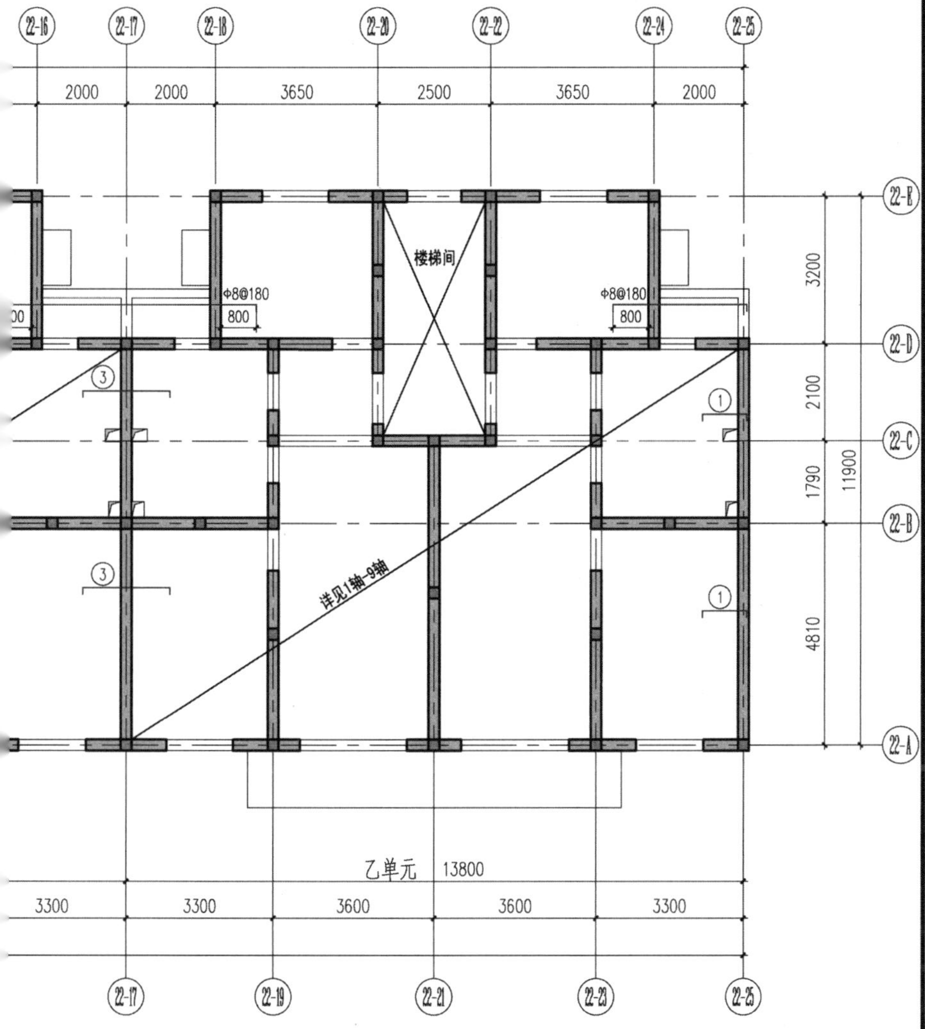

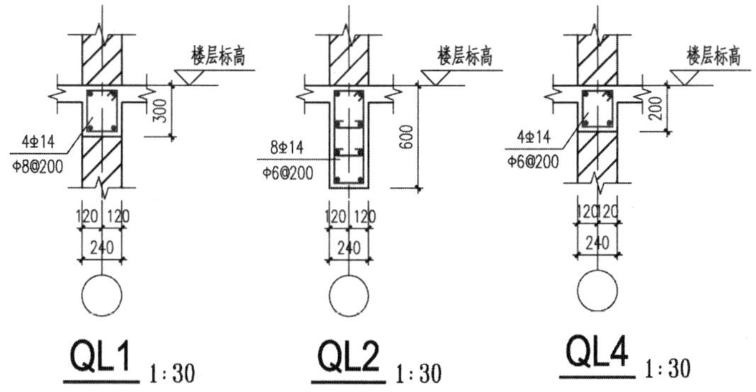

2.2 示例图样

所在楼层号	净跨尺寸(mm)	截面尺寸 B×H(mm)	梁的相对标高高差	上部钢筋	下部钢筋	箍筋
2~4	1100	240×190	梁底-0.600m	2Φ8	2Φ12	Φ6@150
2~4	900	240×190	梁底-0.700m	2Φ8	2Φ10	Φ6@200
2~4	800	240×190	梁底-0.700m	2Φ8	2Φ10	Φ6@200

现浇过梁表

过梁两端伸入墙内 250mm。

QL1 1:30

QL2 1:30

QL4 1:30

单元组成，图中仅详细标注一个单元的相关内容，其
的构件布置、板配筋与两端有所不同时，需单独绘制。
：200，用单线表示圈梁位置，标注关键轴线、各段
标高、配筋；对形状简单、规则的圈梁，也可以用列

分类		
一般建筑的结构平面图. 砌体结构		
图名		
例7-砌体结构标准层顶板结构平面图		
图号	比例	页码
2-7-1		2-18

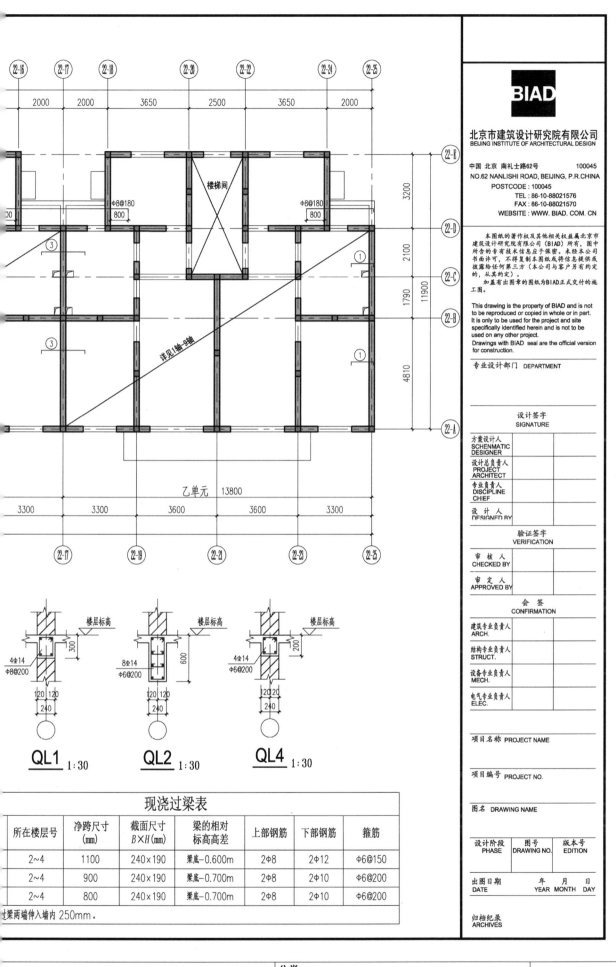

北京市建筑设计研究院有限公司
BEIJING INSTITUTE OF ARCHITECTURAL DESIGN

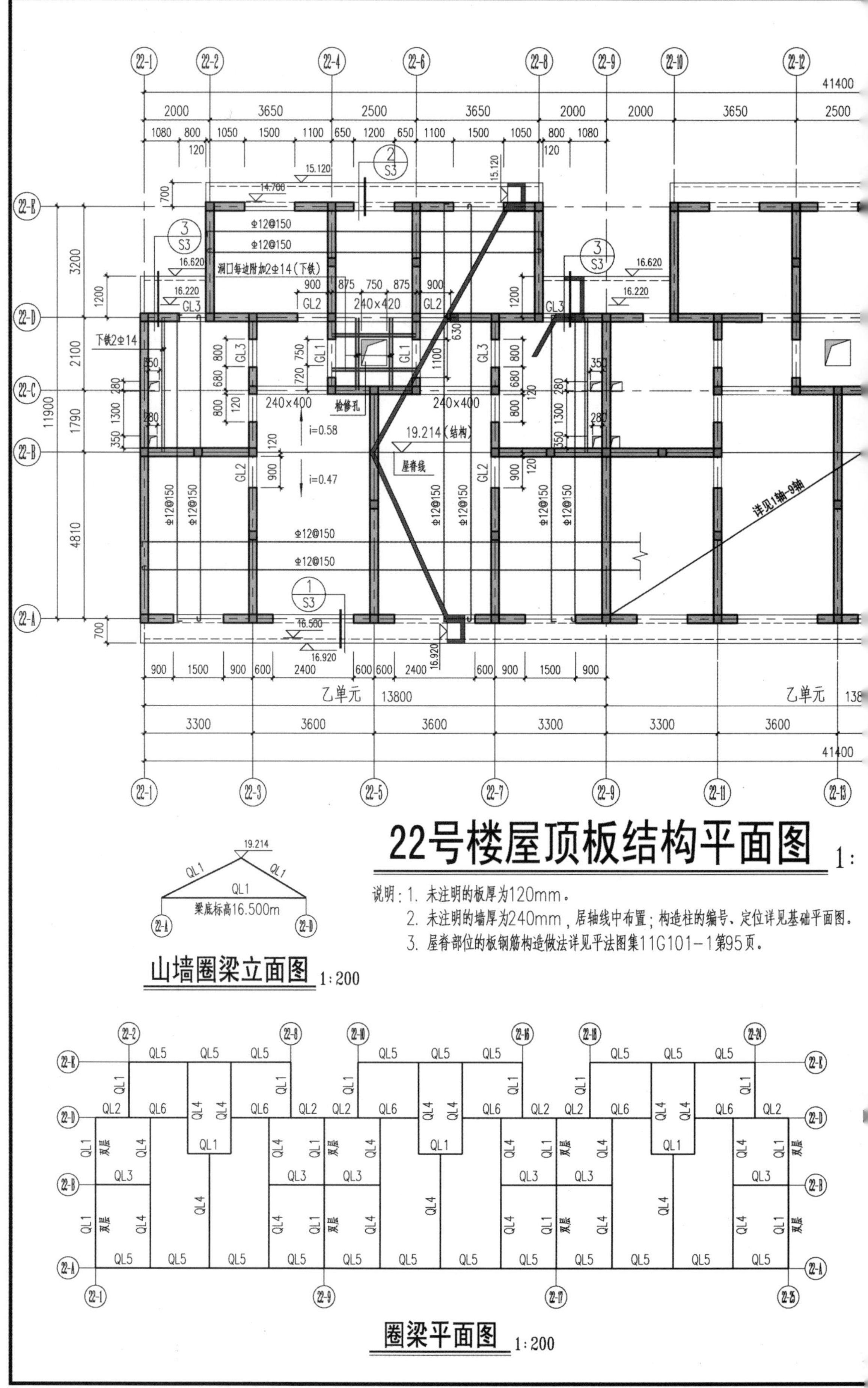

22号楼屋顶板结构平面图 1:
说明：1. 未注明的板厚为120mm。
2. 未注明的墙厚为240mm，居轴线中布置；构造柱的编号、定位详见基础平面图。
3. 屋脊部位的板钢筋构造做法详见平法图集11G101－1第95页。
山墙圈梁立面图 1:200
圈梁平面图 1:200

示例说明 1. 此图是“A2”布图的示意，包含坡屋顶板结构平面图、圈梁平面图、圈梁详图、过梁表。

2. 结构平面图采用仰视投影法绘制，绘制比例1：100。

3. 平面图绘制与标注的内容：定位轴线及标注；结构构件的平面位置及尺寸；坡屋顶的屋脊线，坡度、坡向，控制标高；现浇板的板厚、板配筋，楼板洞口的平面位置、洞边加筋；门窗洞口过梁编号；平面详图的剖切位置和编号；必要的文字说明。

4. 用小剖面表示坡屋面主要

5. 表示屋脊处板钢筋的搭接

6. 圈梁平面图的说明详 2-

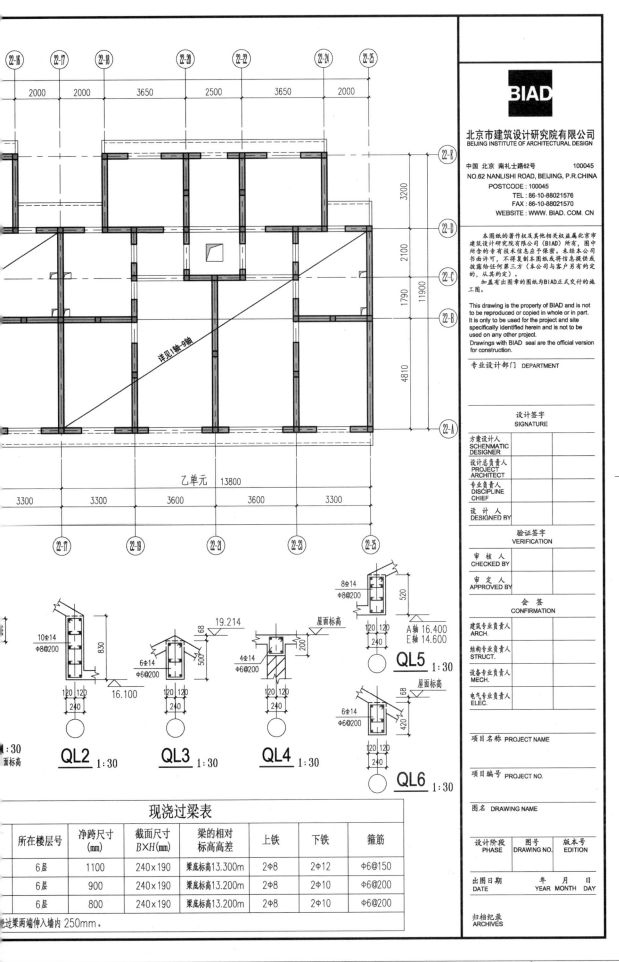

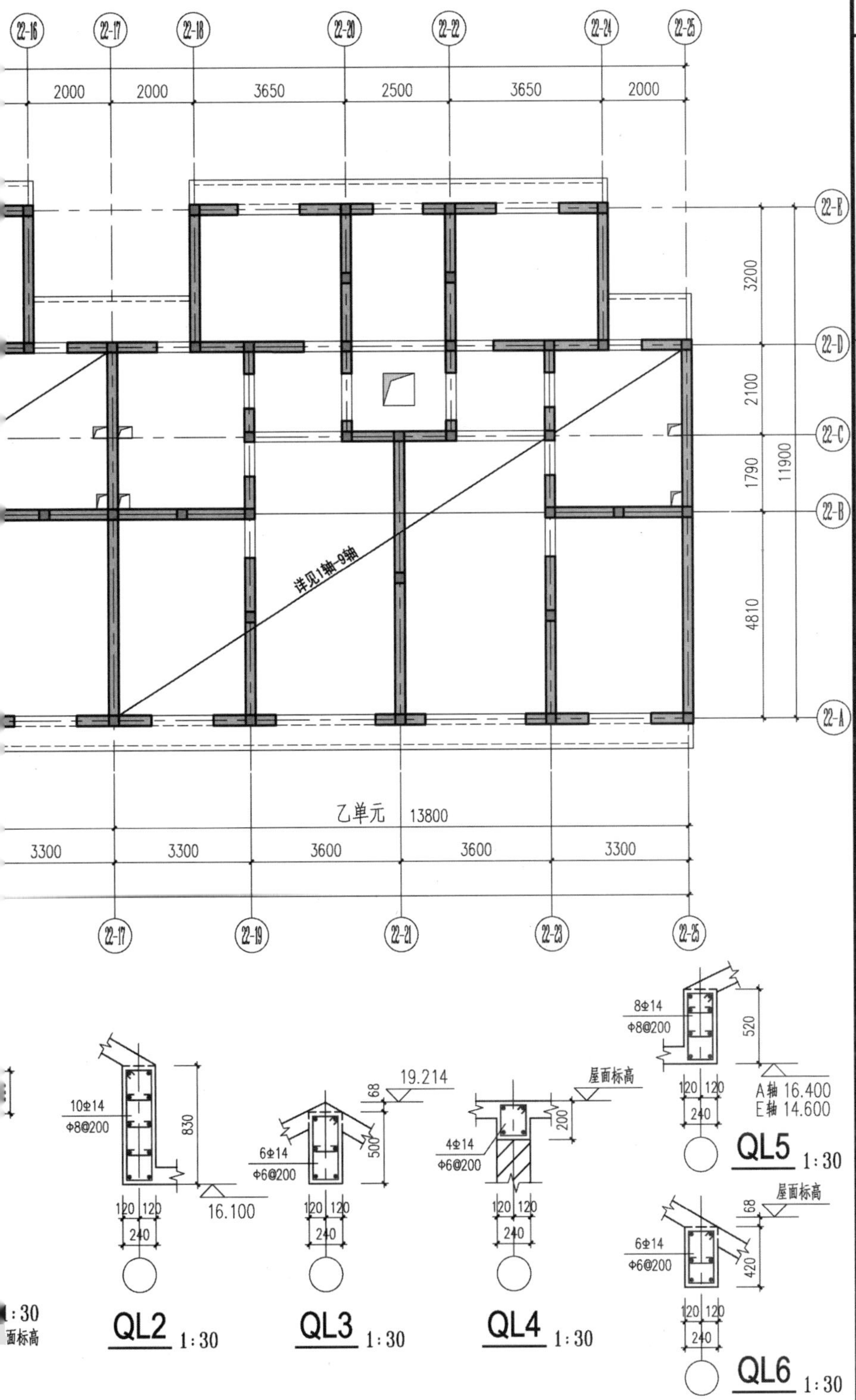

现浇过梁表

所在楼层号	净跨尺寸(mm)	截面尺寸B×H(mm)	梁的相对标高高差	上铁	下铁	箍筋
6层	1100	240×190	梁底标高13.300m	2Φ8	2Φ12	Φ6@150
6层	900	240×190	梁底标高13.200m	2Φ8	2Φ10	Φ6@200
6层	800	240×190	梁底标高13.200m	2Φ8	2Φ10	Φ6@200

过梁两端伸入墙内 250mm。

BIAD
北京市建筑设计研究院有限公司
BEIJING INSTITUTE OF ARCHITECTURAL DESIGN
中国 北京 南礼士路62号 100045
NO.62 NANLISHI ROAD, BEIJING, P.R.CHINA
POSTCODE : 100045
TEL : 86-10-88021576
FAX : 86-10-88021570
WEBSITE : WWW. BIAD. COM. CN

专业设计部门 DEPARTMENT

设计签字 SIGNATURE
方案设计人 SCHENMATIC DESIGNER
设计总负责人 PROJECT ARCHITECT
专业负责人 DISCIPLINE CHIEF
设计人 DESIGNED BY

验证签字 VERIFICATION
审核人 CHECKED BY
审定人 APPROVED BY

会签 CONFIRMATION
建筑专业负责人 ARCH.
结构专业负责人 STRUCT.
设备专业负责人 MECH.
电气专业负责人 ELEC.

项目名称 PROJECT NAME
项目编号 PROJECT NO.
图名 DRAWING NAME
设计阶段 PHASE | 图号 DRAWING NO. | 版本号 EDITION
出图日期 DATE 年 YEAR 月 MONTH 日 DAY
归档纪录 ARCHIVES

比关系，标注控制标高。
集中的构造做法时，应索引相关图集、页码和节点。
款。

分类		
一般建筑的结构平面图. 砌体结构		
图名		
例8-砌体结构屋顶板结构平面图		
图号 2-8-1	比例	页码 2-19

BIAD 结构设计 深度图示
北京市建筑设计研究院有限公司
BEIJING INSTITUTE OF ARCHITECTURAL DESIGN

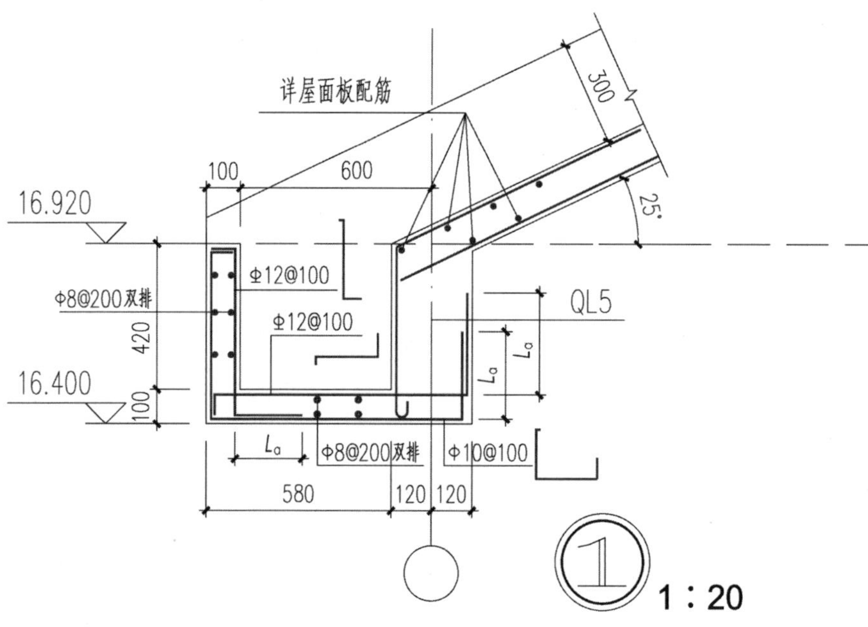

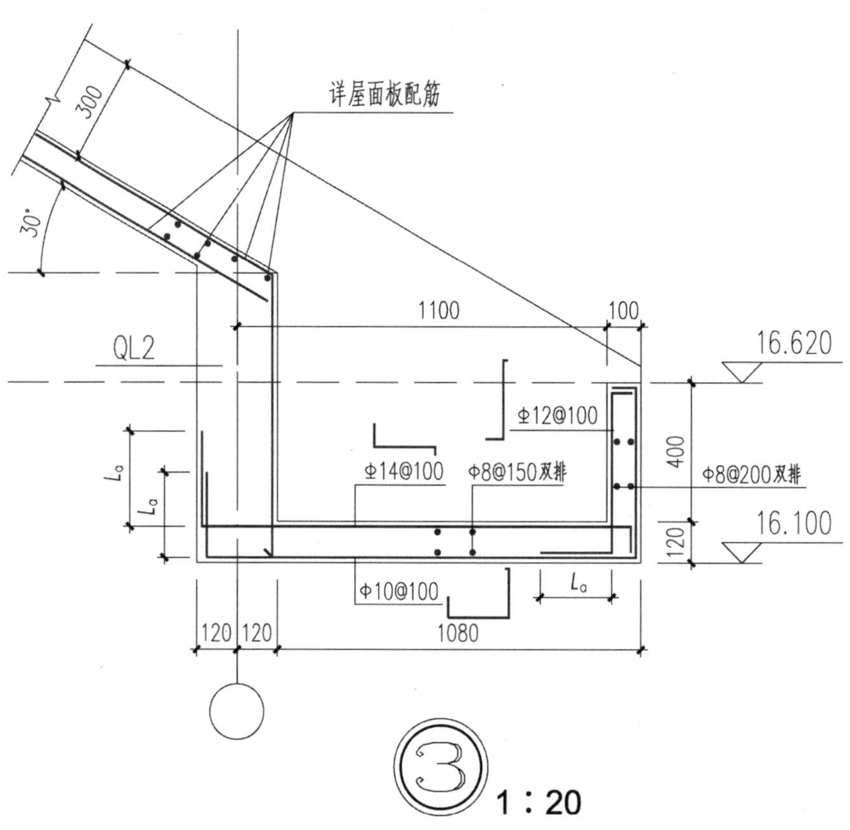

示例说明 1. 此图是示例2-8-1中的代表性平面详图，绘制比例1：20。

2. 绘制与标注的内容：结构构件和节点的形状，细部尺寸，标高，配筋和构造做法。

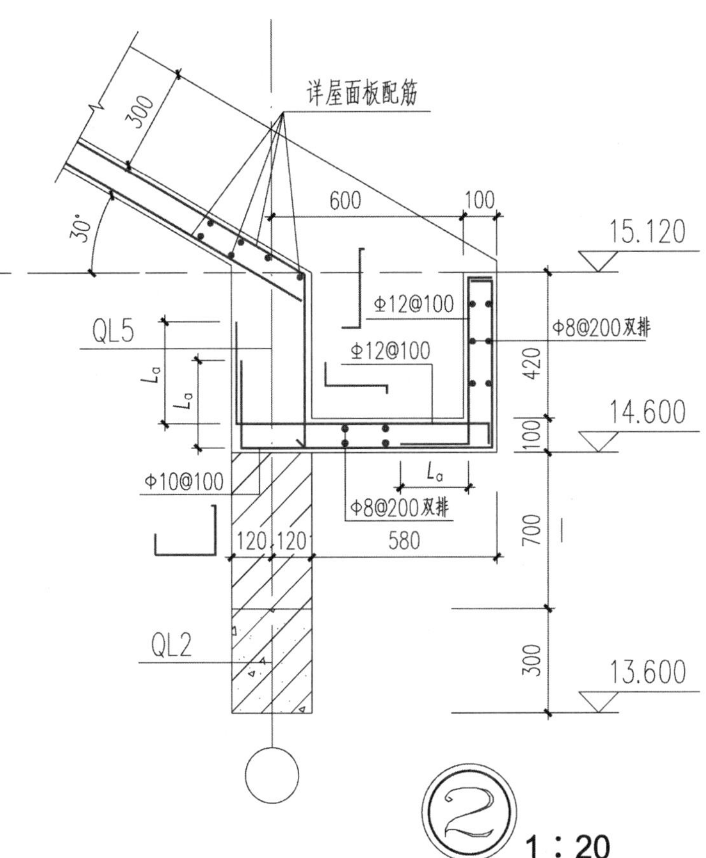

② 1：20

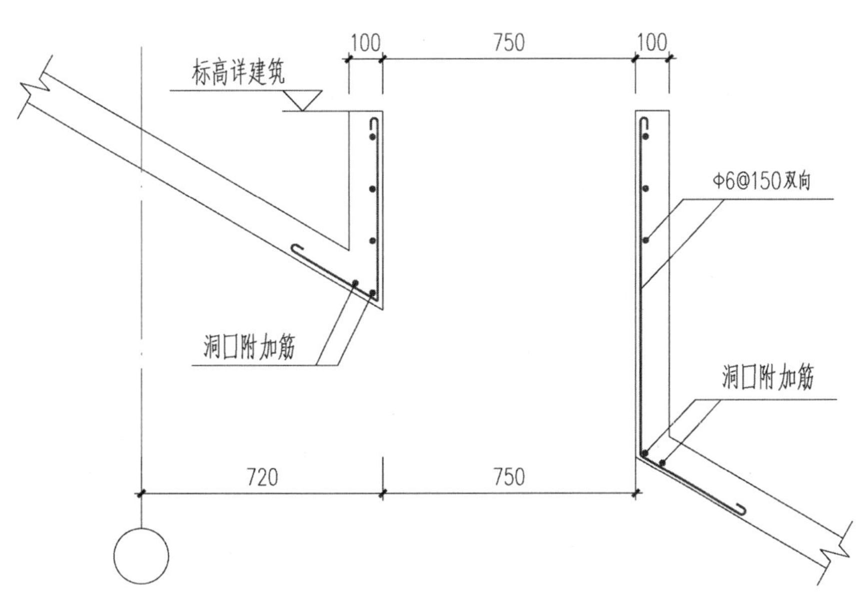

检修口详图 1:20

分类			
一般建筑的结构平面图. 砌体结构			
图名			
例9-砌体结构平面详图			
图号	比例	页码	
2-9-1		2-20	

BIAD 结构设计 深度图示

北京市建筑设计研究院有限公司
BEIJING INSTITUTE OF ARCHITECTURAL DESIGN

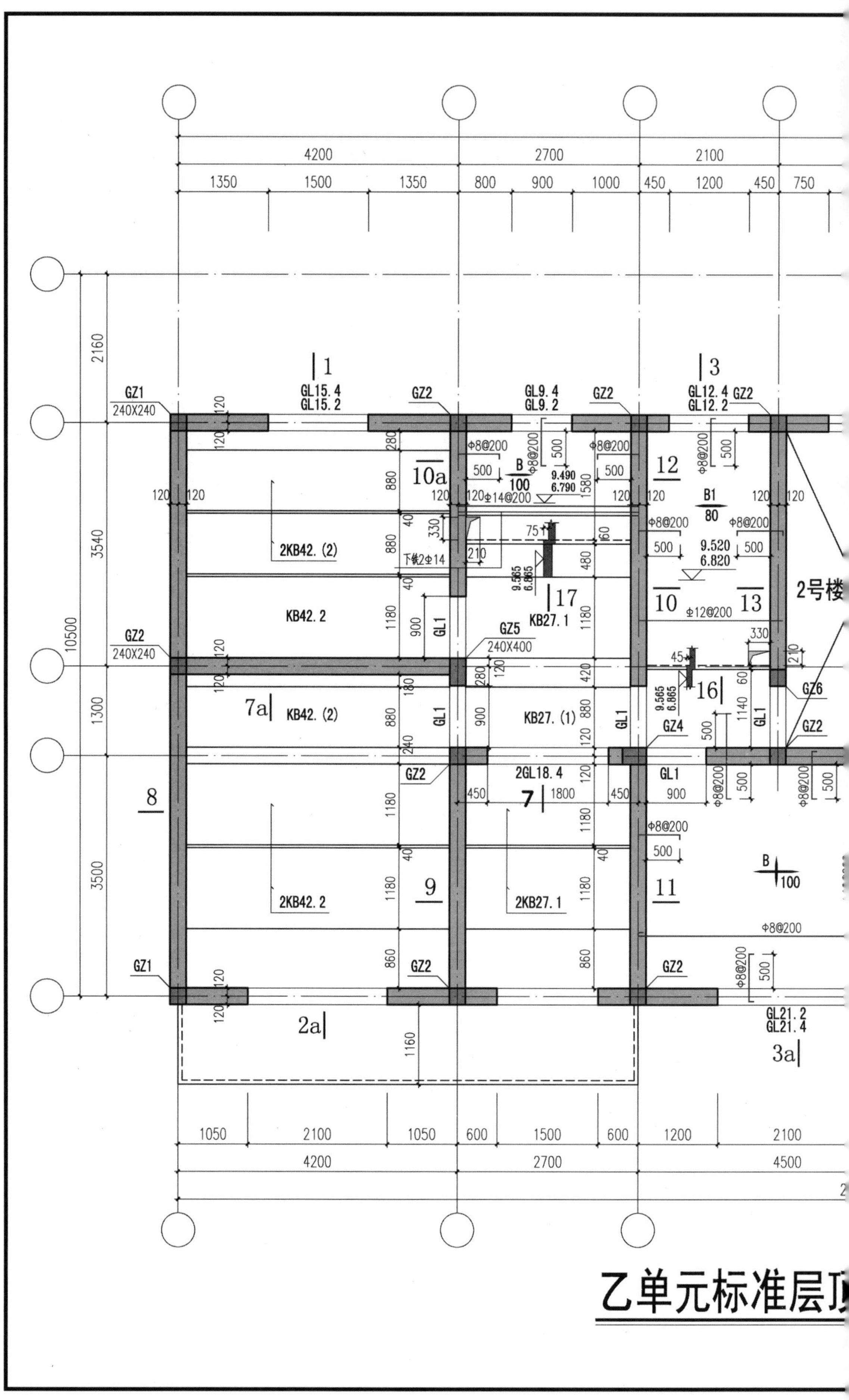

示例说明 1. 此图是“A2”布图的示意，包含独立单元标准层顶板结构平面图及相关说明。

2. 平面图采用仰视投影法表示，按单元平面绘制，绘图比例1：50。

3. 绘制与标注的内容：定位轴线；结构构件线（包括板、承重墙、构造柱、过梁等）；构件定位尺寸、与轴线的定位关系；构件截面尺寸、编号；楼梯间（绘制斜线并注明编号）；楼层标高，标高变化处的剖面示意；剖面及索引说明。

4. 现浇板注明板厚、受力

排列方法；预制过梁、

5. 由于两侧山墙处构造柱

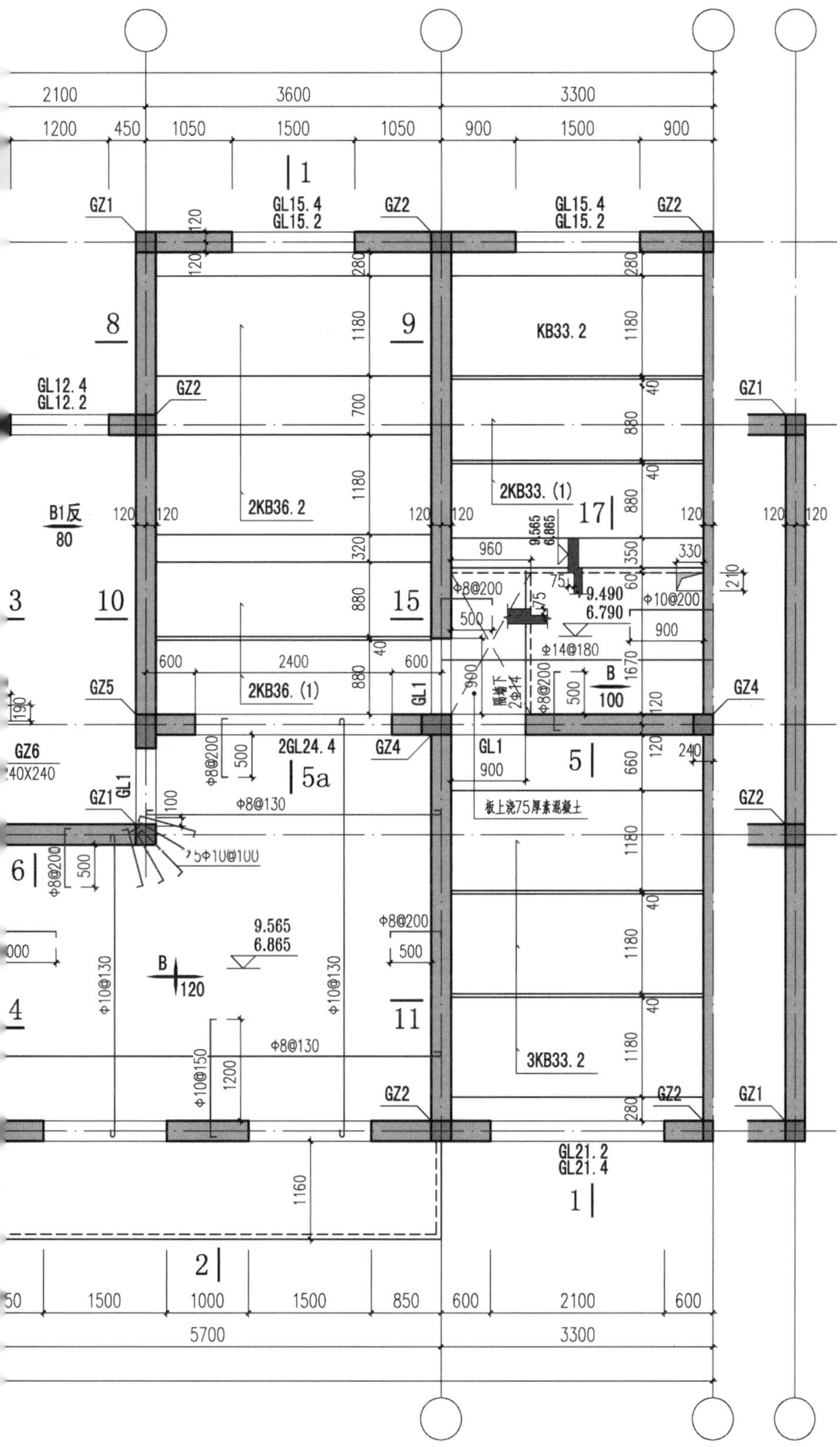

构平面图 1:50

说明:

1. 未注明的洞边钢筋处理措施详见结构设计总说明。
2. 剖面详见结-x。

BIAD
北京市建筑设计研究院有限公司
BEIJING INSTITUTE OF ARCHITECTURAL DESIGN
中国 北京 南礼士路62号 100045
NO.62 NANLISHI ROAD, BEIJING, P.R.CHINA
POSTCODE : 100045
TEL : 86-10-88021576
FAX : 86-10-88021570
WEBSITE : WWW. BIAD. COM. CN

专业设计部门 DEPARTMENT

设计签字 SIGNATURE

方案设计人 SCHEMATIC DESIGNER		
设计总负责人 PROJECT ARCHITECT		
专业负责人 DISCIPLINE CHIEF		
设计人 DESIGNED BY		

验证签字 VERIFICATION

审核人 CHECKED BY		
审定人 APPROVED BY		

会签 CONFIRMATION

建筑专业负责人 ARCH.		
结构专业负责人 STRUCT.		
设备专业负责人 MECH.		
电气专业负责人 ELEC.		

项目名称 PROJECT NAME

项目编号 PROJECT NO.

图名 DRAWING NAME

设计阶段 PHASE	图号 DRAWING NO.	版本号 EDITION

出图日期 DATE 年 YEAR 月 MONTH 日 DAY

归档纪录 ARCHIVES

口编号、配筋；预制板注明跨度方向、板号、数量和位置和型号、编号。
平面图中另行表示出右侧墙和构造柱的布置情况。

分类		
一般建筑的结构平面图．砌体结构		
图名		
例10-砌体结构单元标准层顶板结构平面图		
图号	比例	页码
2-10-1		2-21

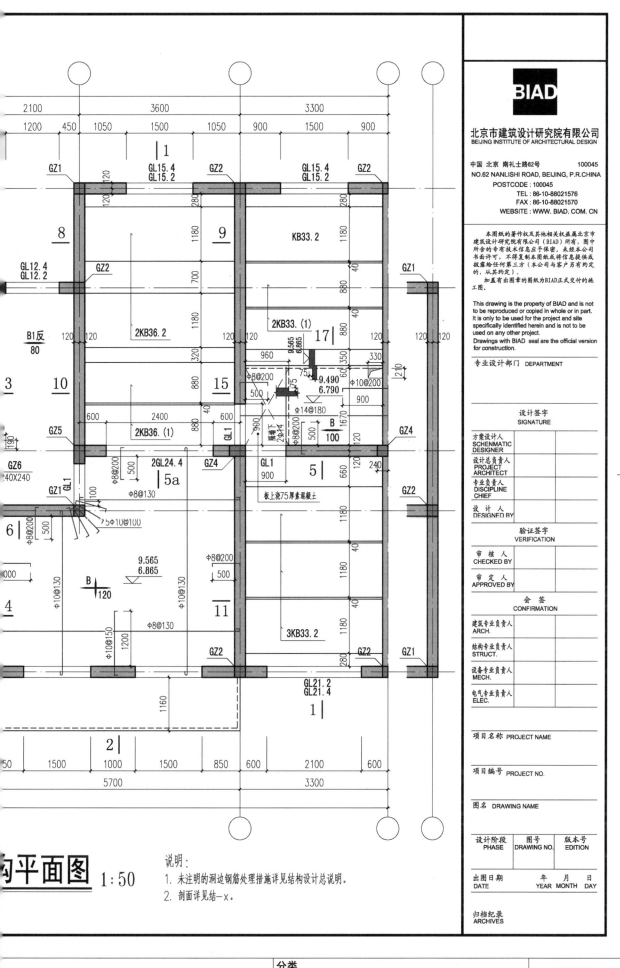

北京市建筑设计研究院有限公司
BEIJING INSTITUTE OF ARCHITECTURAL DESIGN

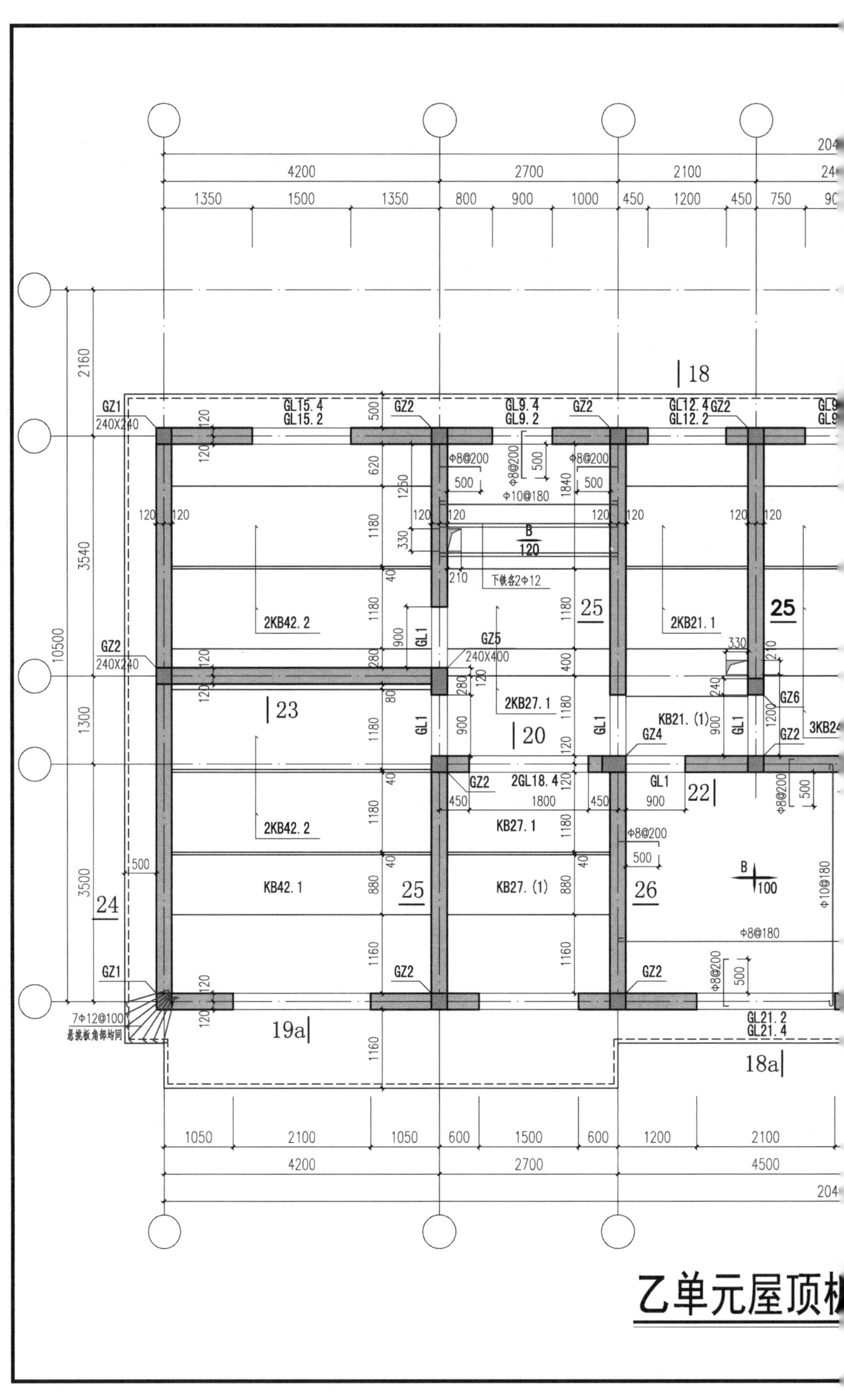

示例说明 1. 此图是“A2”布图的示意，包含独立单元屋顶板结构平面图及相关说明。

2. 平面图采用仰视投影法表示，按单元平面绘制，绘图比例1：50。

3. 绘制与标注的内容：定位轴线；结构构件线（包括板、承重墙、构造柱、过梁等）；构件定位尺寸、与轴线的定位关系；构件截面尺寸、编号；屋顶板标高；剖面及索引说明。

4. 现浇板注明板厚、受力方向（必要时）和编号、配筋，注明阳角处板的斜筋；预制板注明跨度方向、板号、数量和

5. 由于两侧山墙处构造柱

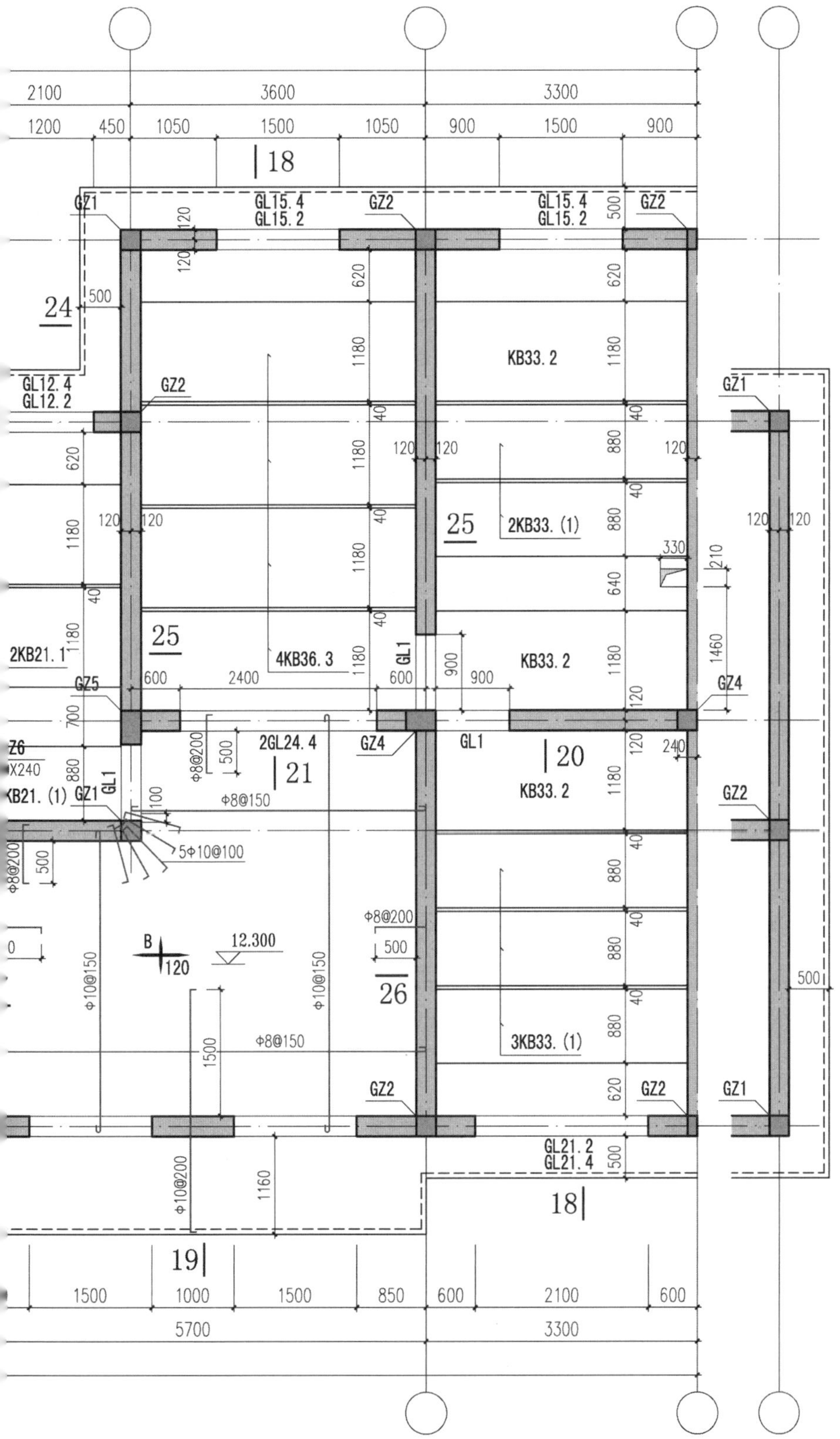

北京市建筑设计研究院有限公司
BEIJING INSTITUTE OF ARCHITECTURAL DESIGN
中国 北京 南礼士路62号 100045
NO.62 NANLISHI ROAD, BEIJING, P.R.CHINA
POSTCODE : 100045
TEL : 86-10-88021576
FAX : 86-10-88021570
WEBSITE : WWW. BIAD. COM. CN

专业设计部门 DEPARTMENT

设计签字 SIGNATURE
方案设计人 SCHENMATIC DESIGNER
设计总负责人 PROJECT ARCHITECT
专业负责人 DISCIPLINE CHIEF
设计人 DESIGNED BY

验证签字 VERIFICATION
审核人 CHECKED BY
审定人 APPROVED BY

会签 CONFIRMATION
建筑专业负责人 ARCH.
结构专业负责人 STRUCT.
设备专业负责人 MECH.
电气专业负责人 ELEC.

项目名称 PROJECT NAME
项目编号 PROJECT NO.
图名 DRAWING NAME
设计阶段 PHASE | 图号 DRAWING NO. | 版本号 EDITION
出图日期 DATE 年 YEAR 月 MONTH 日 DAY
归档纪录 ARCHIVES

平面图 1:50

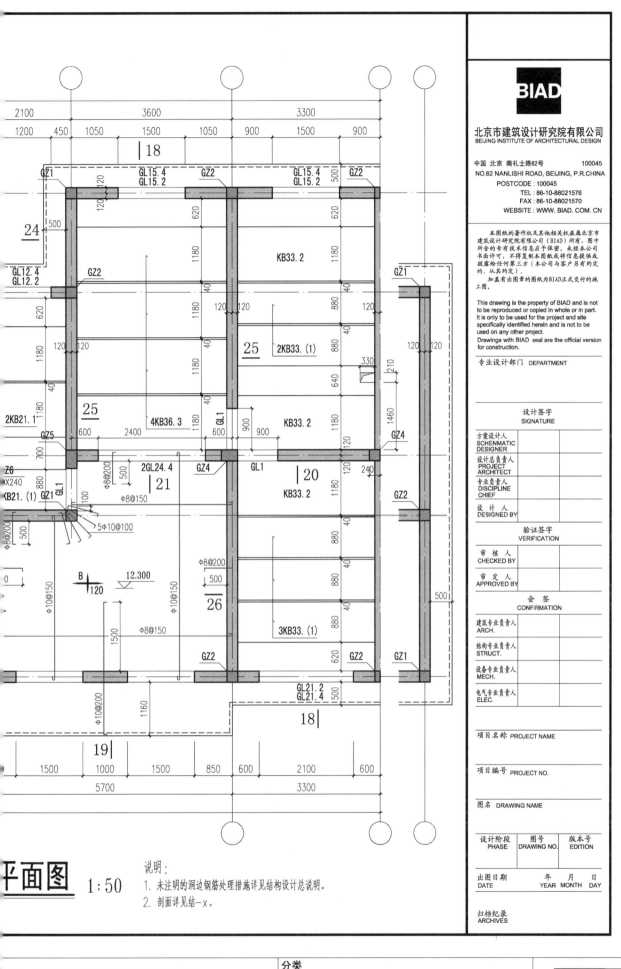

说明：
1. 未注明的洞边钢筋处理措施详见结构设计总说明。
2. 剖面详见结-x。

过梁、现浇过梁注明其位置和型号、编号。
平面图中另行表示出右侧墙和构造柱的布置情况。

分类		
一般建筑的结构平面图. 砌体结构		
图名		
例11-砌体结构单元屋顶板结构平面图		
图号	比例	页码
2-11-1		2-22

北京市建筑设计研究院有限公司
BEIJING INSTITUTE OF ARCHITECTURAL DESIGN

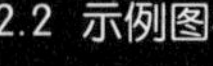

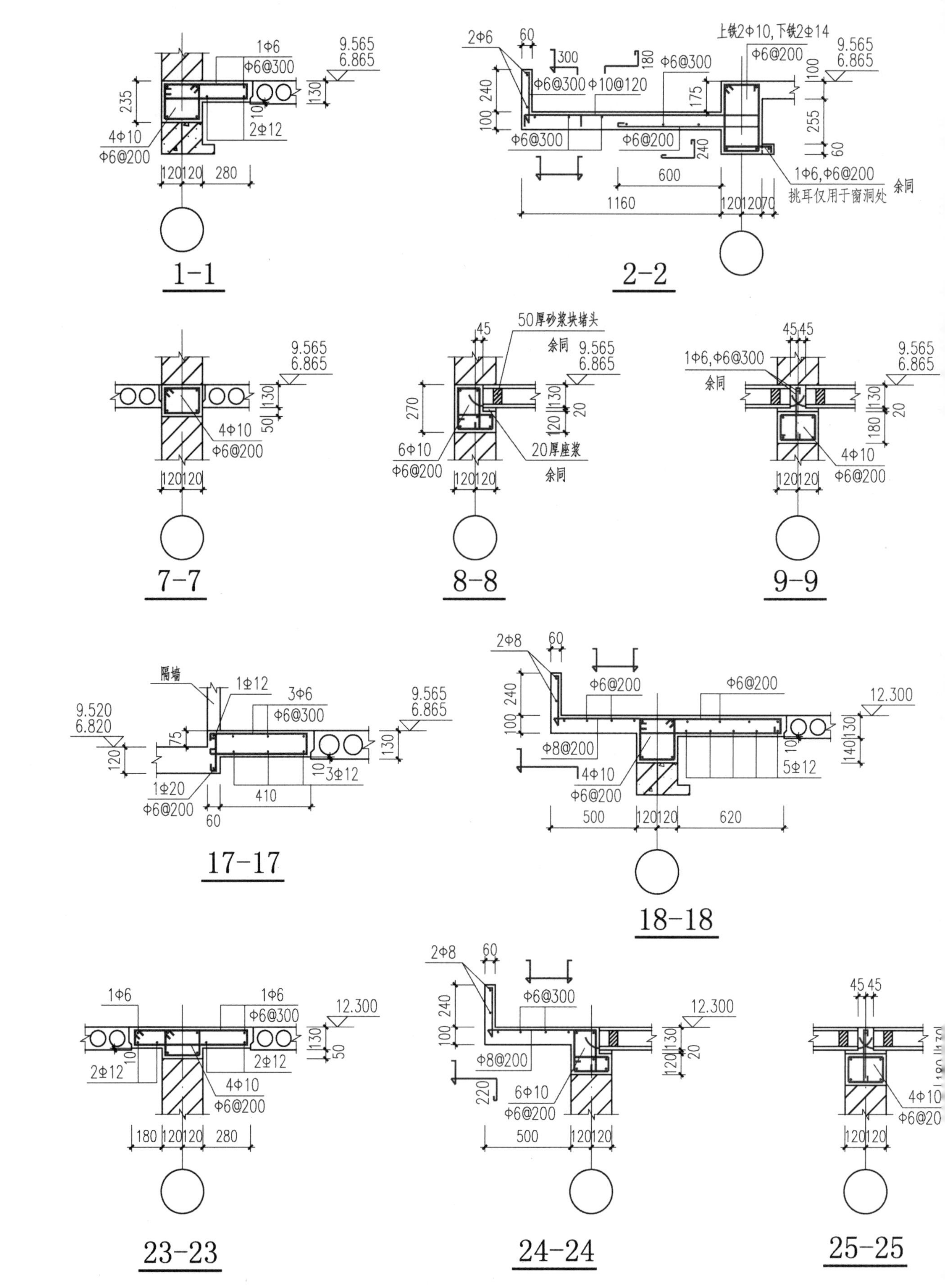

示例说明 1. 此图为标准层顶板和屋顶板结构平面中有代表性的剖面详图以及板缝配筋详图。原图中剖面详图绘图比例为1：25，板缝配筋详图绘图比例1：20。

2. 绘制与标注的内容：结构构件和节点的形状；结构构件定位尺寸、与轴线的定位关系；配筋；标高以及标高变化。

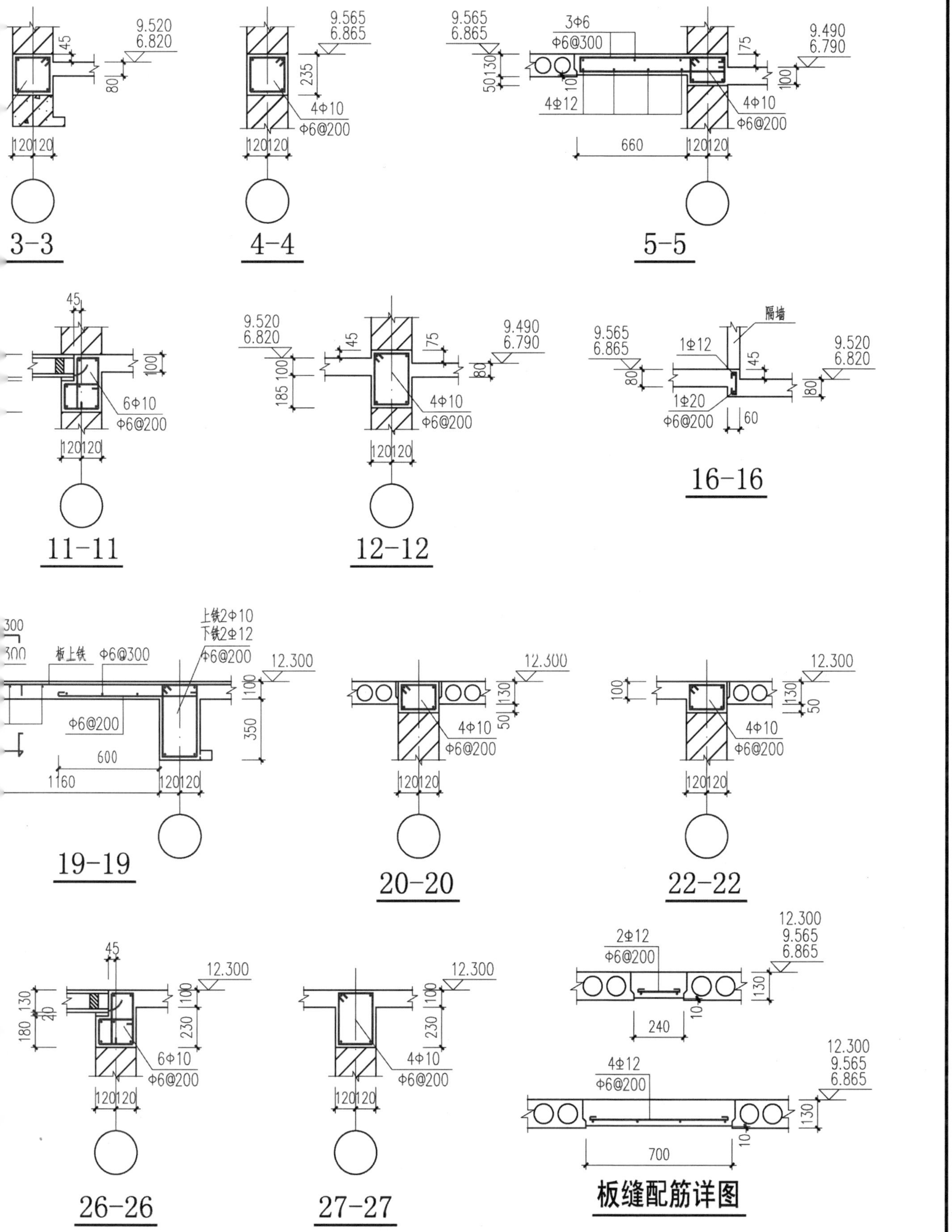

3-3

4-4

5-5

11-11

12-12

16-16

19-19

20-20

22-22

26-26

27-27

板缝配筋详图

分类		
一般建筑的结构平面图. 砌体结构		
图名		
例12-砌体结构单元平面详图		
图号 2-12-1	比例	页码 2-23

BIAD 结构设计深度图示

北京市建筑设计研究院有限公司
BEIJING INSTITUTE OF ARCHITECTURAL DESIGN

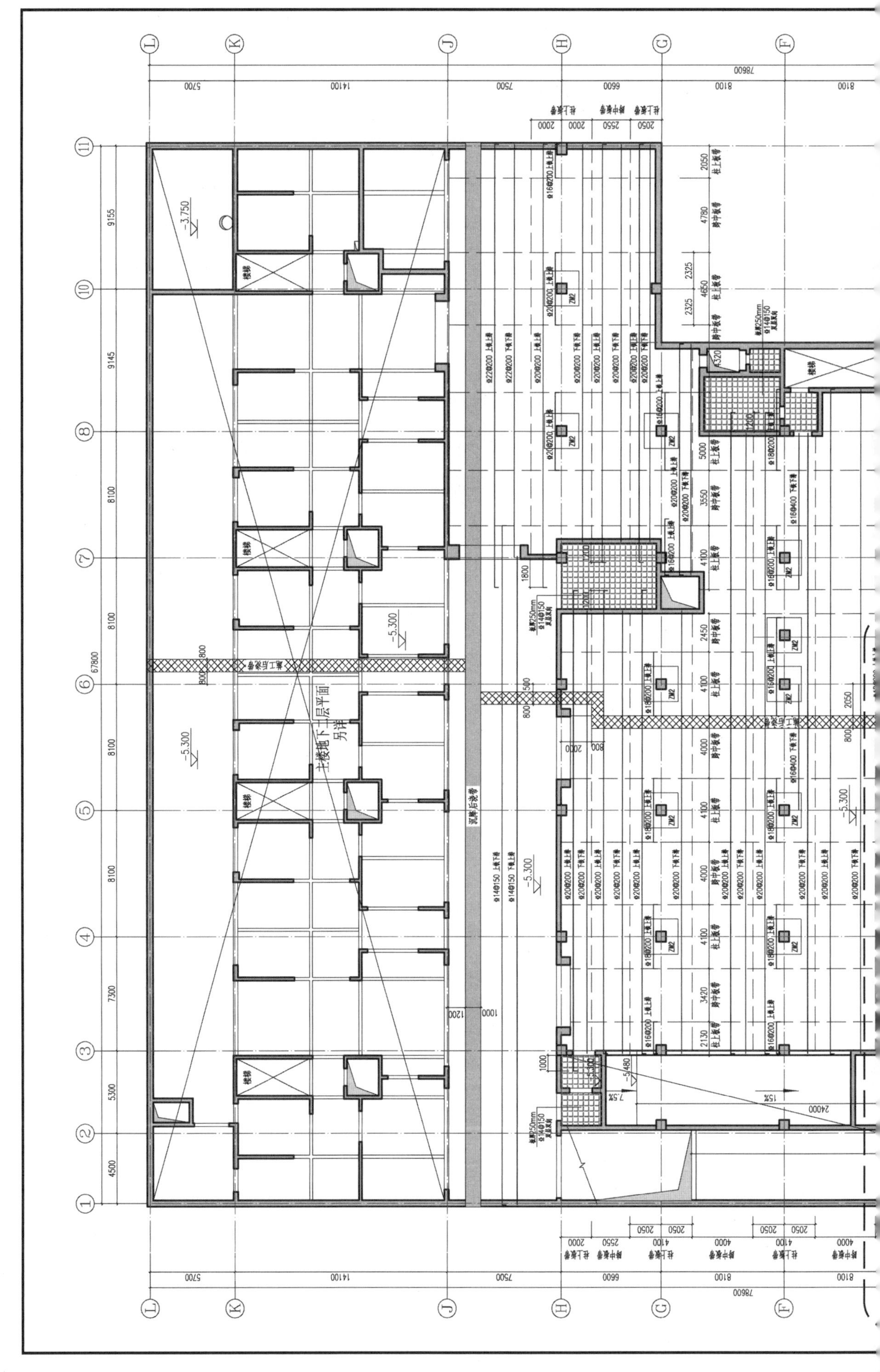

示例说明 1. 此图是“A1”布图的示意，包含车库的地下二层顶板的平面布置、X方向板配筋以及相关说明。

2. 结构平面图采用仰视投影法表示，绘制比例1：150。

3. 绘制与标注的内容：定位轴线及标注；结构构件的平面定位和尺寸；楼面结构标高及标高变化；楼梯间、坡道等的平面位置；后浇带的类型、平面定位和宽度；X方向板配筋；板洞；必要的文字说明。

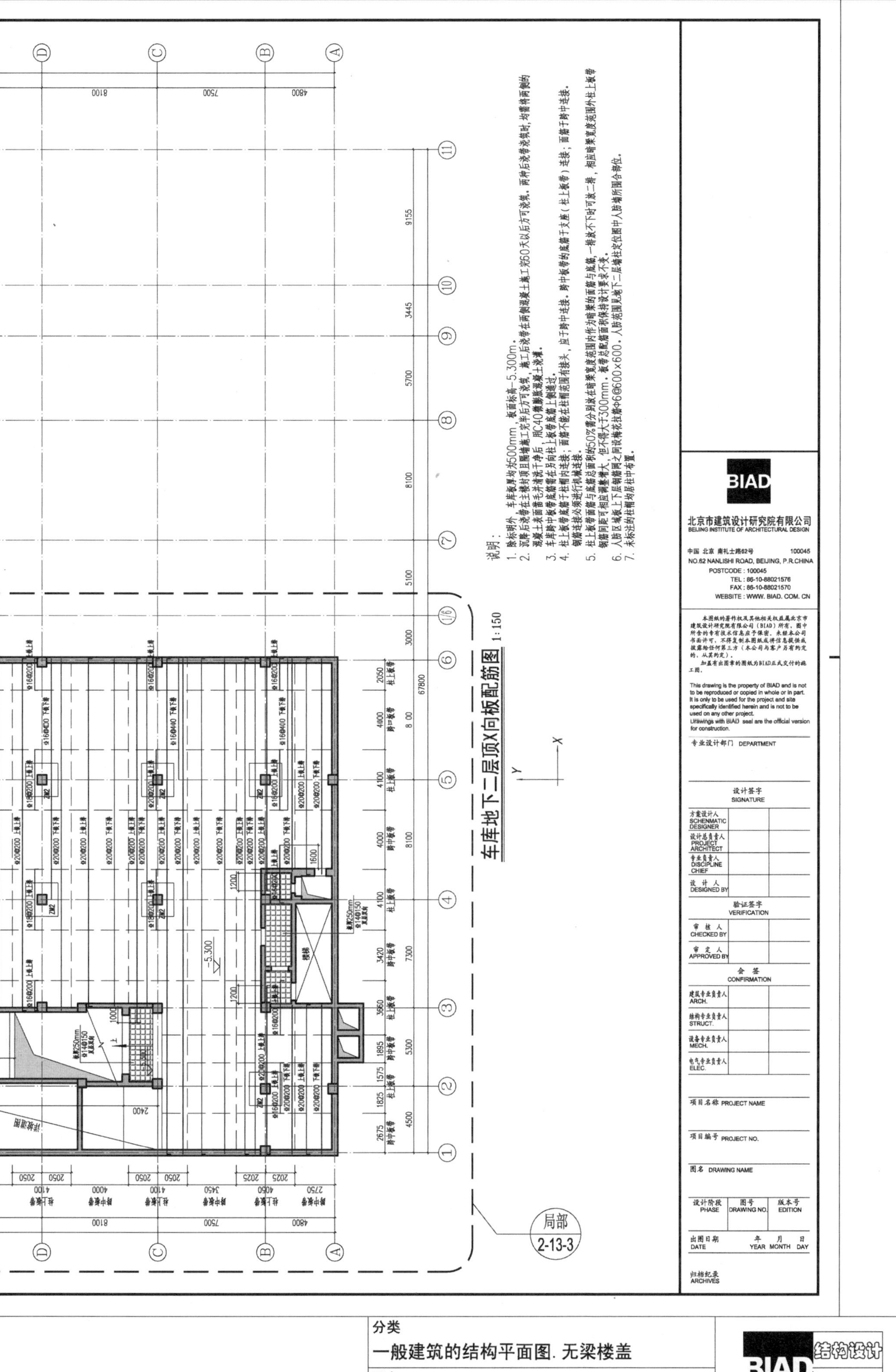

分类		
一般建筑的结构平面图. 无梁楼盖		
图名		
例13-无梁楼盖结构平面图一		
图号	比例	页码
2-13-1		2-24

BIAD 结构设计 深度图示

北京市建筑设计研究院有限公司
BEIJING INSTITUTE OF ARCHITECTURAL DESIGN

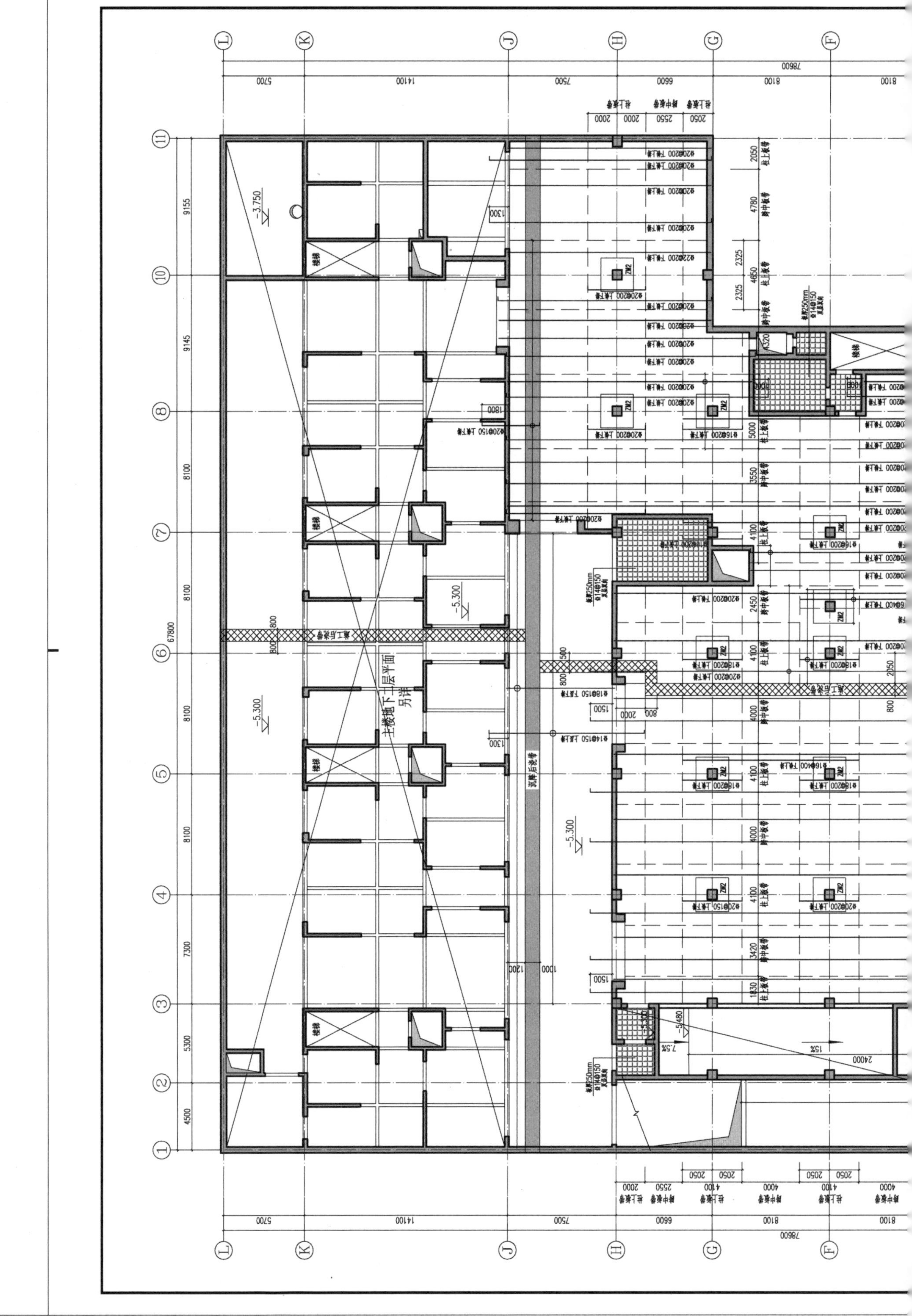

示例说明 1. 此图是"A1"布图的示意，包含车库的地下二层顶板的平面布置、Y方向板配筋以及相关说明。

2. 结构平面图采用仰视投影法表示，绘制比例1：150。

3. 绘制与标注的内容：定位轴线及标注；结构构件的平面定位和尺寸；楼面结构标高及标高变化；楼梯间、坡道等的平面位置；后浇带的类型、平面定位和宽度；Y方向板配筋；板洞；必要的文字说明。

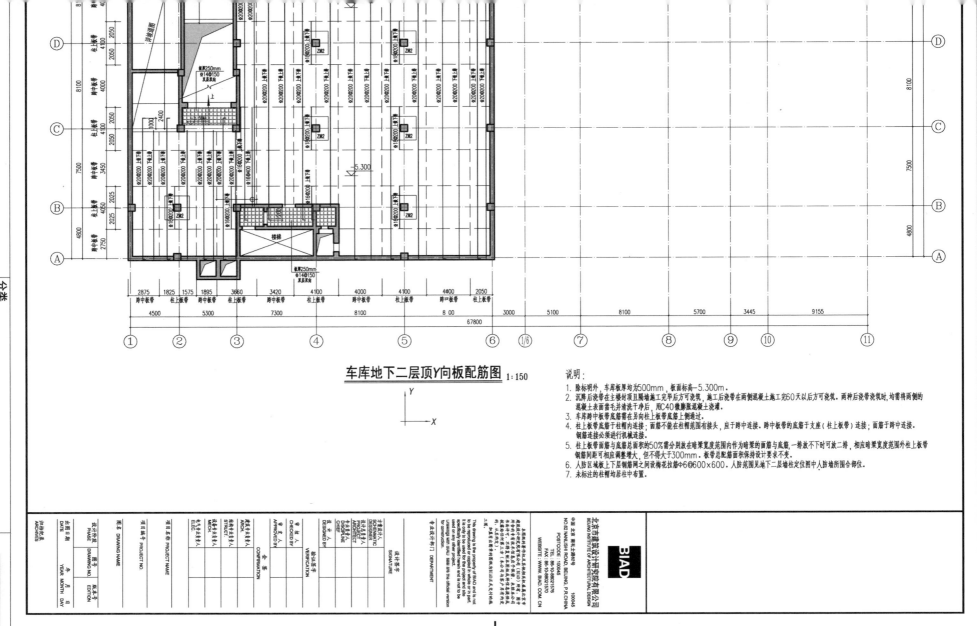

车库地下二层顶Y向板配筋图 1:150

说明：

1. 除标明外，车库板厚均为500mm，板面标高-5.300m。
2. 沉降后浇带在主楼封顶且隔墙施工完毕后方可浇筑，施工后浇带在两侧混凝土施工完60天以后方可浇筑。两种后浇带浇筑时，均需将两侧的混凝土表面凿毛并清洗干净后，用C40微膨胀混凝土浇灌。
3. 车库跨中板带底筋需在另向柱上板带底筋上侧通过。
4. 柱上板带底筋于柱帽内连接；面筋不能在柱帽范围有接头，应于跨中连接。跨中板带的底筋于支座（柱上板带）连接；面筋于跨中连接。钢筋连接必须进行机械连接。
5. 柱上板带面筋与底筋总面积的50%需分别放在暗梁宽度范围内作为暗梁的面筋与底筋，一排放不下时可放二排，相应暗梁宽度范围外柱上板带钢筋间距可相应调整增大，但不得大于300mm。板带总配筋面积保持设计要求不变。
6. 人防区域板上下层钢筋网之间设梅花拉筋Φ6@600×600。人防范围见地下二层墙柱定位图中人防墙所围合部位。
7. 未标注的柱帽均居柱中布置。

分类

一般建筑的结构平面图. 无梁楼盖

图名

例13-无梁楼盖结构平面图二

图号	比例	页码
2-13-2		2-25

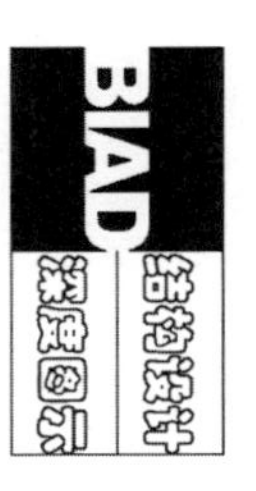

北京市建筑设计研究院有限公司
BEIJING INSTITUTE OF ARCHITECTURAL DESIGN

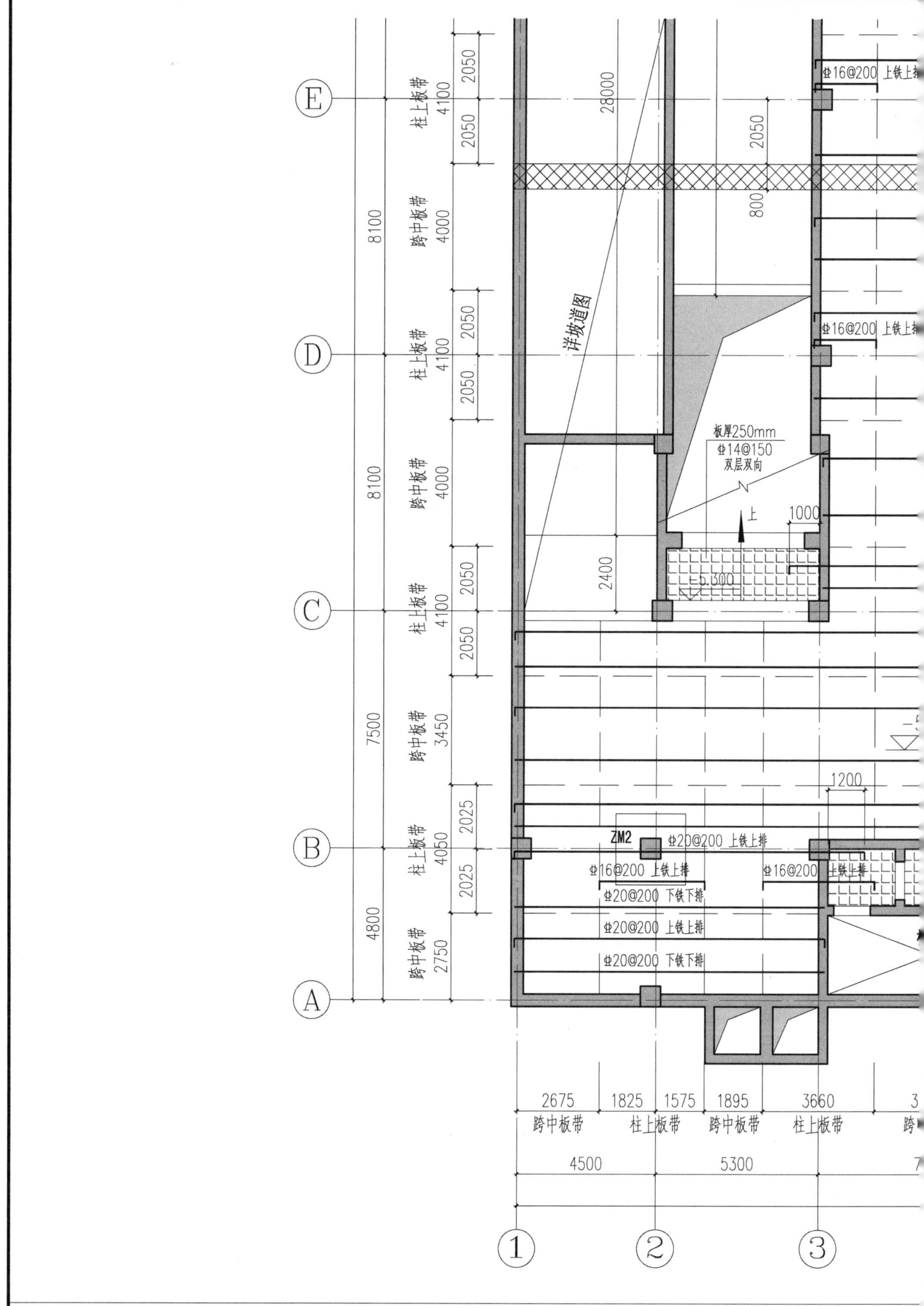

示例说明 1. 此图是“地下二层顶板配筋图”的局部放大图，绘制与标注的内容除2-13-1示例说明第3款外，还需标注跨中板带、柱上板带的范围；顶部和底部的贯通钢筋、顶部附加非贯通钢筋。

2. 双层双向的板配筋，注明上、下层钢筋网两方向面层位置关系。

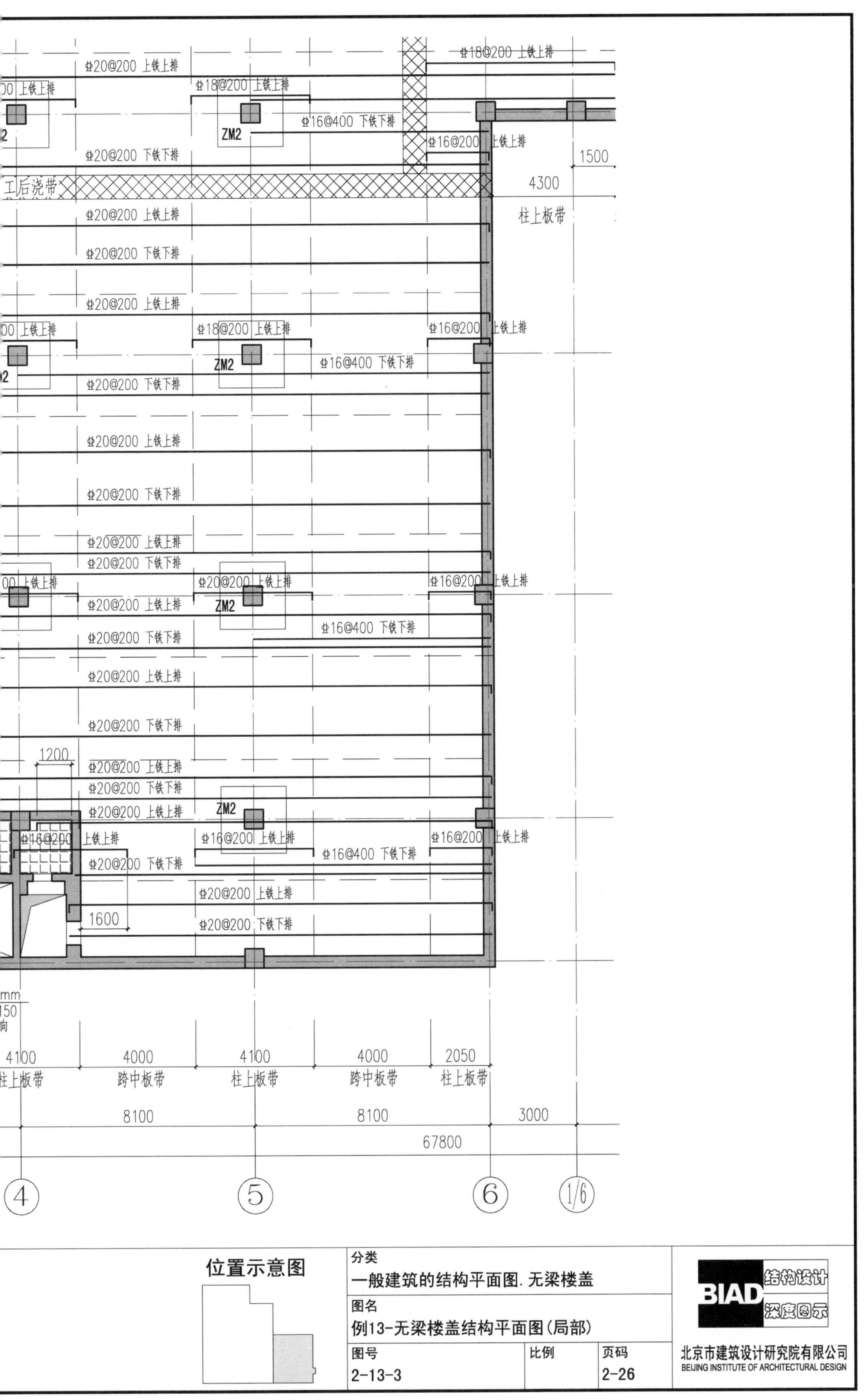

Φ20@200 上铁上排
Φ18@200 上铁上排
Φ16@400 下铁下排
Φ16@200 上铁上排
Φ20@200 下铁下排
Φ18@200 上铁上排
ZM2
工后浇带
1500
4300
柱上板带
Φ20@200 上铁上排
Φ20@200 下铁下排
Φ16@200 上铁上排
Φ20@200 下铁下排
1200
1600
4100
4000
4100
4000
2050
柱上板带
跨中板带
柱上板带
跨中板带
柱上板带
8100
8100
3000
67800
4
5
6
1/6
位置示意图
分类
一般建筑的结构平面图. 无梁楼盖
图名
例13-无梁楼盖结构平面图(局部)
图号
2-13-3
比例
页码
2-26
BIAD
结构设计
深度图示
北京市建筑设计研究院有限公司
BEIJING INSTITUTE OF ARCHITECTURAL DESIGN

3　钢结构的结构平面图

Structural plan of steel structure

3.1 设计深度要点

3.1.1 《BIAD设计文件编制深度规定》（第二版）结构专业篇摘录

4.3.4 一般建筑的结构平面图

一般建筑的各层结构平面图应包括各楼层结构平面图、屋面及出屋面结构平面图，应有以下内容：

1 应绘出并标明定位轴线及结构构件（包括梁、板、柱、承重墙、支撑、砌体结构的抗震构造柱等）的平面位置和尺寸，并注明其编号。应绘出电梯间、楼梯间（可绘制斜线并注明编号与索引详图号）、坡道和通道的结构平面布置。有后浇带时，应表示后浇带的尺寸和平面位置；

注：当梁、柱、承重墙平面位置、尺寸及其编号已在梁、柱、承重墙平面图中明确标明时，在各楼层结构平面图中可不再标明，但应表示梁、柱、承重墙平面位置。

2 屋面结构平面布置图应绘出女儿墙及女儿墙构造柱的位置、编号及详图；

4 应注明楼层标高，包括各部位的结构完成面标高，标高变化处或上翻的梁应注明梁顶标高并宜在结构平面图上加剖面表示。当结构找坡时应标注楼板的坡度、坡向、坡的起点和终点处的板面标高；

【说明】结构平面图可采用各层标高列表并标明本层标高。

5 采用现浇板时，应注明板厚、受力方向（必要时）和编号、配筋（亦可另绘放大比例的配筋图，必要时应将现浇楼板模板图和配筋图分别绘制）。采用预制板时，应注明跨度方向、板号、数量和排列方法，预制梁、洞口过梁应注明其位置和型号。采用压型钢板组合楼板时，应注明跨度方向、压型钢板板号和现浇部分板厚、配筋，并绘制钢梁、混凝土墙、混凝土梁等支承构件与楼板连接详图；

6 电梯间应绘制机房楼面与顶面结构平面布置图，注明标高、梁板编号、板的厚度、预留洞口大小与位置、吊钩大小及位置，并表示板的配筋和洞边加强措施。当预留孔、埋件、设备基础复杂时亦可另绘详图；

8 当选用标准图中节点或另绘制局部结构和节点构造详图时，应注明构件、节点、局部结构等详图索引号；

9 局部结构需要由专业承包方设计制作时，应提出完整的设计要求，对局部结构的形式、平面尺寸、边界条件、标高、荷载和其他使用要求应进行规定。

4.3.5 单层空旷房屋的结构平面图

单层空旷房屋应绘制构件布置图和屋面结构布置图，应有以下内容：

1 构件布置应表示定位轴线，墙、柱、天桥、过梁、门樘、雨篷、柱间支撑、连系梁、墙梁（必要时）等的布置、编号，构件标高，详图索引号，并加注有关说明等；必要时应绘制剖面、立面结构布置图；

2 屋面结构布置应表示定位轴线（可不绘制墙、柱）、屋面结构构件的位置及编号，支撑系统布置及编号，预留孔洞的位置、尺寸，节点详图索引号，并加注有关说明等，必要时绘制檩条布置图。

4.3.6 钢结构的结构平面图

钢结构的结构平面图除满足第4.3.4条和第4.3.5条相关规定外，尚应满足下列要求：

1 包括各层楼面、屋面在内的结构平面布置图应注明定位关系、标高、构件（可用粗单线绘制）的位置、构件编号及截面形式和尺寸、节点详图索引号等；

2 屋面或楼层采用空间钢结构时，应绘制上、下弦杆、腹杆和拉索的平面布置图及其关键剖面图，注明轴线关系、总尺寸及分尺寸、控制标高，并注明构件编号或型号、截面形式和尺寸、节点索引编号，必要时说明施工要求；

3 必要时应绘制支撑布置图；

4 必要时应绘制檩条布置图、墙梁布置图和关键剖面图。

3.1.2 深度控制要求

（1）总控制指标

钢结构设计制图分为钢结构设计施工图和钢结构制作详图两阶段。钢结构设计施工图不包括钢结构制作详图的内容，其内容和深度应满足编制钢结构制作详图的要求。钢结构制作详图一般应由具备钢结构专项设计资质的加工制作方完成，也可由具备该项资质的其他设计方完成，其设计深度应能满足钢结构构件制作和施工安装要求。

为方便表达，本书将钢结构按多、高层钢结构和大跨空间钢结构划分，简称为“普通钢结构”和“大跨钢结构”，混合结构中的钢结构内容详见第4章。普通钢结构的楼板选取闭口型压型钢板组合楼板作为示例，钢筋桁架组合楼板以及现浇钢筋混凝土楼板的设计深度要求及示例详见第4章的相关内容。大跨钢结构由于种类较多，本章挑选较为常见的网架、钢桁架、张弦桁架、索桁架结构作为示例，对深度规定和制图标准予以细化和图样化，同时为其他类型的大跨钢结构提供参考。

钢结构平面布置图中的构件，除钢与混凝土组合截面外，可以用单线条绘制，并明确表示构件间连接点的位置。一般用粗实线表示有编号数字的构件，中粗实线表示有关联但非主要表示的其他构件，虚线可用来表示垂直支撑和隅撑等。

对称布置的平面图可以只绘制一半，并用对称符号表示另一半的内容。面积较大的建筑工程的平面图可以分区（段）绘制，各分区（段）平面应将交接部位表示清楚，并绘制小比例的组合示意图表示该图所在位置。

钢结构平面图应注明图纸比例；在平面图的适当位置（如：图名的下方或右侧、图纸的右侧或右下角位置），可以增加与本图相关的附加说明文字、图例等内容；在图纸的右上角位置，可以绘制“分区（段）示意图”。

（2）产品与节点控制指标

设计深度的具体指标详见本章3.1.1条摘录，以下内容主要是对深度规定的细化以及少量扩展和补充。

1）普通钢结构：

① 各层平面应分别绘制结构平面布置图，有标准层时可以合并绘制；对于平面布置较为复杂的楼层，可以增加立面或剖面以便清楚表示各构件关系。

② 平面布置图中应包含柱、梁、支撑、节点以及楼板布置等内容，简单的平面图中钢构件的布置和楼板布置可以合并绘制，较复杂的平面宜分别绘制。平面图中除应注明楼面标高外，还应注明钢梁基准标高，该标高为结构楼层标高减去楼板厚度，即大多数钢梁的梁顶标高。如遇升板或降板的情况，应在相关的钢梁处注明与基准标高的高差。

③ 平面布置图中的钢梁可用单线条表示，也可以根据实际需要绘制钢梁的俯视图。平面图中应注明钢梁编号、标高、与轴线的定位关系、钢梁与钢梁的连接、钢梁与钢柱的连接等。钢梁的编号包括钢梁的类型代号、序号，可以用列表形式表示出截面尺寸、材质等项内容。钢梁与轴线如有偏轴应注明偏轴尺寸；在钢梁以俯视图表示的平面图中，可以标注梁边到轴线的尺寸。钢梁与钢梁、钢梁与钢柱的连接方式包括刚接和铰接，在平面图中应通过不同图例表示。

④ 平面布置图中的钢柱可用单线条表示，应绘制出钢柱的实际形状，如：工字形、方形、矩形、圆形等。平面图中应注明钢柱编号、与轴线的定位关系，如有偏轴应注明偏轴尺寸。钢柱的编号包括钢柱的类型代号、序号，可以用列表形式表示出截面尺寸、材质等项内容。钢柱宜采用柱立面图或柱表的方式，表示出柱变截面处或接长处的标高。

⑤ 结构布置中设有钢支撑时，应在平面图中用虚线表示，并注明钢支撑编号。编号应包括钢支撑的类型代号、序号，可以用列表形式表示出截面尺寸、材质等项内容。

⑥ 平面布置图中，应标注节点和节点索引。节点标注应能全面反映各构件之间的不同连接情况，主要包括：相同构件的拼接处；不同构件的连接处；不同结构材料连接处；需要特殊交代的部位等。

⑦ 当结构布置中有支撑或平面布置不足以清楚表达特殊构件布置时，应在平面布置图的基础上，增加立面布置图。立面图可挑选有支撑或有特殊结构布置的轴网，并采用适当比例绘制。立面图中各构件可以采用单线条表示；当单线条表示不清时，也可以采用双线条表示。立面图应包含柱、梁、支撑和节点等内容。

⑧ 楼板、钢梁等构件上的开洞及局部加强、围护结构等做法可根据不同内容分别绘制专门的布置图及相关节点图，与主要平、立面布置图配合使用。

2）大跨钢结构：

① 结构布置图应表示出各类结构构件的编号和空间位置，节点编号、详图索引号以及图例等。当采用曲面形的结构时，应提供节点坐标。

② 当平面布置比较复杂或立面高低错落时，

为表达清楚整个结构体系的全貌，还应绘制纵、横立面图或剖面图，必要时可以绘制轴测图。整体立面图应表示结构的外形轮廓、相关尺寸和标高、轴线编号等，剖面图应选择典型部位或需要特殊表示的部位。

③ 支撑布置图可以单独绘制或与结构平面图合并绘制，应表示水平支撑、纵向刚性支撑、梁的隅撑等的布置和编号。

④ 檩条布置图应绘制檩条的间距和编号，以及檩条之间设置的直拉条、斜拉条布置和编号。

⑤ 支座布置图可以单独绘制或与结构平面图合并绘制，应表示支座的布置，注明支座类型和编号。

⑥ 柱平面布置图应绘制钢柱、山墙柱的布置及编号，必要时用纵剖面表示柱间支撑及墙梁布置与编号，包括墙梁的直拉条、斜拉条布置和编号，柱隅撑布置与编号；用横剖面表示山墙柱间支撑、墙梁及拉条的布置与编号。柱脚螺栓布置图应绘制钢柱柱脚螺栓的位置和定位尺寸，注明锚栓规格和数量，在剖面中表示锚栓的埋设深度和标高。

⑦ 构件布置图应列出构件表，具体内容如下：编号、名称、截面、内力（M、N、V）。如果构件截面已确定，且其连接方法和细部尺寸在节点详图上均已表示清楚，内力一栏可只提供支座处或柱脚的内力（对于双向受力构件，应提供双向内力组合值及其方向），否则均应注明内力以便绘制施工详图。

3.1.3 设计文件构成

（1）文字部分

施工图设计总说明中关于钢结构平面的部分，详见《BIAD 设计文件编制深度规定》（第二版）结构专业篇 4.2.3、4.2.8、4.2.9、4.2.10、4.2.16 各条中的相关条款。总说明中未涉及的内容以及需要特别说明的附加内容，应在图纸补充说明。

（2）图样部分

普通钢结构的图样一般包括：钢结构平面布置图、局部立面或剖面图、板配筋图。

大跨钢结构的平面图主要包含：钢结构平面图、整体立面或剖面图、檩条布置图，其中钢结构平面图根据体系特点又可以细化为：上下弦杆布置图、腹杆布置图、支撑布置图、支座布置图等。

关于制图比例：平面图常用比例 1∶100、1∶150；平面尺度较大时，根据具体情况可采用 1∶200～1∶500 或更大的比例绘制；整体立面或剖面图长度方向的比例宜与平面图一致，高度方向可视具体情况采用不同的绘制比例。

3.1.4 示例概况

（1）钢结构楼层结构平面图

例 1-钢结构楼层结构平面图，共 3 张图，包括 5 层顶钢结构平面图和局部放大图。

例 2-压型钢板组合楼板详图，共 2 张图。

本示例选自北京地区的某办公建筑。该建筑地下 3 层，为框架-剪力墙结构；地上 10 层，为带偏撑和中心支撑的高层钢框架结构，在楼电梯井周围及机房附近布置斜撑。地上钢结构水平构件大部分采用实腹 H 形钢梁，部分大跨水平构件采用小桁架；竖向构件为箱形柱和圆管柱；楼面采用闭口型压形钢板组合楼板。

5 层顶钢结构平面图分为东段、西段两张图纸，图纸右上角绘制“分段示意图”表示本段图纸所在位置。图纸采用分区（段）出图时，应注意保证分区（段）轴线以及相关说明的完整性，交接部位在各自图中均应表示。

关联示例：钢支撑立面图 7-1-1，钢桁架立面图 7-2-1，钢结构连接节点详图 7-3-1、7-3-2、7-3-3。

（2）屋顶网架结构平面图

例 3-屋顶网架结构平面布置图，共 10 张图，包括屋顶钢结构的平面、剖面示意图和轴侧图，屋顶杆件（上弦、下弦、腹杆）的局部节点编号、布置、内力图。

示例屋顶结构采用双向正交正放网架结构，结构平面投影为矩形，网架南北方向长约 451m，东西方向最大宽度为 210m。屋盖中部 317m × 67m 区域高出其他区域 10m，屋面倾斜角度约为 6°，呈双层坡屋面形式，并设置 3 处藻井。屋盖结构最高点高度为 58.164m，最低点高度为 41.200m。网架跨中厚、边缘薄，厚度在 0～7.414m 间均匀变化。屋盖采用周边点式支承与中间点式支承相结合的支承形式。南北两端支承在斗拱上，采用双向可滑动支座；东西两侧和中部支承在钢管混凝土柱上，采用固定铰支座。网架结构杆件采用空心圆管，节点采用焊接空心球节点。

关联示例：屋顶网架连接节点详图 7-5-1，跑马廊详图 7-6-1，藻井详图 7-7-1。

改善建议：屋顶钢结构剖面图的绘制比例 1∶700偏小，表达内容不易辨认，建议适当放大。

（3）屋顶钢桁架结构平面图

例 4-屋顶钢桁架结构平面布置图，共 2 张图，包括屋架杆件（上弦、下弦）平面布置图。

示例屋顶结构采用双向平面桁架结构，结构投影平面为正方形，两方向长约 125m，最高点标高约为 36m。主桁架为倒梯形，跨中高度 8.8m、边缘高度 5.8m；边桁架为矩形，高度 5.8m。桁架的杆件主要采用焊接工字钢、口字钢以及热轧 H 型钢；支座采用专利产品，支承于下部混凝土柱上。

平面布置图采用正投影法绘制，主要构件（钢桁架）用粗实线表示，次要构件用中粗实线表示。结构平面、构件布置为上下、左右对称，故仅绘制左下角四分之一平面，两方向中间绘制对称符号。

关联示例：屋顶钢桁架立面图 7-8-1、屋顶钢桁架连接节点详图 7-8-3 ~ 7-8-6。

（4）屋顶张弦桁架结构平面图

例 5-屋顶张弦桁架结构平面布置图，共 13 张图，包括屋顶张弦桁架结构的平面、剖面示意图，屋顶结构杆件（上弦、下弦、腹杆、钢索、撑杆）编号示意图、节点编号图和坐标表，钢索和撑杆规格与钢索预张力分布图，上弦和下弦节点形式图。

示例大跨钢屋盖属于双向张弦桁架结构，结构投影平面为矩形，主结构长约 170m，跨度约为 114m，四周均有长度不等的悬挑结构。主体结构为正交正放的桁架，网格间距为 8.5m，结构厚度为 1.5 ~ 4m 不等。主结构桁架下部设置撑杆及双向张弦结构，撑杆最大长度为 9.25m。主结构四周设置不同类型球铰支座，支承于下部混凝土结构之上。

关联示例：屋顶张弦桁架结构构件材料表 7-9-1，屋顶张弦桁架节点示意图 7-9-2 ~ 7-9-8。

（5）屋顶索棚结构平面图

例 6-屋顶索棚结构平面布置图，共 4 张图，包括屋顶索棚轴线定位图、屋顶索棚平面和立面示意图、屋顶索棚分区平面图。

示例大跨钢屋盖属于索桁架结构，结构投影平面为四心圆弧拼接起来的类似椭圆形状。整体结构长约 276m，宽约 232m，最高点标高约为 45m。整体结构由 48 榀索桁架通过压环、环索、交叉索及环向马道结构联系成整体结构，并由上悬索、下悬索、背索等形成单榀桁架的稳定性。

关联示例：屋顶索棚立面图 7-10-1，屋顶索棚预应力索信息图 7-10-2，屋顶索棚桁架、压环详图 7-10-3 ~ 7-10-8，屋顶索棚节点详图 7-10-9 ~ 7-10-13。

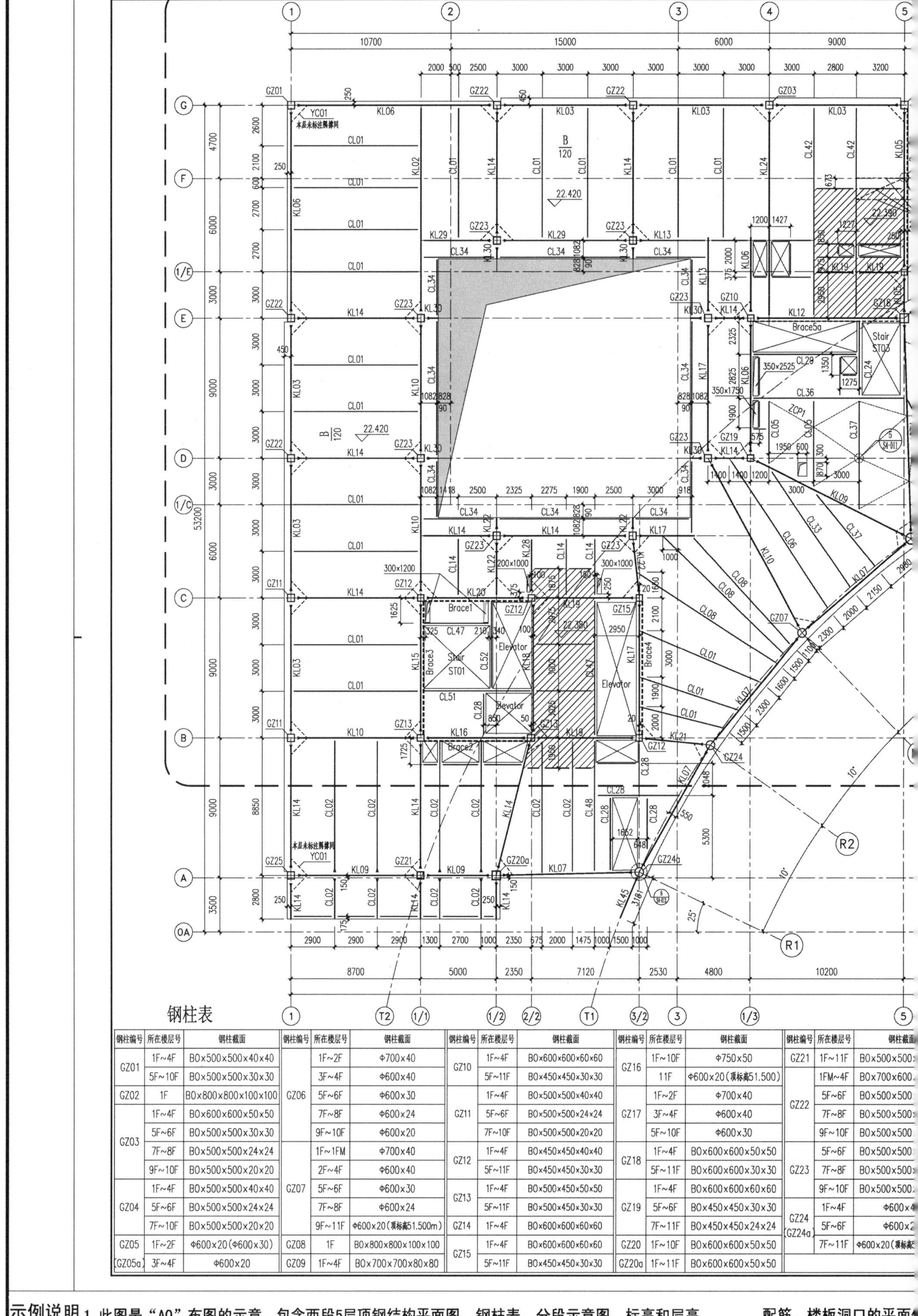

钢柱表

钢柱编号	所在楼层号	钢柱截面	钢柱编号	所在楼层号	钢柱截面	钢柱编号	所在楼层号	钢柱截面	钢柱编号	所在楼层号	钢柱截面	钢柱编号	所在楼层号	钢柱截面
GZ01	1F~4F	BO×500×500×40×40	GZ06	1F~2F	Φ700×40	GZ10	1F~4F	BO×600×600×60×60	GZ16	1F~10F	Φ750×50	GZ21	1F~11F	BO×500×500
	5F~10F	BO×500×500×30×30		3F~4F	Φ600×40		5F~11F	BO×450×450×30×30		11F	Φ600×20(顶标高51.500)	GZ22	1FM~4F	BO×700×600
GZ02	1F	BO×800×800×100×100		5F~6F	Φ600×30	GZ11	1F~4F	BO×500×500×40×40	GZ17	1F~2F	Φ700×40		5F~6F	BO×500×500
GZ03	1F~4F	BO×600×600×50×50		7F~8F	Φ600×24		5F~6F	BO×500×500×24×24		3F~4F	Φ600×40		7F~8F	BO×500×500
	5F~6F	BO×500×500×30×30		9F~10F	Φ600×20		7F~10F	BO×500×500×20×20		5F~10F	Φ600×30		9F~10F	BO×500×500
	7F~8F	BO×500×500×24×24	GZ07	1F~1FM	Φ700×40	GZ12	1F~4F	BO×450×450×40×40	GZ18	1F~4F	BO×600×600×50×50	GZ23	5F~6F	BO×500×500
	9F~10F	BO×500×500×20×20		2F~4F	Φ600×40		5F~11F	BO×450×450×30×30		5F~11F	BO×600×600×30×30		7F~8F	BO×500×500
GZ04	1F~4F	BO×500×500×40×40		5F~6F	Φ600×30	GZ13	1F~4F	BO×500×450×50×50	GZ19	1F~4F	BO×600×600×60×60		9F~10F	BO×500×500
	5F~6F	BO×500×500×24×24		7F~8F	Φ600×24		5F~11F	BO×500×450×30×30		5F~6F	BO×450×450×30×30	GZ24(GZ24a)	1F~4F	Φ600×4
	7F~10F	BO×500×500×20×20		9F~11F	Φ600×20(顶标高51.500m)	GZ14	1F~4F	BO×600×600×60×60		7F~11F	BO×450×450×24×24		5F~6F	Φ600×2
GZ05(GZ05a)	1F~2F	Φ600×20(Φ600×30)	GZ08	1F	BO×800×800×100×100	GZ15	1F~4F	BO×600×600×60×60	GZ20	1F~10F	BO×600×600×50×50		7F~11F	Φ600×20(顶标高
	3F~4F	Φ600×20	GZ09	1F~4F	BO×700×700×80×80		5F~11F	BO×450×450×30×30	GZ20a	1F~11F	BO×600×600×50×50			

示例说明 1. 此图是“A0”布图的示意，包含西段5层顶钢结构平面图、钢柱表、分段示意图、标高和层高表、图例以及相关说明。

2. 结构平面图采用仰视投影法绘制，绘制比例1：100。绘制与标注的内容：定位轴线及标注；结构构件(包括钢柱、钢梁、桁架、支撑等)的平面位置和尺寸；楼梯间、电梯间的平面位置；楼面结构标高及标高变化；压型钢板组合楼板的跨度方向、压型钢板板号和现浇部分板厚、配筋，楼板洞口的平面

3. 钢柱采用表格形式，列出

4. 此图与3-1-2组成完整的

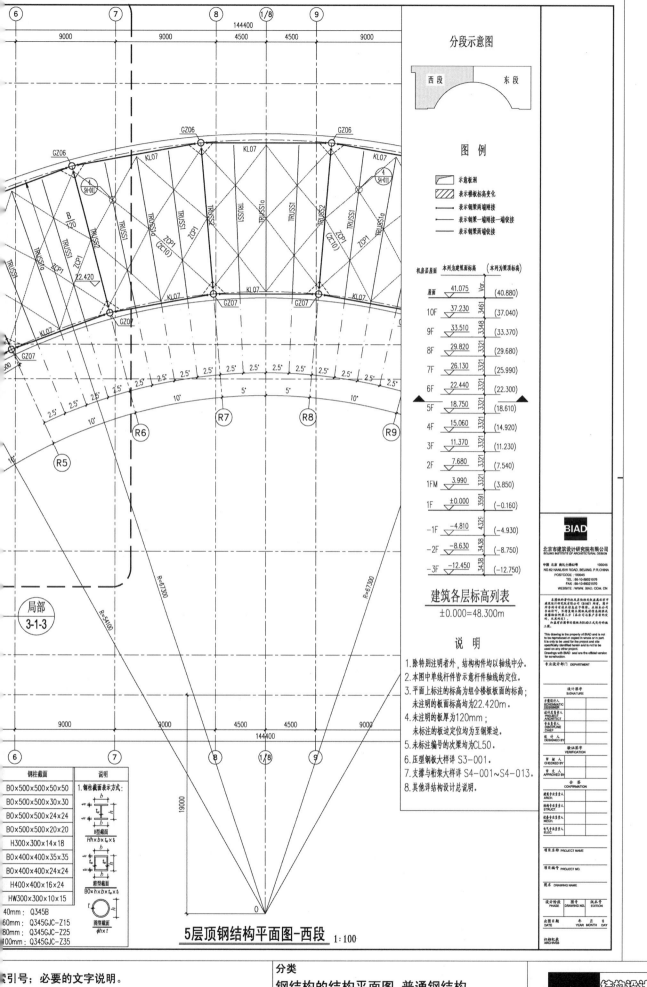

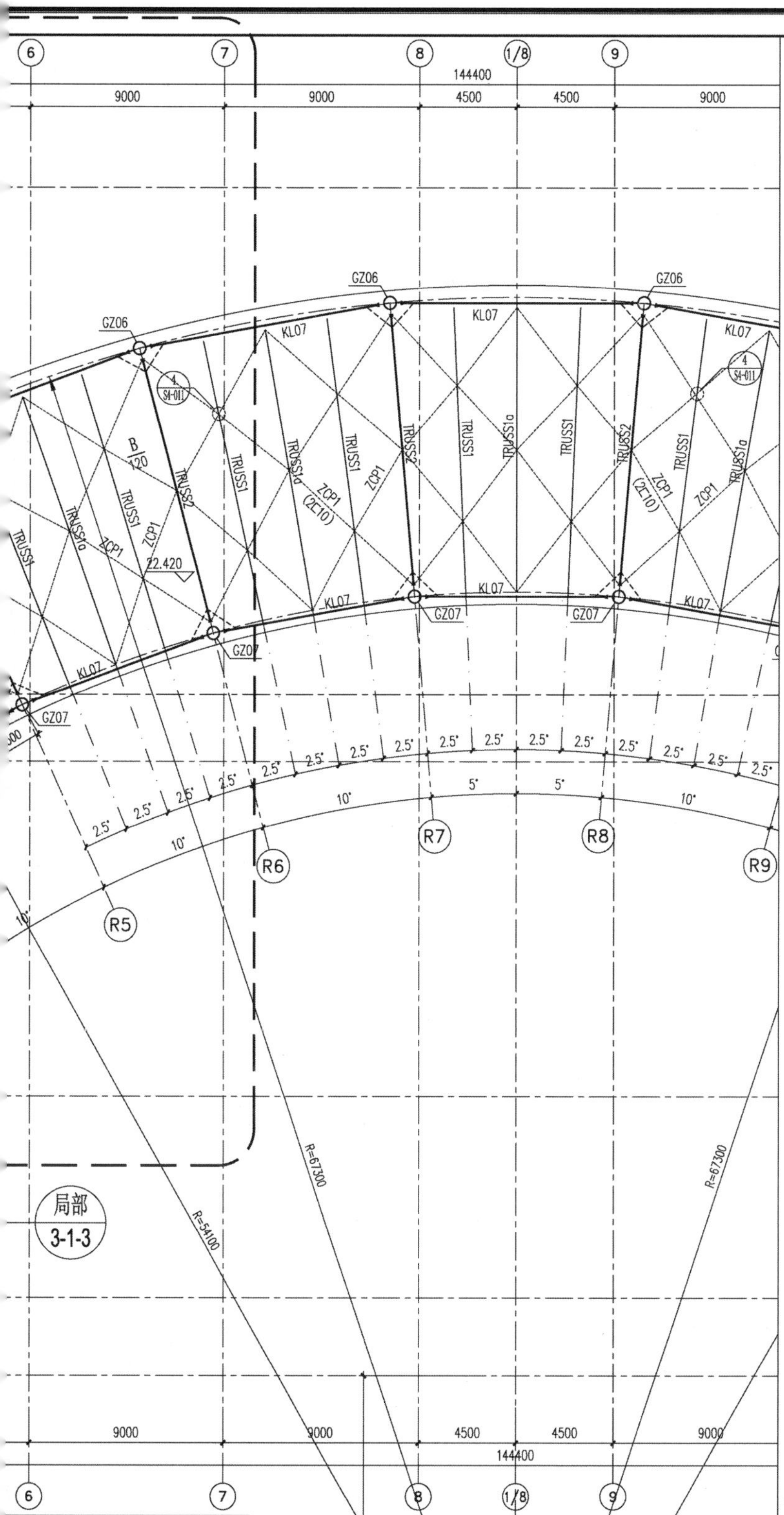

分段示意图

西段　东段

图 例

示意板洞
表示楼板标高变化
表示钢梁两端刚接
表示钢梁一端刚接一端铰接
表示钢梁两端铰接

机房层屋面	本列为建筑面标高		本列为梁顶标高
屋面	41.075	Var.	(40.880)
10F	37.230	3461	(37.040)
9F	33.510	3348	(33.370)
8F	29.820	3321	(29.680)
7F	26.130	3321	(25.990)
6F	22.440	3321	(22.300)
5F	18.750	3321	(18.610)
4F	15.060	3321	(14.920)
3F	11.370	3321	(11.230)
2F	7.680	3321	(7.540)
1FM	3.990	3321	(3.850)
1F	±0.000	3591	(−0.160)
−1F	−4.810	4329	(−4.930)
−2F	−8.630	3438	(−8.750)
−3F	−12.450	3438	(−12.750)

建筑各层标高列表

±0.000=48.300m

说 明

1. 除特别注明者外，结构构件均以轴线中分。
2. 本图中单线杆件皆示意杆件轴线的定位。
3. 平面上标注的标高为组合楼板板面的标高；未注明的板面标高均为22.420m。
4. 未注明的板厚为120mm；未标注的板边定位均为至钢梁边。
5. 未标注编号的次梁均为CL50。
6. 压型钢板大样详 S3-001。
7. 支撑与桁架大样详 S4-001~S4-013。
8. 其他详结构设计总说明。

钢柱截面
B0×500×500×50×50
B0×500×500×30×30
B0×500×500×24×24
B0×500×500×20×20
H300×300×14×18
B0×400×400×35×35
B0×400×400×24×24
H400×400×16×24
HW300×300×10×15

40mm： Q345B
60mm： Q345GJC-Z15
80mm： Q345GJC-Z25
100mm： Q345GJC-Z35

说明

1. 钢柱截面表示方式：
H型截面 $Hh \times b \times t_w \times t_f$
箱型截面 $B0 \times h \times b \times t_w \times t_f$
圆型截面 $\phi h \times t$

局部 3-1-3

5层顶钢结构平面图-西段 1:100

BIAD 北京市建筑设计研究院有限公司 BEIJING INSTITUTE OF ARCHITECTURAL DESIGN

索引号；必要的文字说明。
楼层、截面形式和尺寸，文字说明材质的要求。
平面图”。

分类	
钢结构的结构平面图. 普通钢结构	
图名	
例1-钢结构中间楼层结构平面图一	
图号 3-1-1	比例	页码 3-1

北京市建筑设计研究院有限公司
BEIJING INSTITUTE OF ARCHITECTURAL DESIGN

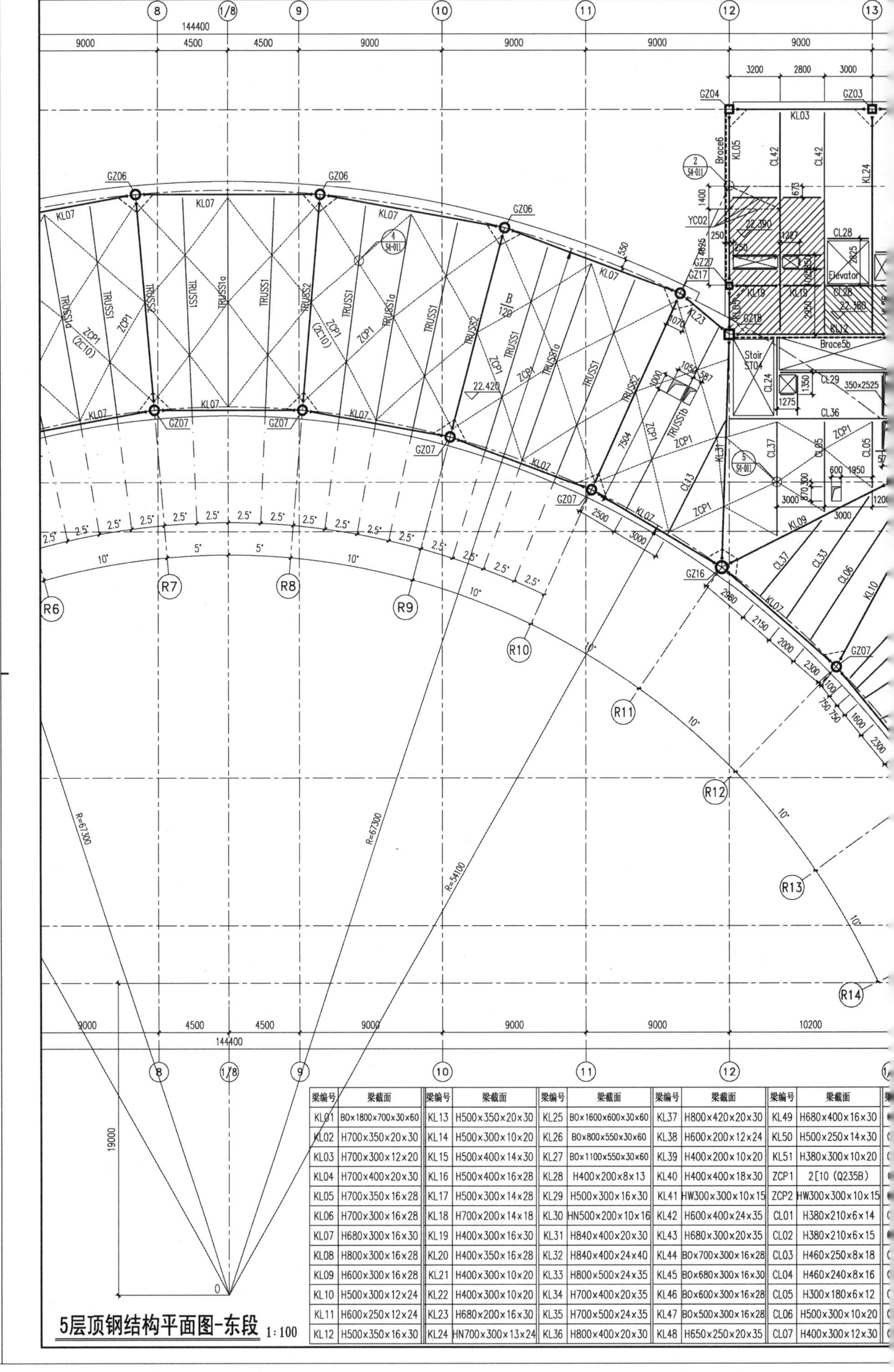

梁编号	梁截面	梁编号	梁截面	梁编号	梁截面	梁编号	梁截面	梁编号	梁截面
KL01	B0×1800×700×30×60	KL13	H500×350×20×30	KL25	B0×1600×600×30×60	KL37	H800×420×20×30	KL49	H680×400×16×30
KL02	H700×350×20×30	KL14	H500×300×10×20	KL26	B0×800×550×30×60	KL38	H600×200×12×24	KL50	H500×250×14×30
KL03	H700×300×12×20	KL15	H500×400×14×30	KL27	B0×1100×550×30×60	KL39	H400×200×10×20	KL51	H380×300×10×20
KL04	H700×400×20×30	KL16	H500×400×16×28	KL28	H400×200×8×13	KL40	H400×400×18×30	ZCP1	2[10 (Q235B)
KL05	H700×350×16×28	KL17	H500×300×14×28	KL29	H500×300×16×30	KL41	HW300×300×10×15	ZCP2	HW300×300×10×15
KL06	H700×300×16×28	KL18	H700×200×14×18	KL30	HN500×200×10×16	KL42	H600×400×24×35	CL01	H380×210×6×14
KL07	H680×300×16×30	KL19	H400×300×16×30	KL31	H840×400×20×30	KL43	H680×300×20×35	CL02	H380×210×6×15
KL08	H800×300×16×28	KL20	H400×350×16×28	KL32	H840×400×24×40	KL44	B0×700×300×16×28	CL03	H460×250×8×18
KL09	H600×300×16×28	KL21	H400×300×10×20	KL33	H800×500×24×35	KL45	B0×680×300×16×30	CL04	H460×240×8×16
KL10	H500×300×12×24	KL22	H400×300×10×20	KL34	H700×400×20×35	KL46	B0×600×300×16×28	CL05	H300×180×6×12
KL11	H600×250×12×24	KL23	H680×200×16×30	KL35	H700×500×24×35	KL47	B0×500×300×16×28	CL06	H500×300×10×20
KL12	H500×350×16×30	KL24	HN700×300×13×24	KL36	H800×400×20×30	KL48	H650×250×20×35	CL07	H400×300×12×30

示例说明 1. 此图是“A0”布图的示意，包含东段5层顶钢结构平面图、钢梁表、分段示意图、标高和层高表、图例以及相关说明。

2. 说明内容详见3-1-1示例说明第2款。

3. 钢梁采用表格形式，列出钢梁编号、所在楼层、截面形式和尺寸，文字说明材质的要求。

4. 此图与3-1-1组成完整的“5层顶钢结构平面图”。

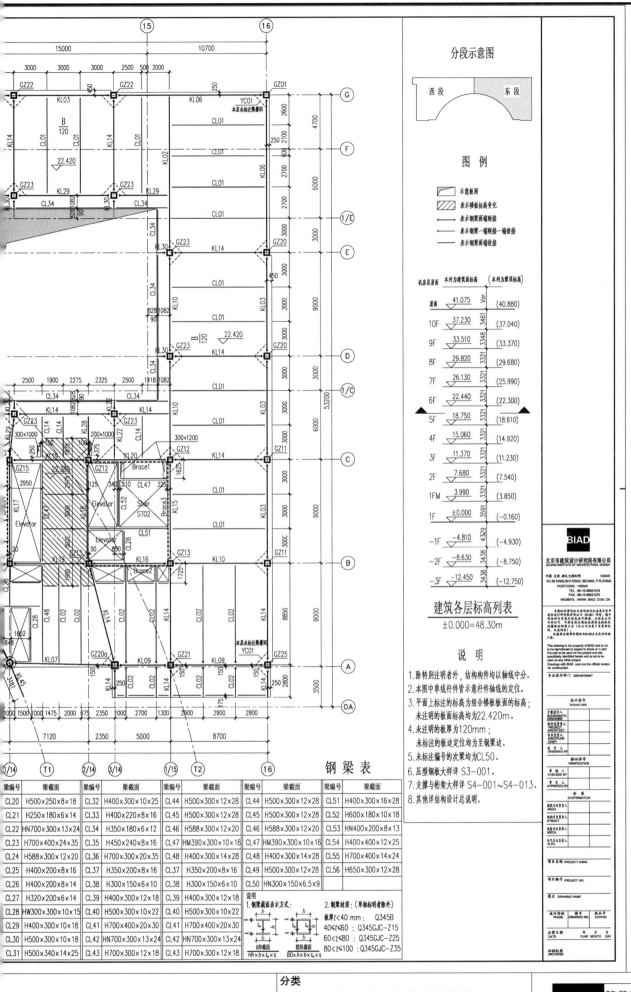

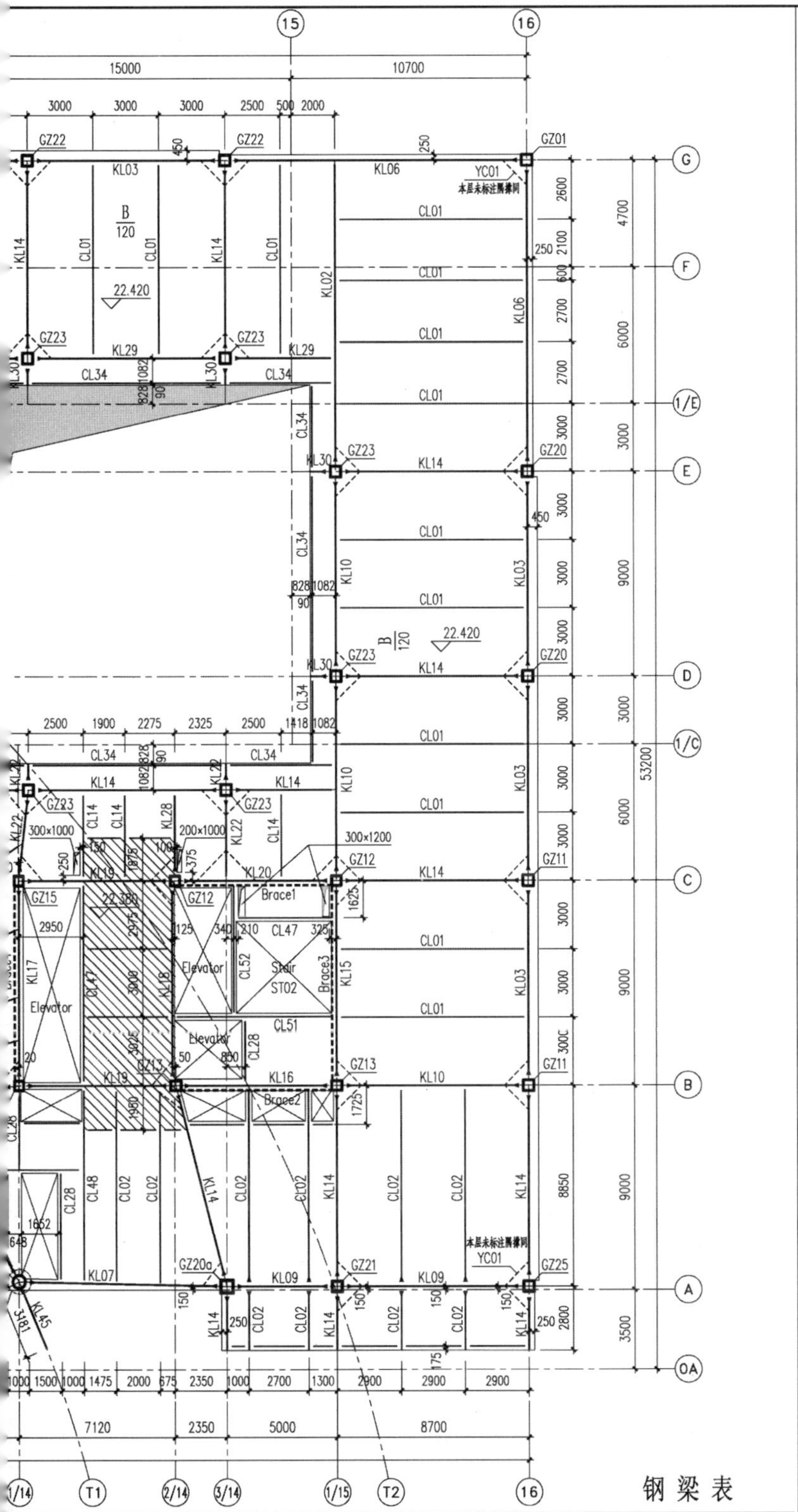

分段示意图

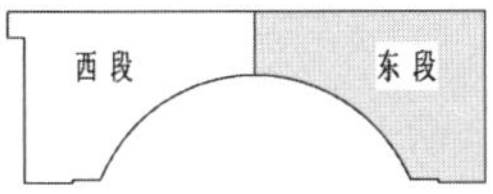

西段　东段

图例

- 示意板洞
- 表示楼板标高变化
- 表示钢梁两端刚接
- 表示钢梁一端刚接一端铰接
- 表示钢梁两端铰接

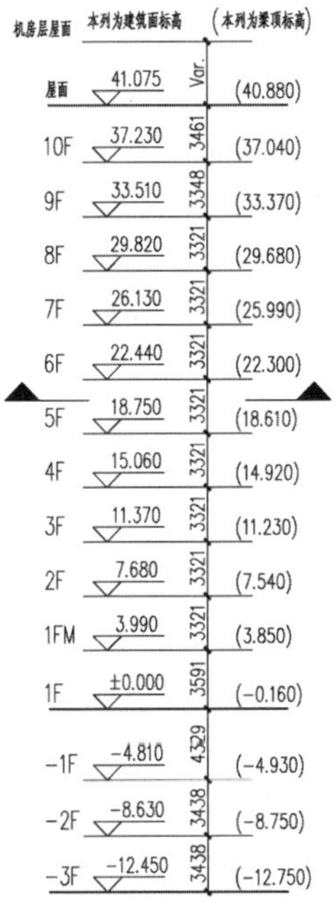

机房层屋面	本列为建筑面标高		(本列为梁顶标高)
屋面	41.075	Var.	(40.880)
10F	37.230	3461	(37.040)
9F	33.510	3348	(33.370)
8F	29.820	3321	(29.680)
7F	26.130	3321	(25.990)
6F	22.440	3321	(22.300)
5F	18.750	3321	(18.610)
4F	15.060	3321	(14.920)
3F	11.370	3321	(11.230)
2F	7.680	3321	(7.540)
1FM	3.990	3321	(3.850)
1F	±0.000	3591	(-0.160)
-1F	-4.810	4329	(-4.930)
-2F	-8.630	3438	(-8.750)
-3F	-12.450	3438	(-12.750)

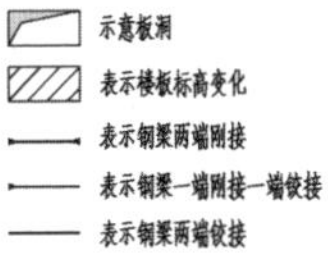

建筑各层标高列表

±0.000=48.30m

说　明

1. 除特别注明者外，结构构件均以轴线中分。
2. 本图中单线杆件皆示意杆件轴线的定位。
3. 平面上标注的标高为组合楼板板面的标高；未注明的板面标高均为22.420m。
4. 未注明的板厚为120mm；未标注的板边定位均为至钢梁边。
5. 未标注编号的次梁均为CL50。
6. 压型钢板大样详 S3-001。
7. 支撑与桁架大样详 S4-001~S4-013。
8. 其他详结构设计总说明。

中国 北京 南礼士路62号 100045
NO.62 NANLISHI ROAD, BEIJING, P.R.CHINA
POSTCODE: 100045
TEL: 86-10-88021576
FAX: 86-10-88021570
WEBSITE: WWW. BIAD. COM. CN

本图纸的著作权以及有关知识产权属北京市建筑设计研究院有限公司（BIAD）所有，除经BIAD书面同意不得复制或泄露全部或部分内容给第三方，只能用于指明的工程项目及现场，而不得用于其他项目（除非BIAD书面同意，并另收费用）。从本图纸中取得的信息及资料，从本图纸中取得的信息及资料。只是盖有BIAD章的图纸用作为施工的官方版本。

This drawing is the property of BIAD and is not to be reproduced or copied in whole or in part. It is only to be used for the project and site specifically identified herein and is not to be used on any other project. Drawings with BIAD seal are the official version for construction.

专业设计部门 DEPARTMENT

设计签字 SIGNATURE

方案设计人 SCHEMATIC DESIGNER
项目建筑负责人 PROJECT ARCHITECT
专业负责人 DISCIPLINE CHIEF
设 计 人 DESIGNED BY

验证签字 VERIFICATION
审 核 人 CHECKED BY
审 定 人 APPROVED BY

会 签 CONFIRMATION
建筑专业负责人 ARCH.
结构专业负责人 STRUCT.
设备专业负责人 MECH.
电气专业负责人 ELEC.

项目名称 PROJECT NAME

项目编号 PROJECT NO.

图名 DRAWING NAME

设计阶段 PHASE | 图号 DRAWING NO. | 版本号 EDITION

出图日期 DATE | 年 月 日 YEAR MONTH DAY

档案批准 ARCHIVES

钢 梁 表

梁编号	梁截面	梁编号	梁截面	梁编号	梁截面	梁编号	梁截面	梁编号	梁截面
CL20	H500×250×8×18	CL32	H400×300×10×25	CL44	H500×300×12×28	CL44	H500×300×12×28	CL51	H400×300×16×28
CL21	H250×180×6×14	CL33	H400×220×8×16	CL45	H500×300×12×28	CL45	H500×300×12×28	CL52	H600×180×10×18
CL22	HN700×300×13×24	CL34	H350×180×6×12	CL46	H588×300×12×20	CL46	H588×300×12×20	CL53	HN400×200×8×13
CL23	H700×400×24×35	CL35	H450×240×8×16	CL47	HM390×300×10×16	CL47	HM390×300×10×16	CL54	H400×400×12×25
CL24	H588×300×12×20	CL36	H700×300×20×35	CL48	H400×300×14×28	CL48	H400×300×14×28	CL55	H700×400×14×24
CL25	H400×200×8×16	CL37	H350×200×8×16	CL37	H350×200×8×16	CL49	H500×300×12×28	CL56	H650×300×12×28
CL26	H400×200×8×14	CL38	H300×150×6×10	CL38	H300×150×6×10	CL50	HN300×150×6.5×9		
CL27	H320×200×6×14	CL39	H400×300×12×18	CL39	H400×300×12×18				
CL28	HW300×300×10×15	CL40	H500×300×10×22	CL40	H500×300×10×22				
CL29	H400×300×10×18	CL41	H700×400×20×30	CL41	H700×400×20×30				
CL30	H500×300×10×18	CL42	HN700×300×13×24	CL42	HN700×300×13×24				
CL31	H500×340×14×25	CL43	H700×300×12×18	CL43	H700×300×12×18				

说明

1. 钢梁截面表示方式：

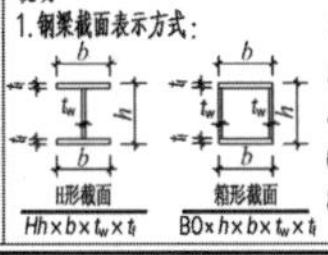

H形截面 $Hh \times b \times t_w \times t_f$　箱形截面 $BO \times h \times b \times t_w \times t_f$

2. 钢梁材质：（单独标明者除外）

板厚 $t<40$ mm： Q345B

$40 \leqslant t \leqslant 60$ ： Q345GJC-Z15

$60 < t \leqslant 80$ ： Q345GJC-Z25

$80 < t \leqslant 100$ ：Q345GJC-Z35

北京市建筑设计研究院有限公司
BEIJING INSTITUTE OF ARCHITECTURAL DESIGN

分类

钢结构的结构平面图. 普通钢结构

图名

例1-钢结构中间楼层结构平面图二

图号	比例	页码
3-1-2		3-2

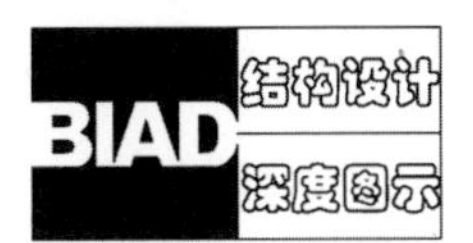

北京市建筑设计研究院有限公司
BEIJING INSTITUTE OF ARCHITECTURAL DESIGN

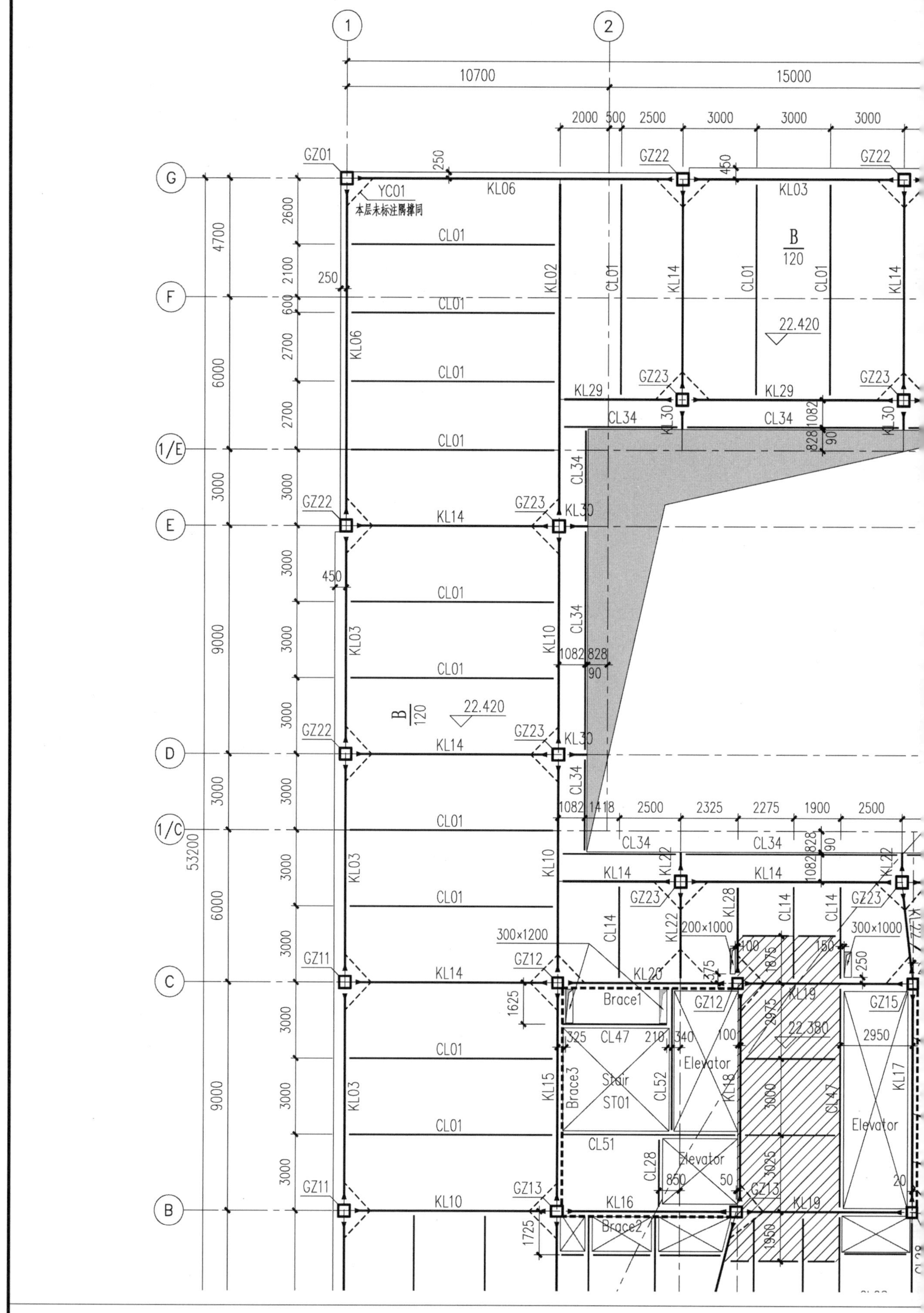

示例说明　此图是“5层顶钢结构平面图”的局部放大图，绘制与标注的内容详见3-1-1示例说明第2款。

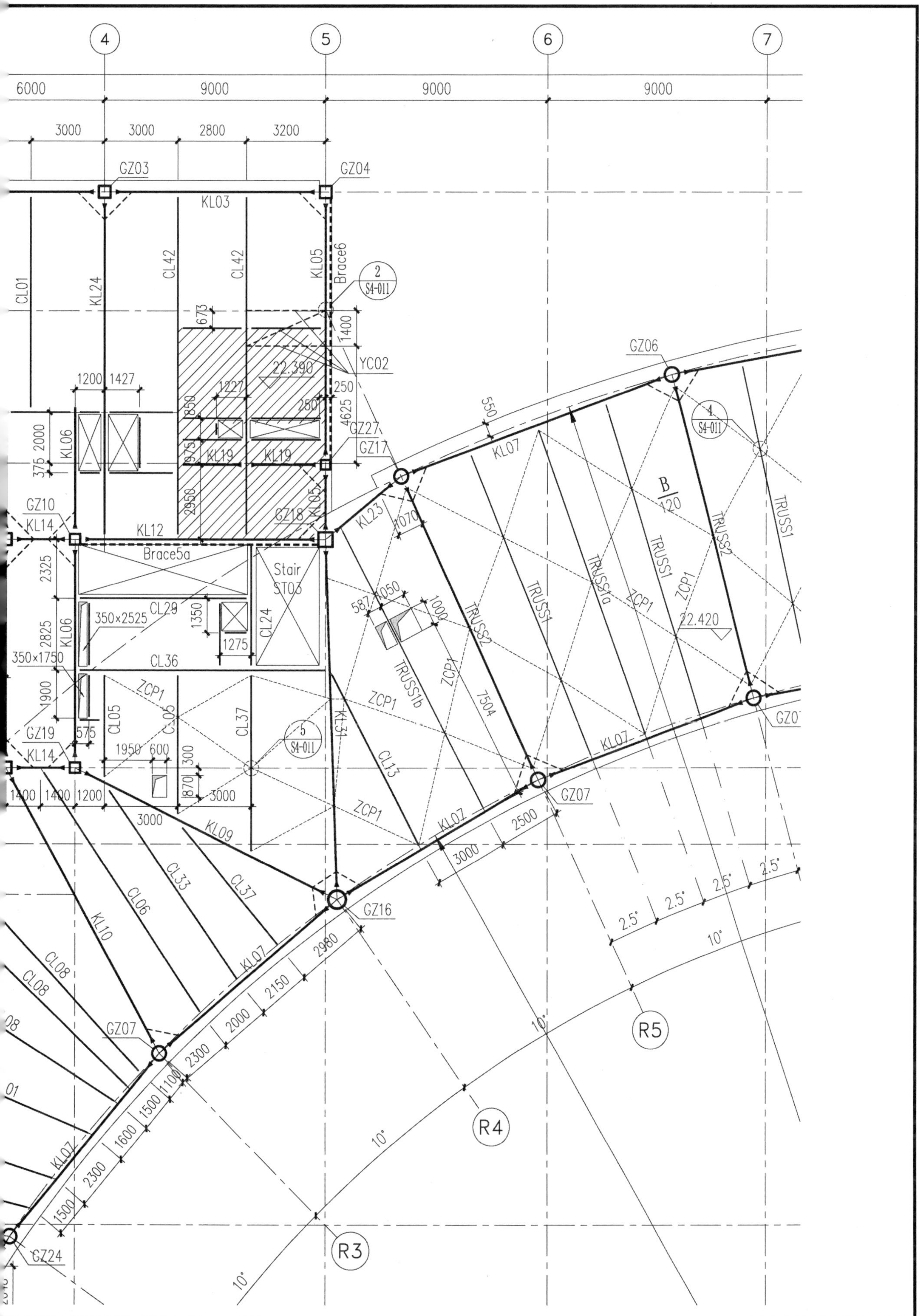

位置示意图	分类		北京市建筑设计研究院有限公司 BEIJING INSTITUTE OF ARCHITECTURAL DESIGN BIAD 结构设计 深度图示
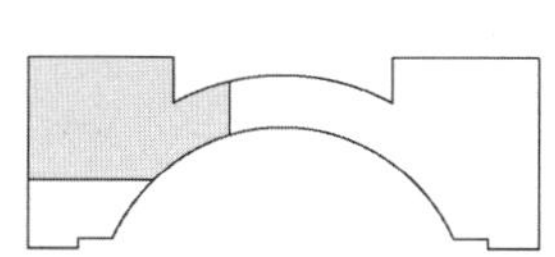	钢结构的结构平面图. 普通钢结构		
	图名		
	例1-钢结构中间楼层结构平面图(局部)		
	图号 3-1-3	比例	页码 3-3

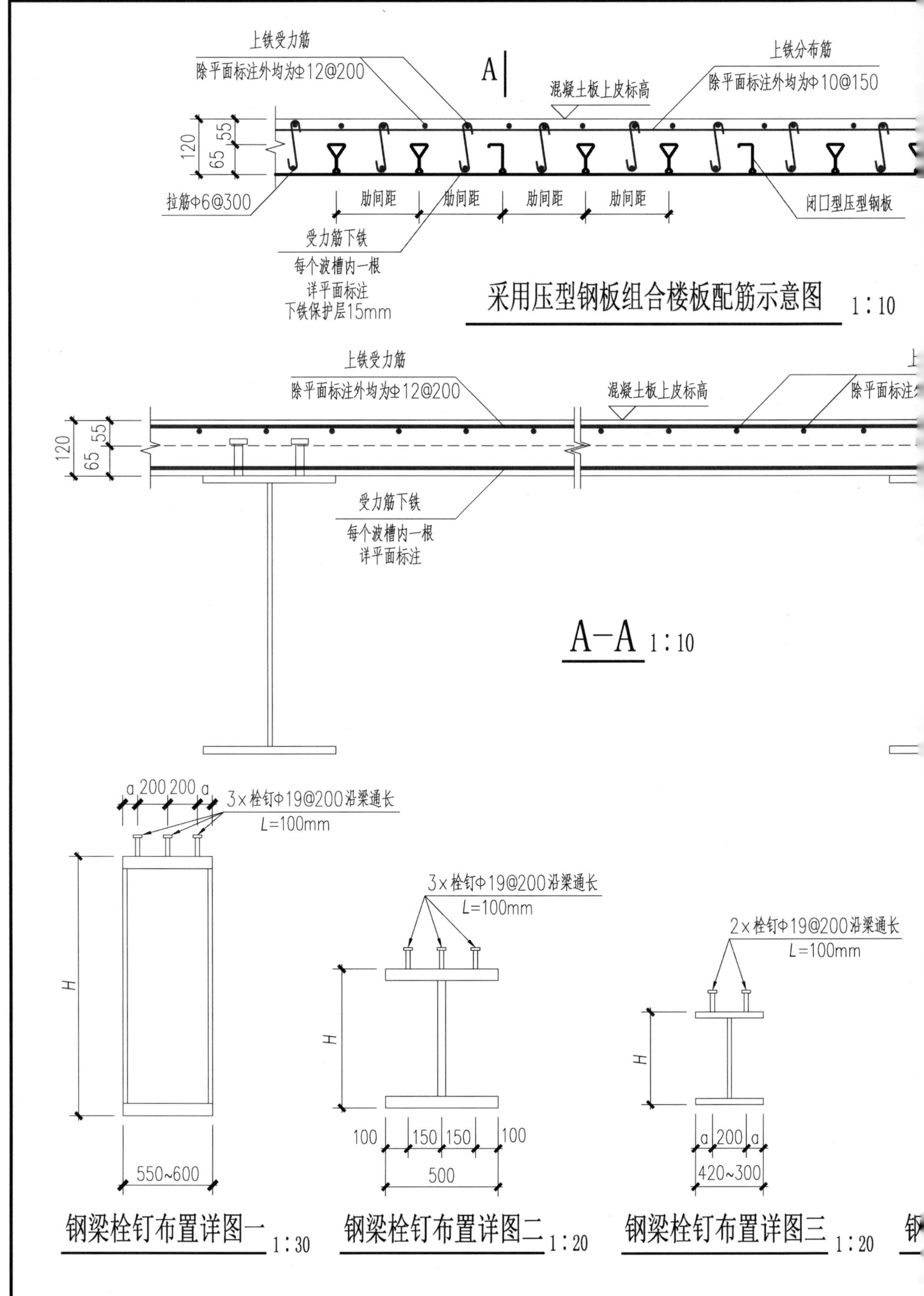

示例说明 此图为“压型钢板组合楼板详图”的局部图纸，包括闭口型压型钢板配筋、钢梁栓钉布置、开洞补强做法详图、相关说明。

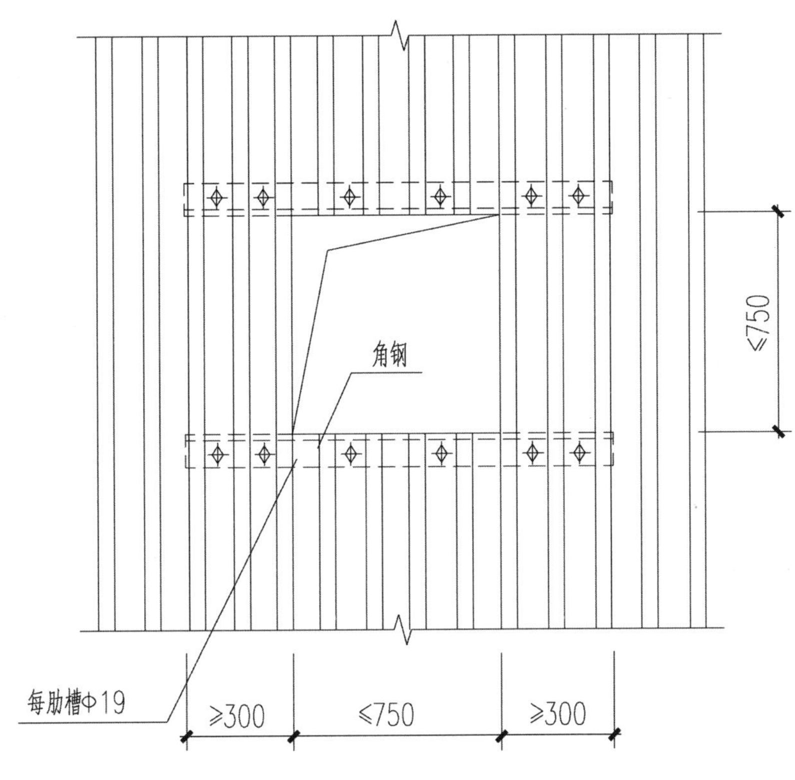

压型钢板开孔300～750mm时的加强措施示意图

压型钢板的波高不宜小于50mm，洞口小于300mm者可不加强。

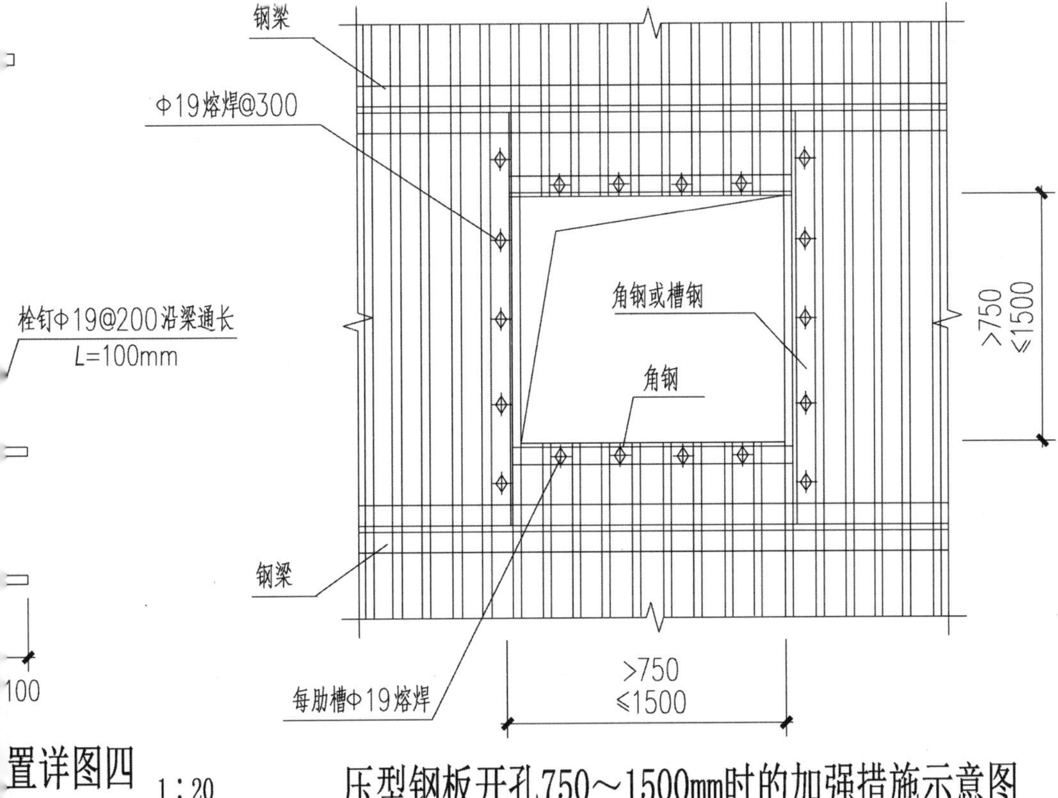

压型钢板开孔750～1500mm时的加强措施示意图

图纸说明

1. 闭口型压型钢板肋高65mm左右，波槽间距170～240mm，板厚1.0mm；钢板强度为Q345。
2. 要求在3跨连续铺设时施工阶段允许无支撑跨≤3m（板总厚120mm），否则需加临时支撑。
3. 要求在不涂刷防火涂料时总厚度120mm的组合楼板能够满足1.5小时的耐火极限要求，应出具有效的检测报告。
4. 压型钢板的防腐要求：镀锌量≥275g/m^2，镀铝锌量≥300g/m^2。

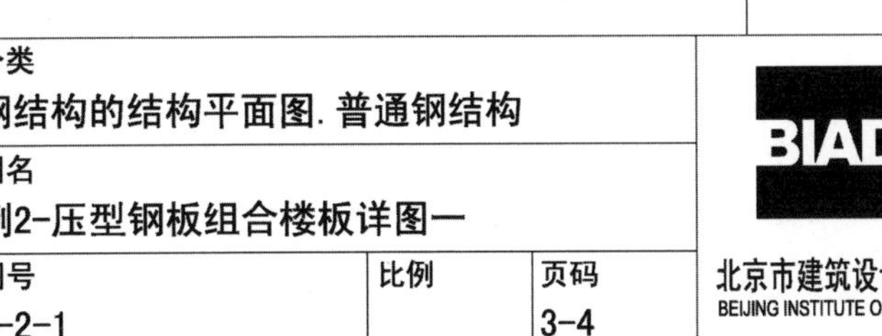

分类		
钢结构的结构平面图. 普通钢结构		
图名		
例2-压型钢板组合楼板详图一		
图号	比例	页码
3-2-1		3-4

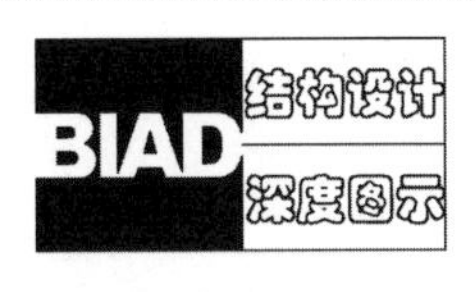

北京市建筑设计研究院有限公司
BEIJING INSTITUTE OF ARCHITECTURAL DESIGN

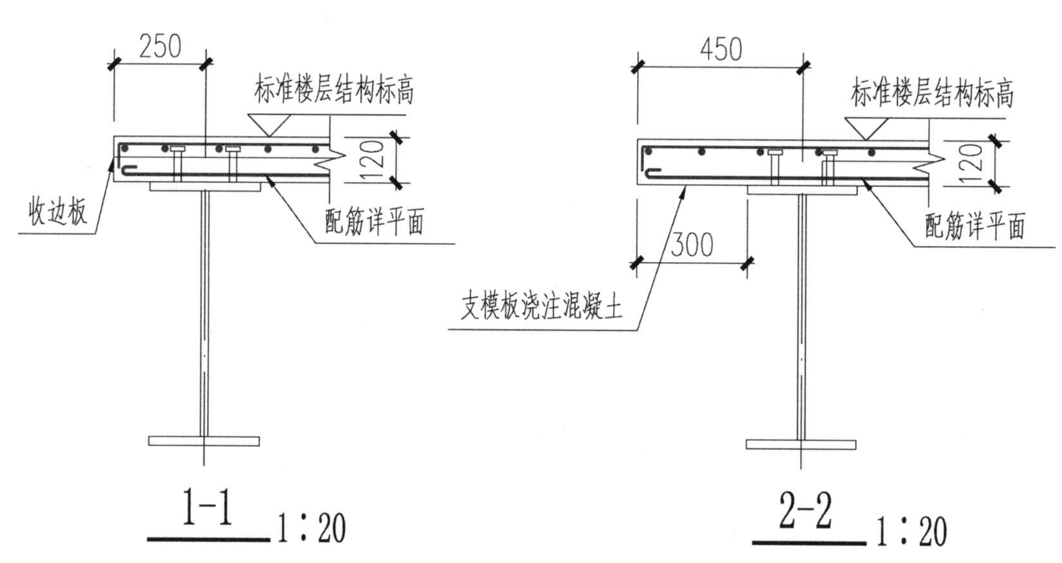

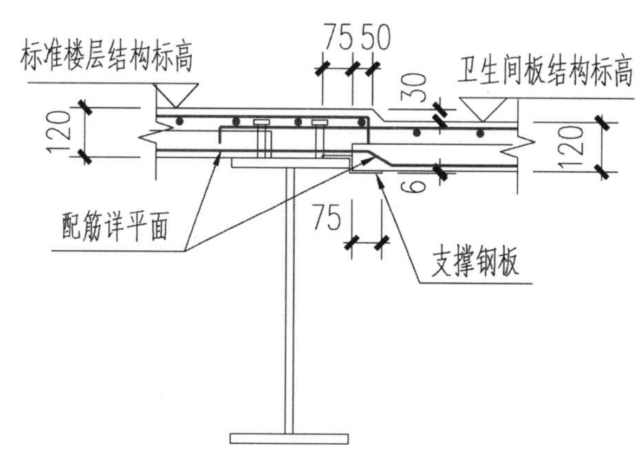

降板处做法详图一 1：20

降板处

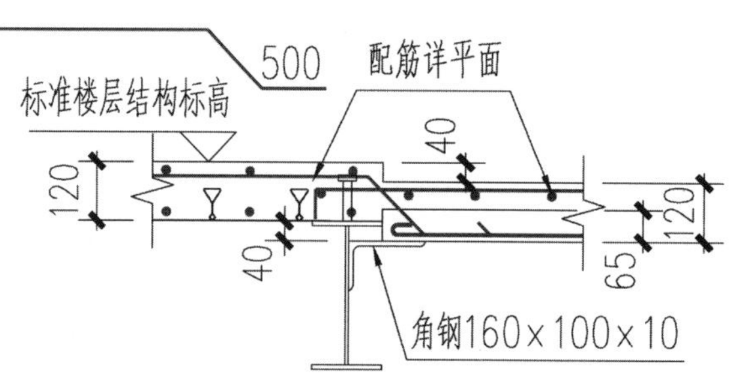

降板处做法详图三 1：20

示例说明 此图为"压型钢板组合楼板详图"的局部图纸，包括板边、女儿墙、变标高处的做法详图。

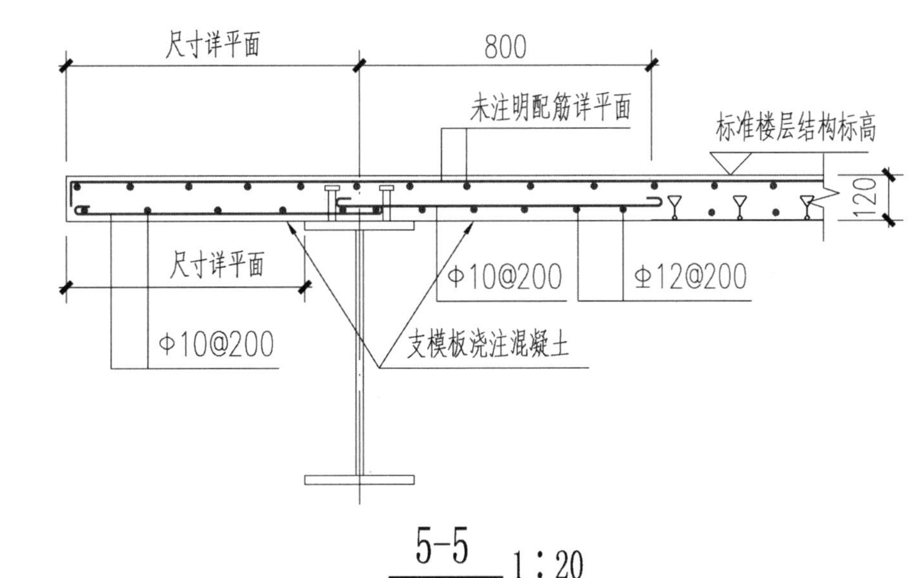

5-5 1:20

3-3 1:20

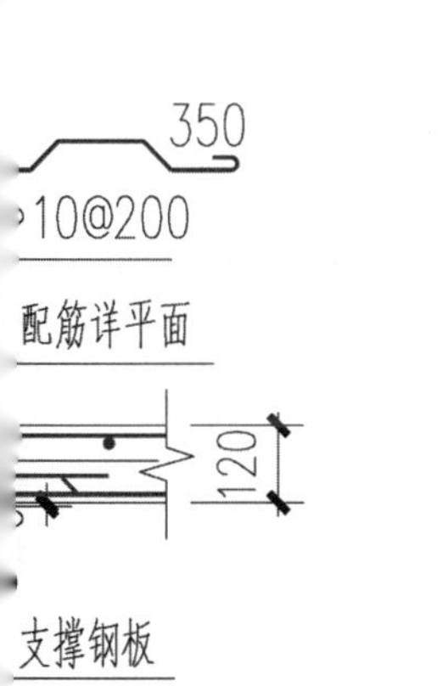

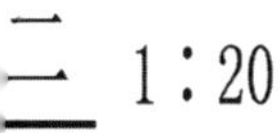

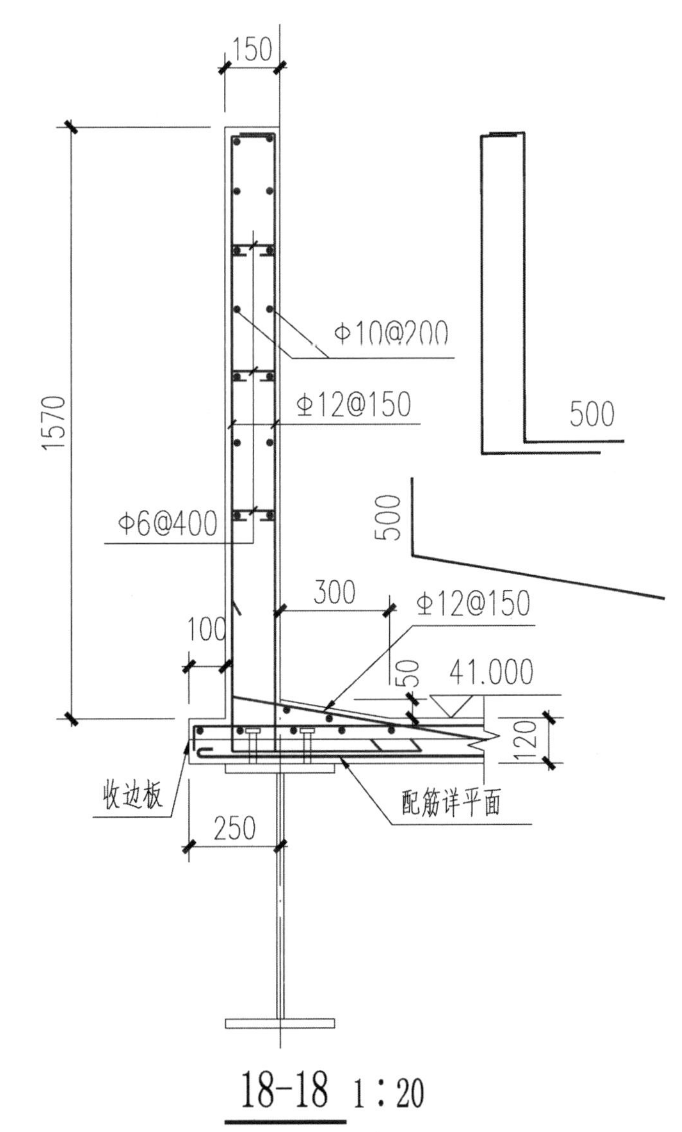

18-18 1:20

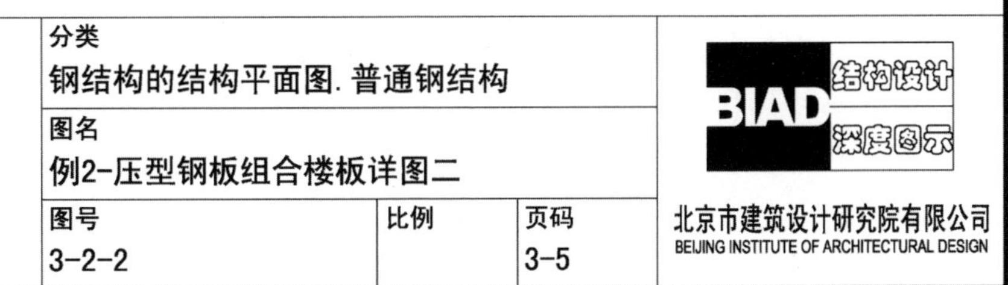

分类			BIAD 结构设计深度图示
钢结构的结构平面图. 普通钢结构			
图名			
例2-压型钢板组合楼板详图二			
图号	比例	页码	北京市建筑设计研究院有限公司 BEIJING INSTITUTE OF ARCHITECTURAL DESIGN
3-2-2		3-5	

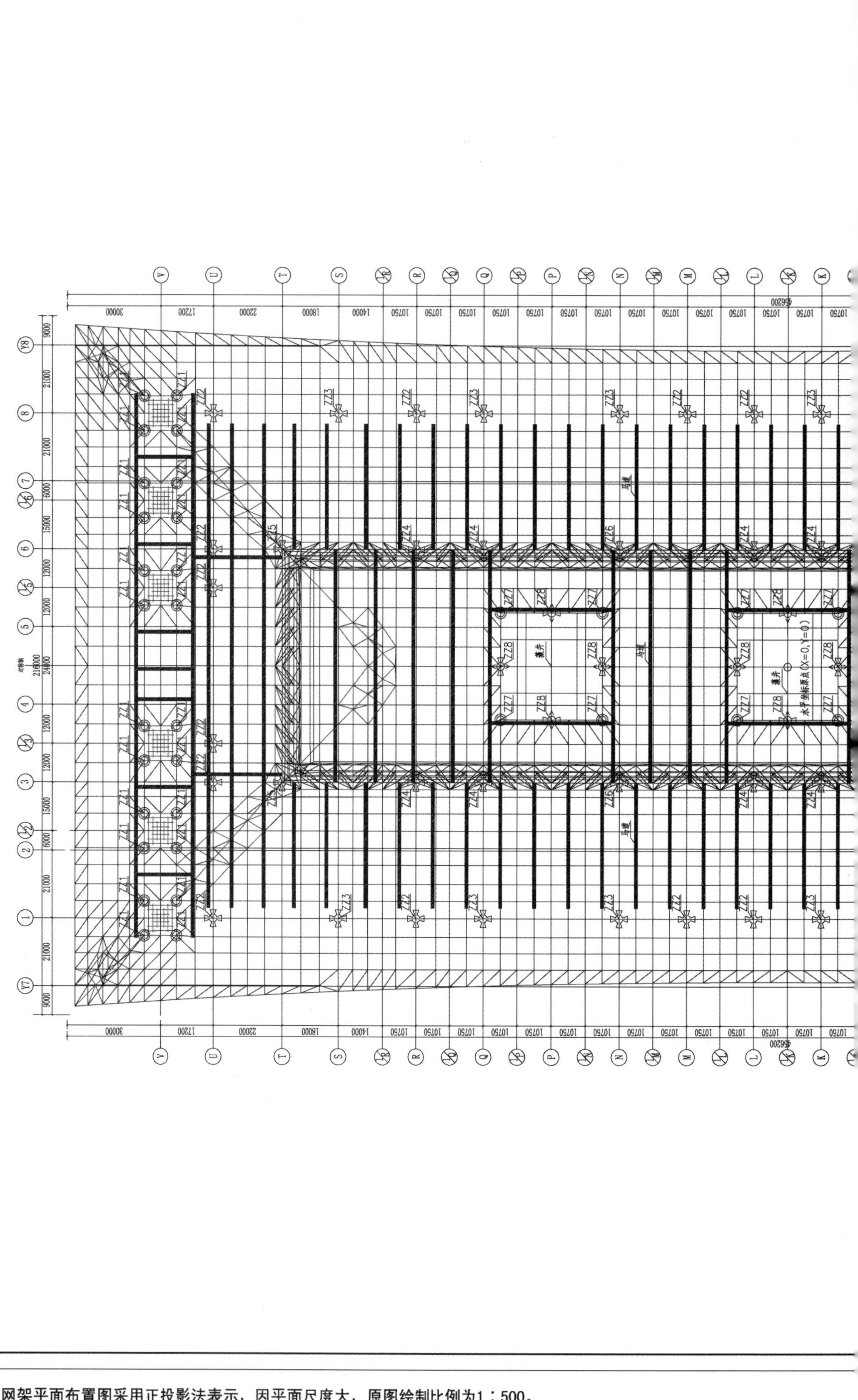

示例说明 1. 屋顶网架平面布置图采用正投影法表示，因平面尺度大，原图绘制比例为1：500。

2. 绘制与标注的内容：网架结构构件线；网架结构支座定位尺寸、与轴线的定位关系；网架结构支座的编号及支座类型和支座参数。

3. 马道的平面位置示意。

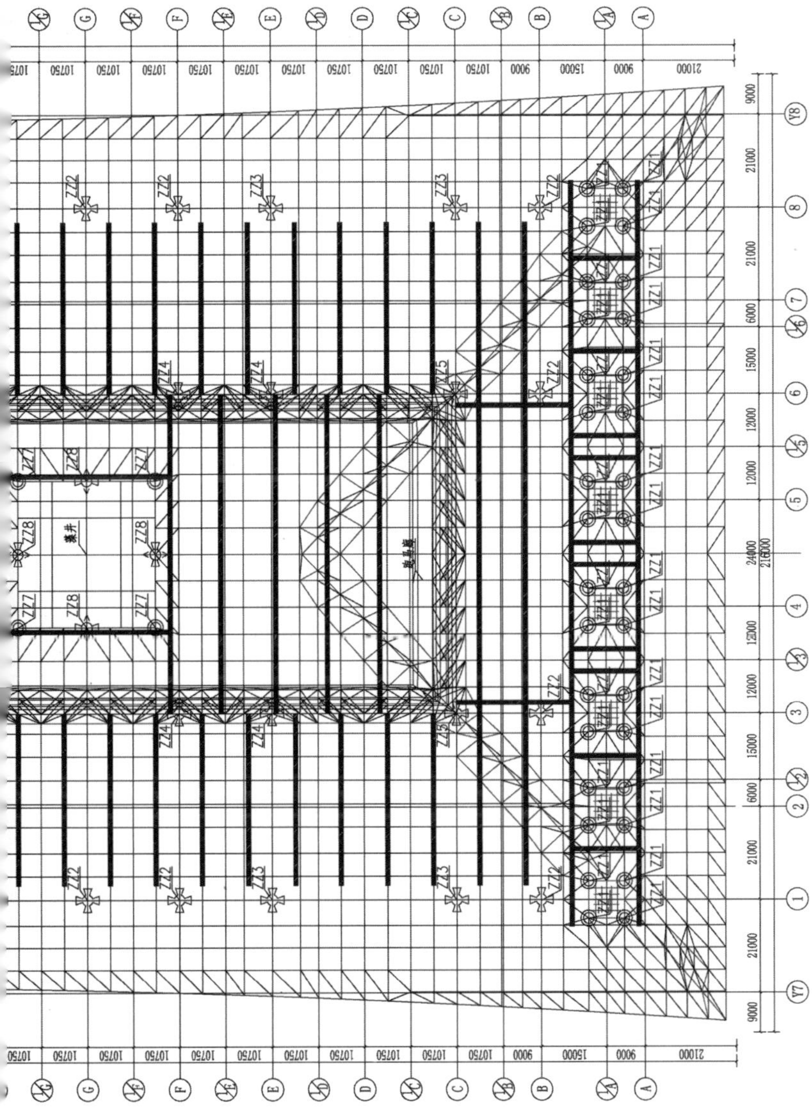

屋顶钢结构平面示意图 (1:500)

注：各类型支座节点大样详见图PS6-431

图例：
- 三向固定抗震球形钢支座 －（支座类型一）
- 双向活动抗震球形钢支座 －（支座类型二）
- 水平单向活动抗震球形钢支座（Y方向可滑动）－（支座类型三）
- 水平坐标原点（X=0，Y=0）
- 马道

支座参数表

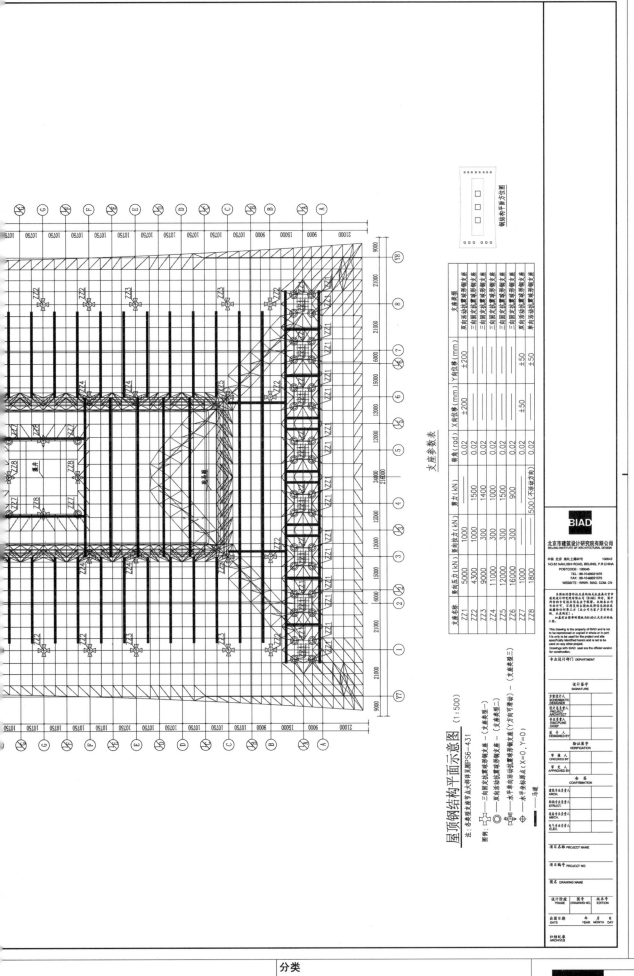

支座名称	竖向压力(kN)	竖向拉力(kN)	剪力(kN)	转角(rad)	X向位移(mm)	Y向位移(mm)	支座类型
ZZ1	5000	1000	——	0.02	±200	±200	双向活动抗震球形钢支座
ZZ2	4300	1000	1500	0.02	——	——	三向固定抗震球形钢支座
ZZ3	9000	300	1400	0.02	——	——	三向固定抗震球形钢支座
ZZ4	11000	300	1000	0.02	——	——	三向固定抗震球形钢支座
ZZ5	12000	300	1500	0.02	——	——	三向固定抗震球形钢支座
ZZ6	16000	300	900	0.02	——	——	三向固定抗震球形钢支座
ZZ7	1000	——	——	0.02	±50	±50	双向活动抗震球形钢支座
ZZ8	1800	——	500(不活动方向)	0.02	——	±50	单向活动抗震球形钢支座

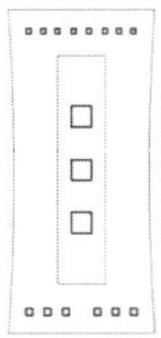

钢结构平面方位图

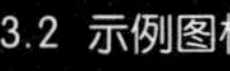

分类

钢结构的结构平面图．大跨钢结构

图名

例3-屋顶网架结构平面示意图

图号	比例	页码
3-3-1		3-6

北京市建筑设计研究院有限公司
BEIJING INSTITUTE OF ARCHITECTURAL DESIGN

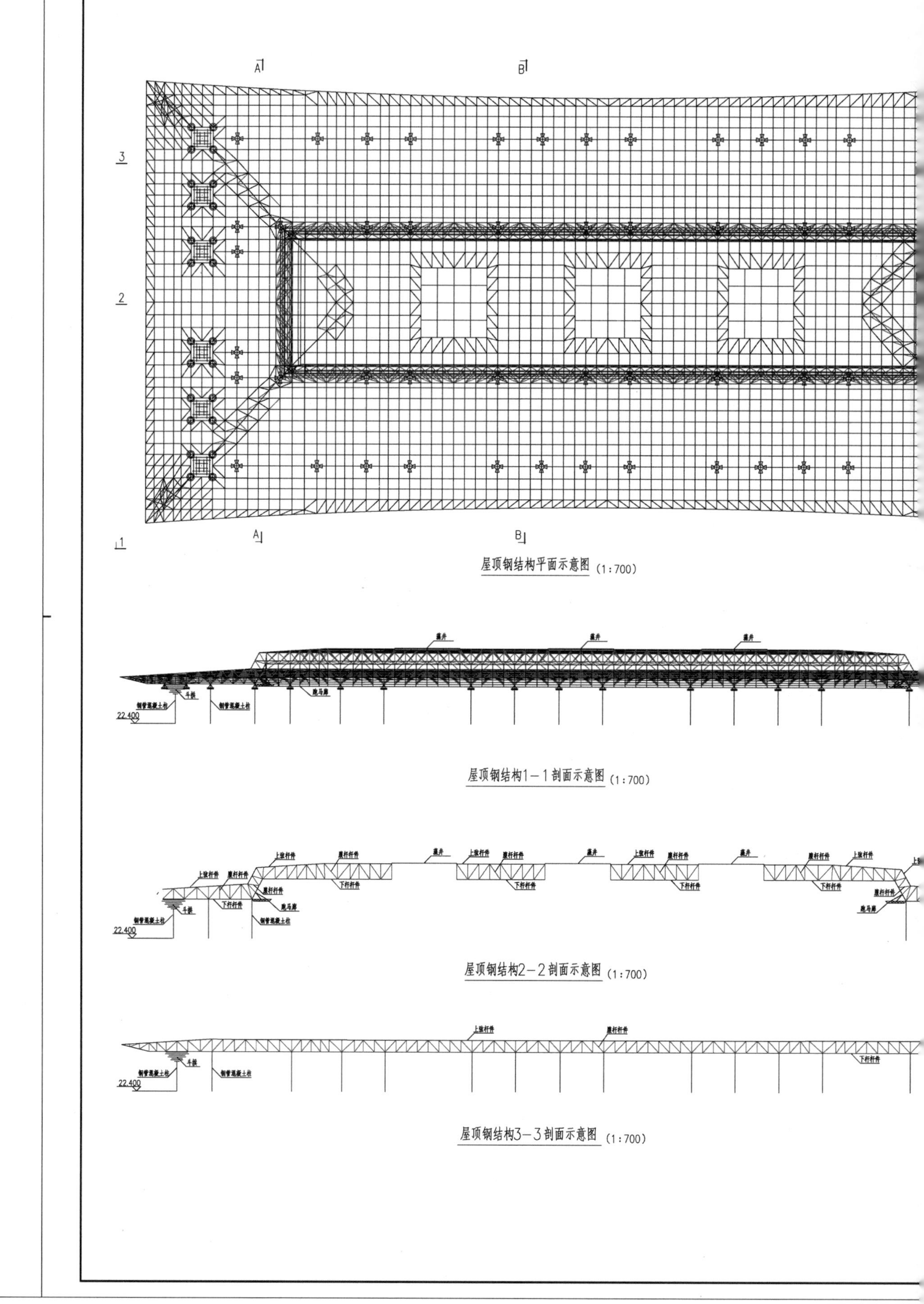

屋顶钢结构平面示意图（1:700）

屋顶钢结构1－1剖面示意图（1:700）

屋顶钢结构2－2剖面示意图（1:700）

屋顶钢结构3－3剖面示意图（1:700）

示例说明 1. 本图主要用平立剖面及轴测图等不同方式示意屋盖的结构体系及支承方式，其中平面图及剖面图的原图绘制比例为1：700，轴侧图的原图绘制比例为1：1000。

2. 绘制与标注的内容：网架结构构件线；网架结构支座位置示意；上弦杆件、腹杆杆件及下弦杆件的位置示意；藻井、跑马廊、斗拱和钢管混凝土柱的位置示意。

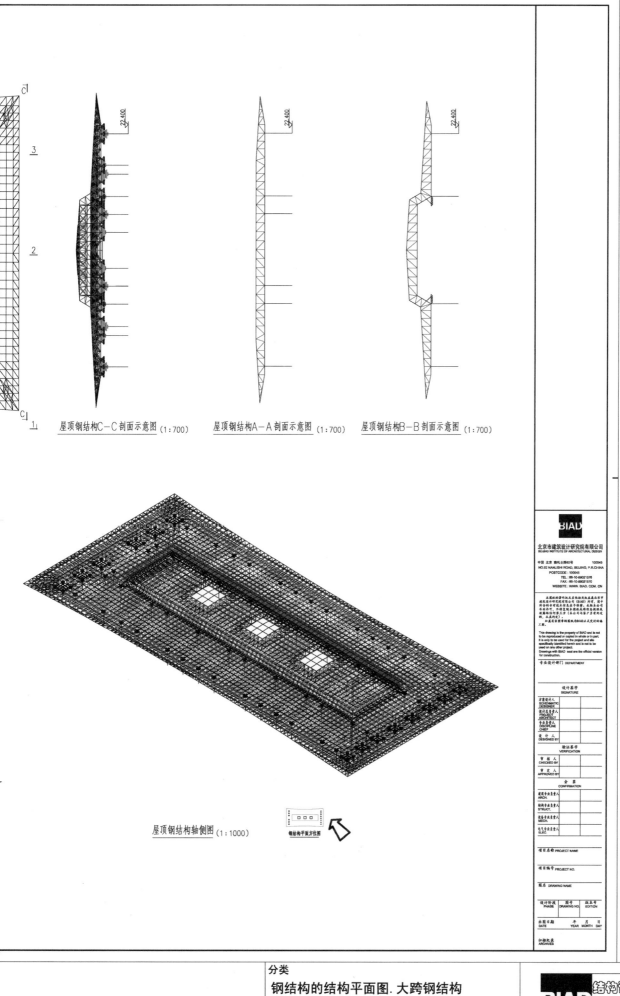

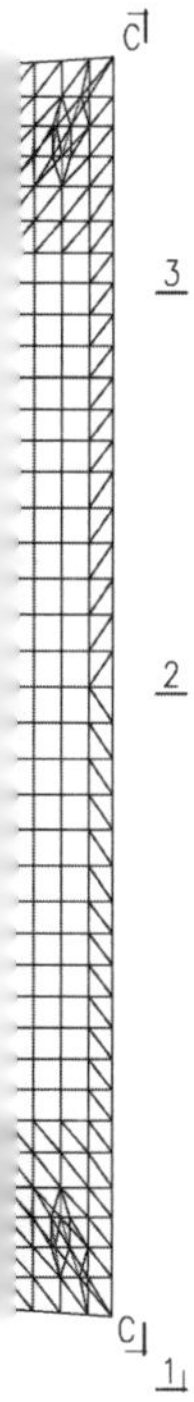

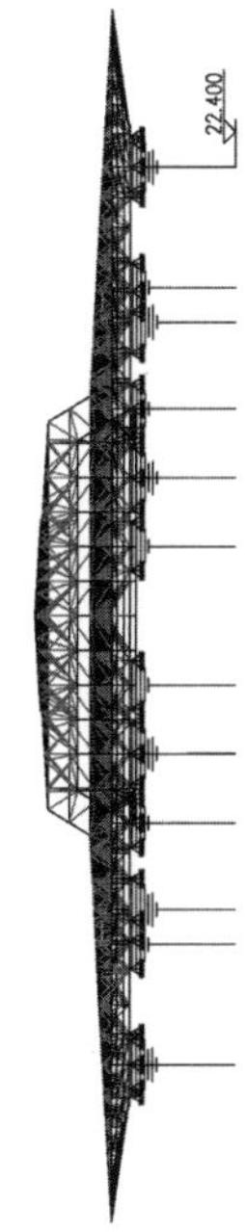

22.400

22.400

22.400

屋顶钢结构C－C剖面示意图 (1:700)

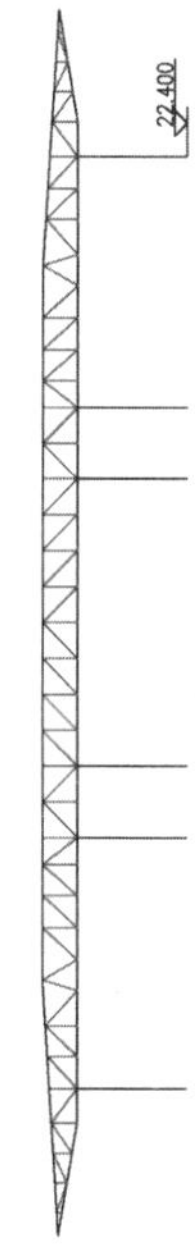

屋顶钢结构A－A剖面示意图 (1:700)

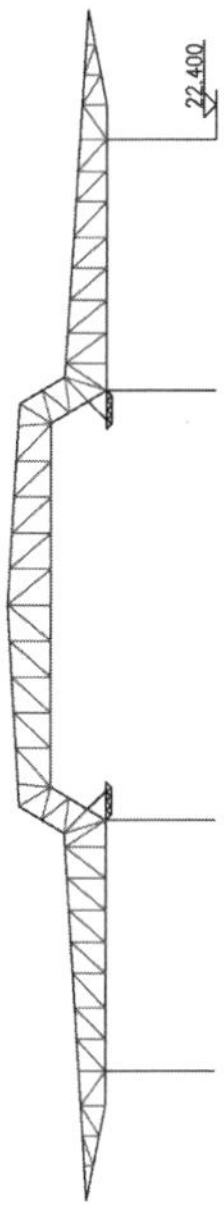

屋顶钢结构B－B剖面示意图 (1:700)

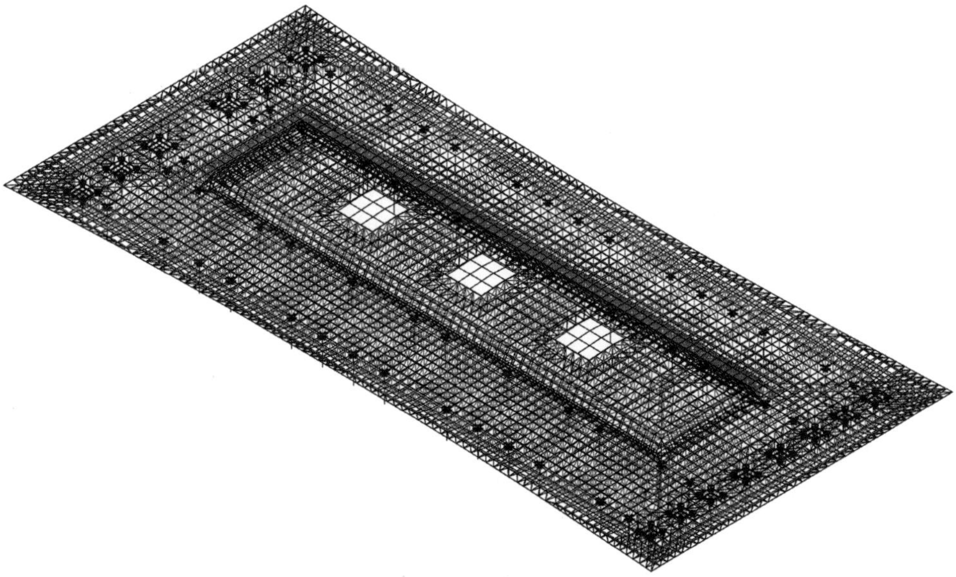

屋顶钢结构轴侧图 (1:1000)

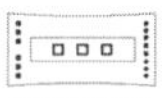

钢结构平面方位图

BIAD
北京市建筑设计研究院有限公司
BEIJING INSTITUTE OF ARCHITECTURAL DESIGN

分类		
钢结构的结构平面图. 大跨钢结构		
图名		
例3-屋顶网架结构剖面示意图		
图号	比例	页码
3-3-2		3-7

BIAD 结构设计 深度图示

北京市建筑设计研究院有限公司
BEIJING INSTITUTE OF ARCHITECTURAL DESIGN

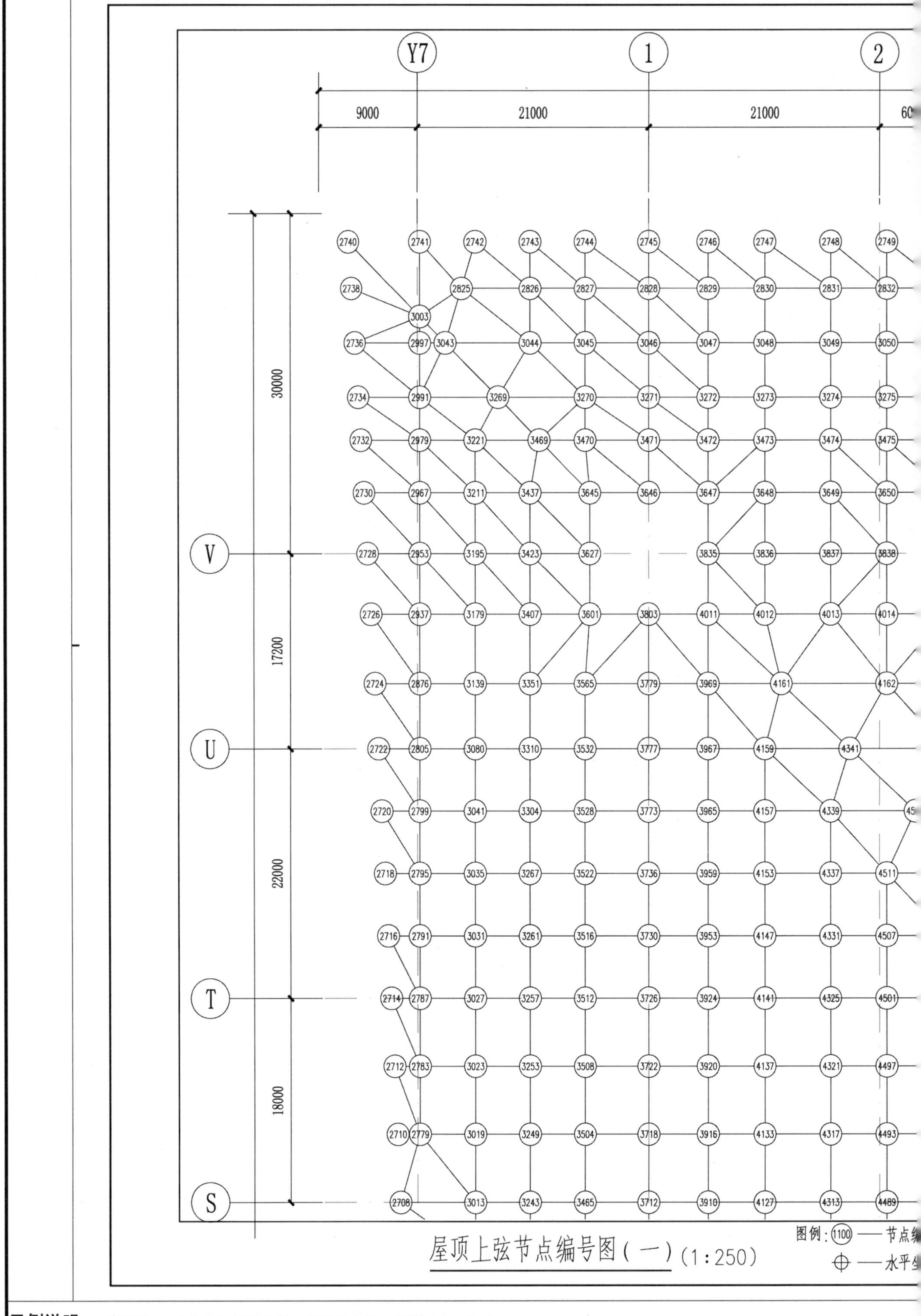

示例说明 1. 屋顶网架上弦节点标号图采用正投影法表示，原图绘制比例为1：250。

2. 绘制与标注的内容：网架上弦构件线，网架上弦节点的编号图，配合节点坐标表确定上弦节点的空间定位。

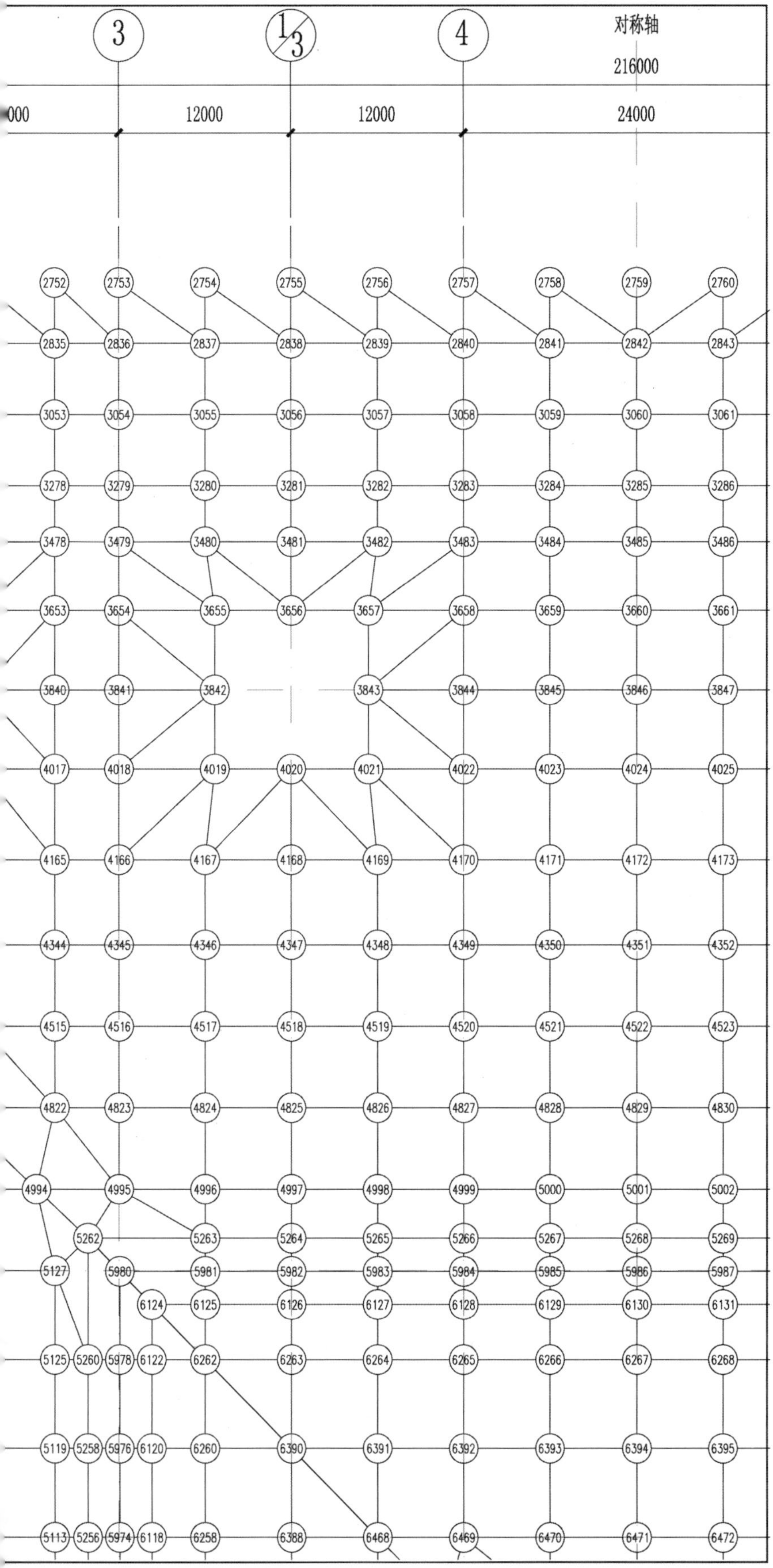

3　1/3　4　对称轴

216000

000　12000　12000　24000

2752 2753 2754 2755 2756 2757 2758 2759 2760
2835 2836 2837 2838 2839 2840 2841 2842 2843
3053 3054 3055 3056 3057 3058 3059 3060 3061
3278 3279 3280 3281 3282 3283 3284 3285 3286
3478 3479 3480 3481 3482 3483 3484 3485 3486
3653 3654 3655 3656 3657 3658 3659 3660 3661
3840 3841 3842 3843 3844 3845 3846 3847
4017 4018 4019 4020 4021 4022 4023 4024 4025
4165 4166 4167 4168 4169 4170 4171 4172 4173
4344 4345 4346 4347 4348 4349 4350 4351 4352
4515 4516 4517 4518 4519 4520 4521 4522 4523
4822 4823 4824 4825 4826 4827 4828 4829 4830
4994 4995 4996 4997 4998 4999 5000 5001 5002
5262 5263 5264 5265 5266 5267 5268 5269
5127 5980 5981 5982 5983 5984 5985 5986 5987
6124 6125 6126 6127 6128 6129 6130 6131
5125 5260 5978 6122 6262 6263 6264 6265 6266 6267 6268
5119 5258 5976 6120 6260 6390 6391 6392 6393 6394 6395
5113 5256 5974 6118 6258 6388 6468 6469 6470 6471 6472

注：各节点坐标详见图PS6－421~PS6－425

=0）

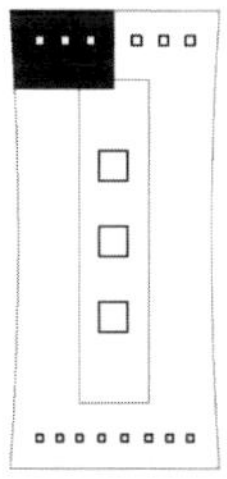

平面图表示范围

BIAD
北京市建筑设计研究院有限公司
BEIJING INSTITUTE OF ARCHITECTURAL DESIGN

分类		
钢结构的结构平面图. 大跨钢结构		
图名		
例3-屋顶网架上弦节点编号图		
图号	比例	页码
3-3-3		3-8

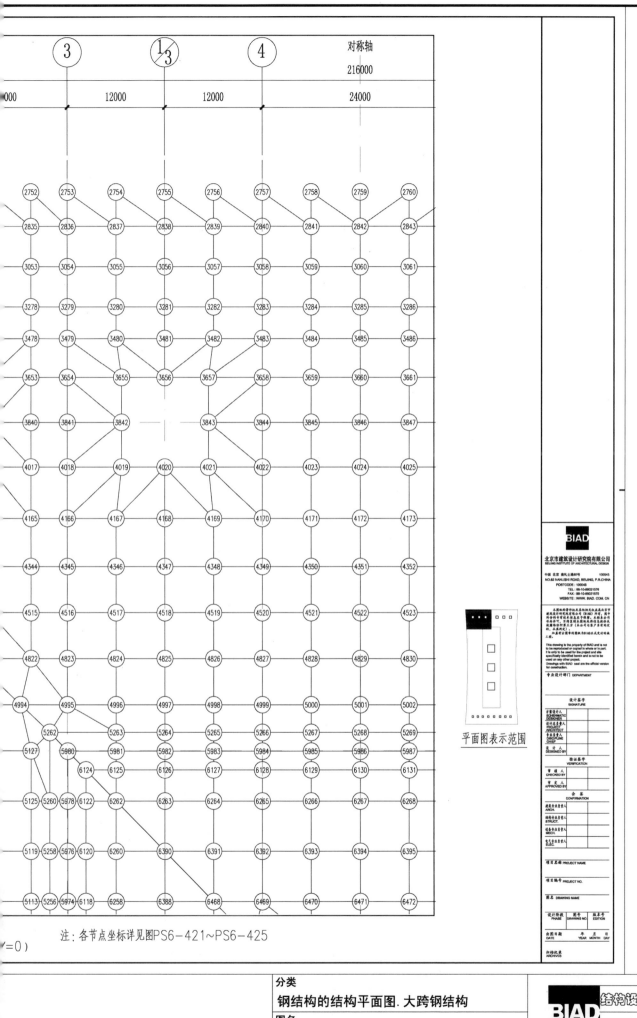

BIAD 结构设计 深度图示
北京市建筑设计研究院有限公司
BEIJING INSTITUTE OF ARCHITECTURAL DESIGN

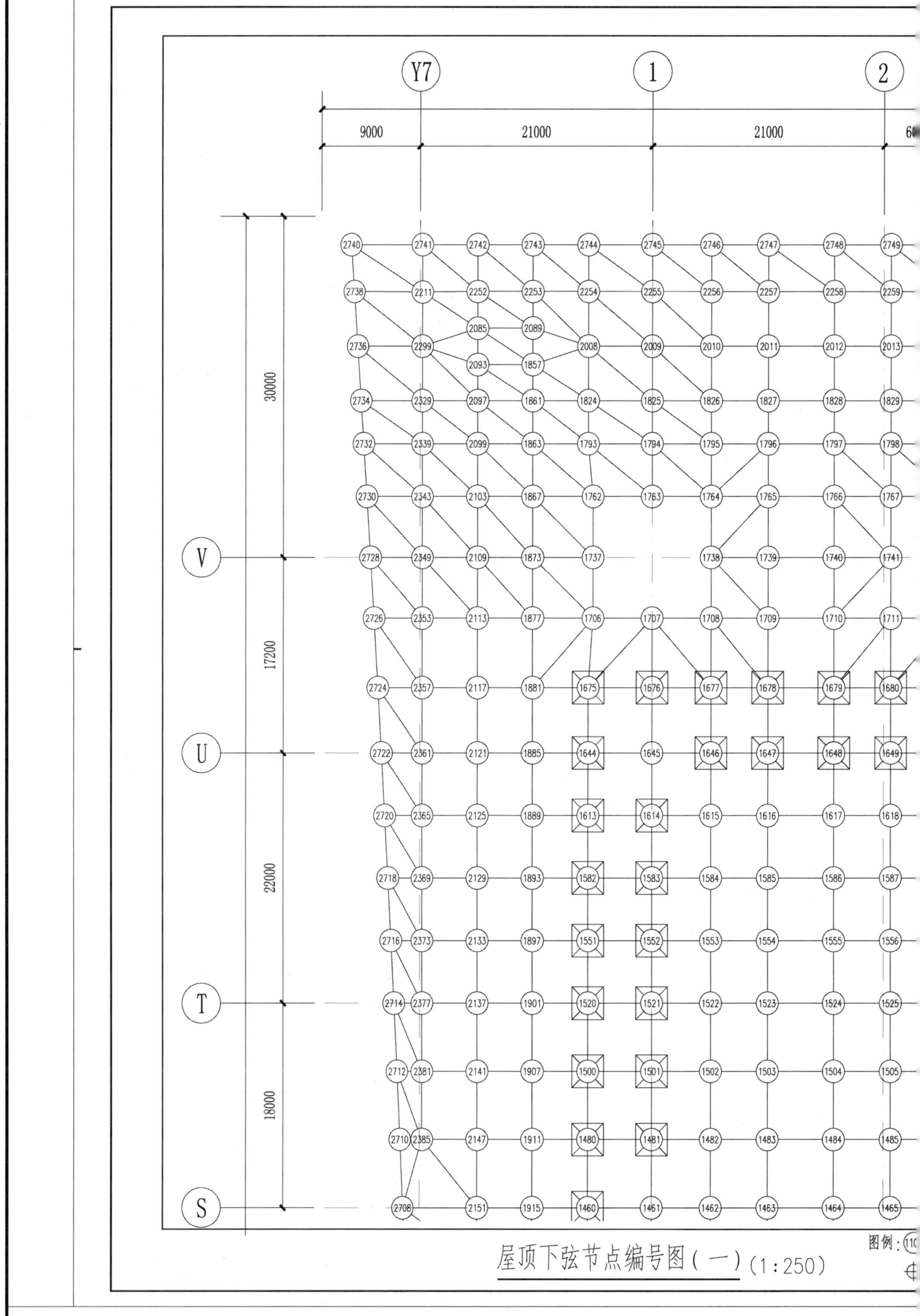

示例说明 1. 屋顶网架下弦节点标号图采用正投影法表示，原图绘制比例为1：250。

2. 绘制与标注的内容：网架下弦构件线，网架下弦节点的编号图，配合节点坐标表确定下弦节点的空间定位。

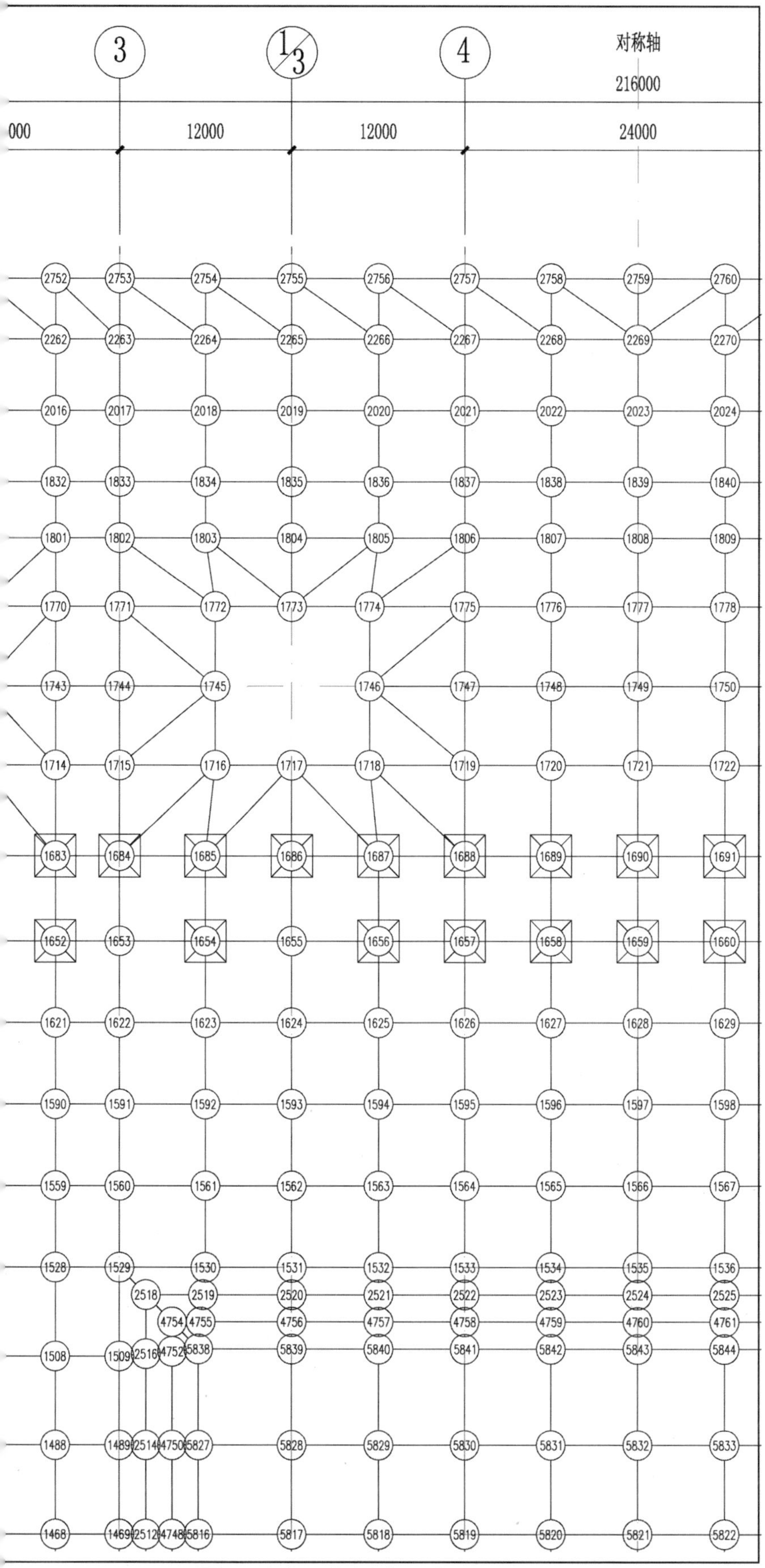

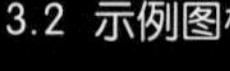

3
1/3
4
对称轴
216000
000
12000
12000
24000
2752 2753 2754 2755 2756 2757 2758 2759 2760
2262 2263 2264 2265 2266 2267 2268 2269 2270
2016 2017 2018 2019 2020 2021 2022 2023 2024
1832 1833 1834 1835 1836 1837 1838 1839 1840
1801 1802 1803 1804 1805 1806 1807 1808 1809
1770 1771 1772 1773 1774 1775 1776 1777 1778
1743 1744 1745 1746 1747 1748 1749 1750
1714 1715 1716 1717 1718 1719 1720 1721 1722
1683 1684 1685 1686 1687 1688 1689 1690 1691
1652 1653 1654 1655 1656 1657 1658 1659 1660
1621 1622 1623 1624 1625 1626 1627 1628 1629
1590 1591 1592 1593 1594 1595 1596 1597 1598
1559 1560 1561 1562 1563 1564 1565 1566 1567
1528 1529 1530 1531 1532 1533 1534 1535 1536
2518 2519 2520 2521 2522 2523 2524 2525
4754 4755 4756 4757 4758 4759 4760 4761
1508 1509 2516 4752 5838 5839 5840 5841 5842 5843 5844
1488 1489 2514 4750 5827 5828 5829 5830 5831 5832 5833
1468 1469 2512 4748 5816 5817 5818 5819 5820 5821 5822

⊠——与幕墙连接的球节点，节点详图见PS6-431

点(X=0，Y=0)　注：各节点坐标详见图PS6-421~PS6-425

平面图表示范围

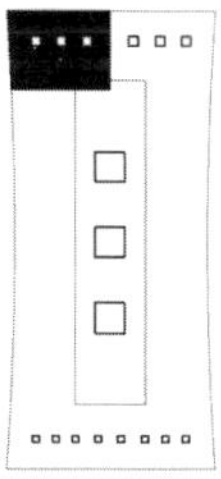

BIAD

北京市建筑设计研究院有限公司
BEIJING INSTITUTE OF ARCHITECTURAL DESIGN

专业设计部门 DEPARTMENT

设计签字 SIGNATURE

验证签字 VERIFICATION

会签 CONFIRMATION

项目名称 PROJECT NAME

项目编号 PROJECT NO.

图名 DRAWING NAME

设计阶段 PHASE	图号 DRAWING NO.	版本号 EDITION

出图日期 DATE　年 YEAR　月 MONTH　日 DAY

归档纪录 ARCHIVES

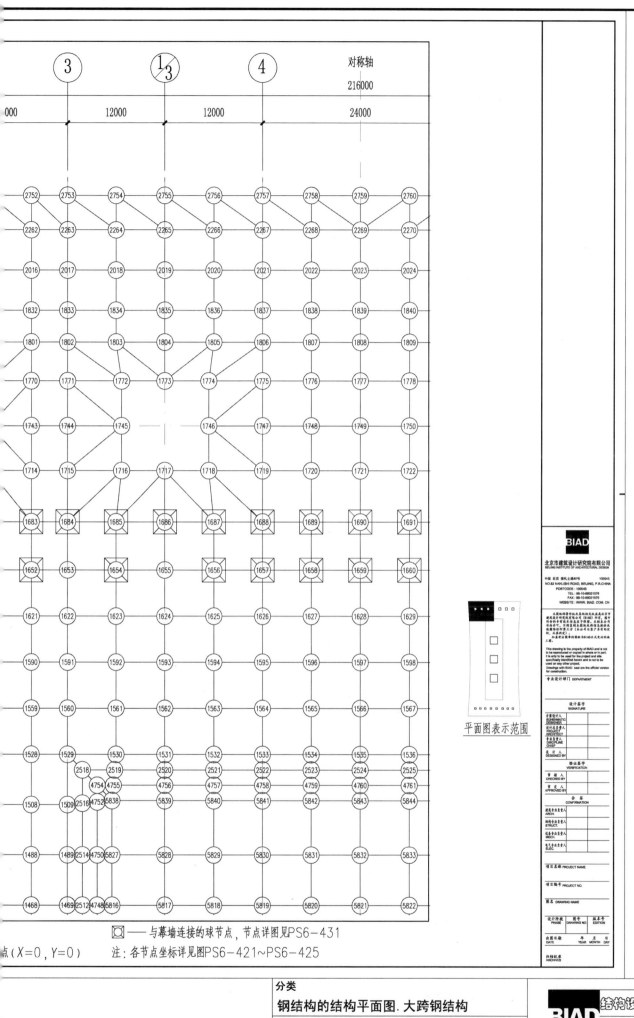

分类		
钢结构的结构平面图. 大跨钢结构		
图名		
例3-屋顶网架下弦节点编号图		
图号	比例	页码
3-3-4		3-9

BIAD 结构设计 深度图示

北京市建筑设计研究院有限公司
BEIJING INSTITUTE OF ARCHITECTURAL DESIGN

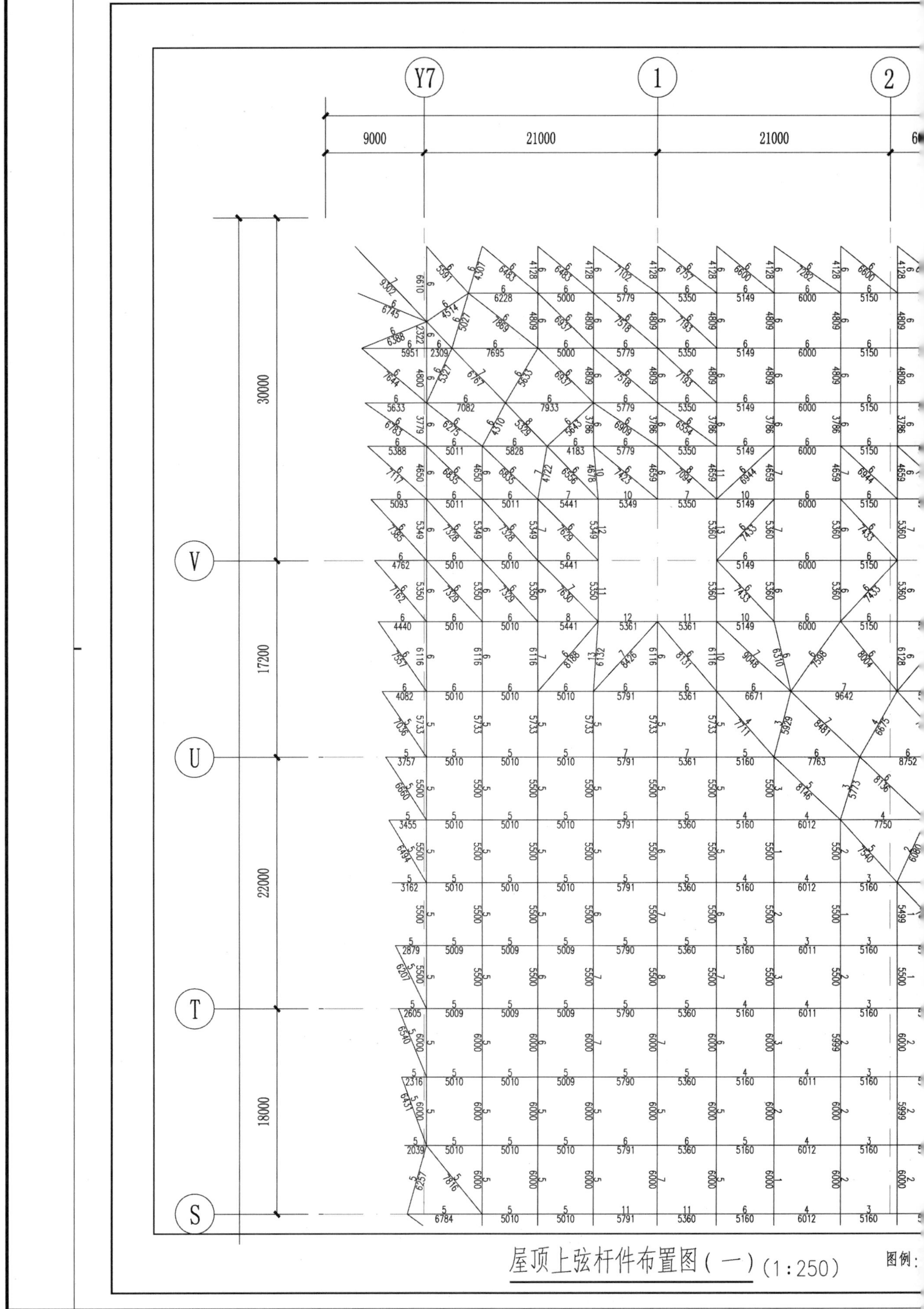

屋顶上弦杆件布置图(一)(1:250)

图例:

示例说明 1. 屋顶网架上弦杆件布置图采用正投影法表示，原图绘制比例为1：250。

2. 绘制与标注的内容：网架上弦构件线，网架上弦构件的截面规格编号，网架上弦构件的杆件长度，截面规格表，通过截面规格及长度可以计算上弦构件的用钢量。

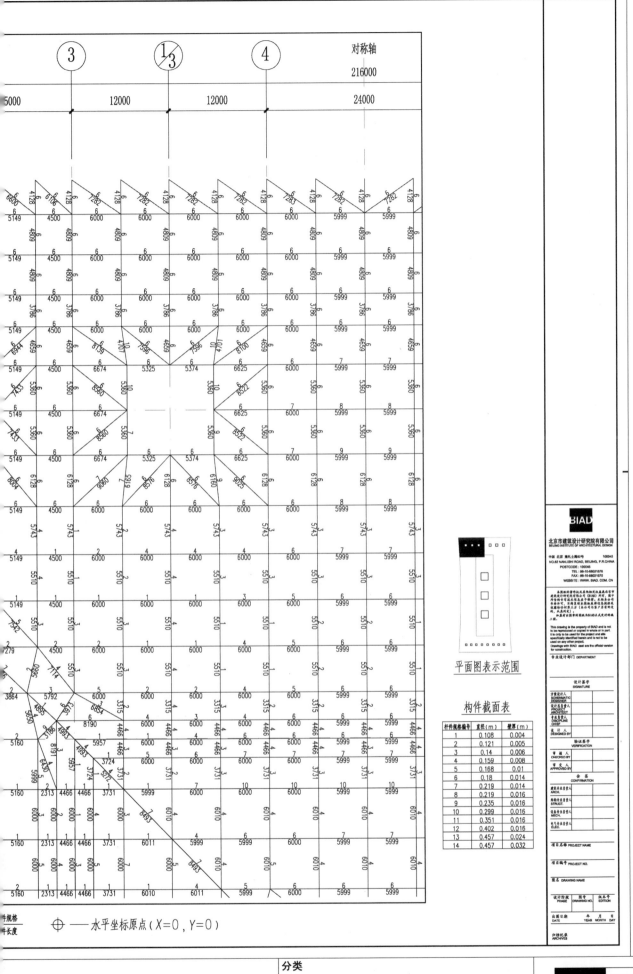

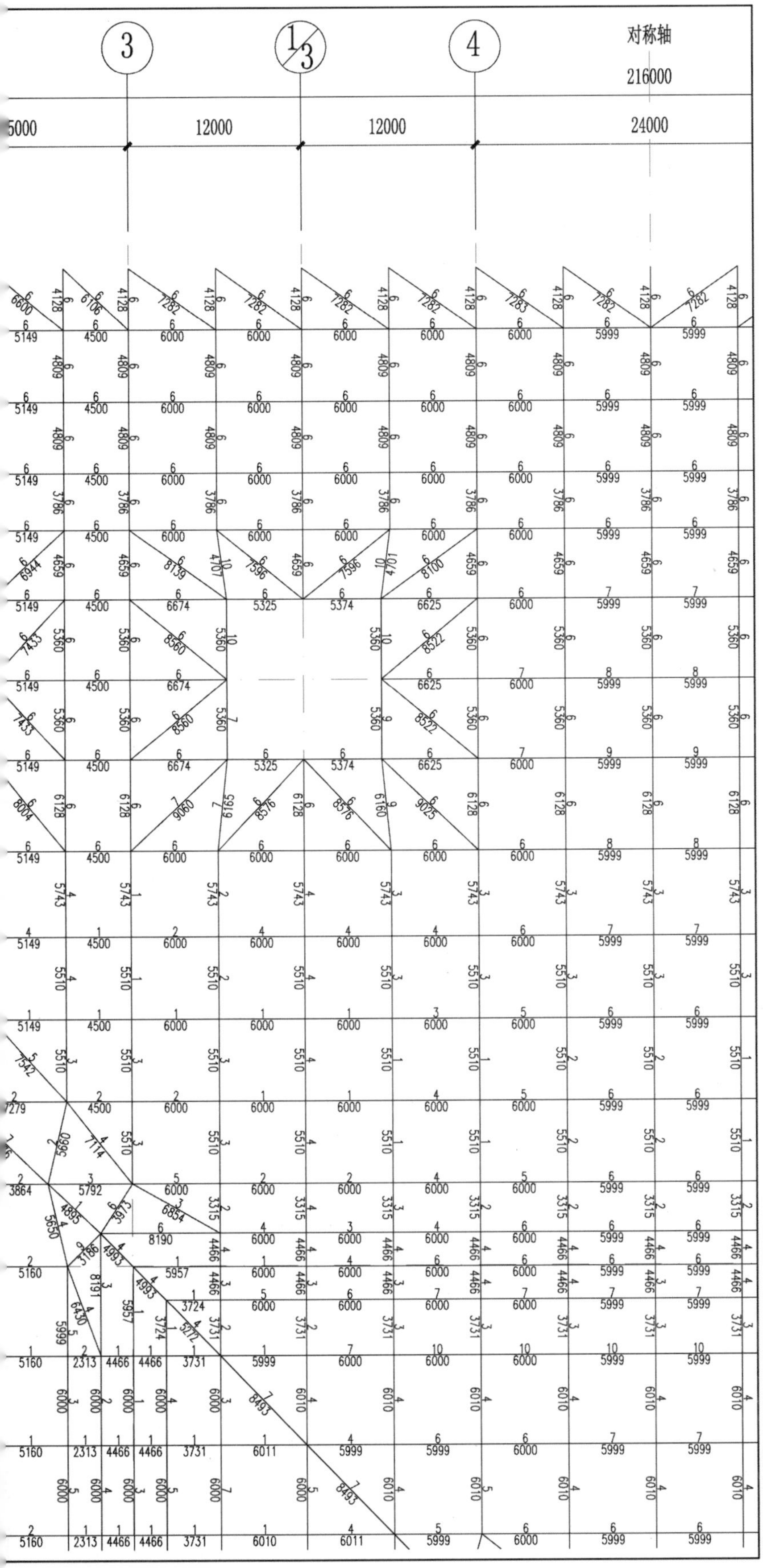

对称轴

216000

5000 12000 12000 24000

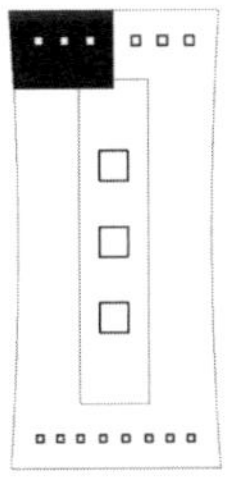

平面图表示范围

构件截面表

杆件规格编号	直径(m)	壁厚(m)
1	0.108	0.004
2	0.121	0.005
3	0.14	0.006
4	0.159	0.008
5	0.168	0.01
6	0.18	0.014
7	0.219	0.014
8	0.219	0.016
9	0.235	0.016
10	0.299	0.016
11	0.351	0.016
12	0.402	0.016
13	0.457	0.024
14	0.457	0.032

杆件规格
杆件长度

⊕ —— 水平坐标原点（X=0，Y=0）

北京市建筑设计研究院有限公司
BEIJING INSTITUTE OF ARCHITECTURAL DESIGN

分类

钢结构的结构平面图. 大跨钢结构

图名

例3-屋顶网架上弦杆件平面布置图

图号	比例	页码
3-3-5		3-10

北京市建筑设计研究院有限公司
BEIJING INSTITUTE OF ARCHITECTURAL DESIGN

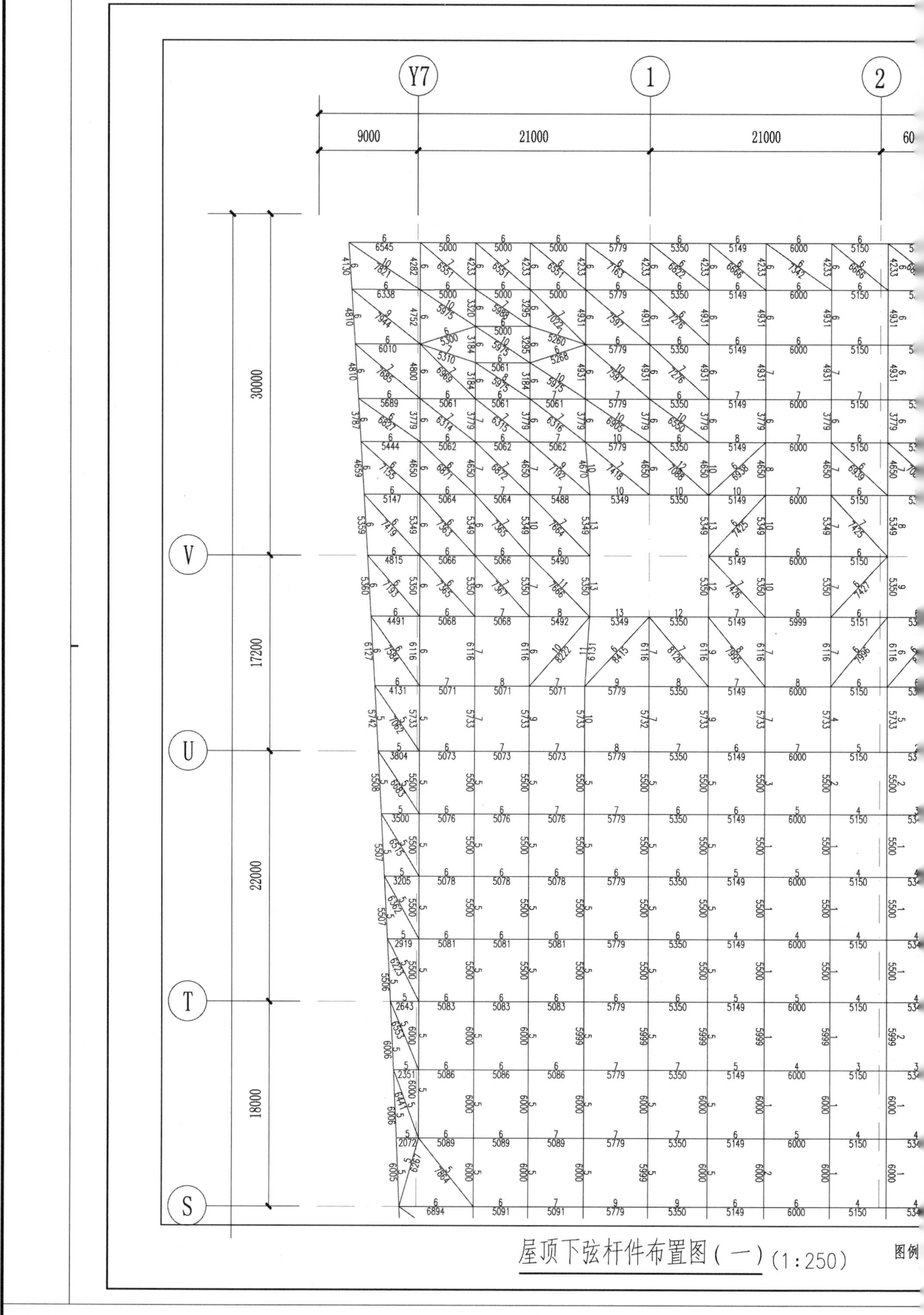

示例说明 1. 屋顶网架下弦杆件布置图采用正投影法表示，原图绘制比例为1：250。

2. 绘制与标注的内容：网架下弦构件线，网架下弦构件的截面规格编号，网架下弦构件的杆件长度，截面规格表，通过截面规格及长度可以计算下弦构件的用钢量。

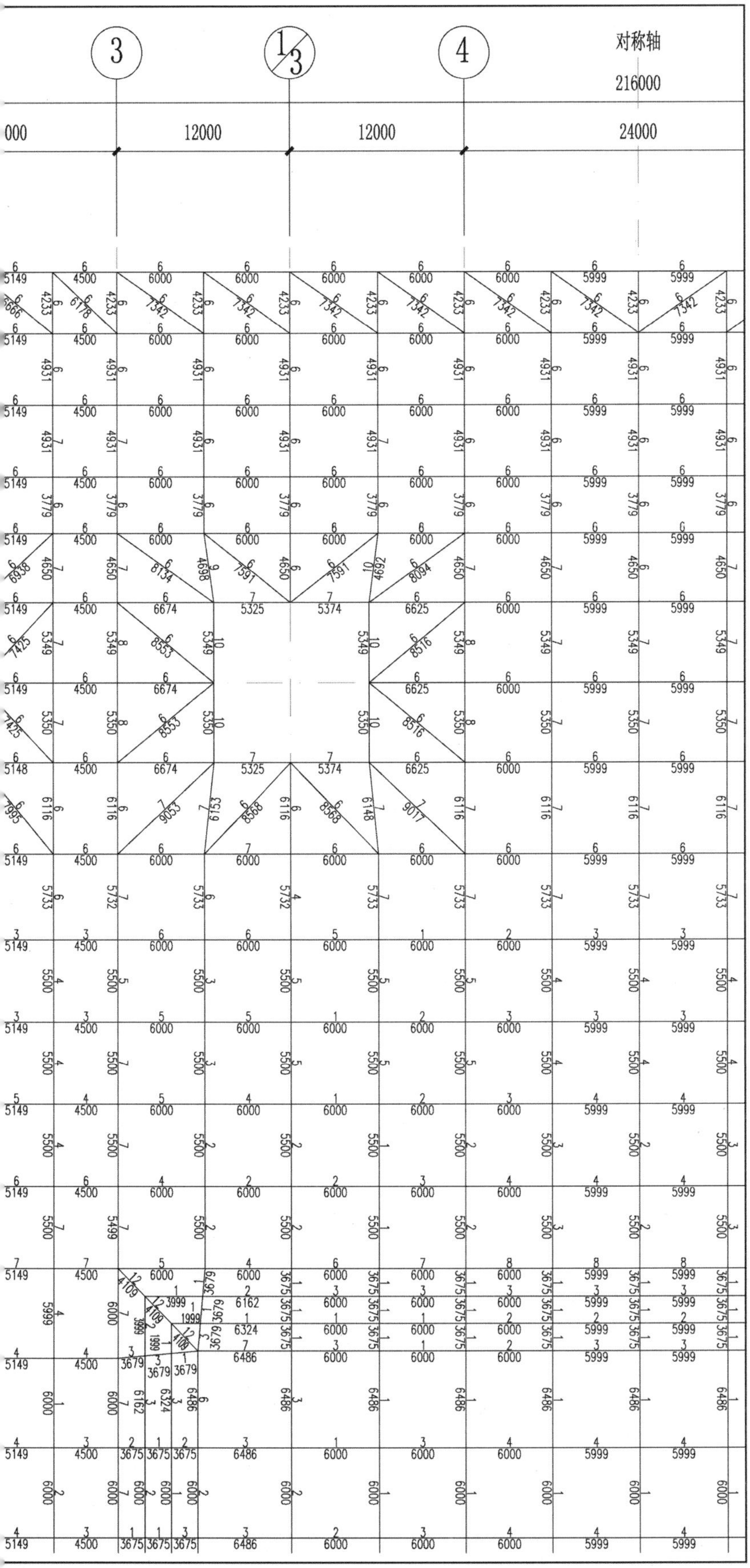

对称轴

216000

000 | 12000 | 12000 | 24000

(3) (1/3) (4)

杆件规格

杆件长度

⊕ —— 水平坐标原点(X=0,Y=0)

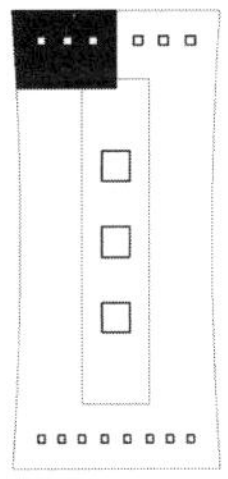

平面图表示范围

构件截面表

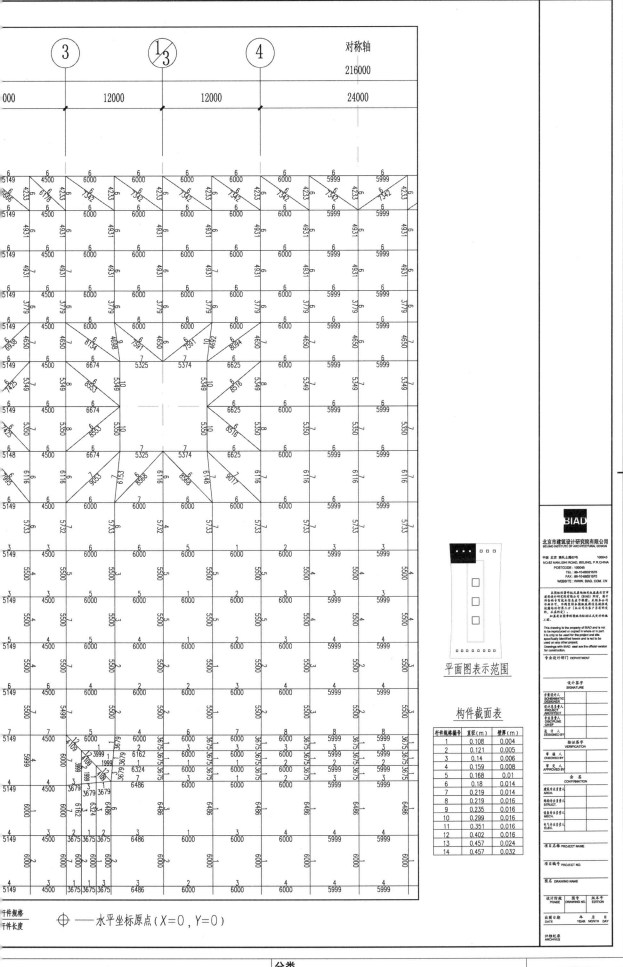

杆件规格编号	直径(m)	壁厚(m)
1	0.108	0.004
2	0.121	0.005
3	0.14	0.006
4	0.159	0.008
5	0.168	0.01
6	0.18	0.014
7	0.219	0.014
8	0.219	0.016
9	0.235	0.016
10	0.299	0.016
11	0.351	0.016
12	0.402	0.016
13	0.457	0.024
14	0.457	0.032

BIAD 北京市建筑设计研究院有限公司 BEIJING INSTITUTE OF ARCHITECTURAL DESIGN

分类

钢结构的结构平面图. 大跨钢结构

图名

例3-屋顶网架下弦杆件平面布置图

图号	比例	页码
3-3-6		3-11

BIAD 结构设计 深度图示

北京市建筑设计研究院有限公司

BEIJING INSTITUTE OF ARCHITECTURAL DESIGN

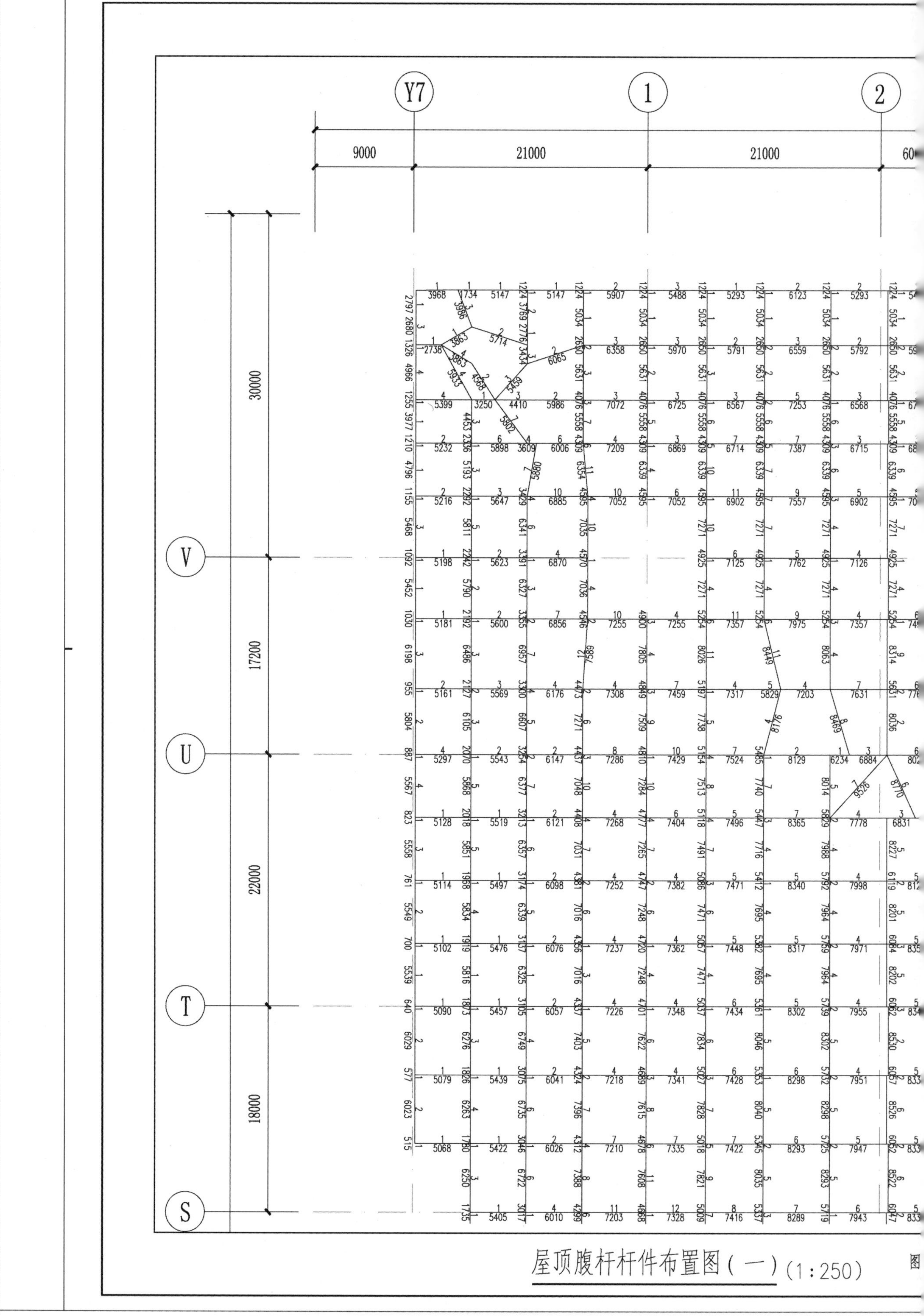

示例说明 1. 屋顶网架腹杆杆件布置图采用正投影法表示，原图绘制比例为1：250。

2. 绘制与标注的内容：网架腹杆构件线，网架腹杆构件的截面规格编号，网架腹杆构件的杆件长度，截面规格表，通过截面规格及长度可以计算腹杆构件的用钢量。

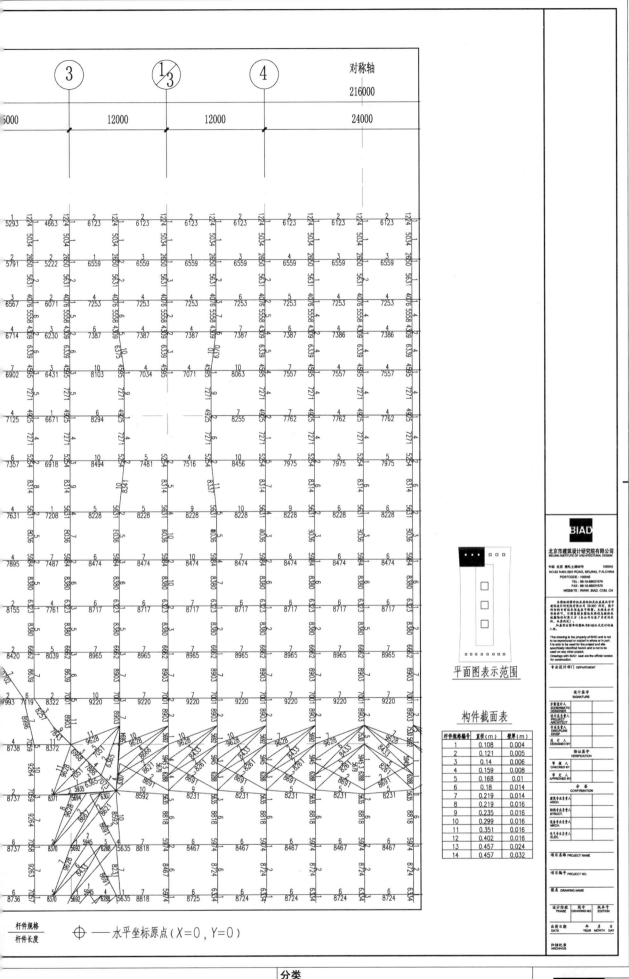

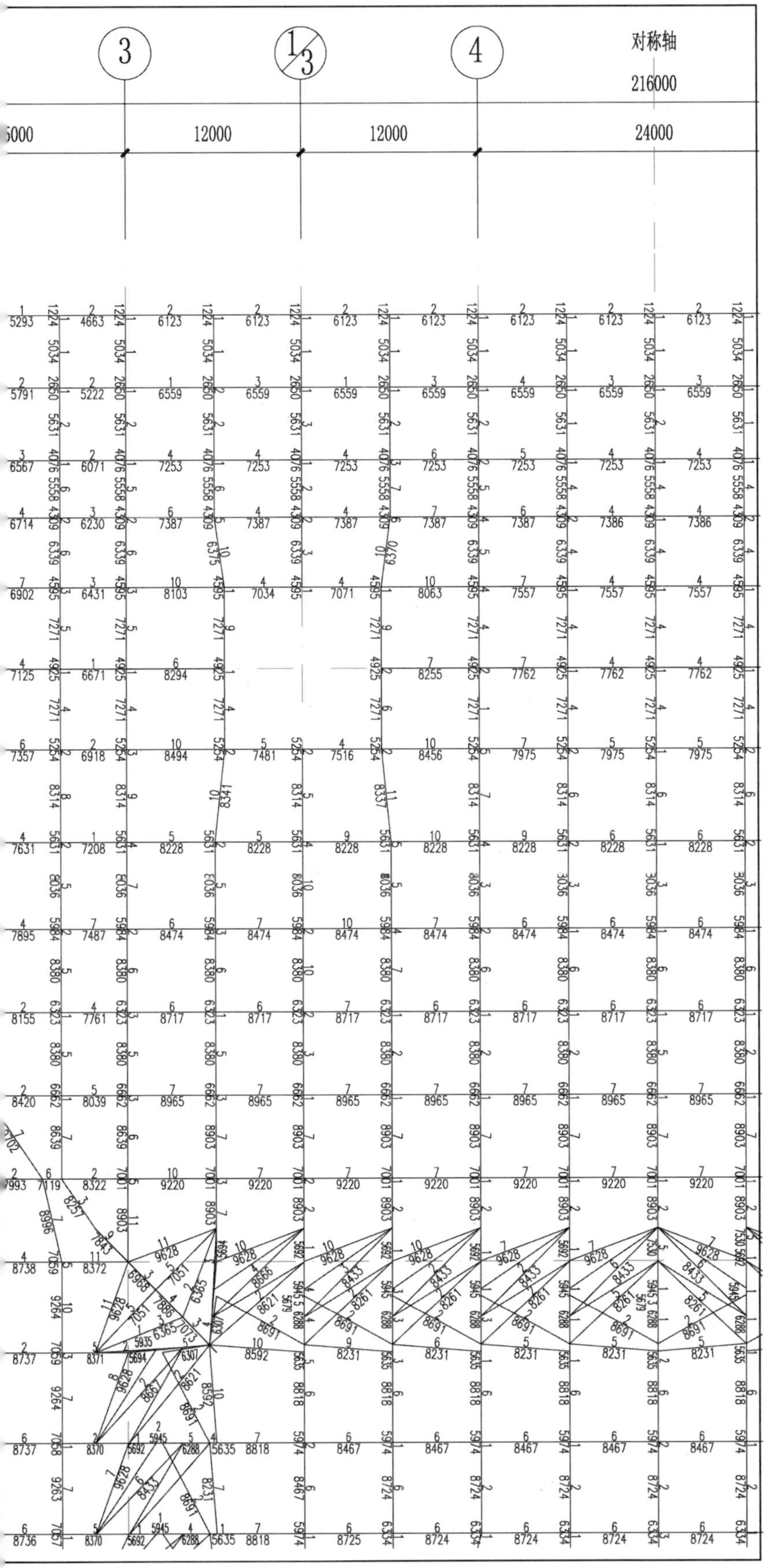

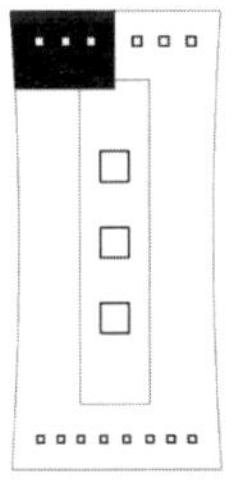

平面图表示范围

构件截面表

杆件规格编号	直径（m）	壁厚（m）
1	0.108	0.004
2	0.121	0.005
3	0.14	0.006
4	0.159	0.008
5	0.168	0.01
6	0.18	0.014
7	0.219	0.014
8	0.219	0.016
9	0.235	0.016
10	0.299	0.016
11	0.351	0.016
12	0.402	0.016
13	0.457	0.024
14	0.457	0.032

分类

钢结构的结构平面图．大跨钢结构

图名

例3-屋顶网架腹杆杆件平面布置图

图号	比例	页码
3-3-7		3-12

北京市建筑设计研究院有限公司
BEIJING INSTITUTE OF ARCHITECTURAL DESIGN

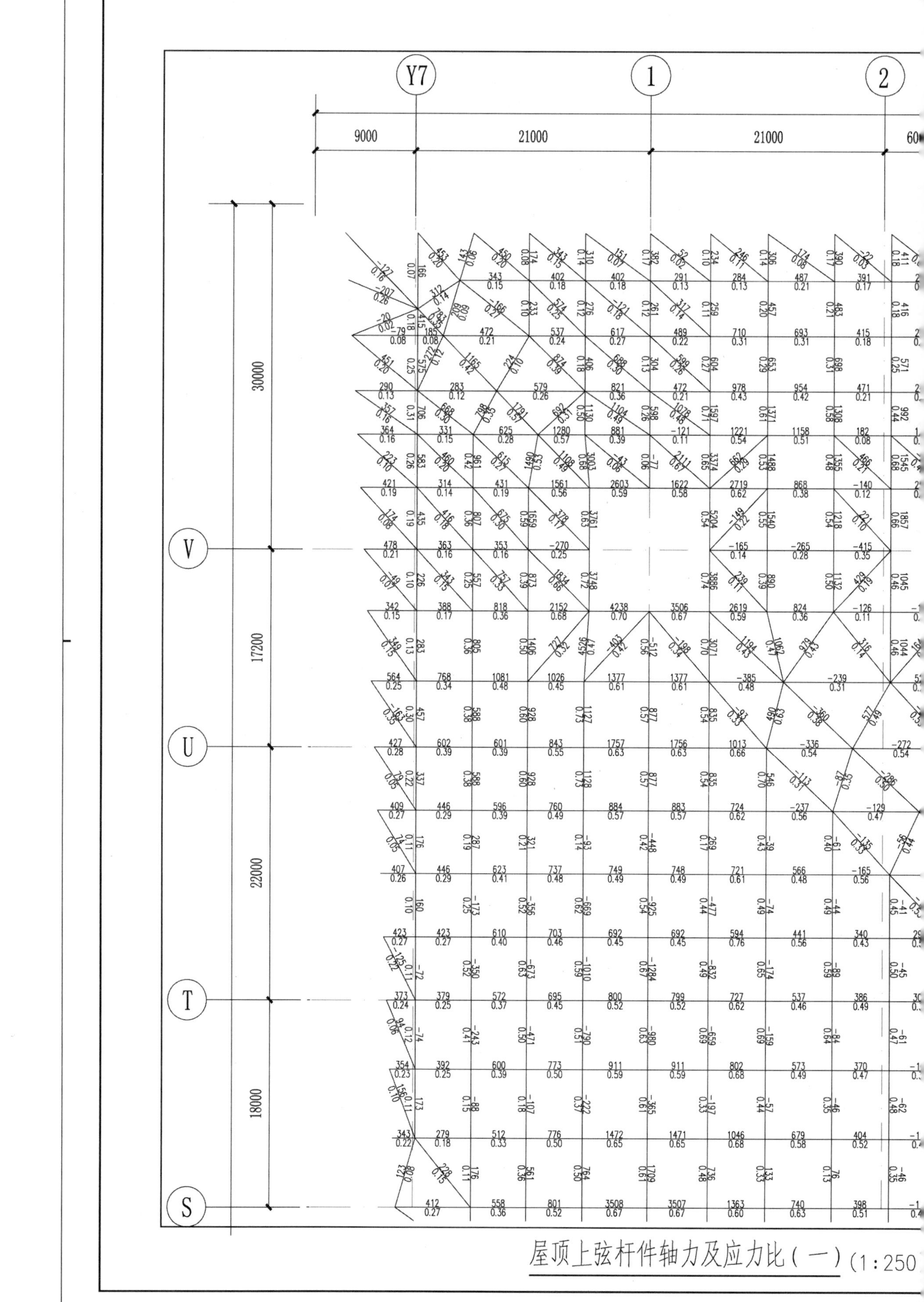

屋顶上弦杆件轴力及应力比（一）（1∶250

示例说明 1. 屋顶网架上弦杆件轴力及应力比图采用正投影法表示，原图绘制比例为1∶250。

2. 绘制与标注的内容：网架上弦构件线，网架上弦构件控制工况下的内力，网架上弦构件控制工况下的应力比。

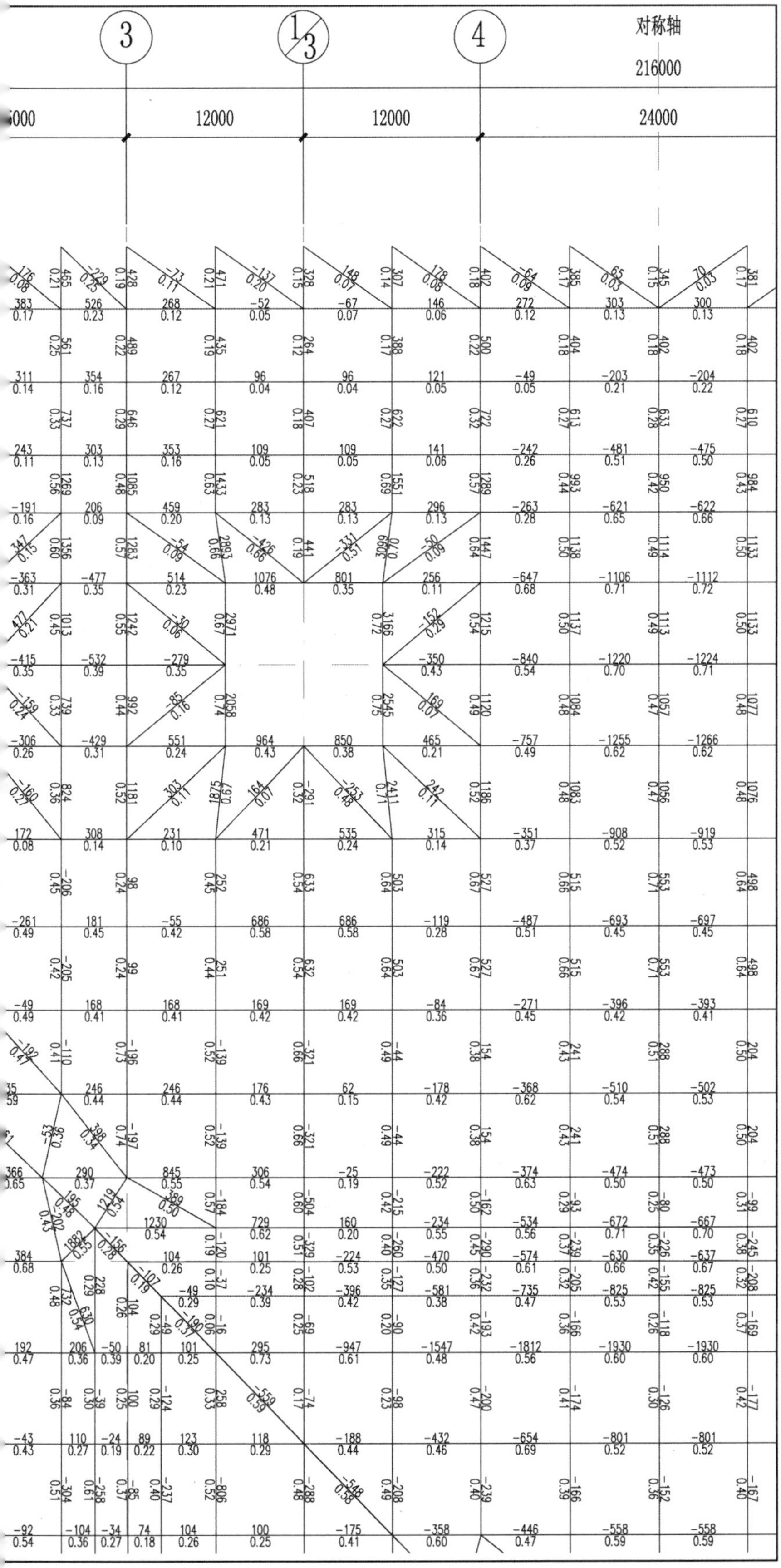

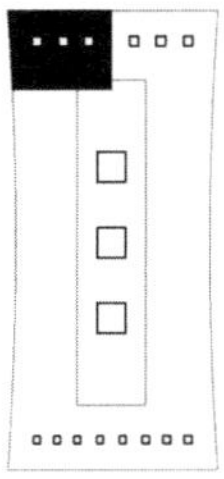

3　1/3　4　对称轴

216000

000　12000　12000　24000

842 / 68 ＝ 轴力(kN，拉正压负) / 应力比　　⊕ —— 水平坐标原点（X=0，Y=0）

力及应力比均为设计包络值

平面图表示范围

BIAD 北京市建筑设计研究院有限公司 BEIJING INSTITUTE OF ARCHITECTURAL DESIGN

中国 北京 南礼士路62号 100045 NO.62 NANLISHI ROAD, BEIJING, P.R.CHINA POSTCODE：100045 TEL：86-10-88021576 FAX：86-10-88021570 WEBSITE：WWW. BIAD. COM. CN

专业设计部门 DEPARTMENT

设计签字 SIGNATURE

方案设计人 SCHEMATIC DESIGNER　设计总负责人 PROJECT ARCHITECT　专业负责人 DISCIPLINE CHIEF　设计人 DESIGNED BY

验证签字 VERIFICATION

审核人 CHECKED BY　审定人 APPROVED BY

会签 CONFIRMATION

建筑专业负责人 ARCH.　结构专业负责人 STRUCT.　设备专业负责人 MECH.　电气专业负责人 ELEC.

项目名称 PROJECT NAME

项目编号 PROJECT NO.

图名 DRAWING NAME

设计阶段 PHASE　图号 DRAWING NO.　版本号 EDITION

出图日期 DATE　年 YEAR　月 MONTH　日 DAY

归档纪录 ARCHIVES

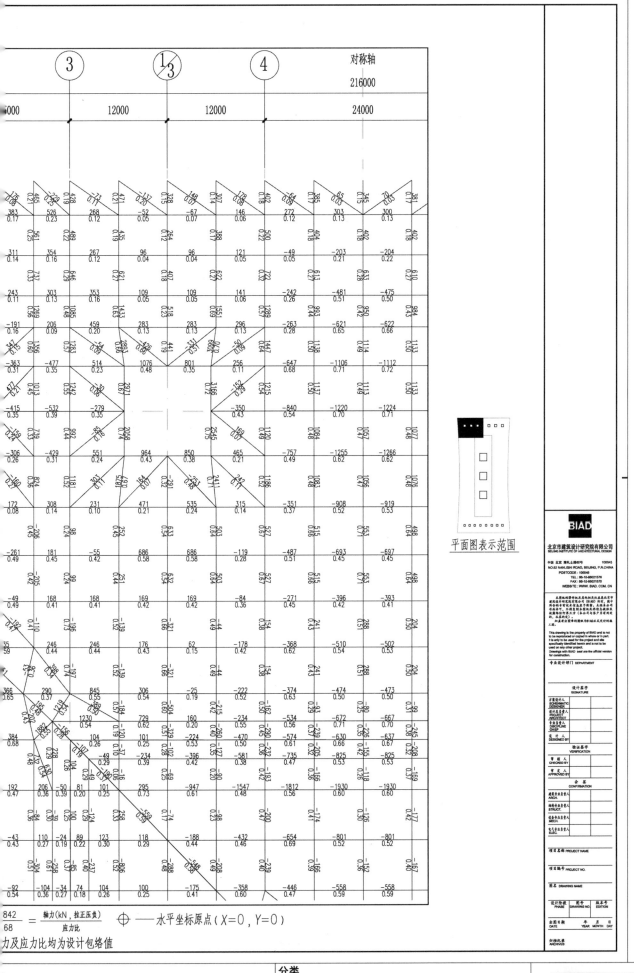

分类		
钢结构的结构平面图. 大跨钢结构		
图名		
例3-屋顶网架上弦杆件轴力及应力比		
图号	比例	页码
3-3-8		3-13

北京市建筑设计研究院有限公司

BEIJING INSTITUTE OF ARCHITECTURAL DESIGN

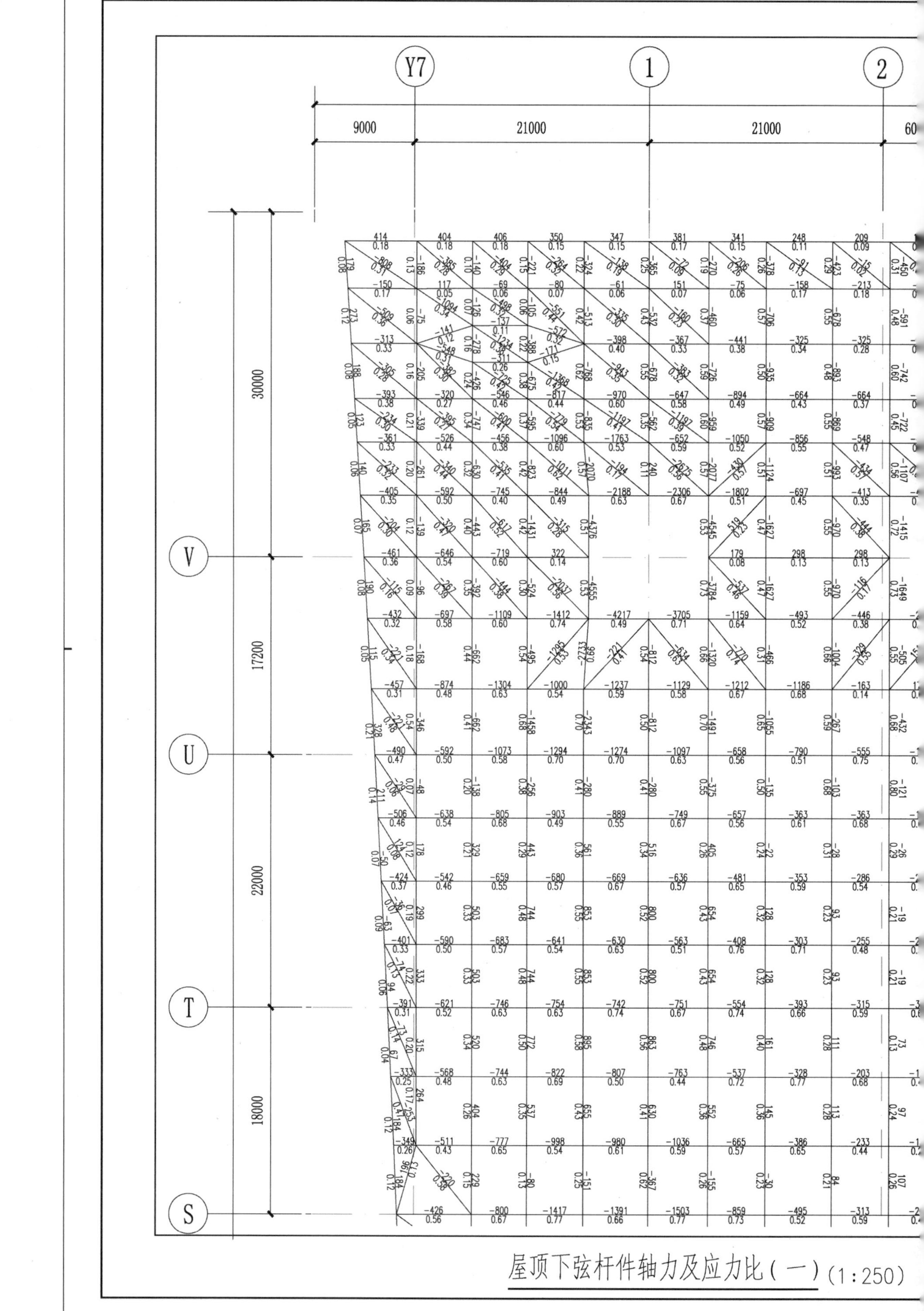

屋顶下弦杆件轴力及应力比（一）（1：250）

示例说明 1. 屋顶网架下弦杆件轴力及应力比图采用正投影法表示，原图绘制比例为1：250。

2. 绘制与标注的内容：网架下弦构件线，网架下弦构件控制工况下的内力，网架下弦构件控制工况下的应力比。

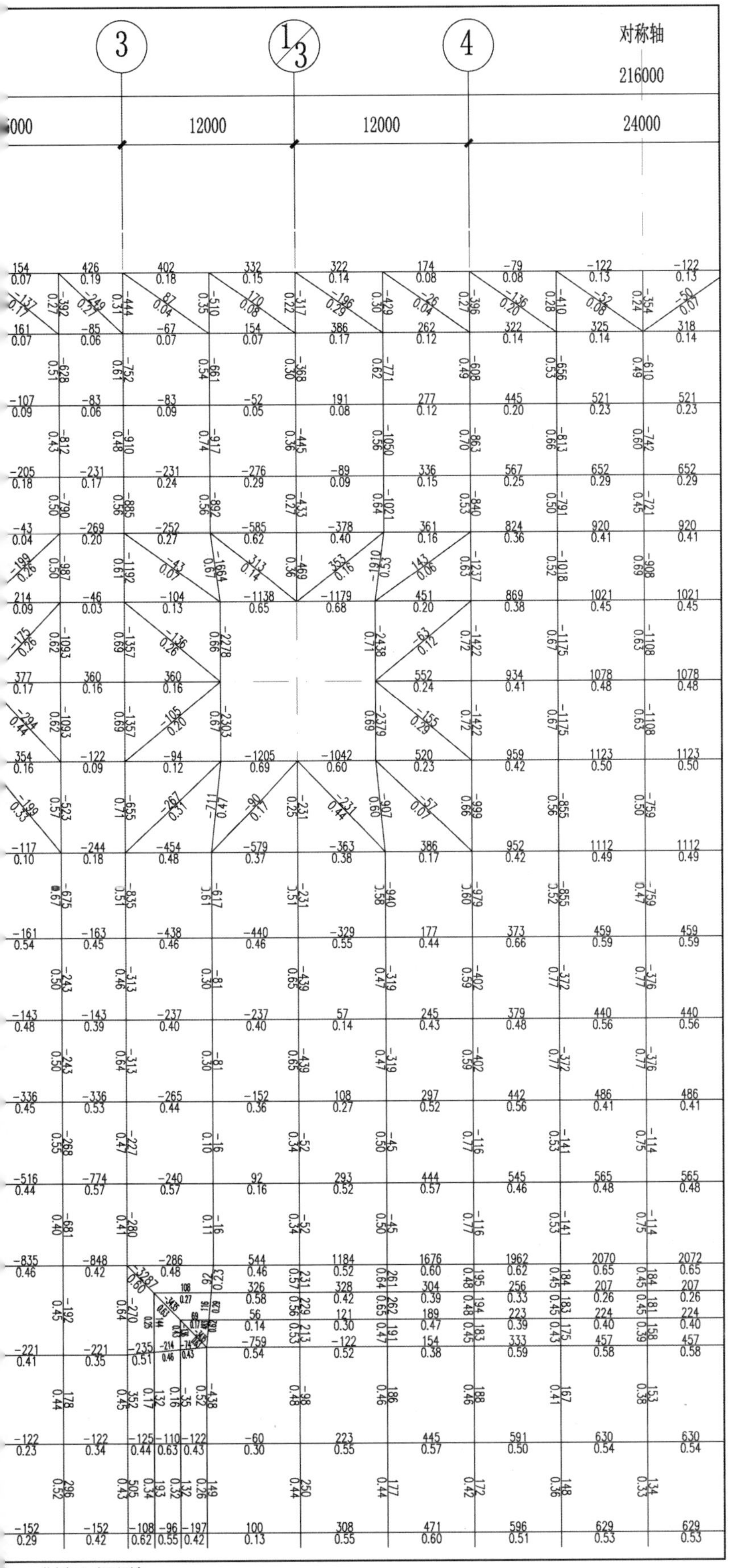

3 1/3 4 对称轴

216000

000 12000 12000 24000

轴力(kN，拉正压负) / 应力比

⊕ —— 水平坐标原点（X=0，Y=0）

及应力比均为设计包络值

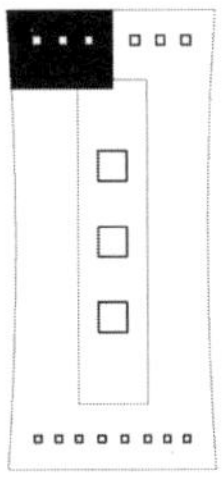

平面图表示范围

分类

钢结构的结构平面图. 大跨钢结构

图名

例3-屋顶网架下弦杆件轴力及应力比

图号	比例	页码
3-3-9		3-14

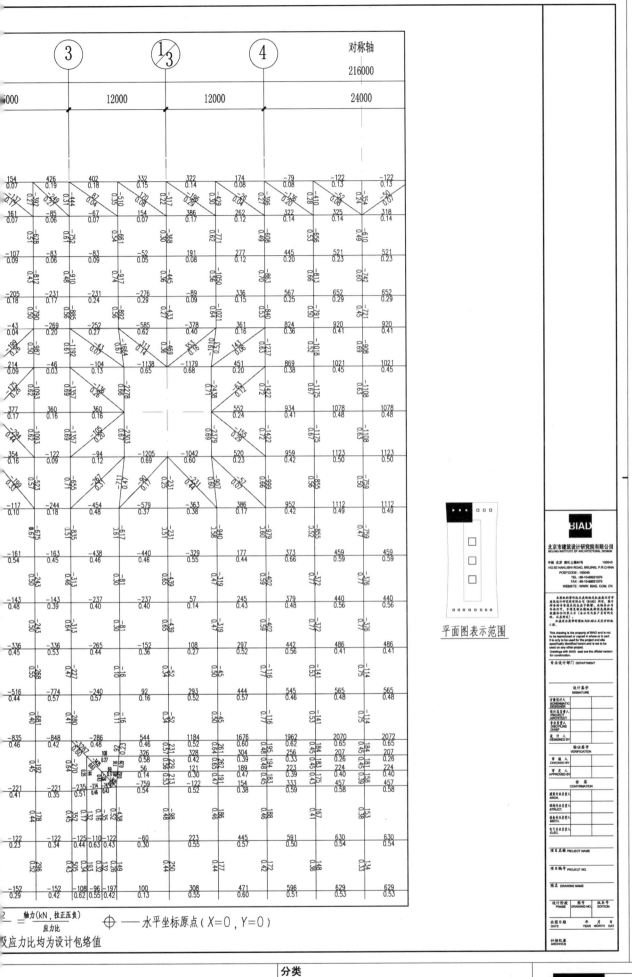

北京市建筑设计研究院有限公司
BEIJING INSTITUTE OF ARCHITECTURAL DESIGN

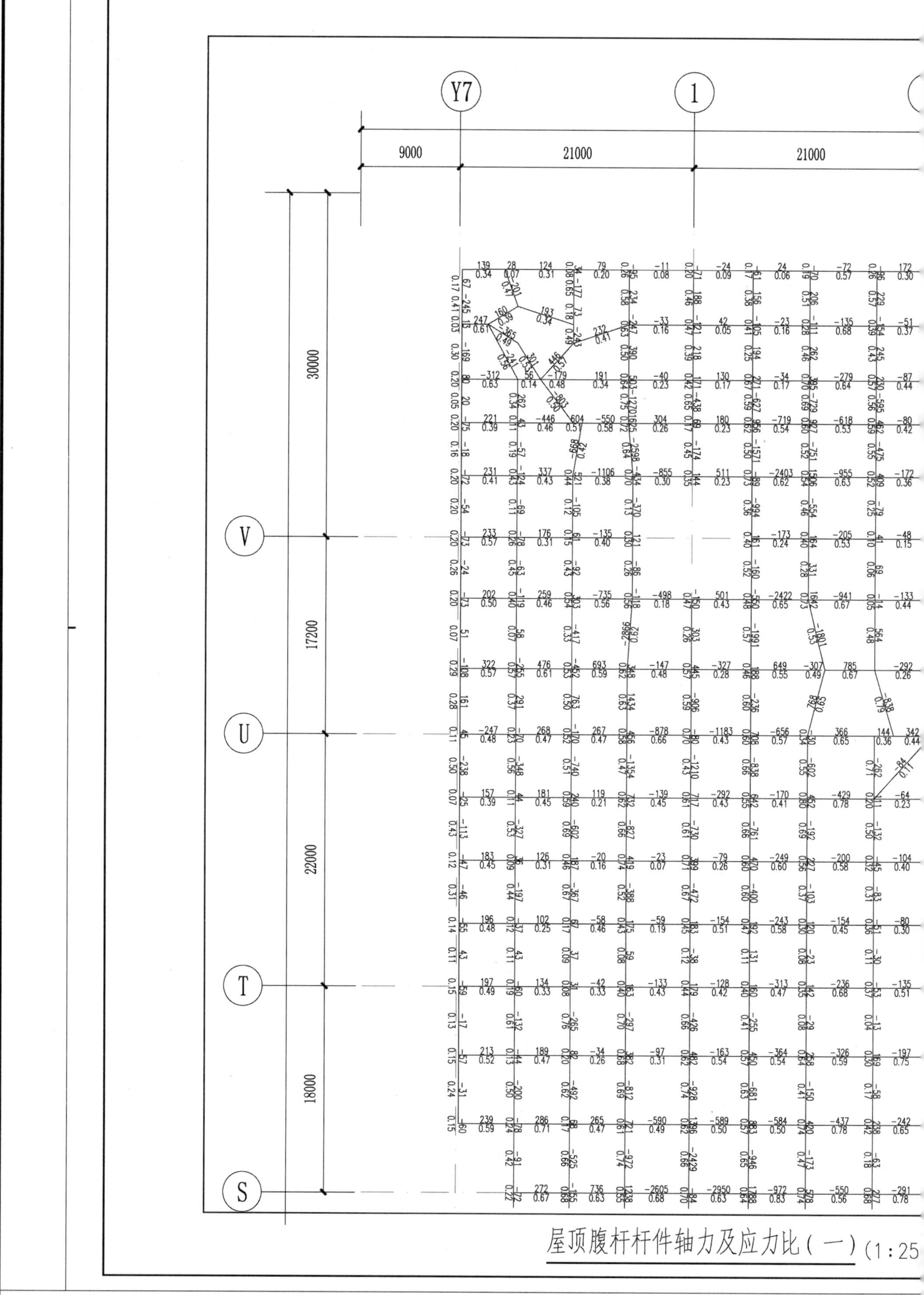

示例说明 1. 屋顶网架腹杆杆件轴力及应力比图采用正投影法表示，原图绘制比例为1：250。

2. 绘制与标注的内容：网架腹杆构件线，网架腹杆构件控制工况下的内力，网架腹杆构件控制工况下的应力比。

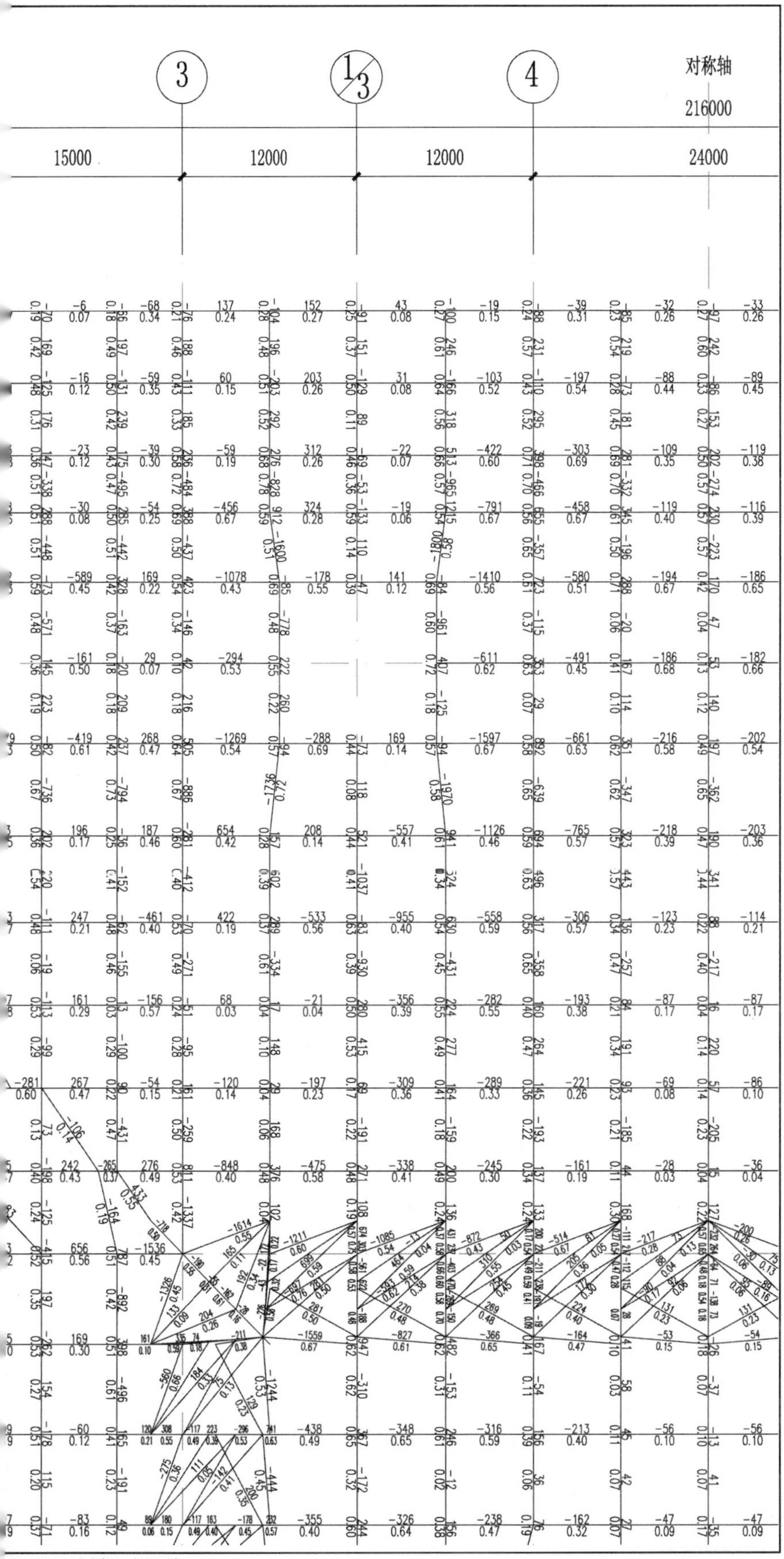

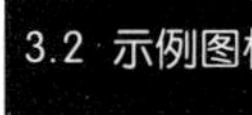

3　1/3　4　对称轴

216000

15000　12000　12000　24000

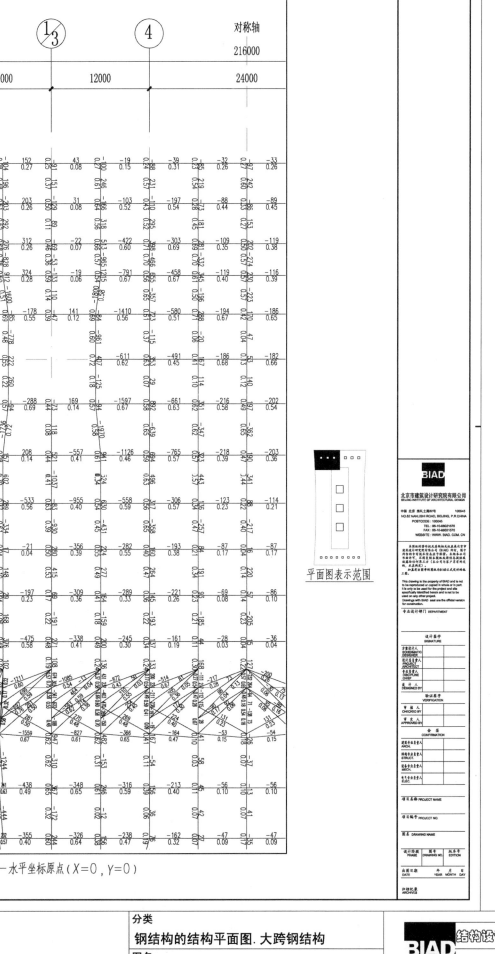

平面图表示范围

$\frac{-2842}{0.68}$ = 轴力(kN，拉正压负) / 应力比

⊕ —— 水平坐标原点（X=0，Y=0）

轴力及应力比均为设计包络值

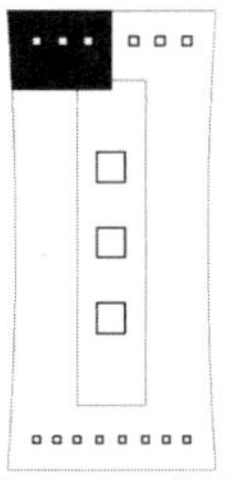

BIAD 北京市建筑设计研究院有限公司 BEIJING INSTITUTE OF ARCHITECTURAL DESIGN

中国 北京 南礼士路62号 100045 NO.62 NANLISHI ROAD, BEIJING, P.R.CHINA POSTCODE: 100045 TEL: 86-10-88021576 FAX: 86-10-88021570 WEBSITE: WWW.BIAD.COM.CN

专业设计部门 DEPARTMENT

设计签字 SIGNATURE

方案设计人 SCHEMATIC DESIGNER

项目负责人 PROJECT ARCHITECT

专业负责人 DISCIPLINE CHIEF

设计人 DESIGNED BY

验证签字 VERIFICATION

审核人 CHECKED BY

审定人 APPROVED BY

会签 CONFIRMATION

建筑专业负责人 ARCH.

结构专业负责人 STRUCT.

设备专业负责人 MECH.

电气专业负责人 ELEC.

项目名称 PROJECT NAME

项目编号 PROJECT NO.

图名 DRAWING NAME

设计阶段 PHASE　图号 DRAWING NO.　版本号 EDITION

出图日期 DATE　年 YEAR　月 MONTH　日 DAY

归档记录 ARCHIVES

分类		
钢结构的结构平面图．大跨钢结构		
图名		
例3-屋顶网架腹杆杆件轴力及应力比		
图号	比例	页码
3-3-10		3-15

BIAD 结构设计 深度图示

北京市建筑设计研究院有限公司 BEIJING INSTITUTE OF ARCHITECTURAL DESIGN

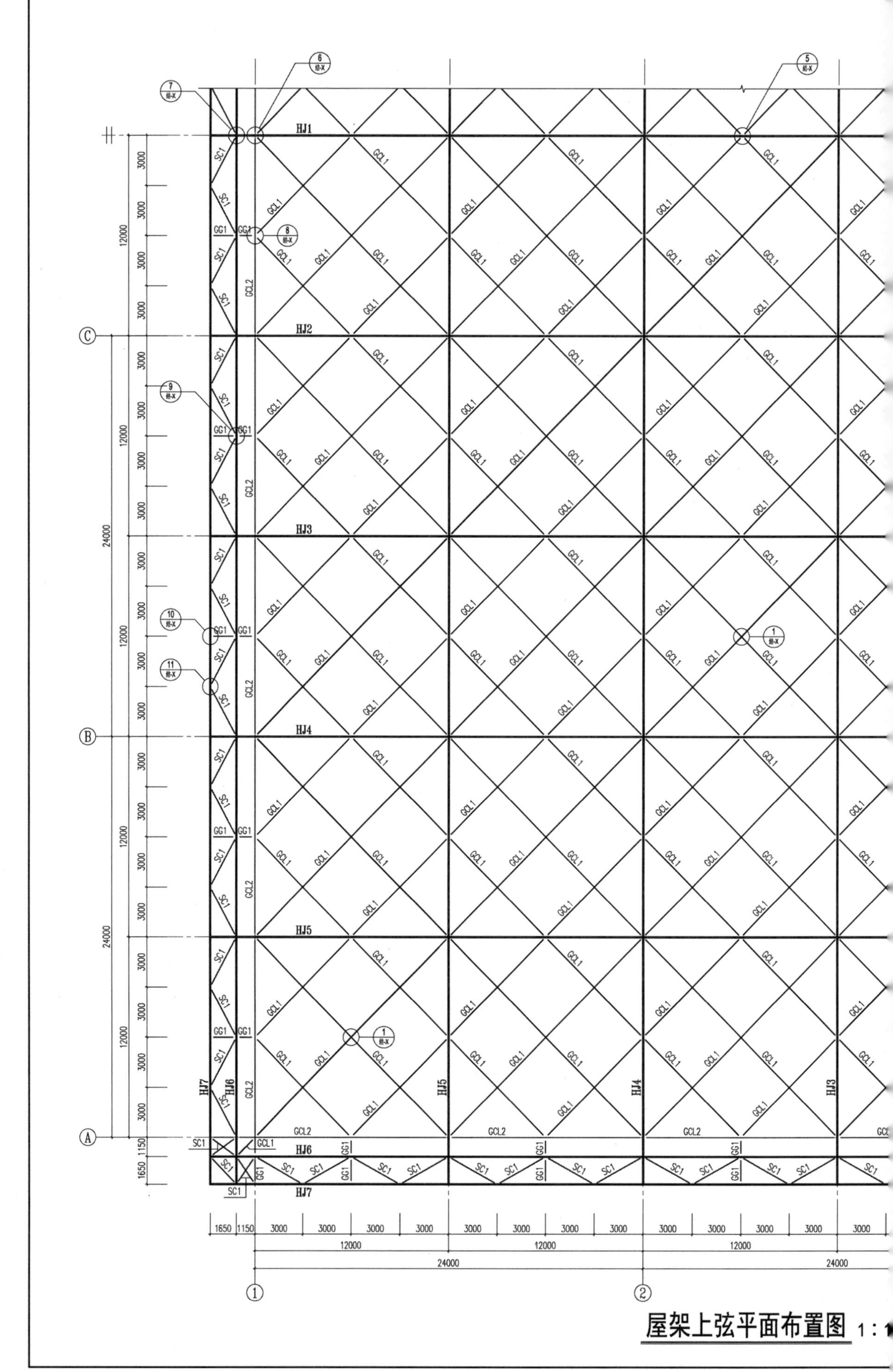

示例说明 1. 此图是“A0”布图的示意，包含屋架上弦平面布置图、上弦构件的构件表。

2. 平面布置图采用正投影法表示，绘制比例1：100，绘制与标注的内容：定位轴线及标注；钢结构构件(包括钢桁架、次梁、系刚性杆、水平支撑)的平面位置、编号、和轴线的定位关系；节点详图索引号；必要的文字说明。

3. 构件表列出本图所示构件的名称、截面形式和尺寸、编号等。

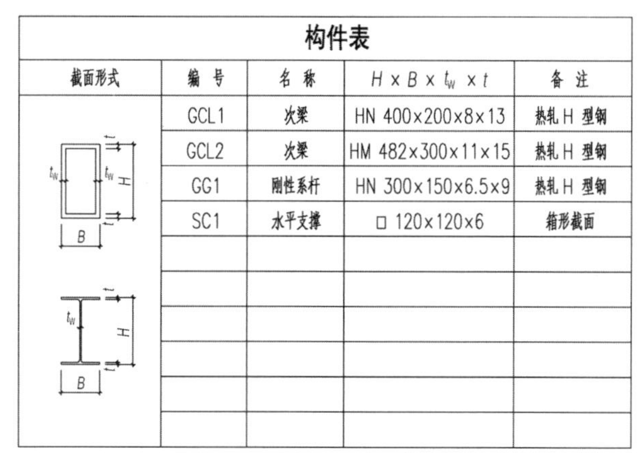

构件表

截面形式	编 号	名 称	$H \times B \times t_w \times t$	备 注
	GCL1	次梁	HN 400x200x8x13	热轧 H 型钢
	GCL2	次梁	HM 482x300x11x15	热轧 H 型钢
	GG1	刚性系杆	HN 300x150x6.5x9	热轧 H 型钢
	SC1	水平支撑	□ 120x120x6	箱形截面

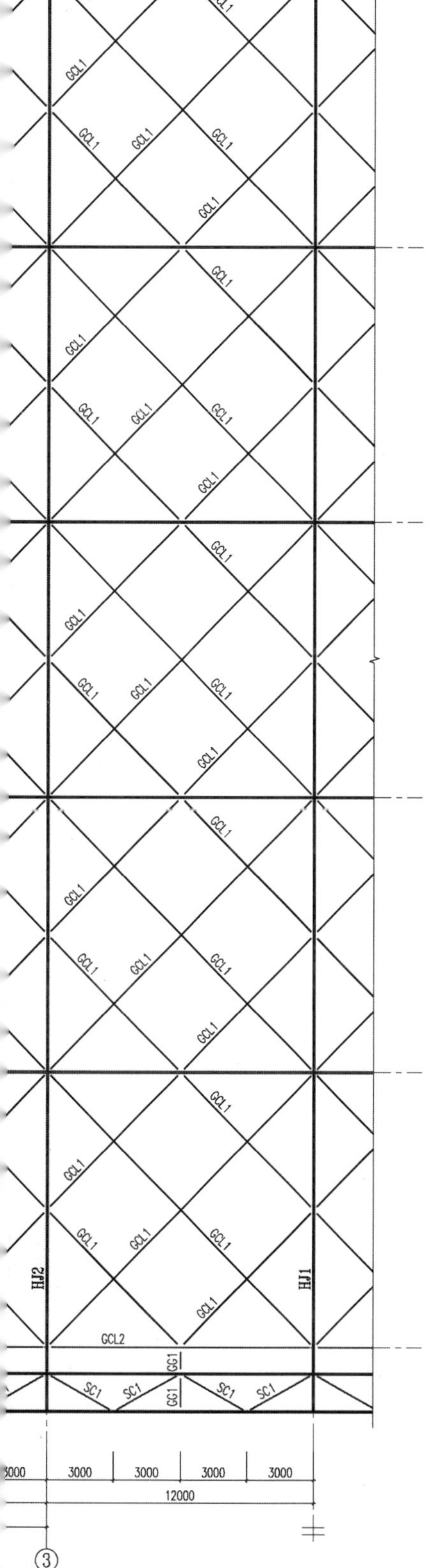

说明：HJ1–HJ7详见桁架立面图。

分类		
钢结构的结构平面图. 大跨钢结构		
图名		
例4-屋顶钢桁架上弦平面布置图		
图号	比例	页码
3-4-1		3-16

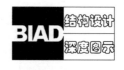

BIAD 结构设计深度图示
北京市建筑设计研究院有限公司
BEIJING INSTITUTE OF ARCHITECTURAL DESIGN

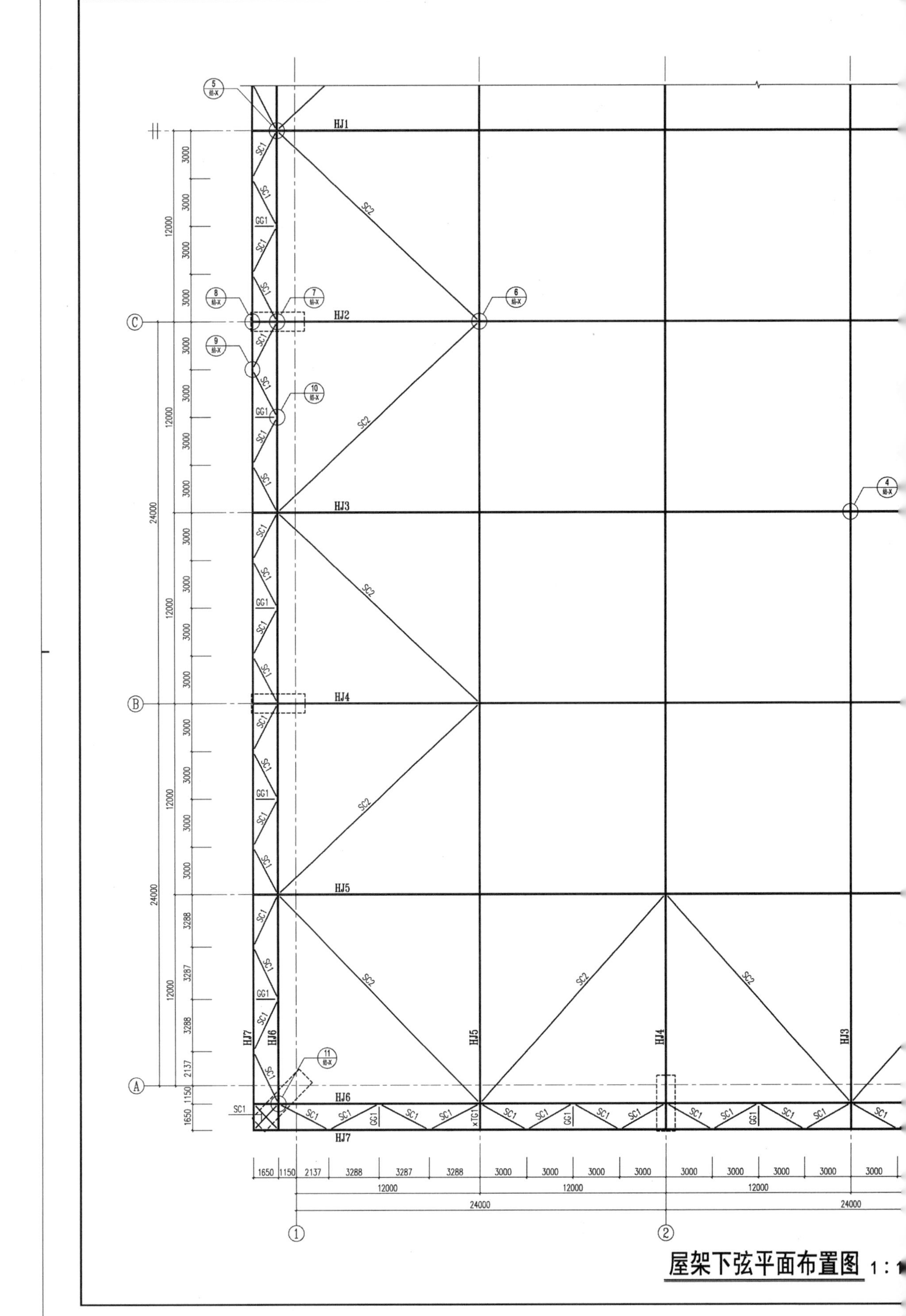

示例说明 1. 此图是“A0”布图的示意，包含屋架下弦平面布置图、下弦构件的构件表。

2. 平面布置图采用正投影法表示，绘制比例1：100，绘制与标注的内容：定位轴线及标注；钢结构构件(包括钢桁架、系刚性杆、水平支撑)的平面位置、编号、和轴线的定位关系，支座的平面位置；节点详图索引号；必要的文字说明。

3. 构件表列出本图所示构件的名称、截面形式和尺寸、编号等。

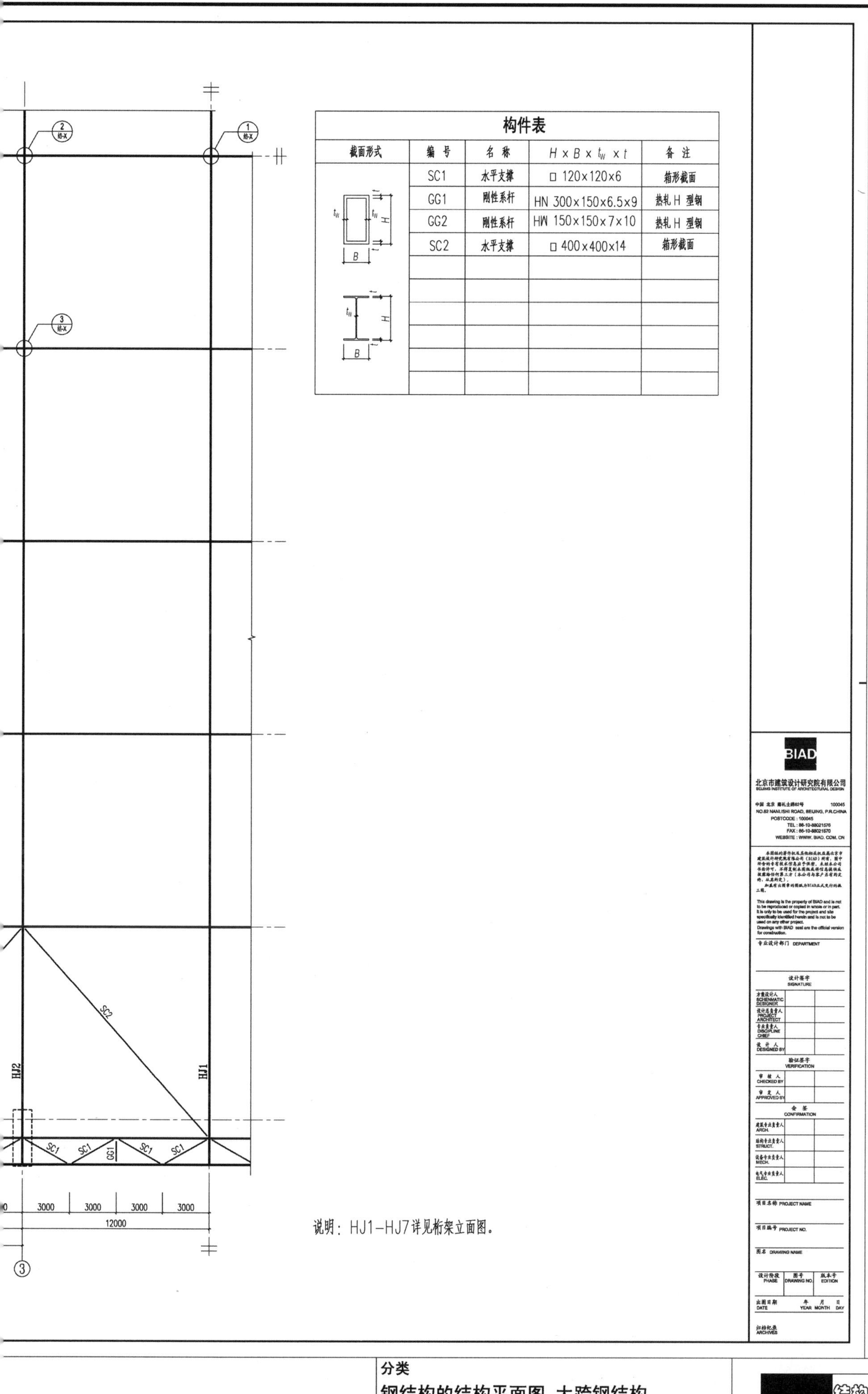

构件表

截面形式	编号	名称	$H \times B \times t_w \times t$	备注
	SC1	水平支撑	□ 120x120x6	箱形截面
	GG1	刚性系杆	HN 300x150x6.5x9	热轧 H 型钢
	GG2	刚性系杆	HW 150x150x7x10	热轧 H 型钢
	SC2	水平支撑	□ 400x400x14	箱形截面

说明：HJ1-HJ7详见桁架立面图。

分类		
钢结构的结构平面图．大跨钢结构		
图名		
例4-屋顶钢桁架下弦平面布置图		
图号 3-4-2	比例	页码 3-17

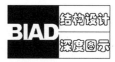

BIAD 结构设计 深度图示
北京市建筑设计研究院有限公司
BEIJING INSTITUTE OF ARCHITECTURAL DESIGN

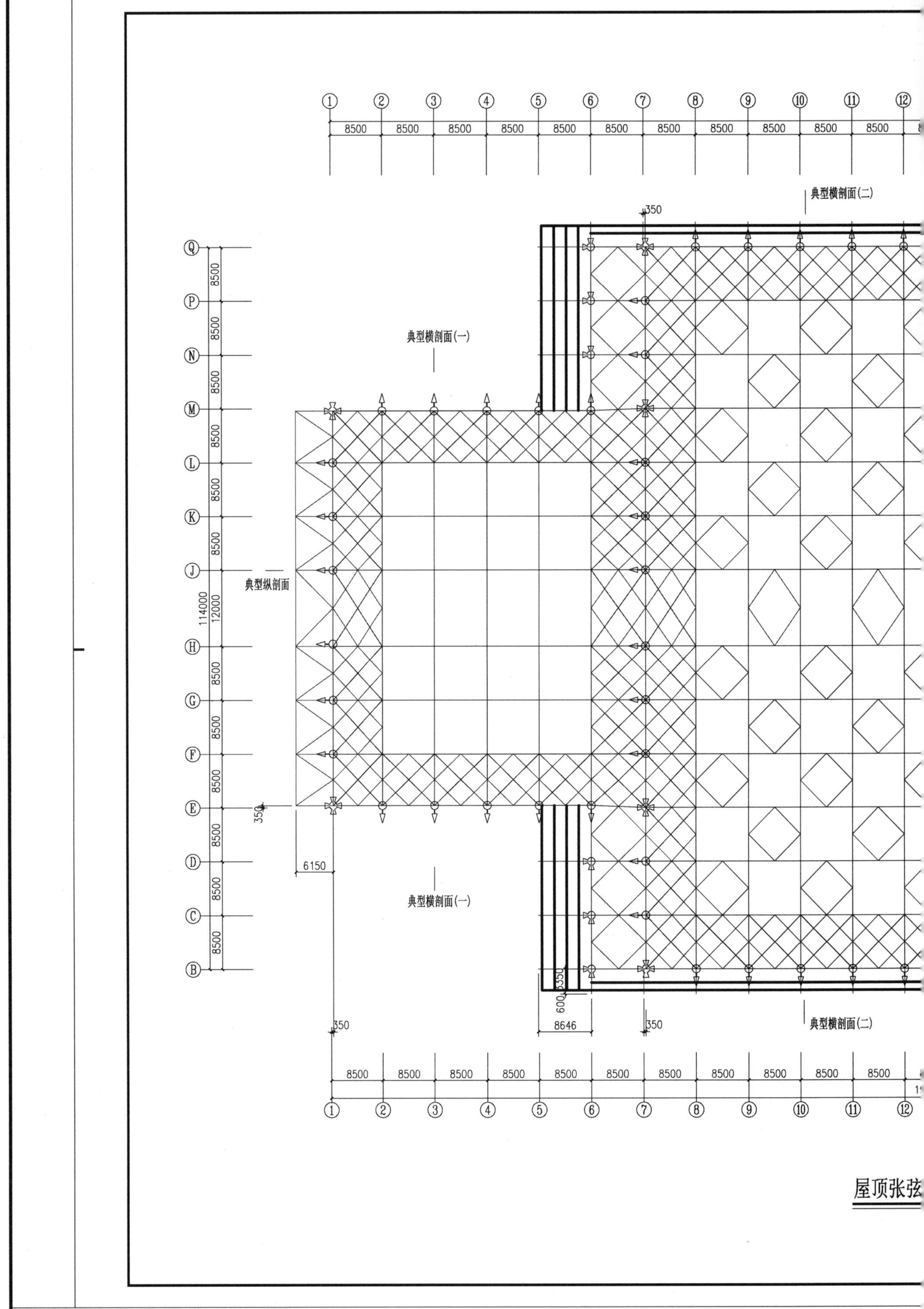

示例说明 1. 此图是“A1”布图的示意，主要内容为钢结构屋顶张弦桁架结构的平面布置图。

2. 图中线条代表各类结构构件的布置情况，图例中符号代表不同类型支座。

3. 图中所注各个典型剖面详见“屋顶张弦桁架结构剖面图”。

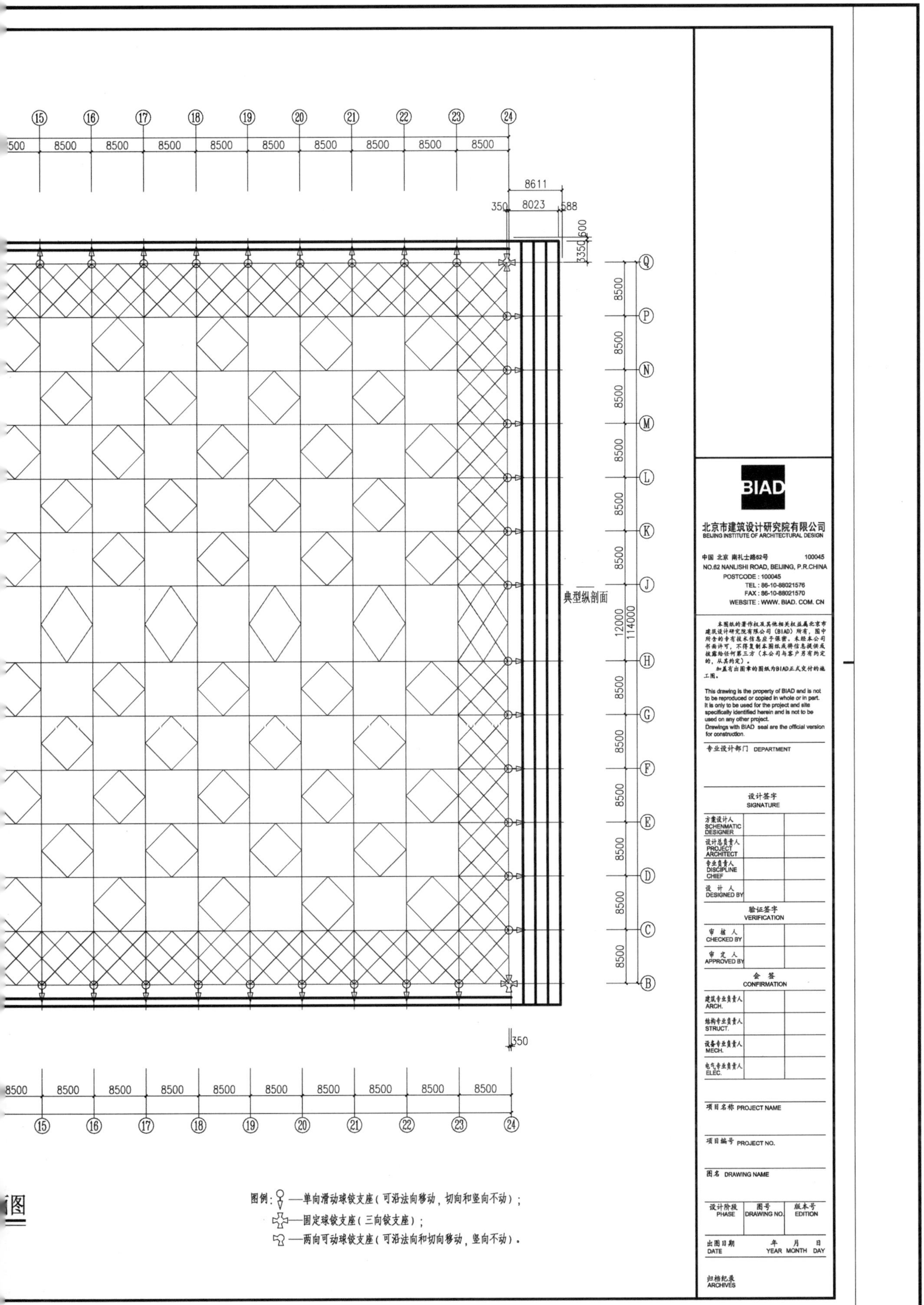

图例：—单向滑动球铰支座（可沿法向移动，切向和竖向不动）；
—固定球铰支座（三向铰支座）；
—两向可动球铰支座（可沿法向和切向移动，竖向不动）。

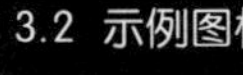

北京市建筑设计研究院有限公司
BEIJING INSTITUTE OF ARCHITECTURAL DESIGN
中国 北京 南礼士路62号 100045
NO.62 NANLISHI ROAD, BEIJING, P.R.CHINA
POSTCODE：100045
TEL：86-10-88021576
FAX：86-10-88021570
WEBSITE：WWW.BIAD.COM.CN

专业设计部门 DEPARTMENT

设计签字 SIGNATURE		
方案设计人 SCHEMATIC DESIGNER		
设计总负责人 PROJECT ARCHITECT		
专业负责人 DISCIPLINE CHIEF		
设 计 人 DESIGNED BY		
验证签字 VERIFICATION		
审 核 人 CHECKED BY		
审 定 人 APPROVED BY		
会 签 CONFIRMATION		
建筑专业负责人 ARCH.		
结构专业负责人 STRUCT.		
设备专业负责人 MECH.		
电气专业负责人 ELEC.		

项目名称 PROJECT NAME

项目编号 PROJECT NO.

图名 DRAWING NAME

设计阶段 PHASE	图号 DRAWING NO.	版本号 EDITION

出图日期 DATE 年 YEAR 月 MONTH 日 DAY

归档纪录 ARCHIVES

图

分类		
钢结构的结构平面图. 大跨钢结构		
图名		
例5-屋顶张弦桁架结构平面图		
图号	比例	页码
3-5-1		3-18

北京市建筑设计研究院有限公司
BEIJING INSTITUTE OF ARCHITECTURAL DESIGN

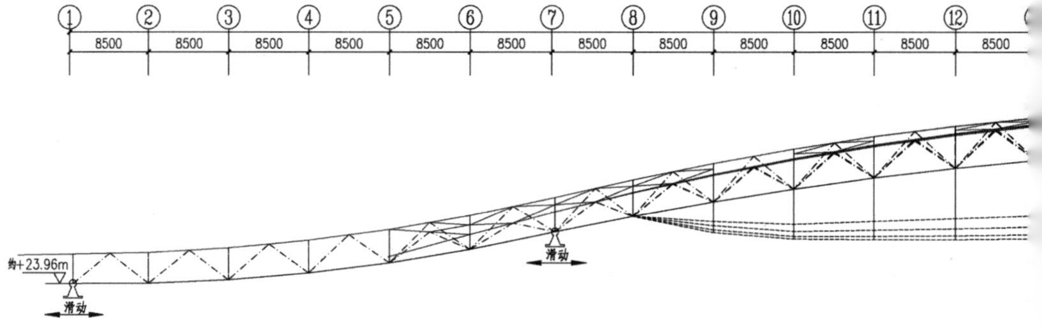

屋顶侧立

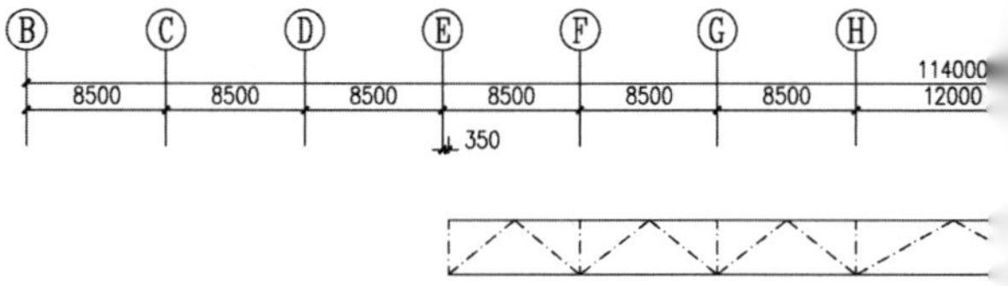

屋顶典型横剖面

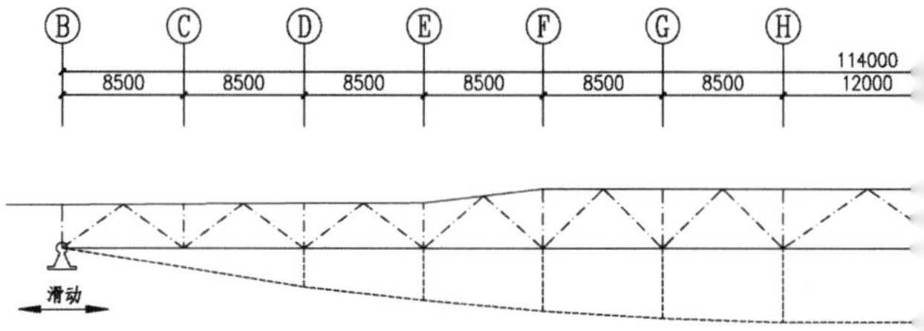

屋顶典型横剖面

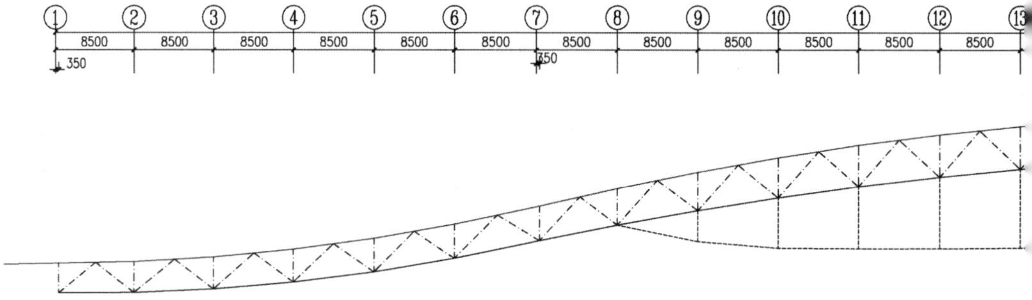

屋顶典型纵

示例说明 1. 此图是“A1”布图的示意，主要内容为屋顶张弦桁架结构的侧立面和各个典型剖面图。

2. 图中线条表示了张弦桁架结构侧立面形态，各个典型剖面表示了上弦杆、腹杆、下弦杆、撑杆、钢索和支座之间的相互关系，以及结构的网格尺寸和轴线定位。

3. 图中各个典型剖面索引详见“屋顶张弦桁架结构平面图”。

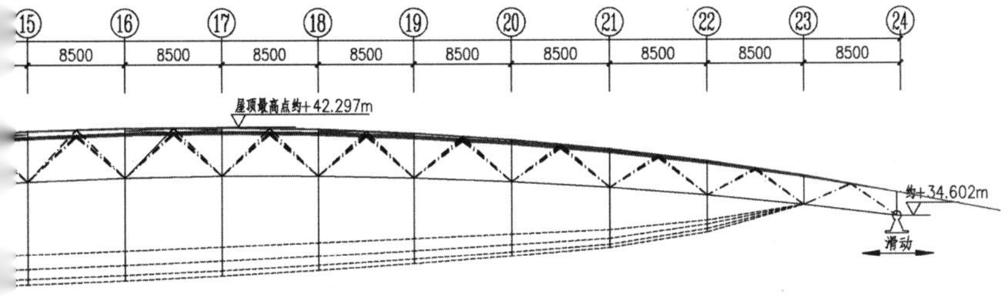

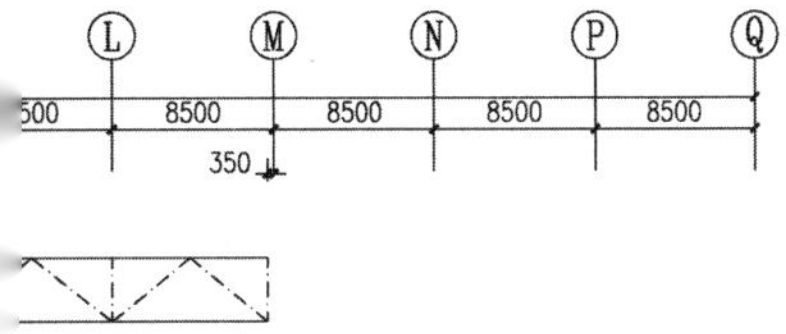

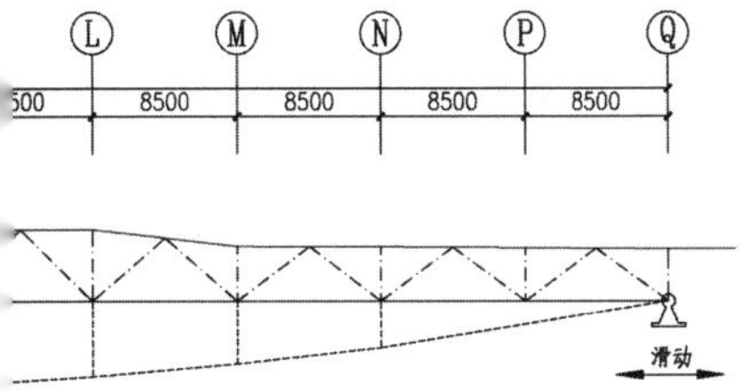

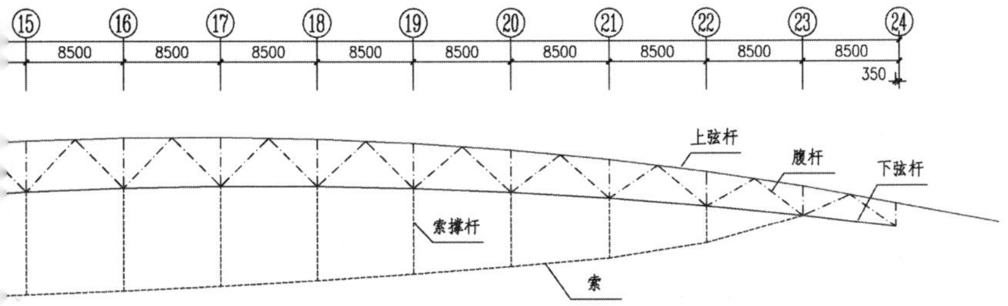

BIAD
北京市建筑设计研究院有限公司
BEIJING INSTITUTE OF ARCHITECTURAL DESIGN

中国 北京 南礼士路62号 100045
NO.62 NANLISHI ROAD, BEIJING, P.R.CHINA
POSTCODE : 100045
TEL : 86-10-88021576
FAX : 86-10-88021570
WEBSITE : WWW. BIAD. COM. CN

专业设计部门 DEPARTMENT

设计签字 SIGNATURE

方案设计人 SCHENMATIC DESIGNER	
设计总负责人 PROJECT ARCHITECT	
专业负责人 DISCIPLINE CHIEF	
设计人 DESIGNED BY	

验证签字 VERIFICATION

审核人 CHECKED BY	
审定人 APPROVED BY	

会签 CONFIRMATION

建筑专业负责人 ARCH.	
结构专业负责人 STRUCT.	
设备专业负责人 MECH.	
电气专业负责人 ELEC.	

项目名称 PROJECT NAME

项目编号 PROJECT NO.

图名 DRAWING NAME

设计阶段 PHASE	图号 DRAWING NO.	版本号 EDITION

出图日期 DATE 年 YEAR 月 MONTH 日 DAY

归档纪录 ARCHIVES

分类
钢结构的结构平面图. 大跨钢结构

图名
例5-屋顶张弦桁架结构剖面图

图号	比例	页码
3-5-2		3-19

北京市建筑设计研究院有限公司
BEIJING INSTITUTE OF ARCHITECTURAL DESIGN

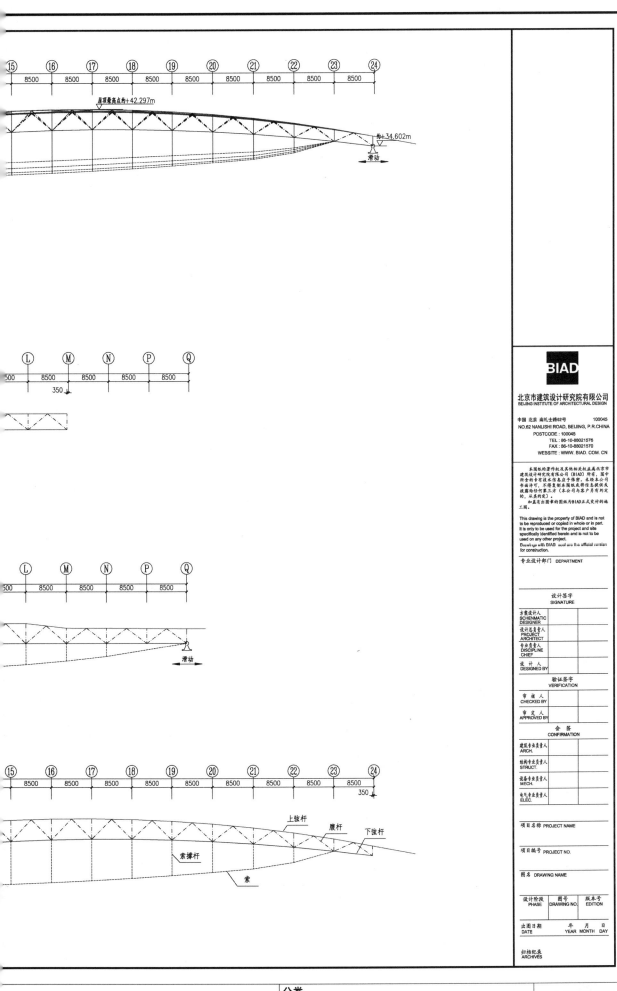

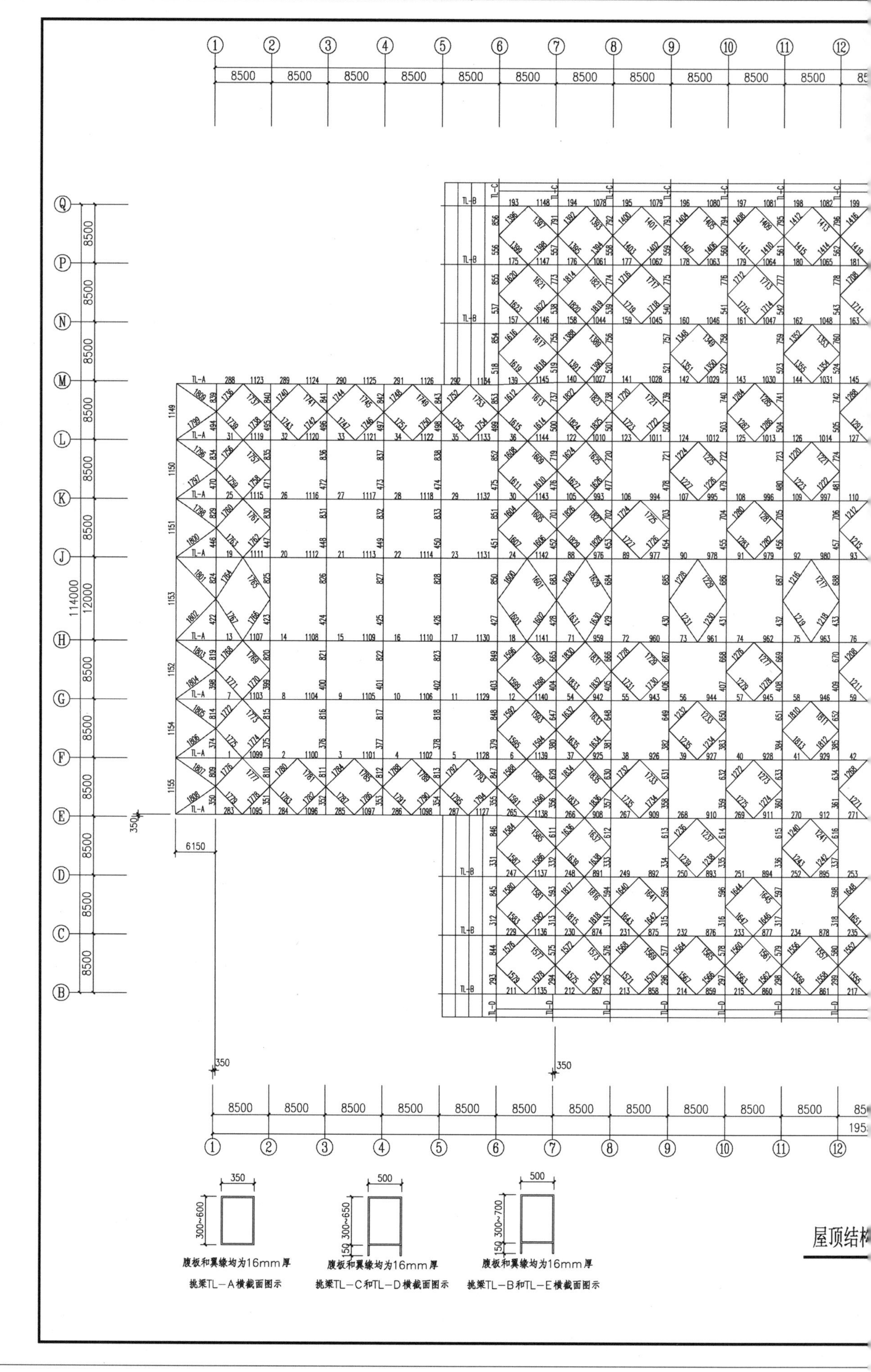

示例说明 1. 此图是“A1”布图的示意，主要内容为屋顶张弦桁架结构上弦杆件编号图。

2. 图中线条代表上弦杆件及挑梁杆件，数字为相应杆件的编号。

3. 图中杆件截面为几种类型挑梁构件的截面。

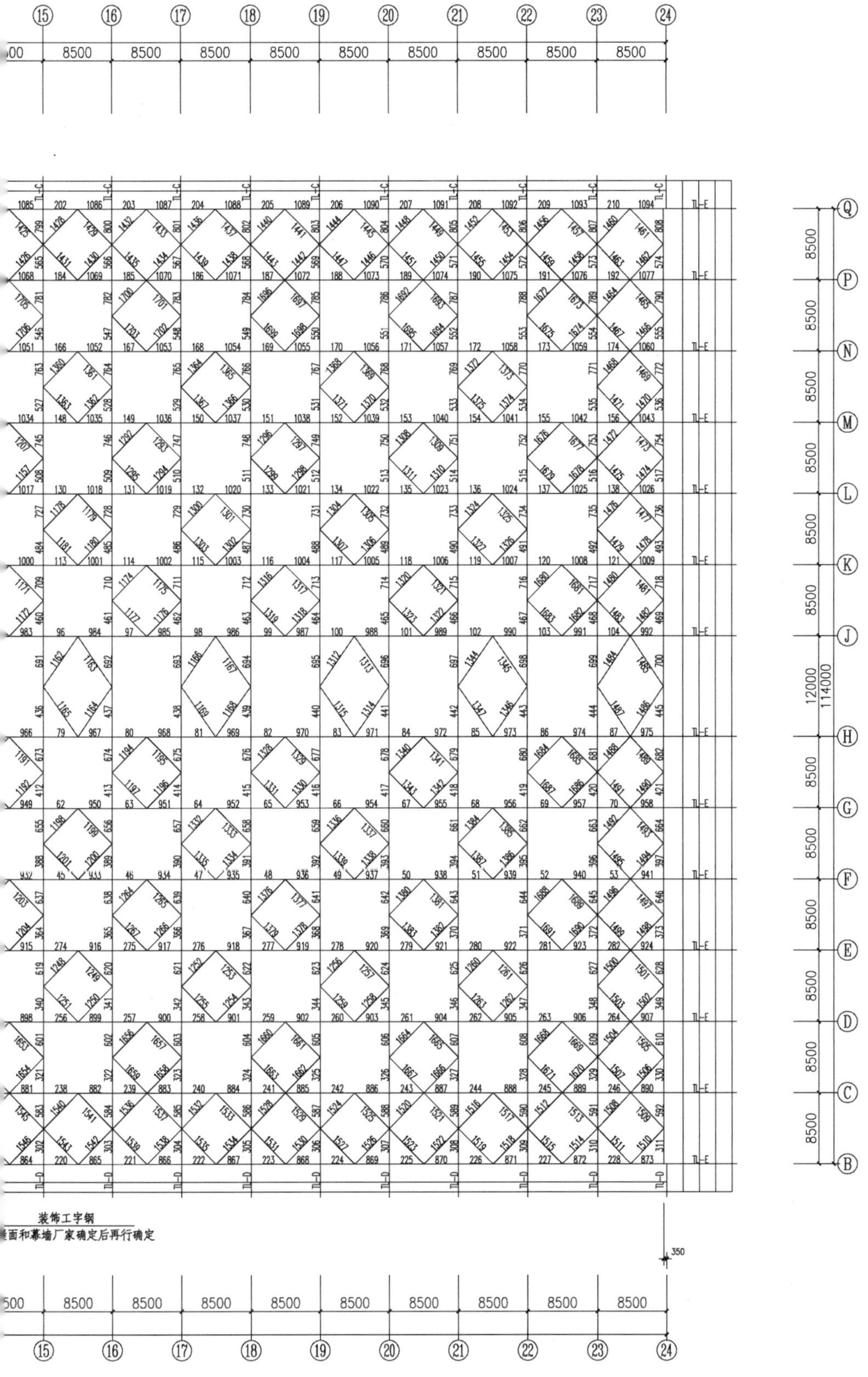

8500 8500 8500 8500 8500 8500 8500 8500 8500

装饰工字钢
屋面和幕墙厂家确定后再行确定

注：挑梁长度和曲线形式详建筑图。

北京市建筑设计研究院有限公司
BEIJING INSTITUTE OF ARCHITECTURAL DESIGN

中国 北京 南礼士路62号 100045
NO.62 NANLISHI ROAD, BEIJING, P.R.CHINA
POSTCODE : 100045
TEL : 86-10-88021576
FAX : 86-10-88021570
WEBSITE : WWW. BIAD. COM. CN

专业设计部门 DEPARTMENT

设计签字 SIGNATURE

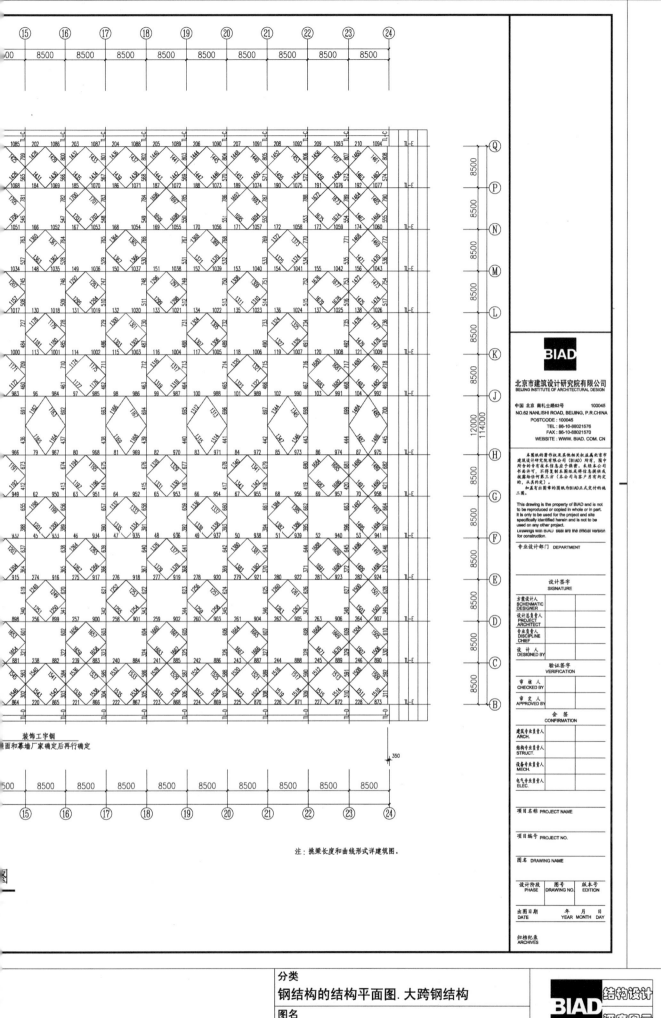

方案设计人 SCHEMATIC DESIGNER
设计总负责人 PROJECT ARCHITECT
专业负责人 DISCIPLINE CHIEF
设计人 DESIGNED BY

验证签字 VERIFICATION

审核人 CHECKED BY
审定人 APPROVED BY

会签 CONFIRMATION

建筑专业负责人 ARCH.
结构专业负责人 STRUCT.
设备专业负责人 MECH.
电气专业负责人 ELEC.

项目名称 PROJECT NAME
项目编号 PROJECT NO.
图名 DRAWING NAME
设计阶段 PHASE | 图号 DRAWING NO. | 版本号 EDITION
出图日期 DATE 年 YEAR 月 MONTH 日 DAY
归档纪录 ARCHIVES

分类		
钢结构的结构平面图. 大跨钢结构		
图名		
例5-屋顶张弦桁架上弦杆件编号图		
图号	比例	页码
3-5-3		3-20

北京市建筑设计研究院有限公司
BEIJING INSTITUTE OF ARCHITECTURAL DESIGN

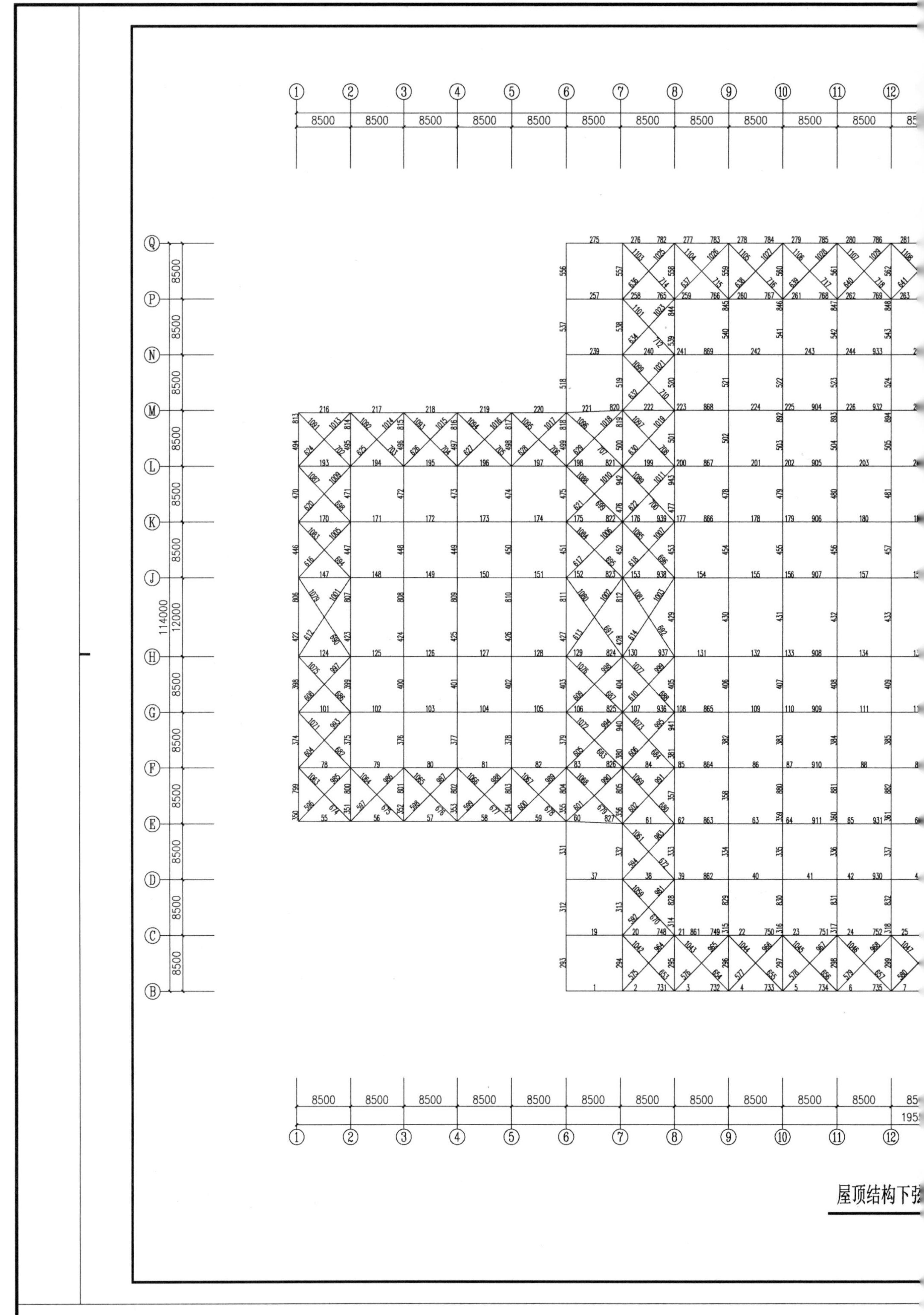

示例说明 1. 此图是“A1”布图的示意，主要内容为屋顶张弦桁架结构下弦杆件编号图。

2. 图中线条代表下弦杆件，数字为相应杆件的编号。

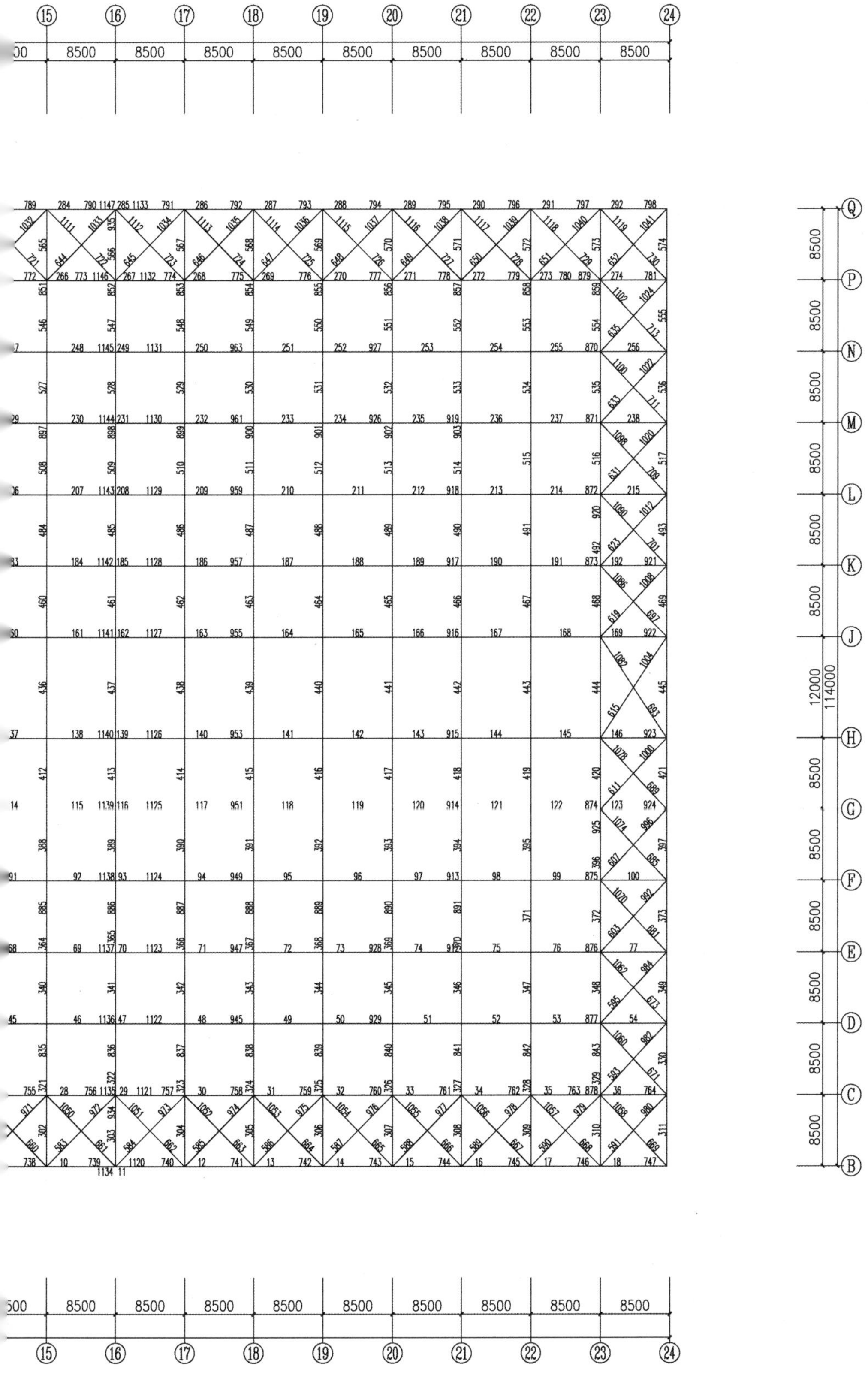

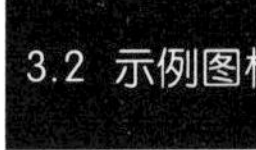

(15) (16) (17) (18) (19) (20) (21) (22) (23) (24)

8500 8500 8500 8500 8500 8500 8500 8500 8500

(Q) (P) (N) (M) (L) (K) (J) (H) (G) (F) (E) (D) (C) (B)

8500 8500 8500 8500 8500 8500 12000 8500 8500 8500 8500 8500 8500

114000

BIAD

北京市建筑设计研究院有限公司
BEIJING INSTITUTE OF ARCHITECTURAL DESIGN

中国 北京 南礼士路62号 100045
NO.62 NANLISHI ROAD, BEIJING, P.R.CHINA
POSTCODE : 100045
TEL : 86-10-88021576
FAX : 86-10-68021570
WEBSITE : WWW. BIAD. COM. CN

专业设计部门 DEPARTMENT

设计签字 SIGNATURE

方案设计人 SCHENMATIC DESIGNER

设计总负责人 PROJECT ARCHITECT

专业负责人 DISCIPLINE CHIEF

设计人 DESIGNED BY

验证签字 VERIFICATION

审核人 CHECKED BY

审定人 APPROVED BY

会签 CONFIRMATION

建筑专业负责人 ARCH.

结构专业负责人 STRUCT.

设备专业负责人 MECH.

电气专业负责人 ELEC.

项目名称 PROJECT NAME

项目编号 PROJECT NO.

图名 DRAWING NAME

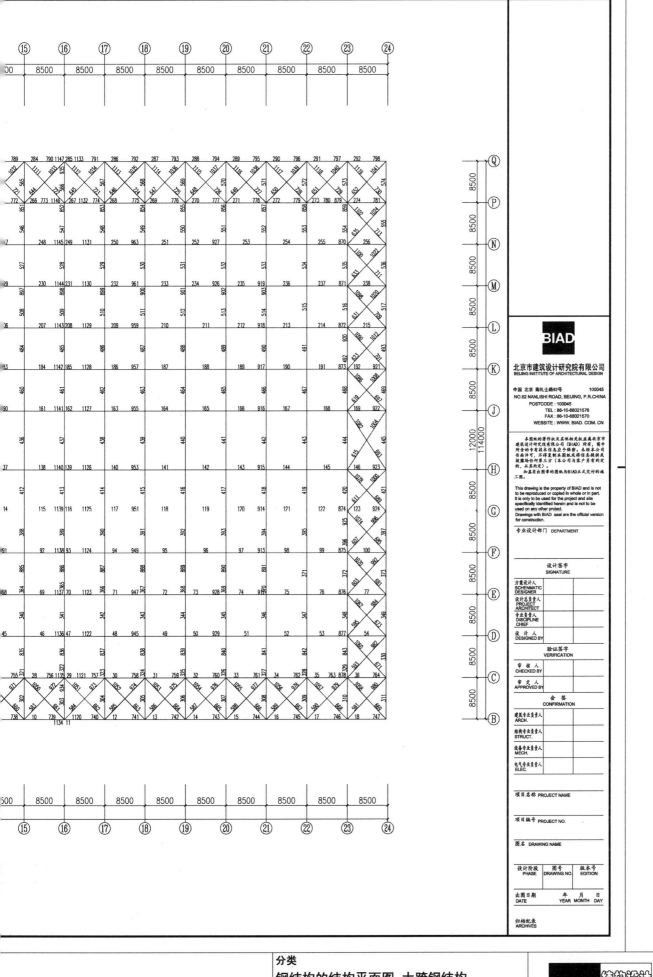

设计阶段 PHASE	图号 DRAWING NO.	版本号 EDITION

出图日期 DATE 年 YEAR 月 MONTH 日 DAY

归档纪录 ARCHIVES

分类	
钢结构的结构平面图. 大跨钢结构	
图名	
例5-屋顶张弦桁架下弦杆件编号图	
图号 3-5-4	比例	页码 3-21

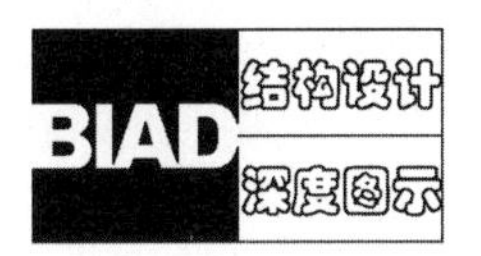

北京市建筑设计研究院有限公司
BEIJING INSTITUTE OF ARCHITECTURAL DESIGN

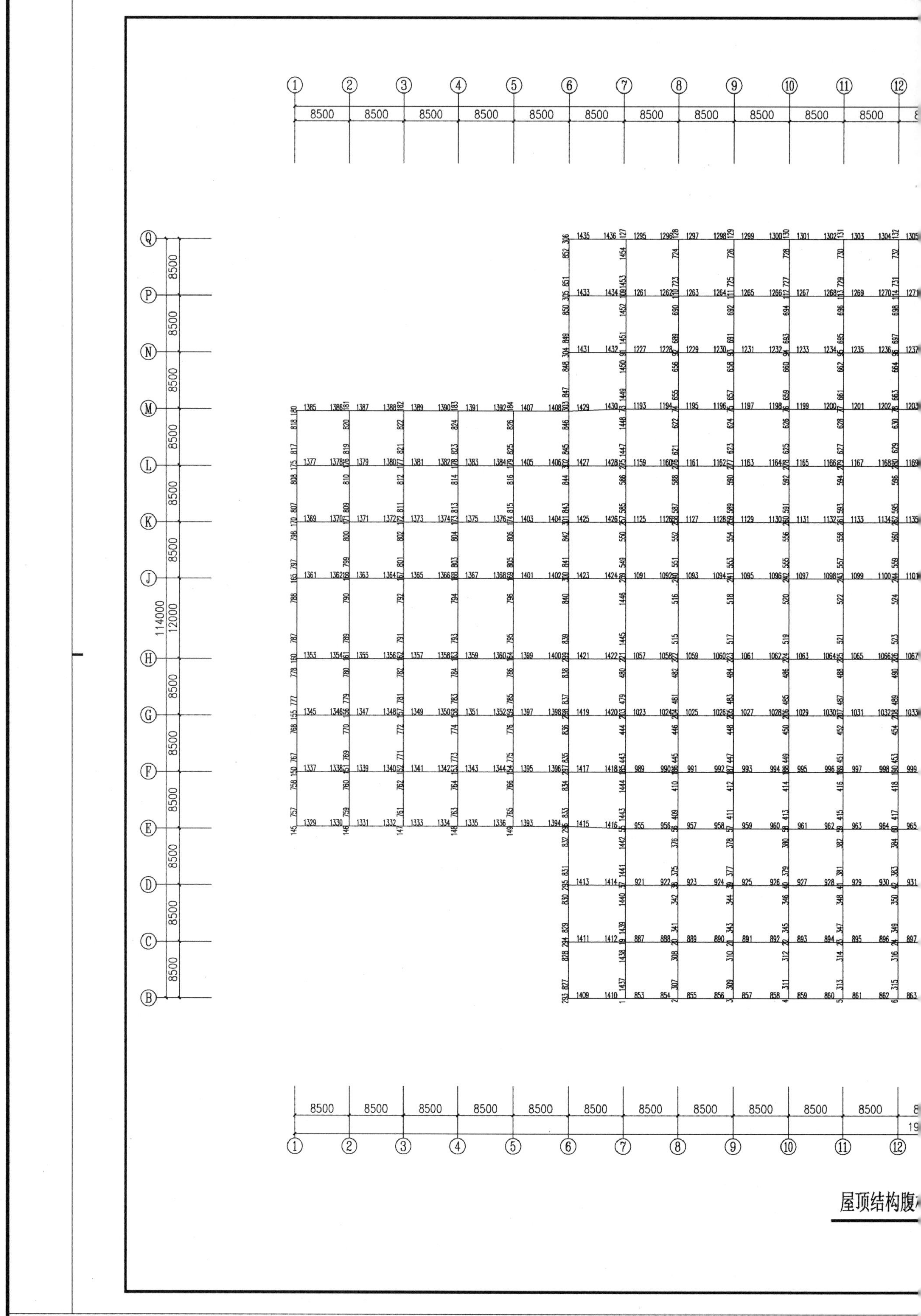

示例说明 1. 此图是“A1”布图的示意，主要内容为屋顶张弦桁架结构腹杆杆件编号图。

2. 图中线条代表腹杆杆件，数字为相应杆件的编号。

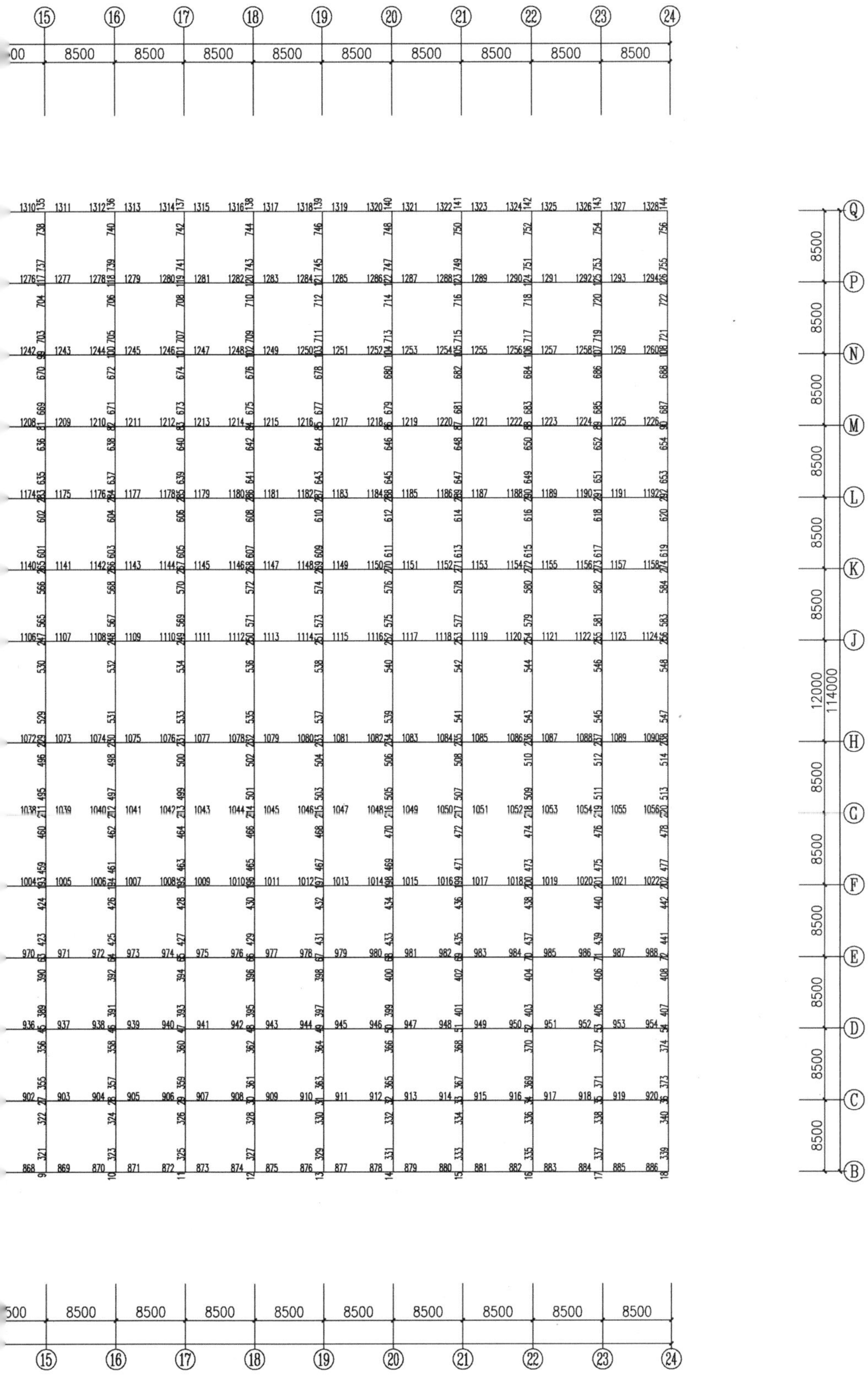

(15) (16) (17) (18) (19) (20) (21) (22) (23) (24)

00 8500 8500 8500 8500 8500 8500 8500 8500 8500

(Q) (P) (N) (M) (L) (K) (J) (H) (G) (F) (E) (D) (C) (B)

8500 8500 8500 8500 8500 8500 8500 12000 8500 8500 8500 8500 8500 8500

114000

500 8500 8500 8500 8500 8500 8500 8500 8500 8500

(15) (16) (17) (18) (19) (20) (21) (22) (23) (24)

BIAD

北京市建筑设计研究院有限公司
BEIJING INSTITUTE OF ARCHITECTURAL DESIGN

中国 北京 南礼士路62号 100045
NO.62 NANLISHI ROAD, BEIJING, P.R.CHINA
POSTCODE : 100045
TEL : 86-10-88021576
FAX : 86-10-88021570
WEBSITE : WWW. BIAD. COM. CN

专业设计部门 DEPARTMENT

设计签字 SIGNATURE

方案设计人 SCHEMATIC DESIGNER	
设计总负责人 PROJECT ARCHITECT	
专业负责人 DISCIPLINE CHIEF	
设计人 DESIGNED BY	

验证签字 VERIFICATION

审核人 CHECKED BY	
审定人 APPROVED BY	

会签 CONFIRMATION

建筑专业负责人 ARCH.	
结构专业负责人 STRUCT.	
设备专业负责人 MECH.	
电气专业负责人 ELEC.	

项目名称 PROJECT NAME

项目编号 PROJECT NO.

图名 DRAWING NAME

设计阶段 PHASE	图号 DRAWING NO.	版本号 EDITION

出图日期 DATE 年 YEAR 月 MONTH 日 DAY

归档纪录 ARCHIVES

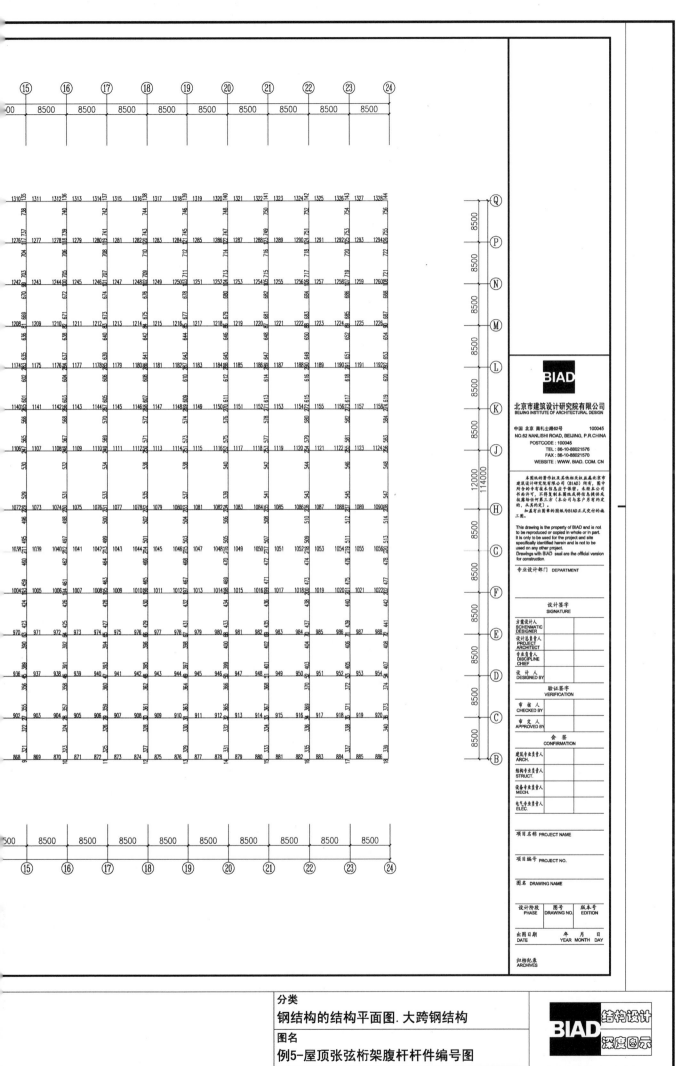

分类	
钢结构的结构平面图. 大跨钢结构	
图名	
例5-屋顶张弦桁架腹杆杆件编号图	

图号	比例	页码
3-5-5		3-22

北京市建筑设计研究院有限公司
BEIJING INSTITUTE OF ARCHITECTURAL DESIGN

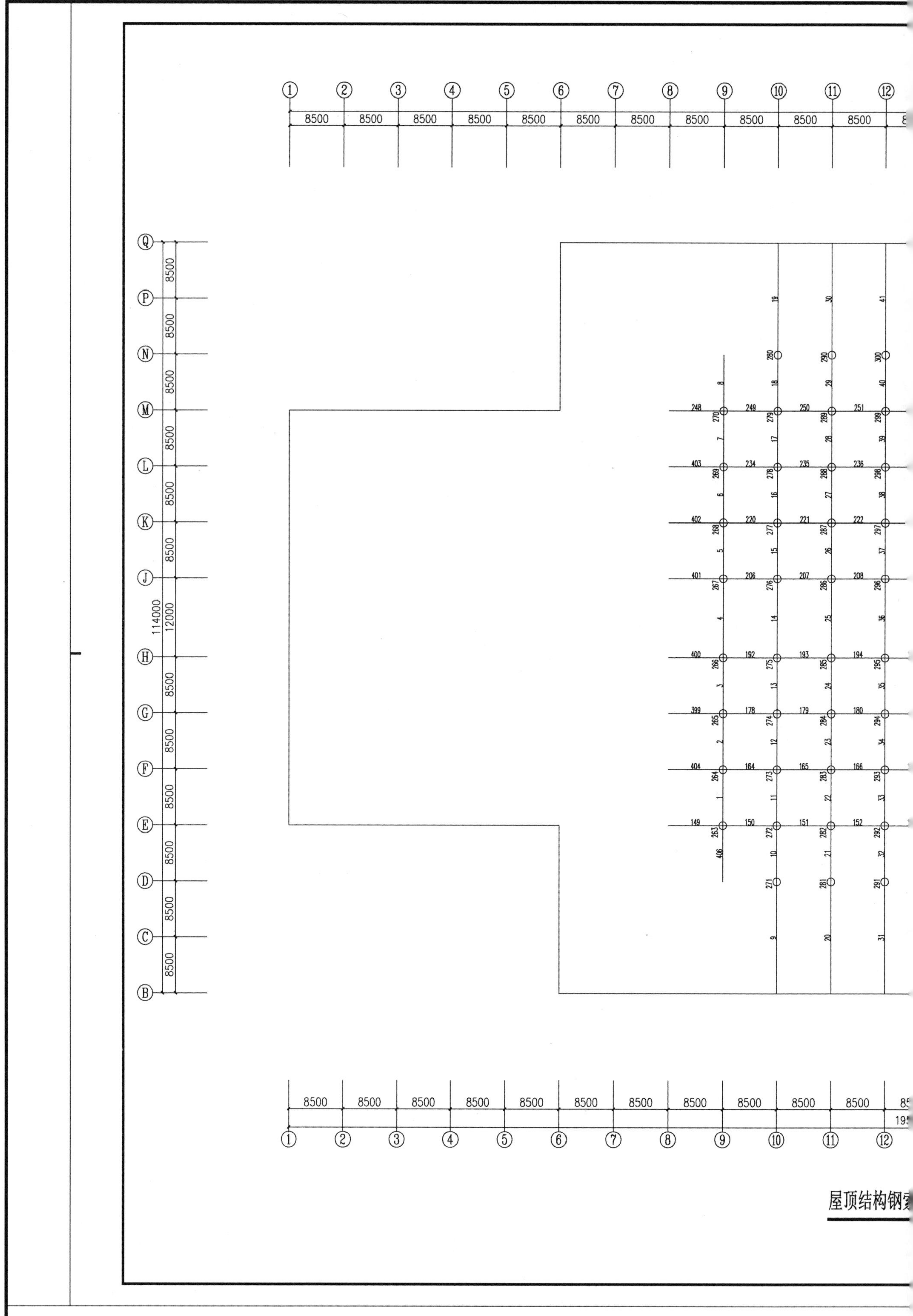

示例说明 1. 此图是“A1”布图的示意，主要内容为屋顶张弦桁架结构钢索及撑杆杆件编号图。

2. 图中线条代表钢索及撑杆杆件，数字为相应钢索和撑杆杆件的编号。

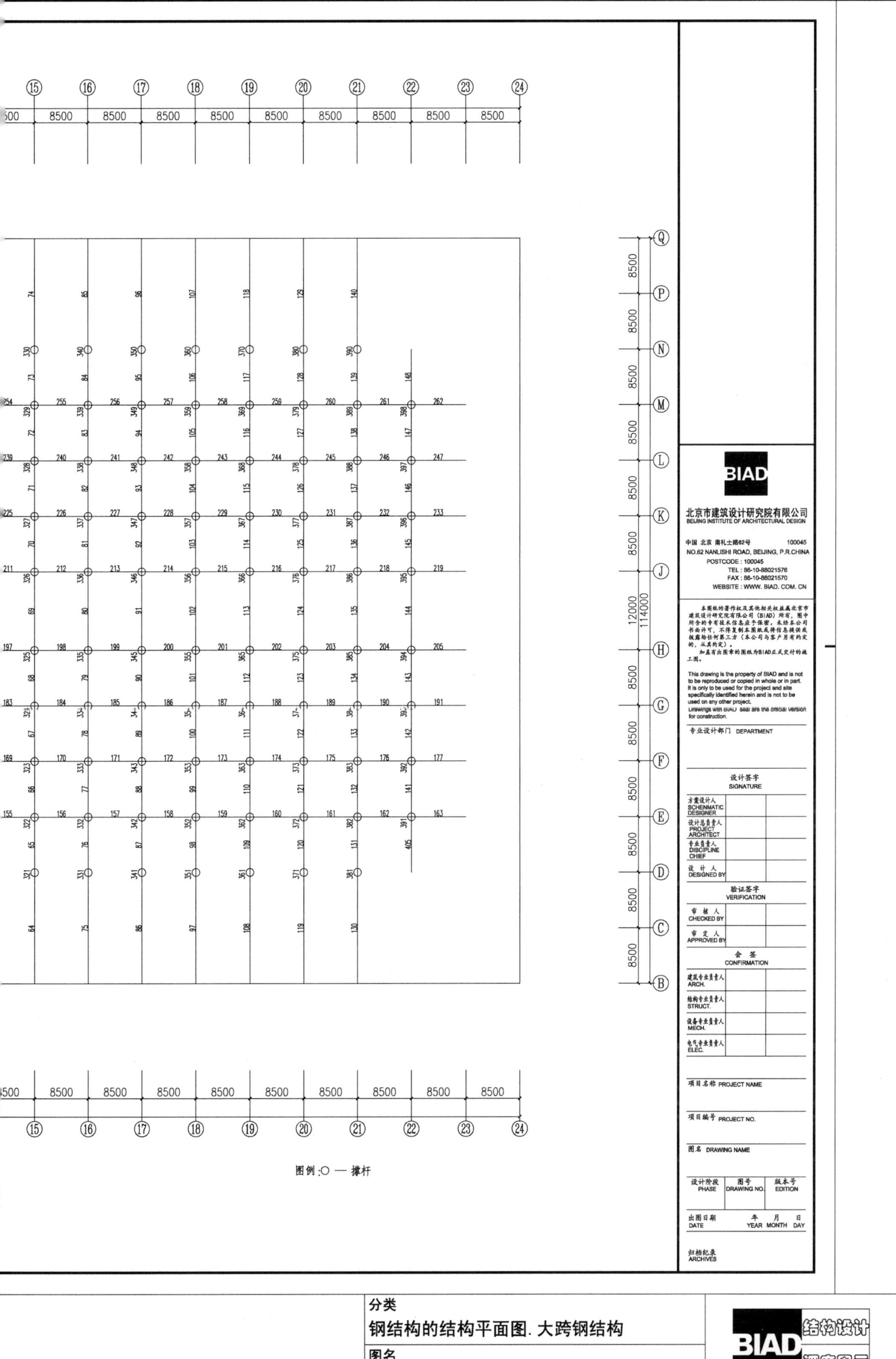

分类 钢结构的结构平面图. 大跨钢结构			北京市建筑设计研究院有限公司 BEIJING INSTITUTE OF ARCHITECTURAL DESIGN
图名 例5-屋顶张弦桁架钢索和撑杆杆件编号图			
图号 3-5-6	比例	页码 3-23	

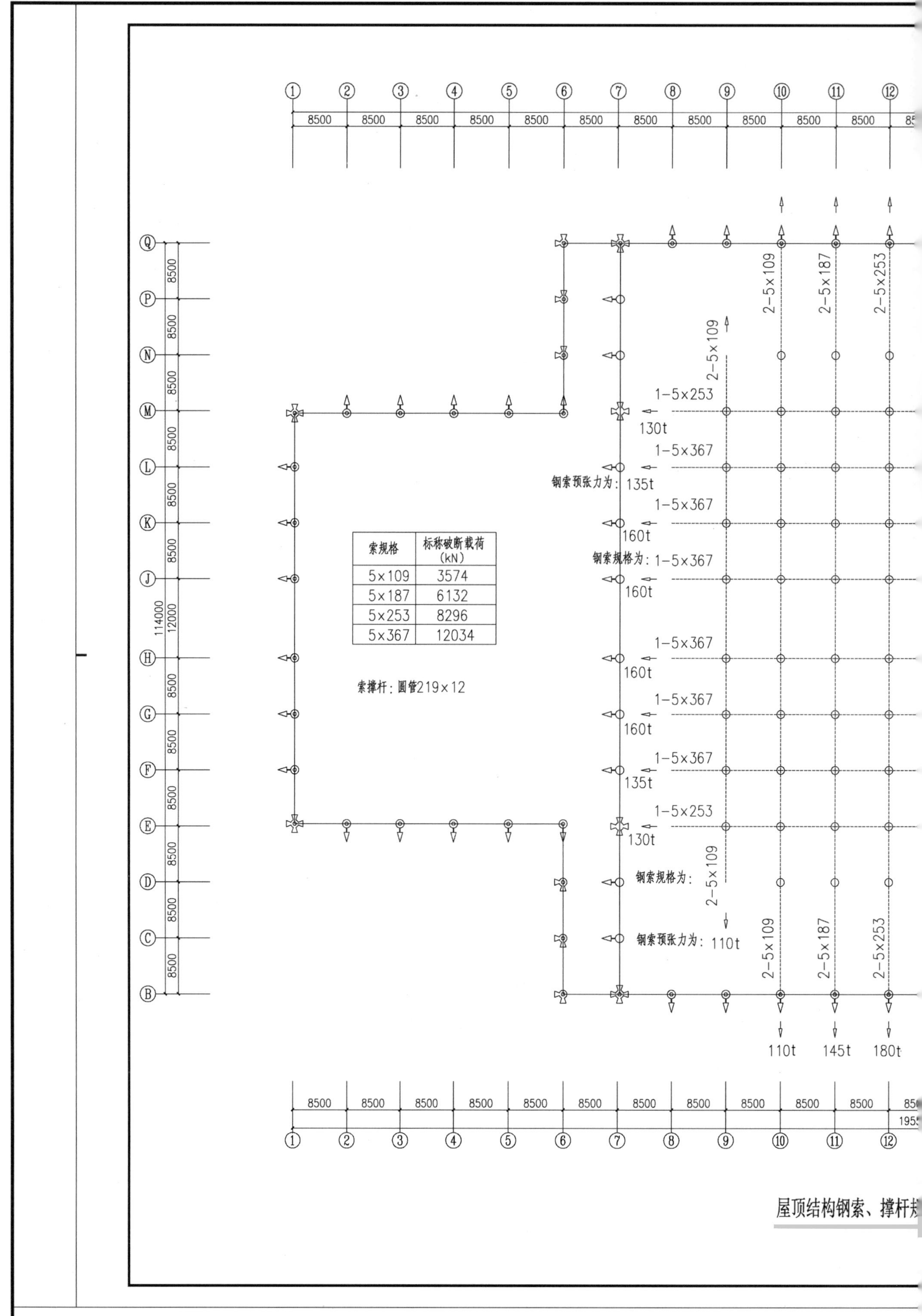

索规格	标称破断载荷 (kN)
5x109	3574
5x187	6132
5x253	8296
5x367	12034

示例说明 1. 此图是“A1”布图的示意，主要内容为屋顶张弦桁架结构钢索、索撑杆规格及索力分布图。

2. 图中详细标注了各个钢索的规格及钢索预张力数值，以及对钢索的特性要求。

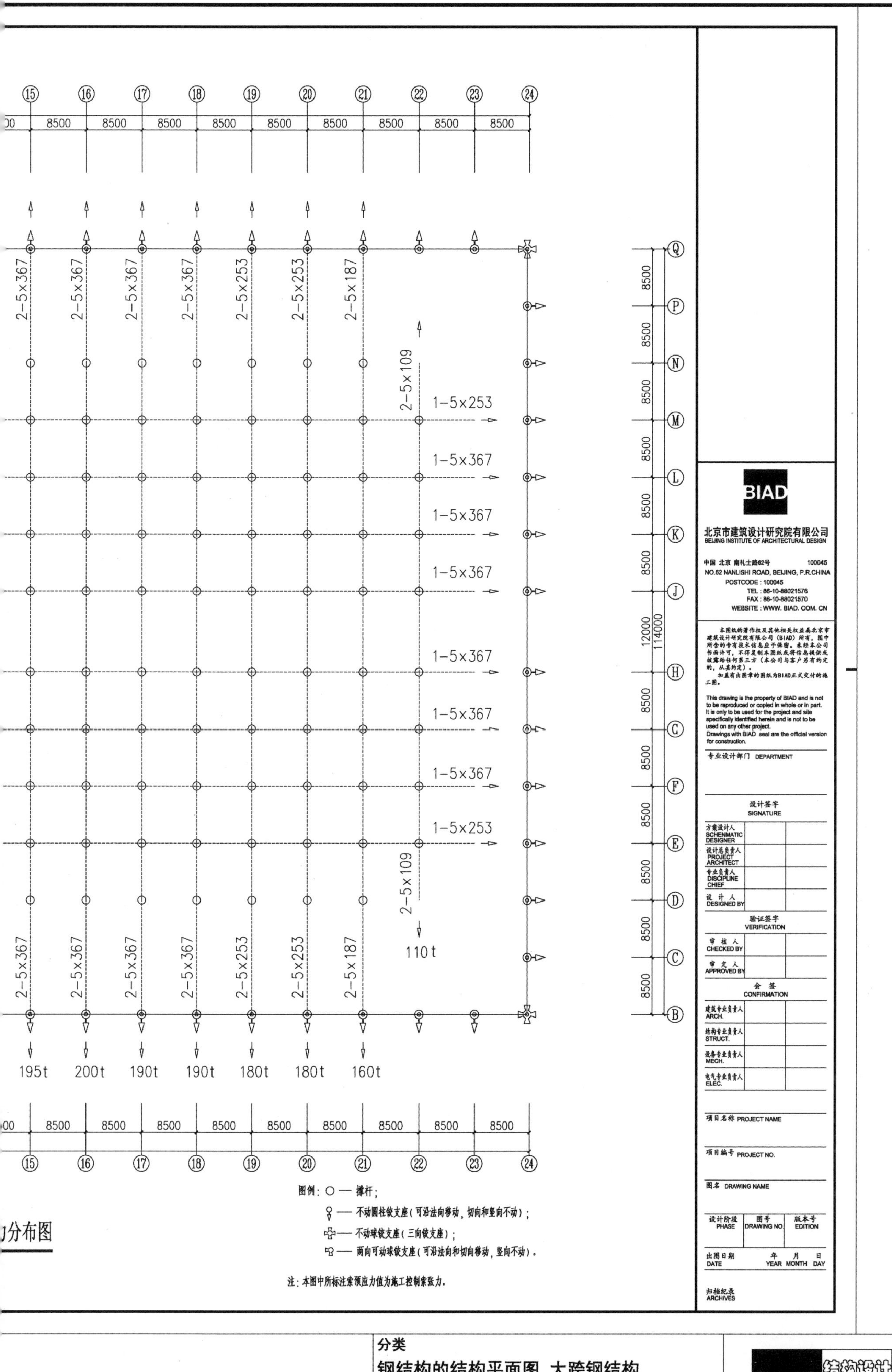

分类		
钢结构的结构平面图. 大跨钢结构		
图名		
例5-屋顶张弦桁架钢索、撑杆规格与钢索预张力分布图		
图号 3-5-7	比例	页码 3-24

BIAD 结构设计 深度图示

北京市建筑设计研究院有限公司
BEIJING INSTITUTE OF ARCHITECTURAL DESIGN

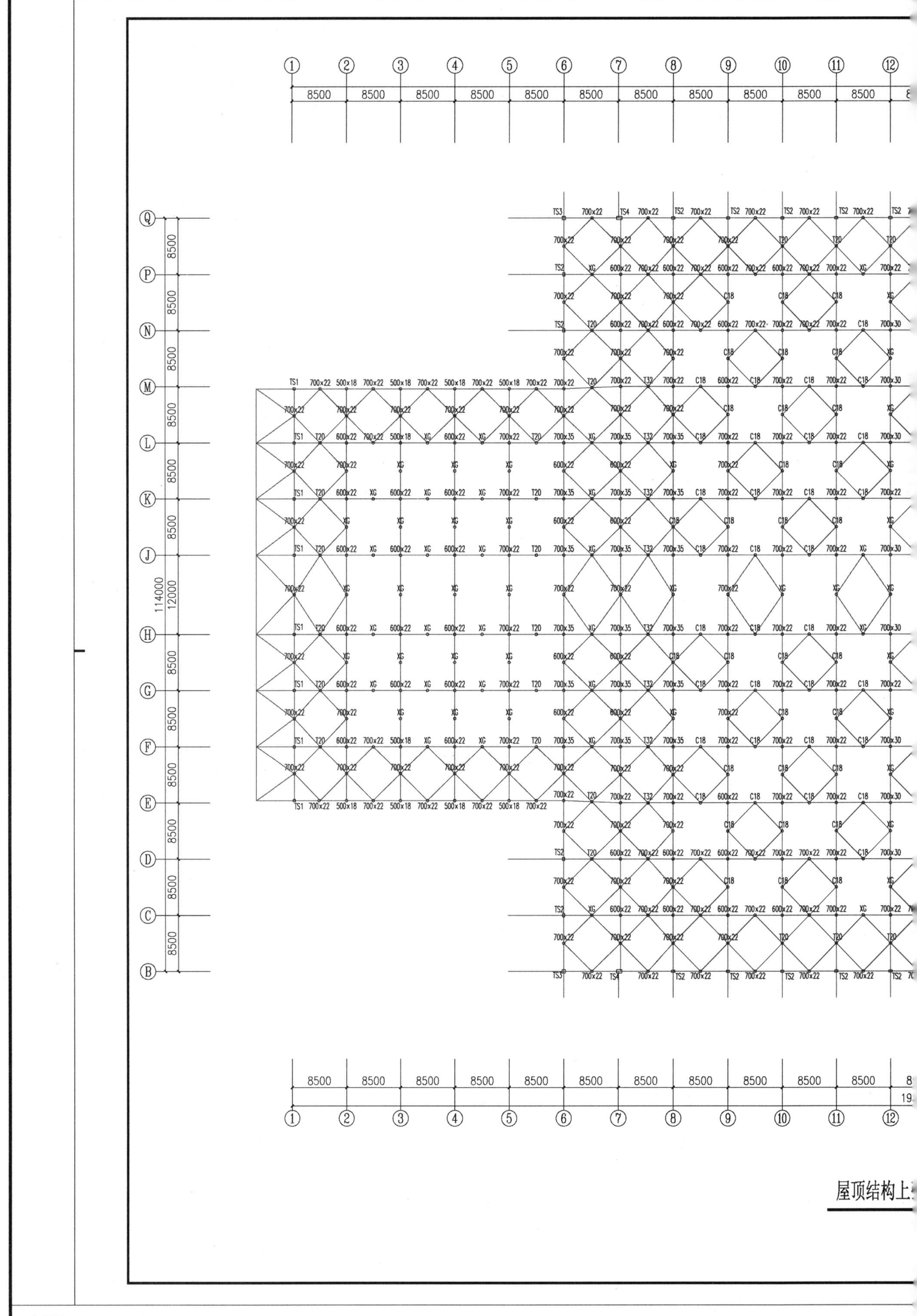

示例说明 1. 此图是“A1”布图的示意，主要内容为屋顶张弦桁架结构上弦节点形式分布图。

2. 图中详细标注了上弦面内各个节点的节点形式代号。

3. 图中所注各个节点代号详见相关节点大样图。

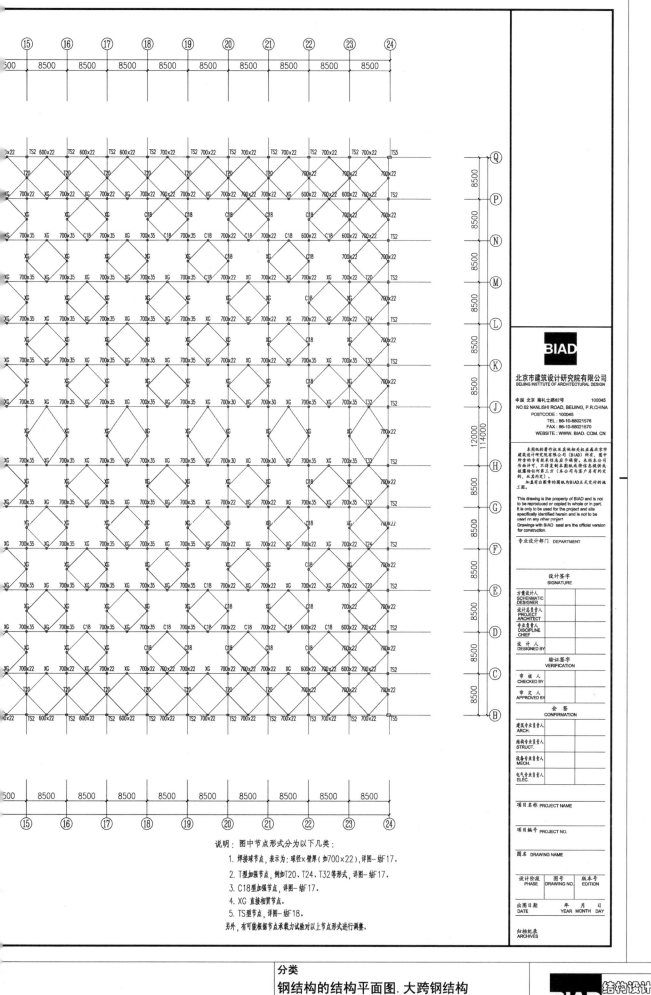

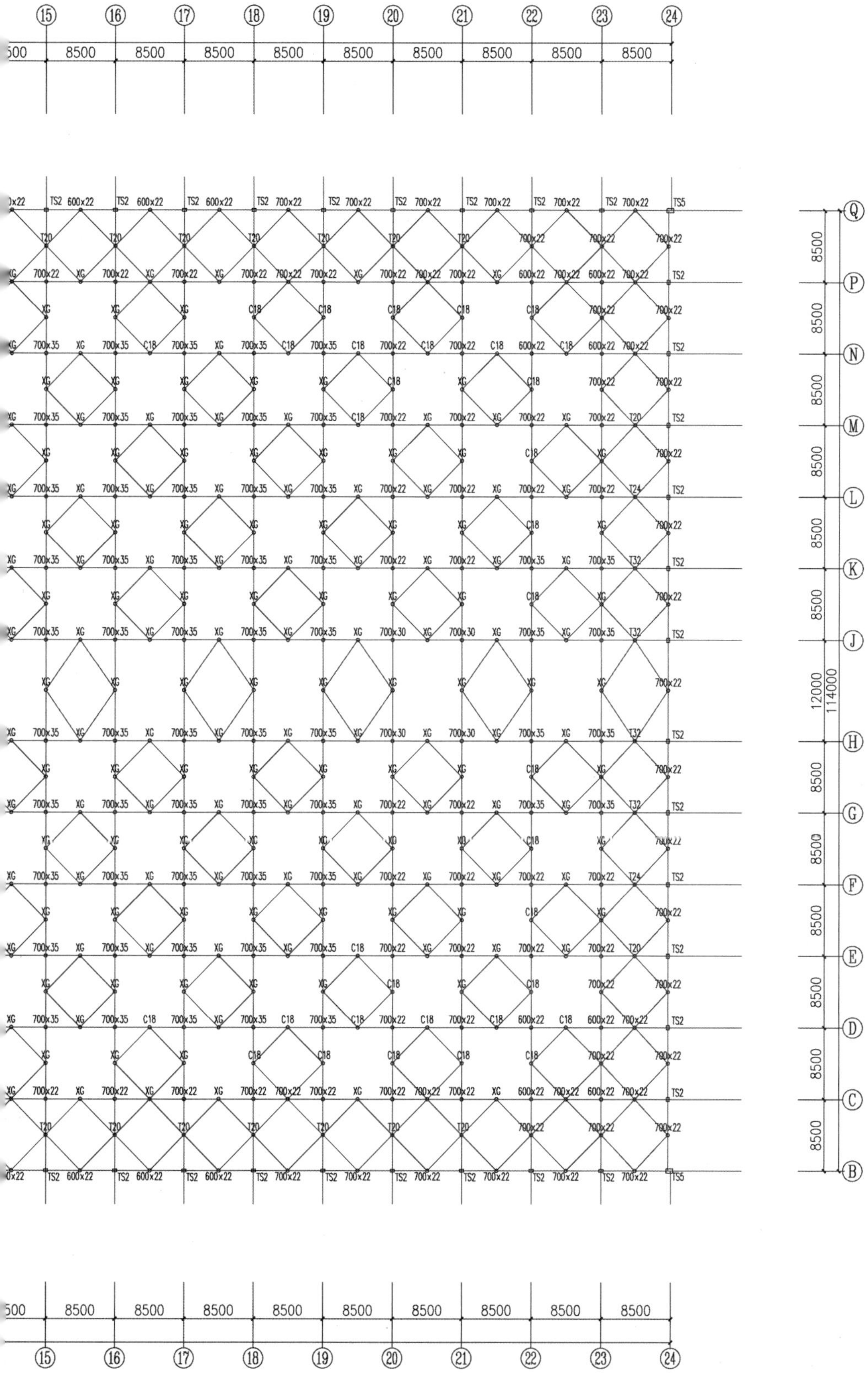

说明：图中节点形式分为以下几类：

1. 焊接球节点，表示为：球径x壁厚（如700x22），详图-结F17。
2. T型加强节点，例如T20、T24、T32等形式，详图-结F17。
3. C18型加强节点，详图-结F17。
4. XG 直接相贯节点。
5. TS型节点，详图-结F18。

另外，有可能根据节点承载力试验对以上节点形式进行调整。

北京市建筑设计研究院有限公司
BEIJING INSTITUTE OF ARCHITECTURAL DESIGN

中国 北京 南礼士路62号 100045
NO.62 NANLISHI ROAD, BEIJING, P.R.CHINA
POSTCODE : 100045
TEL : 86-10-88021576
FAX : 86-10-88021570
WEBSITE : WWW. BIAD. COM. CN

专业设计部门 DEPARTMENT

设计签字 SIGNATURE

方案设计人 SCHENMATIC DESIGNER
设计总负责人 PROJECT ARCHITECT
专业负责人 DISCIPLINE CHIEF
设计人 DESIGNED BY

验证签字 VERIFICATION

审核人 CHECKED BY
审定人 APPROVED BY

会签 CONFIRMATION

建筑专业负责人 ARCH.
结构专业负责人 STRUCT.
设备专业负责人 MECH.
电气专业负责人 ELEC.

项目名称 PROJECT NAME

项目编号 PROJECT NO.

图名 DRAWING NAME

设计阶段 PHASE	图号 DRAWING NO.	版本号 EDITION

出图日期 DATE 年 YEAR 月 MONTH 日 DAY

归档纪录 ARCHIVES

分类		
钢结构的结构平面图. 大跨钢结构		
图名		
例5-屋顶张弦桁架上弦节点形式图		
图号 3-5-8	比例	页码 3-25

北京市建筑设计研究院有限公司
BEIJING INSTITUTE OF ARCHITECTURAL DESIGN

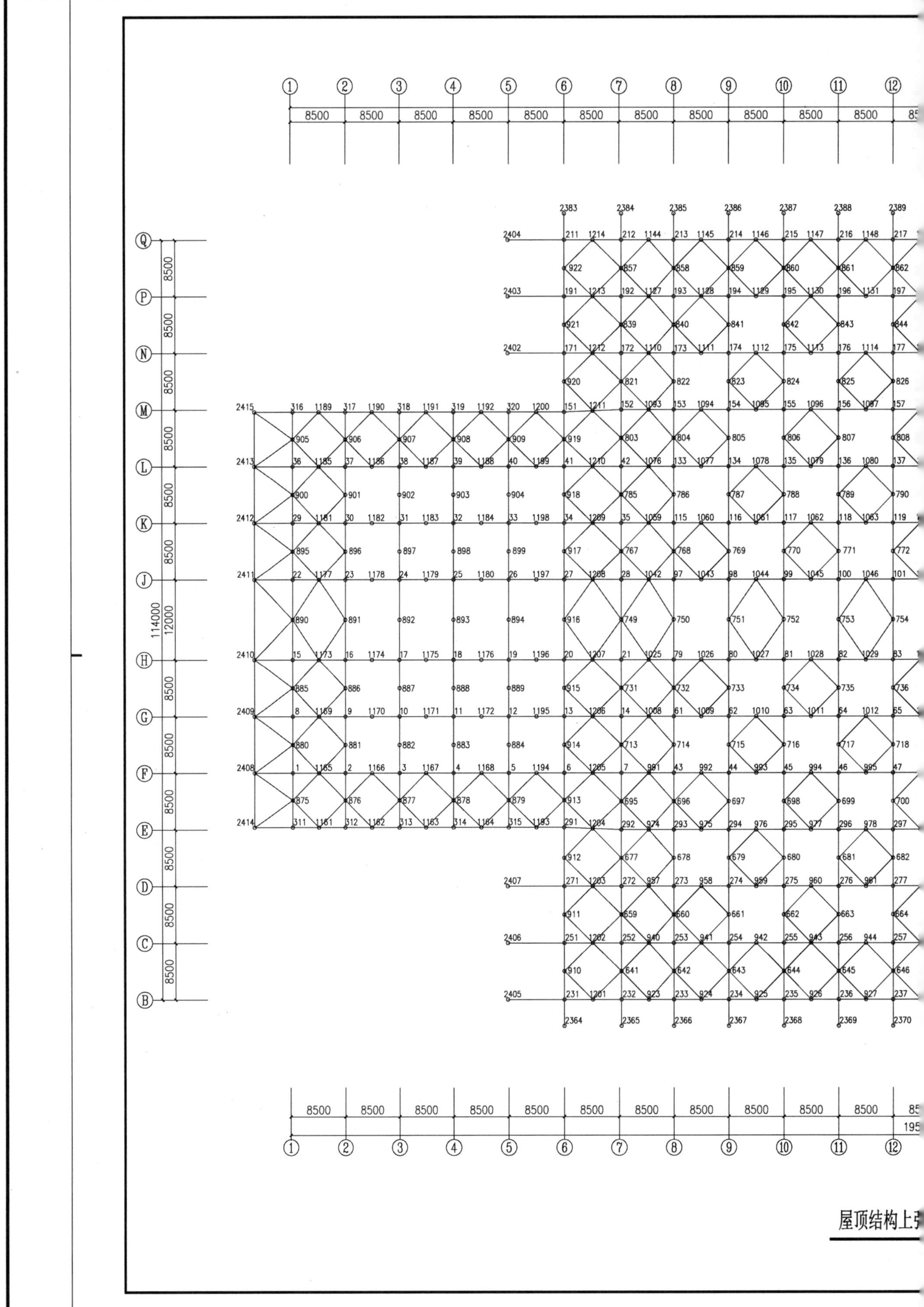

示例说明 1. 此图是“A1”布图的示意，主要内容为屋顶张弦桁架结构上弦节点编号图。

2. 图中圆圈代表节点，数字为相应节点的编号。

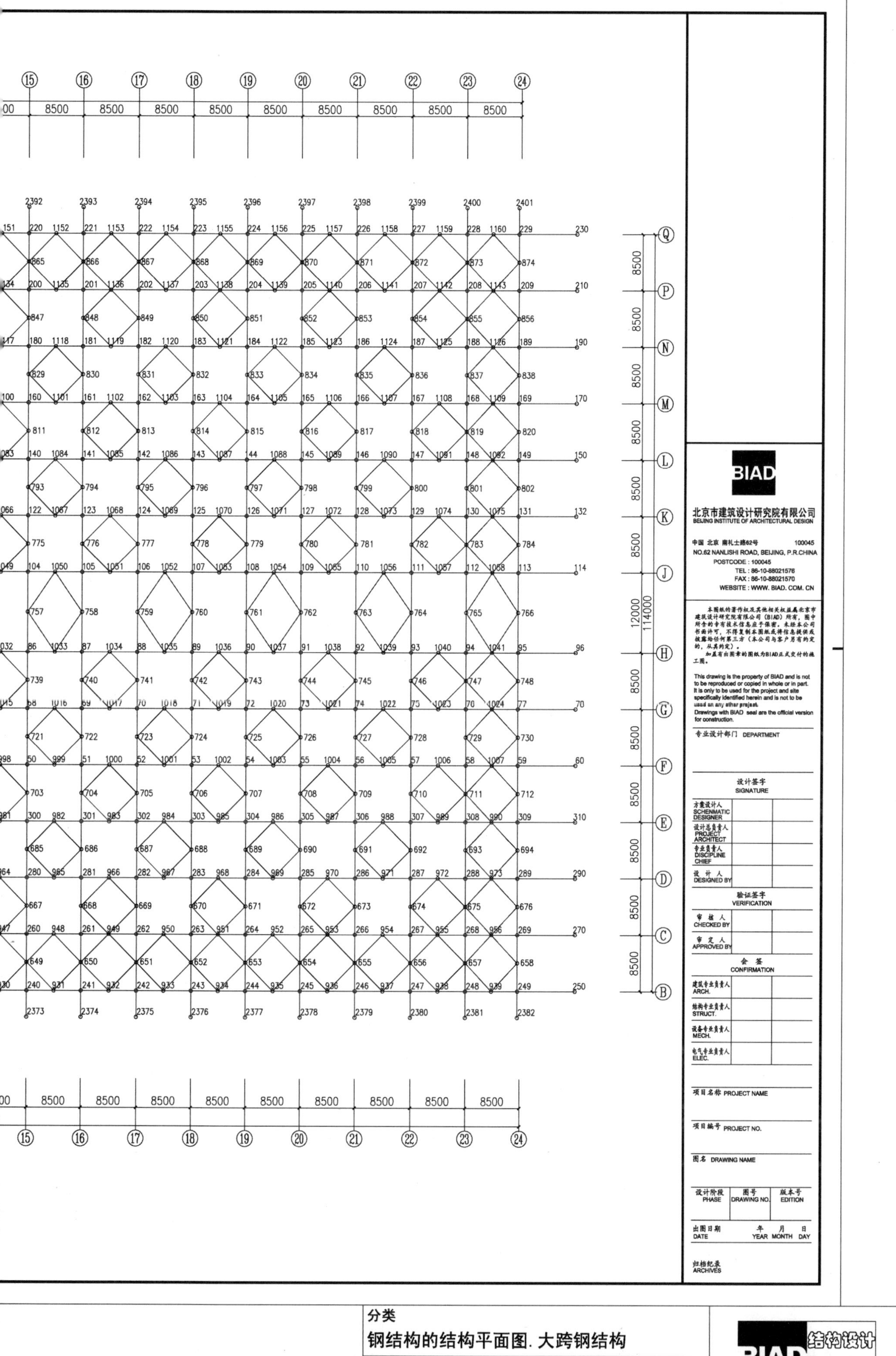

分类		
钢结构的结构平面图. 大跨钢结构		
图名		
例5-屋顶张弦桁架上弦节点编号图		
图号	比例	页码
3-5-9		3-26

BIAD 结构设计 深度图示

北京市建筑设计研究院有限公司
BEIJING INSTITUTE OF ARCHITECTURAL DESIGN

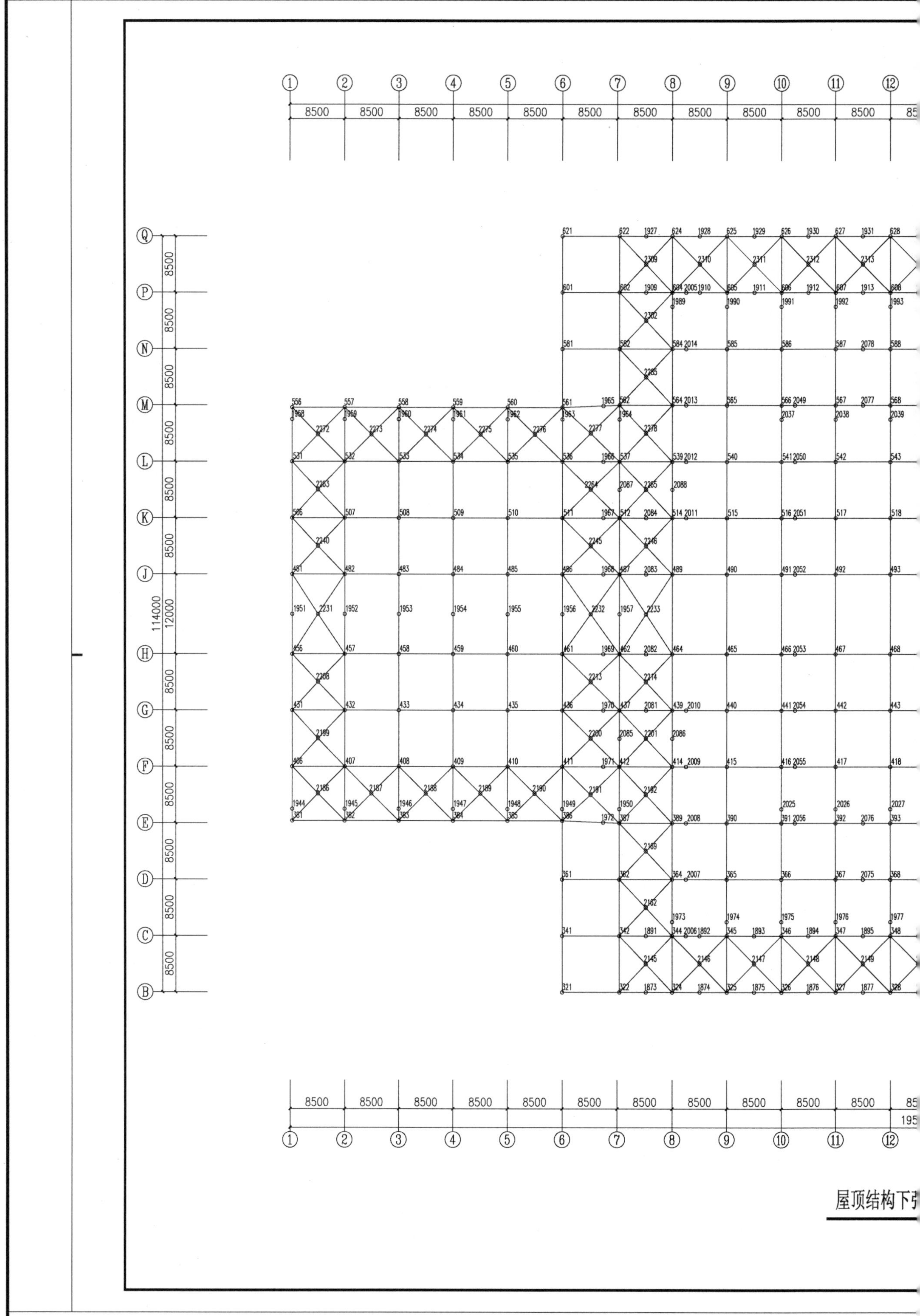

示例说明 1. 此图是“A1”布图的示意，主要内容为屋顶张弦桁架结构下弦节点编号图。

2. 图中圆圈代表节点，数字为相应节点的编号。

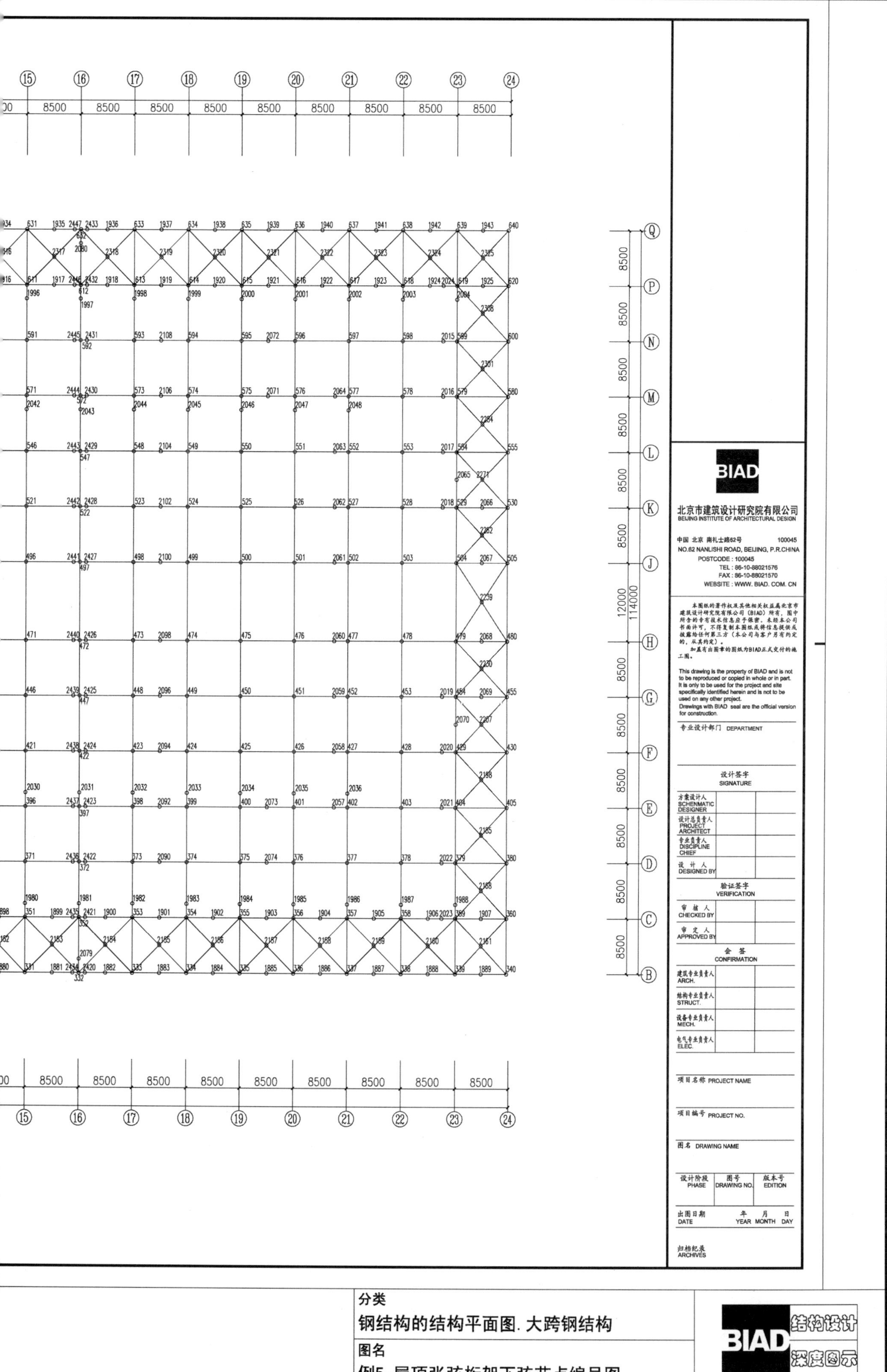

分类			BIAD 结构设计 深度图示
钢结构的结构平面图. 大跨钢结构			
图名			
例5-屋顶张弦桁架下弦节点编号图			
图号	比例	页码	北京市建筑设计研究院有限公司
3-5-10		3-27	BEIJING INSTITUTE OF ARCHITECTURAL DESIGN

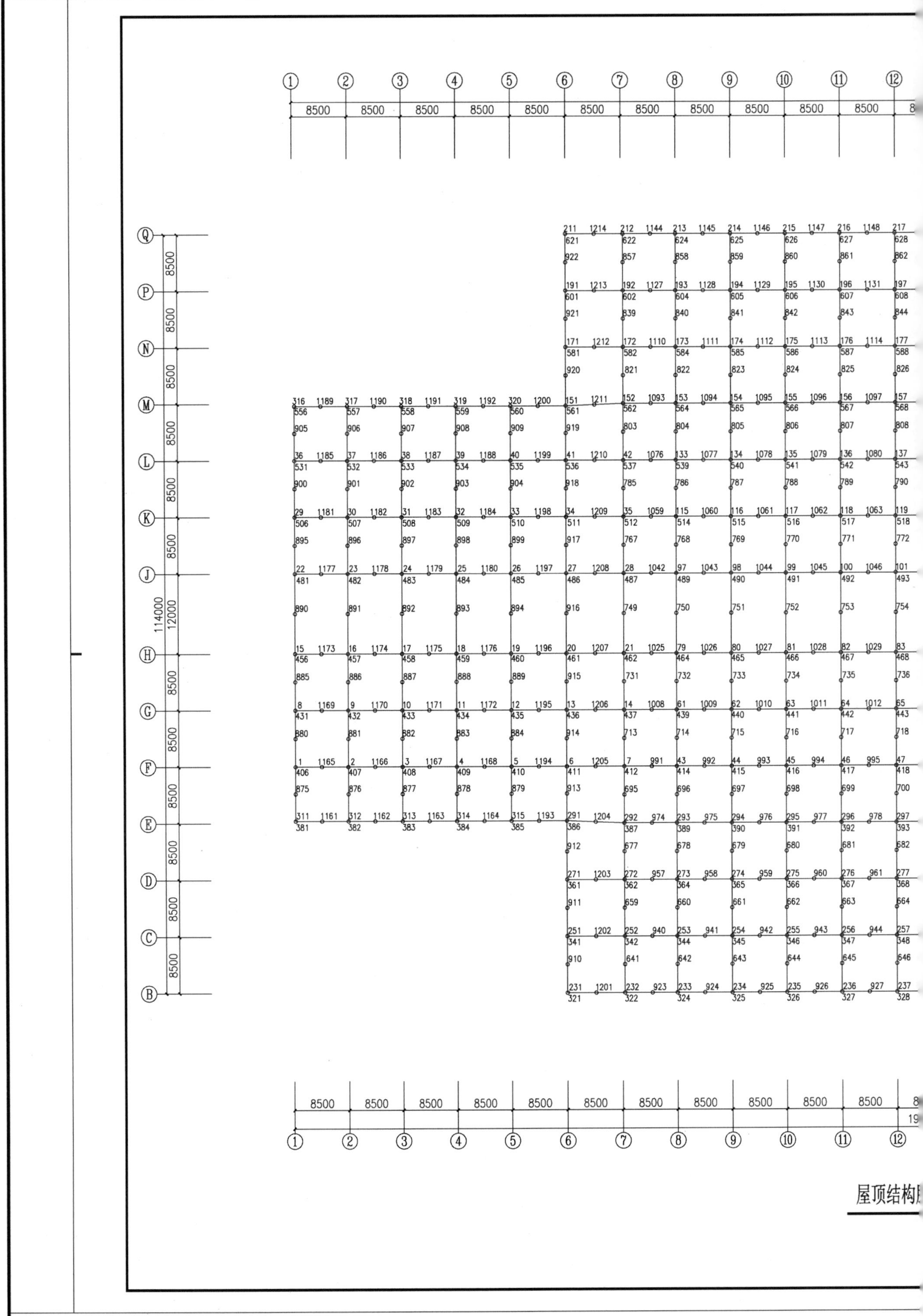

示例说明 1. 此图是“A1”布图的示意，主要内容为屋顶张弦桁架结构腹杆节点编号图。

2. 图中圆圈代表节点，数字为相应节点的编号。

(15) (16) (17) (18) (19) (20) (21) (22) (23) (24)

8500 8500 8500 8500 8500 8500 8500 8500 8500 8500

(Q) 1151 220 1152 221 1153 222 1154 223 1155 224 1156 225 1157 226 1158 227 1159 228 1160 229
631 632 633 634 635 636 637 638 639 640
865 866 867 868 869 870 871 872 873 874

8500

(P) 1134 200 1135 201 1136 202 1137 203 1138 204 1139 205 1140 206 1141 207 1142 208 1143 209
611 612 613 614 615 616 617 618 619 620
847 848 849 850 851 852 853 854 855 856

8500

(N) 1117 180 1118 181 1119 182 1120 183 1121 184 1122 185 1123 186 1124 187 1125 188 1126 189
591 592 593 594 595 596 597 598 599 600
829 830 831 832 833 834 835 836 837 838

8500

(M) 1100 160 1101 161 1102 162 1103 163 1104 164 1105 165 1106 166 1107 167 1108 168 1109 169
571 572 573 574 575 576 577 578 579 580
811 812 813 814 815 816 817 818 819 820

8500

(L) 1083 140 1084 141 1085 142 1086 143 1087 144 1088 145 1089 146 1090 147 1091 148 1092 149
546 547 548 549 550 551 552 553 554 555
793 794 795 796 797 798 799 800 801 802

8500

(K) 1066 122 1067 123 1068 124 1069 125 1070 126 1071 127 1072 128 1073 129 1074 130 1075 131
521 522 523 524 525 526 527 528 529 530
775 776 777 778 779 780 781 782 783 784

8500

(J) 1049 104 1050 105 1051 106 1052 107 1053 108 1054 109 1055 110 1056 111 1057 112 1058 113
496 497 498 499 500 501 502 503 504 505
757 758 759 760 761 762 763 764 765 766

12000 114000

(H) 1032 86 1033 87 1034 88 1035 89 1036 90 1037 91 1038 92 1039 93 1040 94 1041 95
471 472 473 474 475 476 477 478 479 480
739 740 741 742 743 744 745 746 747 748

8500

(G) 1015 68 1016 69 1017 70 1018 71 1019 72 1020 73 1021 74 1022 75 1023 76 1024 77
446 447 448 449 450 451 452 453 454 455
721 722 723 724 725 726 727 728 729 730

8500

(F) 998 50 999 51 1000 52 1001 53 1002 54 1003 55 1004 56 1005 57 1006 58 1007 59
421 422 423 424 425 426 427 428 429 430
703 704 705 706 707 708 709 710 711 712

8500

(E) 981 300 982 301 983 302 984 303 985 304 986 305 987 306 988 307 989 308 990 309
396 397 398 399 400 401 402 403 404 405
685 686 687 688 689 690 691 692 693 694

8500

(D) 964 280 965 281 966 282 967 283 968 284 969 285 970 286 971 287 972 288 973 289
371 372 373 374 375 376 377 378 379 380
667 668 669 670 671 672 673 674 675 676

8500

(C) 947 260 948 261 949 262 950 263 951 264 952 265 953 266 954 267 955 268 956 269
351 352 353 354 355 356 357 358 359 360
649 650 651 652 653 654 655 656 657 658

8500

(B) 930 240 931 241 932 242 933 243 934 244 935 245 936 246 937 247 938 248 939 249
331 332 333 334 335 336 337 338 339 340

8500 8500 8500 8500 8500 8500 8500 8500 8500 8500

(15) (16) (17) (18) (19) (20) (21) (22) (23) (24)

BIAD
北京市建筑设计研究院有限公司
BEIJING INSTITUTE OF ARCHITECTURAL DESIGN

中国 北京 南礼士路62号 100045
NO.62 NANLISHI ROAD, BEIJING, P.R.CHINA
POSTCODE : 100045
TEL : 86-10-68021576
FAX : 86-10-68021570
WEBSITE : WWW. BIAD. COM. CN

专业设计部门 DEPARTMENT

设计签字 SIGNATURE
方案设计人 SCHEMATIC DESIGNER
设计总负责人 PROJECT ARCHITECT
专业负责人 DISCIPLINE CHIEF
设计人 DESIGNED BY

验证签字 VERIFICATION
审核人 CHECKED BY
审定人 APPROVED BY

会签 CONFIRMATION
建筑专业负责人 ARCH.
结构专业负责人 STRUCT.
设备专业负责人 MECH.
电气专业负责人 ELEC.

项目名称 PROJECT NAME
项目编号 PROJECT NO.
图名 DRAWING NAME
设计阶段 PHASE | 图号 DRAWING NO. | 版本号 EDITION
出图日期 DATE 年 YEAR 月 MONTH 日 DAY
归档纪录 ARCHIVES

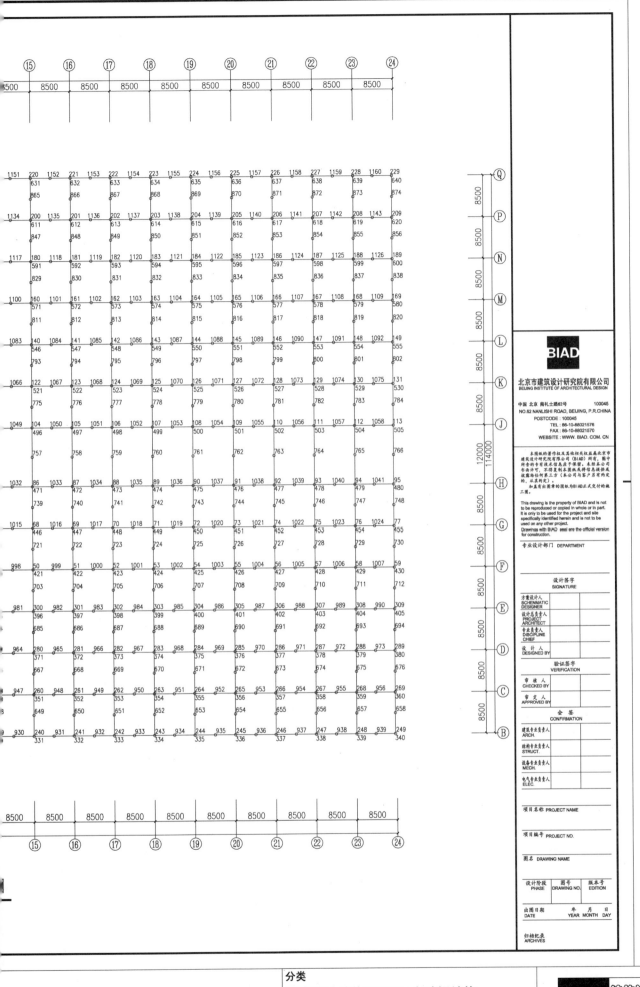

分类
钢结构的结构平面图. 大跨钢结构
图名
例5-屋顶张弦桁架腹杆节点编号图
图号 3-5-11 | 比例 | 页码 3-28

北京市建筑设计研究院有限公司
BEIJING INSTITUTE OF ARCHITECTURAL DESIGN

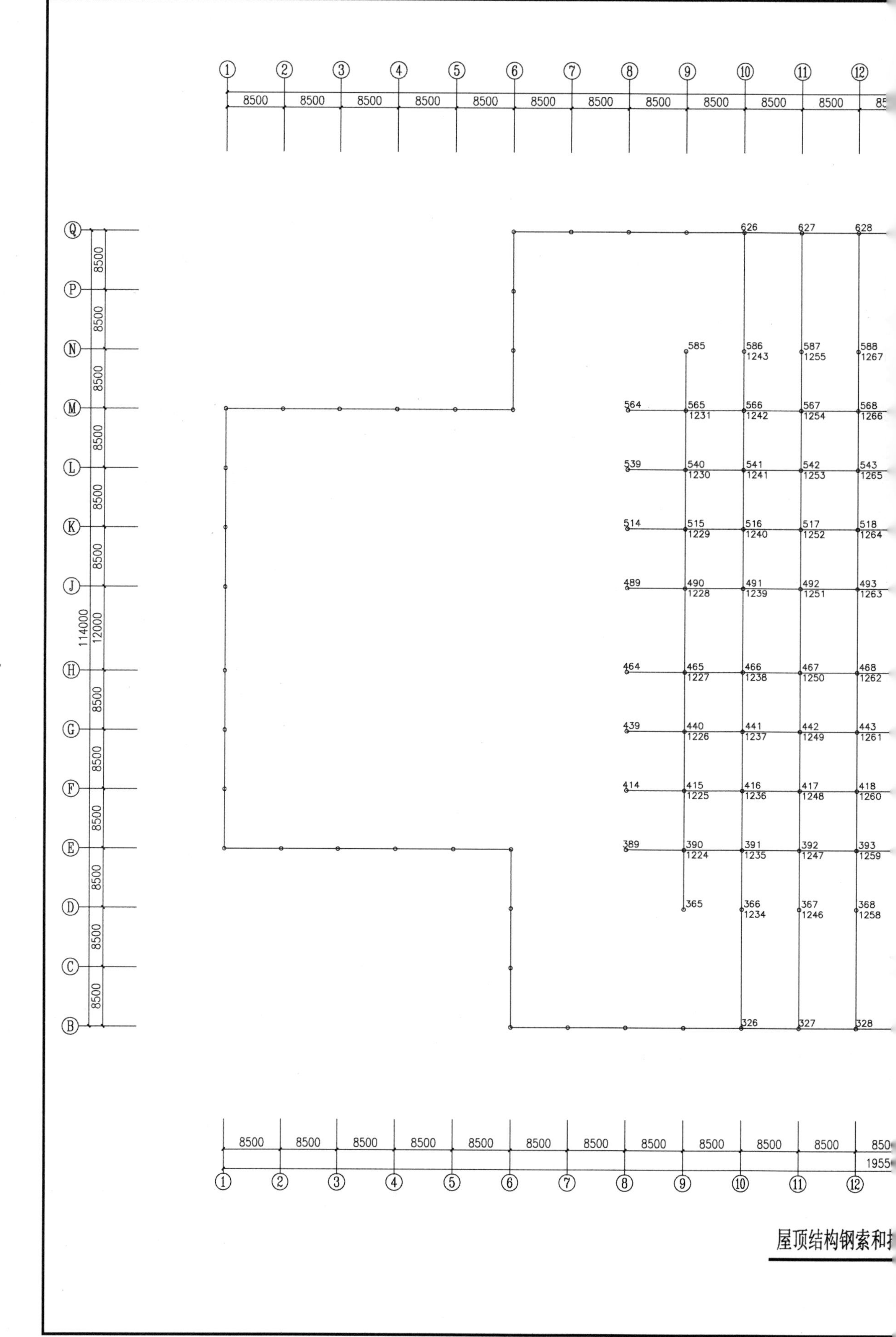

示例说明 1. 此图是“A1”布图的示意，主要内容为屋顶张弦桁架结构钢索和撑杆节点编号图。

2. 图中圆圈代表节点，数字为相应节点的编号，上侧数字代表撑杆上端节点，下侧数字代表撑杆下端节点。

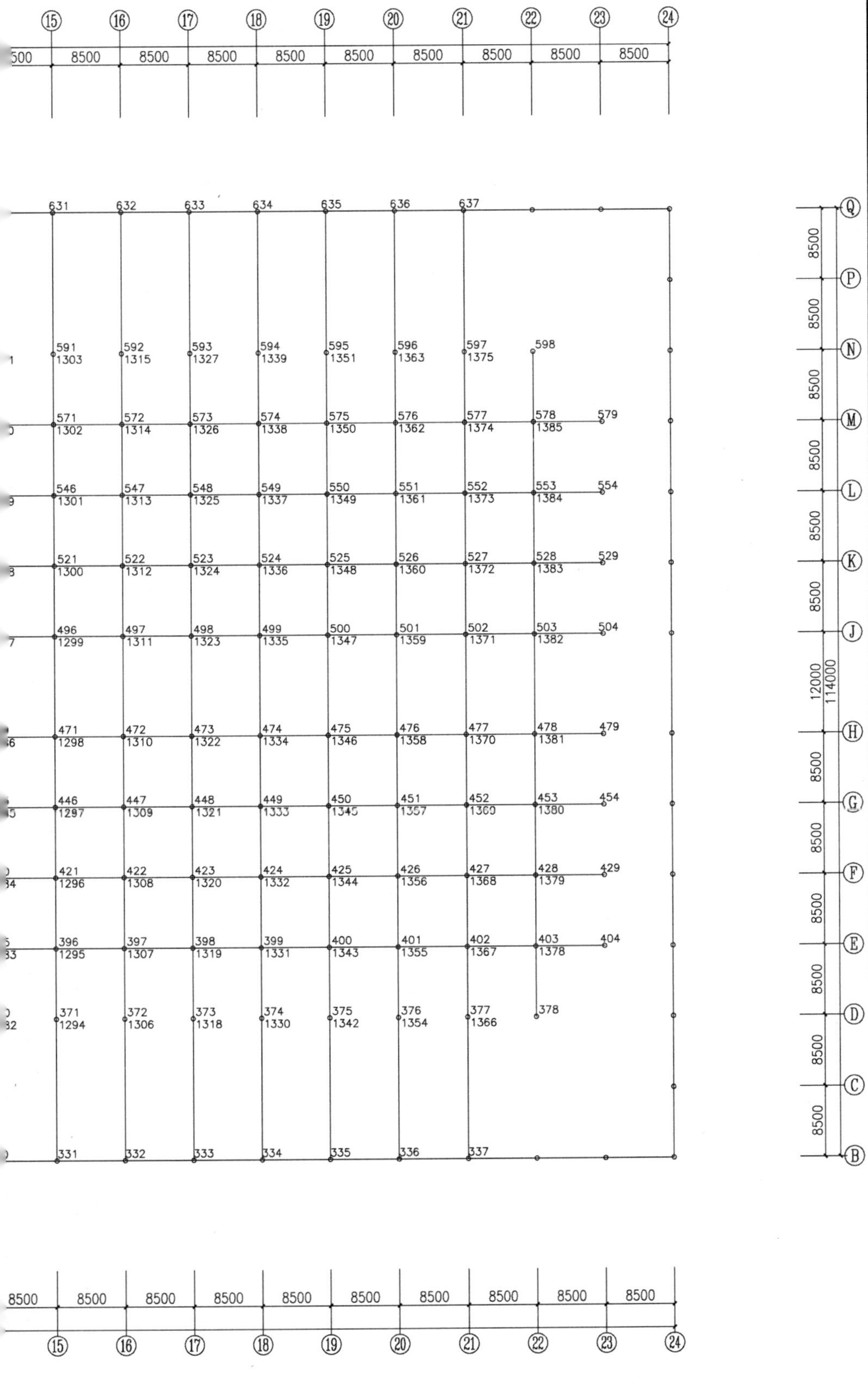

北京市建筑设计研究院有限公司
BEIJING INSTITUTE OF ARCHITECTURAL DESIGN

中国 北京 南礼士路62号 100045
NO.62 NANLISHI ROAD, BEIJING, P.R.CHINA
POSTCODE : 100045
TEL : 86-10-88021576
FAX : 86-10-88021570
WEBSITE : WWW. BIAD. COM. CN

分类	
钢结构的结构平面图. 大跨钢结构	
图名	
例5-屋顶张弦桁架钢索和撑杆节点编号图	
图号 3-5-12	比例
页码 3-29	

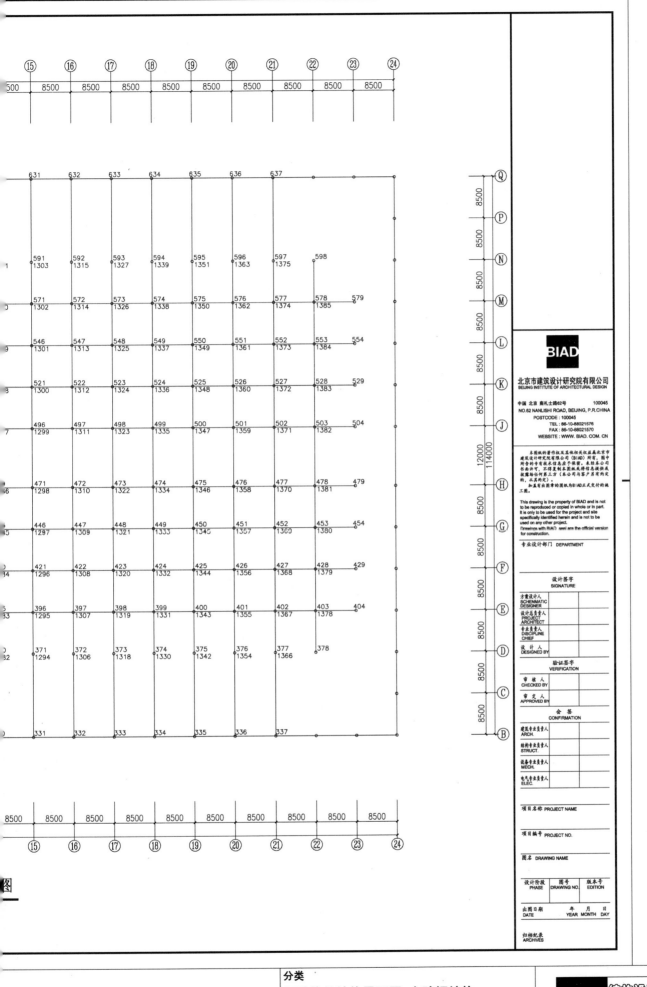

北京市建筑设计研究院有限公司
BEIJING INSTITUTE OF ARCHITECTURAL DESIGN

屋顶结构节

节点编号	X坐标	Y坐标	Z坐标	节点位置和类型
1	−127.150	−23.000	26.966	上弦节点
2	−119.000	−23.000	27.116	上弦节点
3	−110.500	−23.000	27.588	上弦节点
4	−102.000	−23.000	28.377	上弦节点
5	−93.500	−23.000	29.486	上弦节点
6	−85.000	−23.000	30.919	上弦节点
7	−76.150	−23.000	32.762	上弦节点
8	−127.150	−14.500	26.966	上弦节点
9	−119.000	−14.500	27.116	上弦节点
10	−110.500	−14.500	27.588	上弦节点
11	−102.000	−14.500	28.377	上弦节点
12	−93.500	−14.500	29.486	上弦节点
13	−85.000	−14.500	30.919	上弦节点
14	−76.150	−14.500	32.762	上弦节点
15	−127.150	−6.000	26.966	上弦节点
16	−119.000	−6.000	27.116	上弦节点
17	−110.500	−6.000	27.588	上弦节点
18	−102.000	−6.000	28.377	上弦节点
19	−93.500	−6.000	29.486	上弦节点
20	−85.000	−6.000	30.919	上弦节点
21	−76.150	−6.000	32.762	上弦节点
22	−127.150	6.000	26.966	上弦节点
23	−119.000	6.000	27.116	上弦节点
24	−110.500	6.000	27.588	上弦节点
25	−102.000	6.000	28.377	上弦节点
26	−93.500	6.000	29.486	上弦节点
27	−85.000	6.000	30.919	上弦节点
28	−76.150	6.000	32.762	上弦节点
29	−127.150	14.500	26.966	上弦节点
30	−119.000	14.500	27.116	上弦节点
31	−110.500	14.500	27.588	上弦节点
32	−102.000	14.500	28.377	上弦节点
33	−93.500	14.500	29.486	上弦节点
34	−85.000	14.500	30.919	上弦节点
35	−76.150	14.500	32.762	上弦节点
36	−127.150	23.000	26.966	上弦节点
37	−119.000	23.000	27.116	上弦节点
38	−110.500	23.000	27.588	上弦节点
39	−102.000	23.000	28.377	上弦节点
40	−93.500	23.000	29.486	上弦节点
41	−85.000	23.000	30.919	上弦节点
42	−76.150	23.000	32.762	上弦节点
43	−68.000	−23.000	34.572	上弦节点
44	−59.500	−23.000	36.250	上弦节点
45	−51.000	−23.000	37.720	上弦节点
46	−42.500	−23.000	38.981	上弦节点
47	−34.000	−23.000	40.028	上弦节点
48	−25.500	−23.000	40.867	上弦节点
49	−17.000	−23.000	41.502	上弦节点
50	−8.500	−23.000	41.936	上弦节点
51	0.000	−23.000	42.175	上弦节点
52	8.500	−23.000	42.219	上弦节点
53	17.000	−23.000	42.063	上弦节点
54	25.500	−23.000	41.703	上弦节点
55	34.000	−23.000	41.134	上弦节点
56	42.500	−23.000	40.345	上弦节点
57	51.000	−23.000	39.333	上弦节点
58	59.500	−23.000	38.090	上弦节点
59	67.650	−23.000	36.658	上弦节点
60	76.611	−23.000	35.027	上弦节点
61	−68.000	−14.500	34.570	上弦节点
62	−59.500	−14.500	36.247	上弦节点
63	−51.000	−14.500	37.724	上弦节点
64	−42.500	−14.500	38.993	上弦节点
65	−34.000	−14.500	40.051	上弦节点
66	−25.500	−14.500	40.898	上弦节点
67	−17.000	−14.500	41.541	上弦节点
68	−8.500	−14.500	41.980	上弦节点
69	0.000	−14.500	42.223	上弦节点
70	8.500	−14.500	42.267	上弦节点
71	17.000	−14.500	42.109	上弦节点
72	25.500	−14.500	41.747	上弦节点
73	34.000	−14.500	41.171	上弦节点
74	42.500	−14.500	40.374	上弦节点
75	51.000	−14.500	39.352	上弦节点
76	59.500	−14.500	38.102	上弦节点
77	67.650	−14.500	36.658	上弦节点
78	76.611	−14.500	35.028	上弦节点
79	−68.000	−6.000	34.569	上弦节点
80	−59.500	−6.000	36.247	上弦节点
81	−51.000	−6.000	37.725	上弦节点
82	−42.500	−6.000	39.000	上弦节点
83	−34.000	−6.000	40.062	上弦节点
84	−25.500	−6.000	40.915	上弦节点
85	−17.000	−6.000	41.563	上弦节点
86	−8.500	−6.000	42.006	上弦节点
87	0.000	−6.000	42.250	上弦节点
88	8.500	−6.000	42.293	上弦节点
89	17.000	−6.000	42.135	上弦节点
90	25.500	−6.000	41.771	上弦节点
91	34.000	−6.000	41.192	上弦节点
92	42.500	−6.000	40.390	上弦节点
93	51.000	−6.000	39.362	上弦节点
94	59.500	−6.000	38.109	上弦节点
95	67.650	−6.000	36.658	上弦节点
96	76.611	−6.000	35.029	上弦节点
97	−68.000	6.000	34.569	上弦节点
98	−59.500	6.000	36.247	上弦节点
99	−51.000	6.000	37.725	上弦节点
100	−42.500	6.000	39.000	上弦节点
101	−34.000	6.000	40.062	上弦节点
102	−25.500	6.000	40.915	上弦节点
103	−17.000	6.000	41.563	上弦节点
104	−8.500	6.000	42.006	上弦节点
105	0.000	6.000	42.250	上弦节点
106	8.500	6.000	42.293	上弦节点
107	17.000	6.000	42.135	上弦节点
108	25.500	6.000	41.771	上弦节点
109	34.000	6.000	41.192	上弦节点
110	42.500	6.000	40.390	上弦节点
111	51.000	6.000	39.362	上弦节点
112	59.500	6.000	38.109	上弦节点
113	67.650	6.000	36.658	上弦节点
114	76.611	6.000	35.029	上弦节点
115	−68.000	14.500	34.570	上弦节点
116	−59.500	14.500	36.247	上弦节点
117	−51.000	14.500	37.724	上弦节点
118	−42.500	14.500	38.993	上弦节点
119	−34.000	14.500	40.051	上弦节点
120	−25.500	14.500	40.898	上弦节点
121	−17.000	14.500	41.541	上弦节点
122	−8.500	14.500	41.980	上弦节点
123	0.000	14.500	42.223	上弦节点
124	8.500	14.500	42.267	上弦节点
125	17.000	14.500	42.109	上弦节点
126	25.500	14.500	41.747	上弦节点
127	34.000	14.500	41.171	上弦节点
128	42.500	14.500	40.374	上弦节点
129	51.000	14.500	39.352	上弦节点
130	59.500	14.500	38.102	上弦节点
131	67.650	14.500	36.658	上弦节点
132	76.611	14.500	35.028	上弦节点
133	−68.000	23.000	34.572	上弦节点
134	−59.500	23.000	36.250	上弦节点
135	−51.000	23.000	37.720	上弦节点
136	−42.500	23.000	38.981	上弦节点
137	−34.000	23.000	40.028	上弦节点
138	−25.500	23.000	40.867	上弦节点
139	−17.000	23.000	41.502	上弦节点
140	−8.500	23.000	41.936	上弦节点
141	0.000	23.000	42.175	上弦节点
142	8.500	23.000	42.219	上弦节点
143	17.000	23.000	42.063	上弦节点
144	25.500	23.000	41.703	上弦节点
145	34.000	23.000	41.134	上弦节点
146	42.500	23.000	40.345	上弦节点
147	51.000	23.000	39.333	上弦节点
148	59.500	23.000	38.090	上弦节点
149	67.650	23.000	36.658	上弦节点
150	76.611	23.000	35.027	上弦节点
151	−85.000	31.150	28.968	上弦节点
152	−76.150	31.500	31.295	上弦节点
153	−68.000	31.500	33.290	上弦节点
154	−59.500	31.500	35.135	上弦节点
155	−51.000	31.500	36.750	上弦节点
156	−42.500	31.500	38.141	上弦节点
157	−34.000	31.500	39.307	上弦节点
158	−25.500	31.500	40.255	上弦节点
159	−17.000	31.500	40.986	上弦节点
160	−8.500	31.500	41.509	上弦节点
161	0.000	31.500	41.828	上弦节点
162	8.500	31.500	41.942	上弦节点
163	17.000	31.500	41.848	上弦节点
164	25.500	31.500	41.543	上弦节点
165	34.000	31.500	41.019	上弦节点
166	42.500	31.500	40.272	上弦节点
167	51.000	31.500	39.292	上弦节点
168	59.500	31.500	38.070	上弦节点
169	67.650	31.500	36.658	上弦节点
170	76.611	31.500	35.025	上弦节点
171	−85.000	40.000	28.968	上弦节点
172	−76.150	40.000	31.295	上弦节点
173	−68.000	40.000	33.283	上弦节点
174	−59.500	40.000	35.119	上弦节点
175	−51.000	40.000	36.722	上弦节点
176	−42.500	40.000	38.098	上弦节点
177	−34.000	40.000	39.253	上弦节点
178	−25.500	40.000	40.192	上弦节点
179	−17.000	40.000	40.921	上弦节点
180	−8.500	40.000	41.440	上弦节点
181	0.000	40.000	41.756	上弦节点
182	8.500	40.000	41.867	上弦节点
183	17.000	40.000	41.772	上弦节点
184	25.500	40.000	41.467	上弦节点
185	34.000	40.000	40.948	上弦节点
186	42.500	40.000	40.211	上弦节点
187	51.000	40.000	39.247	上弦节点
188	59.500	40.000	38.043	上弦节点
189	67.650	40.000	36.658	上弦节点
190	76.611	40.000	35.023	上弦节点
191	−85.000	48.500	28.968	上弦节点
192	−76.150	48.500	31.295	上弦节点
193	−68.000	48.500	33.265	上弦节点
194	−59.500	48.500	35.084	上弦节点
195	−51.000	48.500	36.671	上弦节点
196	−42.500	48.500	38.037	上弦节点
197	−34.000	48.500	39.185	上弦节点
198	−25.500	48.500	40.123	上弦节点
199	−17.000	48.500	40.849	上弦节点
200	−8.500	48.500	41.367	上弦节点
201	0.000	48.500	41.681	上弦节点
202	8.500	48.500	41.788	上弦节点
203	17.000	48.500	41.688	上弦节点
204	25.500	48.500	41.382	上弦节点
205	34.000	48.500	40.864	上弦节点
206	42.500	48.500	40.135	上弦节点
207	51.000	48.500	39.187	上弦节点
208	59.500	48.500	38.011	上弦节点
209	67.650	48.500	36.658	上弦节点
210	76.611	48.500	35.020	上弦节点
211	−85.000	57.000	28.968	上弦节点
212	−76.150	57.000	31.295	上弦节点
213	−68.000	57.000	33.229	上弦节点
214	−59.500	57.000	35.024	上弦节点
215	−51.000	57.000	36.600	上弦节点
216	−42.500	57.000	37.960	上弦节点
217	−34.000	57.000	39.107	上弦节点
218	−25.500	57.000	40.043	上弦节点
219	−17.000	57.000	40.769	上弦节点
220	−8.500	57.000	41.286	上弦节点
221	0.000	57.000	41.597	上弦节点
222	8.500	57.000	41.700	上弦节点
223	17.000	57.000	41.597	上弦节点
224	25.500	57.000	41.287	上弦节点
225	34.000	57.000	40.769	上弦节点
226	42.500	57.000	40.044	上弦节点
227	51.000	57.000	39.108	上弦节点
228	59.500	57.000	37.962	上弦节点
229	67.650	57.000	36.658	上弦节点
230	76.611	57.000	35.017	上弦节点
231	−85.000	−57.000	28.968	上弦节点
232	−76.150	−57.000	31.295	上弦节点
233	−68.000	−57.000	33.229	上弦节点
234	−59.500	−57.000	35.024	上弦节点
235	−51.000	−57.000	36.600	上弦节点
236	−42.500	−57.000	37.960	上弦节点
237	−34.000	−57.000	39.107	上弦节点
238	−25.500	−57.000	40.043	上弦节点
239	−17.000	−57.000	40.769	上弦节点
240	−8.500	−57.000	41.286	上弦节点
241	0.000	−57.000	41.597	上弦节点
242	8.500	−57.000	41.700	上弦节点
243	17.000	−57.000	41.597	上弦节点
244	25.500	−57.000	41.287	上弦节点
245	34.000	−57.000	40.769	上弦节点
246	42.500	−57.000	40.044	上弦节点
247	51.000	−57.000	39.108	上弦节点
248	59.500	−57.000	37.962	上弦节点
249	67.650	−57.000	36.658	上弦节点
250	76.611	−57.000	35.017	上弦节点
251	−85.000	−48.500	28.968	上弦节点
252	−76.150	−48.500	31.295	上弦节点
253	−68.000	−48.500	33.265	上弦节点
254	−59.500	−48.500	35.084	上弦节点
255	−51.000	−48.500	36.671	上弦节点
256	−42.500	−48.500	38.037	上弦节点
257	−34.000	−48.500	39.185	上弦节点
258	−25.500	−48.500	40.123	上弦节点
259	−17.000	−48.500	40.849	上弦节点
260	−8.500	−48.500	41.367	上弦节点
261	0.000	−48.500	41.681	上弦节点
262	8.500	−48.500	41.788	上弦节点
263	17.000	−48.500	41.688	上弦节点
264	25.500	−48.500	41.382	上弦节点
265	34.000	−48.500	40.864	上弦节点
266	42.500	−48.500	40.135	上弦节点
267	51.000	−48.500	39.187	上弦节点
268	59.500	−48.500	38.011	上弦节点
269	67.650	−48.500	36.658	上弦节点
270	76.611	−48.500	35.020	上弦节点
271	−85.000	−40.000	28.968	上弦节点
272	−76.150	−40.000	31.295	上弦节点
273	−68.000	−40.000	33.283	上弦节点
274	−59.500	−40.000	35.119	上弦节点
275	−51.000	−40.000	36.722	上弦节点
276	−42.500	−40.000	38.098	上弦节点
277	−34.000	−40.000	39.253	上弦节点
278	−25.500	−40.000	40.192	上弦节点
279	−17.000	−40.000	40.921	上弦节点
280	−8.500	−40.000	41.440	上弦节点
281	0.000	−40.000	41.756	上弦节点
282	8.500	−40.000	41.867	上弦节点
283	17.000	−40.000	41.772	上弦节点
284	25.500	−40.000	41.467	上弦节点
285	34.000	−40.000	40.948	上弦节点
286	42.500	−40.0		
287	51.000	−40.0		
288	59.500	−40.0		
289	67.650	−40.0		
290	76.611	−40.0		
291	−85.000	−31.1		
292	−76.150	−31.5		
293	−68.000	−31.5		
294	−59.500	−31.5		
295	−51.000	−31.5		
296	−42.500	−31.5		
297	−34.000	−31.5		
298	−25.500	−31.5		
299	−17.000	−31.5		
300	−8.500	−31.5		
301	0.000	−31.50		
302	8.500	−31.50		
303	17.000	−31.50		
304	25.500	−31.50		
305	34.000	−31.50		
306	42.500	−31.50		
307	51.000	−31.50		
308	59.500	−31.50		
309	67.650	−31.50		
310	76.611	−31.50		
311	−127.150	−31.1		
312	−119.000	−31.1		
313	−110.500	−31.1		
314	−102.000	−31.1		
315	−93.500	−31.1		
316	−127.150	31.15		
317	−119.000	31.15		
318	−110.500	31.15		
319	−102.000	31.15		
320	−93.500	31.15		
321	−85.000	−57.00		
322	−76.150	−57.00		
324	−68.000	−57.00		
325	−59.500	−57.00		
326	−51.000	−57.00		
327	−42.500	−57.00		
328	−34.000	−57.00		
329	−25.500	−57.00		
330	−17.000	−57.00		
331	−8.500	−57.00		
332	0.000	−57.000		
333	8.500	−57.000		
334	17.000	−57.000		
335	25.500	−57.000		
336	34.000	−57.000		
337	42.500	−57.000		
338	51.000	−57.000		
339	59.500	−57.000		
340	67.650	−57.000		
341	−85.000	−48.50		
342	−76.150	−48.50		
344	−68.000	−48.50		
345	−59.500	−48.50		
346	−51.000	−48.50		
347	−42.500	−48.50		
348	−34.000	−48.50		
349	−25.500	−48.50		
350	−17.000	−48.50		
351	−8.500	−48.500		
352	0.000	−48.500		
353	8.500	−48.500		
354	17.000	−48.500		
355	25.500	−48.500		
356	34.000	−48.500		
357	42.500	−48.500		
358	51.000	−48.500		
359	59.500	−48.500		
360	67.650	−48.500		
361	−85.000	−40.000		
362	−76.150	−40.000		
364	−68.000	−40.000		
365	−59.500	−40.000		
366	−51.000	−40.000		
367	−42.500	−40.000		
368	−34.000	−40.000		
369	−25.500	−40.000		
370	−17.000	−40.000		
371	−8.500	−40.000		
372	0.000	−40.000		
373	8.500	−40.000		
374	17.000	−40.000		
375	25.500	−40.000		
376	34.000	−40.000		
377	42.500	−40.000		
378	51.000	−40.000		
379	59.500	−40.000		
380	67.650	−40.000		
381	−127.150	−31.150		
382	−119.000	−31.150		
383	−110.500	−31.150		

示例说明 1. 此图是“A1”布图的示意，主要内容为屋顶张弦桁架结构各个节点的坐标及类型。

2. 图中列表标明了结构所有节点的编号及对应的空间三维坐标，以及节点的类型。

3. 节点坐标表仅截取原设计图纸坐标表中的一部分作为示意。

节点编号	X坐标	Y坐标	Z坐标	节点位置和类型
384	-102.000	-31.150	25.037	下弦支座节点
385	-93.500	-31.150	26.071	下弦支座节点
386	-85.000	-31.150	27.450	下弦支座节点
387	-76.150	-31.500	29.247	下弦支座节点
389	-68.000	-31.500	30.836	索节点
390	-59.500	-31.500	32.320	下弦铸钢节点
391	-51.000	-31.500	33.634	下弦铸钢节点
392	-42.500	-31.500	34.778	下弦铸钢节点
393	-34.000	-31.500	35.755	下弦铸钢节点
394	-25.500	-31.500	36.565	下弦铸钢节点
395	-17.000	-31.500	37.209	下弦铸钢节点
396	-8.500	-31.500	37.688	下弦铸钢节点
397	0.000	-31.500	38.003	下弦铸钢节点
398	8.500	-31.500	38.154	下弦铸钢节点
399	17.000	-31.500	38.140	下弦铸钢节点
400	25.500	-31.500	37.963	下弦铸钢节点
401	34.000	-31.500	37.621	下弦铸钢节点
402	42.500	-31.500	37.115	下弦铸钢节点
403	51.000	-31.500	36.443	下弦铸钢节点
404	59.500	-31.500	35.606	索节点
405	67.650	-31.500	34.643	下弦支座节点
406	-127.150	-23.000	23.961	下弦支座节点
407	-119.000	-23.000	23.984	下弦铸钢节点
408	-110.500	-23.000	24.342	下弦铸钢节点
409	-102.000	-23.000	25.037	下弦铸钢节点
410	-93.500	-23.000	26.071	下弦铸钢节点
411	-85.000	-23.000	27.450	下弦铸钢节点
412	-76.150	-23.000	29.247	下弦支座节点
414	-68.000	-23.000	30.836	索节点
415	-59.500	-23.000	32.320	下弦铸钢节点
416	-51.000	-23.000	33.634	下弦铸钢节点
417	-42.500	-23.000	34.778	下弦铸钢节点
418	-34.000	-23.000	35.755	下弦铸钢节点
419	-25.500	-23.000	36.565	下弦铸钢节点
420	-17.000	-23.000	37.209	下弦铸钢节点
421	-8.500	-23.000	37.688	下弦铸钢节点
422	0.000	-23.000	38.003	下弦铸钢节点
423	8.500	-23.000	38.154	下弦铸钢节点
424	17.000	-23.000	38.140	下弦铸钢节点
425	25.500	-23.000	37.963	下弦铸钢节点
426	34.000	-23.000	37.621	下弦铸钢节点
427	42.500	-23.000	37.115	下弦铸钢节点
428	51.000	-23.000	36.443	下弦铸钢节点
429	59.500	-23.000	35.606	索节点
430	67.650	-23.000	34.643	下弦支座节点
431	-127.150	-14.500	23.961	下弦支座节点
432	-119.000	-14.500	23.984	下弦铸钢节点
433	-110.500	-14.500	24.342	下弦铸钢节点
434	-102.000	-14.500	25.037	下弦铸钢节点
435	-93.500	-14.500	26.071	下弦铸钢节点
436	-85.000	-14.500	27.450	下弦铸钢节点
437	-76.150	-14.500	29.247	下弦支座节点
439	-68.000	-14.500	30.836	索节点
440	-59.500	-14.500	32.320	下弦铸钢节点
441	-51.000	-14.500	33.634	下弦铸钢节点
442	-42.500	-14.500	34.778	下弦铸钢节点
443	-34.000	-14.500	35.755	下弦铸钢节点
444	-25.500	-14.500	36.565	下弦铸钢节点
445	-17.000	-14.500	37.209	下弦铸钢节点
446	-8.500	-14.500	37.688	下弦铸钢节点
447	0.000	-14.500	38.003	下弦铸钢节点
448	8.500	-14.500	38.154	下弦铸钢节点
449	17.000	-14.500	38.140	下弦铸钢节点
450	25.500	-14.500	37.963	下弦铸钢节点
451	34.000	-14.500	37.621	下弦铸钢节点
452	42.500	-14.500	37.115	下弦铸钢节点
453	51.000	-14.500	36.443	下弦铸钢节点
454	59.500	-14.500	35.606	索节点
455	67.650	-14.500	34.643	下弦支座节点
456	-127.150	-6.000	23.961	下弦支座节点
457	-119.000	-6.000	23.984	下弦铸钢节点
458	-110.500	-6.000	24.342	下弦铸钢节点
459	-102.000	-6.000	25.037	下弦铸钢节点
460	-93.500	-6.000	26.071	下弦铸钢节点
461	-85.000	-6.000	27.450	下弦铸钢节点
462	-76.150	-6.000	29.247	下弦支座节点
464	-68.000	-6.000	30.836	索节点
465	-59.500	-6.000	32.320	下弦铸钢节点
466	-51.000	-6.000	33.634	下弦铸钢节点
467	-42.500	-6.000	34.778	下弦铸钢节点
468	-34.000	-6.000	35.755	下弦铸钢节点
469	-25.500	-6.000	36.565	下弦铸钢节点
470	-17.000	-6.000	37.209	下弦铸钢节点
471	-8.500	-6.000	37.688	下弦铸钢节点
472	0.000	-6.000	38.003	下弦铸钢节点
473	8.500	-6.000	38.154	下弦铸钢节点
474	17.000	-6.000	38.140	下弦铸钢节点
475	25.500	-6.000	37.963	下弦铸钢节点
476	34.000	-6.000	37.621	下弦铸钢节点
477	42.500	-6.000	37.115	下弦铸钢节点
478	51.000	-6.000	36.443	下弦铸钢节点
479	59.500	-6.000	35.606	索节点
480	67.650	-6.000	34.643	下弦支座节点
481	-127.150	6.000	23.961	下弦支座节点
482	-119.000	6.000	23.984	下弦铸钢节点
483	-110.500	6.000	24.342	下弦铸钢节点
484	-102.000	6.000	25.037	下弦支座节点
485	-93.500	6.000	26.071	下弦铸钢节点
486	-85.000	6.000	27.450	下弦铸钢节点
487	-76.150	6.000	29.247	下弦支座节点
489	-68.000	6.000	30.836	索节点
490	-59.500	6.000	32.320	下弦铸钢节点
491	-51.000	6.000	33.634	下弦铸钢节点
492	-42.500	6.000	34.778	下弦铸钢节点
493	-34.000	6.000	35.755	下弦铸钢节点
494	-25.500	6.000	36.565	下弦铸钢节点
495	-17.000	6.000	37.209	下弦铸钢节点
496	-8.500	6.000	37.688	下弦铸钢节点
497	0.000	6.000	38.003	下弦铸钢节点
498	8.500	6.000	38.154	下弦铸钢节点
499	17.000	6.000	38.140	下弦铸钢节点
500	25.500	6.000	37.963	下弦铸钢节点
501	34.000	6.000	37.621	下弦铸钢节点
502	42.500	6.000	37.115	下弦铸钢节点
503	51.000	6.000	36.443	下弦铸钢节点
504	59.500	6.000	35.606	索节点
505	67.650	6.000	34.643	下弦支座节点
506	-127.150	14.500	23.961	下弦支座节点
507	-119.000	14.500	23.984	下弦铸钢节点
508	-110.500	14.500	24.342	下弦铸钢节点
509	-102.000	14.500	25.037	下弦铸钢节点
510	-93.500	14.500	26.071	下弦铸钢节点
511	-85.000	14.500	27.450	下弦铸钢节点
512	-76.150	14.500	29.247	下弦支座节点
514	-68.000	14.500	30.836	索节点
515	-59.500	14.500	32.320	下弦铸钢节点
516	-51.000	14.500	33.634	下弦铸钢节点
517	-42.500	14.500	34.778	下弦铸钢节点
518	-34.000	14.500	35.755	下弦铸钢节点
519	-25.500	14.500	36.565	下弦铸钢节点
520	-17.000	14.500	37.209	下弦铸钢节点
521	-8.500	14.500	37.688	下弦铸钢节点
522	0.000	14.500	38.003	下弦铸钢节点
523	8.500	14.500	38.154	下弦铸钢节点
524	17.000	14.500	38.140	下弦铸钢节点
525	25.500	14.500	37.963	下弦铸钢节点
526	34.000	14.500	37.621	下弦铸钢节点
527	42.500	14.500	37.115	下弦铸钢节点
528	51.000	14.500	36.443	下弦铸钢节点
529	59.500	14.500	35.606	索节点
530	67.650	14.500	34.643	下弦支座节点
531	-127.150	23.000	23.961	下弦支座节点
532	-119.000	23.000	23.984	下弦铸钢节点
533	-110.500	23.000	24.342	下弦铸钢节点
534	-102.000	23.000	25.037	下弦铸钢节点
535	-93.500	23.000	26.071	下弦铸钢节点
536	-85.000	23.000	27.450	下弦铸钢节点
537	-76.150	23.000	29.247	下弦支座节点
539	-68.000	23.000	30.836	索节点
540	-59.500	23.000	32.320	下弦铸钢节点
541	-51.000	23.000	33.634	下弦铸钢节点
542	-42.500	23.000	34.778	下弦铸钢节点
543	-34.000	23.000	35.755	下弦铸钢节点
544	-25.500	23.000	36.565	下弦铸钢节点
545	-17.000	23.000	37.209	下弦铸钢节点
546	-8.500	23.000	37.688	下弦铸钢节点
547	0.000	23.000	38.003	下弦铸钢节点
548	8.500	23.000	38.154	下弦铸钢节点
549	17.000	23.000	38.140	下弦铸钢节点
550	25.500	23.000	37.963	下弦铸钢节点
551	34.000	23.000	37.621	下弦铸钢节点
552	42.500	23.000	37.115	下弦铸钢节点
553	51.000	23.000	36.443	下弦铸钢节点
554	59.500	23.000	35.606	索节点
555	67.650	23.000	34.643	下弦支座节点
556	-127.150	31.150	23.961	下弦支座节点
557	-119.000	31.150	23.984	下弦支座节点
558	-110.500	31.150	24.342	下弦支座节点
559	-102.000	31.150	25.037	下弦支座节点
560	-93.500	31.150	26.071	下弦支座节点
561	-85.000	31.150	27.450	下弦支座节点
562	-76.150	31.500	29.247	下弦支座节点
564	-68.000	31.500	30.836	索节点
565	-59.500	31.500	32.320	下弦铸钢节点
566	-51.000	31.500	33.634	下弦铸钢节点
567	-42.500	31.500	34.778	下弦铸钢节点
568	-34.000	31.500	35.755	下弦铸钢节点
569	-25.500	31.500	36.565	下弦铸钢节点
570	-17.000	31.500	37.209	下弦铸钢节点
571	-8.500	31.500	37.688	下弦铸钢节点
572	0.000	31.500	38.003	下弦铸钢节点
573	8.500	31.500	38.154	下弦铸钢节点
574	17.000	31.500	38.140	下弦铸钢节点
575	25.500	31.500	37.963	下弦铸钢节点
576	34.000	31.500	37.621	下弦铸钢节点
577	42.500	31.500	37.115	下弦铸钢节点
578	51.000	31.500	36.443	下弦铸钢节点
579	59.500	31.500	35.606	索节点
580	67.650	31.500	34.643	下弦支座节点
581	-85.000	40.000	27.450	下弦支座节点
582	-76.150	40.000	29.247	下弦支座节点
584	-68.000	40.000	30.836	下弦铸钢节点
585	-59.500	40.000	32.320	索节点
586	-51.000	40.000	33.634	下弦铸钢节点
587	-42.500	40.000	34.778	下弦铸钢节点
588	-34.000	40.000	35.755	下弦铸钢节点
589	-25.500	40.000	36.565	下弦铸钢节点
590	-17.000	40.000	37.209	下弦铸钢节点
591	-8.500	40.000	37.688	下弦铸钢节点
592	0.000	40.000	38.003	下弦铸钢节点
593	8.500	40.000	38.154	下弦铸钢节点
594	17.000	40.000	38.140	下弦铸钢节点
595	25.500	40.000	37.963	下弦铸钢节点
596	34.000	40.000	37.621	下弦铸钢节点
597	42.500	40.000	37.115	下弦铸钢节点
598	51.000	40.000	36.443	索节点
599	59.500	40.000	35.606	下弦铸钢节点
600	67.650	40.000	34.643	下弦支座节点
601	-85.000	48.500	27.450	下弦支座节点
602	-76.150	48.500	29.247	下弦支座节点
604	-68.000	48.500	30.836	下弦铸钢节点
605	-59.500	48.500	32.320	下弦铸钢节点
606	-51.000	48.500	33.634	下弦铸钢节点
607	-42.500	48.500	34.778	下弦铸钢节点
608	-34.000	48.500	35.755	下弦铸钢节点
609	-25.500	48.500	36.565	下弦铸钢节点
610	-17.000	48.500	37.209	下弦铸钢节点
611	-8.500	48.500	37.688	下弦铸钢节点
612	0.000	48.500	38.003	下弦铸钢节点
613	8.500	48.500	38.154	下弦铸钢节点
614	17.000	48.500	38.140	下弦铸钢节点
615	25.500	48.500	37.963	下弦铸钢节点
616	34.000	48.500	37.621	下弦铸钢节点
617	42.500	48.500	37.115	下弦铸钢节点
618	51.000	48.500	36.443	下弦铸钢节点
619	59.500	48.500	35.606	下弦铸钢节点
620	67.650	48.500	34.643	下弦支座节点
621	-85.000	57.000	27.450	下弦支座节点
622	-76.150	57.000	29.247	下弦支座节点
624	-68.000	57.000	30.836	下弦支座节点
625	-59.500	57.000	32.320	下弦支座节点
626	-51.000	57.000	33.634	下弦支座节点
627	-42.500	57.000	34.778	下弦支座节点
628	-34.000	57.000	35.755	下弦支座节点
629	-25.500	57.000	36.565	下弦支座节点
630	-17.000	57.000	37.209	下弦支座节点
631	-8.500	57.000	37.688	下弦支座节点
632	0.000	57.000	38.003	下弦支座节点
633	8.500	57.000	38.154	下弦支座节点
634	17.000	57.000	38.140	下弦支座节点
635	25.500	57.000	37.963	下弦支座节点
636	34.000	57.000	37.621	下弦支座节点
637	42.500	57.000	37.115	下弦支座节点
638	51.000	57.000	36.443	下弦支座节点
639	59.500	57.000	35.606	下弦支座节点
640	67.650	57.000	34.643	下弦支座节点
641	-76.150	-52.750	31.295	上弦节点
642	-68.000	-52.750	33.247	上弦节点
643	-59.500	-52.750	35.055	上弦节点
644	-51.000	-52.750	36.636	上弦节点
645	-42.500	-52.750	37.997	上弦节点
646	-34.000	-52.750	39.146	上弦节点
647	-25.500	-52.750	40.082	上弦节点
648	-17.000	-52.750	40.807	上弦节点
649	-8.500	-52.750	41.325	上弦节点
650	0.000	-52.750	41.637	上弦节点
651	8.500	-52.750	41.742	上弦节点
652	17.000	-52.750	41.641	上弦节点
653	25.500	-52.750	41.334	上弦节点
654	34.000	-52.750	40.816	上弦节点
655	42.500	-52.750	40.089	上弦节点
656	51.000	-52.750	39.148	上弦节点
657	59.500	-52.750	37.988	上弦节点
658	67.650	-52.750	36.658	上弦节点
659	-76.150	-44.250	31.295	上弦节点
660	-68.000	-44.250	33.275	上弦节点
661	-59.500	-44.250	35.102	上弦节点
662	-51.000	-44.250	36.697	上弦节点
663	-42.500	-44.250	38.066	上弦节点
664	-34.000	-44.250	39.217	上弦节点
665	-25.500	-44.250	40.156	上弦节点
666	-17.000	-44.250	40.883	上弦节点
667	-8.500	-44.250	41.401	上弦节点
668	0.000	-44.250	41.716	上弦节点
669	8.500	-44.250	41.825	上弦节点
670	17.000	-44.250	41.728	上弦节点
671	25.500	-44.250	41.423	上弦节点
672	34.000	-44.250	40.905	上弦节点
673	42.500	-44.250	40.171	上弦节点
674	51.000	-44.250	39.217	上弦节点
675	59.500	-44.250	38.028	上弦节点
676	67.650	-44.250	36.658	上弦节点
677	-76.150	-35.750	31.295	上弦节点
678	-68.000	-35.750	33.287	上弦节点
679	-59.500	-35.750	35.128	上弦节点

BIAD
北京市建筑设计研究院有限公司
BEIJING INSTITUTE OF ARCHITECTURAL DESIGN
中国 北京 南礼士路62号 100045
NO.62 NANLISHI ROAD, BEIJING, P.R.CHINA
POSTCODE: 100045
TEL: 86-10-88021576
FAX: 86-10-88021570
WEBSITE: WWW. BIAD. COM. CN

专业设计部门 DEPARTMENT

设计签字 SIGNATURE
方案设计人 SCHENMATIC DESIGNER
设计总负责人 PROJECT ARCHITECT
专业负责人 DISCIPLINE CHIEF
设计人 DESIGNED BY

验证签字 VERIFICATION
审核人 CHECKED BY
审定人 APPROVED BY

会签 CONFIRMATION
建筑专业负责人 ARCH.
结构专业负责人 STRUCT.
设备专业负责人 MECH.
电气专业负责人 ELEC.

项目名称 PROJECT NAME
项目编号 PROJECT NO.
图名 DRAWING NAME

设计阶段 PHASE	图号 DRAWING NO.	版本号 EDITION

出图日期 DATE 年 YEAR 月 MONTH 日 DAY
归档纪录 ARCHIVES

分类
钢结构的结构平面图. 大跨钢结构

图名
例5-屋顶张弦桁架节点坐标表

图号	比例	页码
3-5-13		3-30

北京市建筑设计研究院有限公司
BEIJING INSTITUTE OF ARCHITECTURAL DESIGN

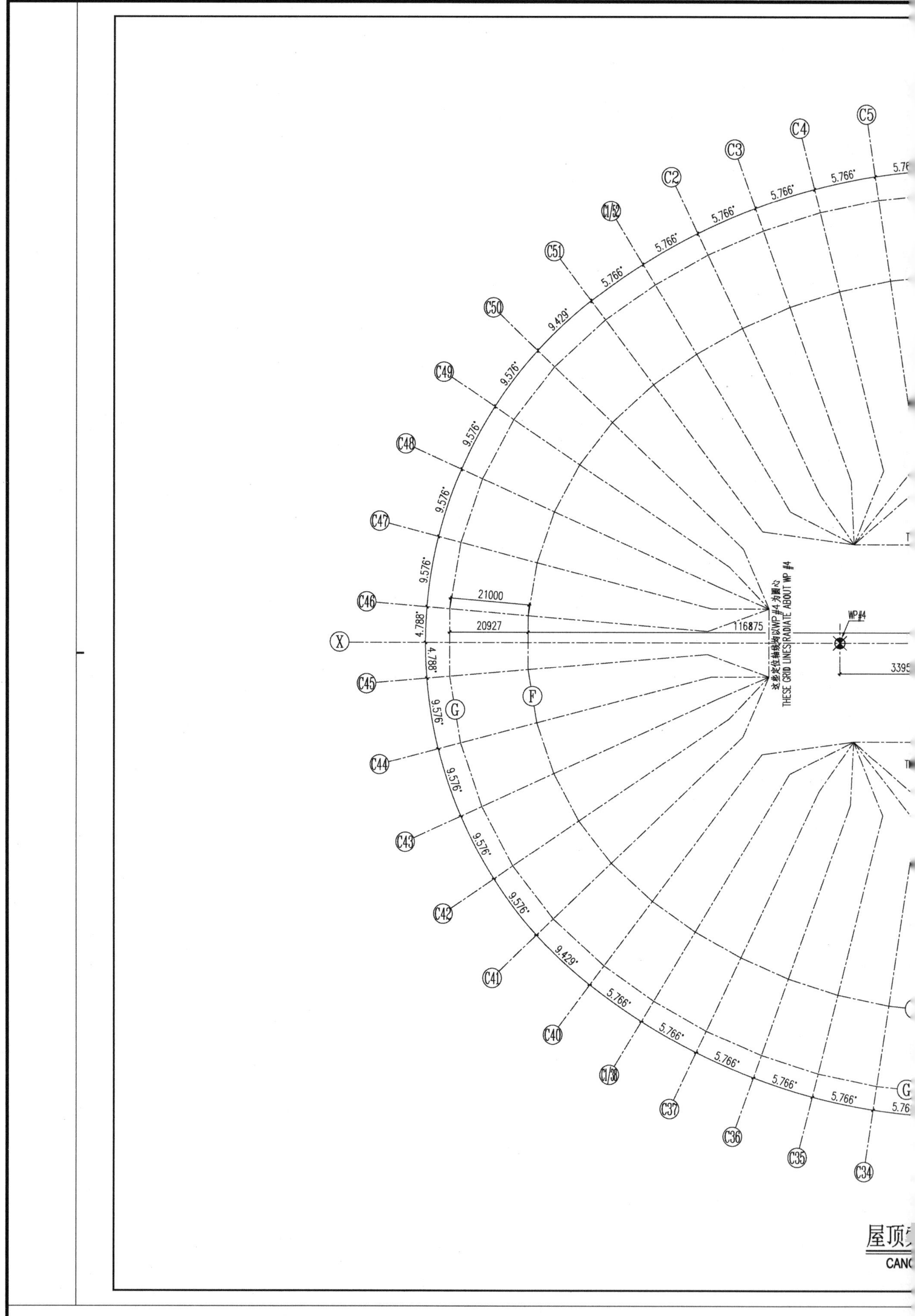

示例说明 1. 此图是"A0"布图的示意，主要内容为整体屋顶索棚结构平面的分区、轴线、标号及尺寸等信息的定位原则。

2. 各个轴线的标号如图所示，其中F、G分别为两条环向轴线的标号，其他图纸相同。

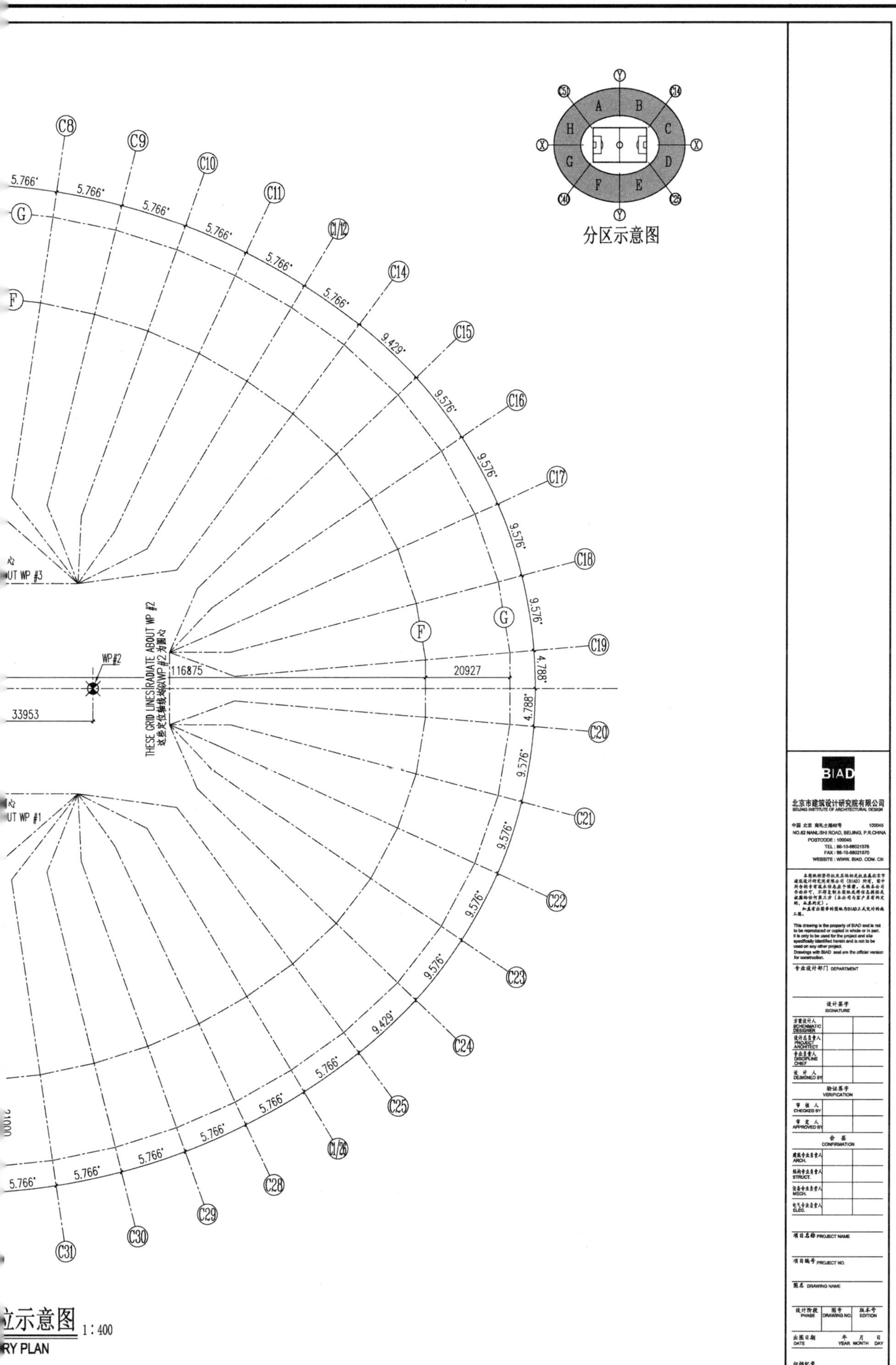

立示意图 1∶400
RY PLAN

3.2 示例图样

BIAD

北京市建筑设计研究院有限公司
BEIJING INSTITUTE OF ARCHITECTURAL DESIGN

中国 北京 南礼士路62号 100045
NO.62 NANLISHI ROAD, BEIJING, P.R.CHINA
POSTCODE: 100045
TEL: 86-10-88021576
FAX: 86-10-88021570
WEBSITE : WWW. BIAD. COM. CN

本图纸的著作权以及其他相关权利属于北京市建筑设计研究院有限公司（BIAD）所有。除中标的特定项目并在指定地点使用外，不得复制或用于其他目的。只有盖有BIAD正式印章的图纸方是用于施工的正式版本。

This drawing is the property of BIAD and is not to be reproduced or copied in whole or in part. It is only to be used for the project and site specifically identified herein and is not to be used on any other project. Drawings with BIAD seal are the official version for construction.

分类		
钢结构的结构平面图. 大跨钢结构		
图名		
例6-屋顶索棚轴线定位图		
图号	比例	页码
3-6-1		3-31

北京市建筑设计研究院有限公司
BEIJING INSTITUTE OF ARCHITECTURAL DESIGN

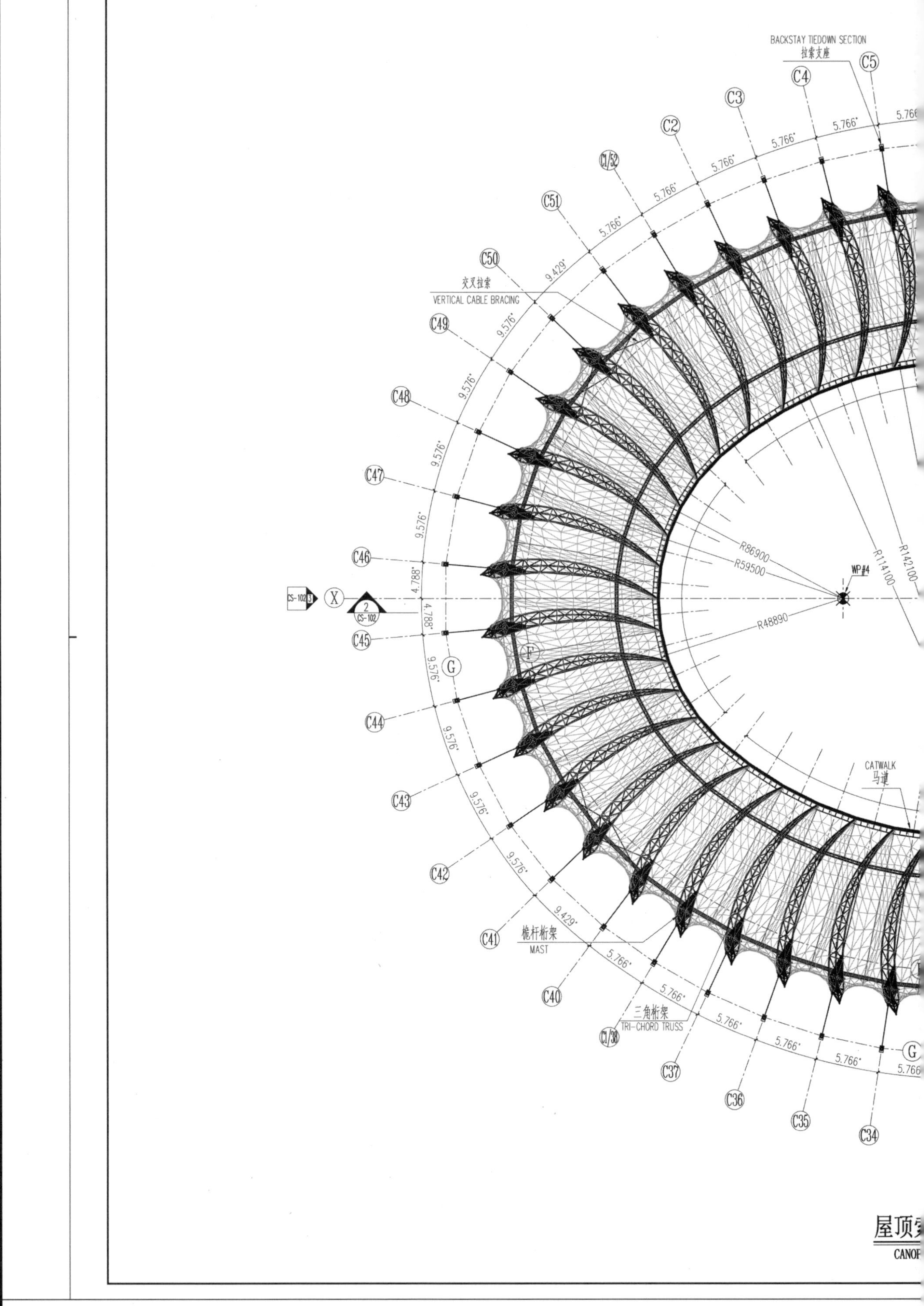

示例说明 1. 此图是“A0”布图的示意，主要内容为屋顶索棚结构的平面布置图，包括钢结构、索及膜。

2. 图中标注了结构各个典型组成部分的名称，其他图纸中相同部分均按此图标注名称为准。

3. 图中所注立面、剖面详见“屋顶索棚立面示意图”。

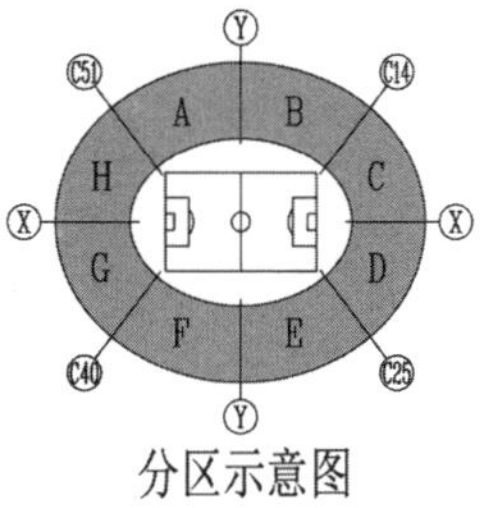

分区示意图

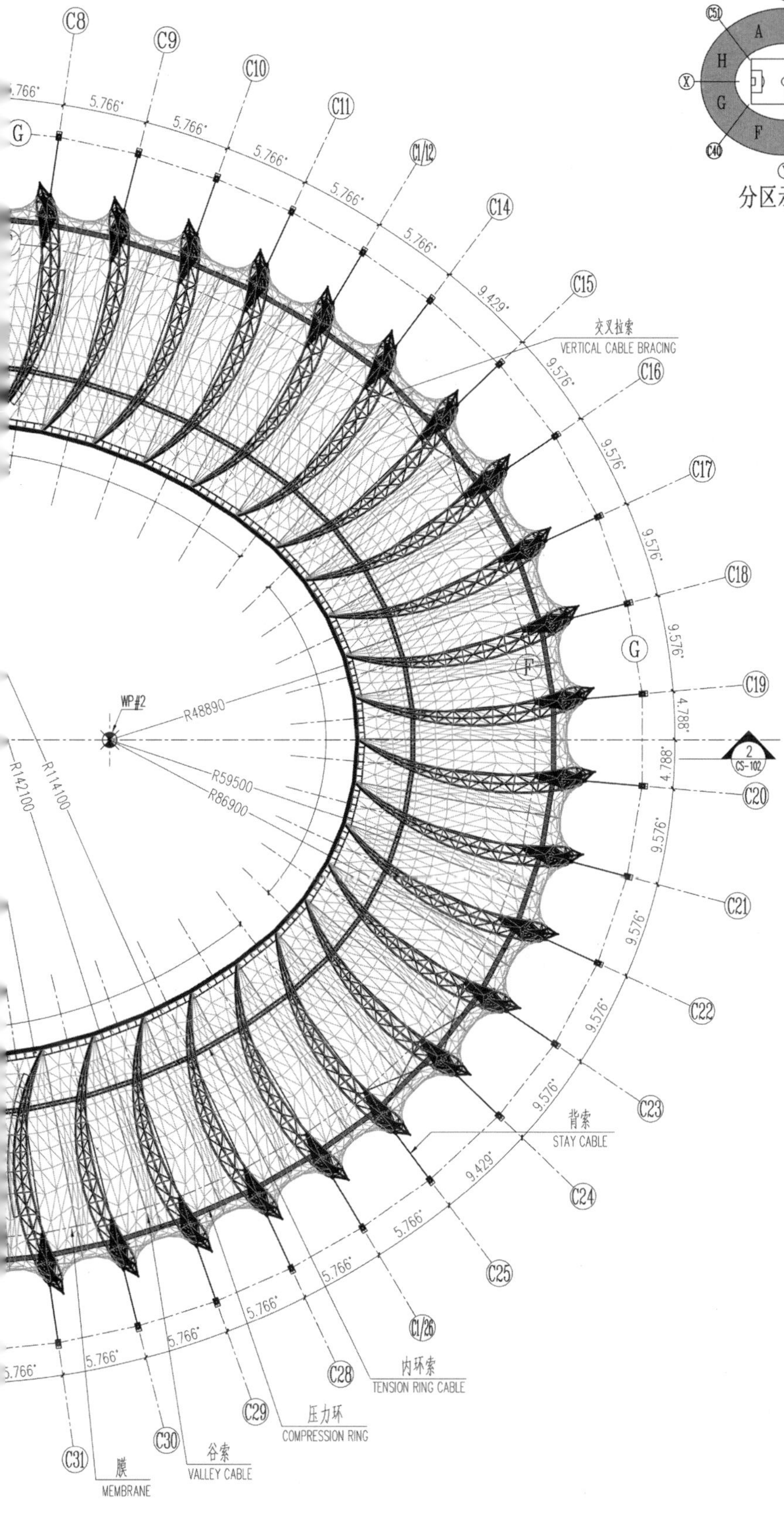

(Y) A B (C14) C (X) D (C25) E (Y) F (C40) G H (C51)

(C8) (C9) (C10) (C11) (C1/12) (C14) (C15) (C16) (C17) (C18) (C19) (C20) (C21) (C22) (C23) (C24) (C25) (C1/26) (C28) (C29) (C30) (C31)

5.766° 5.766° 5.766° 5.766° 5.766° 5.766° 9.429° 9.576° 9.576° 9.576° 9.576° 4.788° 4.788° 9.576° 9.576° 9.576° 9.576° 9.429° 5.766° 5.766° 5.766° 5.766° 5.766° 5.766°

交叉拉索 VERTICAL CABLE BRACING

背索 STAY CABLE

内环索 TENSION RING CABLE

压力环 COMPRESSION RING

谷索 VALLEY CABLE

膜 MEMBRANE

(G) (F)

WP#2

R48890 R59500 R86900 R114100 R142100

2 CS-102

…图 1:400

…ALL

BIAD

北京市建筑设计研究院有限公司
BEIJING INSTITUTE OF ARCHITECTURAL DESIGN

NO.62 NANLISHI ROAD, BEIJING, P.R.CHINA
POSTCODE: 100045

专业设计部门 DEPARTMENT

设计签字 SIGNATURE

方案设计人 SCHEMATIC DESIGNER
设计总负责人 PROJECT ARCHITECT
专业负责人 DISCIPLINE CHIEF
设计人 DESIGNED BY

验证签字 VERIFICATION

审核人 CHECKED BY
审定人 APPROVED BY

会签 CONFIRMATION

建筑专业负责人 ARCH.
结构专业负责人 STRUCT.
设备专业负责人 MECH.
电气专业负责人 ELEC.

项目名称 PROJECT NAME

项目编号 PROJECT NO.

图名 DRAWING NAME

设计阶段 PHASE | 图号 DRAWING NO. | 版本号 EDITION

出图日期 DATE 年 YEAR 月 MONTH 日 DAY

归档记录 ARCHIVES

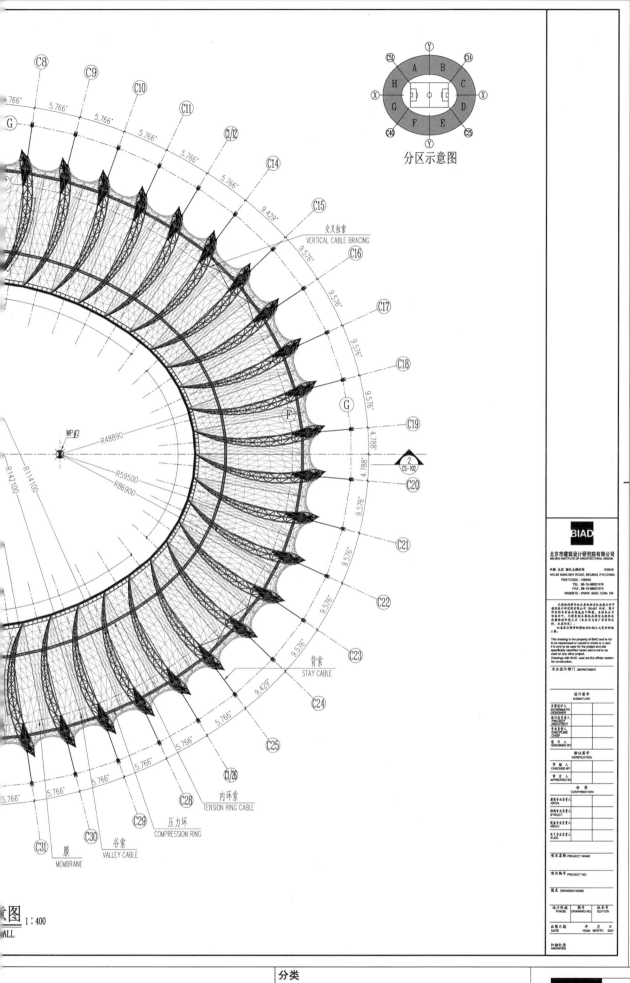

分类		
钢结构的结构平面图. 大跨钢结构		
图名		
例6-屋顶索棚平面示意图		
图号	比例	页码
3-6-2		3-32

北京市建筑设计研究院有限公司
BEIJING INSTITUTE OF ARCHITECTURAL DESIGN

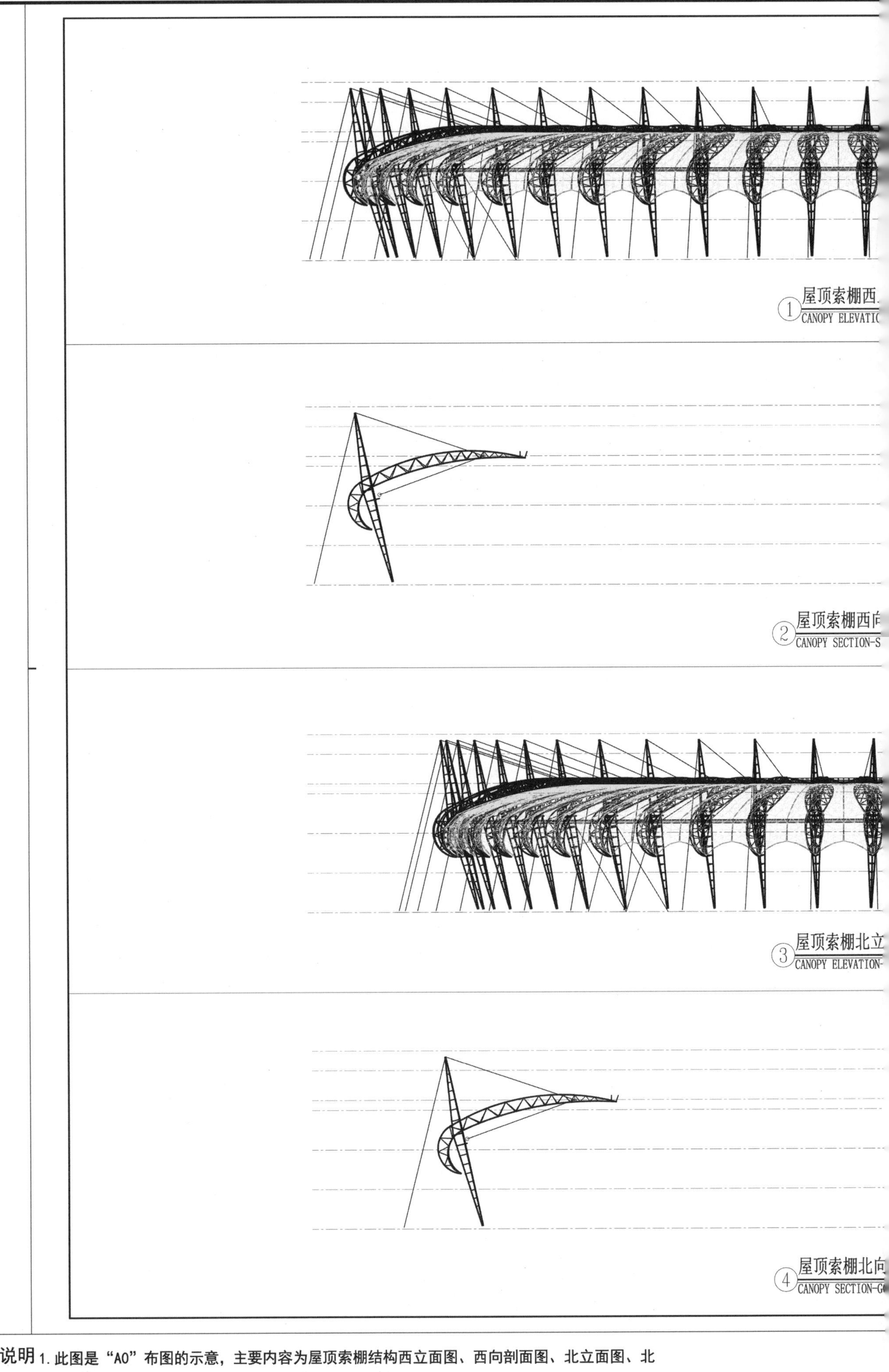

示例说明 1. 此图是“A0”布图的示意，主要内容为屋顶索棚结构西立面图、西向剖面图、北立面图、北向剖面图以及整体结构的分层标高等信息。

2. 本图各个立面以及剖面的位置索引详见“屋顶索棚平面示意图”。

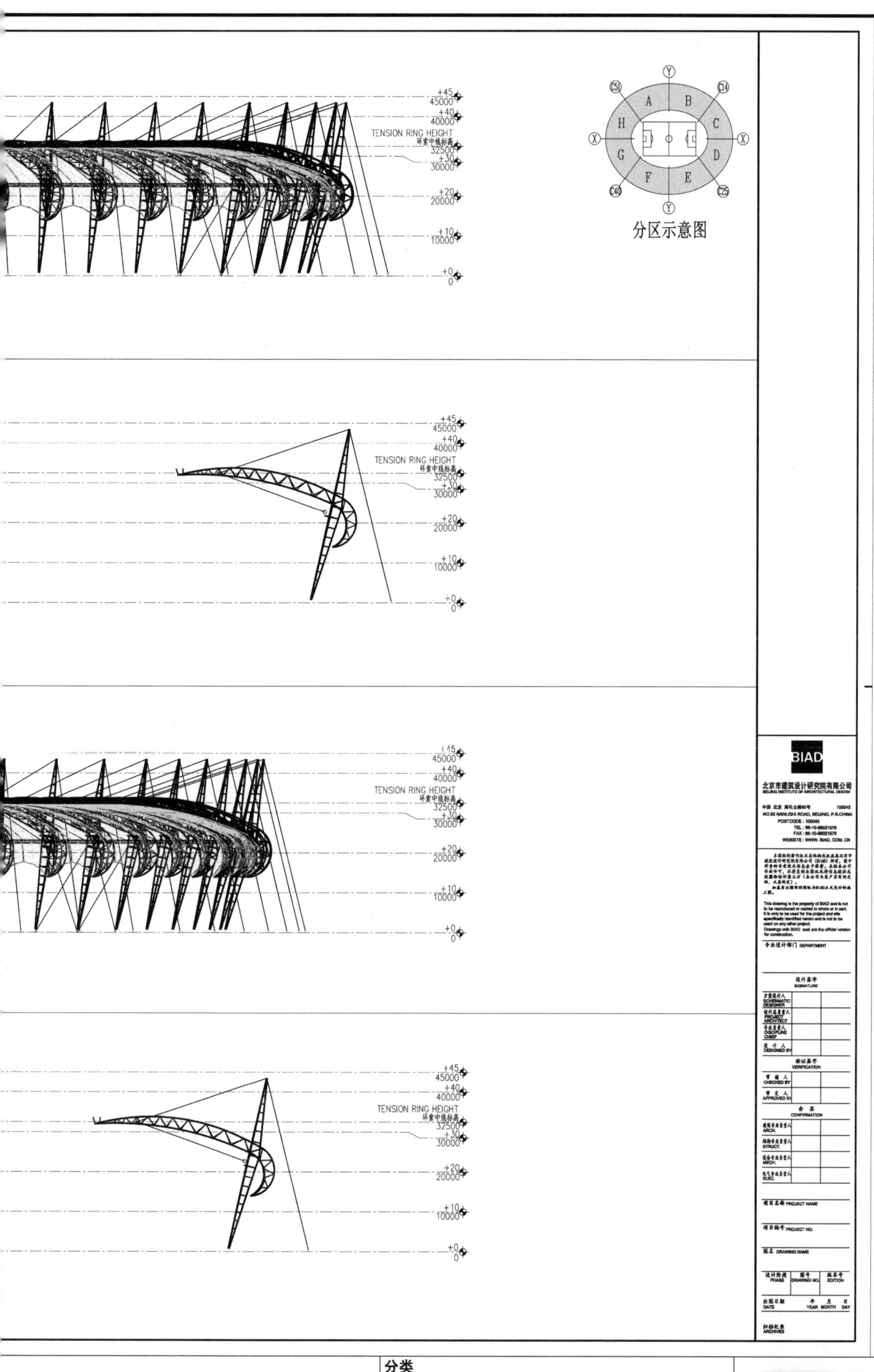

分类

钢结构的结构平面图. 大跨钢结构

图名

例6-屋顶索棚立面示意图

图号	比例	页码
3-6-3		3-33

BIAD 结构设计 深度图示

北京市建筑设计研究院有限公司
BEIJING INSTITUTE OF ARCHITECTURAL DESIGN

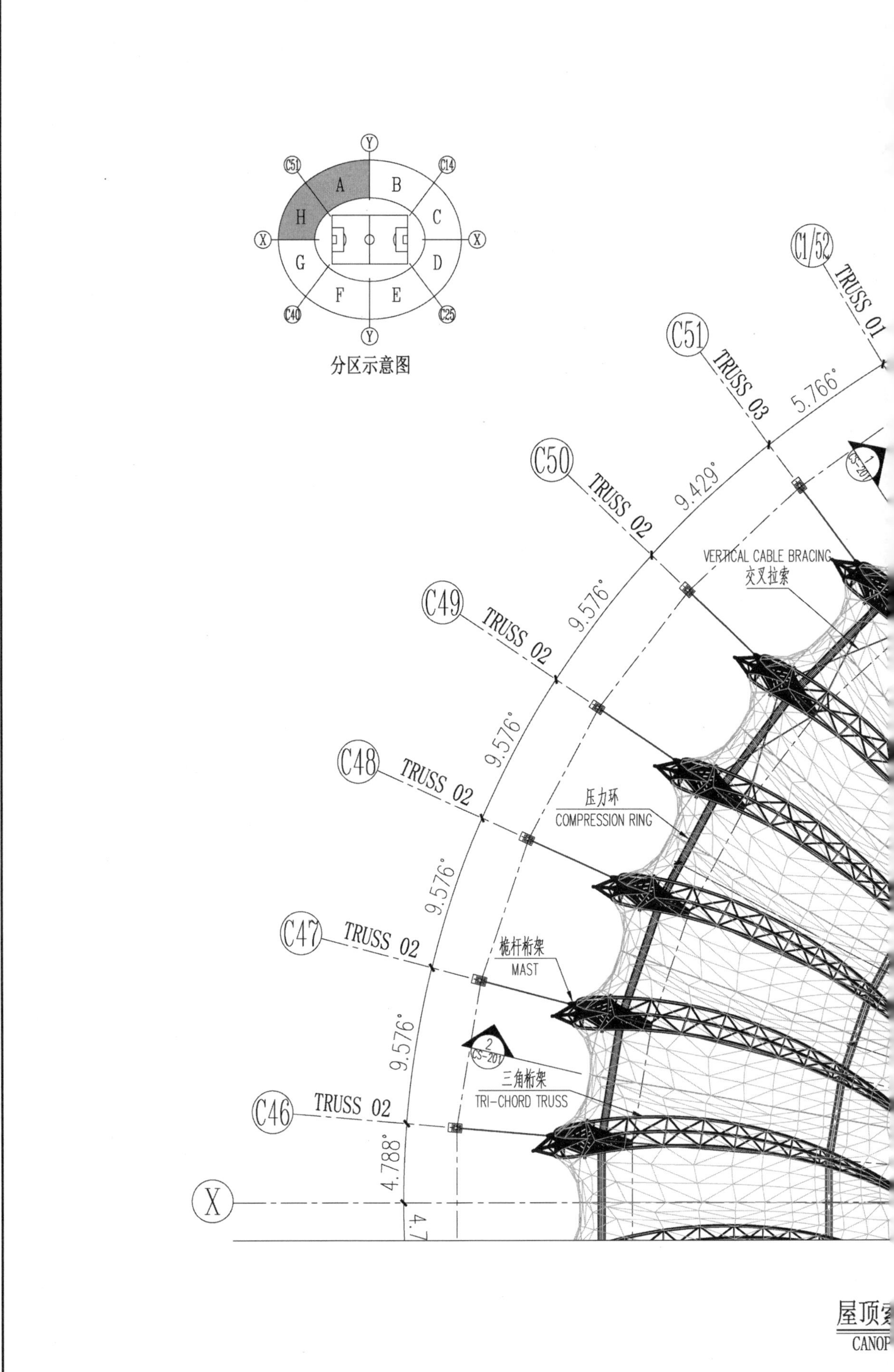

示例说明 1. 此图是"A0"布图的示意，主要内容为屋顶索棚A/H区平面布置图，包括钢结构、索及膜。

2. 图中标注了结构各个典型组成部分的名称，其他图纸中相同部分均按此图标注名称为准。

3. 图中标注了A/H区内索桁架类型编号，以表示不同类型索桁架布置。

4. 图中所注剖面详见"屋顶索棚剖面图"。

5. 本图只表示屋顶索棚A/H区平面布置，其他区域平面与之类似，不再表示。

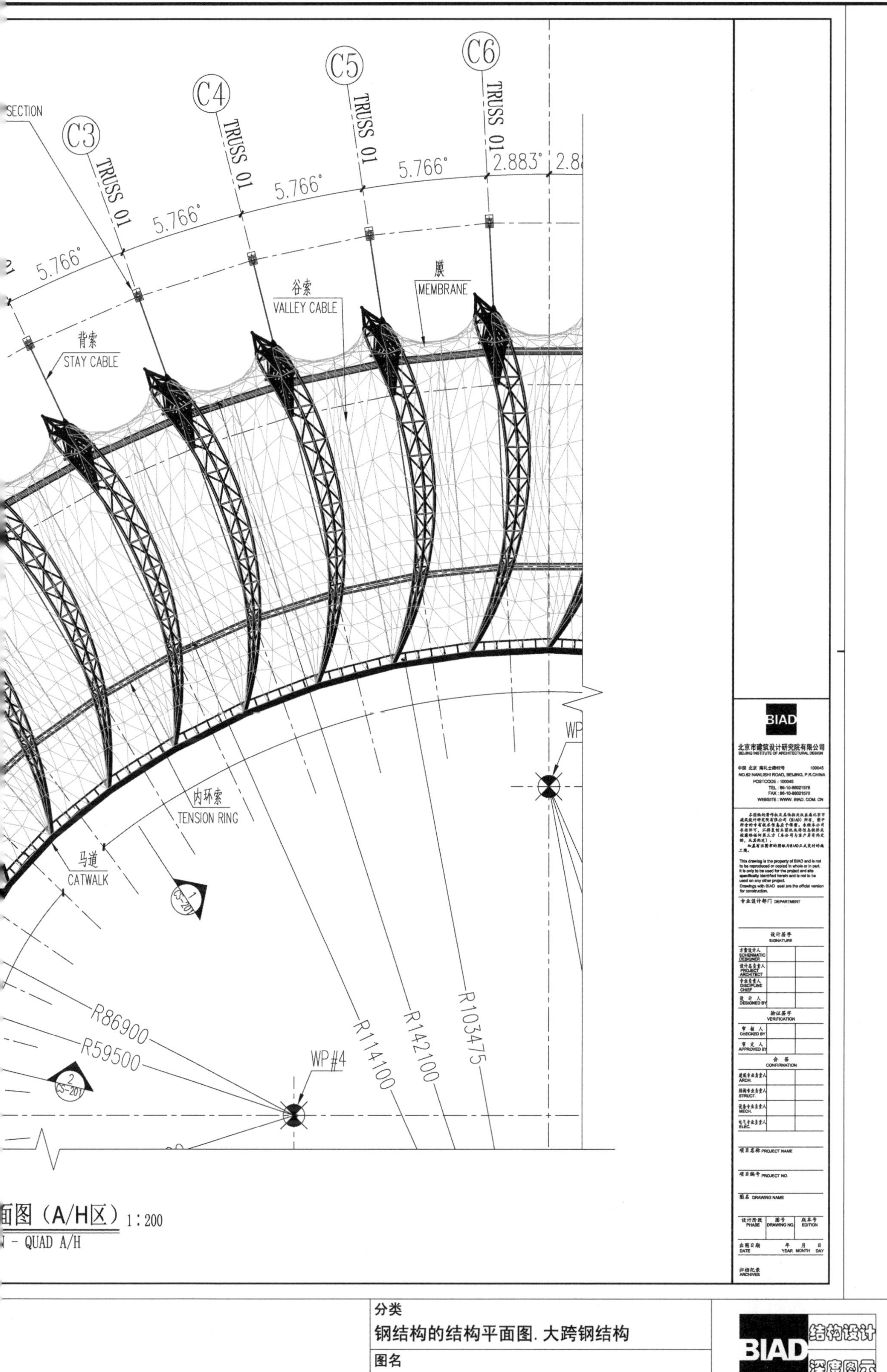

分类

钢结构的结构平面图. 大跨钢结构

图名

例6-屋顶索棚分区平面图

图号	比例	页码
3-6-4		3-34

BIAD 结构设计 深度图示

北京市建筑设计研究院有限公司
BEIJING INSTITUTE OF ARCHITECTURAL DESIGN

4　混合结构的结构平面图

Structural plan of mixed structure

4.1 设计深度要点

4.1.1 《BIAD 设计文件编制深度规定》（第二版）结构专业篇摘录

4.3.15 上部为钢结构和混合结构时，钢结构的基础平面图、钢筋混凝土楼层结构平面图及详图应表示钢柱、钢支撑与下部混凝土构件的连接构造。

4.1.2 深度控制要求

（1）总控制指标

混合结构为钢筋混凝土、钢构件或型钢混凝土组合的结构，其形式多样，其中型钢混凝土柱或钢管混凝土柱-钢梁-钢筋混凝土核心筒、钢框架－钢筋混凝土核心筒结构在工程中应用较多。《图示》分别挑选型钢混凝土柱和钢管混凝土柱与钢梁、钢筋混凝土核心筒进行组合的施工图设计图纸作为示例，对混合结构的深度规定和制图标准予以细化和图样化。钢筋混凝土结构体系中采用的钢管混凝土、型钢混凝土构件以及型钢－混凝土组合结构，虽然不属于本章范围，但其表示方法和设计深度均可参考本章的相关内容。此外，本章选取钢筋桁架组合楼板作为示例，压型钢板组合楼板的设计深度要求及示例详见第 3 章的相关内容。

绘制混合结构平面图时，组合构件应同时表示出型钢（钢板）布置、混凝土截面，型钢（钢板）构件用单线条绘制，钢桁架、垂直支撑等用虚线表示。

对于地下各楼层以及地上带有裙房的楼层结构平面图，混合结构部分可以单独绘制，也可以与其他部分共同绘制。单独绘制混合结构平面时，应表示出与其他部分的平面关系。

混合结构平面图应注明图纸比例；在平面图的适当位置（如：图名的下方或右侧、图纸的右侧或右下角位置），可以增加与本图相关的附加说明文字、图例等内容。

本章的设计深度控制指标针对混合结构的主要特点，涉及钢筋混凝土结构、普通钢结构的相关内容详见第 2 章和第 3 章。

（2）产品与节点控制指标

《BIAD 设计文件编制深度规定》结构专业篇未针对混合结构平面列出具体条款，可参照“一般建筑的结构平面图”“钢结构的结构平面图”的相关条款执行；4.3.15 条提出混合结构的连接构造要求，详见本章 4.1.1 条摘录。以下内容主要是对深度规定的细化以及少量扩展和补充。

① 为便于区分，钢筋混凝土构件、钢构件及组合构件应分别编号。钢柱、钢梁的编号包括其类型代号、序号，可以用列表形式表示出截面尺寸、材质等项内容；型钢（钢板）混凝土梁、柱、墙中的型钢（钢板）截面尺寸、定位、材质等项内容，可以在平面图或在构件详图中表示。

② 采用钢筋桁架组合楼板时，应注明跨度方向、板厚和配筋，并绘制钢梁、混凝土墙等支承构件与楼板连接详图。

4.1.3 设计文件构成

（1）文字部分

设计总说明中关于平面、楼（屋）面板配筋的部分，详见《BIAD 设计文件编制深度规定》（第二版）结构专业篇 4.2.9、4.2.10、4.2.16 各条中的相关条款；图纸补充说明。

（2）图样部分

按楼层标高划分，一般包括：地下各楼层结构平面图、地上各楼层结构平面图（含一般楼层、标准层、加强层、转换层等）、屋面结构平面图、出屋面结构平面图。

关于混合结构平面的制图比例：一般的结构平面图常用比例 1:100，可用比例 1:50、1:150；与平面相关的详图常用比例 1:20、1:30、1:50，可用比例 1:25，具体绘制比例视构件大小确定，以能清楚表示绘制内容为准。

4.1.4 示例概况

（1）混合结构（型钢混凝土柱）标准层结构平面图

例 1-混合结构（型钢混凝土柱）楼层结构平面图（标准层），共 2 张图，包括高层塔楼 6～8层顶板结构平面图和板配筋图。

本示例选自某超高层办公建筑。该建筑地下 3 层，地上由 6 座高层主塔楼（32～54 层）和 3

层裙房组成。高层塔楼与裙房地下连为一体，地上设防震缝分开。示例高层塔楼地上 54 层，是较典型的型钢混凝土外框柱 + 外框型钢梁 + 楼面钢梁 + 钢筋混凝土核心筒（局部布置构造型钢）的混合结构，楼板采用钢筋桁架楼承板。

除一般建筑和钢结构的结构平面图应表达的内容外，混合结构平面图中还清楚地表示出各型钢构件内的型钢，绘制截面详图并详细标注出型钢在构件中的定位及规格尺寸。

钢筋桁架楼承板是近年来混合结构等超高层建筑使用较多的一种组合楼板，但目前尚无统一的图纸表达模式和深度标准，一般还需厂家配合完成深化设计。示例中表示出钢筋桁架楼承板布置方案，用不同图例表示各区域楼板荷载要求，并用表格给出了初步选板和配筋，在说明中提出了下一步施工方需配合的工作和深化设计要求。

关联示例：混合结构转换层结构平面图、板配筋平面图 4-2-1 ~ 4-2-6，钢筋桁架组合楼板详图 4-3-1、4-3-2。

（2）混合结构（型钢混凝土柱）转换层结构平面图

例 2-混合结构（型钢混凝土柱）楼层结构平面图（转换层），共 6 张图，包括转换层 3 ~ 5 层顶板结构平面图和板配筋图。

本示例与例 1 选自同一工程，因 3 层以下柱距加大至 9m，部分上层外框架柱不能落地，通过设在 4 ~ 5 层的“人”字形斜柱转换至下层相邻框架柱。

转换层结构平面图和配筋图的基本表达内容与标准层相同，根据结构布置增加了一些特殊构件的平面表示，如：用于加强楼面刚度的钢斜撑、转换斜柱等构件的布置等。

关联示例：混合结构（型钢混凝土柱）标准层顶板结构平面图、板配筋 4-1-1、4-1-2，钢筋桁架组合楼板详图 4-3-1、4-3-2，混合结构转换斜柱详图 8-4-1 ~ 8-4-6。

（3）钢筋桁架组合楼板详图

例 3-钢筋桁架组合楼板详图，共 2 张图。

示例为较常见的钢筋桁架楼承板详图，包括不同厚度的钢筋桁架楼承板大样、楼承板选用表、代表性的标准节点以及部分特殊部位节点的配筋构造、楼承板留洞配筋构造、材料和施工说明等。

关联示例：混合结构（型钢混凝土柱）标准层顶板结构平面图、板配筋图 4-1-1、4-1-2，混合结构转换层结构平面图、板配筋图 4-2-1 ~ 4-2-6。

（4）混合结构（钢管混凝土柱）标准层结构平面图

例 4-混合结构（钢管混凝土柱）楼层结构平面图（标准层），共 2 张图，包括标准层顶板钢结构平面图和板配筋图。

本示例选自某超高层办公建筑。该建筑地下 3 层，地上由 50 层主楼和 6 层裙房组成。主楼与裙房在地下连为一体，地上设防震缝分开。主楼地上部分的结构体系为现浇钢管混凝土框架 + 钢筋混凝土筒体混合结构体系，平面呈长方形。建筑中心的钢筋混凝土交通核为主体结构的主要抗侧力构件，外围设 20 根圆钢管混凝土柱，框架梁为工字钢梁，楼板为钢筋混凝土现浇板。

关联示例：混合结构加强层结构平面图、板配筋图 4-5-1 ~ 4-5-4。

（5）混合结构（钢管混凝土柱）加强层结构平面图

例 5-混合结构（钢管混凝土柱）楼层结构平面图（加强层），共 4 张图，包括加强层 12、13 层顶板钢结构平面图和板配筋图。

本示例与例 4 选自同一工程，地上分别在 13 层、26 层、39 层建筑短方向布置有贯通核心筒的水平伸臂钢架。

转换层结构平面图和配筋图的基本表达内容与标准层相同，根据结构布置增加了伸臂钢架的平面表示。

关联示例：混合结构（钢管混凝土柱）标准层顶板结构平面图、板配筋图 4-4-1、4-4-2，混合结构加强钢架详图 8-5-1 ~ 8-5-4。

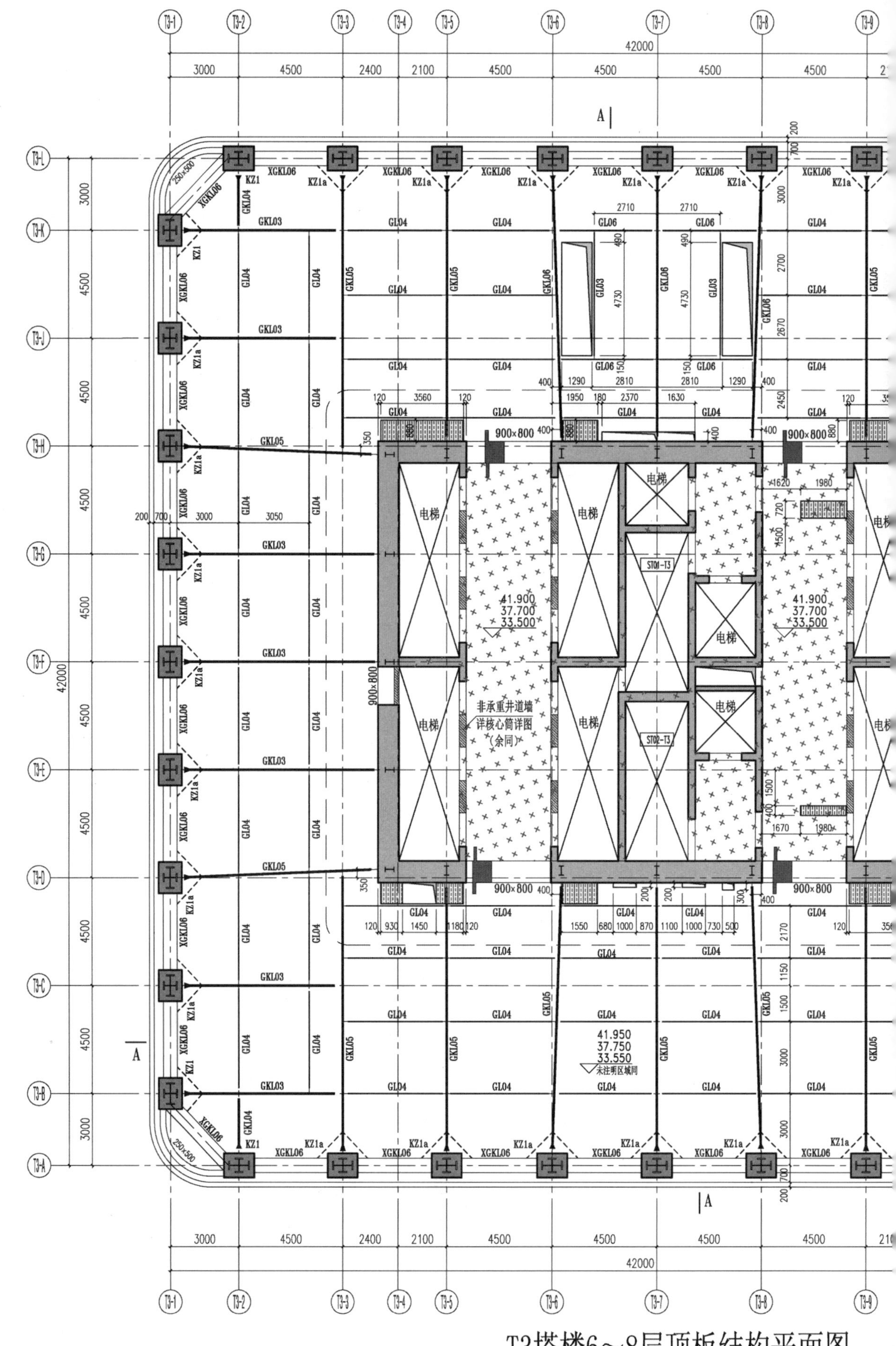

示例说明 1. 此图为高层塔楼下部标准层的结构平面图，包含标准层顶板的结构平面布置、局部剖面、钢梁表、标高和层高表、图例以及相关说明。

2. 结构平面图采用仰视投影法绘制，绘制比例1：100。绘制与标注的内容：定位轴线及标注；结构构件(包括型钢柱、型钢梁、钢梁、隅撑等)的平面位置、定位尺寸、编号；楼梯间、电梯间的平面位置；楼面结构标高；楼板洞口、机电后浇带的平面位置；节点详图索引号；必要的文字说明。

3. 钢梁采用表格形式，列出

及定位。

4. 图纸未尽事宜及要说明的

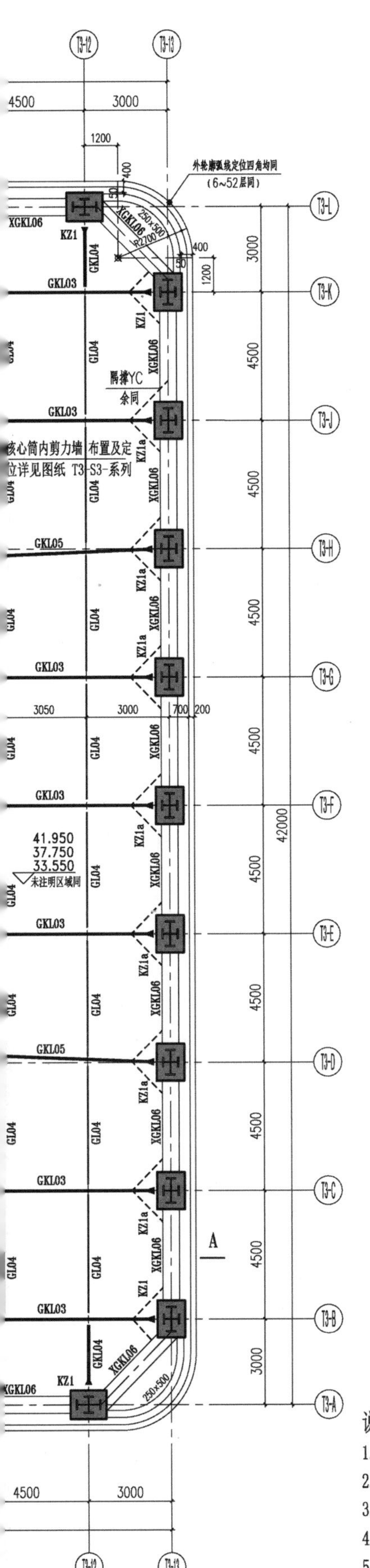

T3塔楼钢梁表

构件编号	钢梁截面 $h \times b \times t_w \times t_f$	材质
GKL01	H-800×350×24×40	Q345B
GKL02	H-800×300×20×32	Q345B
GKL03	H-550×250×12×18	Q345B
GKL04	H-550×250×16×28	Q345B
GKL05	H-700×300×14×20	Q345B
GKL06	H-700×300×16×25	Q345B
GKL07	H-700×300×20×32	Q345B
GKL08	HN-300×150×6.5×9	Q235B
GKL09	H-700×300×30×40	Q345B
GL01	HN-500×200×10×16	Q345B
GL02	HN-450×200×9×14	Q345B
GL03	HN-400×200×8×13	Q345B
GL04	HN-346×174×6×9	Q235B
GL05	HN-300×150×6.5×9	Q235B
GL06	H-550×250×10×18	Q345B
GL07	H-700×300×14×20	Q345B
GL08	H-700×300×20×32	Q345B

钢梁截面表示方式说明：

焊接H型截面：$H\text{-}h \times b \times t_w \times t_f$

国标热轧截面：$HN\text{-}h \times b \times t_w \times t_f$

钢梁材质补充说明：钢板厚度40mm采用Q345GJC。

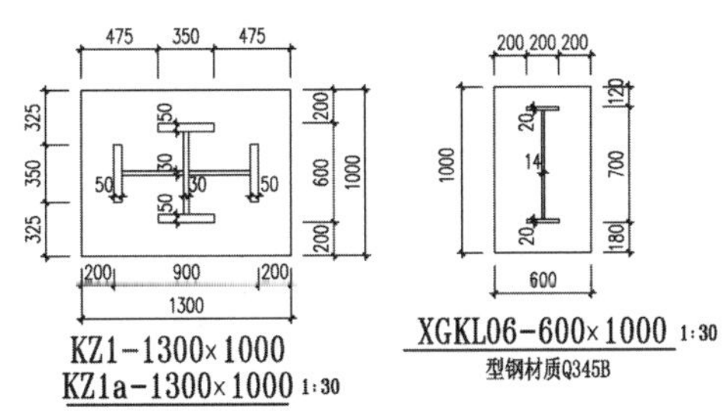

KZ1-1300×1000
KZ1a-1300×1000 1:30

XGKL06-600×1000 1:30
型钢材质Q345B

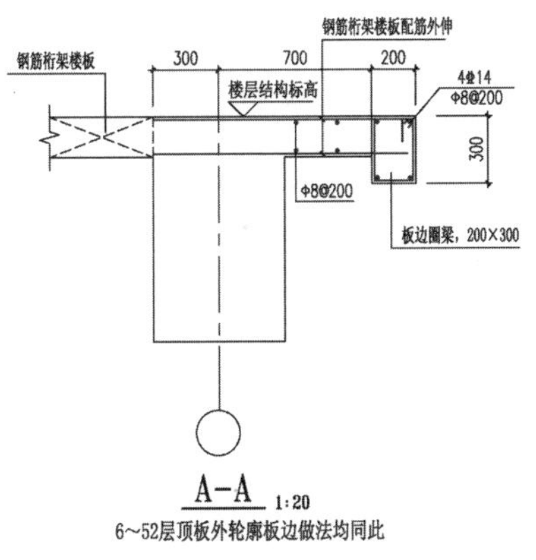

A-A 1:20
6~52层顶板外轮廓板边做法均同此

层号	标高(m)	层高(m)
屋面2	250.350	5.00
屋面1	245.350	6.00
53F	239.350	4.25
52F	235.100	4.20
51F	230.900	4.15
50F	226.750	4.20
49F	222.550	4.20
48F	218.350	4.20
47F	214.150	4.20
46F	209.950	4.20
45.2F	205.750	3.15
45.1F	202.600	3.15
44F	199.450	4.20
43F	195.250	4.20
42F	191.050	4.20
41F	186.850	4.20
40F	182.650	4.20
39F	178.450	4.20
38F	174.250	4.20
37F	170.050	4.20
36F	165.850	4.20
35F	161.650	4.20
34F	157.450	4.20
33F	153.250	4.20
32F	149.050	4.20
31F	144.850	4.20
30.2F	140.650	4.25
30.1F	136.400	4.15
29F	132.250	4.20
28F	128.050	4.20
27F	123.850	4.20
26F	119.650	4.20
25F	115.450	4.20
24F	111.250	4.20
23F	107.050	4.20
22F	102.850	4.20
21F	98.650	4.20
20F	94.450	4.20
19F	90.250	4.20
18F	86.050	4.20
17F	81.850	4.20
16F	77.650	4.20
15.2F	73.450	3.15
15.1F	70.300	3.15
14F	67.150	4.20
13F	62.950	4.20
12F	58.750	4.20
11F	54.550	4.20
10F	50.350	4.20
9F	46.150	4.20
8F	41.950	4.20
7F	37.750	4.20
6F	33.550	4.20
5F	29.350	4.20
4F	25.150	4.20
3F	20.950	7.10
2F	13.850	6.00
1F	7.850	7.00
B1F	0.850	6.45
B2F	-5.600	3.80
B3F	-9.400	4.10
基础板顶	-13.500	

T3T4塔楼结构层高
结构层顶板标高

说明：

1. 未注明楼板厚度，核心筒内140mm，核心筒外120mm。
2. 未注明梁、柱定位者均以轴线居中。
3. 型钢混凝土柱配筋及定位，核心筒内钢暗柱截面及定位详见图纸T3-S4-**系列。
4. 隅撑YC截面L100×10，布置在钢梁下翼缘，做法详见T3-S6-03。
5. 墙体平面定位详见T3-S2-14。
6. 图中▥填充范围表示板上为机电预留的局部后浇区域，板筋不断，待机电管线安装完后用高一强度等级的微膨胀混凝土浇筑。

面、材质。型钢柱、型钢梁用示意图表示出型钢规格

用说明补充。

分类		
混合结构的结构平面图. 型钢混凝土框架-核心筒		
图名		
例1-混合结构标准层顶板结构平面图		
图号	比例	页码
4-1-1		4-1

北京市建筑设计研究院有限公司
BEIJING INSTITUTE OF ARCHITECTURAL DESIGN

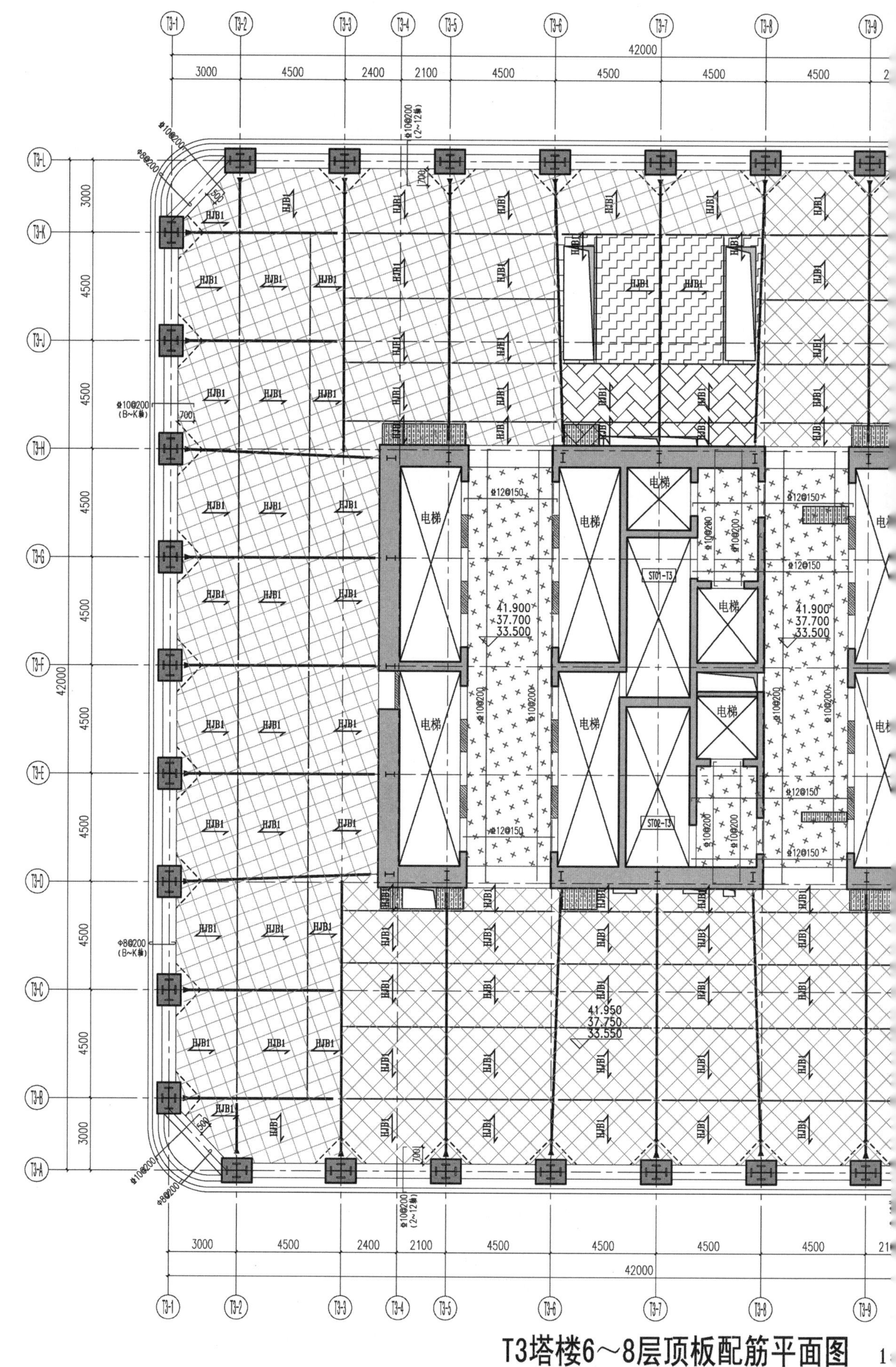

T3塔楼6～8层顶板配筋平面图 1

示例说明 1. 此图为高层塔楼下部标准层的板配筋图，包含标准层顶板的钢筋桁架楼承板的布置、现浇板的板厚和配筋、标高和层高表、图例以及相关说明。

2. 板配筋图的绘制比例同结构平面图。钢筋桁架楼承板绘制与标注的内容：板厚、排板方向、板号及楼承板参数表。不适用采用钢筋桁架楼承板的区域按一般现浇板配筋。

3. 图中给出了不同区域楼面设计荷载，供施工厂家深化设计考虑。

4. 图纸未尽事宜及要说明的

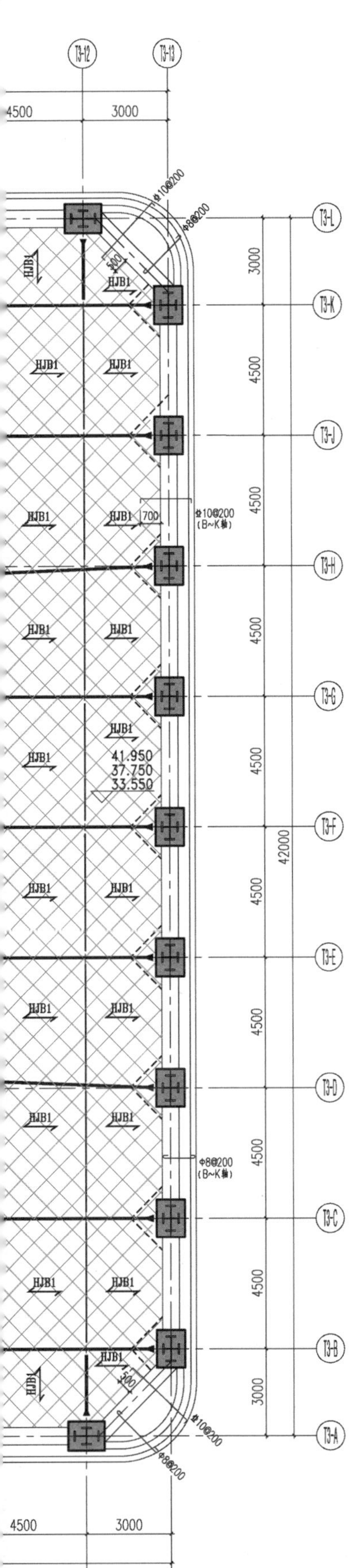

钢筋桁架模板选用表

板号	楼板厚度(mm)	桁架高度(mm)	桁架上弦(mm)	桁架下弦(mm)	桁架腹杆(mm)	施工阶段单跨无支跨度(m)	施工阶段连续两等跨无支跨度(m)
HJB1	120	90	10	8	4.5	3.0	3.4
HJB2	120	90	10	10	4.5	3.1	3.6
HJB3	120	90	12	10	5.0	3.4	4.2
HJB4	140	110	12	10	5.0	3.7	4.6
HJB5	160	130	12	10	5.5	4.0	4.8

该范围荷载：恒载（包括板重）5.5kN/m² 活载 3.0kN/m²

该范围荷载：恒载（包括板重）5.5kN/m² 活载 7.0kN/m²

该范围荷载：恒载（包括板重）7.5kN/m² 活载 2.5kN/m²

层号	标高(m)	层高(m)
屋面2	250.350	5.00
屋面1	245.350	6.00
53F	239.350	4.25
52F	235.100	4.20
51F	230.900	4.15
50F	226.750	4.20
49F	222.550	4.20
48F	218.350	4.20
47F	214.150	4.20
46F	209.950	4.20
45.2F	205.750	3.15
45.1F	202.600	3.15
44F	199.450	4.20
43F	195.250	4.20
42F	191.050	4.20
41F	186.850	4.20
40F	182.650	4.20
39F	178.450	4.20
38F	174.250	4.20
37F	170.050	4.20
36F	165.850	4.20
35F	161.650	4.20
34F	157.450	4.20
33F	153.250	4.20
32F	149.050	4.20
31F	144.850	4.20
30.2F	140.650	4.25
30.1F	136.400	4.15
29F	132.250	4.20
28F	128.050	4.20
27F	123.850	4.20
26F	119.650	4.20
25F	115.450	4.20
24F	111.250	4.20
23F	107.050	4.20
22F	102.850	4.20
21F	98.650	4.20
20F	94.450	4.20
19F	90.250	4.20
18F	86.050	4.20
17F	81.850	4.20
16F	77.650	4.20
15.2F	73.450	3.15
15.1F	70.300	3.15
14F	67.150	4.20
13F	62.950	4.20
12F	58.750	4.20
11F	54.550	4.20
10F	50.350	4.20
9F	46.150	4.20
8F	41.950	4.20
7F	37.750	4.20
6F	33.550	4.20
5F	29.350	4.20
4F	25.150	4.20
3F	20.950	7.10
2F	13.850	6.00
1F	7.850	7.00
B1F	0.850	6.45
B2F	-5.600	3.80
B3F	-9.400	4.10
基础板顶	-13.500	

T3T4塔楼结构层高
结构层顶板标高

说明：

1. 未注明楼板厚度，核心筒内140mm，核心筒外120mm。
2. 核心筒外未配筋区域均为采用钢筋桁架楼承板区域，具体配筋待和专业厂家配合确定，本次出图仅提供初选板型和荷载；⟵ 表示钢筋桁架楼承板方向，钢筋桁架楼承板区域内不同填充示意不同的荷载。
3. 钢筋桁架做法说明，主要节点示意详见T3-S6-02。
4. 板内未注明分布钢筋均为⏀8@200。
5. 梁顶标高标注均相对本层顶板标高。
6. 图中 填充范围表示板上为机电预留的局部后浇区域，板筋不断，待机电管线安装完后浇筑。

用说明补充。

分类		
混合结构的结构平面图. 型钢混凝土框架-核心筒		
图名		
例1-混合结构标准层顶板配筋平面图		
图号 4-1-2	比例	页码 4-2

北京市建筑设计研究院有限公司
BEIJING INSTITUTE OF ARCHITECTURAL DESIGN

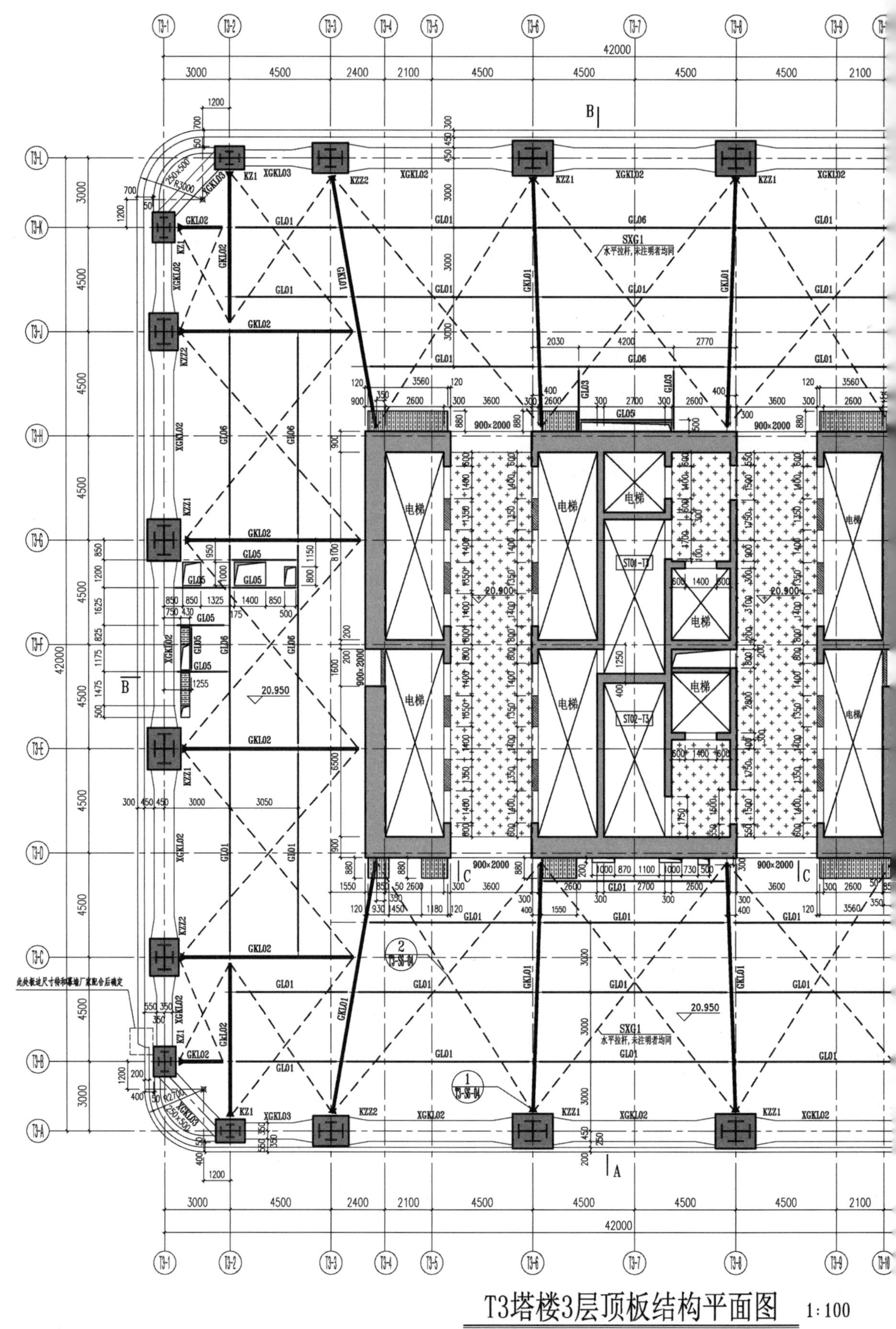

T3塔楼3层顶板结构平面图　1:100

示例说明 1. 此图为高层塔楼转换层的平面图，除一般楼层的结构构件外，还布置有楼面水平支撑等特殊构件。

2. 相关说明详见4-1-1图。

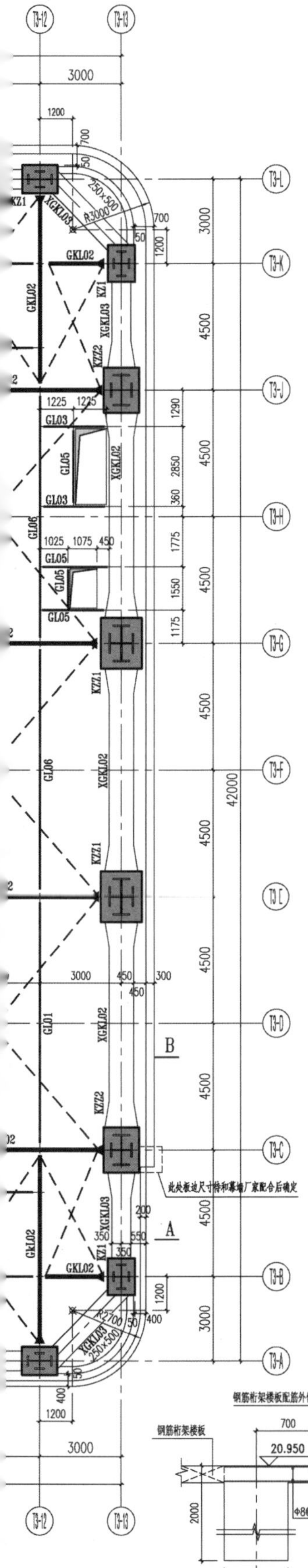

T3塔楼钢梁表

构件编号	钢梁截面 $h\times b\times t_w\times t_f$	材质
GKL01	H-800×350×24×40	Q345B
GKL02	H-800×300×20×32	Q345B
GKL03	H-550×250×12×18	Q345B
GKL04	H-550×250×16×28	Q345B
GKL05	H-700×300×14×20	Q345B
GKL06	H-700×300×16×25	Q345B
GKL07	H-700×300×20×32	Q345B
GKL08	HN-300×150×6.5×9	Q235B
GKL09	H-700×300×30×40	Q345B
GL01	HN-500×200×10×16	Q345B
GL02	HN-450×200×9×14	Q345B
GL03	HN-400×200×8×13	Q345B
GL04	HN-346×174×6×9	Q235B
GL05	HN-300×150×6.5×9	Q235B
GL06	H-550×250×10×18	Q345B
GL07	H-700×300×14×20	Q345B
GL08	H-700×300×20×32	Q345B

钢梁截面表示方式说明：

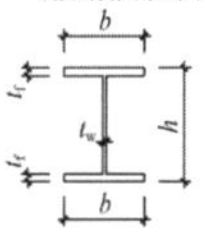

焊接H型截面：H-$h\times b\times t_w\times t_f$

国标热轧截面：HN-$h\times b\times t_w\times t_f$

钢梁材质补充说明：钢板厚度40mm采用Q345GJC。

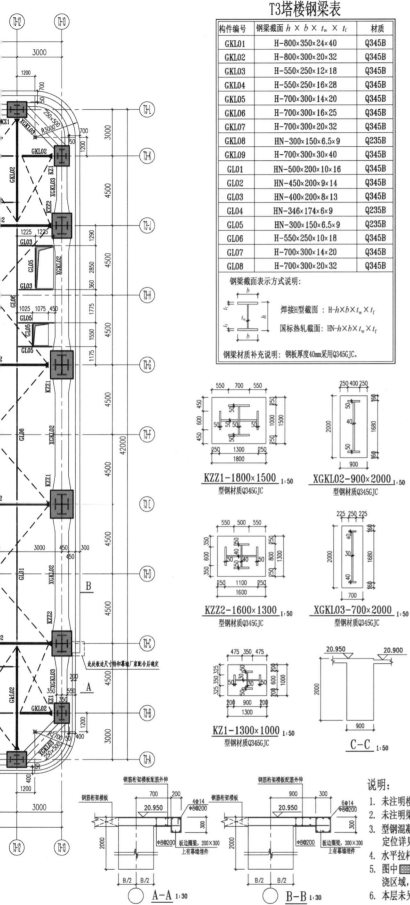

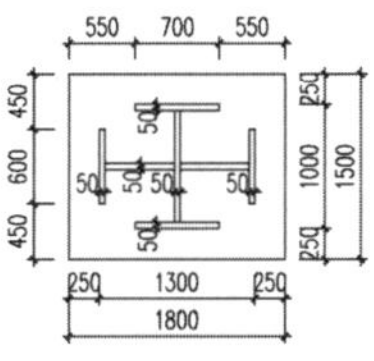

层号	标高(m)	层高(m)
屋面2	250.350	5.00
屋面1	245.350	6.00
53F	239.350	4.25
52F	235.100	4.20
51F	230.900	4.15
50F	226.750	4.20
49F	222.550	4.20
48F	218.350	4.20
47F	214.150	4.20
46F	209.950	4.20
45.2F	205.750	3.15
45.1F	202.600	3.15
44F	199.450	4.20
43F	195.250	4.20
42F	191.050	4.20
41F	186.850	4.20
40F	182.650	4.20
39F	178.450	4.20
38F	174.250	4.20
37F	170.050	4.20
36F	165.850	4.20
35F	161.650	4.20
34F	157.450	4.20
33F	153.250	4.20
32F	149.050	4.20
31F	144.850	4.20
30.2F	140.650	4.25
30.1F	136.400	4.15
29F	132.250	4.20
28F	128.050	4.20
27F	123.850	4.20
26F	119.650	4.20
25F	115.450	4.20
24F	111.250	4.20
23F	107.050	4.20
22F	102.850	4.20
21F	98.650	4.20
20F	94.450	4.20
19F	90.250	4.20
18F	86.050	4.20
17F	81.850	4.20
16F	77.650	4.20
15.2F	73.450	3.15
15.1F	70.300	3.15
14F	67.150	4.20
13F	62.950	4.20
12F	58.750	4.20
11F	54.550	4.20
10F	50.350	4.20
9F	46.150	4.20
8F	41.950	4.20
7F	37.750	4.20
6F	33.550	4.20
5F	29.350	4.20
4F	25.150	4.20
3F	20.950	7.10
2F	13.850	6.00
1F	7.850	7.00
B1F	0.850	6.45
B2F	−5.600	3.80
B3F	−9.400	4.10
基础板顶	−13.500	

T3T4塔楼结构层高 结构层顶板标高

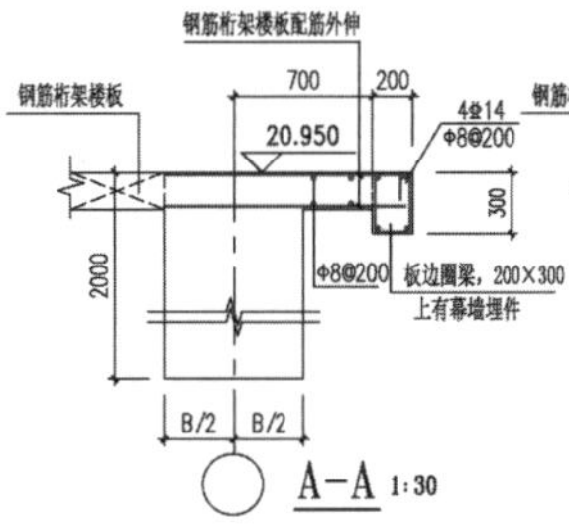

KZZ1-1800×1500 1:50 型钢材质Q345GJC

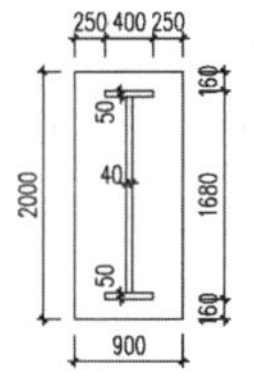

XGKL02-900×2000 1:50 型钢材质Q345GJC

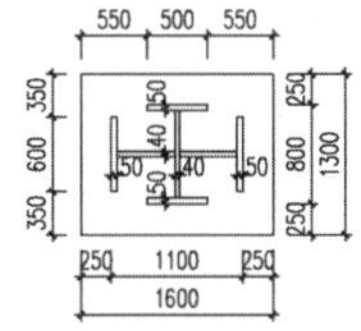

KZZ2-1600×1300 1:50 型钢材质Q345GJC

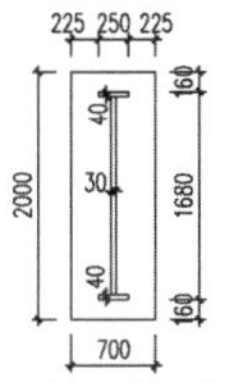

XGKL03-700×2000 1:50 型钢材质Q345GJC

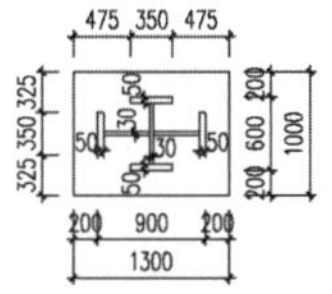

KZ1-1300×1000 1:50 型钢材质Q345GJC

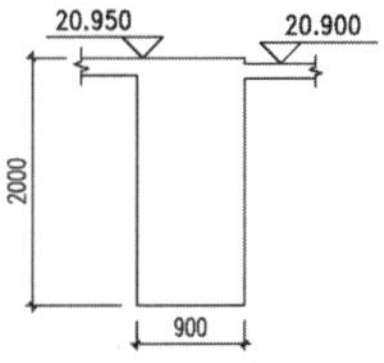

C-C 1:50

A-A 1:30

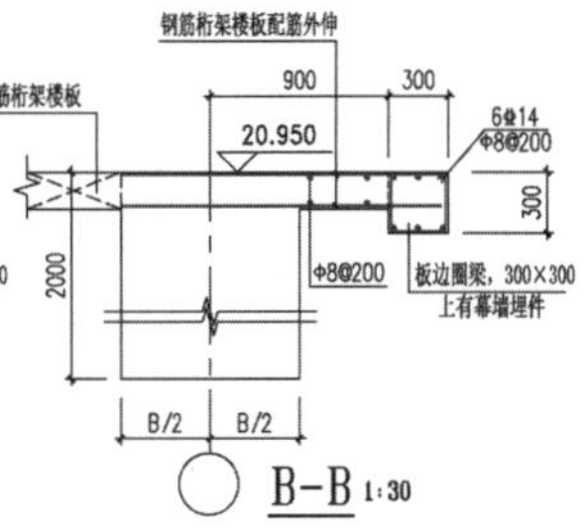

B-B 1:30

此处板边尺寸待和幕墙厂家配合后确定

说明：

1. 未注明楼板厚度，核心筒内160mm，核心筒外160mm。
2. 未注明梁、柱均轴线居中。
3. 型钢混凝土柱配筋及定位，核心筒内钢暗柱截面及定位详见图纸T3-S4-**系列。
4. 水平拉杆SXG1截面，做法详见T3-S6-04。
5. 图中▦填充范围表示板上为机电预留的局部后浇区域，板筋不断，待机电管线安装完后浇筑。
6. 本层未另有注明的板顶标高均为20.950m。

分类	
混合结构的结构平面图．型钢混凝土框架-核心筒	
图名	
例2-混合结构转换层结构平面图一	

图号	比例	页码
4-2-1		4-3

北京市建筑设计研究院有限公司
BEIJING INSTITUTE OF ARCHITECTURAL DESIGN

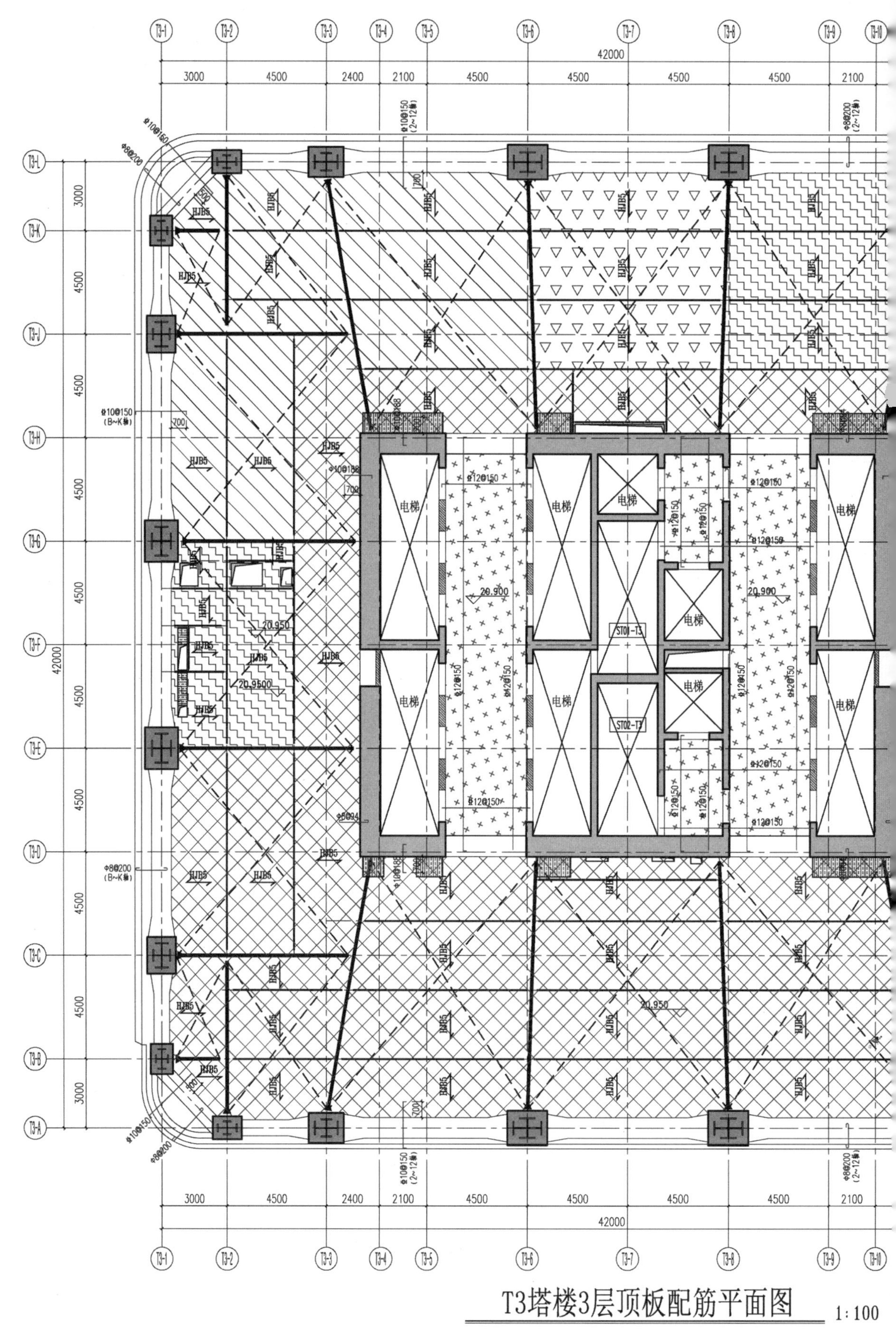

T3塔楼3层顶板配筋平面图 1:100

示例说明 此图为高层塔楼转换层的板配筋图，相关说明详见4-1-2图。

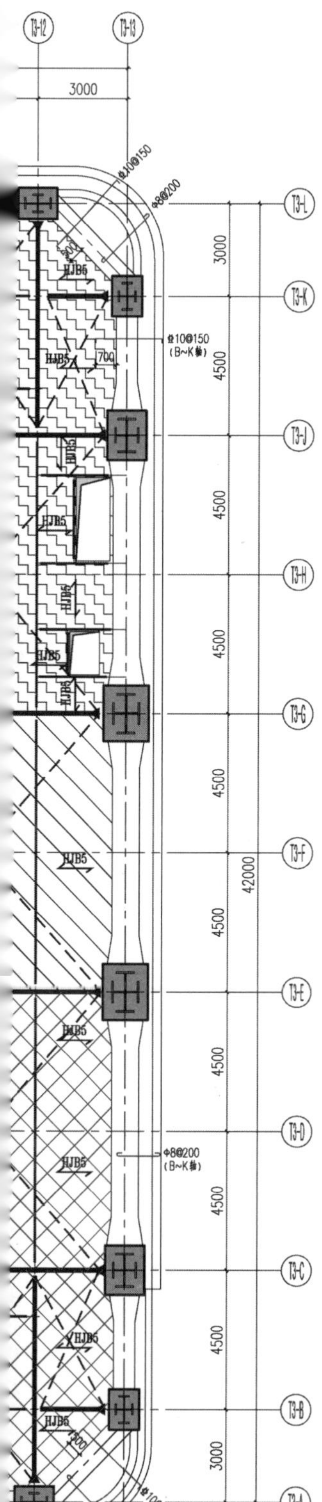

钢筋桁架模板选用表

板号	楼板厚度(mm)	桁架高度(mm)	桁架上弦(mm)	桁架下弦(mm)	桁架腹杆(mm)	施工阶段单跨无支跨度(m)	施工阶段连续两等跨无支跨度(m)
HJB1	120	90	10	8	4.5	3.0	3.4
HJB2	120	90	10	10	4.5	3.1	3.6
HJB3	120	90	12	10	5.0	3.4	4.2
HJB4	140	110	12	10	5.0	3.7	4.6
HJB5	160	130	12	10	5.5	4.0	4.8

该范围荷载：恒载（包括板重）7.0kN/m² 活载 7.0kN/m²

该范围荷载：恒载（包括板重）7.0kN/m² 活载 2.5kN/m²

该范围荷载：恒载（包括板重）6.0kN/m² 活载 5.0kN/m²

该范围荷载：恒载（包括板重）6.0kN/m² 活载 7.0kN/m²

层号	标高(m)	层高(m)
屋面2	250.350	5.00
屋面1	245.350	6.00
53F	239.350	4.25
52F	235.100	4.20
51F	230.900	4.15
50F	226.750	4.20
49F	222.550	4.20
48F	218.350	4.20
47F	214.150	4.20
46F	209.950	4.20
45.2F	205.750	3.15
45.1F	202.600	3.15
44F	199.450	4.20
43F	195.250	4.20
42F	191.050	4.20
41F	186.850	4.20
40F	182.650	4.20
39F	178.450	4.20
38F	174.250	4.20
37F	170.050	4.20
36F	165.850	4.20
35F	161.650	4.20
34F	157.450	4.20
33F	153.250	4.20
32F	149.050	4.20
31F	144.850	4.20
30.2F	140.650	4.25
30.1F	136.400	4.15
29F	132.250	4.20
28F	128.050	4.20
27F	123.850	4.20
26F	119.650	4.20
25F	115.450	4.20
24F	111.250	4.20
23F	107.050	4.20
22F	102.850	4.20
21F	98.650	4.20
20F	94.450	4.20
19F	90.250	4.20
18F	86.050	4.20
17F	81.850	4.20
16F	77.650	4.20
15.2F	73.450	3.15
15.1F	70.300	3.15
14F	67.150	4.20
13F	62.950	4.20
12F	58.750	4.20
11F	54.550	4.20
10F	50.350	4.20
9F	46.150	4.20
8F	41.950	4.20
7F	37.750	4.20
6F	33.550	4.20
5F	29.350	4.20
4F	25.150	4.20
3F	20.950	7.10
2F	13.850	6.00
1F	7.850	7.00
B1F	0.850	6.45
B2F	-5.600	3.80
B3F	-9.400	4.10
基础板顶	-13.500	

T3T4塔楼结构层高
结构层顶板标高

说明：

1. 未注明楼板厚度，核心筒内160mm，核心筒外160mm。
2. 核心筒外未配筋区域均为采用钢筋桁架楼承板区域，具体配筋待和专业厂家配合确定，本次出图仅提供初选板型和荷载；⟵⟶表示钢筋桁架楼承板方向，钢筋桁架楼承板区域内不同填充示意不同的荷载。
3. 钢筋桁架做法说明，主要节点示意详见T3-S6-02。
4. 板内未注明分布钢筋均为Φ8@200。
5. 梁顶标高标注均相对本层顶板标高。
6. XGKL02、XGKL03配筋见T3-S6-07。
7. 图中 填充范围表示板上为机电预留的局部后浇区域，板筋不断，待机电管线安装完后浇筑。
8. 本层未另有注明的板顶标高均为20.950m。

分类		
混合结构的结构平面图．型钢混凝土框架-核心筒		
图名		
例2-混合结构转换层板配筋平面图一		
图号 4-2-2	比例	页码 4-4

北京市建筑设计研究院有限公司
BEIJING INSTITUTE OF ARCHITECTURAL DESIGN

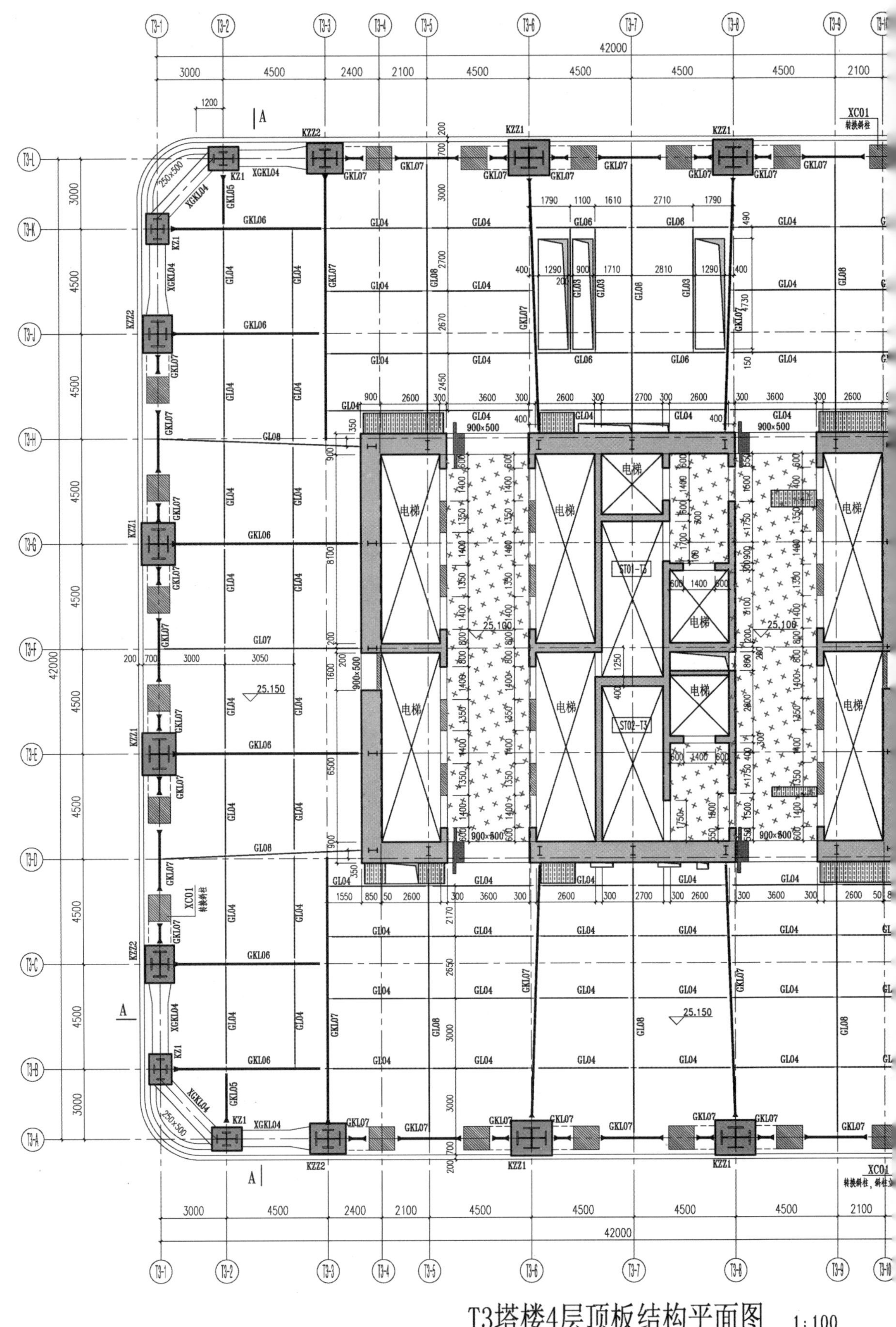

T3塔楼4层顶板结构平面图 1:100

示例说明 1. 此图为高层塔楼转换层的结构平面图，除一般楼层的结构构件外，还布置有竖向转换斜柱等特殊构件。

2. 相关说明详见4-1-1图。

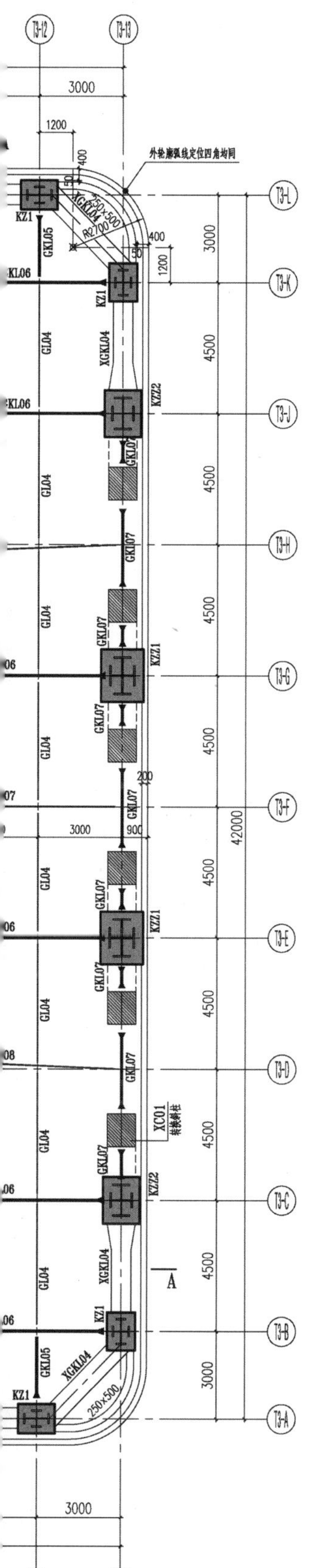

T3塔楼钢梁表

构件编号	钢梁截面 $h\times b\times t_w\times t_f$	材质
GKL01	H-800×350×24×40	Q345B
GKL02	H-800×300×20×32	Q345B
GKL03	H-550×250×12×18	Q345B
GKL04	H-550×250×16×28	Q345B
GKL05	H-700×300×14×20	Q345B
GKL06	H-700×300×16×25	Q345B
GKL07	H-700×300×20×32	Q345B
GKL08	HN-300×150×6.5×9	Q235B
GKL09	H-700×300×30×40	Q345B
GL01	HN-500×200×10×16	Q345B
GL02	HN-450×200×9×14	Q345B
GL03	HN-400×200×8×13	Q345B
GL04	HN-346×174×6×9	Q235B
GL05	HN-300×150×6.5×9	Q235B
GL06	H-550×250×10×18	Q345B
GL07	H-700×300×14×20	Q345B
GL08	H-700×300×20×32	Q345B

钢梁截面表示方式说明：

焊接H型截面：H-$h\times b\times t_w\times t_f$

国标热轧截面：HN-$h\times b\times t_w\times t_f$

钢梁材质补充说明：钢板厚度40mm采用Q345GJC。

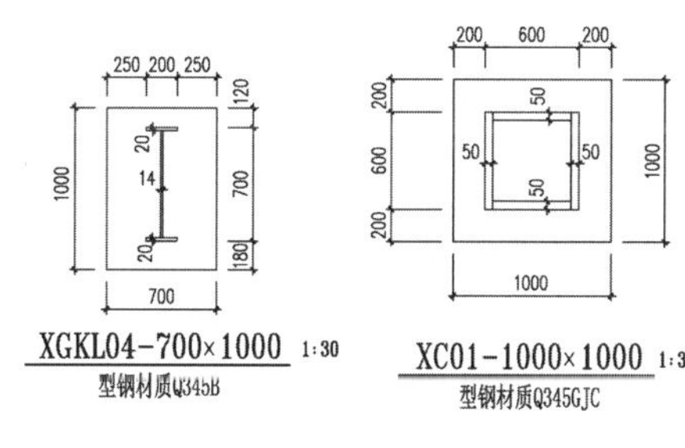

XGKL04-700×1000 1:30
型钢材质Q345B

XC01-1000×1000 1:30
型钢材质Q345GJC

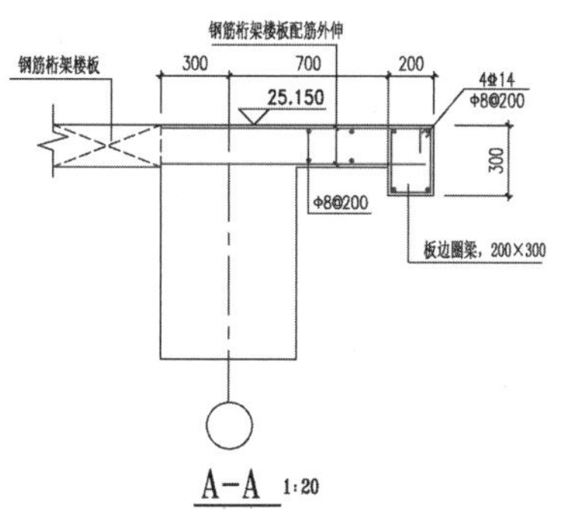

A-A 1:20

层号	标高(m)	层高(m)
屋面2	250.350	5.00
屋面1	245.350	6.00
53F	239.350	4.25
52F	235.100	4.20
51F	230.900	4.15
50F	226.750	4.20
49F	222.550	4.20
48F	218.350	4.20
47F	214.150	4.20
46F	209.950	4.20
45.2F	205.750	3.15
45.1F	202.600	3.15
44F	199.450	4.20
43F	195.250	4.20
42F	191.050	4.20
41F	186.850	4.20
40F	182.650	4.20
39F	178.450	4.20
38F	174.250	4.20
37F	170.050	4.20
36F	165.850	4.20
35F	161.650	4.20
34F	157.450	4.20
33F	153.250	4.20
32F	149.050	4.20
31F	144.850	4.20
30.2F	140.650	4.25
30.1F	136.400	4.15
29F	132.250	4.20
28F	128.050	4.20
27F	123.850	4.20
26F	119.650	4.20
25F	115.450	4.20
24F	111.250	4.20
23F	107.050	4.20
22F	102.850	4.20
21F	98.650	4.20
20F	94.450	4.20
19F	90.250	4.20
18F	86.050	4.20
17F	81.850	4.20
16F	77.650	4.20
15.2F	73.450	3.15
15.1F	70.300	3.15
14F	67.150	4.20
13F	62.950	4.20
12F	58.750	4.20
11F	54.550	4.20
10F	50.350	4.20
9F	46.150	4.20
8F	41.950	4.20
7F	37.750	4.20
6F	33.550	4.20
5F	29.350	4.20
4F	25.150	4.20
3F	20.950	7.10
2F	13.850	6.00
1F	7.850	7.00
B1F	0.850	6.45
B2F	-5.600	3.80
B3F	-9.400	4.10
基础板顶	-13.500	

T3T4塔楼结构层高
结构层顶板标高

说明：

1. 未注明楼板厚度，核心筒内140mm，核心筒外120mm。
2. 未注明梁、柱均轴线居中。
3. 型钢混凝土柱截面、配筋及定位，核心筒内钢暗柱截面及定位详见图纸T3-S4-**系列。
4. 4～5层为斜柱转换层，转换部位结构布置，做法详见T3-S6-06。
5. 未注明机电洞口、后浇带尺寸见T3-S2-15。
6. 图中▦填充范围表示板上为机电预留的局部后浇区域，板筋不断，待机电管线安装完后浇筑。
7. 本层未另有注明的板顶标高均为25.150m。

分类		
混合结构的结构平面图．型钢混凝土框架-核心筒		
图名		
例2-混合结构转换层结构平面图二		
图号	比例	页码
4-2-3		4-5

北京市建筑设计研究院有限公司
BEIJING INSTITUTE OF ARCHITECTURAL DESIGN

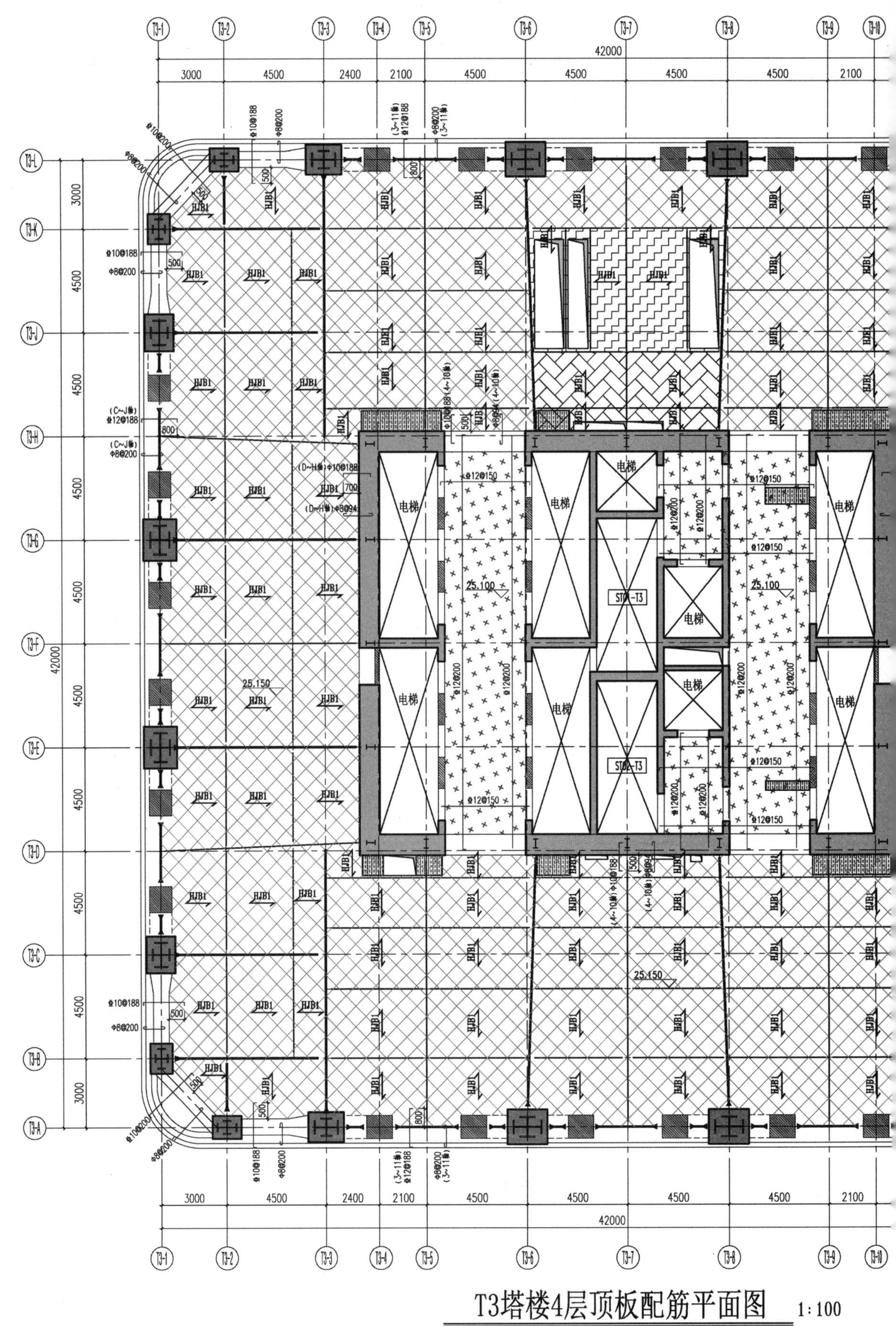

T3塔楼4层顶板配筋平面图 1:100

示例说明 此图为高层塔楼转换层的板配筋图，相关说明详见4-1-2图。

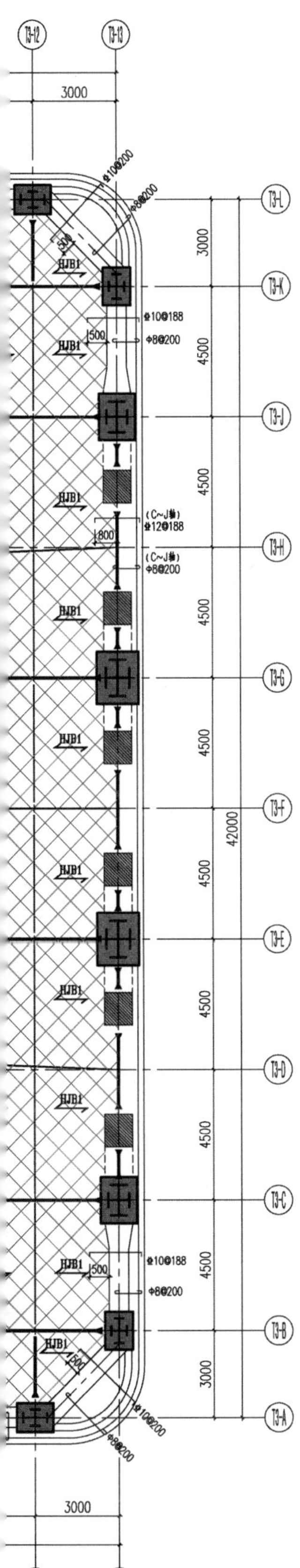

钢筋桁架模板选用表

板号	楼板厚度(mm)	桁架高度(mm)	桁架上弦(mm)	桁架下弦(mm)	桁架腹杆(mm)	施工阶段单跨无支跨度(m)	施工阶段连续两等跨无支跨度(m)
HJB1	120	90	10	8	4.5	3.0	3.4
HJB2	120	90	10	10	4.5	3.1	3.6
HJB3	120	90	12	10	5.0	3.4	4.2
HJB4	140	110	12	10	5.0	3.7	4.6
HJB5	160	130	12	10	5.5	4.0	4.8

该范围荷载：恒载（包括板重）6.0kN/m² 活载3.0kN/m²

该范围荷载：恒载（包括板重）6.0kN/m² 活载7.0kN/m²

该范围荷载：恒载（包括板重）7.5kN/m² 活载2.5kN/m²

层号	标高(m)	层高(m)
屋面2	250.350	5.00
屋面1	245.350	6.00
53F	239.350	4.25
52F	235.100	4.20
51F	230.900	4.15
50F	226.750	4.20
49F	222.550	4.20
48F	218.350	4.20
47F	214.150	4.20
46F	209.950	4.20
45.2F	205.750	3.15
45.1F	202.600	3.15
44F	199.450	4.20
43F	195.250	4.20
42F	191.050	4.20
41F	186.850	4.20
40F	182.650	4.20
39F	178.450	4.20
38F	174.250	4.20
37F	170.050	4.20
36F	165.850	4.20
35F	161.650	4.20
34F	157.450	4.20
33F	153.250	4.20
32F	149.050	4.20
31F	144.850	4.20
30.2F	140.650	4.25
30.1F	136.400	4.15
29F	132.250	4.20
28F	128.050	4.20
27F	123.850	4.20
26F	119.650	4.20
25F	115.450	4.20
24F	111.250	4.20
23F	107.050	4.20
22F	102.850	4.20
21F	98.650	4.20
20F	94.450	4.20
19F	90.250	4.20
18F	86.050	4.20
17F	81.850	4.20
16F	77.650	4.20
15.2F	73.450	3.15
15.1F	70.300	3.15
14F	67.150	4.20
13F	62.950	4.20
12F	58.750	4.20
11F	54.550	4.20
10F	50.350	4.20
9F	46.150	4.20
8F	41.950	4.20
7F	37.750	4.20
6F	33.550	4.20
5F	29.350	4.20
4F	25.150	4.20
3F	20.950	7.10
2F	13.850	6.00
1F	7.850	7.00
B1F	0.850	6.45
B2F	−5.600	3.80
B3F	−9.400	4.10
基础板顶	−13.500	

T3T4塔楼结构层高
结构层顶板标高

说明：

1. 未注明楼板厚度，核心筒内140mm，核心筒外120mm。
2. 核心筒外未配筋区域均为采用钢筋桁架楼承板区域，具体配筋待和专业厂家配合确定，本次出图仅提供初选板型和荷载；⟵⟶ 表示钢筋桁架楼承板方向，钢筋桁架楼承板区域内不同填充示意不同的荷载。
3. 钢筋桁架做法说明，主要节点示意详见T3-S6-02。
4. 板内未注明分布钢筋均为Φ8@200。
5. 梁顶标高标注均相对本层顶板标高。
6. 图中 ▦ 填充范围表示板上为机电预留的局部后浇区域，板筋不断，待机电管线安装完后浇筑。

分类		
混合结构的结构平面图. 型钢混凝土框架-核心筒		
图名		
例2-混合结构转换层板配筋平面图二		
图号	比例	页码
4-2-4		4-6

北京市建筑设计研究院有限公司
BEIJING INSTITUTE OF ARCHITECTURAL DESIGN

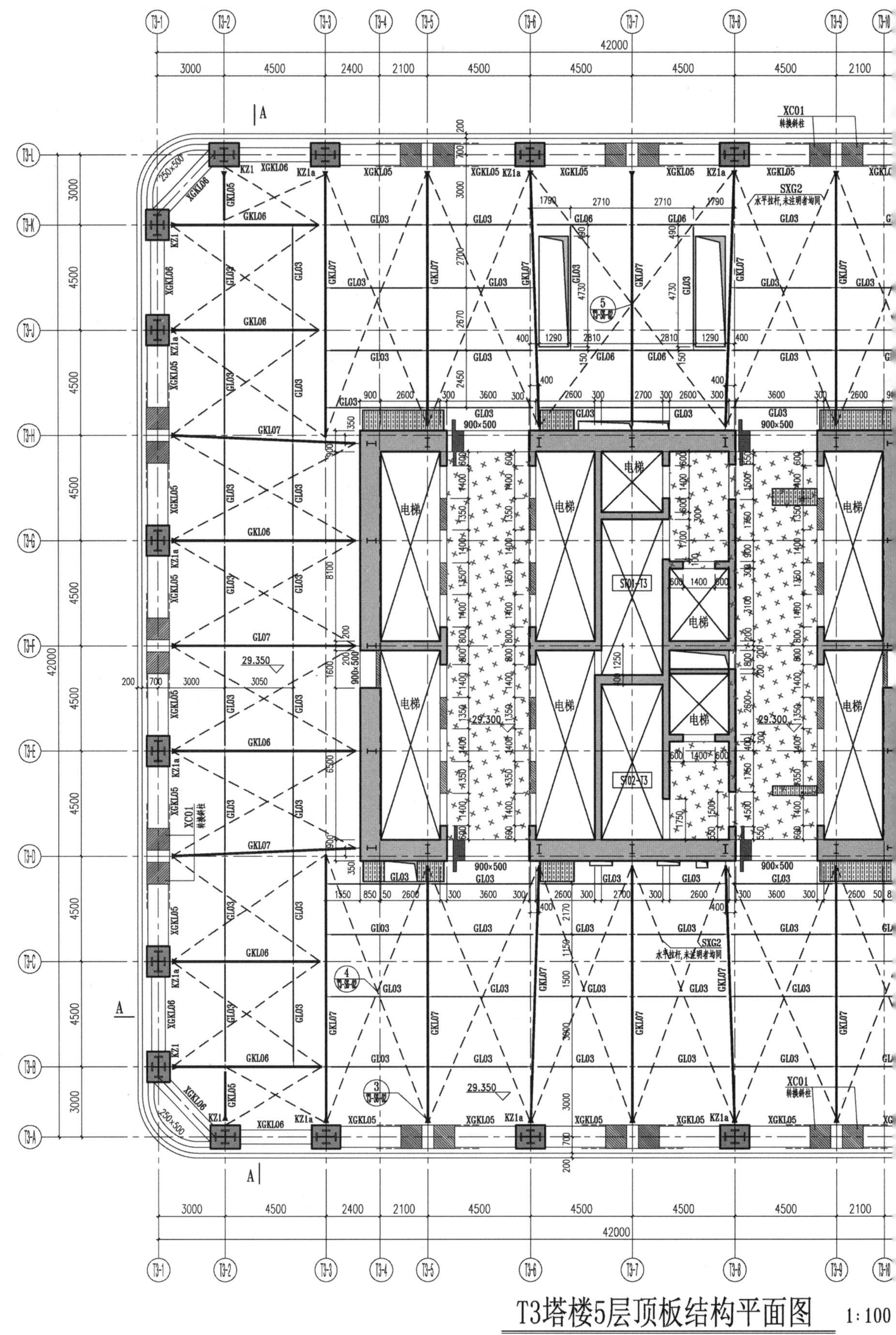

T3塔楼5层顶板结构平面图 1:100

示例说明 1. 此图为高层塔楼转换层的结构平面图，除一般楼层的结构构件外，还布置有楼面水平支撑、竖向转换斜柱等特殊构件。

2. 相关说明详见4-1-1图。

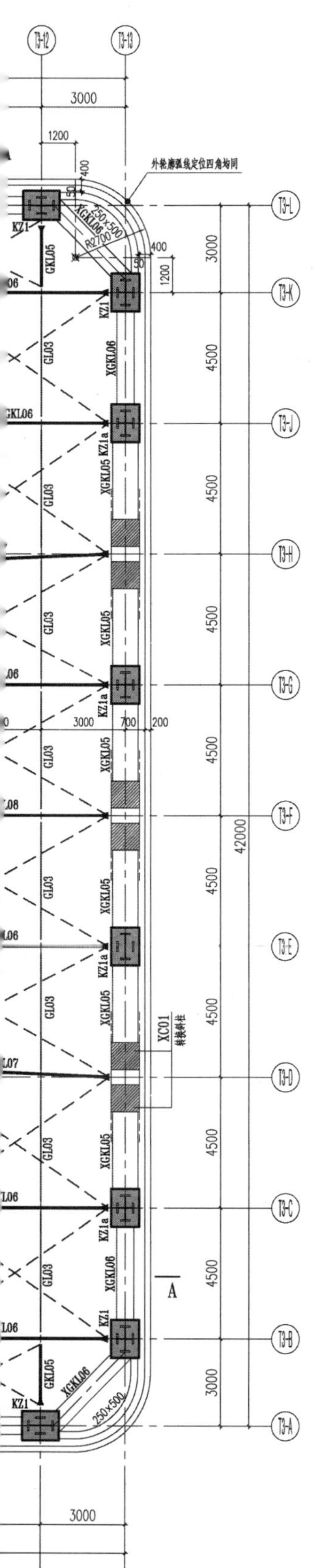

T3塔楼钢梁表

构件编号	钢梁截面 $h \times b \times t_w \times t_f$	材质
GKL01	H-800×350×24×40	Q345B
GKL02	H-800×300×20×32	Q345B
GKL03	H-550×250×12×18	Q345B
GKL04	H-550×250×16×28	Q345B
GKL05	H-700×300×14×20	Q345B
GKL06	H-700×300×16×25	Q345B
GKL07	H-700×300×20×32	Q345B
GKL08	HN-300×150×6.5×9	Q235B
GKL09	H-700×300×30×40	Q345B
GL01	HN-500×200×10×16	Q345B
GL02	HN-450×200×9×14	Q345B
GL03	HN-400×200×8×13	Q345B
GL04	HN-346×174×6×9	Q235B
GL05	HN-300×150×6.5×9	Q235B
GL06	H-550×250×10×18	Q345B
GL07	H-700×300×14×20	Q345B
GL08	H-700×300×20×32	Q345B

钢梁截面表示方式说明：

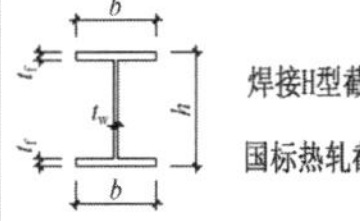

焊接H型截面：H-$h \times b \times t_w \times t_f$

国标热轧截面：HN-$h \times b \times t_w \times t_f$

钢梁材质补充说明：钢板厚度40mm采用Q345GJC。

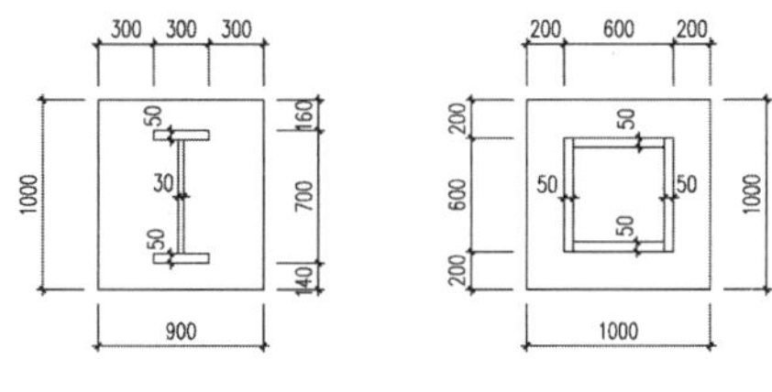

XGKL05-900×1000 1:30
型钢材质Q345GJC/Q345B

XC01-1000×1000 1:30
型钢材质Q345GJC

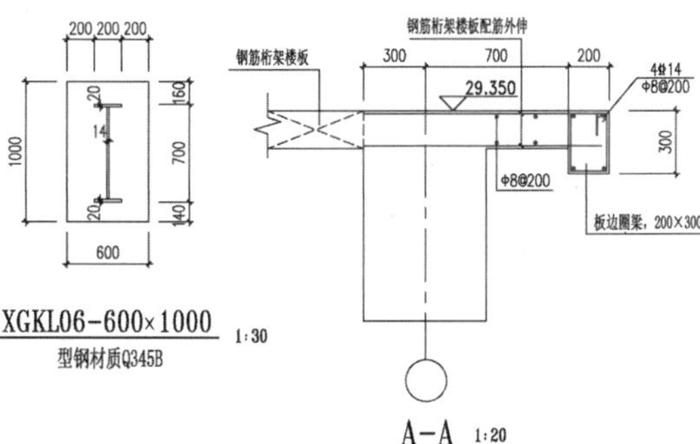

XGKL06-600×1000 1:30
型钢材质Q345B

A-A 1:20

层号	标高(m)	层高(m)
屋面2	250.350	5.00
屋面1	245.350	6.00
53F	239.350	4.25
52F	235.100	4.20
51F	230.900	4.15
50F	226.750	4.20
49F	222.550	4.20
48F	218.350	4.20
47F	214.150	4.20
46F	209.950	4.20
45.2F	205.750	3.15
45.1F	202.600	3.15
44F	199.450	4.20
43F	195.250	4.20
42F	191.050	4.20
41F	186.850	4.20
40F	182.650	4.20
39F	178.450	4.20
38F	174.250	4.20
37F	170.050	4.20
36F	165.850	4.20
35F	161.650	4.20
34F	157.450	4.20
33F	153.250	4.20
32F	149.050	4.20
31F	144.850	4.20
30.2F	140.650	4.25
30.1F	136.400	4.15
29F	132.250	4.20
28F	128.050	4.20
27F	123.850	4.20
26F	119.650	4.20
25F	115.450	4.20
24F	111.250	4.20
23F	107.050	4.20
22F	102.850	4.20
21F	98.650	4.20
20F	94.450	4.20
19F	90.250	4.20
18F	86.050	4.20
17F	81.850	4.20
16F	77.650	4.20
15.2F	73.450	3.15
15.1F	70.300	3.15
14F	67.150	4.20
13F	62.950	4.20
12F	58.750	4.20
11F	54.550	4.20
10F	50.350	4.20
9F	46.150	4.20
8F	41.950	4.20
7F	37.750	4.20
6F	33.550	4.20
5F	29.350	4.20
4F	25.150	4.20
3F	20.950	7.10
2F	13.850	6.00
1F	7.850	7.00
B1F	0.850	6.45
B2F	-5.600	3.80
B3F	-9.400	4.10
基础板顶	-13.500	

T3T4塔楼结构层高
结构层顶板标高

说明：

1. 未注明的楼板厚度，核心筒内、外均为160mm。
2. 未注明梁、柱均轴线居中。
3. 型钢混凝土柱截面、配筋及定位，核心筒内钢暗柱截面及定位详见图纸T3-S4-**系列。
4. 04~05层为斜柱转换层，转换部位结构布置，做法详见T3-S6-06。
5. 水平拉杆SXG2截面、做法详见T3-S6-04。
6. 未注明机电洞口、后浇带尺寸见T3-S2-15。
7. 图中▦填充范围表示板上为机电预留的局部后浇区域，板筋不断，待机电管线安装完后浇筑。
8. 本层未另有注明的板顶标高均为29.350m。

分类			
混合结构的结构平面图. 型钢混凝土框架-核心筒			
图名			
例2-混合结构转换层结构平面图三			
图号	比例	页码	
4-2-5		4-7	

北京市建筑设计研究院有限公司
BEIJING INSTITUTE OF ARCHITECTURAL DESIGN

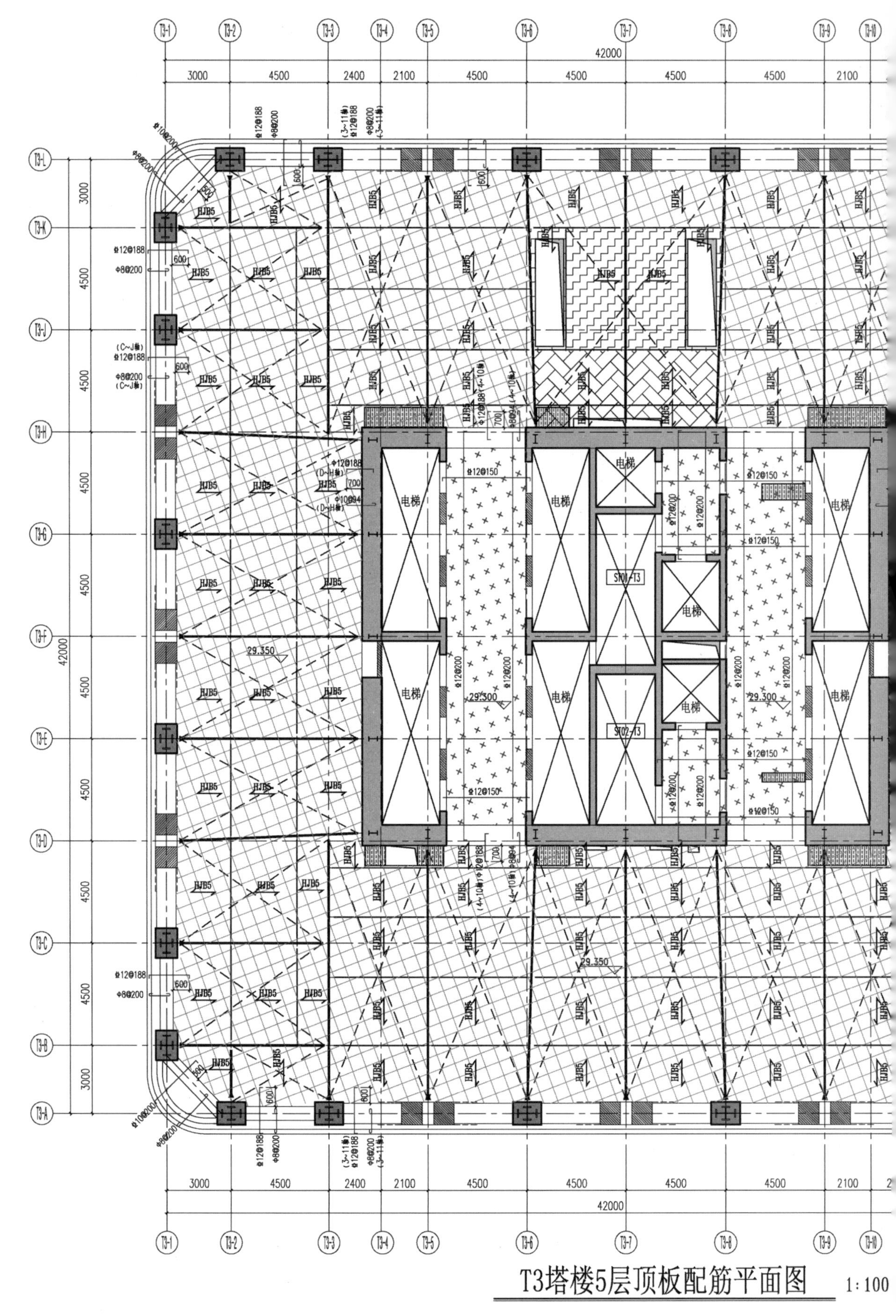

T3塔楼5层顶板配筋平面图 1:100

示例说明 此图为高层塔楼转换层的板配筋图，相关说明详见4-1-2图。

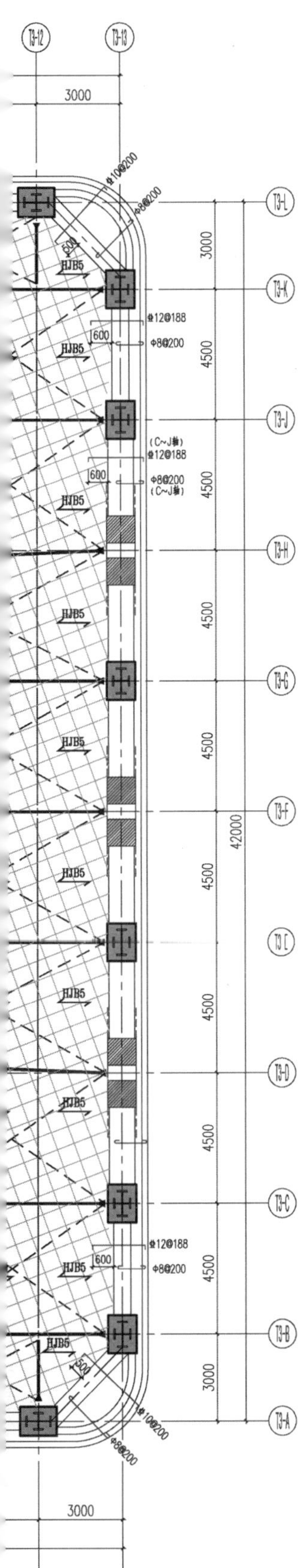

钢筋桁架模板选用表

板号	楼板厚度(mm)	桁架高度(mm)	桁架上弦(mm)	桁架下弦(mm)	桁架腹杆(mm)	施工阶段单跨无支跨度(m)	施工阶段连续两等跨无支跨度(m)
HJB1	120	90	10	8	4.5	3.0	3.4
HJB2	120	90	10	10	4.5	3.1	3.6
HJB3	120	90	12	10	5.0	3.4	4.2
HJB4	140	110	12	10	5.0	3.7	4.6
HJB5	160	130	12	10	5.5	4.0	4.8

该范围荷载：恒载（包括板重）6.0kN/m² 活载3.0kN/m²

该范围荷载：恒载（包括板重）6.0kN/m² 活载7.0kN/m²

该范围荷载：恒载（包括板重）7.5kN/m² 活载2.5kN/m²

层号	标高(m)	层高(m)
屋面2	250.350	5.00
屋面1	245.350	6.00
53F	239.350	4.25
52F	235.100	4.20
51F	230.900	4.15
50F	226.750	4.20
49F	222.550	4.20
48F	218.350	4.20
47F	214.150	4.20
46F	209.950	4.20
45.2F	205.750	3.15
45.1F	202.600	3.15
44F	199.450	4.20
43F	195.250	4.20
42F	191.050	4.20
41F	186.850	4.20
40F	182.650	4.20
39F	178.450	4.20
38F	174.250	4.20
37F	170.050	4.20
36F	165.850	4.20
35F	161.650	4.20
34F	157.450	4.20
33F	153.250	4.20
32F	149.050	4.20
31F	144.850	4.20
30.2F	140.650	4.25
30.1F	136.400	4.15
29F	132.250	4.20
28F	128.050	4.20
27F	123.850	4.20
26F	119.650	4.20
25F	115.450	4.20
24F	111.250	4.20
23F	107.050	4.20
22F	102.850	4.20
21F	98.650	4.20
20F	94.450	4.20
19F	90.250	4.20
18F	86.050	4.20
17F	81.850	4.20
16F	77.650	4.20
15.2F	73.450	3.15
15.1F	70.300	3.15
14F	67.150	4.20
13F	62.950	4.20
12F	58.750	4.20
11F	54.550	4.20
10F	50.350	4.20
9F	46.150	4.20
8F	41.950	4.20
7F	37.750	4.20
6F	33.550	4.20
5F	29.350	4.20
4F	25.150	4.20
3F	20.950	7.10
2F	13.850	6.00
1F	7.850	7.00
B1F	0.850	6.45
B2F	-5.600	3.80
B3F	-9.400	4.10
基础板顶	-13.500	

T3T4塔楼结构层高
结构层顶板标高

说明：

1. 未注明楼板厚度，核心筒内、外均为160mm。
2. 核心筒外未配筋区域均为采用钢筋桁架楼承板区域，具体配筋待和专业厂家配合确定，本次出图仅提供初选板型和荷载；⟵⟶ 表示钢筋桁架楼承板方向，钢筋桁架楼承板区域内不同填充示意不同的荷载。
3. 钢筋桁架做法说明，主要节点示意详见T3-S6-02。
4. 板内未注明分布钢筋均为Φ8@200。
5. 梁顶标高标注均相对本层顶板标高。
6. 图中 ▦ 填充范围表示板上为机电预留的局部后浇区域，板筋不断，待机电管线安装完后浇筑。
7. 本层未另有注明的板顶标高均为29.350m。

分类

混合结构的结构平面图.型钢混凝土框架-核心筒

图名

例2-混合结构转换层板配筋平面图三

图号	比例	页码
4-2-6		4-8

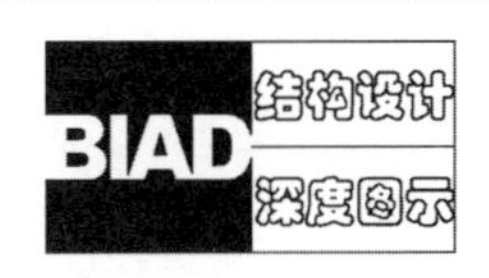

北京市建筑设计研究院有限公司
BEIJING INSTITUTE OF ARCHITECTURAL DESIGN

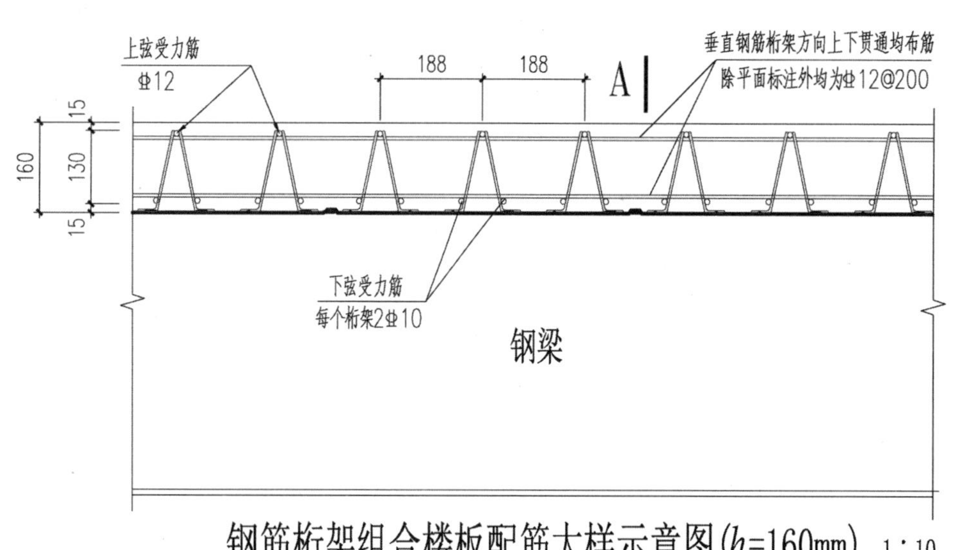

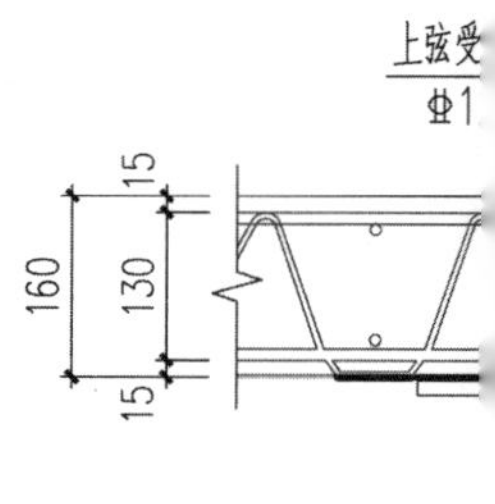

钢筋桁架组合楼板配筋大样示意图(*h*=160mm) 1∶10

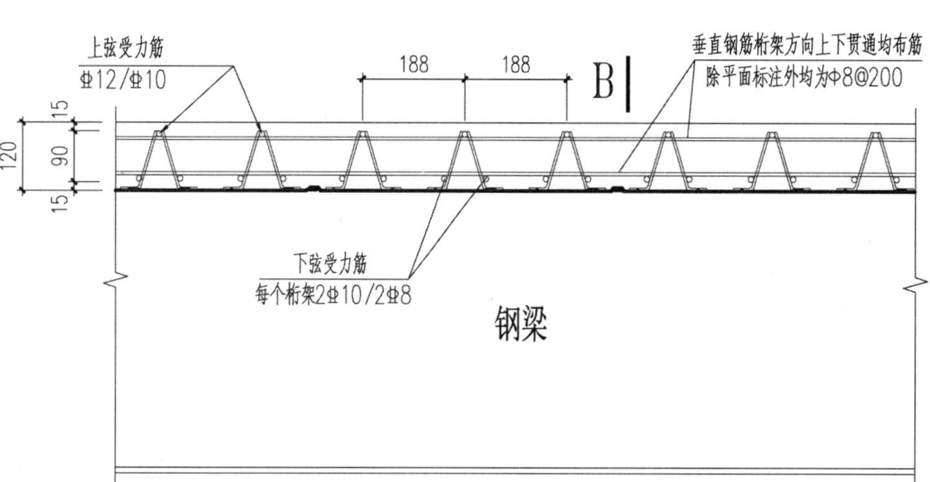

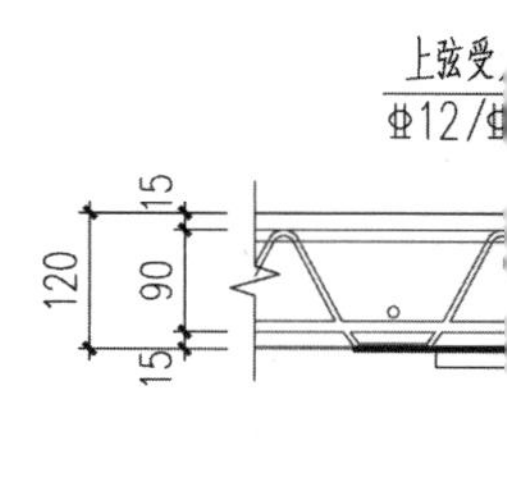

钢筋桁架组合楼板配筋大样示意图(*h*=120mm) 1∶10

两板侧面接合处
钢梁

钢筋桁架模板平面布置示意图

钢筋桁架模板选用表

板号	楼板厚度(mm)	桁架高度(mm)	桁架上弦(mm)	桁架下弦(mm)	桁架
HJB1	120	90	10	8	4
HJB2	120	90	10	10	4
HJB3	120	90	12	10	5
HJB4	140	110	12	10	5
HJB5	160	130	12	10	5

示例说明 1. 本图与各层钢筋桁架楼承板排板平面图配合使用，应绘出各编号楼承板配筋详图和节点详图，建议详图比例采用1∶15～1∶10

2. 图纸内容包括钢筋桁架楼承板选用表、不同厚度和配筋的楼承板详图、标准节点和各种特殊部位节点的配筋构造做法、楼承板留洞配筋构造做法、材料和施工说明等，可供参考。

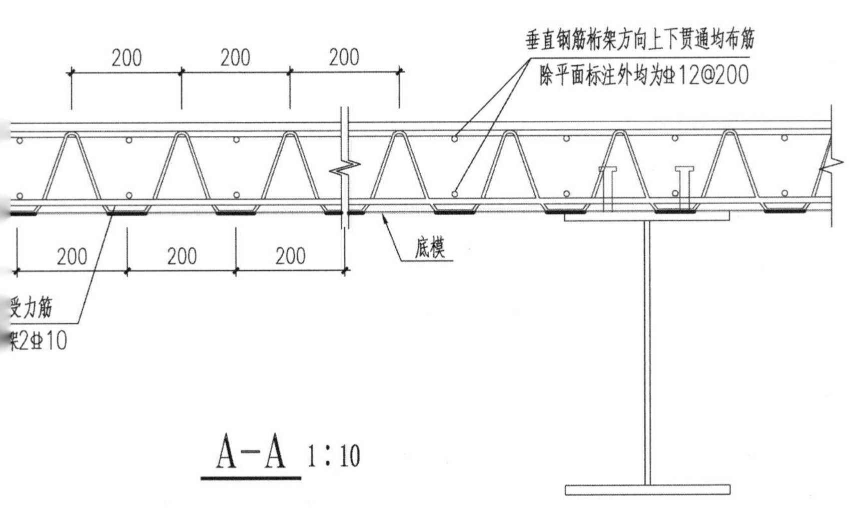

A-A 1:10

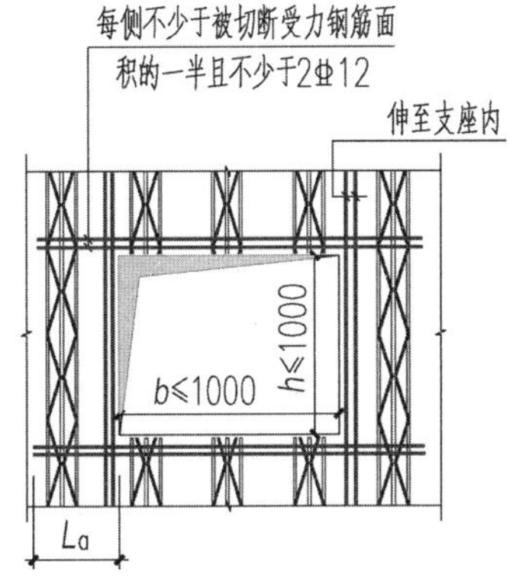

模板上开矩形洞口节点详图

(洞口不大于1000mm)

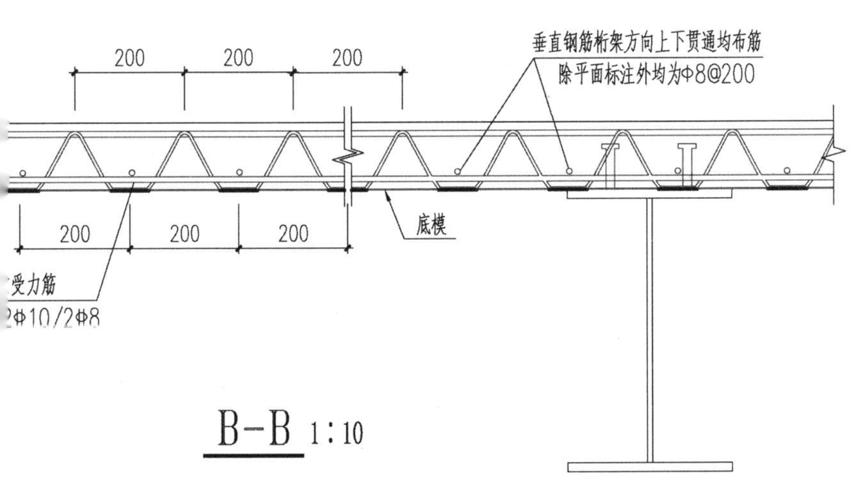

B-B 1:10

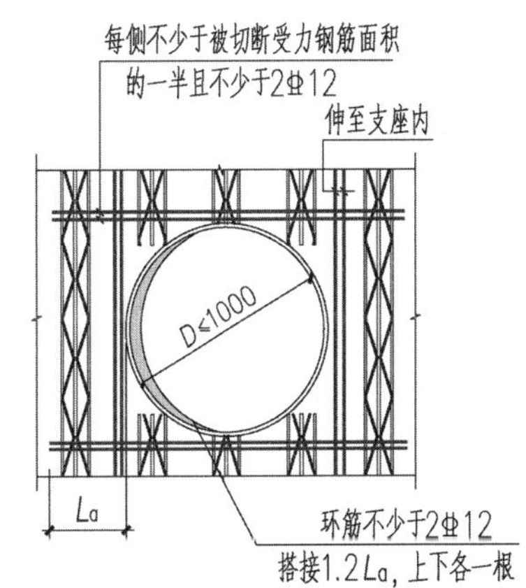

模板上开圆洞口节点详图

(洞口直径不大于1000mm)

段单跨度(m)	施工阶段连续两等跨无支跨度(m)
0	3.4
.1	3.6
4	4.2
7	4.6
.0	4.8

钢筋桁架模板的要求及说明：

1. 底模采用0.5mm厚Q235或Q345镀锌钢板，镀锌层两面总计不小于120g/m²，质量应符合相应标准规定。
2. 上下弦杆采用热轧钢筋HRB400；腹杆钢筋采用冷轧光圆钢筋550级；支座钢筋采用热轧钢筋HPB300或HRB400；采用的焊丝、焊条应与钢筋相适应。
3. 钢筋桁架与钢板连接采用电阻点焊，桁架弦杆钢筋与腹杆钢筋连接均采用电阻点焊，支座钢筋与桁架弦杆钢筋连接采用手工点焊。
4. 钢筋桁架模板制作质量应符合企业标准《钢筋桁架模板》Q/HX01-2006的规定。
5. L_a为钢筋锚固长度，L_l为钢筋搭接长度。
6. 板悬挑长度$L\geq 7h_t$时，施工时必须设临时支撑（h_t为钢筋桁架高度）。
7. 供应商应依据设计提供的图纸和荷载要求进行排板设计和细部施工详图深化，并提供相应计算书，待设计确认后方可施工。

分类		
混合结构的结构平面图.型钢混凝土框架-核心筒		
图名		
例3-钢筋桁架组合楼板详图一		
图号 4-3-1	比例	页码 4-9

北京市建筑设计研究院有限公司
BEIJING INSTITUTE OF ARCHITECTURAL DESIGN

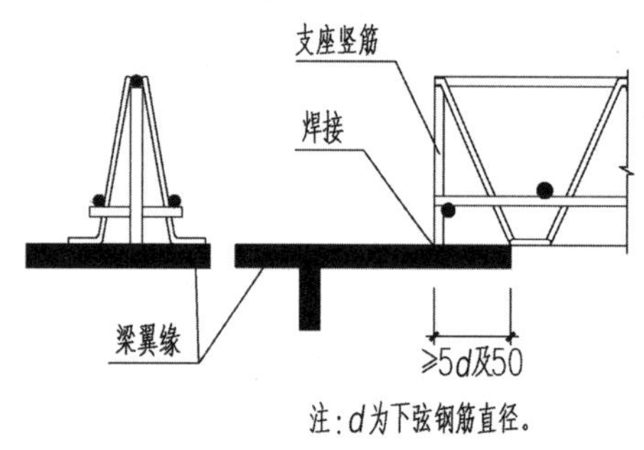

钢筋桁架模板与梁连接示意图

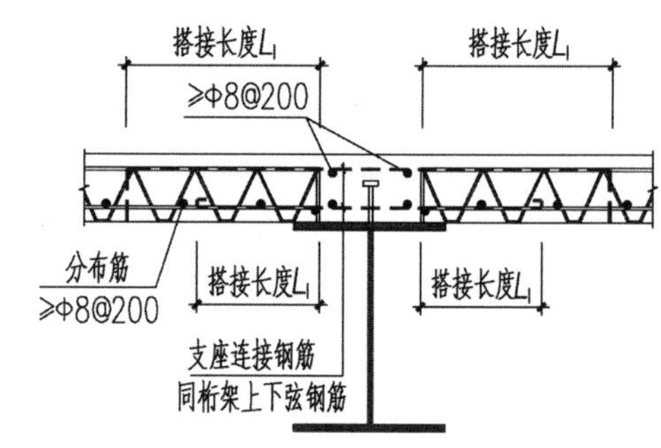

沿主受力筋方向钢筋连接示意图

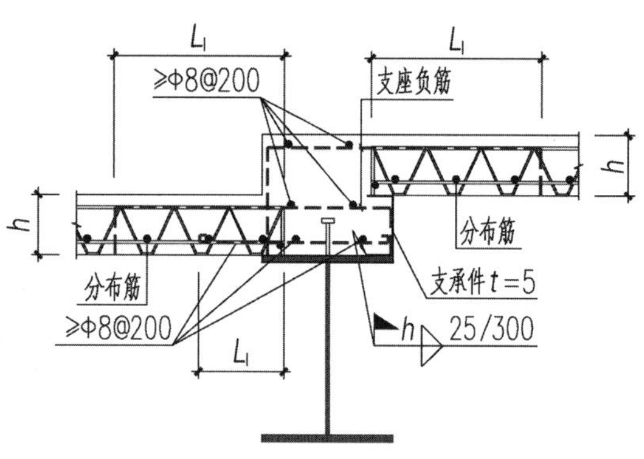

楼板高差处抬高连接示意图

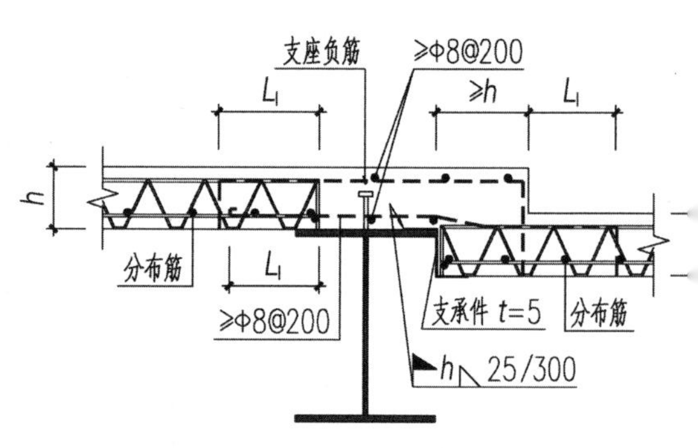

楼板高差处降低连接示意图1

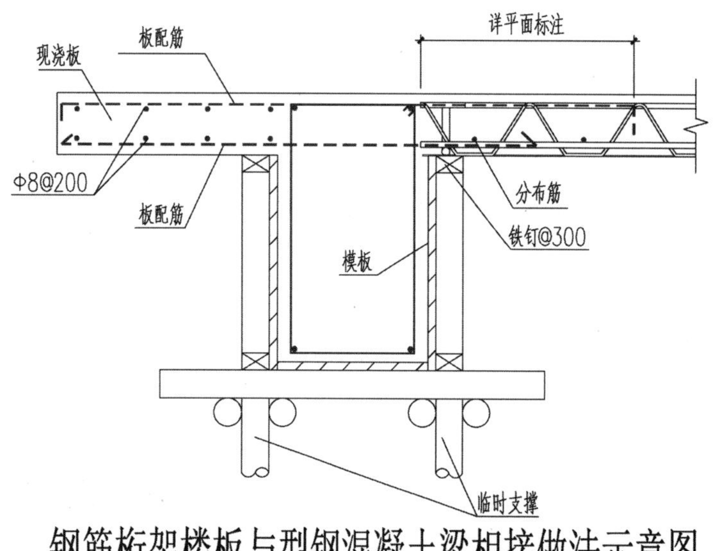

钢筋桁架楼板与型钢混凝土梁相接做法示意图

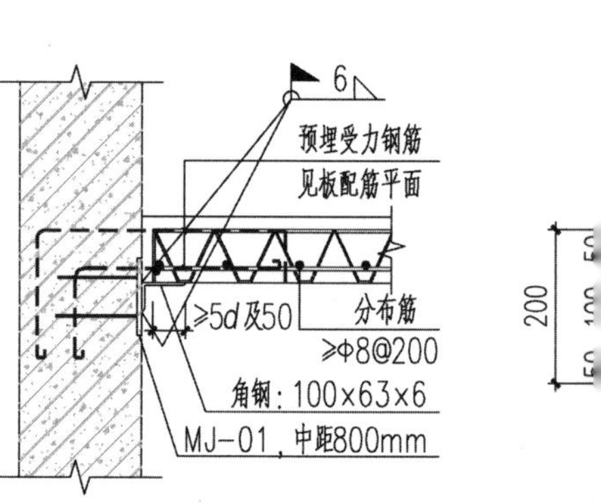

钢筋桁架板

示例说明 1. 本图与各层钢筋桁架楼承板排板平面图配合使用，应绘出各编号楼承板配筋详图和节点详图，建议详图比例采用1：15～1：10

2. 图纸内容包括钢筋桁架楼承板选用表、不同厚度和配筋的楼承板详图、标准节点和各种特殊部位节点的配筋构造做法、楼承板留洞配筋构造做法、材料和施工说明等，可供参考。

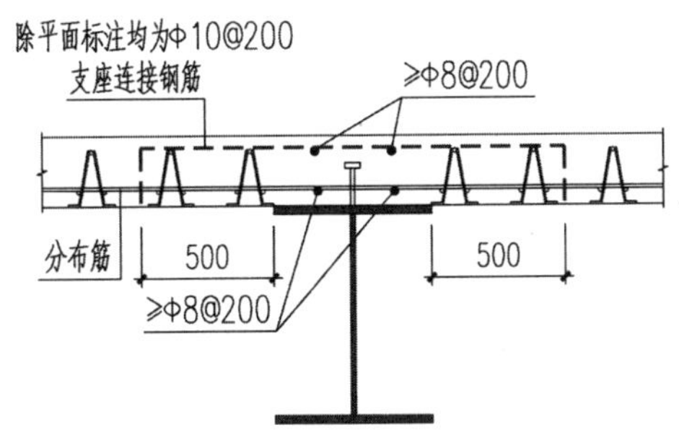

垂直于受力筋方向钢筋连接示意图

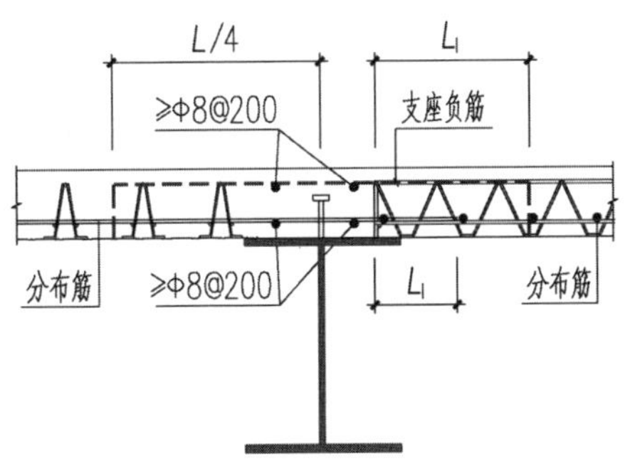

板布置方向变化处连接示意图

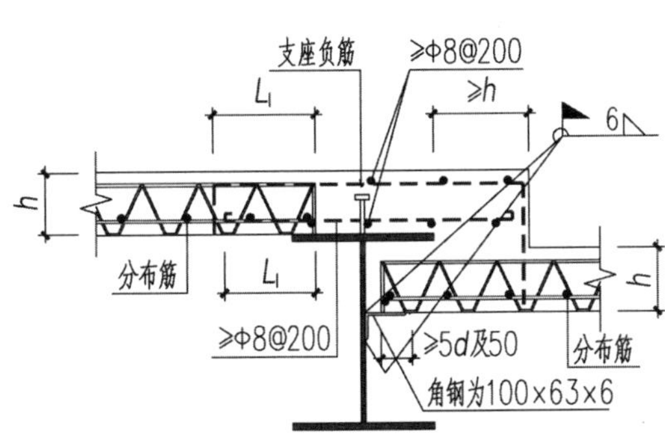

楼板高差处降低连接示意图2

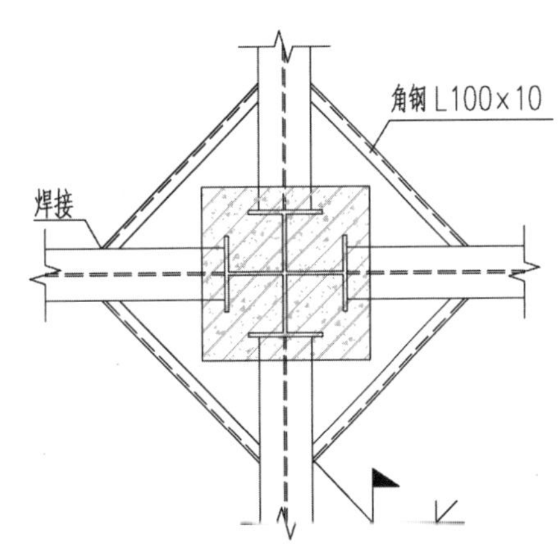

柱边支承件布置示意图

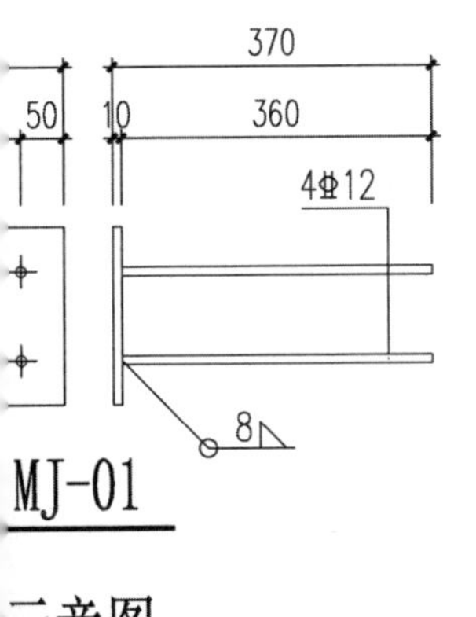

MJ-01

示意图

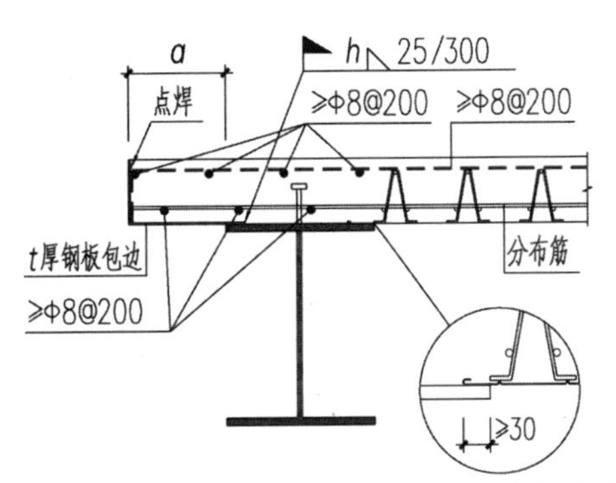

a~t关系表

悬挑长度a (mm)	包边板厚t (mm)
0~75	1.2
75~125	1.5
125~180	2.0
180~250	2.6

板边节点示意图

屋面	223.600	
52	219.500	4.10
51	214.100	5.40
50	209.900	4.20
49	205.700	4.20
48	201.500	4.20
47	197.300	4.20
46	193.100	4.20
45	188.900	4.20
44	184.700	4.20
43	180.500	4.20
42	176.300	4.20
41	172.100	4.20
40	167.900	4.20
39	163.700	4.20（避难层）
38	159.500	4.20
37	155.300	4.20
36	151.100	4.20
35	146.900	4.20
34	142.700	4.20
33	138.500	4.20
32	134.300	4.20
31	130.100	4.20
30	125.900	4.20
29	121.700	4.20
28	117.500	4.20
27	113.300	4.20
26	109.100	4.20（避难层）
25	104.900	4.20
24	100.700	4.20
23	96.500	4.20
22	92.300	4.20
21	88.100	4.20
20	83.900	4.20
19	79.700	4.20
18	75.500	4.20
17	71.300	4.20
16	67.100	4.20
15	62.900	4.20
14	58.700	4.20
13	54.500	4.20（避难层）
12	50.300	4.20
11	46.100	4.20
10	41.900	4.20
9	37.700	4.20
8	33.500	4.20
7	29.300	4.20

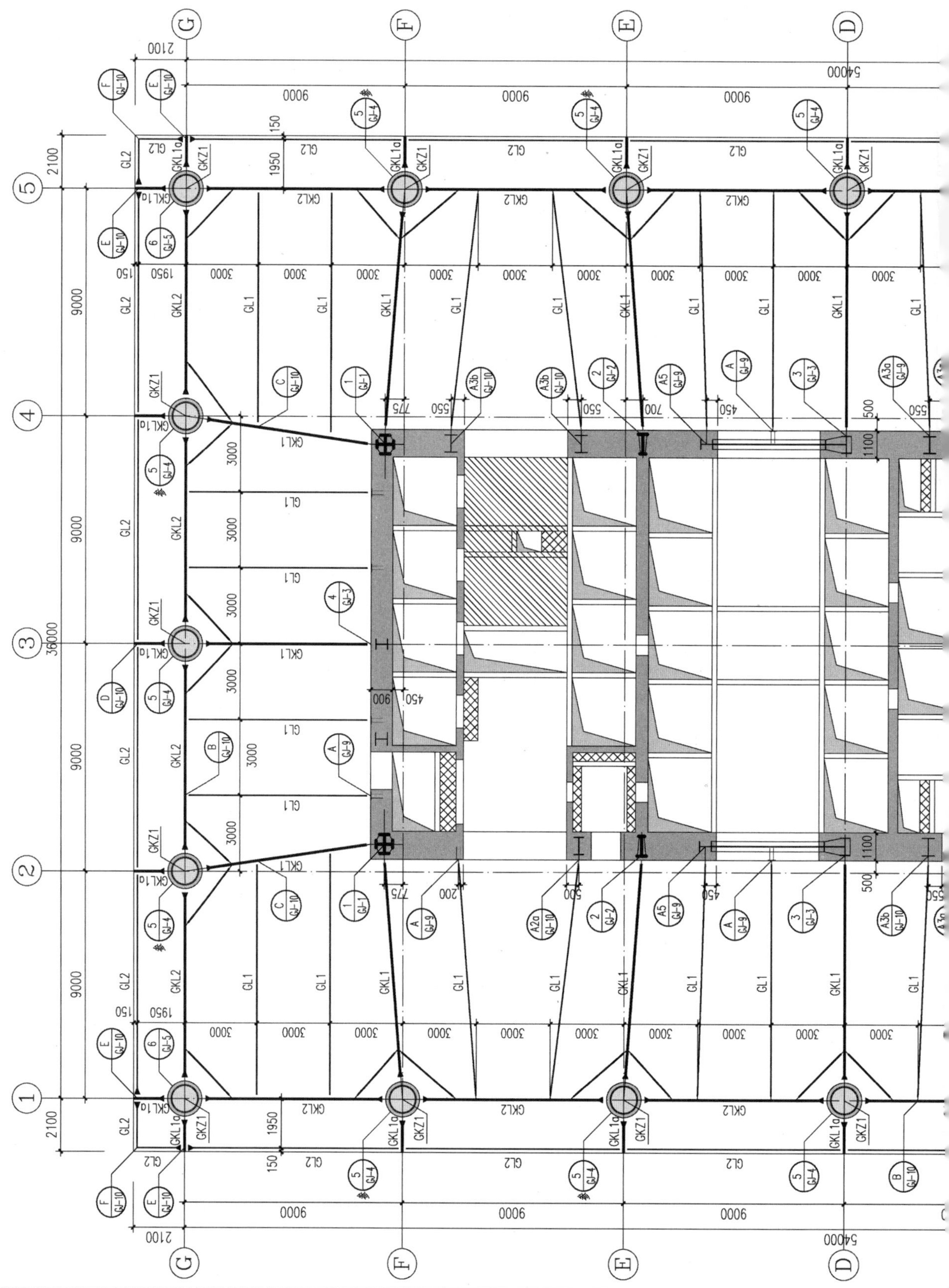

示例说明 1. 此图是主楼下部标准层的结构平面图，包含标准层顶板结构平面图、钢构件表、标高和层高表、图例以及相关说明。

2. 结构平面图采用仰视投影法绘制，绘制比例1：150。绘制与标注的内容：定位轴线及标注；结构构件(包括钢管混凝土柱、钢梁、隅撑等)的平面位置、定位尺寸、编号；楼梯间、电梯间的平面位置；楼面结构标高；楼板洞口、机电后浇带的平面位置；节点详图索引号；必要的文字说明。

3. 钢构件采用表格形式，

层号	标高(m)	层高(m)
−2	−9.650	3.90
−3	−14.350	4.70

(地下三层为建筑地面标高)

结构层楼面标高
结构层高

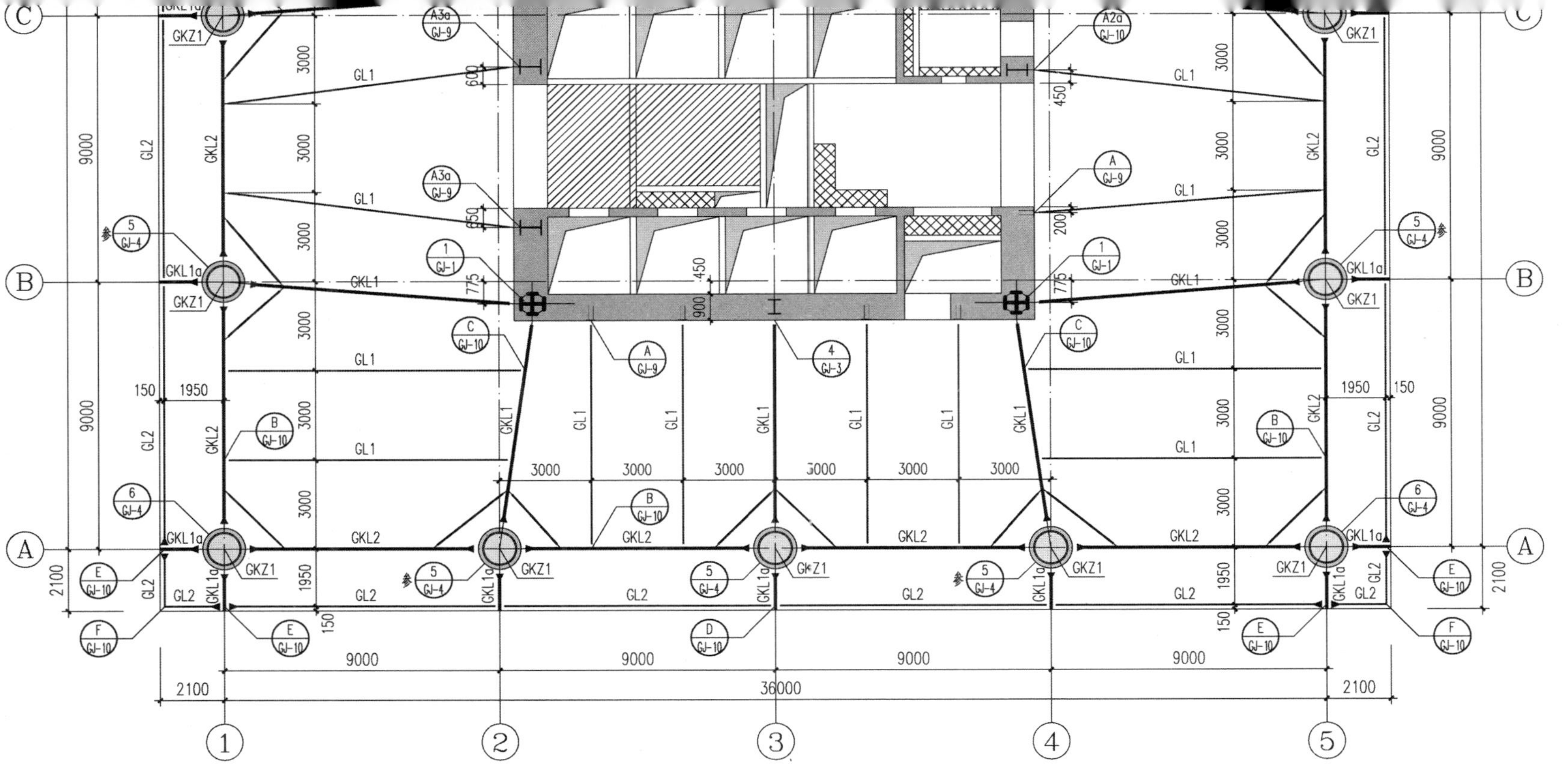

主楼8～10层顶板钢结构平面图 1:150

8～10层核心筒外钢构件截面表

构件名称	材质	截面尺寸	备注
GKZ1	Q345C	Φ1400×35	钢管混凝土柱
GKL1	Q345B	H550×340×12×20	焊接H型钢
GKL1a	Q345B	H550×340×12×25	
GKL2	Q345B	H900×500×16×35	
GL1	Q345B	H450×200×10×16	热轧H型钢
GL2	Q345B	H450×200×10×14	
GL3	Q345B	H400×200×10×12	

悬挑板边均设 L110×8

栓钉 2M19@300

结构楼面标高

肋板间距及厚度详幕墙设计

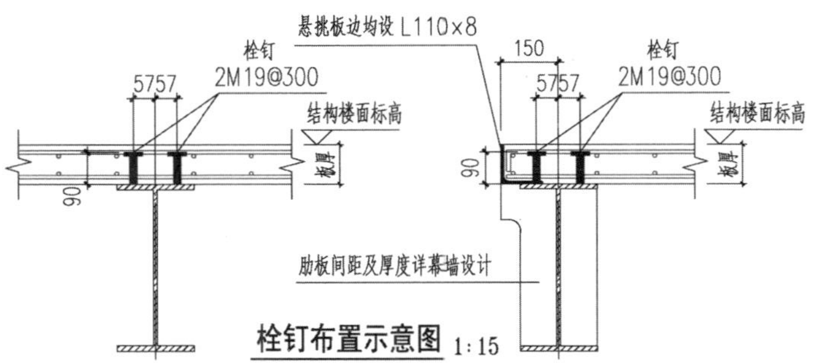

栓钉布置示意图 1:15

说明：

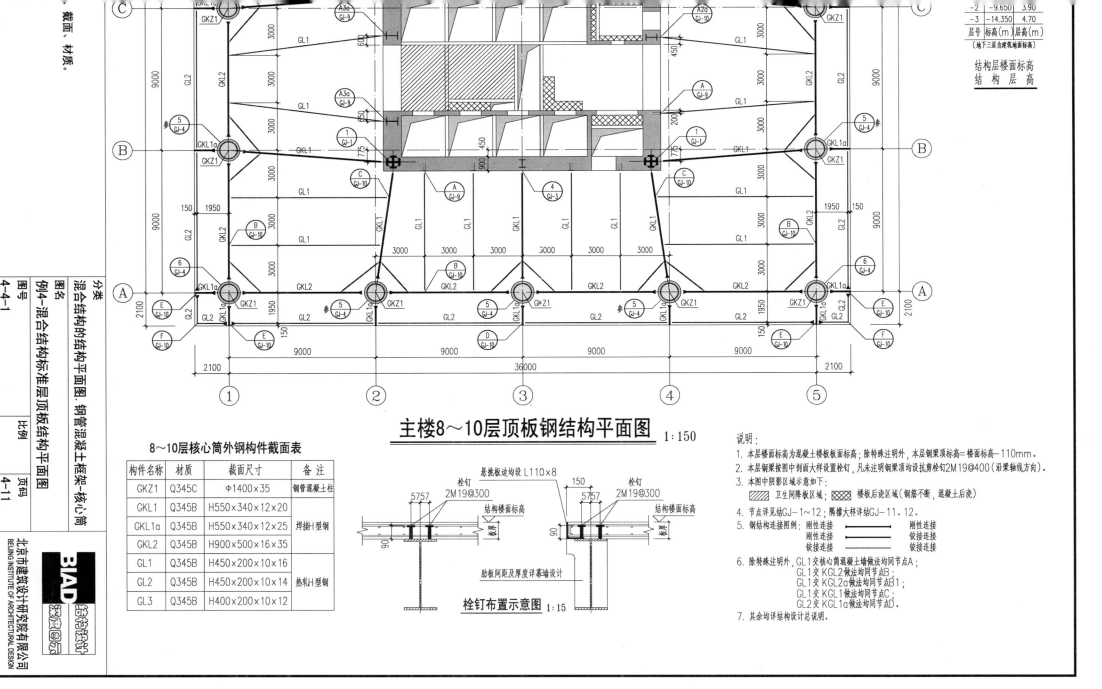

1. 本层楼面标高为混凝土楼板板面标高；除特殊注明外，本层钢梁顶标高=楼面标高−110mm。
2. 本层钢梁按图中剖面大样设置栓钉，凡未注明钢梁顶均设抗剪栓钉2M19@400（沿梁轴线方向）。
3. 本图中阴影区域示意如下：
   卫生间降板区域； 楼板后浇区域（钢筋不断，混凝土后浇）
4. 节点详见结GJ−1～12；隅撑大样详结GJ−11、12。
5. 钢结构连接图例：刚性连接 刚性连接；刚性连接 铰接连接；铰接连接 铰接连接
6. 除特殊注明外，GL1交核心筒混凝土墙做法均同节点A；
   GL1交KGL2做法均同节点B；
   GL1交KGL2a做法均同节点B1；
   GL1交KGL1做法均同节点C；
   GL2交KGL1a做法均同节点D。
7. 其余均详结构设计总说明。

截面、材质。

分类	
混合结构的结构平面图. 钢管混凝土框架-核心筒	
图名	
例4-混合结构标准层顶板结构平面图	
图号 4-4-1	比例	页码 4-11

BIAD 结构设计 深度图示
北京市建筑设计研究院有限公司
BEIJING INSTITUTE OF ARCHITECTURAL DESIGN

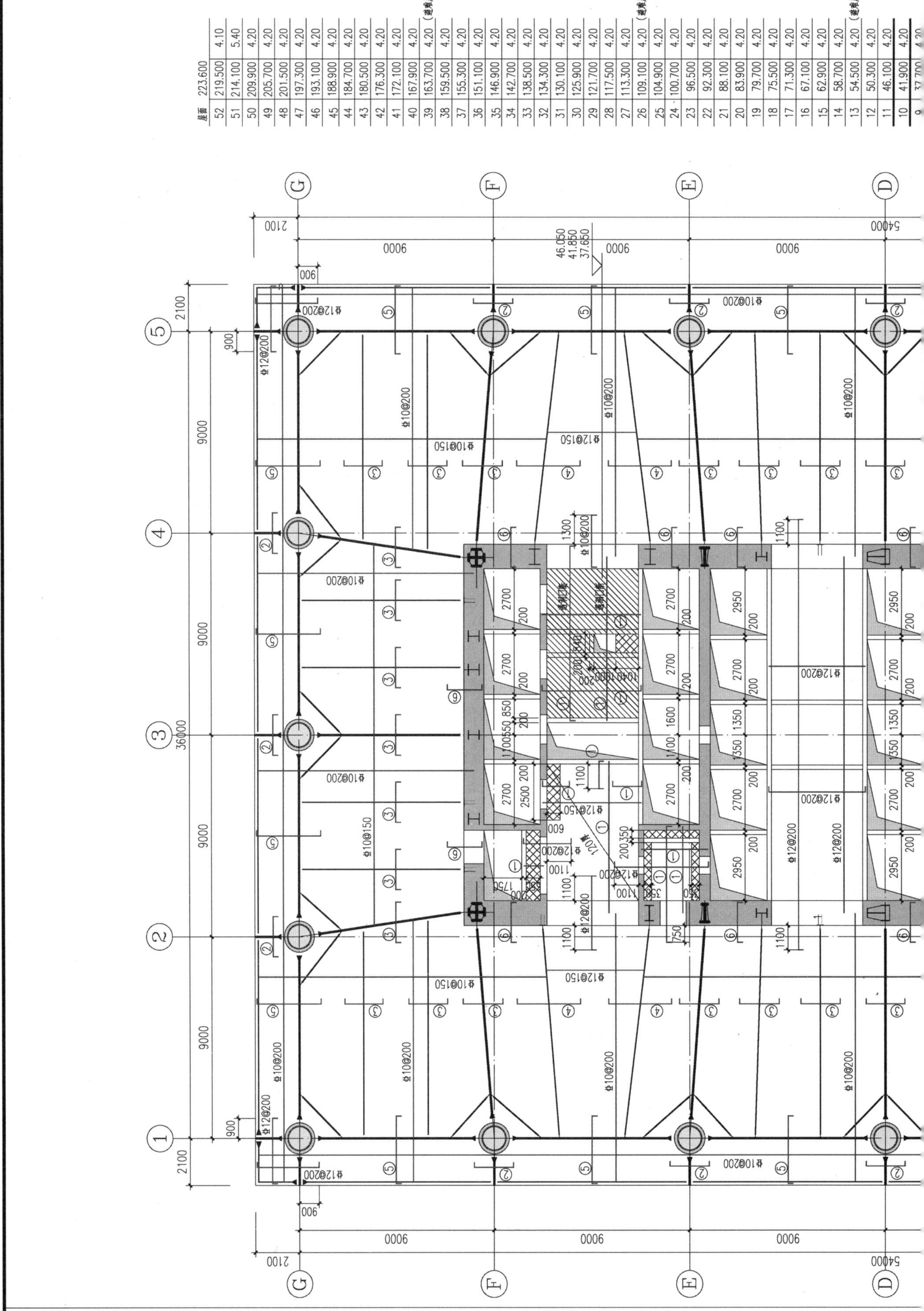

示例说明 板配筋图的绘制比例与结构平面图一致，绘制与标注的内容：板厚，楼层标高；两方向的板钢筋等。钢梁部位的栓钉设置以及板边的构造措施已在结构平面图中表示。

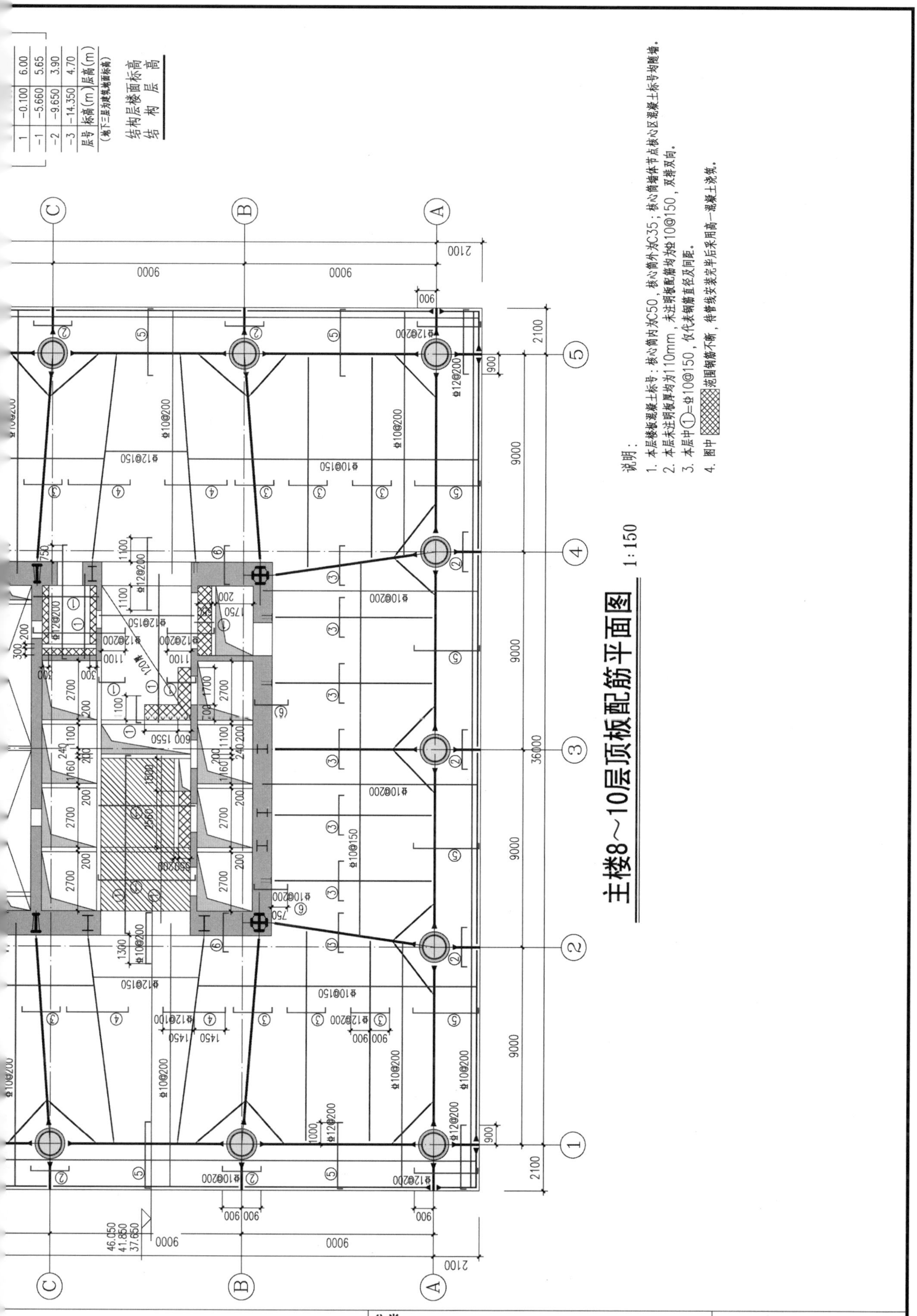

层号	标高(m)	层高(m)
1	-0.100	6.00
-1	-5.660	5.65
-2	-9.650	3.90
-3	-14.350	4.70

(地下三层为建筑地面标高)

结构层楼面标高
结 构 层 高

主楼8～10层顶板配筋平面图 1:150

说明：

1. 本层楼板混凝土标号：核心筒内为C50，核心筒外为C35；核心筒墙体节点核心区混凝土标号均随墙。
2. 本层未注明板厚均为110mm，未注明板配筋均为ф10@150，双排双向。
3. 本层中①=ф10@150，仅代表钢筋直径及间距。
4. 图中[网格填充]范围钢筋不断，待管线安装完毕后采用高一混凝土浇筑。

分类		
混合结构的结构平面图. 钢管混凝土框架-核心筒		
图名		
例4-混合结构标准层顶板配筋平面图		
图号	比例	页码
4-4-2		4-12

BIAD 结构设计 深度图示
北京市建筑设计研究院有限公司
BEIJING INSTITUTE OF ARCHITECTURAL DESIGN

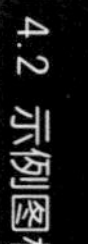

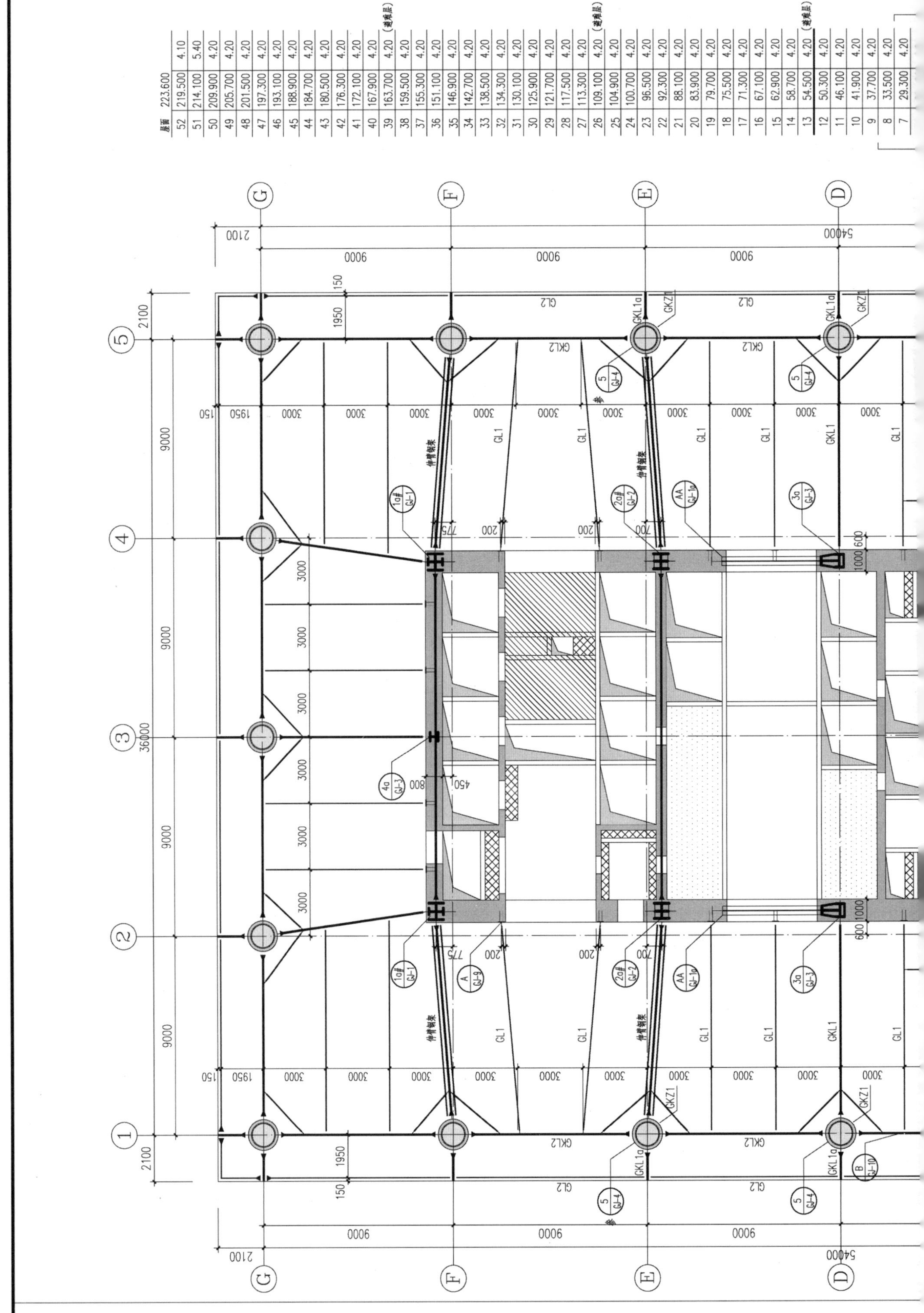

层号	标高	层高	
屋面	223.600		
52	219.500	4.10	
51	214.100	5.40	
50	209.900	4.20	
49	205.700	4.20	
48	201.500	4.20	
47	197.300	4.20	
46	193.100	4.20	
45	188.900	4.20	
44	184.700	4.20	
43	180.500	4.20	
42	176.300	4.20	
41	172.100	4.20	
40	167.900	4.20	
39	163.700	4.20	(避难层)
38	159.500	4.20	
37	155.300	4.20	
36	151.100	4.20	
35	146.900	4.20	
34	142.700	4.20	
33	138.500	4.20	
32	134.300	4.20	
31	130.100	4.20	
30	125.900	4.20	
29	121.700	4.20	
28	117.500	4.20	
27	113.300	4.20	
26	109.100	4.20	(避难层)
25	104.900	4.20	
24	100.700	4.20	
23	96.500	4.20	
22	92.300	4.20	
21	88.100	4.20	
20	83.900	4.20	
19	79.700	4.20	
18	75.500	4.20	
17	71.300	4.20	
16	67.100	4.20	
15	62.900	4.20	
14	58.700	4.20	
13	54.500	4.20	(避难层)
12	50.300	4.20	
11	46.100	4.20	
10	41.900	4.20	
9	37.700	4.20	
8	33.500	4.20	
7	29.300	4.20	

示例说明 1. 此图为主楼加强层的结构平面图，除一般楼层的结构构件外，还布置有伸臂钢架等特殊构件。

2. 其他说明详见4-4-1图。

-3	-14.350	4.70
层号	标高(m)	层高(m)

(地下三层为建筑地面标高)

结构层楼面标高
结 构 层 高

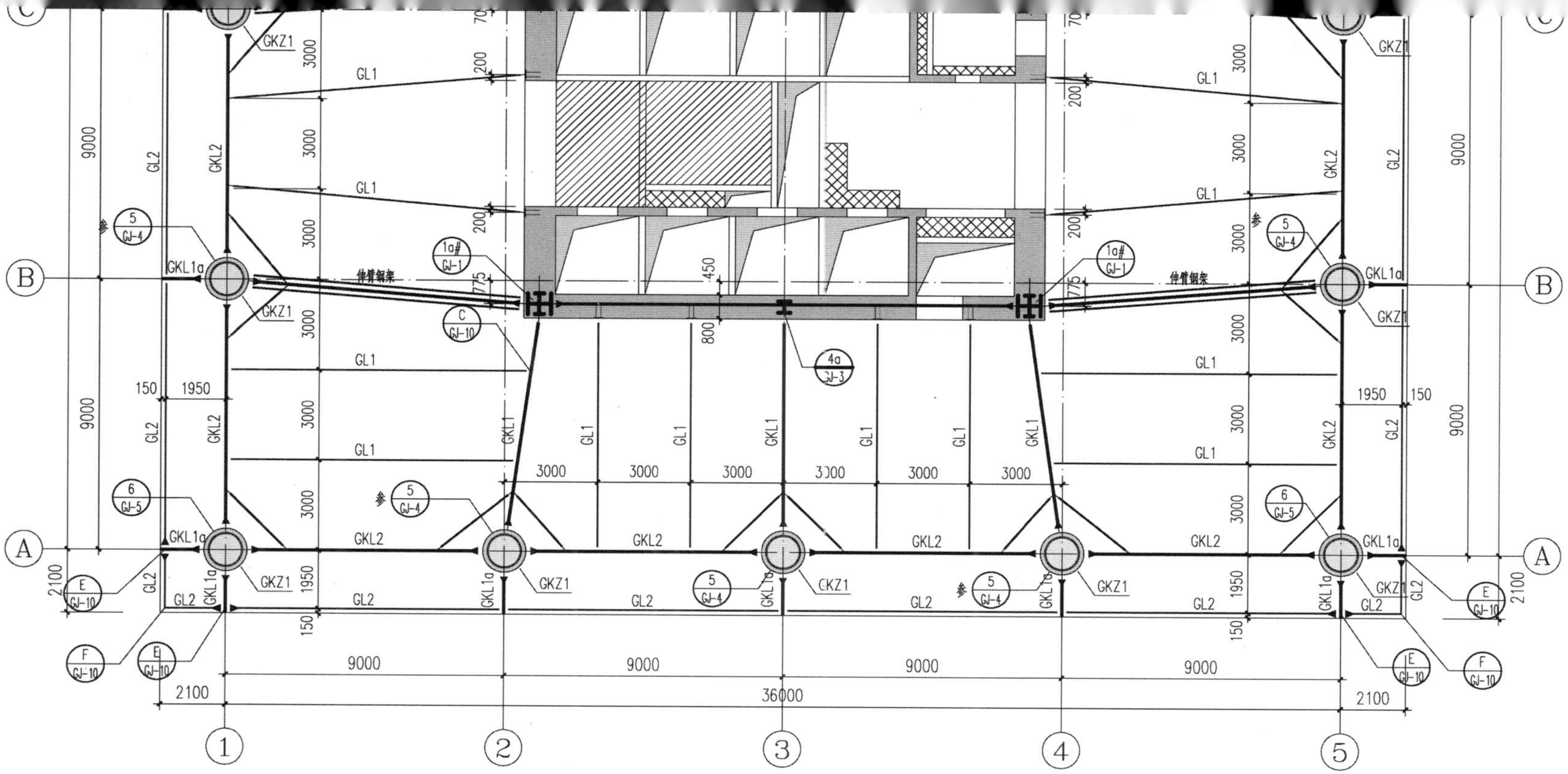

主楼12层顶板钢结构平面图 1:150

12层核心筒外钢构件截面表

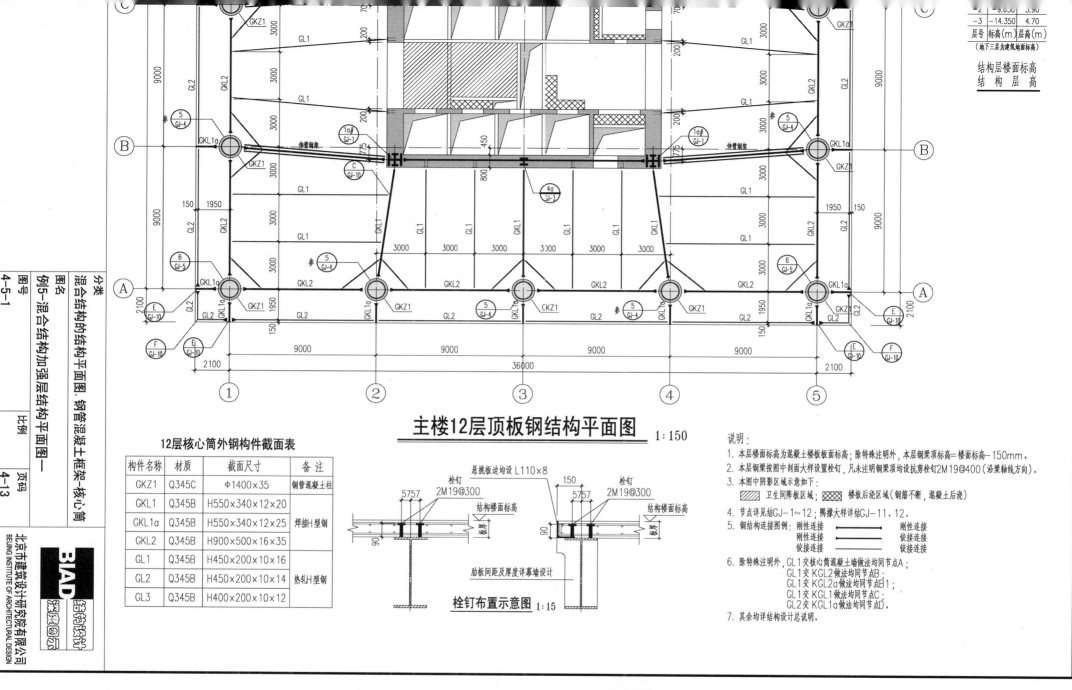

构件名称	材质	截面尺寸	备 注
GKZ1	Q345C	Φ1400×35	钢管混凝土柱
GKL1	Q345B	H550×340×12×20	焊接H型钢
GKL1a	Q345B	H550×340×12×25	焊接H型钢
GKL2	Q345B	H900×500×16×35	焊接H型钢
GL1	Q345B	H450×200×10×16	热轧H型钢
GL2	Q345B	H450×200×10×14	热轧H型钢
GL3	Q345B	H400×200×10×12	热轧H型钢

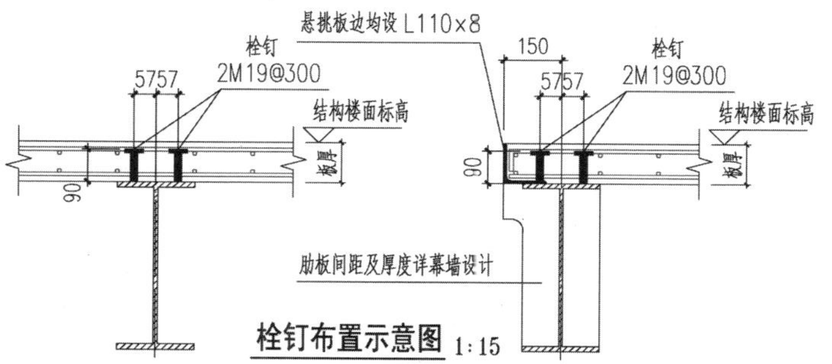

悬挑板边均设 L110×8
栓钉 2M19@300
结构楼面标高
肋板间距及厚度详幕墙设计

栓钉布置示意图 1:15

说明：

1. 本层楼面标高为混凝土楼板板面标高；除特殊注明外，本层钢梁顶标高=楼面标高-150mm。
2. 本层钢梁按图中剖面大样设置栓钉，凡未注明钢梁顶均设抗剪栓钉2M19@400（沿梁轴线方向）。
3. 本图中阴影区域示意如下：
   卫生间降板区域；楼板后浇区域（钢筋不断，混凝土后浇）
4. 节点详见结GJ-1~12；隅撑大样详结GJ-11、12。
5. 钢结构连接图例：刚性连接 刚性连接；刚性连接 铰接连接；铰接连接 铰接连接
6. 除特殊注明外，GL1交核心筒混凝土墙做法均同节点A；
   GL1交 KGL2做法均同节点B；
   GL1交 KGL2a做法均同节点B1；
   GL1交 KGL1做法均同节点C；
   GL2交 KGL1a做法均同节点D。
7. 其余均详结构设计总说明。

分类	混合结构的结构平面图. 钢管混凝土框架-核心筒
图名	例5-混合结构加强层结构平面图一
图号	4-5-1
比例	
页码	4-13

BIAD 结构设计 深度图示
北京市建筑设计研究院有限公司
BEIJING INSTITUTE OF ARCHITECTURAL DESIGN

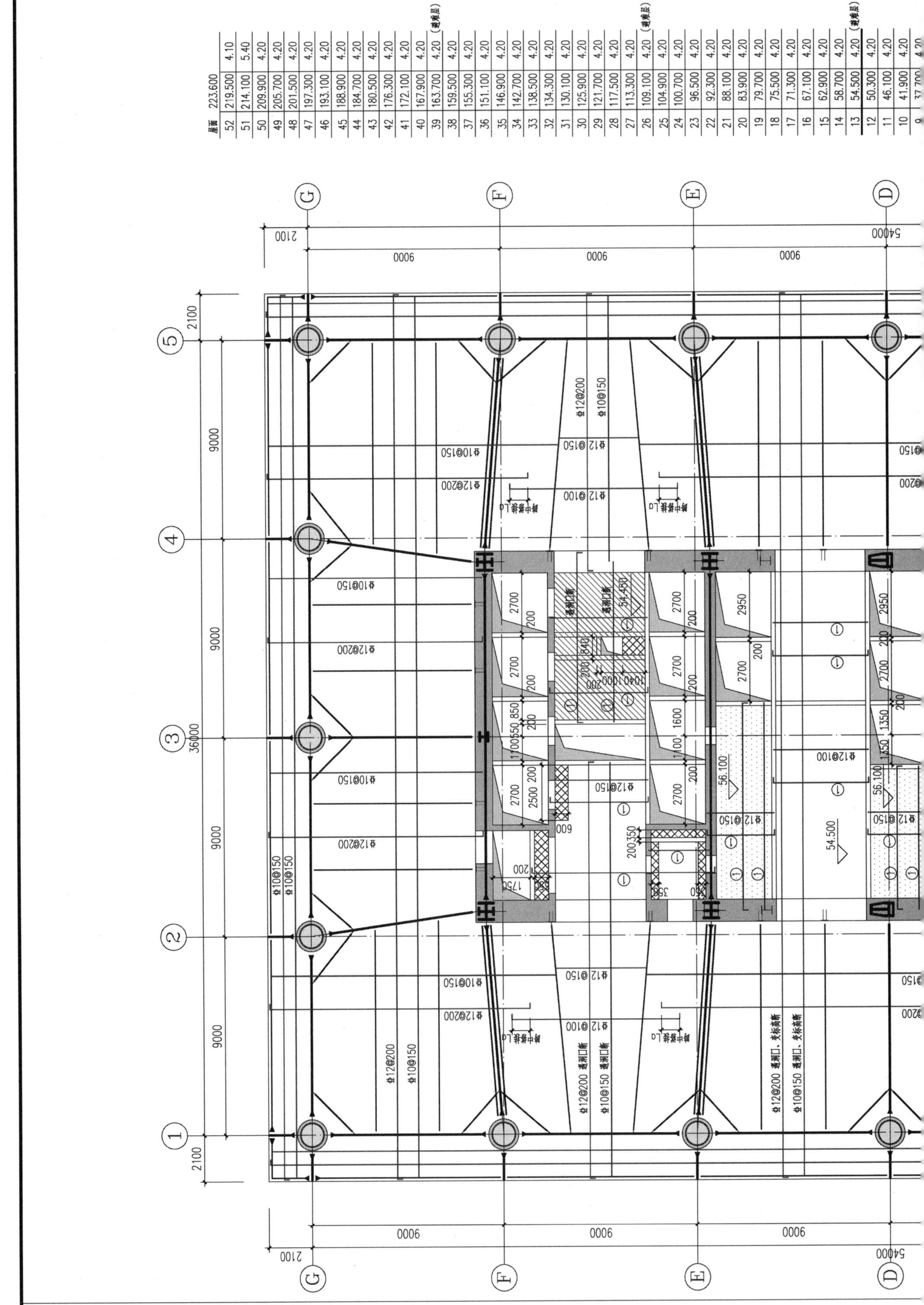

示例说明 1. 通长设置的板钢筋，当钢筋规格或布置方向发生变化时，应注明钢筋之间的搭接、锚固做法。

2. 其他说明详见4-4-2图。

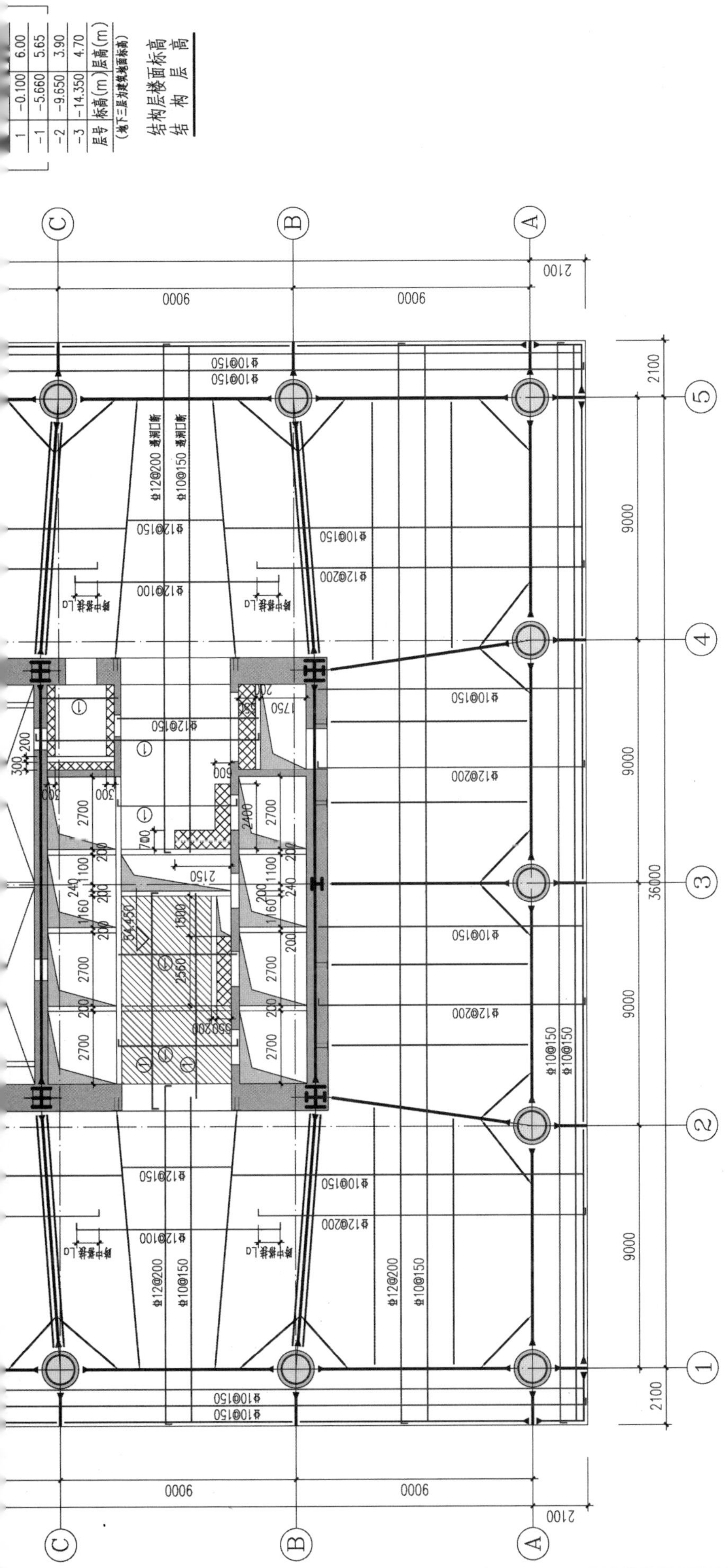

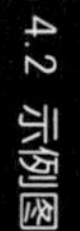

层号	标高(m)	层高(m)
1	-0.100	6.00
-1	-5.660	5.65
-2	-9.650	3.90
-3	-14.350	4.70

(地下三层为建筑地面标高)
结构层楼面标高
结构层高
A
B
C
1
2
3
4
5
9000
2100
36000
ф12@200
ф10@150
ф12@150
ф12@100
ф12@200 遇洞口断
ф10@150 遇洞口断
54.450
2700
1160
1100
240
200
300
2560
1500
2150
2400
1750
700
600

主楼12层顶板配筋平面图 1:150

说明：
1. 本层楼板混凝土标号：核心筒内为C50，核心筒外为C35；核心筒墙体节点核心区混凝土标号均随墙。
2. 本层未注明板厚均为150mm，未注明板配筋均为ф12@200，双排双向。
3. 本层中①=ф12@200，仅代表钢筋直径及间距。
4. 图中▨范围钢筋不断，待管线安装完毕后采用高一混凝土浇筑。

分类		
混合结构的结构平面图. 钢管混凝土框架-核心筒		
图名		
例5-混合结构加强层板配筋平面图一		
图号	比例	页码
4-5-2		4-14

BIAD 结构设计 深度图示
北京市建筑设计研究院有限公司
BEIJING INSTITUTE OF ARCHITECTURAL DESIGN

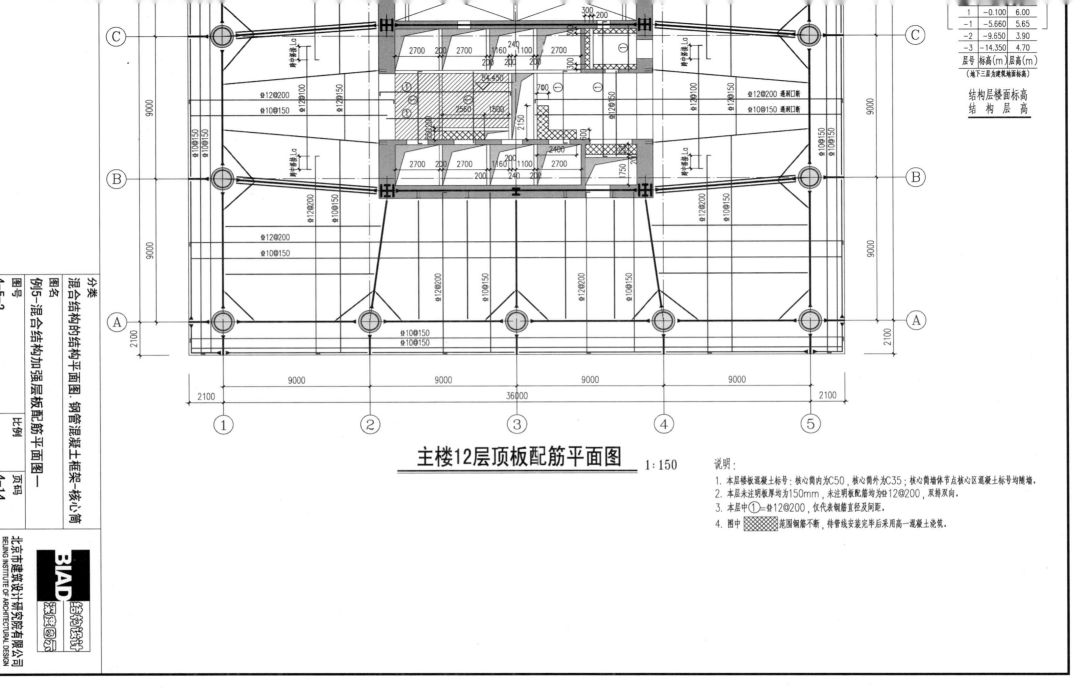

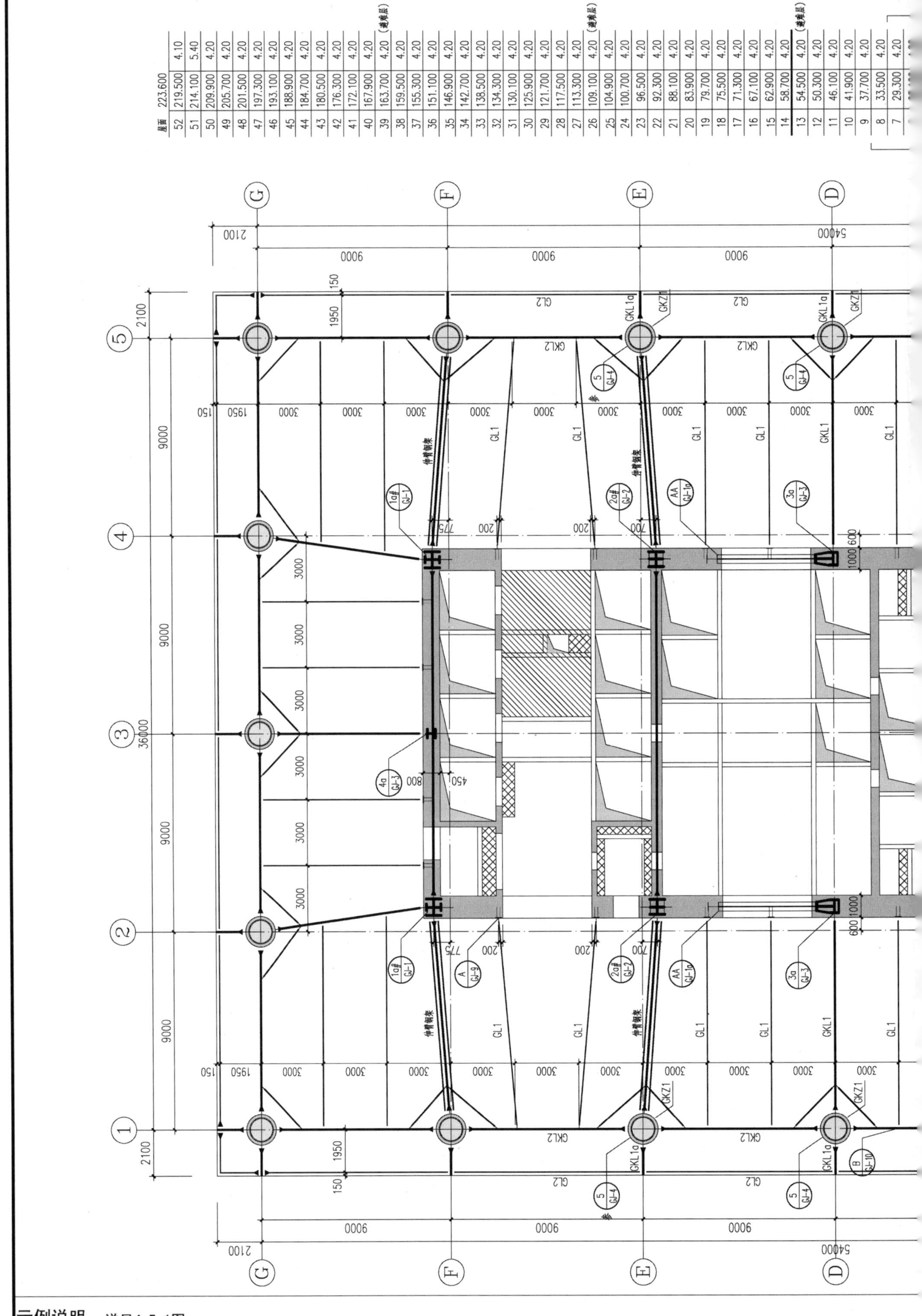

示例说明 详见4-5-1图。

层号	标高(m)	层高(m)
-2	-9.650	3.90
-3	-14.350	4.70

(地下三层为建筑地面标高)

结构层楼面标高
结构层高

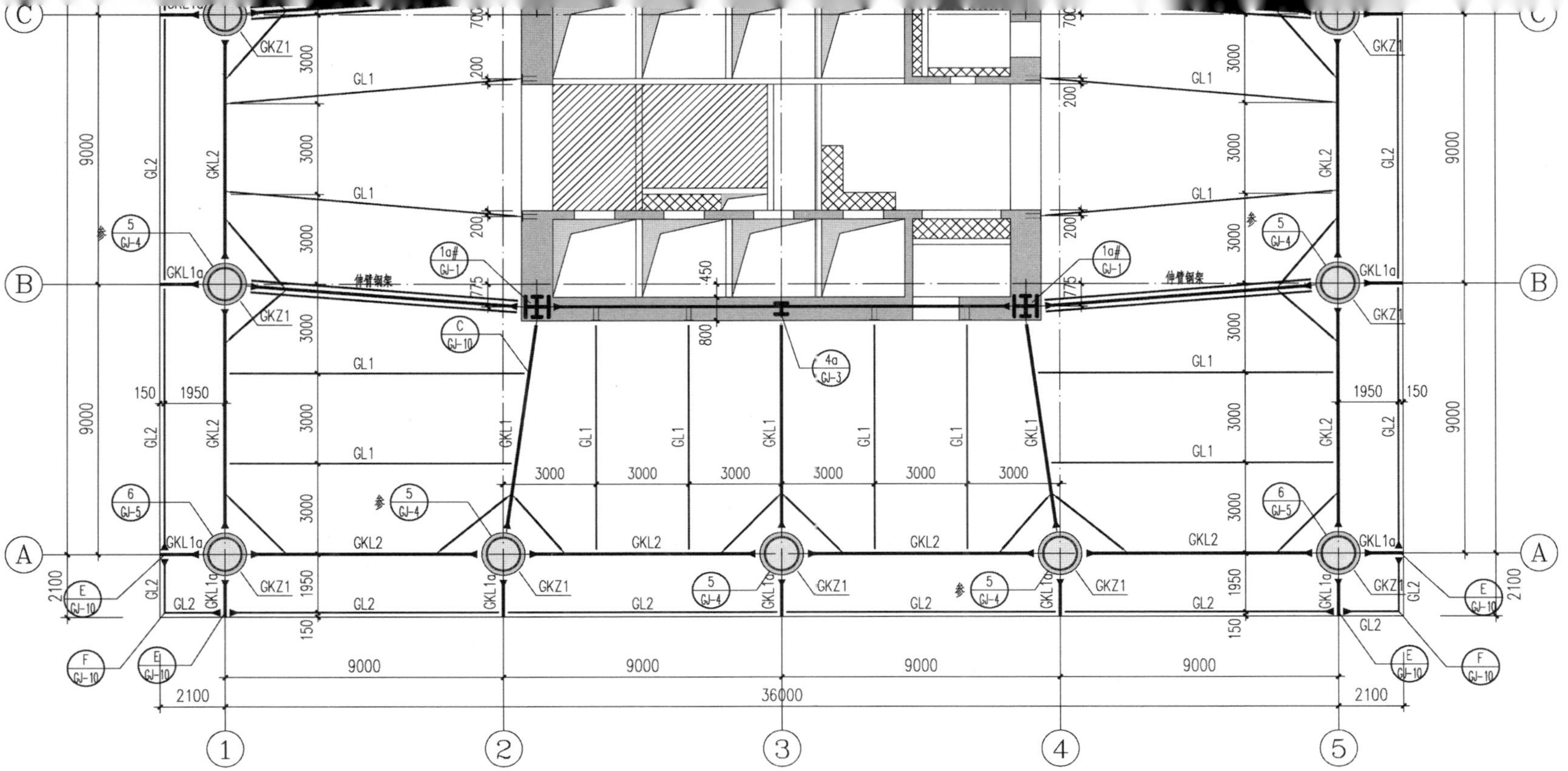

主楼13层顶板钢结构平面图 1:150

13层核心筒外钢构件截面表

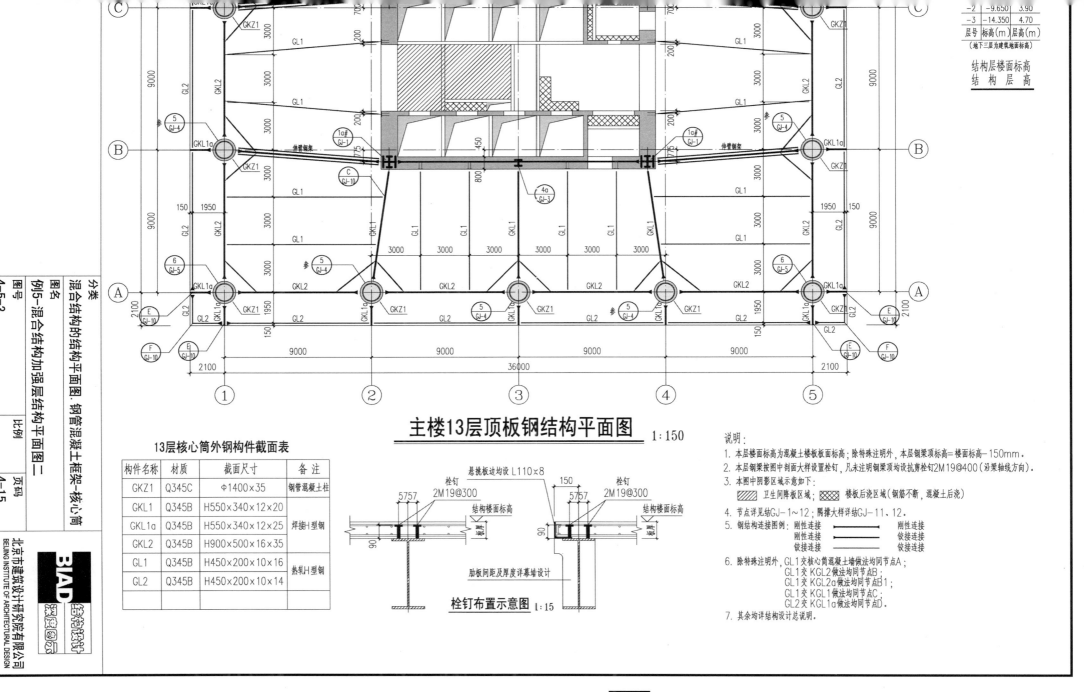

构件名称	材质	截面尺寸	备注
GKZ1	Q345C	Φ1400×35	钢管混凝土柱
GKL1	Q345B	H550×340×12×20	焊接H型钢
GKL1a	Q345B	H550×340×12×25	
GKL2	Q345B	H900×500×16×35	
GL1	Q345B	H450×200×10×16	热轧H型钢
GL2	Q345B	H450×200×10×14	

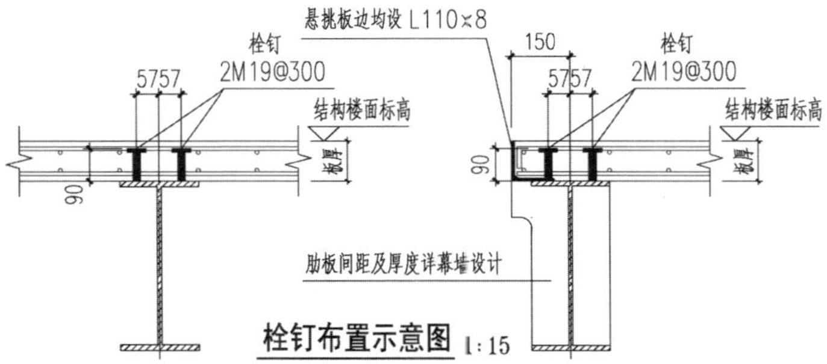

栓钉布置示意图 1:15

栓钉 2M19@300

5757

结构楼面标高

90

悬挑板边均设 L110×8

150

肋板间距及厚度详幕墙设计

说明：

1. 本层楼面标高为混凝土楼板板面标高；除特殊注明外，本层钢梁顶标高=楼面标高-150mm。
2. 本层钢梁按图中剖面大样设置栓钉，凡未注明钢梁顶均设抗剪栓钉2M19@400(沿梁轴线方向)。
3. 本图中阴影区域示意如下：
   卫生间降板区域； 楼板后浇区域(钢筋不断，混凝土后浇)
4. 节点详见结GJ-1~12；隅撑大样详结GJ-11、12。
5. 钢结构连接图例：刚性连接 刚性连接；刚性连接 铰接连接；铰接连接 铰接连接
6. 除特殊注明外，GL1交核心筒混凝土墙做法均同节点A；
   GL1交KGL2做法均同节点B；
   GL1交KGL2a做法均同节点B1；
   GL1交KGL1做法均同节点C；
   GL2交KGL1a做法均同节点D。
7. 其余均详结构设计总说明。

分类		
混合结构的结构平面图. 钢管混凝土框架-核心筒		
图名		
例5-混合结构加强层结构平面图二		
图号	比例	页码
4-5-3		4-15

BIAD 结构设计 深度图示

北京市建筑设计研究院有限公司
BEIJING INSTITUTE OF ARCHITECTURAL DESIGN

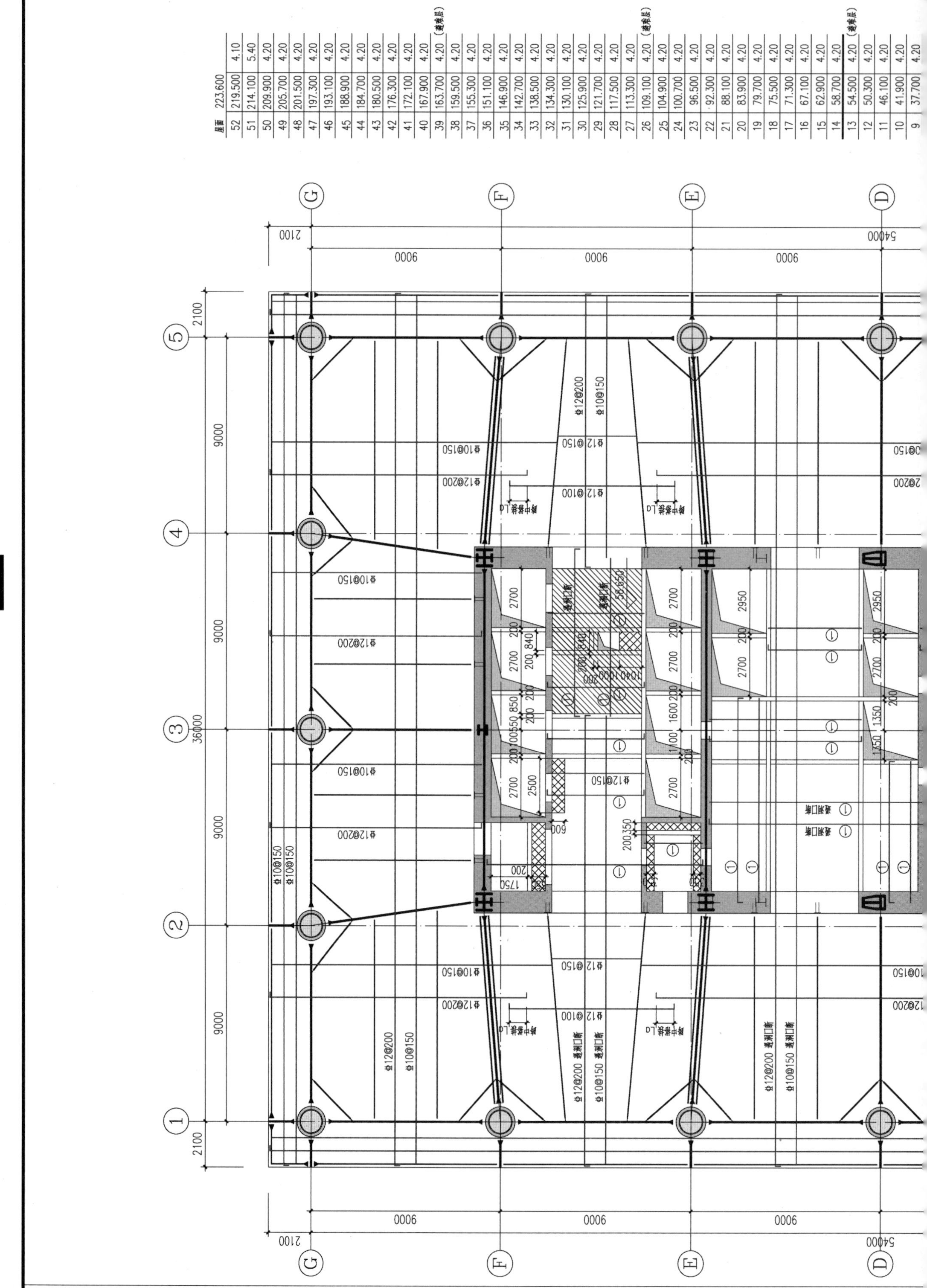
屋面 223.600
52 219.500 4.10
51 214.100 5.40
50 209.900 4.20
49 205.700 4.20
48 201.500 4.20
47 197.300 4.20
46 193.100 4.20
45 188.900 4.20
44 184.700 4.20
43 180.500 4.20
42 176.300 4.20
41 172.100 4.20
40 167.900 4.20
39 163.700 4.20（避难层）
38 159.500 4.20
37 155.300 4.20
36 151.100 4.20
35 146.900 4.20
34 142.700 4.20
33 138.500 4.20
32 134.300 4.20
31 130.100 4.20
30 125.900 4.20
29 121.700 4.20
28 117.500 4.20
27 113.300 4.20
26 109.100 4.20（避难层）
25 104.900 4.20
24 100.700 4.20
23 96.500 4.20
22 92.300 4.20
21 88.100 4.20
20 83.900 4.20
19 79.700 4.20
18 75.500 4.20
17 71.300 4.20
16 67.100 4.20
15 62.900 4.20
14 58.700 4.20
13 54.500 4.20（避难层）
12 50.300 4.20
11 46.100 4.20
10 41.900 4.20
9 37.700 4.20

示例说明 详见4-5-2图。

2	3.900	5.40
1	-0.100	6.00
-1	-5.660	5.65
-2	-9.650	3.90
-3	-14.350	4.70
层号	标高(m)	层高(m)

（地下三层为建筑地面标高）

结构层楼面标高
结构层高

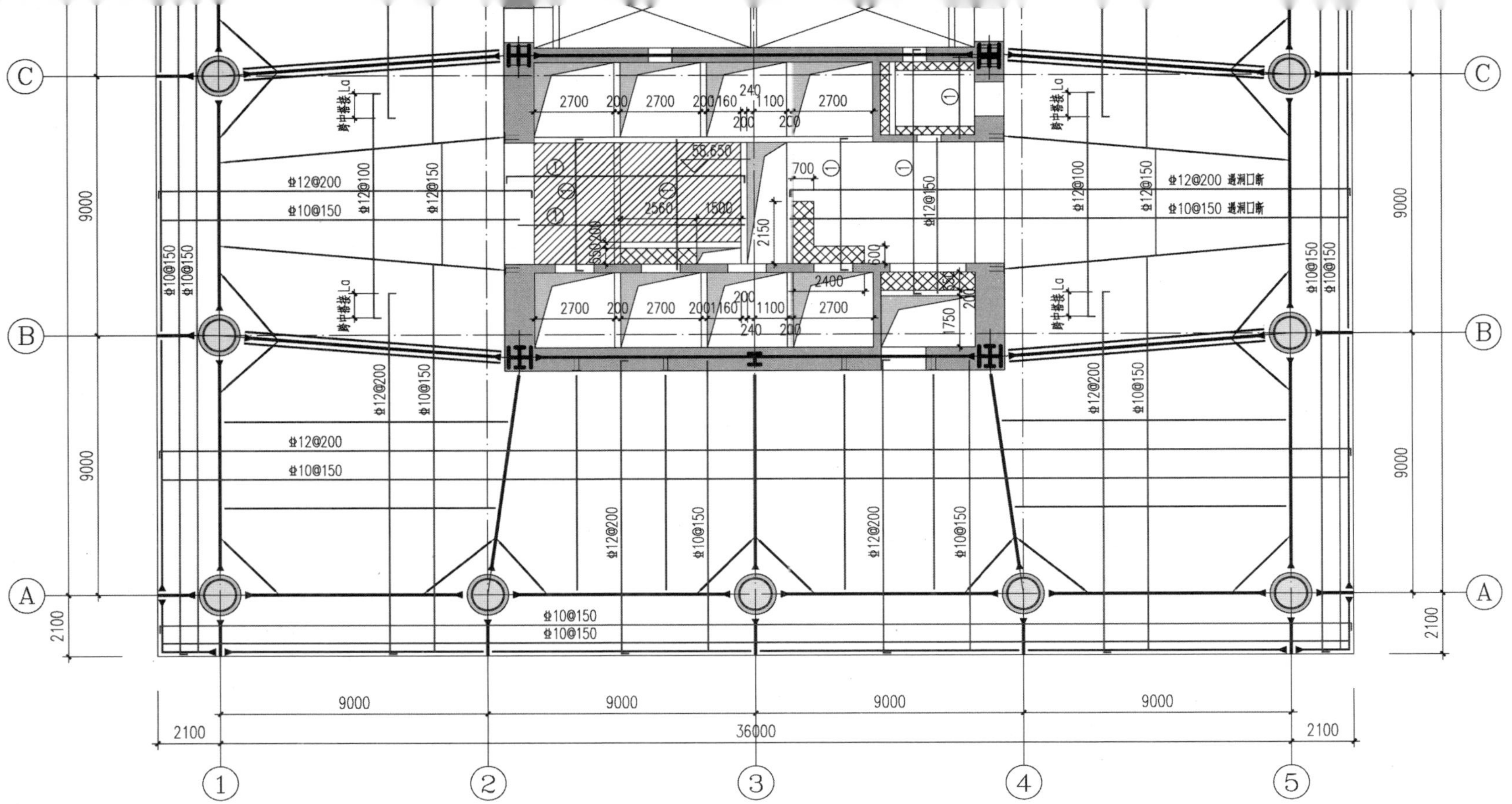

主楼13层顶板配筋平面图 1:150

说明：

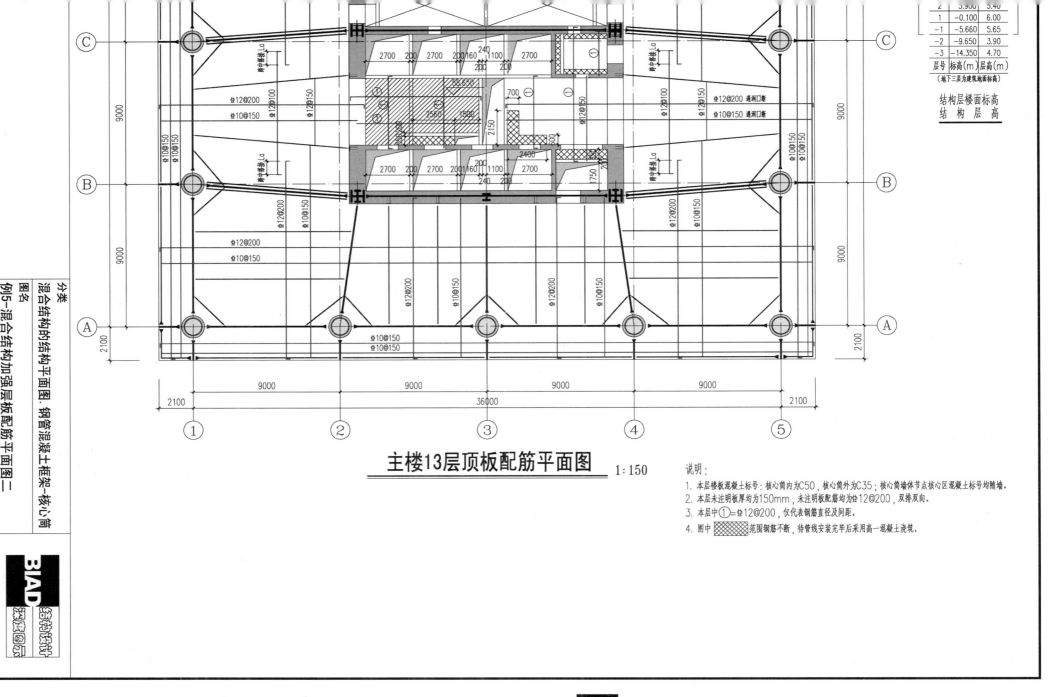

1. 本层楼板混凝土标号：核心筒内为C50，核心筒外为C35；核心筒墙体节点核心区混凝土标号均随墙。
2. 本层未注明板厚均为150mm，未注明板配筋均为⌀12@200，双排双向。
3. 本层中①=⌀12@200，仅代表钢筋直径及间距。
4. 图中▨范围钢筋不断，待管线安装完毕后采用高一混凝土浇筑。

分类		
混合结构的结构平面图. 钢管混凝土框架-核心筒		
图名		
例5-混合结构加强层板配筋平面图二		
图号	比例	页码
4-5-4		4-16

BIAD 结构设计 深度图示

北京市建筑设计研究院有限公司
BEIJING INSTITUTE OF ARCHITECTURAL DESIGN

5　基础详图

Foundation details

5.1 设计深度要点

5.1.1 《BIAD设计文件编制深度规定》（第二版）结构专业篇摘录

4.3.10 基础详图

基础详图包括基础构件详图和基础平面图中局部部位详图，应按下列要求绘制：

1 无筋扩展基础应绘出剖面、基础圈梁、防潮层位置，并标注总尺寸、分尺寸、标高及定位尺寸；

2 配筋扩展基础应绘出平面、剖面及配筋、基础垫层，标注总尺寸、分尺寸、标高及定位尺寸等；

3 桩基础应绘出桩详图、承台详图及桩与承台的连接构造详图。承台详图包括平面、剖面、垫层及配筋，标注总尺寸、分尺寸、标高及定位尺寸；

4 基础梁和独立柱基拉梁可采用"平面整体表示法"表示配筋详图，但应绘出承重墙、柱的位置。当基础复杂或基底标高变化较多时，应补充局部详图，必要时全部采用梁纵剖面和横剖面详图表示；

5 对箱形基础，应绘出钢筋混凝土墙的平面图、剖面详图及其配筋；

6 通道、地坑、地沟和已定设备基础等应有平面、剖面详图表示其尺寸、标高和配筋，预制柱独立基础应说明杯口填充材料。

注：对形状简单、规则的无筋扩展基础、配筋扩展基础、基础梁和承台的尺寸、标高和配筋，也可用列表方法表示。

4.3.16 预留管线、孔洞、埋件和已定设备基础

1 梁上预留管线、孔洞时，其位置、尺寸、标高应表示在各层梁、基础梁详图上或在各层结构平面图、基础平面图上。

6 应绘制构造详图表示结构构件在预留管线和孔洞边的加强措施，情况简单时可绘制统一构造详图。

5.1.2 深度控制要求

（1）总控制指标

基础详图用于表达基础构件尺寸、标高、配筋和构造做法，连接节点的细部尺寸、标高和连接做法，局部结构详细布置和做法等。

独立基础、联合基础、承台等构件详图一般用垂直剖面图和平面图表示，并在平面图的一角绘制基础板配筋；条形基础、柱墩、桩等构件详图一般用垂直剖面图表示；基础梁、拉梁等构件详图，可以按照现行国家建筑标准设计图集《混凝土结构施工图平面整体表示方法制图规则和构造详图》G101-3的相关规定采用"平面整体表示法"绘制，当基础复杂或基底标高变化较多时，应补充局部详图，必要时全部采用纵剖面和横剖面详图表示。对形状简单、规则的基础构件，也可以采用典型剖面加列表方式表示。

绘制基础详图的垂直剖面图时，除应表示基础的断面轮廓外，还应表示垫层、室内和室外地坪线，必要时绘制基坑边线。

（2）产品与节点控制指标

《BIAD设计文件编制深度规定》（第二版）结构专业篇的4.3.10条，详见本章5.1.1条摘录。以下内容主要是结合图集的相关要求、对深度规定的细化以及少量扩展和补充。

1）构件编号：采用平面整体表示法绘制基础构件详图时，构件编号宜符合标准图集的相关规定。当具体工程所采用的构件类型代号与标准图集不一致时，应补充说明所选用的标准构造详图或另行绘制。

2）基础构件：采用平面整体表示法绘制构件详图时，应按标准图集的制图规则进行标注；当与标准图集要求不一致时，应补充说明或另行绘制。

① 砌体承重墙下的条形基础，除应注明其详细尺寸（配筋扩展基础应表示配筋）和上部墙厚外，还应注明基础圈梁的定位、尺寸、配筋，以及室内外标高、防潮层的标高及做法。如室内地面有几种不同标高时，防潮层位置的变化与建筑图一致。

②配筋扩展基础的基础边长≥2.5m时，应在详图中示意并说明钢筋在该方向的长度可减少10%交错放置。柱下矩形独立基础底面长短边之比$2 \leqslant \omega \leqslant 3$时，短向基础钢筋的布置应满足规

范集中布筋的要求。

③ 钢筋混凝土条形基础应绘制交叉处的配筋做法，放坡时应绘制台阶处的配筋做法。选用标准图集中的做法时，应标注出图集号、页码及节点编号。

④ 独立基础、联合基础、条形基础、承台等基础详图中，宜示意上部柱、墙的预留插筋位置、规格，以及插筋在基础中的锚固长度、定位箍筋、伸出基础顶面的长度等。

3）局部部位详图：

① 电梯底坑应单独绘制详图，注明底板厚度、标高，表示底板、放坡处的钢筋构造做法。电梯底坑的编号或剖面号应与基础平面图相对应。

② 集水坑应单独绘制详图，注明顶板和周围墙体的厚度、顶板标高、顶板洞口的平面位置，表示顶板和墙体钢筋、洞边加筋、盖板支座的构造做法。集水坑底板需要降板时，还应表示底板的相关内容（参照电梯底坑）。集水坑的编号或剖面号应与基础平面图相对应。

③ 在电梯底坑、集水坑等斜坡位置下布桩时，应绘制桩顶做法示意图。

4）其他：当与相邻建筑基础相连或紧挨时，应在有关剖面中表示相邻建筑的基础。

5.1.3 设计文件构成

（1）文字部分

设计总说明中关于基础构件的部分，详见《BIAD 设计文件编制深度规定》（第二版）结构专业篇 4.2.8、4.2.9、4.2.10 各条中的相关条款；图纸中的补充说明。

（2）图样部分

图样包括：独立基础、联合基础、条形基础、柱墩、桩、承台详图，基础梁、拉梁配筋图，局部部位详图（如电梯底坑、集水坑）、节点详图等。基础梁、拉梁的配筋平面图标注文字较密时，可分纵向、横向绘制。

关于制图比例：基础梁、拉梁的配筋平面图绘图比例一般与基础平面图一致。独立基础、联合基础、条形基础、柱墩、桩、承台等基础构件详图以及局部部位详图，绘制垂直剖面和平面图的常用比例 1：30、1：20，可用比例 1：50、1：25，具体绘制比例视构件大小确定，以能清楚表示绘制内容为准。

5.1.4 示例概况

（1）独立基础详图

例 1-独立基础详图，1 张图。

本示例选自北京地区的某幼儿园建筑。该建筑地上 3 层、无地下室。结构形式采用钢筋混凝土框架结构。基础形式为独立基础 + 拉梁，无防水板。

原设计将基础平面图与基础详图共同绘制在 A1 图纸上，看图非常方便。考虑到本书的编排需要，将基础平面图和基础详图拆分到对应的两章中。

改善建议：原设计的嵌固部位为基础顶面，由于基础顶面与拉梁距离较近，宜表示出柱纵向钢筋在拉梁位置的构造做法。该部分内容可与基础剖面合并表示，或在柱详图中单独绘制。

关联示例：独立基础平面图 1-1-1，基础拉梁详图 5-6-1。

（2）独立基础拉梁详图

例 6-基础拉梁详图，1 张图。

本示例与例 1 选自同一项目。

示例为普通的基础拉梁配筋平面图，采用平面整体表示法绘制，注写采用平面注写方式。

关联示例：独立基础平面图 1-1-1，独立基础详图 5-1-1。

（3）刚性（即无筋扩展）条形基础详图

例 2-刚性条形基础详图，1 张图。

本示例选自北京地区的某住宅建筑。该建筑地上 6 层、无地下室，结构形式为砌体结构，墙体材料采用烧结多孔砖。根据工程地质勘查报告建议，采用 CFG 桩复合地基，基础为 C15 素混凝土条形基础。

关联示例：砌体墙下条形基础平面图 1-2-1。

（4）柔性（即配筋扩展）条形基础详图

例 3-柔性条形基础详图，1 张图。

本示例选自北京地区的某住宅建筑。该建筑地上 6 层，无地下室，结构形式为钢筋混凝土剪力墙结构。采用天然地基，基础为墙下钢筋混凝土条形基础（局部筏形基础），无防水板。

原设计将基础平面图与基础详图、基础过梁详图共同绘制在 A1 加长 1/2 图纸上，看图非常方便。考虑到本书的编排需要，将基础平面图和基础详图拆分到对应的两章中。

关联示例：剪力墙下条形基础平面图 1-3-1。

（5）桩详图

例4-灌注桩详图，1张图。

本示例选自天津地区的某超高层办公建筑。主楼结构采用现浇钢管混凝土框架-钢筋混凝土筒体混合结构，地下3层，地上50层；裙房采用钢筋混凝土框架-剪力墙结构，地下3层，地上7层。主楼和裙房地下部分连为一体，通过设置沉降后浇带的方式减少主楼和裙房之间由于沉降差异所引起的不利影响。主楼基础形式采用桩筏基础，筏板厚度3200mm（钢管混凝土柱下考虑埋入深度的要求，局部厚度4200mm），采用直径800mm钻孔灌注桩，桩侧及桩端采用后压浆技术进行处理；裙房基础形式主要为桩基+承台+拉梁+防水板，防水板厚度600mm，桩承台厚度1400mm，采用直径650mm钻孔灌注桩。

桩的类型较多，包括承压桩、抗拔桩等，在桩位平面图中通过图例和字符区分不同种类和直径的桩。受篇幅限制，仅挑选主楼承压桩、裙房承压桩和抗拔桩作为示例，供设计人员参考。

关联示例：桩位平面图1-7-1，承台详图5-5-1。

（6）桩基础承台详图

例5-承台详图，1张图。

本示例与例4选自同一项目，承台与拉梁、防水板上皮齐平。原设计柱下承台有三桩、四桩、五桩、六桩、七桩、八桩等多种类型，受篇幅限制，仅挑选三桩、四桩承台以及墙下条形承台作为示例，供设计人员参考。

关联示例：桩位平面图1-7-1，基础模板图1-7-3，灌注桩详图5-4-1，承台拉梁详图5-7-1。

（7）桩基础承台拉梁详图

例7-承台拉梁详图，1张图。

本示例与例4、例5选自同一项目。承台拉梁详图采用平面整体表示法绘制，注写采用平面注写方式。

本示例与例6中的独立基础拉梁有所不同：由于设置了防水板，拉梁需要考虑防水板传来的向上和向下两种荷载工况；此外，还需要考虑拉梁与承台的连接做法。因此，在承台拉梁详图中需补充注明或文字说明拉梁纵向钢筋的连接要求、在承台内的锚固要求以及箍筋加密区布置区域；该部分内容在结构设计总说明中统一说明时，详图中应将相关要求索引至总说明。

示例同时还提供了剪力墙洞口下部的基础过梁做法。

改善建议：示例基础拉梁代号（DL）与图集中基础联系梁代号（JLL）不一致，应补充说明DL的构造做法与基础联系梁的构造做法一致。

关联示例：基础模板图1-7-3。

（8）筏形基础梁详图

例8-筏形基础梁详图，共2张图，包含基础梁配筋平面图和局部放大图。

本示例选自北京地区的某办公建筑。该建筑地下3层（局部2层），其中地下三层大部分为六级人防；主楼地上21层、裙房地上3层。结构形式为钢筋混凝土框架-剪力墙结构。采用天然地基，基础形式为标准的梁板式筏形基础。主楼、裙房以及纯地下部分在地面以下连为一体，主楼及外扩一跨筏板厚700mm，其他板厚为500mm。基础未设置沉降后浇带，局部与坡道连通处用沉降缝分开。

示例为普通的基础梁详图，采用平面整体表示法绘制，注写采用平面注写方式。

改善建议：示例基础梁存在变截面、变标高的情况，选用标准图集中的做法时，应补充说明图集号、页码及节点编号。

关联示例：梁板式筏形基础平面图1-5-1。

（9）基础过梁详图

例9-基础过梁详图，1张图。

本示例选自河北地区的某住宅建筑，属于最为常见的住宅类型。该建筑地下1层、地上22层，结构形式为钢筋混凝土剪力墙结构。根据工程地质勘察报告建议，采用CFG桩复合地基，基础形式为钢筋混凝土筏形基础。

结合建筑面层做法和门窗洞口的要求，基础过梁大多数为板内暗梁；由于暗梁截面尺寸较多，采用绘制典型大样加列表的形式表示。

关联示例：剪力墙下筏形基础平面图1-4-1。

（10）基础柱帽详图

例10-基础柱帽详图，1张图。

本示例选自北京地区的某住宅建筑的地下车库部分。该建筑为纯地下建筑，共2层，其中地下二层为六级人防，结构形式为钢筋混凝土框架-剪力墙结构。采用天然地基，基础形式为平板式筏形基础，柱下设置柱帽。考虑建筑净高要求，柱帽下返，顶面与筏板顶面齐平。

关联示例：平板式筏形基础平面图1-6-1、

1-6-2。

（11）基础剖面图

例 11-基础剖面图，共 2 张图，分别选自两个示例。

基础剖面图一对应剪力墙下筏形基础平面图 1-4-1 的剖切位置，示例挑选代表性的外墙、窗井墙、电梯底坑、集水坑等位置的基础剖面做法，供设计人员参考。此外，示例还提供了结构缝处的基础防水构造做法详图、集水坑盖板的做法详图。

基础剖面图二对应桩基础平面图中的基础模板图 1-7-3 的剖切位置，示例挑选电梯底坑、集水坑等基础变标高处的承台、防水板的详细做法，供设计人员参考。

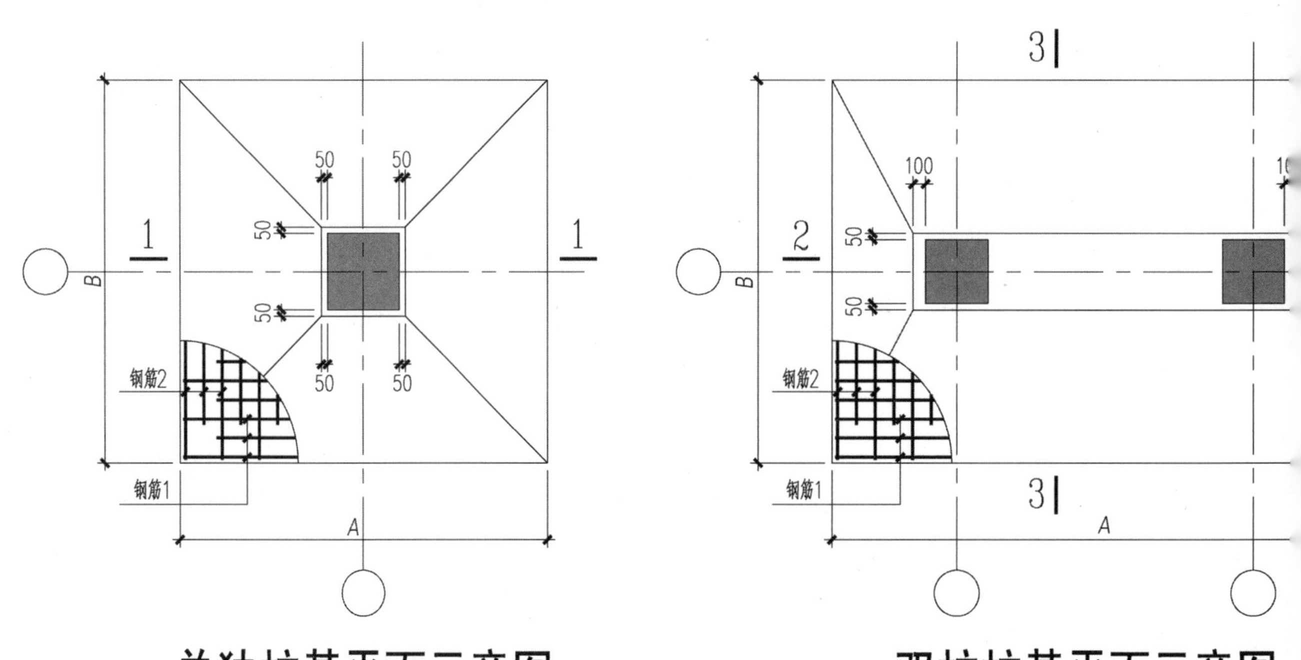

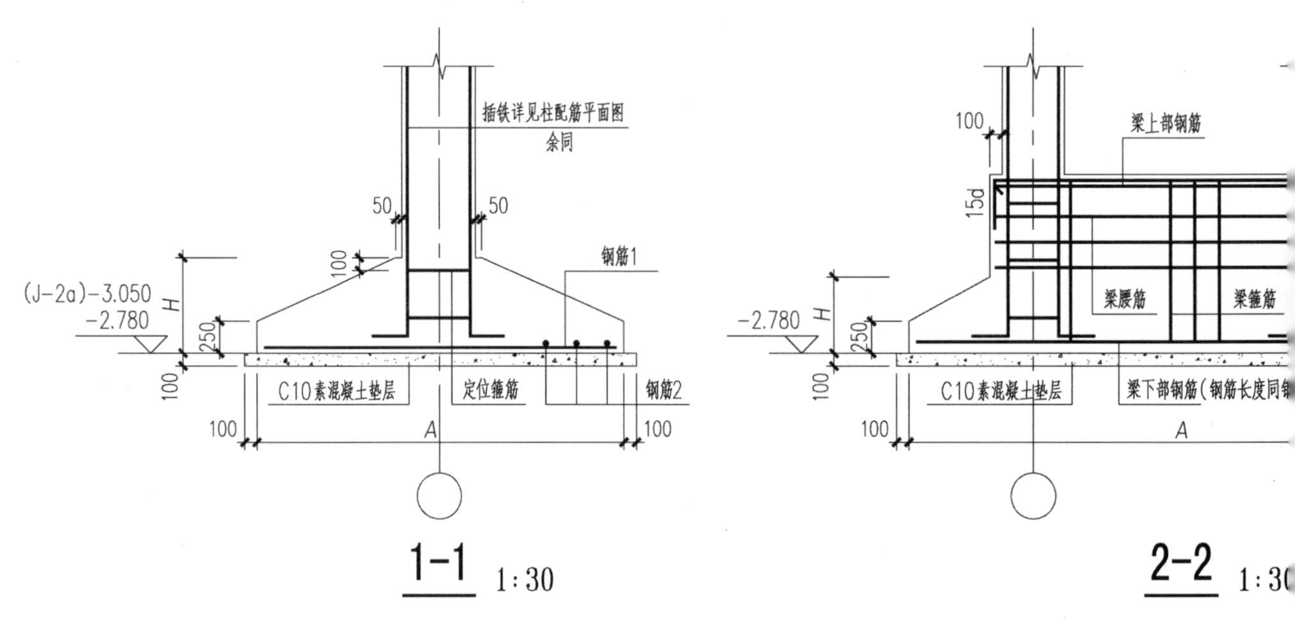

示例说明 1. 此图是示例1-1-1的基础详图，采用典型大样+列表的形式绘制。

2. 典型大样绘制比例1：30，表示基础平面、剖面及配筋参数、尺寸参数，基底标高，基础垫层，细部尺寸，示意柱纵向钢筋的锚固做法。双柱联合基础应绘制基础梁截面、配筋。

3. 表格中表示各基础的宽度、高度、两方向钢筋以及基础梁截面、配筋。

柱基配筋表										
柱基编号	柱基形式	基础宽度A (mm)	基础宽度B (mm)	基础板总高度H (mm)	钢筋1	钢筋2	基础梁截面b×h (mm)	梁上部钢筋	梁下部钢筋	梁箍筋
J-1	单独柱基	4800	4800	750	Φ18@150	Φ18@150				
J-2、J-2a	单独柱基	4300	4300	650	Φ16@150	Φ16@150				
J-3	单独柱基	3200	3200	500	Φ14@150	Φ14@150				
J-4	双柱柱基	5200	3200	600	Φ16@150	Φ16@150	600×1000	7Φ25	5Φ20	Φ12@200
J-5	单独柱基	2500	2500	450	Φ12@150	Φ12@150				
J-6	单独柱基	2900	2900	450	Φ14@150	Φ14@150				
J-7	双柱柱基	5400	3000	550	Φ16@150	Φ16@150	600×1000	7Φ25	5Φ20	Φ12@200
J-8	单独柱基	3400	3200	500	Φ16@150	Φ16@150				
J-9	双柱柱基	7500	3000	550	Φ16@150	Φ14@150	600×1600	12Φ25 8/4	5Φ22	Φ12@150
J-10	单独柱基	3700	3700	600	Φ16@150	Φ16@150				
J-11	双柱柱基	6300	4000	650	Φ18@150	Φ14@150	600×1200	8Φ25	5Φ22	Φ12@200
J-12	单独柱基	3000	3000	500	Φ14@150	Φ14@150				
J-13	双柱柱基	5800	3400	650	Φ16@150	Φ16@150	600×1000	7Φ25	5Φ20	Φ12@200
J-14	双柱柱基	5000	2800	550	Φ14@150	Φ14@150	600×1000	7Φ25	5Φ20	Φ12@200
J-15	单独柱基	3400	3400	500	Φ16@150	Φ16@150				

备注：除双柱基础长向钢筋外，基础边长≥2500mm时钢筋长度取0.9倍基础边长并交错放置。

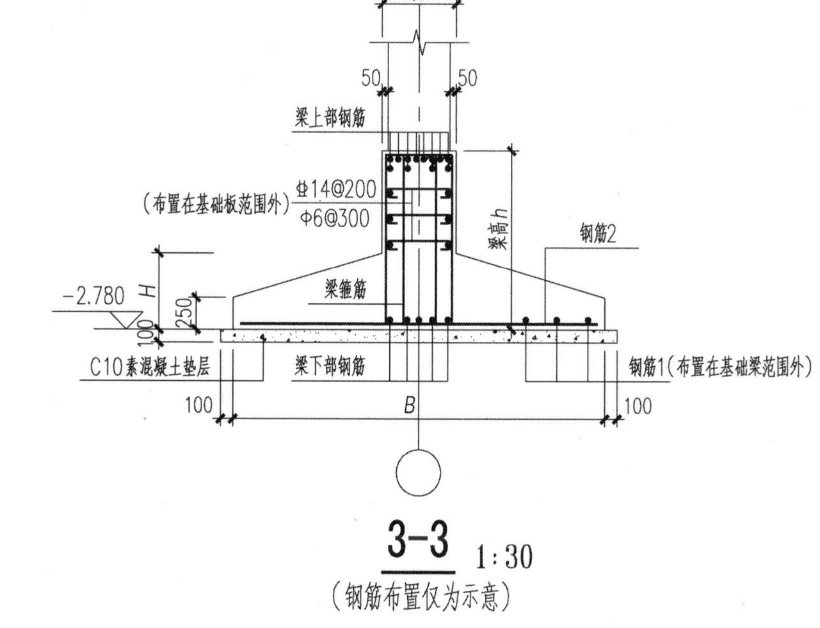

3-3 1:30

(钢筋布置仅为示意)

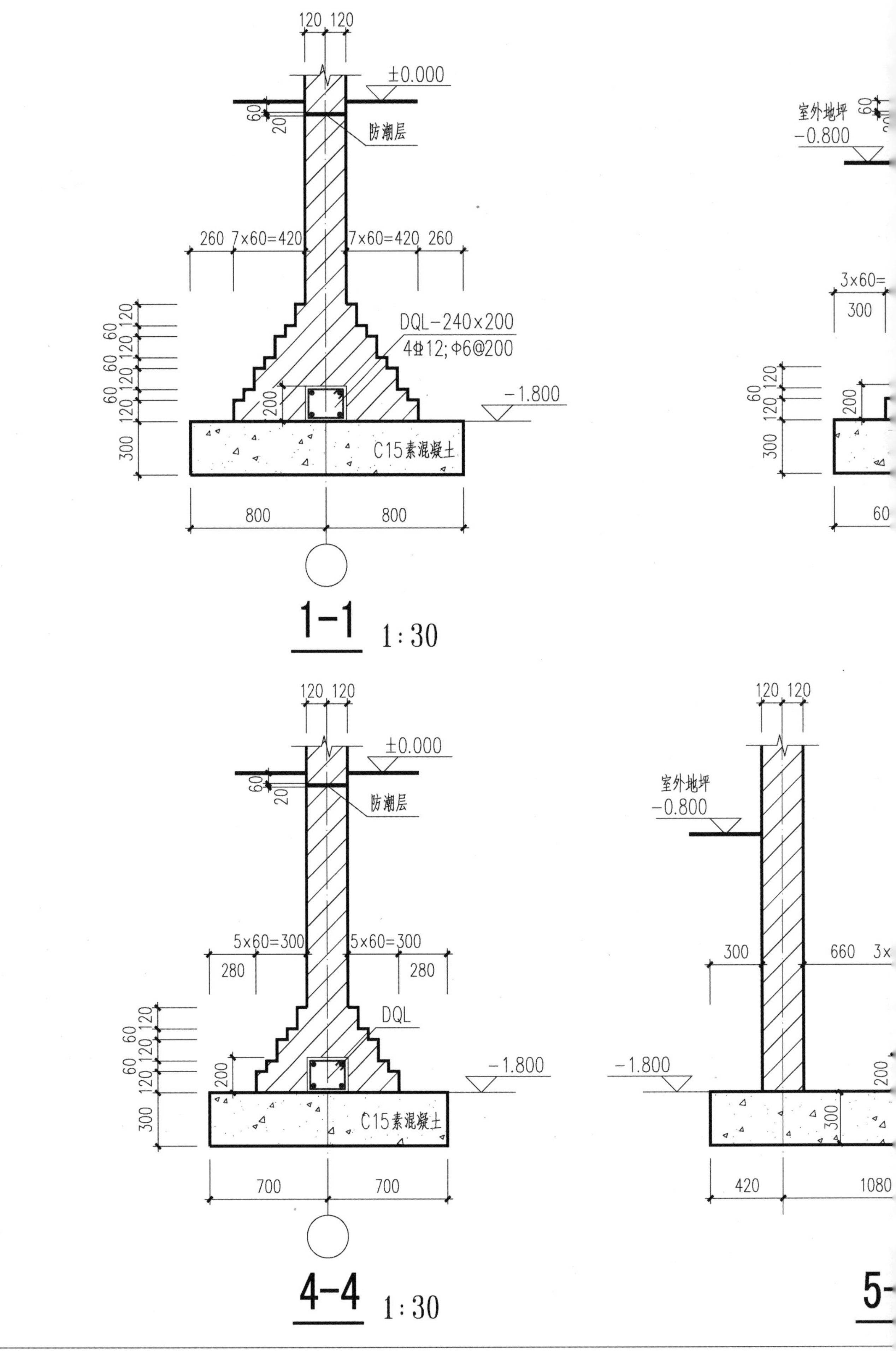

示例说明 1. 此图是示例1-2-1部分典型的基础详图，按垂直剖面绘制，绘制比例1：30。

2. 剖面表示承重墙和基础的位置关系，基础的总尺寸、分尺寸、放脚细部尺寸，墙厚，基底标高、室内外地坪标高，基础圈梁尺寸、配筋、标高，基础材料要求。

3. 墙体需要设置防潮层时，应注明防潮层位置和材料。

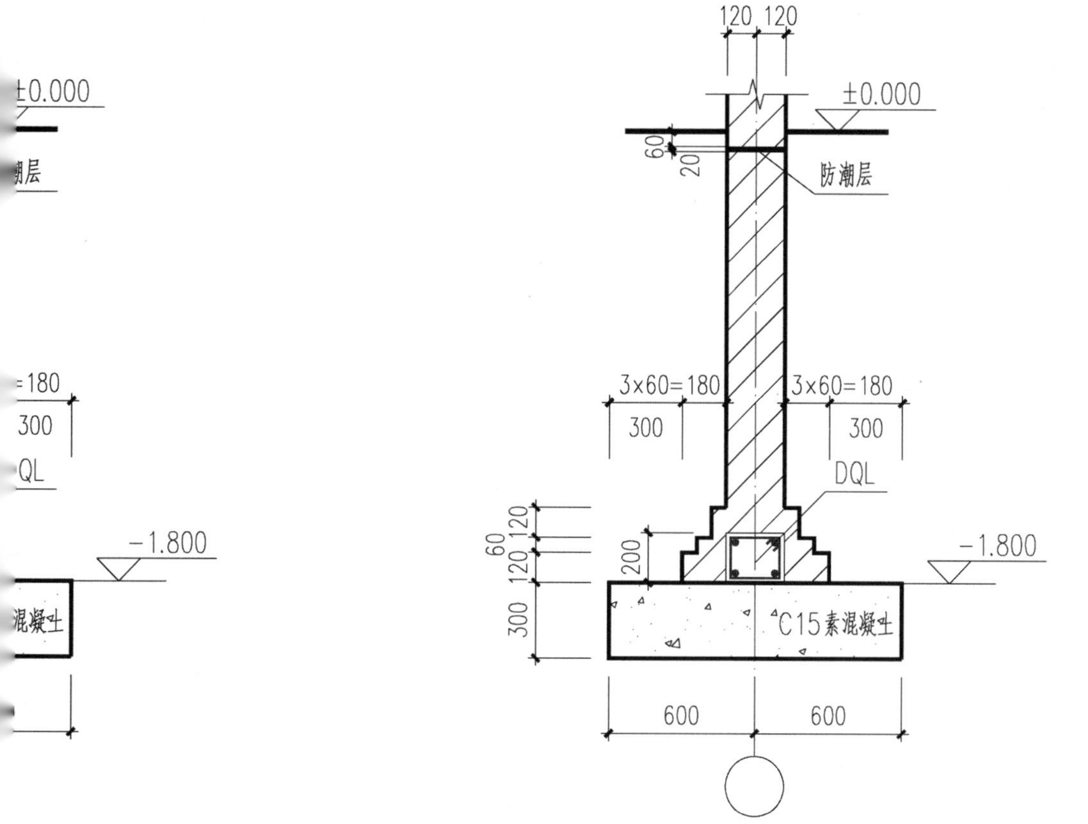

±0.000
防潮层
3x60=180
300
DQL
−1.800
C15素混凝土
600
1:30

±0.000
20 60
防潮层
3x60=180
300
DQL
120 120 60
C15素混凝土
300
600

120 120
±0.000
60 20
防潮层
3x60=180 3x60=180
300 300
DQL
120 60 120 200 300
−1.800
C15素混凝土
600 600

3-3 1:30

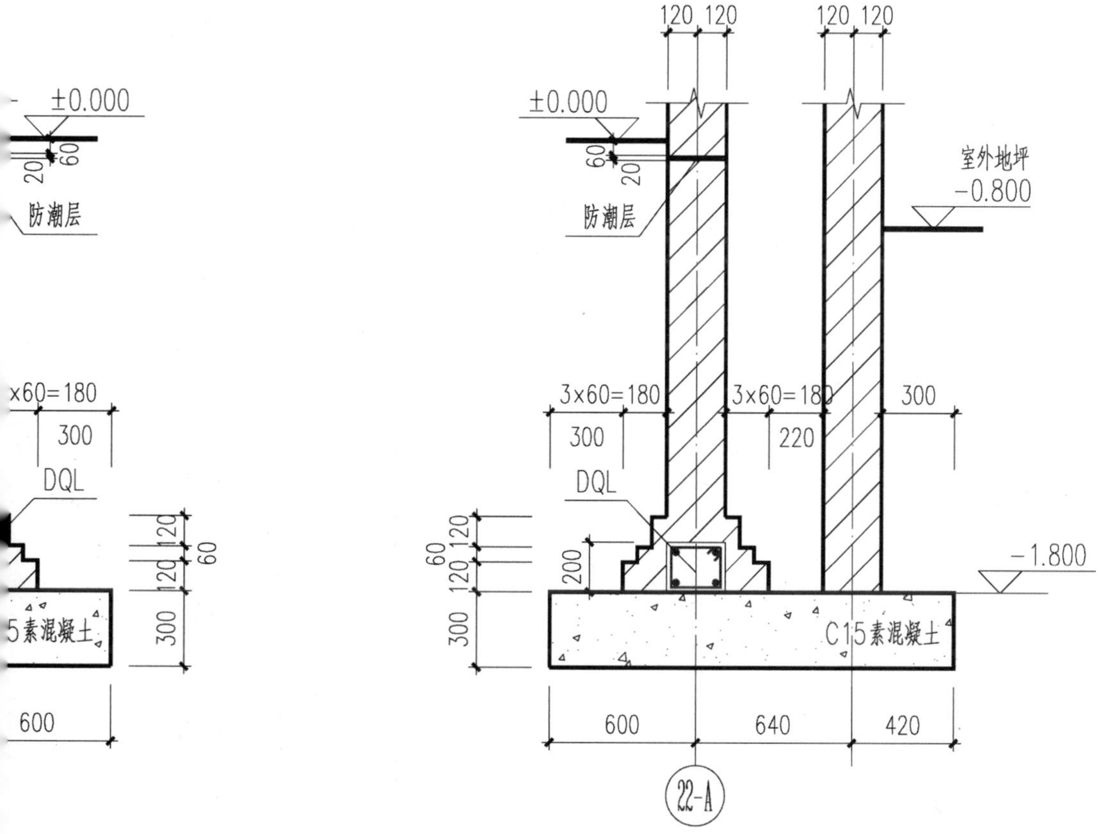

120 120 120 120
±0.000
60 20
防潮层
室外地坪
−0.800
3x60=180 3x60=180
300 220 300
DQL
120 60 120 200 300
−1.800
C15素混凝土
600 640 420
22-A

6-6 1:30

分类			
基础详图. 条形基础			
图名			
例2-刚性条形基础详图			
图号 5-2-1	比例	页码 5-2	BIAD 结构设计深度图示 北京市建筑设计研究院有限公司 BEIJING INSTITUTE OF ARCHITECTURAL DESIGN

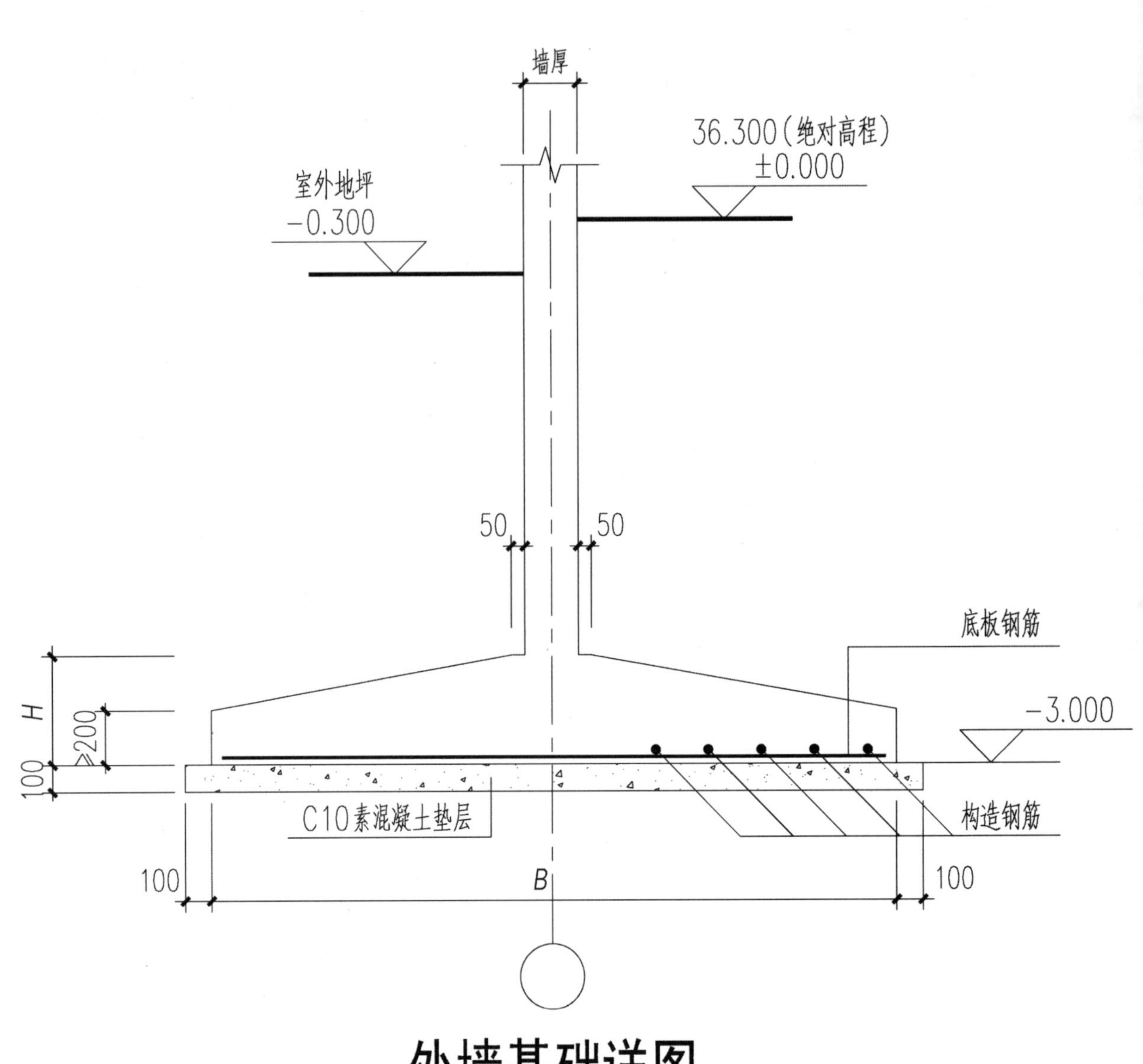

外墙基础详图 1:30

外墙基础剖面表				
剖面号	基础宽度 B(mm)	基础高度 H(mm)	底板钢筋	构造钢筋
1-1	1000	300	Φ12@200	Φ10@200
2-2	1200	300	Φ12@200	Φ10@200
3-3	1500	350	Φ12@150	Φ10@200
4-4	1600	350	Φ12@150	Φ10@200
5-5	1800	400	Φ14@150	Φ10@150
6-6	1400	350	Φ12@150	Φ10@200

剖面号	基础宽度 B(mm)
7-7	1400
8-8	1500
9-9	1200
10-10	1600
11-11	1000
12-12	1300

示例说明 1. 此图是示例1-3-1的基础详图，采用典型大样+列表的形式绘制。

2. 典型大样绘制比例1：30，表示外墙、内墙基础剖面及配筋参数、尺寸参数，基底标高，基础垫层，细部尺寸。

3. 表格中表示各基础的宽度、高度、底板钢筋和构造钢筋。

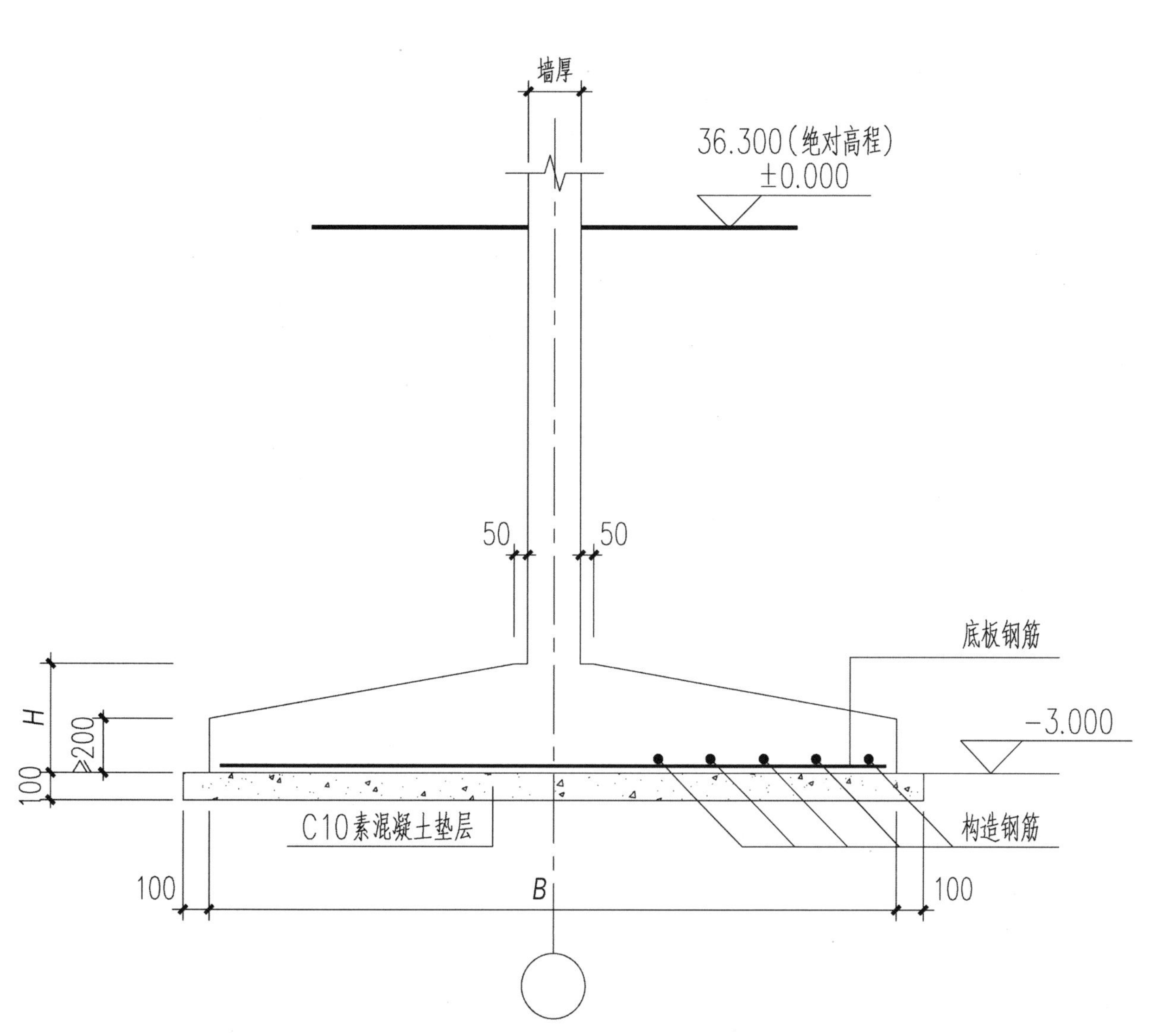

内墙基础详图 1:30

内墙基础剖面表

度	底板钢筋	构造钢筋	剖面号	基础宽度 B(mm)	基础高度 H(mm)	底板钢筋	构造钢筋
	⌀12@150	⌀10@200	**13-13**	1800	400	⌀14@150	⌀10@200
	⌀12@150	⌀10@200	**14-14**	1900	400	⌀14@150	⌀10@200
	⌀12@200	⌀10@200	**15-15**	1700	350	⌀12@150	⌀10@200
	⌀12@150	⌀10@200	**16-16**	2200	450	⌀14@150	⌀10@200
	⌀12@150	⌀10@150	**17-17**	2200	400	⌀14@150	⌀10@150
	⌀12@150	⌀10@200					

分类			BIAD 结构设计 深度图示
基础详图. 条形基础			
图名			
例3-柔性条形基础详图			
图号	比例	页码	北京市建筑设计研究院有限公司
5-3-1		5-3	BEIJING INSTITUTE OF ARCHITECTURAL DESIGN

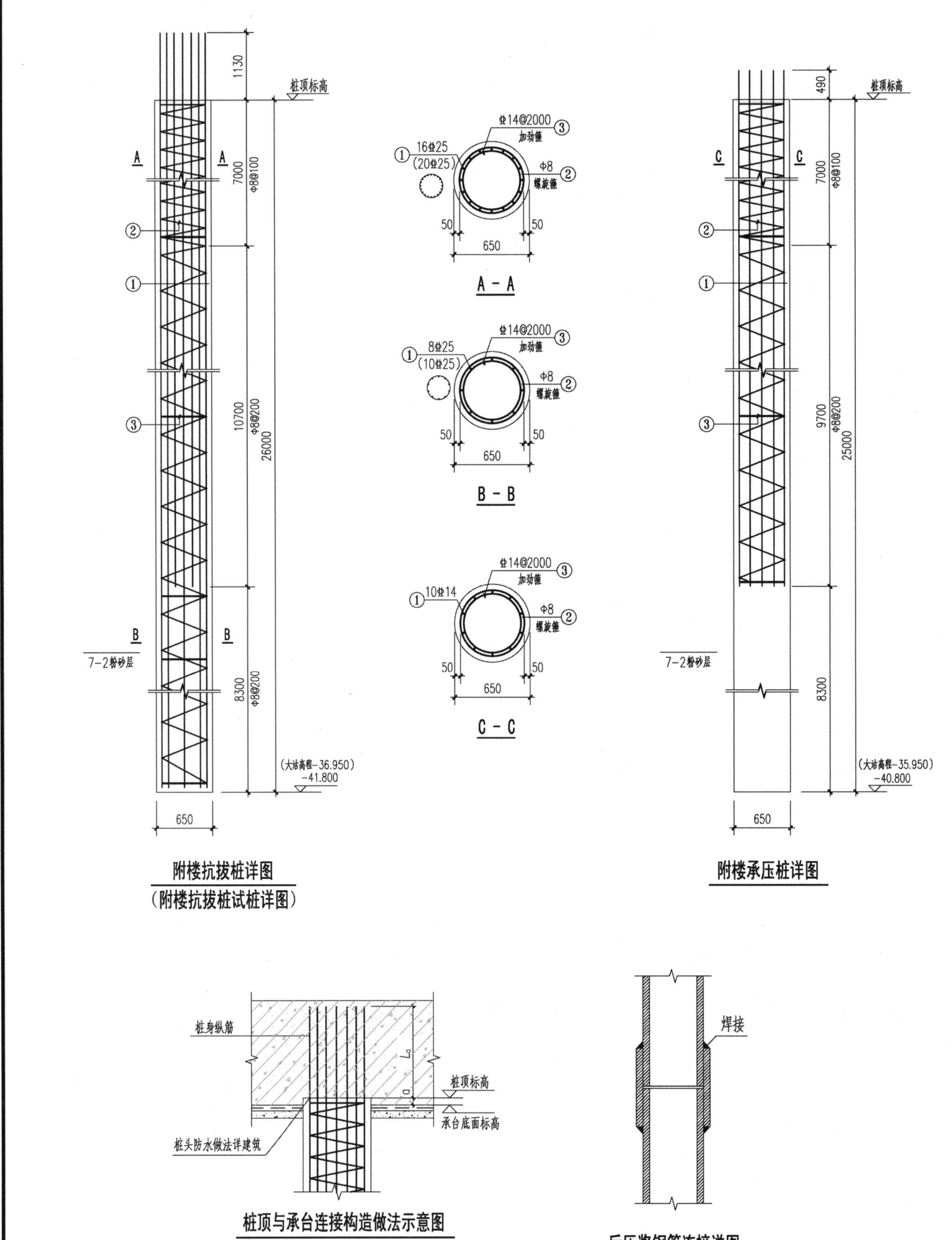

示例说明 1. 此图是示例1-7-3部分典型的灌注桩详图，按横剖面、纵剖面绘制，绘制比例横向1：30、纵向1：50。

2. 纵剖面表示桩长，配筋范围，螺旋箍筋间距和加密区范围，加劲箍设置，桩顶钢筋长度，桩顶标高和持力层标高；横剖面表示桩断面形状，钢筋布置和具体数值。

3. 试桩应表示出桩顶构造做法。

4. 采用后压浆时应注明压浆

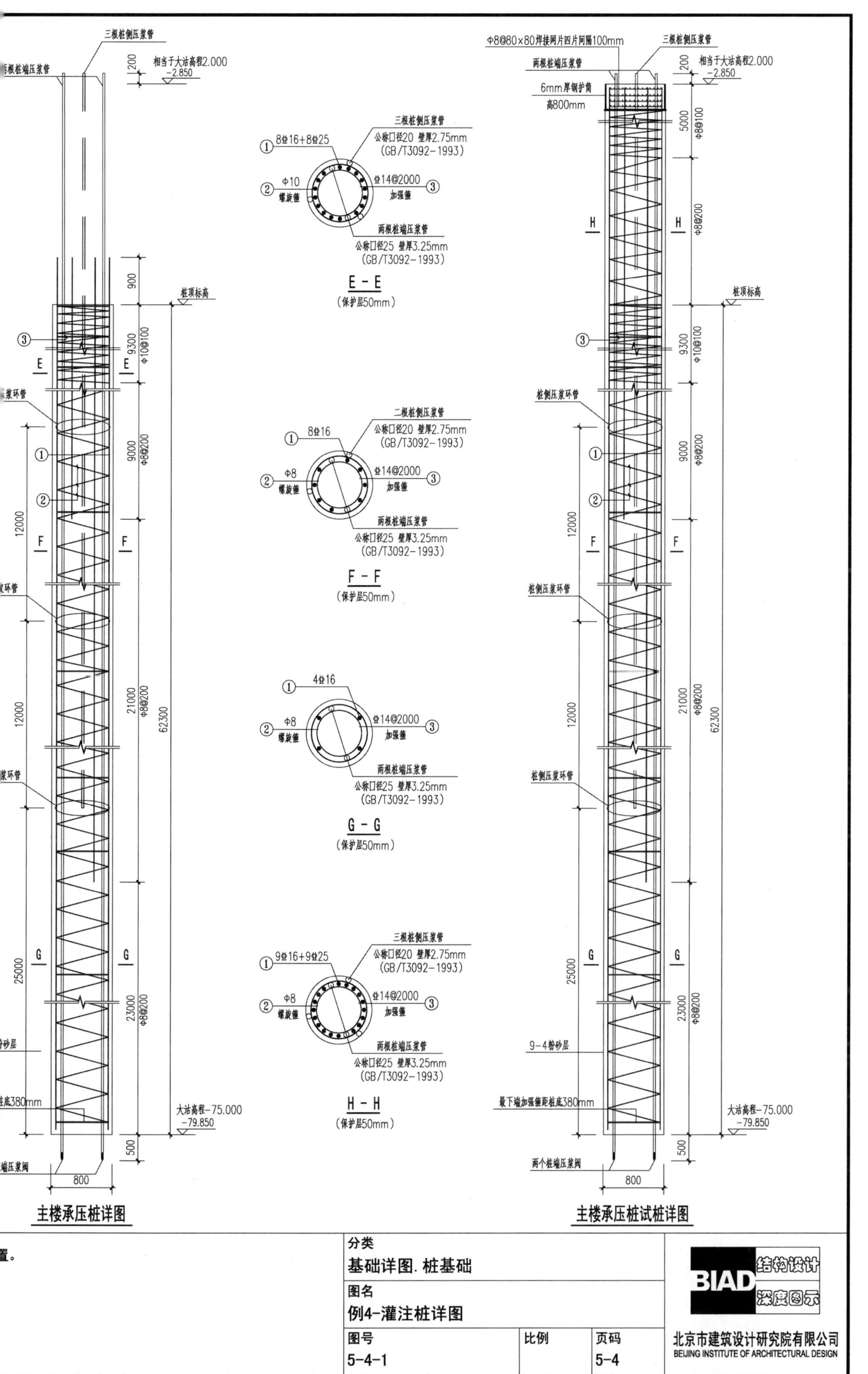

置。

分类 基础详图. 桩基础			BIAD 结构设计 深度图示
图名 例4-灌注桩详图			
图号 5-4-1	比例	页码 5-4	北京市建筑设计研究院有限公司 BEIJING INSTITUTE OF ARCHITECTURAL DESIGN

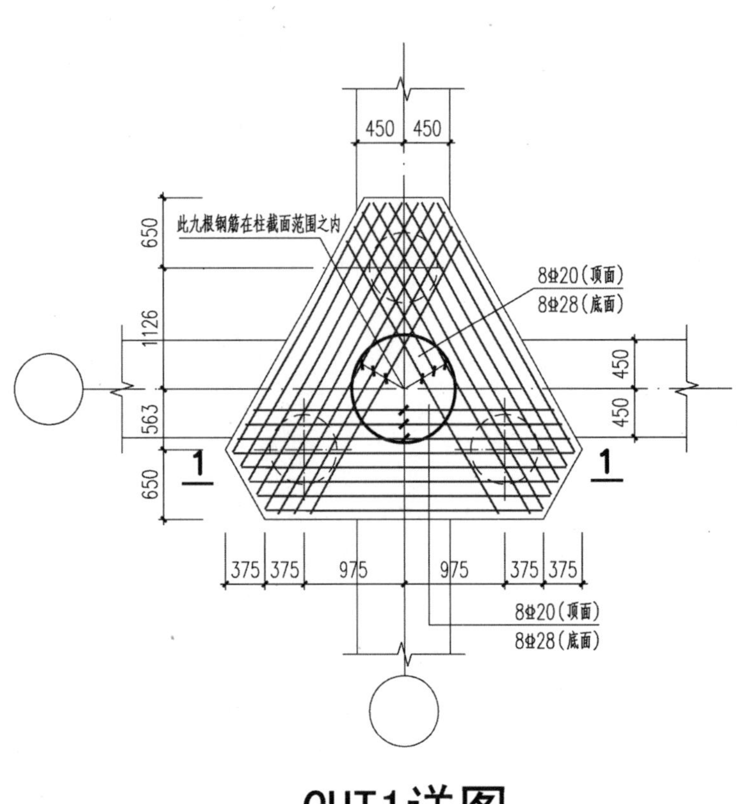

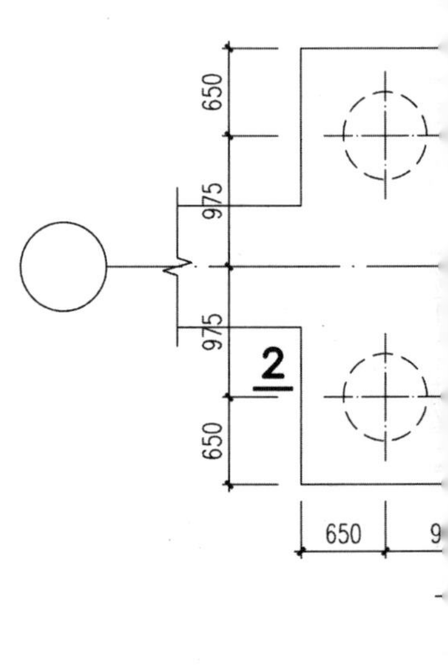

CHT1详图 1:50

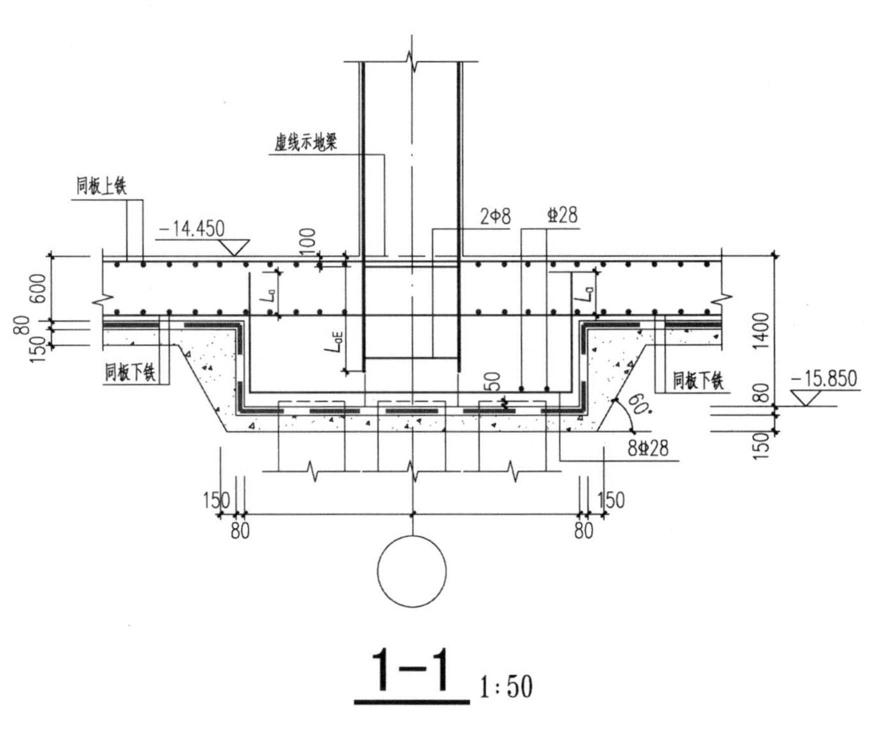

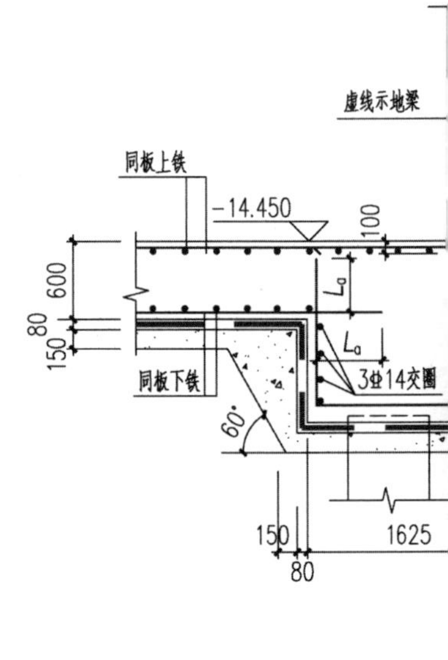

1-1 1:50

示例说明 1. 此图是示例1-7-3部分典型的柱下承台和条形承台详图，绘制比例均为1：50。

2. 柱下承台详图包括承台平面和垂直剖面，表示承台尺寸、配筋、标高，防水层和垫层厚度，承台、拉梁、防水板的位置关系，承台钢筋与防水板钢筋的搭接、锚固做法，上部柱、墙的插筋。

3. 三桩承台应标明里面的钢筋围成的三角形在柱截面范围内的钢筋根数。

4. 条形承台详图仅需绘制

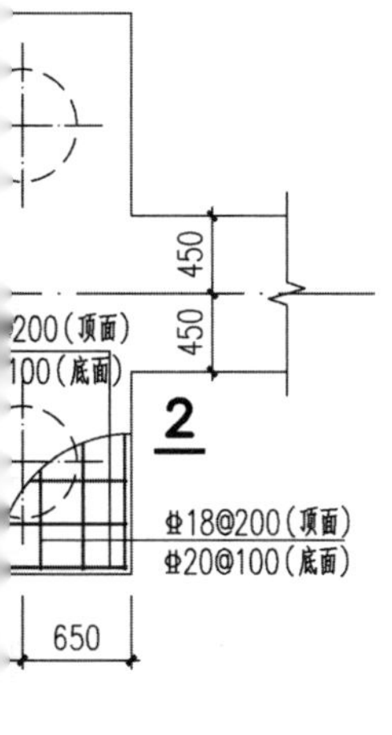

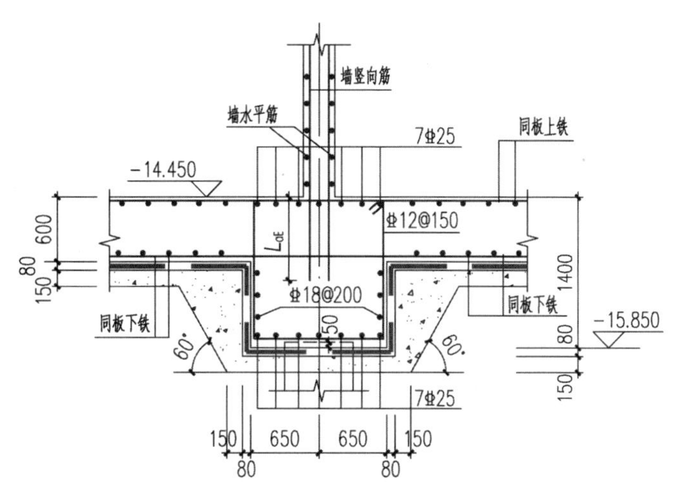

CHT8详图 1:50

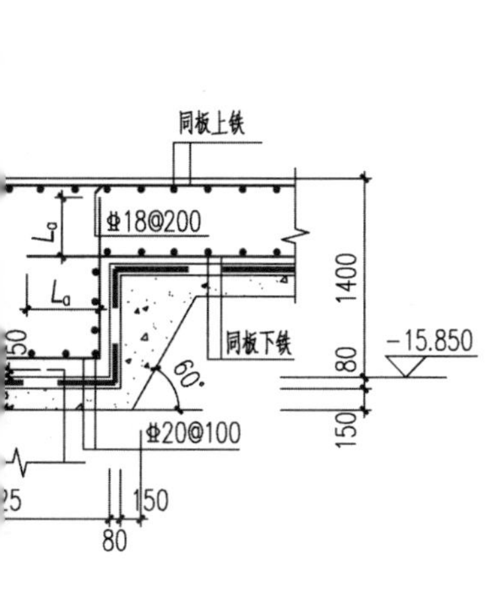

50

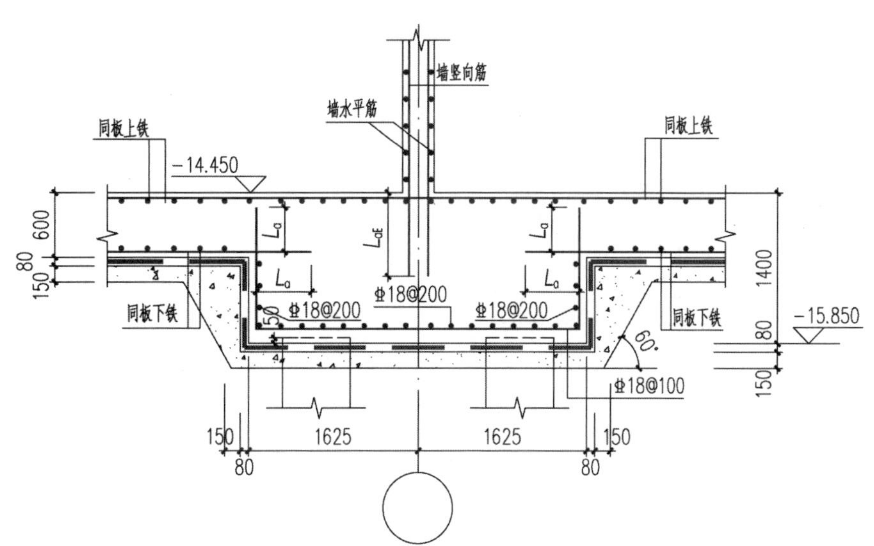

CHT9详图 1:50

示内容与柱下承台垂直剖面一致。

分类 基础详图. 桩基础		
图名 例5-承台详图		
图号 5-5-1	比例	页码 5-5

北京市建筑设计研究院有限公司
BEIJING INSTITUTE OF ARCHITECTURAL DESIGN

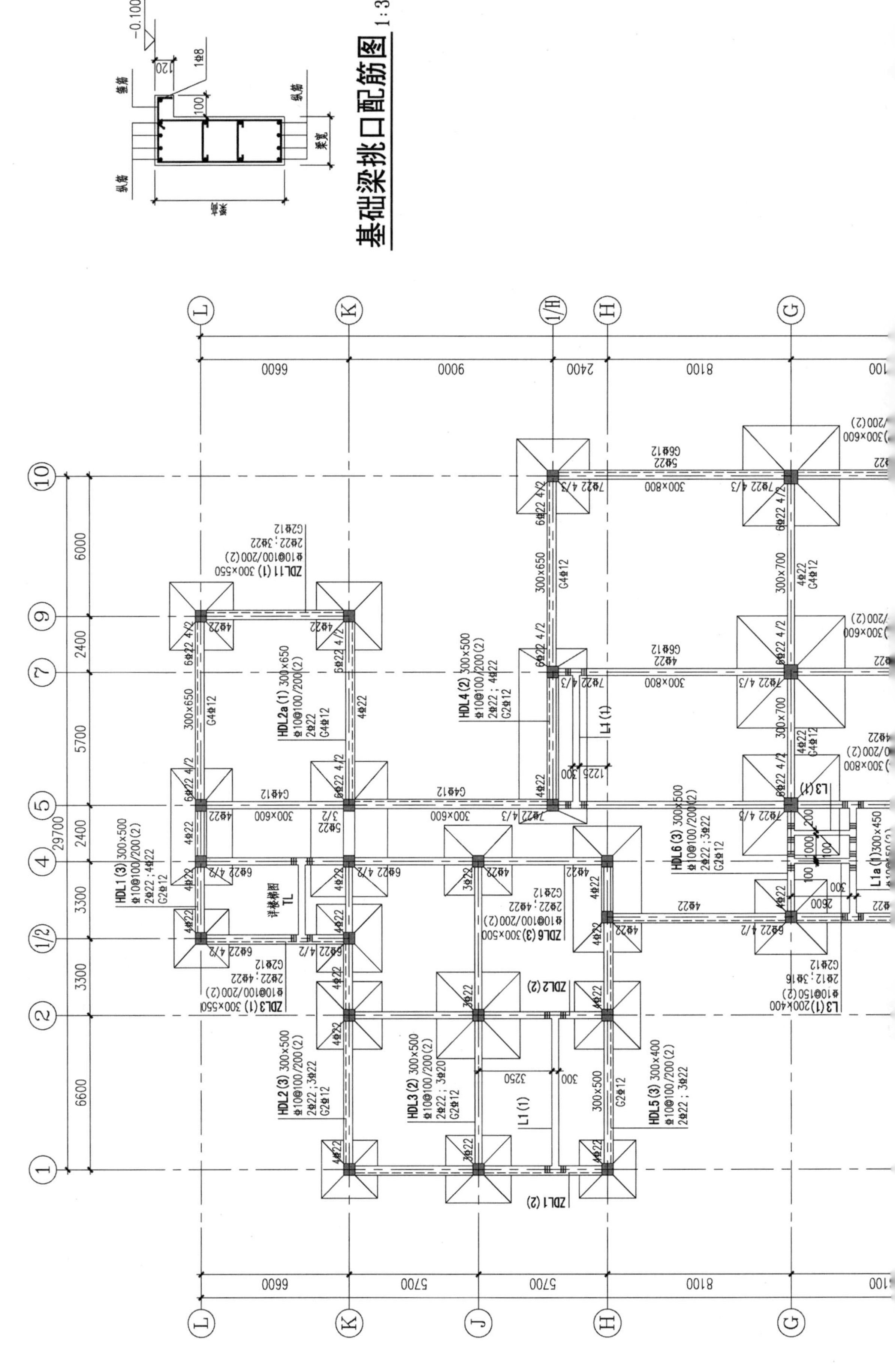

示例说明 1. 基础拉梁详图采用平面整体表示法绘制，绘制比例同结构平面图；注写采用平面注写方式，按照图集要求进行集中标注和原位标注。由于设计表达需要，在拉梁代号前增加了表示纵、横方向的字母；多数附加箍筋相同，在图纸说明中统一注明，少数不同的附加箍筋进行原位标注。

2. 为避免遗漏，图中示意出与楼梯相关构件的平面位置，具体做法索引至楼梯详图。

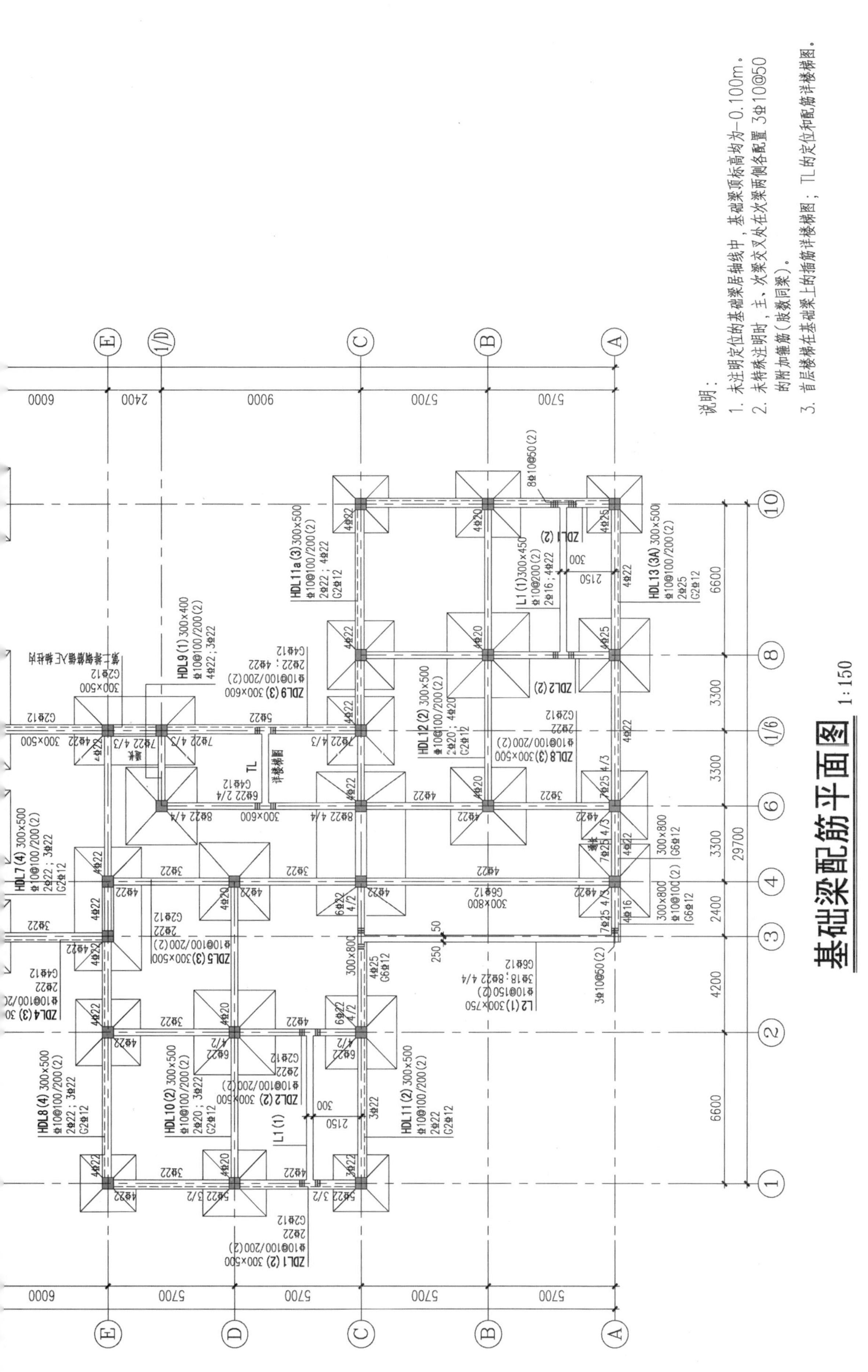

基础梁配筋平面图 1:150

说明：

1. 未注明定位的基础梁居轴线中，基础梁顶标高均为−0.100m。
2. 未特殊注明时，主、次梁交叉处在次梁两侧各配置 3⌀10@50 的附加箍筋（肢数同梁）。
3. 首层楼梯在基础梁上的插筋详楼梯图；TL 的定位和配筋详楼梯图。

分类		
基础详图. 独立基础		
图名		
例6-基础拉梁详图		
图号	比例	页码
5-6-1		5-6

BIAD 结构设计 深度图示

北京市建筑设计研究院有限公司
BEIJING INSTITUTE OF ARCHITECTURAL DESIGN

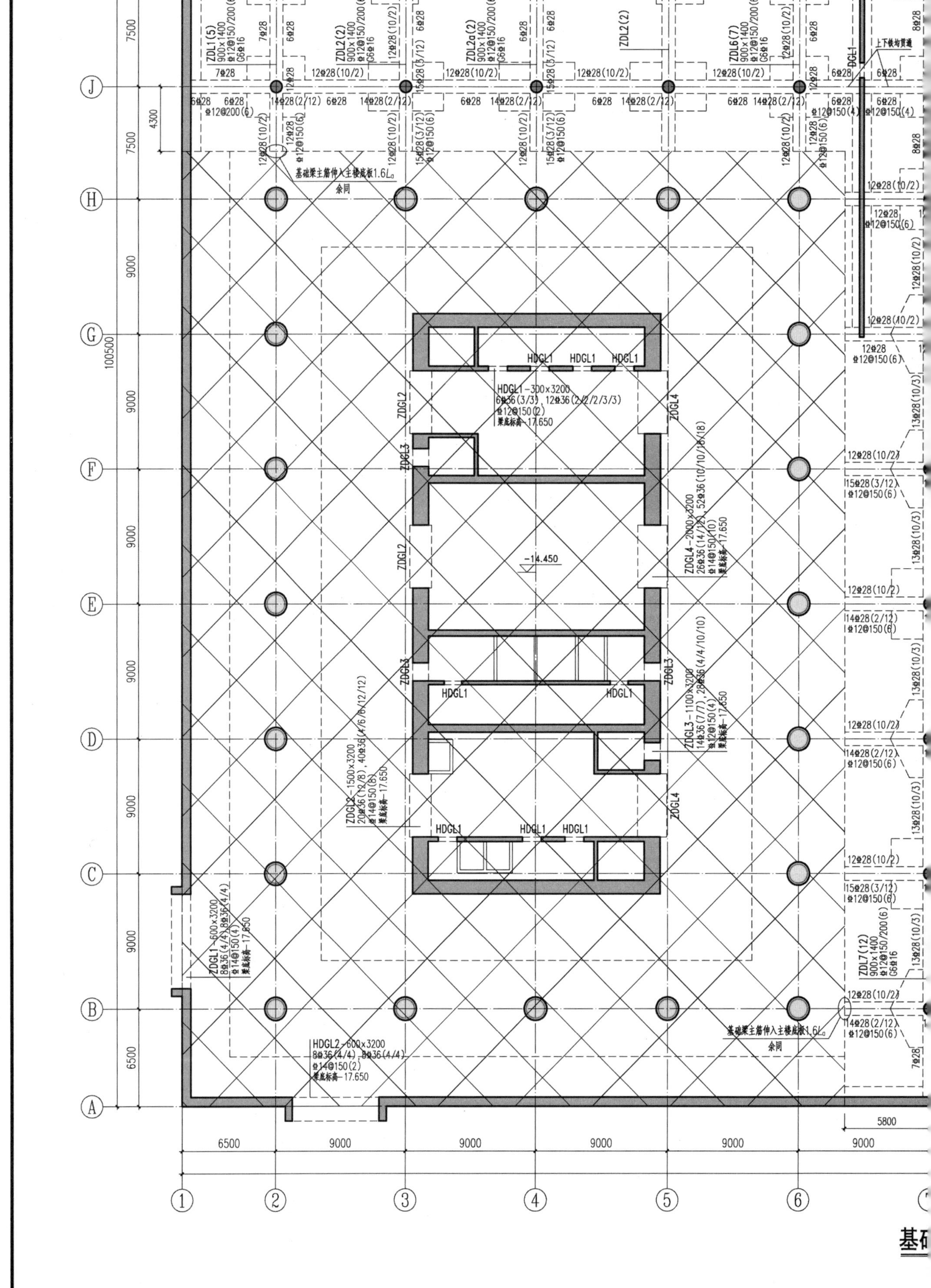

基础

示例说明 1. 此图是“基础梁配筋平面图”的局部图纸，包含基础梁配筋详图、基础过梁配筋详图和相关说明，绘制比例与基础模板图一致。

2. 基础梁配筋采用平面整体表示法绘制，注写采用平面注写方式，按照图集要求进行集中标注和原位标注。由于设计表达需要，在梁代号前增加了表示纵、横方向的字母。

3. 基础过梁参照平面整体表示法中剪力墙梁的绘制方法，注写采用截面注写方式，按照图集要求标注，辅以文字说明

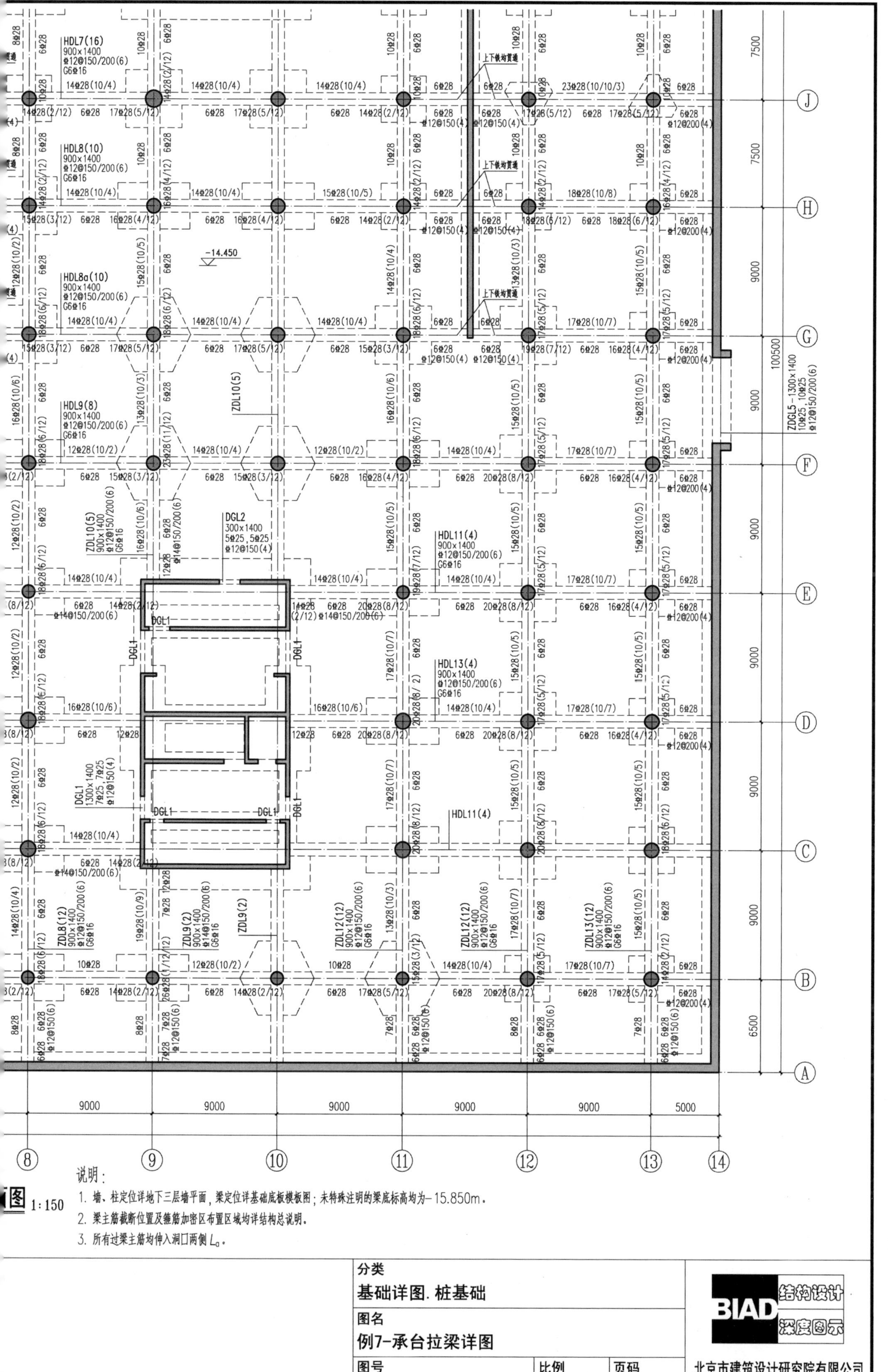

说明：

1. 墙、柱定位详地下三层墙平面，梁定位详基础底板模板图；未特殊注明的梁底标高均为−15.850m。
2. 梁主筋截断位置及箍筋加密区布置区域均详结构总说明。
3. 所有过梁主筋均伸入洞口两侧 L_a。

分类		
基础详图．桩基础		
图名		
例7–承台拉梁详图		
图号	比例	页码
5-7-1		5-7

BIAD 结构设计深度图示

北京市建筑设计研究院有限公司
BEIJING INSTITUTE OF ARCHITECTURAL DESIGN

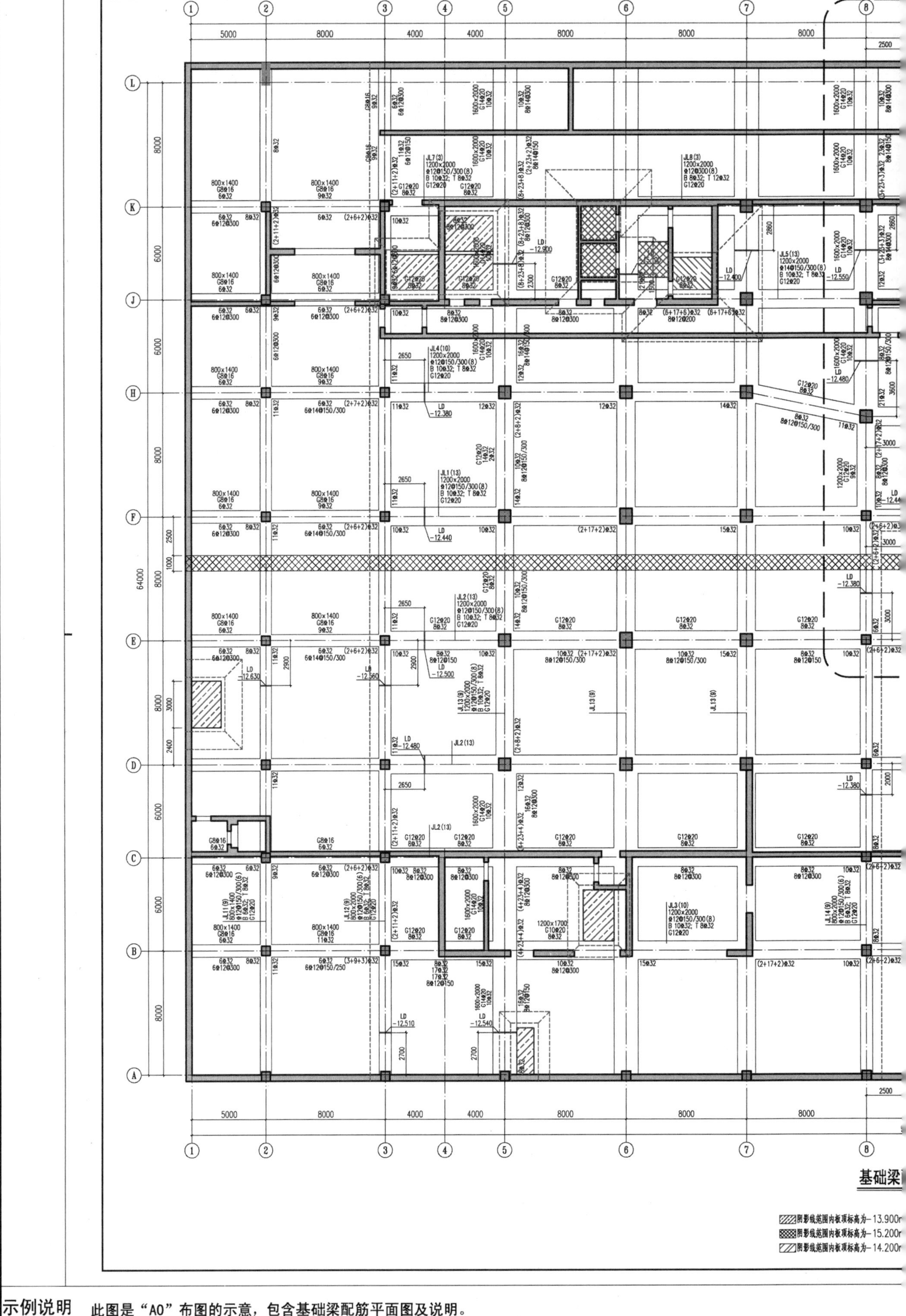

示例说明　此图是“A0”布图的示意，包含基础梁配筋平面图及说明。

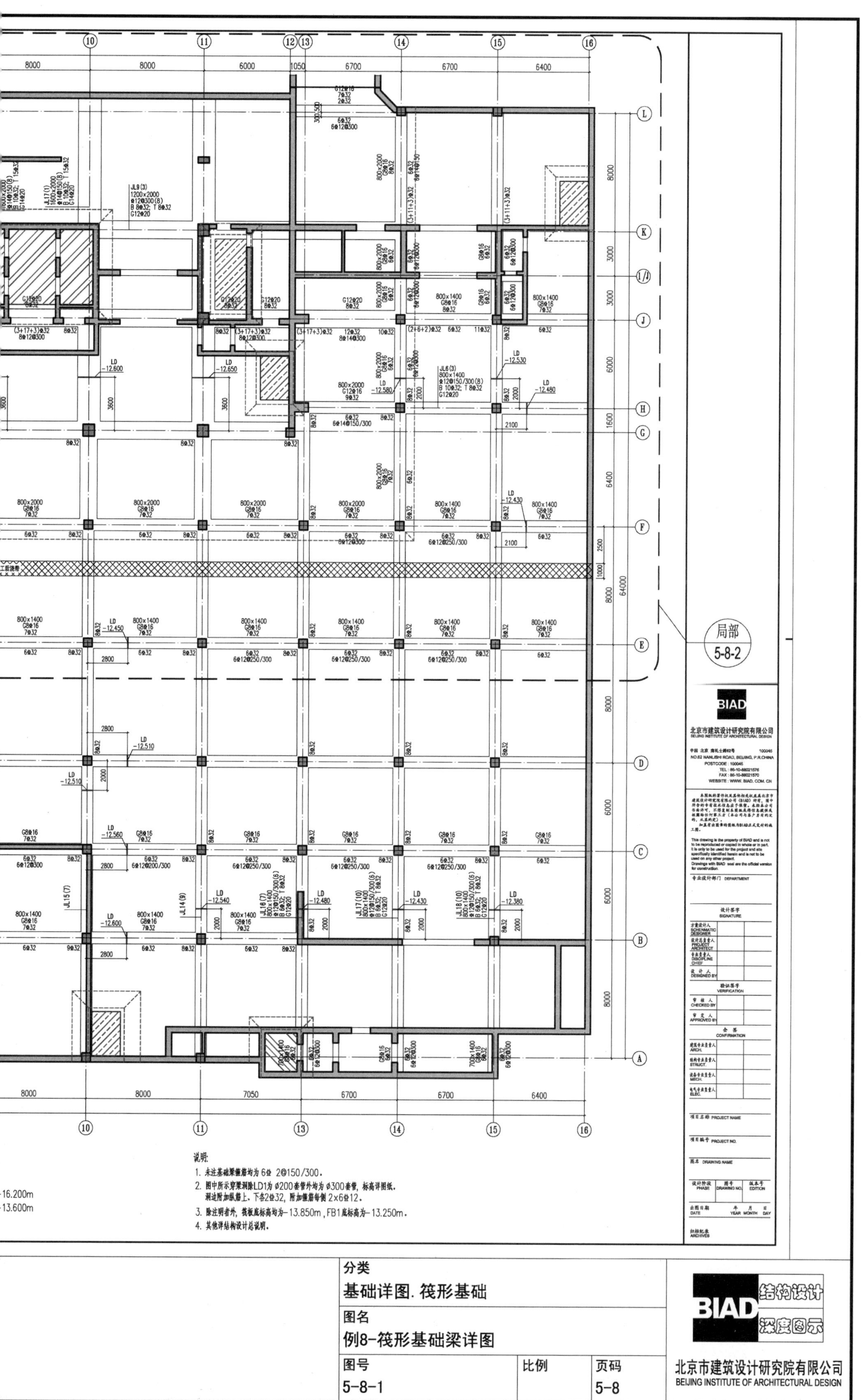

局部
5-8-2
说明:
1. 未注基础梁箍筋均为 6⌀ 2@150/300。
2. 图中所示穿梁洞除LD1为 ⌀200套管外均为 ⌀300套管，标高详图纸。
洞边附加纵筋上、下各2⌀32，附加箍筋每侧 2x6⌀12。
3. 除注明者外，筏板底标高均为-13.850m，FB1底标高为-13.250m。
4. 其他详结构设计总说明。
-16.200m
-13.600m
分类
基础详图. 筏形基础
图名
例8-筏形基础梁详图
图号
5-8-1
比例
页码
5-8
BIAD 结构设计 深度图示
北京市建筑设计研究院有限公司
BEIJING INSTITUTE OF ARCHITECTURAL DESIGN

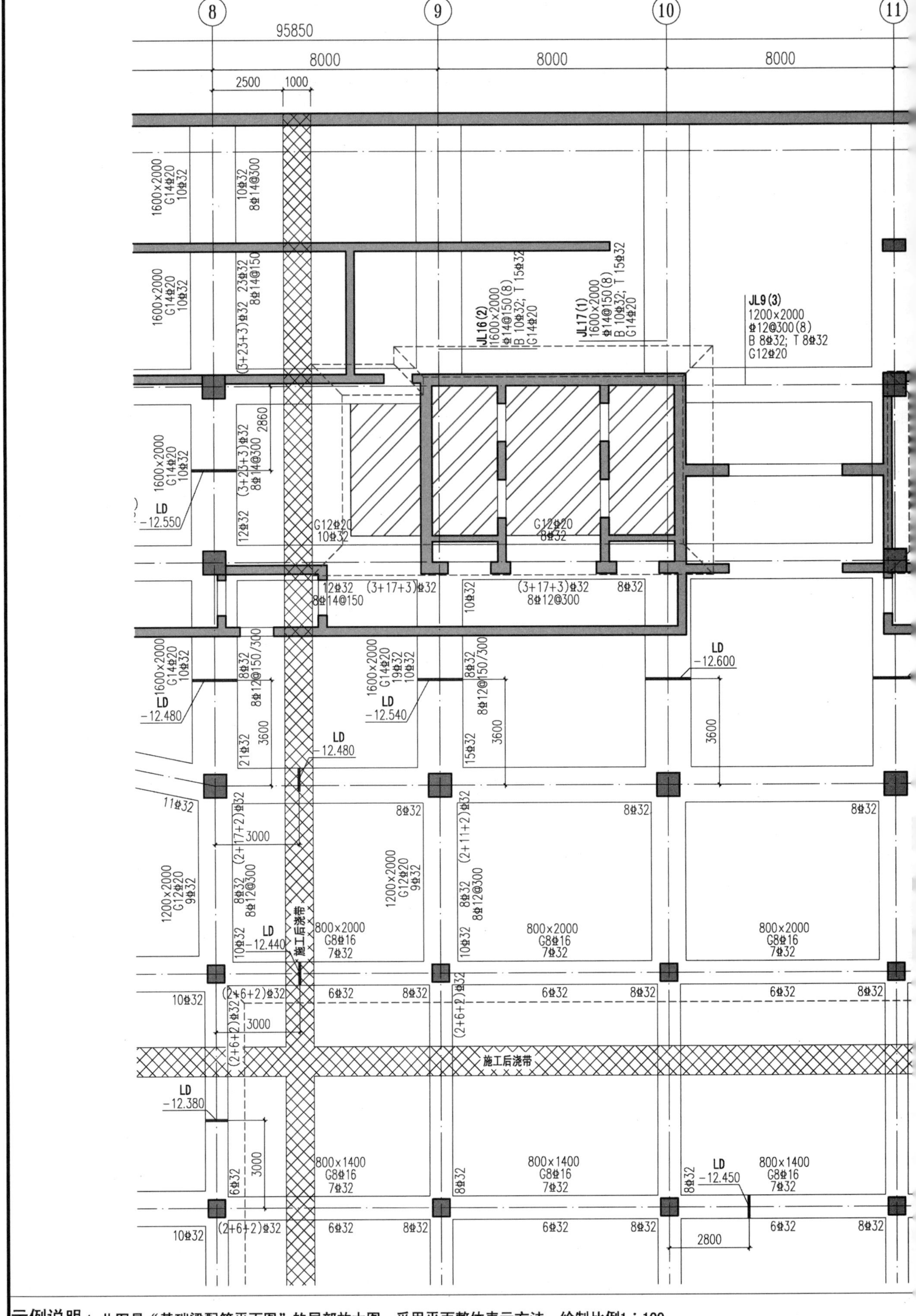

示例说明 1. 此图是“基础梁配筋平面图”的局部放大图，采用平面整体表示方法，绘制比例1：100。

2. 绘制与标注的内容：结构构件线（包括墙柱等竖向构件的剖断线、基础梁看线、基础板底放坡交线）；结构构件定位尺寸、与轴线的定位关系；基础梁平法表示的截面、配筋；基础底标高及标高变化的范围；基础梁上的留洞定位、标高及尺寸；图例。

3. 基础梁的平面整体表示方法参照国标图集 11G101-3。

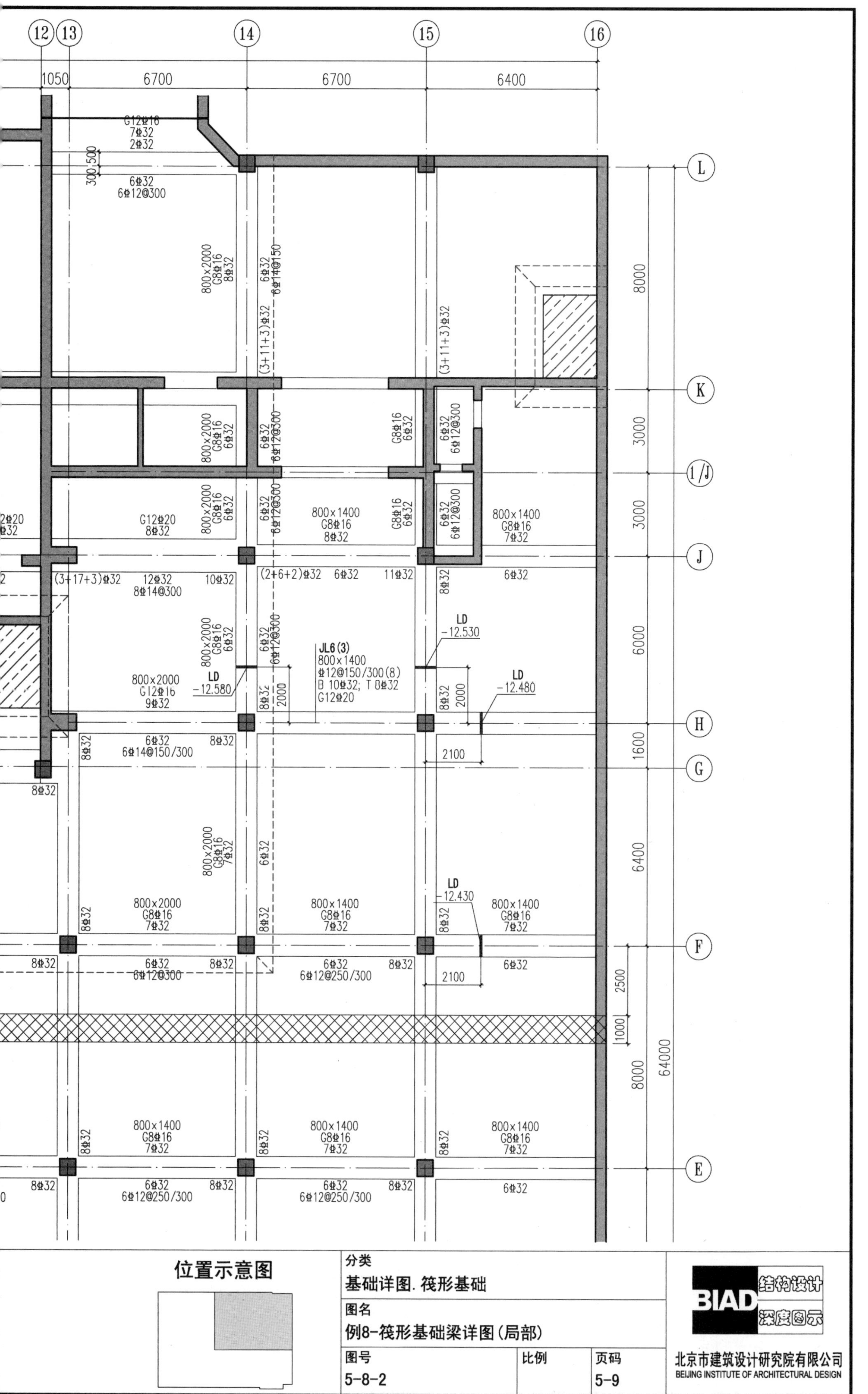
12
13
14
15
16
1050
6700
6700
6400
L
K
1/J
J
H
G
F
E
8000
3000
3000
6000
1600
6400
2500
1000
8000
64000
JL6 (3)
800x1400
⌀12@150/300(8)
B 10⌀32; T 8⌀32
G12⌀20
LD
-12.530
LD
-12.580
LD
-12.480
LD
-12.430
位置示意图
分类
基础详图. 筏形基础
图名
例8-筏形基础梁详图(局部)
图号
5-8-2
比例
页码
5-9
BIAD 结构设计 深度图示
北京市建筑设计研究院有限公司
BEIJING INSTITUTE OF ARCHITECTURAL DESIGN

基础过梁表

编号	型号	梁截面 宽x高(mm)	梁顶标高 (m)	上部附加纵筋	下部附加纵筋	箍筋
MDL1	I–a	500×700	–3.730	4Φ18	4Φ18	Φ10@150(4)
MDL2	I–b	680×700	–3.730	5Φ20	5Φ20	Φ10@120(4)
MDL3	I–a	500×700	–3.730	4Φ18	4Φ18	Φ10@200(4)
MDL4	I–a	500×700	–3.730	5Φ22	5Φ22	Φ12@150(4)
MDL5	I–a	500×700	–3.730	4Φ22	4Φ22	Φ12@120(4)
MDL6	I–a	500×700	–3.730	4Φ18	4Φ18	Φ10@120(4)
MDL7	II–b	500×700	–3.730	4Φ22	4Φ22	Φ10@150(4)
MDL8	I–a	500×700	–3.730	7Φ22	7Φ22	Φ12@120(4)
MDL9	II–a	500×700	–3.730	4Φ20	4Φ20	Φ10@150(4)
MDL10	I–b	500×700	–3.730	4Φ22	4Φ22	Φ12@150(4)
MDL11	I–a	750×700	–3.730	8Φ25	8Φ25	Φ12@120(6)
MDL12	II–b	500×700	–3.730	6Φ22	6Φ22	Φ12@150(4)
MDL13	II–a	600×700	–3.730	6Φ25	6Φ25	Φ12@150(4)
MDL14	I–a	600×700	–3.730	5Φ22	5Φ22	Φ12@120(4)
CDL1	III–a	250×1630	–2.800	4Φ18	4Φ18	Φ10@200(2)

示例说明 1. 此图是示例1-4-1中的基础过梁详图，采用典型大样+列表的形式绘制。

2. 典型大样绘制比例1：30，表示基础过梁截面形式、纵筋锚固要求、截面尺寸参数、配筋参数、基底标高。

3. 表格中表示各基础过梁的截面尺寸数值和具体配筋。

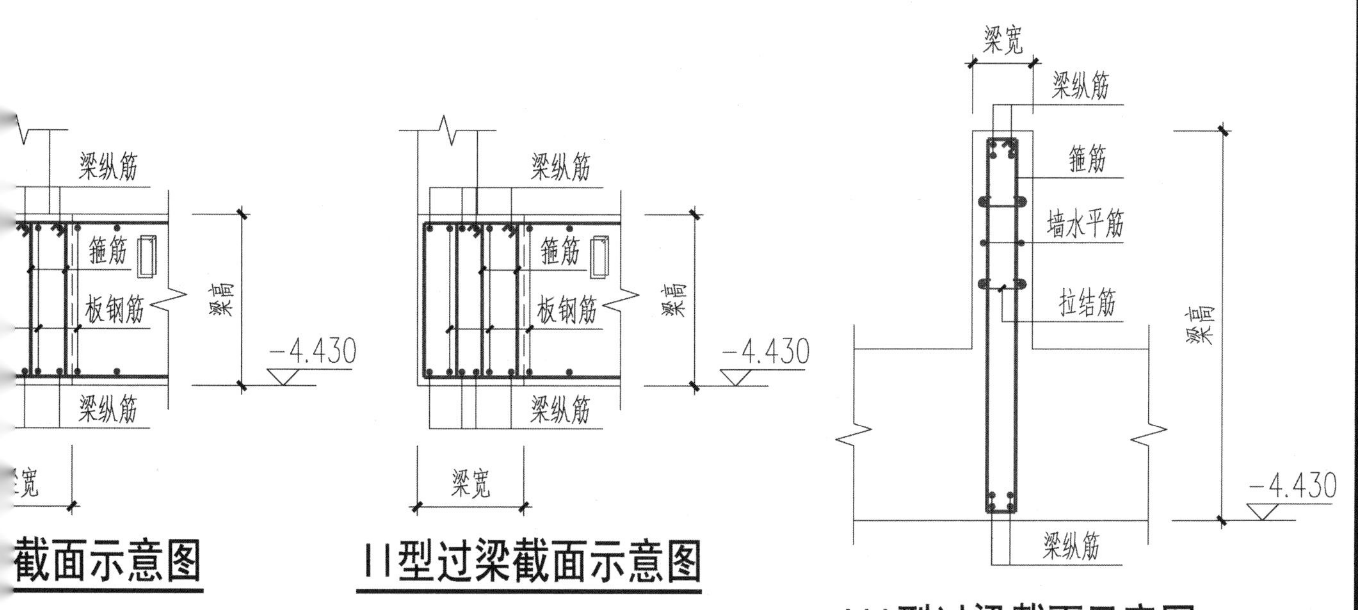

截面示意图

II型过梁截面示意图

III型过梁截面示意图

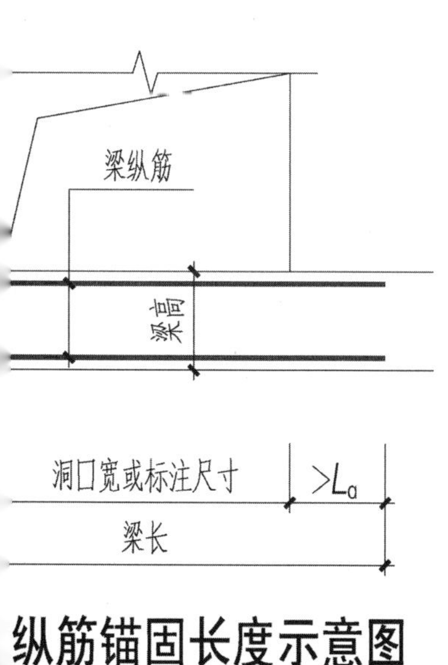

纵筋锚固长度示意图

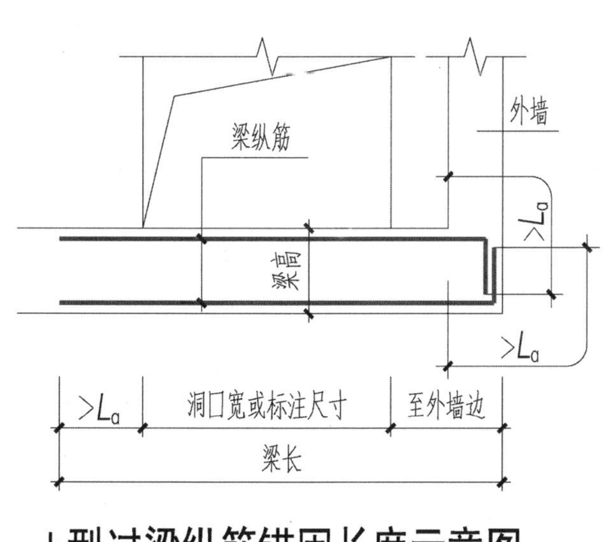

b型过梁纵筋锚固长度示意图

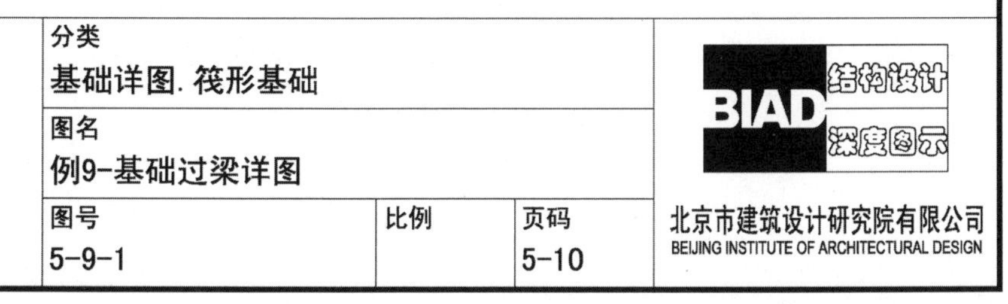

分类		
基础详图. 筏形基础		
图名		
例9-基础过梁详图		
图号 5-9-1	比例	页码 5-10

BIAD 结构设计深度图示
北京市建筑设计研究院有限公司
BEIJING INSTITUTE OF ARCHITECTURAL DESIGN

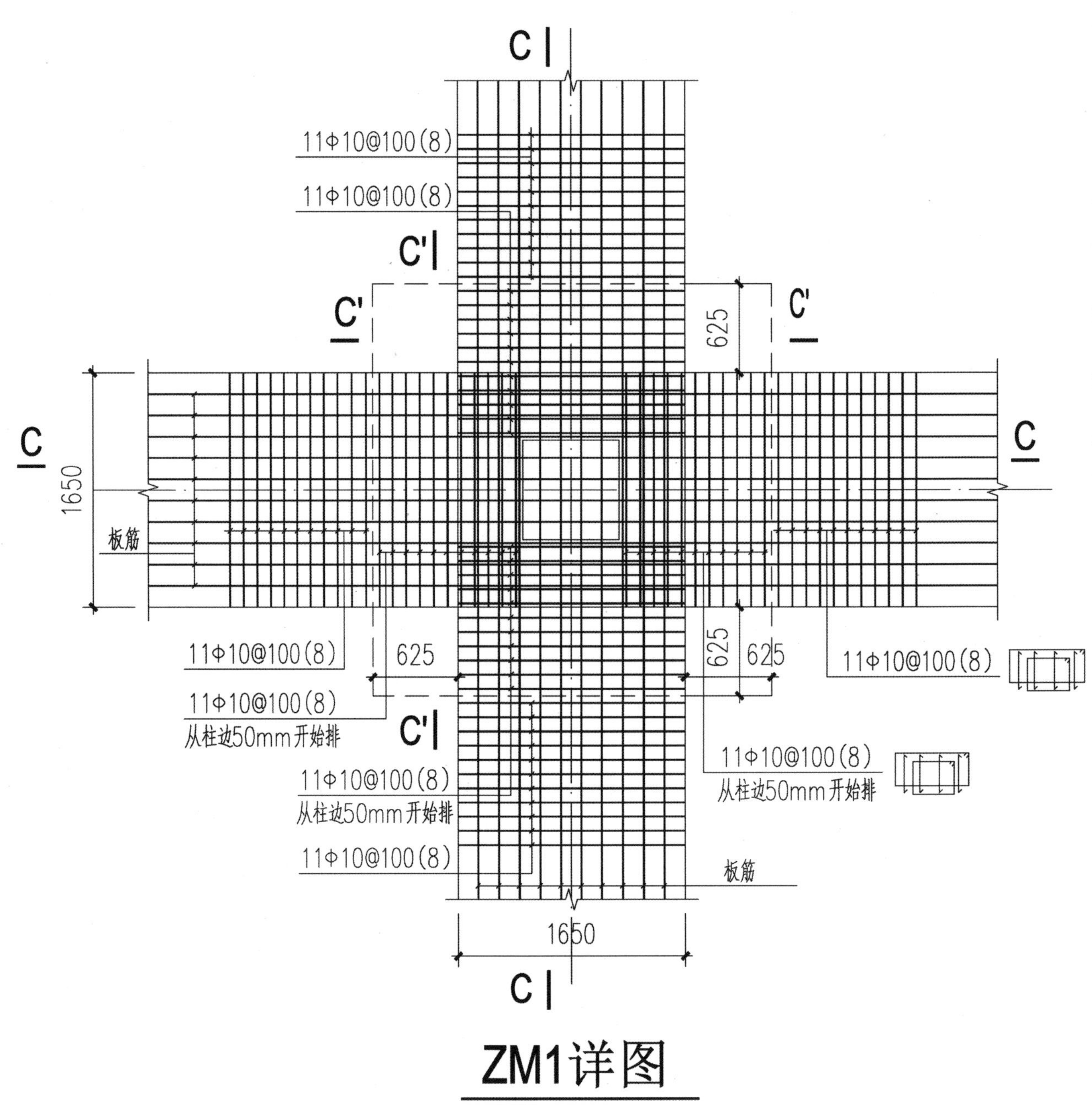

ZM1详图

示例说明 基础柱帽绘制与标注的内容：柱帽尺寸、配筋；暗梁截面、配筋。

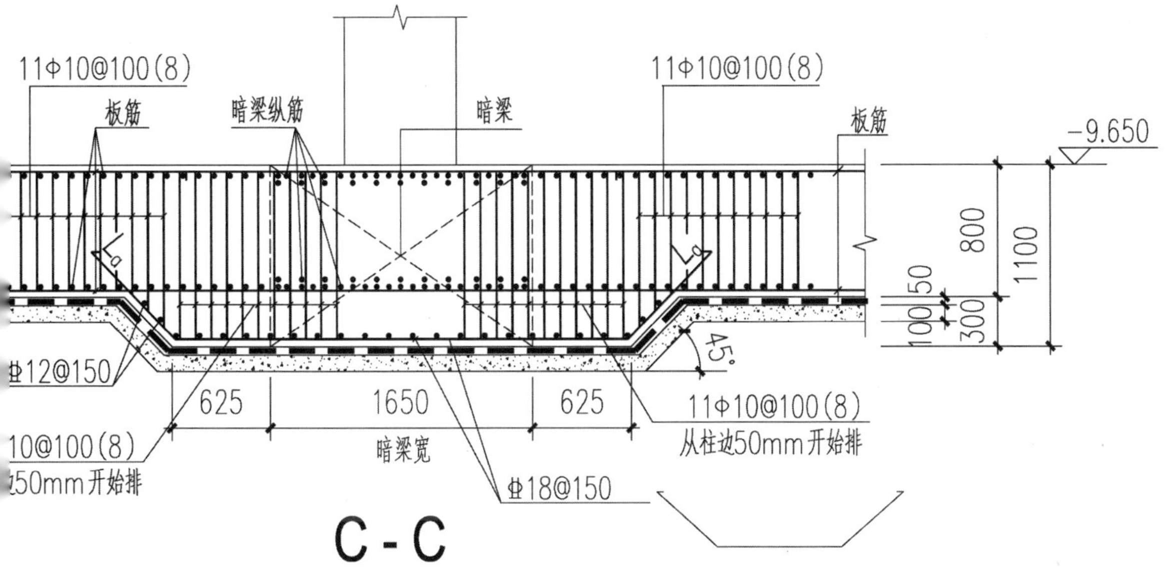

11Φ10@100(8)
板筋
暗梁纵筋
暗梁
11Φ10@100(8)
板筋
-9.650
800
1100
50
100
300
45°
Φ12@150
625
1650
625
11Φ10@100(8)
从柱边50mm开始排
10@100(8)
50mm 开始排
暗梁宽
Φ18@150

C - C

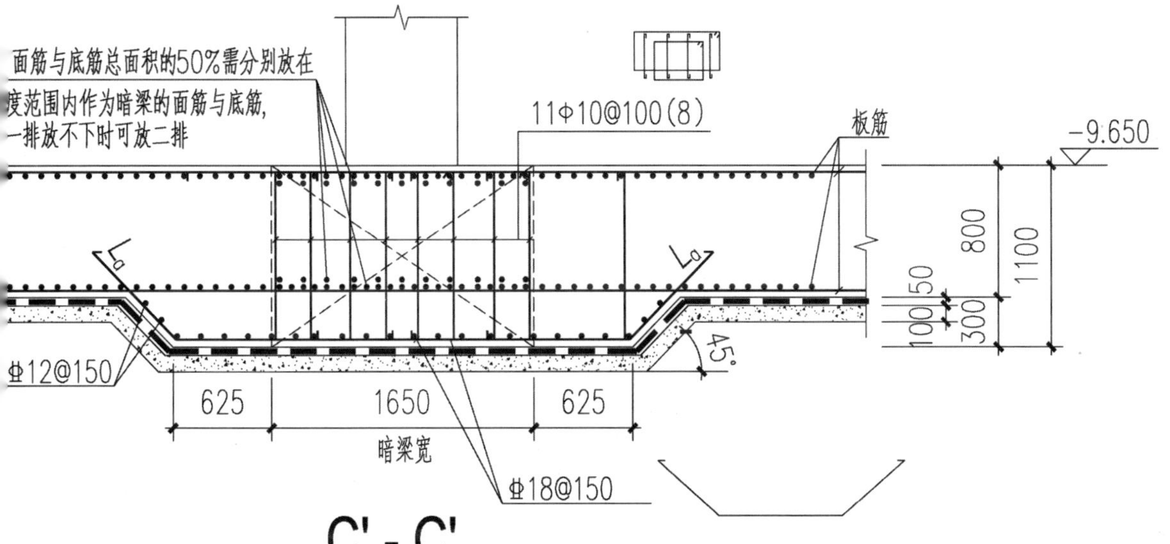

面筋与底筋总面积的50%需分别放在
度范围内作为暗梁的面筋与底筋,
一排放不下时可放二排
11Φ10@100(8)
板筋
-9.650
800
1100
50
100
300
45°
Φ12@150
625
1650
625
暗梁宽
Φ18@150

C' - C'

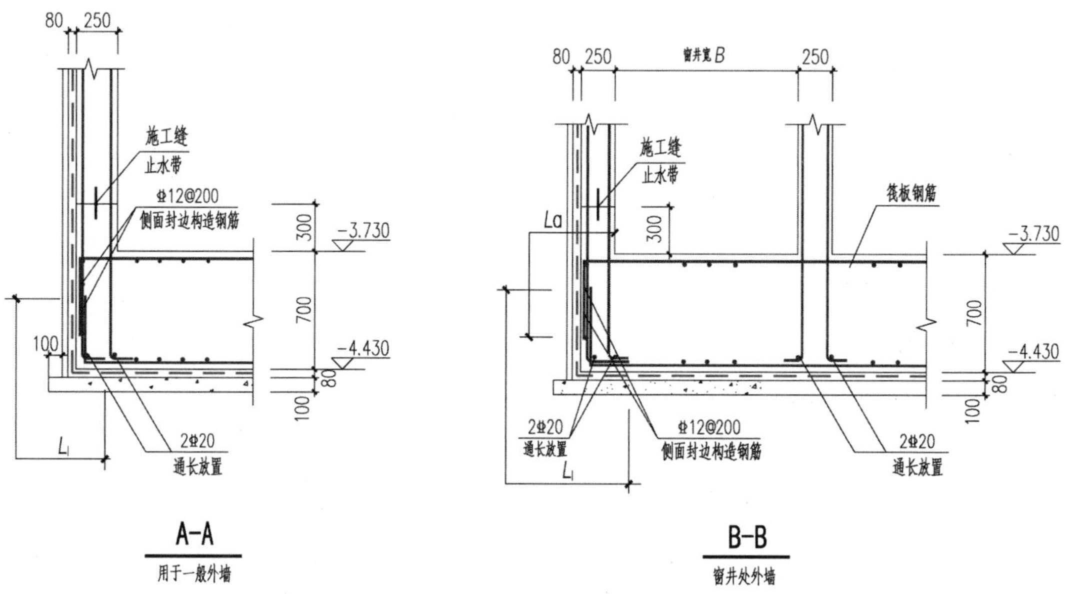

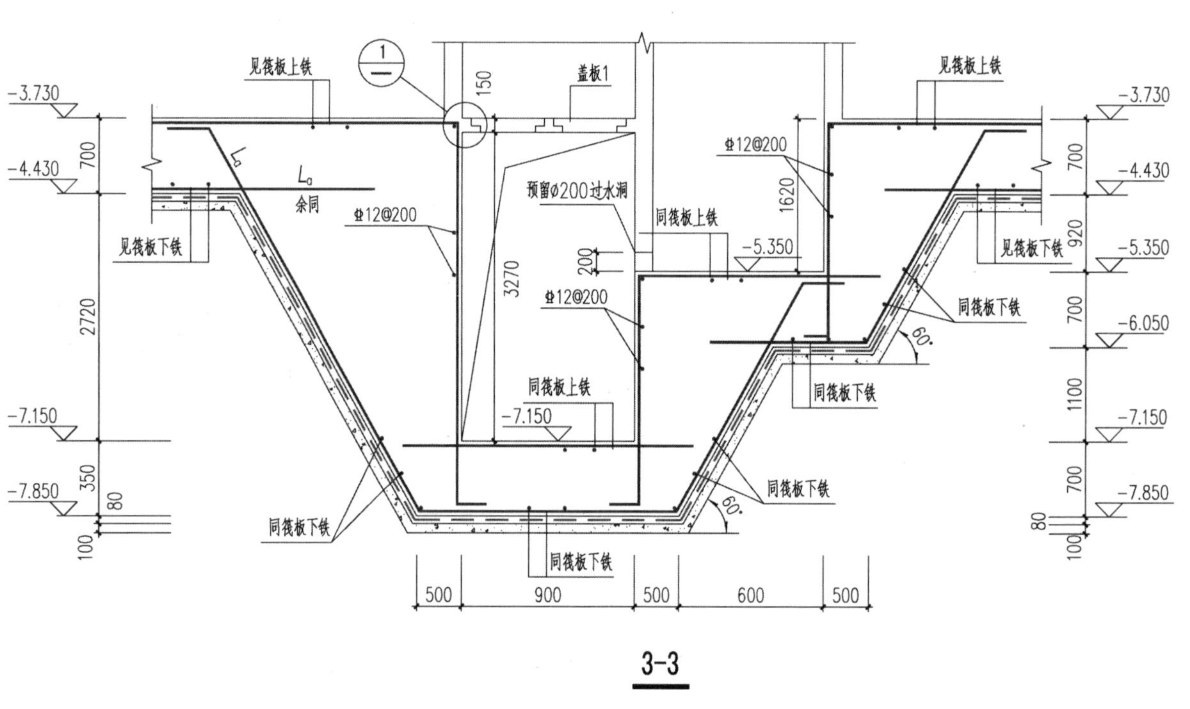

示例说明 1. 此图对应示例1-4-1中的剖切位置，主要剖面的绘制比例为1：30。

2. 剖面图表示剖切位置的轮廓形状、细部尺寸；主要板面标高，放坡角度、垫层和防水层厚度；钢筋以及钢筋的锚固、连接构造做法。

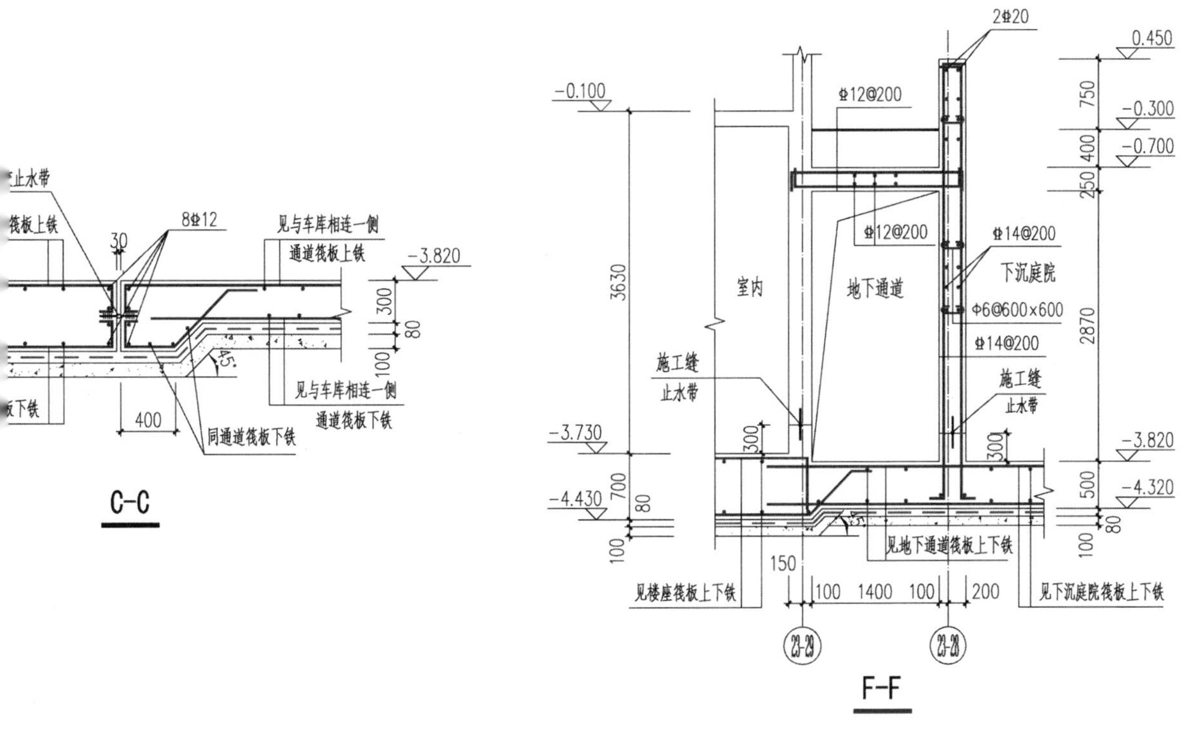
止水带
筏板上铁
8⌀12
30
见与车库相连一侧
通道筏板上铁
-3.820
300
80
100
45°
400
见与车库相连一侧
通道筏板下铁
同通道筏板下铁
板下铁
C-C
2⌀20
0.450
-0.100
⌀12@200
750
-0.300
400
-0.700
250
3630
室内
地下通道
⌀12@200
⌀14@200
下沉庭院
Φ6@600x600
2870
⌀14@200
施工缝
止水带
施工缝
止水带
-3.730
300
300
-3.820
-4.430
700
80
500
-4.320
80
100
100
见地下通道筏板上下铁
150
见楼座筏板上下铁
100 1400 100
200
见下沉庭院筏板上下铁
23-29
23-28
F-F

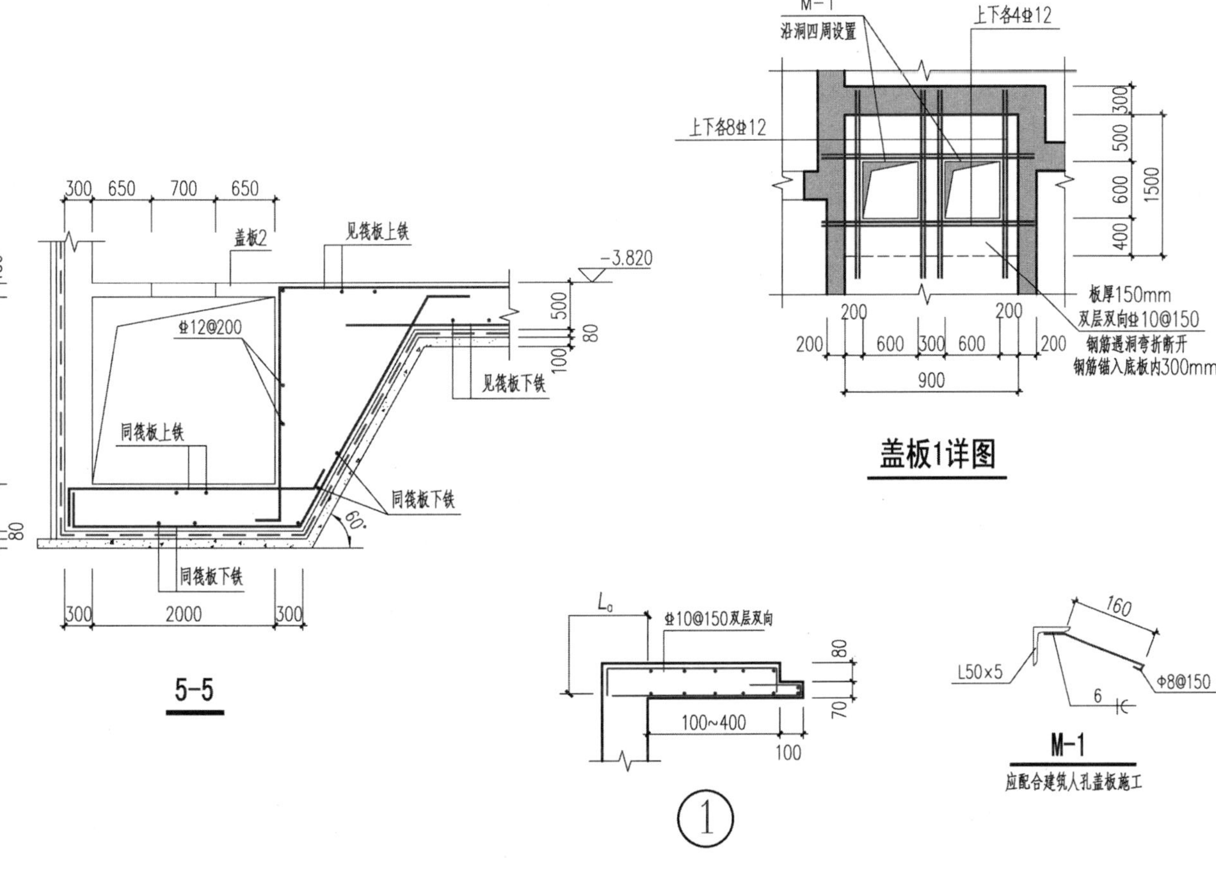
M-1
沿洞四周设置
上下各4⌀12
上下各8⌀12
300
500
600
400
1500
板厚150mm
双层双向⌀10@150
钢筋遇洞弯折断开
钢筋锚入底板内300mm
200 200
200 600 300 600 200
900
盖板1详图
300 650 700 650
盖板2
见筏板上铁
-3.820
⌀12@200
500
80
100
见筏板下铁
同筏板上铁
同筏板下铁
60°
80
同筏板下铁
300 2000 300
5-5
L_a
⌀10@150双层双向
80
70
100~400
100
①
160
L50x5
Φ8@150
6
M-1
应配合建筑人孔盖板施工

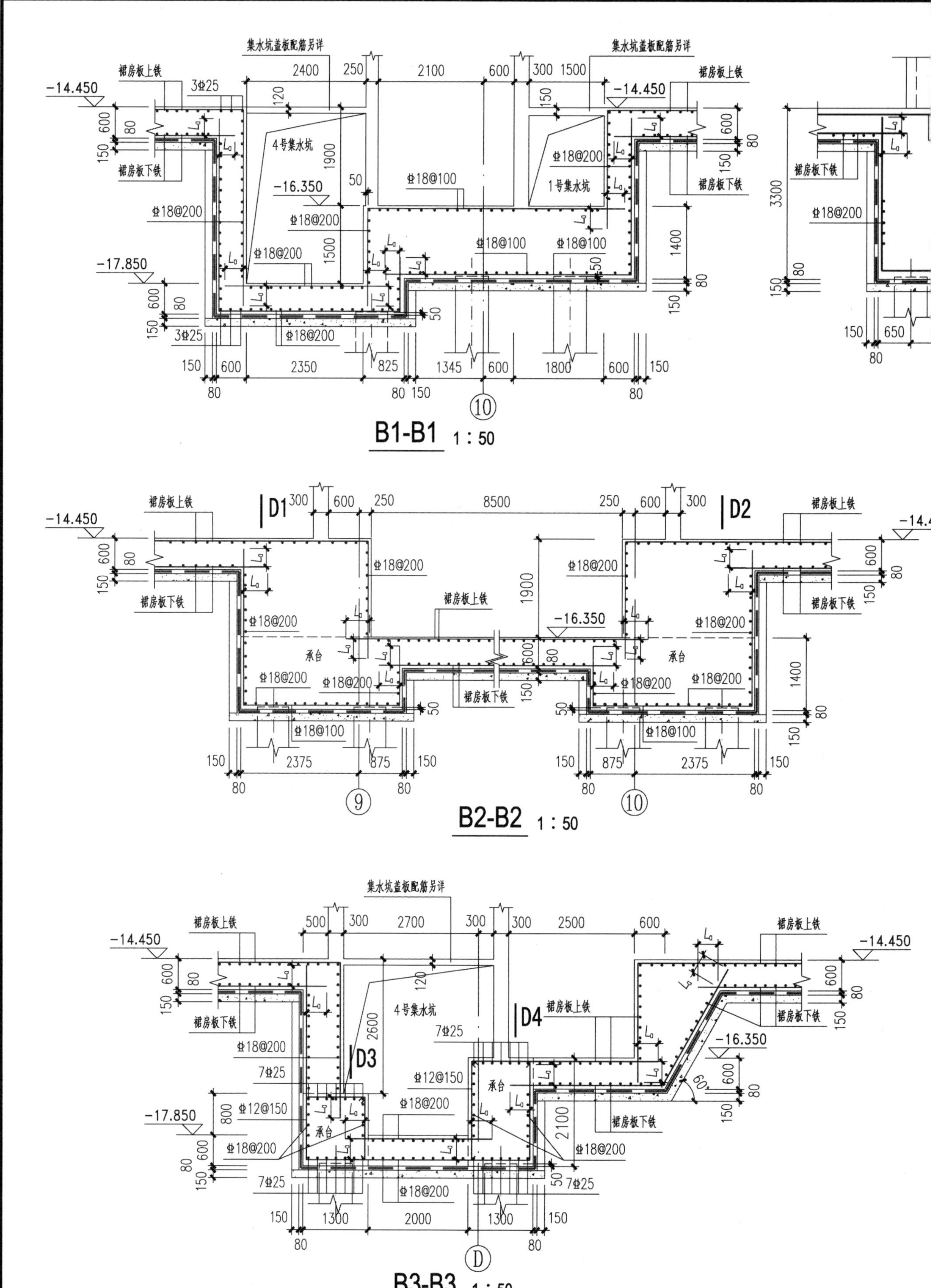

示例说明 1. 此图对应示例1-7-3中的剖切位置，主要绘制电梯底坑、集水坑等基础变标高处的承台、防水板的详细做法，绘制比例1：50。

2. 剖面图表示剖切位置的轮廓形状、细部尺寸，注明承台顶面和基础板面标高，放坡角度，垫层和防水层厚度，钢筋以及钢筋的锚固、连接构造做法。

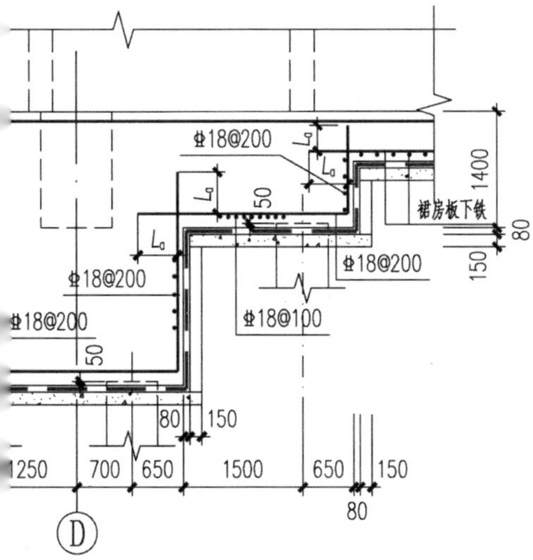

D1-D1 1：50

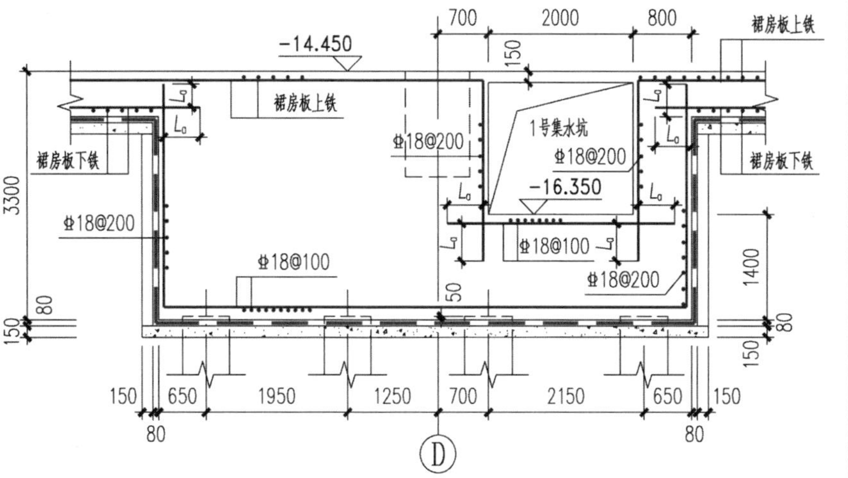

D2-D2 1：50

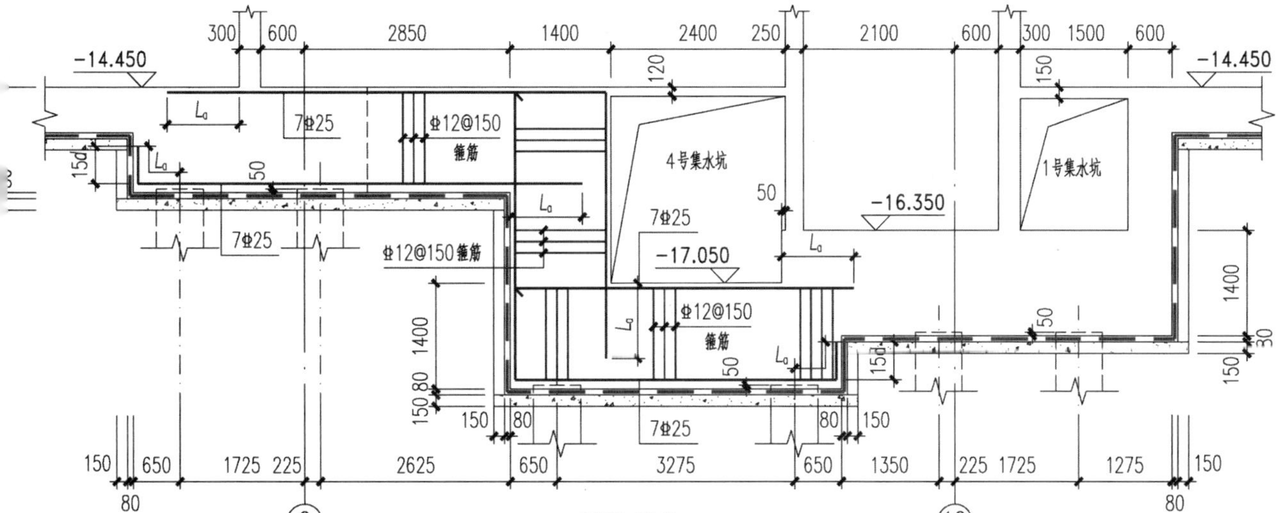

D3-D3 1：50

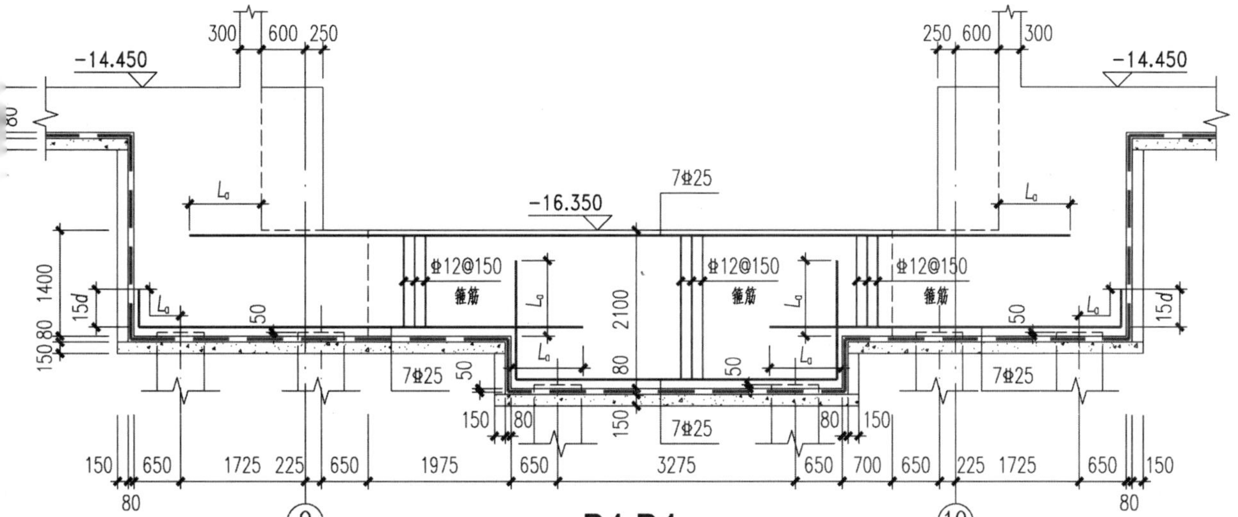

D4-D4 1：50

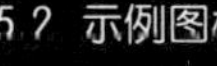

分类		
基础详图. 基础剖面		
图名		
例11-基础剖面图二		
图号	比例	页码
5-11-2		5-13

BIAD 结构设计深度图示

北京市建筑设计研究院有限公司
BEIJING INSTITUTE OF ARCHITECTURAL DESIGN